D1692478

Murray Gell-Mann
Das Quark und der Jaguar

Murray Gell-Mann

Das Quark und der Jaguar

Vom Einfachen zum Komplexen –
die Suche nach einer
neuen Erklärung der Welt

Aus dem Amerikanischen von
Inge Leipold und Thorsten Schmidt

Mit 23 Abbildungen

Piper
München Zürich

Die Originalausgabe erschien unter dem Titel
»The Quark and the Jaguar« 1994
bei W. H. Freeman and Company, New York.

Das Vorwort sowie die Teile I und II
wurden von Thorsten Schmidt übersetzt,
die Teile III und IV sowie das Nachwort von Inge Leipold.

Wissenschaftliche Beratung für den Physikteil der deutschen Ausgabe:
Dr. Andreas Blumhofer

Das Gedicht »Cosmic Gall« von John Updike
(vgl. S. 270f) ist dem Band *Telephone Poles and Other Poems*
entnommen (© 1960 John Updike). Der Abdruck erfolgt
mit freundlicher Genehmigung der Verlage Alfred A. Knopf, Inc.,
und Andre Deutsch, Ltd.

ISBN 3-492-03201-X
© 1994 by Murray Gell-Mann
Deutsche Ausgabe:
© R. Piper GmbH & Co. KG, München 1994
Gesetzt aus der Times-Antiqua
Grafiken: Dieter Krahl, Zorneding
Gesamtherstellung: Clausen & Bosse, Leck
Printed in Germany

Für Marcia

It's good for us –
chaos and color, I mean.

>   Marcia Southwick
>   *Why the River Disappears*

Inhalt

Vorwort 19

**TEIL I
DAS EINFACHE UND DAS KOMPLEXE**

1 Prolog: Eine Begegnung im Dschungel 35

2 Früher Erkenntnisdrang 45

    Ein neugieriges Kind 46
    Komplexe adaptive Systeme 52

3 Information und »grobe« Komplexität 60

    Unbestimmtheit in der Quantenmechanik und in chaotischen Systemen 61
    Verschiedene Arten von Komplexität 66
    Grobkörnigkeit 68
    Die Länge einer Beschreibung 70
    Kontextabhängigkeit 72
    Prägnanz und »grobe« Komplexität 74
    Algorithmischer Informationsgehalt (*algorithmic information content*, AIC) 75
    Definition des Begriffs »Information« 78
    Komprimierung und Zufallsfolgen 79
    Die Nichtberechenbarkeit des AIC 80

4 Zufälligkeit 84

Die Bedeutungen von »Zufall« 85
Zufallszahlen und die Monte-Carlo-Methode 86
Zufällig oder pseudozufällig? 88
Deterministisches Chaos in Finanzmärkten 90
William Shakespeare und die sprichwörtlichen Affen 91
Effektive Komplexität 93

5 Ein Kind, das eine Sprache erlernt 95

Eine Grammatik als partielles Schema 98
Komplexe adaptive Systeme und effektive Komplexität 99
Der Unterschied zwischen Regelmäßigkeit und
 Zufälligkeit 102
Die Identifikation bestimmter Klassen von
 Regelmäßigkeiten 103
Die Segmentierung des Datenstroms – übereinstimmende
 Informationen 105
Große effektive Komplexität und mittlerer AIC 105
Lernen mit den Genen und Lernen mit dem Gehirn 108

6 Bakterien, die eine Antibiotikaresistenz entwickeln 110

Die Entwicklung der Antibiotikaresistenz bei Bakterien 113
Die Evolution als komplexes adaptives System 118
Direkte Adaptation 120
Direkte Adaptation, Expertensysteme und komplexe
 adaptive Systeme 122

7 Die wissenschaftliche Erforschung der Welt   126

Falsifizierbarkeit und Ungewißheit   130
Selektionsdrücke, denen die Wissenschaft unterliegt   132
Vereinheitlichende und zusammenfassende Theorien   134
Die Einfachhheit Großer Vereinheitlichter Theorien   138
Universelle Gravitation – Newton und Einstein   139

8 Die Macht von Theorien   144

»Bloß theoretisch«   146
Eine Theorie über Ortsnamen   146
Empirische Theorien – Das Zipfsche Gesetz   149
Skalenunabhängigkeit   154
Tiefe und Kryptizität   159
Ein hypothetisches Beispiel   161
Tiefe, genauer betrachtet   162
Tiefe und AIC   164
Kryptizität und Theorien   165

9 Was heißt »fundamental«   168

Die Sonderstellung der Mathematik   169
Chemie und Physik des Elektrons   171
Die Chemie auf ihrer eigenen Ebene   173
»Treppen« (oder »Brücken«) und Reduktion   174
Die für die Reduktion der Biologie erforderliche Information   176
Biochemie – effektive Komplexität und Tiefe   178
Leben: hohe effektive Komplexität – zwischen Ordnung und Unordnung   179
Psychologie und Neurobiologie – Bewußtsein und Gehirn   180

Konzentration auf Mechanismen oder Erklärungen – »Reduktionismus« 183
Einfachheit und Komplexität vom Quark bis zum Jaguar 185

TEIL II
DAS QUANTENUNIVERSUM

10 Einfachheit und Zufall in der Quantenwelt 189

Das Standardmodell 191
Sogenannte Große Vereinheitlichte Theorien 192
Einsteins Traum 193
Wird der Traum Wirklichkeit? – Die Superstring-Theorie 195
Keine allumfassende Theorie 197
Der Anfangszustand und der (die) Zeitpfeil(e) 197
Wie der Anfangszustand ausgesehen haben könnte 199
Statt einer allumfassenden Theorie nur Wahrscheinlichkeiten für Geschichten 200
Regelmäßigkeiten und effektive Komplexität durch »eingefrorene« Zufallsereignisse 203

11 Eine moderne Interpretation der Quantenmechanik 205

Die Quantenmechanik und die klassische Näherung 205
Die approximative Quantenmechanik gemessener Systeme 206
Die moderne Interpretation 207
Der Quantenzustand des Universums 210
Alternative Geschichten auf der Galopprennbahn 213
Alternative Geschichten in der Quantenmechanik 214
Feinkörnige Geschichten des Universums 216
Grobkörnige Geschichten 217
Grobkörnigkeit kann Interferenzterme auswaschen 219

Dekohärenz grobkörniger Geschichten – echte
   Wahrscheinlichkeiten   220
Verknüpfung und Mechanismen der Dekohärenz   221
Wahrscheinlichkeiten und angezeigte Wettkurse   222
Dekohärenz für ein Objekt auf einer Umlaufbahn   222
Dekohärente Geschichten bilden einen
   Verzweigungsbaum   224
Hohe Trägheit und annähernd klassisches Verhalten   226
Fluktuationen   227
Schrödingers Katze   228
Zusätzliche Grobkönigkeit für Trägheit und der
   quasiklassische Bereich   230
Meßbarkeit und Messung   230
Ein IGUS – ein komplexes adaptives System als
   Beobachter   232
Selbstbewußtsein und freier Wille   234
Was zeichnet den quasiklassischen Bereich unserer Erfahrung
   aus?   236
Die Zweigabhängigkeit verfolgter Größen   238
Individuelle Objekte   239
Der proteische Charakter der Quantenmechanik   242
Gibt es viele nichtäquivalente quasiklassische Bereiche?   243
Heimstätte komplexer adaptiver Systeme   243

12 Quantenmechanik und unsinnige Behauptungen   246

Einsteins Einwände gegen die Quantenmechanik   247
Verborgene Parameter   248
Bohm und Einstein   249
Das EPRB-Experiment   251
Das EPRB-Experiment und die Theorie der »verborgenen
   Parameter«   252
Die Verdrehung der Tatsachen   253
Ernstzunehmende potentielle Nutzanwendungen des EPRB-
   Effekts   254

13 Quarks und dergleichen: das Standardmodell 258

QED – Quantenelektrodynamik 258
Teilchen-Antiteilchen-Symmetrie 260
Quarks 261
Eingeschlossene Quarks 264
Farbige Gluonen 265
Quantenchromodynamik 266
QCD und Einfachheit 269
Elektron und Elektron-Neutrino – die schwache Wechselwirkung 270
Die Quantenflavordynamik und die neutrale schwache Wechselwirkung 274
Fermionen-Familien 274
Die Nullmassen-Näherung 278
Große und kleine Massen (bzw. Energien) 278
Spontane Symmetriebrechung 279
Die Verletzung der Zeitsymmetrie 281
Verletzung der Materie-Antimaterie-Symmetrie 282
Spin 283
Weshalb gibt es so viele Elementarteilchen? 283

14 Die Superstring-Theorie: die lange ersehnte Vereinheitlichung? 286

Der Niedrigmassen-Sektor 286
Die Renormierbarkeit des Standardmodells 287
Der Vergleich mit Beobachtungsdaten ist durchaus möglich 288
Grundeinheiten der Energie und anderer Größen 289
Teilchenmassen und die Grundeinheit 290
Die Bedeutung des Begriffs »Superstring« 292
Superpartner und neue Teilchenbeschleuniger 293
Die Annäherung an die Planck-Masse 295
Scheinbar viele Lösungen 296
Wirkung 297

Effektive Wirkung 299
Determiniert Zufall eine bestimmte Lösung? 300
Mehrfach-Universen? 301
»Anthropische Prinzipien« 303
Die Bedeutung des Anfangszustands 305

15 Zeitpfeile: vorwärts- und rückwärtslaufende Zeit 306

Strahlung und Spuren 307
Anfangszustand und Kausalität 308
Entropie und der zweite Hauptsatz der Thermodynamik 309
Mikrozustände und Makrozustände 310
Entropie als Unwissenheit 312
Die endgültige Erklärung: Ordnung in der
   Vergangenheit 313
Der Maxwellsche Dämon 315
Ein neuer Beitrag zur Entropie 317
Ausradieren oder durch den Reißwolf jagen 319
Entropie ohne Grobkörnigkeit ist nutzlos 320
Die Entropie der algorithmischen Komplexität 321
Die Zeitpfeile und der Anfangszustand 322
Das Erscheinen höherer Komplexität: eingefrorene
   Zufallsereignisse 323
Wird die Emergenz größerer Komplexität endlos
   fortdauern? 327

TEIL III
AUSLESE UND EIGNUNG

16 Auslese in der biologischen Evolution und in anderen Bereichen 333

Gemeinsam sich entwickelnde Spezies 335
Punktiertes Gleichgewicht 337

Schleusenereignisse 339
Höhere Organisationsebenen als Folge von
   Vereinigungsprozessen 341
Kooperation von Schemata 342
Gibt es eine Triebkraft in Richtung einer höheren
   Komplexität? 344
Die Vielfalt ökologischer Gemeinschaften 348
Der biologische Begriff der Eignung 350
Eignungslandschaften 351
Gesamteignung 353
Das egoistische Gen und das »wahrhaft egoistische
   Gen« 354
Individuelle und Gesamteignung 354
Die Bedeutung der Sexualität für die Eignung 356
Tod, Reproduktion und Population in der Biologie 360
Die Auffüllung von Nischen 361
Täuschungsmanöver bei Vögeln 363
Kleine Schritte – große Veränderungen 365

17 Vom Lernen zum kreativen Denken 368

Ein Beispiel aus meiner persönlichen Erfahrung 369
Andere machen die gleichen Erfahrungen 371
Kann man die Phase der Inkubation beschleunigen oder
   überspringen? 374
Eine skizzenhafte Analyse in Begriffen einer
   Eignungslandschaft 374
Einige Regeln, wie man in eine tiefere Mulde entkommt 376
Übertragung von Denktechniken? 377
Funktionieren die verschiedenen angebotenen Methoden
   tatsächlich? 378
Formulierung und Eingrenzung eines Problems 379

18 Aberglaube und Skepsis 385

Irrtümer bei der Identifizierung von Regelmäßigkeiten 386
Das Mythische in Kunst und Gesellschaft 389
Die Suche nach Mustern in der Kunst 390
Ein moralisches Äquivalent für Glauben? 391
Die Skeptikerbewegung 393
Angebliche Manifestationen des Übersinnlichen? Was ist »das Übersinnliche«? 395
Geistesstörung und Beeinflußbarkeit 397
Skeptizismus und Wissenschaft 399
Der Kugelblitz 400
Fischregen 402
Angebliche Phänomene, die den anerkannten naturwissenschaftlichen Gesetzen zuwiderlaufen 404
Eine echte Begabung – das Lesen von Schallplattenrillen 405

19 Adaptive und dysadaptive Schemata 407

Kulturelle DNS 408
Die Entwicklung der Sprachen 411
Adaptation versus adaptiv oder scheinbar adaptiv 412
Dysadaptive Schemata – äußere Selektionsdrücke 413
Von einflußreichen Personen ausgeübte Drücke 415
Adaptive Systeme mit Menschen in der Schleife 417
Das Überdauern dysadaptiver Schemata: Reifungsfenster 420
Überdauern dysadaptiver Schemata: Zeitskalen 422

20 Lernende oder den Lernprozeß simulierende Maschinen 427

Berechnung neuronaler Netze 427

Genetische Algorithmen als komplexes adaptives
  System 431
Simulation komplexer adaptiver Systeme 434
Eine Simulation biologischer Evolution 436
Ein Hilfsmittel zur Aufklärung über Evolution 439
Simulationen von Kollektiven adaptiv Handelnder 441
Regelgestützte und handlungsgestützte Mathematik 444
Wie man Wirtschaftswissenschaft spannender
  machen kann 446

TEIL IV
VIELFALT UND BEWAHRUNG

21 Die bedrohte Vielfalt 455

Die Bewahrung biologischer Vielfalt 456
Die Bedeutung der Tropen 457
Die Rolle der Wissenschaft 458
Sofortmaßnahmen 460
Einbeziehung der Einheimischen 463
Ein breites Spektrum von Naturschutzpraktiken 465
Die Bewahrung kultureller Vielfalt 467
Das Spannungsverhältnis zwischen Aufklärung und
  kultureller Vielfalt 471
Universale Populärkultur 472
Die Informations (oder Desinformations?)-Explosion 473
Den Intoleranten tolerieren – ist das möglich? 473

22 Eine Welt, die zu bewahren sich lohnt 475

Der demographische Übergang 481
Der technologische Übergang 483
Der ökonomische Übergang 486
Der soziale Übergang 490

Der institutionelle Übergang   492
Der ideologische Übergang   494
Der informatorische Übergang   498

23 Nachwort   505

Register   517

Vorwort

Das Quark und der Jaguar ist keine Autobiographie, auch wenn das Buch einige Erinnerungen aus meiner Kindheit und eine Reihe Anekdoten über Kollegen enthält. Ebensowenig befaßt es sich in erster Linie mit meinen theoretischen Arbeiten über das Quark, obgleich Ausführungen zu den fundamentalen Gesetzen der Physik einschließlich des Verhaltens der Quarks einen großen Raum einnehmen. Eines Tages, so hoffe ich, werde ich meine wissenschaftliche Autobiographie schreiben. In diesem Buch aber geht es mir darum, dem Leser meine Ansichten über eine Synthese darzulegen, die sich am Horizont des neuesten wissenschaftlichen Forschungsprojekts über unsere Welt abzuzeichnen beginnt: der Untersuchung des Einfachen und des Komplexen. Dank dieser Forschung sind wir mittlerweile in der Lage, Erkenntnisse aus zahlreichen verschiedenen Bereichen der Physik, der Biologie und der Verhaltenswissenschaften, sogar der Künste und Geisteswissenschaften auf neue Weise miteinander in Beziehung zu setzen. Sie bedient sich einer Sichtweise, die auch zwischen Tatsachen und Ideen Verbindungen herzustellen trachtet, die auf den ersten Blick recht wenig miteinander zu tun zu haben scheinen. Zudem können wir jetzt aufgrund dieser Forschung einige brennende Fragen über die wirkliche Bedeutung von Einfachheit und Komplexität, die sich viele von uns – ob Wissenschaftler oder Laie – immer wieder stellen, wenigstens ansatzweise beantworten.

Das vorliegende Buch gliedert sich in vier Teile. Zu Beginn des ersten Teils beschreibe ich einige persönliche Erlebnisse, die mich zum Schreiben dieses Werkes veranlaßten. Nachdem ich lange Streifzüge durch Tropenwälder unternommen, mich als Hobby-Ornithologe betätigt und an der Planung von Umweltschutzaktivitäten mitgewirkt hatte, fand ich Gefallen an der Vorstellung, meine wachsende Einsicht in die Verbindungen zwischen den fundamentalen Gesetzen der Physik und der uns umgebenden Welt mit einem größeren Kreis von Menschen zu teilen. Zeit meines Lebens habe ich mit großer Freude das Reich der Organismen erkundet, während mein Berufsleben größtenteils der Erforschung der fundamentalen Naturgesetze gewidmet war. Sie bilden (in einem Sinne, den ich in diesem Buch darlegen werde) die Grundlage aller Wissenschaften; dennoch scheinen sie durchweg recht weit von unserer konkreten Erfahrungswelt und den meisten Erfahrungsbereichen der übrigen Wissenschaften entfernt zu sein. Beim Nachdenken über Fragen der Einfachheit und Komplexität erkennen wir Zusammenhänge, die uns helfen, sämtliche Naturphänomene – von den einfachsten bis hin zu den komplexesten – miteinander in Beziehung zu setzen.

Als meine Frau mir Arthur Szes Gedicht vorlas, in dem er das Quark und den Jaguar erwähnt, verblüffte mich sofort, wie gut die beiden Bilder zu meinem Thema paßten. Die Quarks sind Grundbausteine der Materie. Jedes Objekt, das wir sehen, setzt sich mehr oder weniger aus Quarks und Elektronen zusammen. Selbst der Jaguar, dieses traditionelle Sinnbild der Stärke und Wildheit, ist ein Bündel aus Quarks – doch welch ein Bündel! Er weist ein unerhörtes Maß an Komplexität auf, Frucht einer Jahrmilliarden währenden biologischen Evolution. Was genau verstehen wir in diesem Zusammenhang unter Komplexität, und wie ist sie entstanden? Diese und ähnliche Fragen suche ich in diesem Buch zu beantworten.

Der Rest des ersten Teils befaßt sich mit den Zusammenhängen zwischen verschiedenen Begriffen von Einfachheit und Komplexität sowie mit komplexen adaptiven Systemen, die, wie beispielsweise lebende Systeme, Lern- und Entwicklungsprozesse durchlaufen. Ein Kind, das eine Sprache erlernt, Bakterien, die eine Antibiotikaresistenz entwickeln, und das Unternehmen »Wissenschaft« werden als Beispiele für komplexe adaptive Systeme vorgeführt. Ich erörtere die Bedeutung von Theorien in den Wissenschaften ebenso wie das Problem, welche Wissenschaften fundamentaler sind als andere, und damit einhergehend die Frage, was man unter »Reduktionismus« versteht.

Im zweiten Teil stelle ich die fundamentalen Gesetze der Physik dar, die den Kosmos und die Elementarteilchen, aus denen die gesamte Materie des Universums besteht, beherrschen. Hier kommen das Quark und auch die Superstring-Theorie zu ihrem Recht, mit der wir erstmals in der Geschichte über eine vielversprechende einheitliche Theorie aller Teilchen und Naturkräfte verfügen. Die Elementarteilchentheorie ist so abstrakt, daß viele Menschen ihr selbst dann nur mühsam folgen können, wenn sie, wie hier, ohne mathematische Formeln erklärt wird. Manche Leser werden es daher vielleicht vorziehen, einige Abschnitte des zweiten Teils zu überfliegen, insbesondere die Kapitel 11 (über die moderne Interpretation der Quantenmechanik) und 13 (über das Standardmodell der Elementarteilchen einschließlich der Quarks). Die flüchtige Lektüre dieser Kapitel oder auch des ganzen zweiten Teils beeinträchtigt das Verständnis der übrigen Teile kaum. Es entbehrte jedoch nicht der Ironie, wenn ausgerechnet der Teil des Buches, der darlegen soll, weshalb die fundamentale physikalische Theorie einfach ist, zahlreichen Lesern Verständnisschwierigkeiten bereiten sollte. Mea culpa! Der zweite Teil schließt mit einem Kapitel über den beziehungsweise die Zeitpfeil(e) und gipfelt in der Erläuterung der Frage, warum sowohl in komplexen adaptiven Systemen wie der biologischen Evolution als auch in nichtadaptiven Systemen wie Galaxien immer komplexere Strukturen auftreten.

Im dritten Teil geht es um Selektionsdrücke, die in komplexen adaptiven Systemen auftreten, vor allem in der biologischen Evolution, in kreativen und kritischen Denkvorgängen, im Aberglauben und in einigen (einschließlich wirtschaftlichen) Aspekten des Verhaltens menschlicher Gesellschaften. Ich führe die zweckmäßigen, aber nur näherungsweise gültigen Begriffe Eignung und »Eignungslandschaften« ein. In Kapitel 20 beschreibe ich kurz, wie man Computer als komplexe adaptive Systeme einsetzen kann, zum Beispiel um Spielstrategien zu entwickeln oder um vereinfache Simulationen natürlicher komplexer adaptiver Systeme zu erstellen.

Der letzte Teil unterscheidet sich insofern erheblich von den übrigen Teilen, als ich mich darin überwiegend mit politischen Belangen und weniger mit naturwissenschaftlichen Fragen auseinandersetze und mich ebenso als engagierter Anwalt wie als Wissenschaftler äußere. Kapitel 21 schließt an frühere Teile des Buches an, in denen ich darlegte, daß die Vielfalt der Lebensformen auf der Erde Information, das Destillat einer fast vier Milliarden Jahre dauernden Evolution, enthält, und daß die Vielfalt der menschlichen Kulturen in einer ähnlichen Beziehung zu der Zehntausende Jahre dauernden kulturellen Evolution des *Homo sapiens sapiens* steht. In Kapitel 21 plädiere ich dafür, alles daranzusetzen, um die biologische und kulturelle Vielfalt zu erhalten, und greife einige der damit verbundenen Probleme, Paradoxa und Herausforderungen auf. Allerdings kann man dieses Problem im Grunde genommen nicht isoliert betrachten. Heute ist das Beziehungsgeflecht, das die Menschheit untereinander und mit der übrigen Biosphäre verbindet, so komplex, daß jeder Aspekt in einem überaus engen Wirkungszusammenhang mit allen übrigen Aspekten steht. Jemand sollte das ganze System analysieren, auch wenn diese Zusammenschau notgedrungen kursorisch ausfällt, denn durch Aneinanderstückeln von Einzelstudien über ein komplexes nichtlineares System kann man keine realitätsnahe Vorstellung von dem Verhalten des Ganzen gewinnen. Kapitel 22 beschreibt einige Projekte aus jüngster Zeit, die sich um eine solche grobe Beschreibung der globalen Probleme einschließlich aller relevanten (umweltbezogenen, demographischen und wirtschaftlichen, aber auch sozialen, politischen, militärischen, diplomatischen und ideologischen) Aspekte bemühen. In dieser Untersuchung geht es nicht einfach darum, Spekulationen über die Zukunft anzustellen; es gilt vielmehr, unter den zahlreichen möglichen Wegen, die die Menschheit einschlagen kann, jene ausfindig zu machen, die mit hinreichender Wahrscheinlichkeit zu einer besseren Bewahrung der Biosphäre führen könnten. Der Begriff »Bewahrung« wird hier in einem umfassenden Sinne verstanden, beinhaltet also nicht nur den Schutz vor Umweltkatastrophen, sondern auch die Vermeidung von Vernichtungskriegen, dauerhaften totalitären Herrschaftsformen und anderen schweren Übeln.

In diesem Buch findet der Leser zahlreiche Hinweise auf das Santa Fe Institute (SFI), zu dessen Mitbegründern ich gehöre und an dem ich heute arbeite, nachdem ich mich am California Institute of Technology, wo ich über 38 Jahre lang Professor war, habe vorzeitig emeritieren lassen. Ein Großteil der aktuellen Forschungsarbeiten über Einfachheit, Komplexität und komplexe adaptive Systeme erbringen die Mitglieder dieses Instituts oder, genauer gesagt, der Instituts-Familie.

Das Wort »Familie« ist der eher lockeren Organisationsstruktur des SFI angemessen. Dem Präsidenten, Edward Knapp, stehen zwei Vizepräsidenten und etwa ein Dutzend äußerst engagierter Bürokräfte zur Seite. Es gibt ganze drei Professoren, darunter mich, die jeweils für fünf Jahre bestellt werden. Alle anderen sind Gäste, die zwischen einem Tag und einem Jahr hier bleiben. Sie kommen aus aller Herren Länder, und nicht wenige sind regelmäßig am SFI zu Gast. Das Institut veranstaltet zahlreiche Tagungen, die ein paar Tage, manchmal auch eine oder zwei Wochen dauern. Daneben wurden mehrere Forschungsnetzwerke über verschiedene interdisziplinäre Themen aufgebaut. Die weit voneinander entfernt arbeitenden Mitglieder jedes Netzwerks kommunizieren per Telefon, elektronische Post, FAX und gelegentliche Briefe. Von Zeit zu Zeit treffen sie sich in Santa Fe, manchmal auch an einem anderen Ort. Sie sind Experten auf Dutzenden von Spezialgebieten und allesamt an einer interdisziplinären Zusammenarbeit interessiert. Jeder von ihnen arbeitet an einer auswärtigen Institution, die ihm gute Voraussetzungen für seine Forschungstätigkeit bietet. Zugleich aber schätzt ein jeder den Anschluß an das SFI, der es ihm erlaubt, Kontakte zu knüpfen, die sich aus irgendeinem Grund zu Hause nicht so leicht einfädeln lassen. Diese Institutionen sind entweder große industrielle Forschungslabors, Universitäten oder staatliche Forschungseinrichtungen (insbesondere das nahegelegene Los Alamos National Laboratory hat dem Institut viele brillante und fleißige Mitglieder zugeführt).

Die Wissenschaftler, die sich mit der Erforschung komplexer adaptiver Systeme befassen, sind dabei, einige allgemeine Prinzipien zu formulieren, die allen derartigen Systemen zugrunde liegen; um diese Prinzipien aufzuspüren, bedarf es eines intensiven Gedankenaustauschs und einer engen Zusammenarbeit zwischen Spezialisten unterschiedlichster Fachrichtungen. Die gründliche und kreative Forschungsarbeit auf jedem einzelnen Spezialgebiet bleibt natürlich nach wie vor wichtig. Doch zugleich besteht ein dringendes Bedürfnis nach Integration dieser Spezialgebiete. Eine Handvoll Wissenschaftler, die sich von Spezialisten zu Generalisten in der Erforschung von Einfachheit und Komplexität oder komplexer adaptiver Systeme wandeln, liefern hierzu wichtige Beiträge.

Die erfolgreiche Meisterung dieses Umstellungsprozesses ist oft mit einer bestimmten Denkhaltung verbunden. Von Nietzsche stammt die Unterscheidung zwischen »apollinischen Menschen«, die sich der Logik analytischer Vorgehensweise und nüchterner Abwägung der Beweislage verschreiben, und »dionysischen Menschen«, die stärker zu intuitivem und synthetischem Denken sowie zu leidenschaftlicher Selbstentgrenzung neigen. Diese Wesenszüge werden manchmal mit der schwerpunktmäßigen Aktivität der linken beziehungsweise rechten Hirnhälfte in Zusammenhang gebracht. Einige Menschen gehören jedoch offenbar in eine andere Kategorie, nämlich die der »odysseischen« Individuen, die bei ihrer Suche nach interdisziplinären Zusammenhängen beide Grundhaltungen miteinander verbinden. Diese Menschen, die sich in herkömmlichen Institutionen häufig verlassen fühlen, finden am SFI ein besonders gedeihliches Umfeld.

Am SFI sind folgende Fachgebiete vertreten: Mathematik, Informatik, Physik, Chemie, Populationsbiologie, Ökologie, Evolutionsbiologie, Entwicklungsbiologie, Immunologie, Archäologie, Linguistik, Politikwissenschaft, Wirtschaftswissenschaften und Geschichtswissenschaft. Das SFI veranstaltet Seminare und gibt Forschungsberichte über verschiedene Themen heraus, als da sind: die Ausbreitung der AIDS-Epidemie, die zyklisch verlaufende weiträumige Entsiedlung prähistorischer Pueblos im Südwesten der USA, die Nahrungserwerbsstrategien von Ameisenkolonien, die Möglichkeiten, die nichtzufälligen Aspekte von Kursschwankungen auf Finanzmärkten gewinnbringend zu nutzen, die Auswirkungen der Beseitigung einer wichtigen Spezies auf ökologische Lebensgemeinschaften, die Simulation der biologischen Evolution mit Hilfe von Computerprogrammen und die Entstehung der uns vertrauten Welt aus den Gesetzen der Quantenmechanik.

Bei dem (in Kapitel 22 beschriebenen) Versuch, Wege aufzuzeigen, wie die Menschheit dauerhaft tragfähige Interaktionsmuster mit sich und dem Rest der Biosphäre entwickeln kann, arbeiten wir sogar mit anderen Organisationen zusammen. Gerade in diesem Punkt müssen wir uns von der – in akademischen und politischen Kreisen – weitverbreiteten Vorstellung lösen, nur die detaillierte Forschung auf einem Spezialgebiet sei ernst zu nehmen. Wir müssen lernen, den nicht minder wichtigen Beitrag derer zu schätzen, die es wagen, einen, wie ich es nenne, »groben Blick auf's Ganze zu werfen«.

Obwohl das SFI eines der ganz wenigen Forschungszentren in der Welt ist, die sich ausschließlich dem Studium einfacher und komplexer Phänomene in den unterschiedlichsten Disziplinen widmen, ist es doch keineswegs der einzige – oder auch nur der wichtigste – Ort, an dem bedeutende Forschungsarbeiten über die verschiedenen einschlägigen Themen durchgeführt werden. Zu zahlreichen Einzelprojekten des Instituts laufen Parallelstudien an anderen Orten der Welt, und in vielen Fällen haben ursprünglich andere Institutionen die relevanten Forschungsarbeiten in Angriff genommen, oft noch vor der Gründung des SFI im Jahre 1984. An manch einer dieser Institutionen arbeiten Schlüsselpersonen der »Santa-Fe-Familie«.

Ich möchte mich für den Anschein der Werbung für das SFI entschuldigen, zumal da die Eigenart der Beziehung zwischen dem Institut und anderen Forschungs- und Lehranstalten in einigen Büchern, die Wissenschaftsjournalisten in den letzten Jahren publiziert haben, verzerrt wiedergegeben worden ist. Diese Glorifizierung des SFI auf Kosten anderer Forschungseinrichtungen hat viele unserer dort tätigen Kollegen, vor allem in Europa, verärgert. Ich bedauere es, wenn mein Buch einen ähnlich irreführenden Eindruck erweckt. Ich stelle das SFI einfach deshalb in den Vordergrund, weil ich einige der dort ausgeführten Forschungsvorhaben beziehungsweise der damit befaßten Wissenschaftler, die zeitweise als Gäste am Institut weilen, gut kenne. Über andere Forschungen, selbst wenn diese früher vorgenommen wurden, bin ich weitaus schlechter unterrichtet.

Jedenfalls möchte ich an dieser Stelle ein paar der führenden Institutionen (in beliebiger Reihenfolge) erwähnen, an denen – oftmals seit vielen Jahren – bedeutende Forschungsprojekte über Themen im Zusammenhang mit Einfachheit, Komplexität und komplexen adaptiven Systemen durchgeführt werden. Damit laufe ich natürlich Gefahr, den Zorn jener Wissenschaftler an diesen Einrichtungen auf mich zu ziehen, die ich nicht in diese ausschnittsweise Liste aufnehme:

Die École Normale Supérieure in Paris; das Max-Planck-Institut für Biophysikalische Chemie in Göttingen, dessen Direktor Manfred Eigen ist; das Institut für Theoretische Chemie in Wien, das von Peter Schuster geleitet wurde (der gegenwärtig ein neues Institut in Jena aufbaut); die University of Michigan, wo Arthur Burks, Robert Axelrod, Michael Cohen und John Holland die »BACH-Gruppe« bilden, eine interdisziplinäre Arbeitsgruppe, die sich seit langem mit Problemen komplexer Systeme befaßt – sie alle sind in unterschiedlichem Maße mit dem SFI verbunden, insbesondere John Holland, der neben mir als stellvertretender Vorsitzender des Wissenschaftlichen Beirates fungiert; die Universität Stuttgart, wo Hermann Haken und seine Mitarbeiter sich unter dem Oberbegriff »Synergetik« seit langem mit der Erforschung komplexer Systeme in der Physik beschäftigen; die Freie Universität Brüssel, wo seit vielen Jahren interessante Forschungen durchgeführt werden; die Universität Utrecht; der Fachbereich Reine und Angewandte Wissenschaften der Universität Tokio; das ATR nahe Kyoto, an das Thomas Ray von der University of Delaware gewechselt ist; die Zentren für das Studium nichtlinearer Phänomene an mehreren Zweigstellen der University of

California einschließlich Santa Cruz, Berkeley und Davis; die University of Arizona; das Center for Complex Systems Research am Beckmann Institute der University of Illinois in Urbana; das Programm »Computation und Neural Systems« am Beckmann Institute des California Institute of Technology; die Chalmers-Universität in Göteborg; NORDITA in Kopenhagen; das Internationale Institut für Angewandte Systemanalyse in Wien; und das Institut für den Wissenschaftlichen Austausch in Turin.

Freunde und Kollegen, deren Arbeiten ich sehr schätze, waren so freundlich, verschiedene Versionen des Manuskripts bis hin zur Endfassung durchzusehen. Ich danke ihnen sehr für ihre Hilfe, auch wenn ich aufgrund des Zeitdrucks nur einen Teil ihrer wertvollen Ratschläge berücksichtigen konnte. Dazu gehören Charles Bennett, John Casti, George Johnson, Rick Lipkin, Seth Lloyd, Cormac McCarthy, Harold Morowitz und Carl Sagan. Außerdem haben einige in verschiedenen Fachgebieten ausgewiesene Experten bestimmte Abschnitte des Manuskripts gründlich überprüft, unter anderem Brian Arthur, James Brown, James Crutchfield, Marcus Feldman, John Fitzpatrick, Walter Gilbert, James Hartle, Joseph Kirschvink, Christopher Langton, Benoit Mandelbrot, Charles A. Munn III., Thomas Ray, J. William Schopf, John Schwarz und Roger Shepard. Selbstverständlich bin allein ich – und nicht diese hilfsbereiten und hochkompetenten Wissenschaftler – für die zweifellos verbleibenden Fehler verantwortlich.

Jeder, der mich kennt, weiß, wie verhaßt mir Fehler sind. Das äußert sich beispielsweise darin, daß ich in jedem amerikanischen Restaurant, in das ich gehe, die auf den Speisekarten auftauchenden französischen, italienischen und spanischen Wörter korrigiere. Wenn ich in einem Buch auf einen Fehler stoße, werde ich sogleich äußerst ungehalten und frage mich, was ich wohl von einem Autor lernen kann, der sich bereits in mindestens einem Punkt erwiesenermaßen geirrt hat. Gehen die Fehler auf mein Konto oder betreffen sie meine Arbeit, erfaßt mich maßloser Zorn. Der Leser dieses Buches kann sich daher unschwer die Zerknirschung ausmalen, die mich beim bloßen Gedanken daran überkommt, daß meine Freunde und Kollegen nach der Veröffentlichung Dutzende schwerwiegender Fehler finden, die sie – schadenfroh oder mitfühlend – dem perfektionistischen Autor hinterbringen. Auch geht mir immer wieder die fiktive Gestalt durch den Kopf, die mir Robert Fox (der sich mit dem Problem der menschlichen Übervölkerung befaßt) beschrieben hat: die eines norwegischen Leuchtturmwärters, der in langen Winternächten nichts anderes zu tun hat, als Bücher zu lesen und nach Fehlern zu suchen.

Besonderen Dank möchte ich meiner sachkundigen und engagierten Assistentin, Diane Lams, aussprechen für all ihre Hilfe in der Phase der Entstehung und Überarbeitung des Buches, für die kompetente Erledigung meiner Angelegenheiten, so daß mir hinreichend viel Zeit und Energie für das Projekt blieben, und namentlich dafür, daß sie meine schlechte Laune, die mich regelmäßig angesichts von Fristen heimsucht, geduldig ertragen hat.

Mein Verlag, W. H. Freeman and Company, zeigte großes Verständnis für meine Schwierigkeiten, Terminpläne einzuhalten, und stellte mir einen fabelhaften Lektor, Jerry Lyons (der mittlerweile beim Springer-Verlag tätig ist) zur Seite, mit dem zusammenzuarbeiten eine Freude war. Ich möchte ihm nicht nur für seinen persönlichen Einsatz, sondern ebenso für seinen Humor und seine Freundlichkeit und für die vielen schönen Stunden danken, die Marcia und ich mit ihm und seiner wunderbaren Frau Lucky verbrachten. Meine Dankbarkeit gilt auch Sara Yoo, die unermüdlich zahllose Kopien des Manuskripts und der überarbeiteten Fassungen an ungeduldige Verlage rund um die Welt geschickt hat. Liesl Gibson sage ich Dank für ihre freundliche und sehr tüchtige Hilfe bei der Anmahnung von Manuskriptteilen.

Gerne bedanke ich mich für die Gastfreundschaft der vier Forschungseinrichtungen, an denen ich während der Niederschrift dieses Buches tätig war: Caltech, SFI, das Aspen Center for Physics und das Los Alamos National Laboratory. Dank gebührt auch der Alfred P. Sloan Foundation und den US-Behörden, die im gleichen Zeitraum meine Forschungen gefördert haben: dem Energieministerium und dem Air Force Office of Scientific Research. (Einige Leser mögen mit Verwunderung zur Kenntnis nehmen, daß diese beiden Behörden Forschungsarbeiten wie die meinen finanzieren, die weder geheim sind noch mit Waffentechnik zu tun haben. Daß diese Organisationen Projekte im Bereich der reinen Wissenschaft fördern, zeugt von ihrer Weitsichtigkeit.) Dank auch Jeffrey Epstein, der mit einer Spende an das SFI meine Arbeit unterstützte.

Am Los Alamos National Laboratory haben vor allem der Leiter des Labors, Sig Hecker, der Leiter der theoretischen Abteilung, Richard Slansky, und der Verwaltungsdirektor dieser Abteilung, Stevie Wilds, großes Entgegenkommen gezeigt. Am Santa Fe Institute war jeder Mitarbeiter der Verwaltung und des Lehrkörpers sehr hilfsbereit. Am Caltech waren der Präsident, der Verwaltungsdirektor und die ausscheidenden und neu berufenen Lehrstuhlinhaber der Abteilungen Physik, Mathematik und Astronomie überaus kooperativ, desgleichen John Schwarz und die wundervolle Dame, die seit über zwanzig Jahren als Sekretärin der Arbeitsgruppe für Elementarteilchentheorie tätig ist – Helen Tuck. Schließlich möchte ich auch Sally Mencimer – seit über dreißig Jahren die »Seele« des Aspen Center for Physics – für ihre zahlreichen Gefälligkeiten danken.

Schreiben ist mir niemals leichtgefallen, vermutlich weil mein Vater alles, was ich als kleiner Junge schrieb, so heftig kritisierte. Daß ich dieses Projekt überhaupt fertigstellen konnte, verdanke ich meiner geliebten Frau Marcia, die mich beflügelte und es immer wieder fertigbrachte, daß ich mit der Arbeit fortfuhr. Ihre Unterstützung war auch in manch anderer Hinsicht unentbehrlich. Als Dichterin und Professorin für Englisch konnte sie mir einige meiner schlimmsten sprachlichen Unsitten abgewöhnen, auch wenn bedauerlicherweise sehr viele stilistische Schwächen bleiben, die keineswegs ihr angelastet werden dürfen. Sie brachte mich dazu, an einem Computer zu arbeiten; mit der Zeit wurde ich geradezu süchtig danach, und heute scheint es mir unbegreiflich, wie ich jemals daran denken konnte, ohne Computer zu arbeiten. Darüber hinaus war sie eine ideale Probeleserin für das Buch, da sie einerseits wenig Kenntnisse in Naturwissenschaften und Mathematik besitzt, andererseits an beidem großes Interesse hat.

Man hat mir oft geraten, bei Vorlesungen oder sonstigen Vorträgen eine bestimmte Person unter den Zuhörern herauszugreifen und den Vortrag an diese Person zu richten und sogar wiederholten Blickkontakt mit ihr zu suchen. In gewissem Sinne habe ich genau das beim Schreiben dieses Buches getan. Es ist Marcia gewidmet, die mich unermüdlich auf Stellen aufmerksam gemacht hat, an denen die Erklärungen unzureichend oder die Darstellungen zu abstrakt waren. Ich habe Teile des Buches so lange überarbeitet, bis sie sie verstanden und gutgeheißen hat. Wie in manch anderer Hinsicht wäre mehr Zeit hilfreich gewesen. Es gibt noch immer mehrere Abschnitte, bei denen sie sich mehr Klarheit gewünscht hätte.

Nun, da ich letzte Hand an das Buch lege, wird mir klar, daß ich noch nie so hart an einer Sache gearbeitet habe. Forschung in theoretischer Physik ist etwas ganz anderes. Natürlich leistet ein Theoretiker ab und an sehr viel – bewußte und unbewußte – Gedankenarbeit. Doch jeden Tag oder alle paar Tage einige Stunden Reflexion oder Rechenarbeit sowie intensive Diskussionen mit Kollegen und Studenten haben in der Regel als eigentliche Arbeit genügt – Zeit, die ich am Schreibtisch oder an der Tafel verbrachte. Ein Buch zu schreiben bedeutet hingegen, daß man fast täglich stundenlang an der Computertastatur sitzt. Für einen im Grunde faulen Menschen wie mich war dies ein regelrechtes Schockerlebnis.

Der aufregendste Aspekt beim Schreiben dieses Buches war freilich das ständige Bewußtsein, daß das Projekt selbst ein komplexes adaptives System ist. In jeder Phase der Ausarbeitung besaß ich ein gedankliches Modell (bzw. Schema) des Buches, eine prägnante Zusammenfassung dessen, wie es als vollendetes Werk einmal aussehen sollte. Diese Zusammenfassung muß natürlich mit sehr vielen Details angereichert werden, um ein Kapitel oder einen Teil zu ergeben. Nachdem dann mein Lektor, meine Freunde und Kollegen sowie Marcia und ich ein abgeschlossenes Kapitel durchgesehen hatten, wirkten sich die Kommentare und die Kritik nicht nur auf den Text dieses Kapitels, sondern auch auf das gedankliche Modell selbst aus, so daß oftmals eine Modellvariante zum Tragen kam. Sobald diese Variante ihrerseits mit Details angereichert wird, um weitere Textabschnitte hervorzubringen, wiederholt sich der gleiche Vorgang. So entwickelt sich das Konzept der gesamten Arbeit stetig fort.

Das Ergebnis dieses evolutionären Prozesses ist das Buch, das Sie gerade lesen. Ich hoffe, es vermittelt ein wenig von dem Nervenkitzel, den alle jene Wissenschaftler bei der Erforschung der Kette von Beziehungen, die das Quark mit dem Jaguar und mit dem Menschen verbinden, empfinden.

TEIL I
DAS EINFACHE UND DAS KOMPLEXE

1 Prolog:
Eine Begegnung im Dschungel

Nie habe ich in freier Wildbahn einen Jaguar in voller Größe zu Gesicht bekommen. Auf endlosen Streifzügen durch Wälder der amerikanischen Tropen, vielen Bootsausflügen auf mittel- und südamerikanischen Flüssen habe ich kein einziges Mal jenen Augenblick atemloser Spannung erlebt, in dem man der mächtigen gefleckten Großkatze in ihrer ganzen Pracht ansichtig wird. Mehrere Freunde haben mir jedoch erzählt, daß die Begegnung mit einem Jaguar einen dazu bringen kann, die Welt mit anderen Augen zu betrachten.

Am nächsten kam ich einem Jaguar 1985 im Tiefland-Regenwald Ostekuadors, unweit des Napo River, eines Nebenflusses des Amazonas. Hier haben sich Indianer aus dem Hochland angesiedelt; sie haben kleine Waldstücke gerodet, die sie landwirtschaftlich nutzen. Sie sprechen noch heute Quechua, einst die offizielle Sprache des Inka-Reiches, und sie haben einige der natürlichen Merkmale der Landschaft Amazoniens mit eigenen Namen belegt.

Beim Überfliegen dieser Landschaft, die sich über Tausende Kilometer von Nord nach Süd und von Ost nach West erstreckt, sieht man in der Tiefe Flüsse sich gleich Bändern durch den Wald schlängeln. Oft werden aus solchen Flußbiegungen Mäander, wie man sie vom Mississippi kennt; die Mäander wiederum verwandeln sich in Altwasserseen, deren jeder durch ein Rinnsal mit dem Hauptfluß verbunden ist. Die ortsansässigen spanischsprachigen Einwohner nennen einen solchen See *cocha*, dieses Quechua-Wort steht zugleich für Hochlandseen und das Meer. Vom Flugzeug aus kann man diese *cochas* in all ihren Entwicklungsstadien beobachten: von der gewöhnlichen Flußbiegung über den Mäander, den neuentstandenen *cocha*, bis zur »ökologischen Sukzession«, die einsetzt, wenn mit dem langsamen Austrocknen der Seen der Wald diese über eine etappenweise Wiederbesiedlung mit Pflanzenarten allmählich zurückerobert. Nach einer gewissen Zeit ist der See aus der Luft nur noch als ein hellgrüner Fleck inmitten des dunkelgrünen Waldteppichs auszumachen, um schließlich, nach einem oder mehreren Jahrhunderten, nahtlos im älteren Regenwald aufzugehen.

Meine einzige flüchtige Begegnung mit einem Jaguar ereignete sich auf einem Waldweg unweit des Paña Cocha, des »Piranha-Sees«. Meine Begleiter und ich hatten dort Exemplare von drei verschiedenen Piranha-Arten gefangen und gegrillt, die allesamt köstlich schmeckten. Diese Fische sind keineswegs so gefährlich, wie man gemeinhin annimmt. Zwar attackieren sie mitunter Menschen, und ein Schwimmer, der gebissen wurde, sollte das Wasser verlassen, damit das Blut nicht weitere Piranhas anzieht. Allerdings landen weitaus mehr Piranhas in den Kochtöpfen der Menschen als Menschen in den Mägen von Piranhas.

Nachdem wir uns etwa eine Stunde weit vom See entfernt hatten, scheuchten wir eine Herde Pekaris auf und spürten sogleich, daß sich unmittelbar vor uns ein anderes großes Säugetier befinden mußte. Wir nahmen einen strengen, beißenden Geruch wahr, ganz und gar anders als der von Wildschweinen, und hörten das knisternde Geräusch, wie es ein schwerer Körper, der durch das Unterholz schleicht, verursacht. Kaum erblickte ich die Schwanzspitze des Tieres, als es schon wieder im Buschwerk verschwand. »Jaguar«, flüsterte der Führer. Der Herr der Tiere, das Sinnbild der Macht von Priestern und Herrschern, hatte unseren Weg gekreuzt.

Kein Jaguar, eine andere, kleinere Dschungelkatze, war es, die mein Leben ändern sollte. Sie machte mir bewußt, in welchem Ausmaß die meisten meiner scheinbar divergierenden Interessen eine Einheit bildeten. Vier Jahre nach dieser Begegnung in Ekuador erkundete ich, fern vom ehemaligen Imperium der Inkas, ein anderes Waldgebiet der amerikanischen Tropen. In dieser Region hatte ebenfalls eine präkolumbianische Hochkultur ihre Blüte erreicht: die Kultur der Mayas. Ich hielt mich im Nordwesten Belizes auf, nahe der Grenzen zu Guatemala und Mexiko, in einem Ort namens Chan Chich; im lokalen Maya-Dialekt heißt das soviel wie »kleiner Vogel«.

Heute leben in dieser Region viele Menschen, die Maya-Sprachen beherrschen, und man stößt in diesem Teil Mittelamerikas allenthalben auf Spuren der klassischen Maya-Kultur. Am eindrucksvollsten aber ist die Vergangenheit in den Überresten der Städte präsent, die die Mayas verließen. Eine der imposantesten ist Tikal mit seinen riesigen Pyramiden und Tempeln; sie liegt in der Nordostecke Guatemalas, keine zweihundert Kilometer von Chan Chich entfernt.

Die Spekulationen über den Niedergang der klassischen Maya-Kultur vor über tausend Jahren sind Legion. Doch liegen die Ursachen dafür bis auf den heutigen Tag im dunkeln und geben immer wieder Anlaß zu Kontroversen. Wurde das einfache Volk der Frondienste überdrüssig, die es auf Geheiß der Herrscher und des Adels zu erbringen hatte? Verlor es den Glauben an das ausgeklügelte religiöse System, das die Macht der Eliten zementierte und das gesellschaftliche Gefüge zusammenhielt? Führten die Kriege zwischen den zahlreichen Stadtstaaten zu einer allgemeinen Erschöpfung? Versagten schließlich die außergewöhnlichen landwirtschaftlichen Methoden, mit denen die Ernährung der großen Bevölkerung im Regenwald sichergestellt wurde? Die Archäologen suchen weiterhin nach Anhaltspunkten für die Beantwortung dieser und weiterer Fragen. Zugleich müssen sie überlegen, inwieweit zwischen dem endgültigen Zusammenbruch der klassischen Kultur im Regenwald und den Vorgängen auf der trockeneren Halbinsel Yucatán, wo mancherorts unter dem Einfluß der Tolteken die nachklassische Kultur die klassische ablöste, ein Zusammenhang besteht.

Der Besuch einer so riesigen Ausgrabungsstätte wie Tikal ist natürlich ein unvergeßliches Erlebnis. Doch gewährt auch der Dschungel jenen, die bereit sind, die ausgetretenen Pfade zu verlassen, Glücksgefühle eigener Art. Völlig unerwartet kann man auf eine noch nicht ausgegrabene Ruine stoßen, die auf gängigen Landkarten nicht eingezeichnet ist.

Eine Ruine verrät sich von weitem als kleiner Hügel im Wald, der wie der Boden rundum mit Bäumen und Sträuchern bedeckt ist. Sobald man näher kommt, erhascht man einen flüchtigen Blick von dem alten, von Moosen, Farnen und Kriechpflanzen überwucherten Mauerwerk. Späht man genauer durch das Blattwerk, etwa von einem hochgelegenen Ort aus, kann man eine vage Vorstellung von der Größe und Gestalt des Bauwerks gewinnen. Die Einbildungskraft zaubert im Nu den Dschungel fort und beschwört das Bild einer ausgegrabenen und restaurierten Stätte der klassischen Maya-Kultur in ihrer ganzen Pracht herauf.

Der Wald um Chan Chich beherbergt ebenso viele Ruinen wie Tierarten. Hier kann man ausgewachsene Tapire beobachten, die ihre langen Nasen rümpfen, während sie ihre kleinen, gestreiften Jungen scharf im Auge behalten. Man kann das glänzende Gefieder der Pfauentruthühner bewundern, vor allem das der Männchen mit ihren leuchtend blauen Köpfen, die mit kleinen roten Höckern übersät sind. Und bei Nacht können im Lichtkegel einer Taschenlampe, die man auf die Krone eines Baumes richtet, unvermittelt großäugige Wickelbären auftauchen, die sich mit ihren Greifschwänzen an Ästen festklammern.

Als leidenschaftlichem Vogelbeobachter von Jugend auf bereitet es mir eine besondere Freude, die Stimmen flugunfähiger Waldvögel aufzuzeichnen und ihre Gesänge oder Rufe abzuspielen, um sie anzulocken und aus der Nähe zu beobachten (und ihre Stimmen noch besser aufzunehmen). Auf der Suche nach Vögeln wanderte ich eines Tages Ende Dezember allein auf einem Pfad unweit Chan Chich.

Mein Spaziergang war schon eine Weile ereignislos verlaufen. Ich hatte keine der Vogelarten, nach denen ich Ausschau hielt, gesichtet, ja nicht einmal ihre Stimmen vernommen. Da ich bereits über eine Stunde unterwegs war, konzentrierte ich mich nicht länger auf Vogelrufe und spähte nicht mehr nach Bewegungen im Dickicht. Meine Gedanken schweiften zu einem Thema ab, das einen Großteil meines Berufslebens ausgefüllt hat: der Quantenmechanik.

Die meiste Zeit meines Berufslebens als theoretischer Physiker befaßte ich mich mit der Erforschung der Elementarteilchen, den Grundbausteinen der gesamten Materie des Universums. Anders als experimentell arbeitende Teilchenphysiker muß ich mich nicht in der Nähe eines riesigen Beschleunigers oder in einem Labor tief unter der Erde aufhalten, um meiner Arbeit nachzugehen. Ich bin weder auf hochempfindliche Detektoren noch auf einen großen Mitarbeiterstab angewiesen. Ich brauche nicht mehr als einen Bleistift, ein paar Blatt Papier und einen Papierkorb. Nicht selten sind sogar diese Dinge entbehrlich. Für meine Arbeit genügt es schon, wenn ich gut geschlafen habe, mich nichts ablenkt und mich weder Sorgen noch Verpflichtungen belasten. Ob ich unter der Dusche stehe, auf einem nächtlichen Flug im Halbschlaf vor mich hin dämmere oder auf einem Dschungelpfad unterwegs bin: meine Arbeit kann mich überall hin begleiten.

Die Quantenmechanik ist an sich keine Theorie, sie ist vielmehr ein Rahmenmodell, mit dem sämtliche zeitgenössischen Theorien der Physik vereinbar sein müssen. Dieses Rahmenmodell fordert die Preisgabe des Determinismus, der die frühere, »klassische Physik« kennzeichnete, denn die Quantenmechanik erlaubt grundsätzlich nur die Berechnung von Wahrscheinlichkeiten. Die Physiker berechnen mit ihrer Hilfe die Wahrscheinlichkeiten für die verschiedenen möglichen Ergebnisse eines Experiments. Seit der Entdeckung der Quantenmechanik im Jahre 1924 haben sich ihre Vorhersagen immer als vollkommen zutreffend erwiesen, und zwar im Rahmen der Genauigkeit des jeweiligen Experiments und der entsprechenden Theorie. Doch ungeachtet ihres gleichbleibenden Erfolgs verstehen wir noch immer nicht genau, was sie wirklich – vor allem für das Universum als Ganzes – bedeutet. Seit über dreißig Jahren bemühen sich einige Kollegen um die Erarbeitung der – wie ich es nennen möchte – »modernen Interpretation« der Quantenmechanik. Mit ihr könnten wir die Quantenmechanik auf das gesamte Weltall und auch auf spezielle Ereignisse im Zusammenhang mit individuellen Objekten anwenden und müßten uns nicht länger auf wiederholbare Experimente über leicht reproduzierbare Sachverhalte beschränken. Auf meinem Spaziergang durch den Wald nahe Chan Chich grübelte ich über die Frage nach, wie man die Quantenmechanik im Prinzip dazu verwenden könnte, das Phänomen der Individualität zu behandeln: Wie kann man beschreiben, welche Fruchtstücke Papageien fressen werden oder auf welche Weise ein Baum während seines Wachstums ein Stück Mauerwerk aus einer Tempelruine heraussprengen kann?

Ich wurde aus meinen Gedanken gerissen, als auf dem Pfad, etwa hundert Meter vor mir, eine dunkle Gestalt auftauchte. Ich blieb stehen und führte vorsichtig meinen Feldstecher an die Augen, um das Wesen genauer zu betrachten. Es war eine mittelgroße Wildkatze, ein Jaguarundi. Sie stand quer auf dem Pfad, den Kopf mir zugewandt, so daß ich den charakteristisch abgeflachten Schädel, den langgestreckten Körper und die kurzen Beine (Merkmale, die einige Wissenschaftler dazu veranlaßten, sie »Wieselkatze« zu nennen) erkennen konnte. Die Körperlänge des Tieres – etwa ein Meter – und sein gleichmäßig grauschwarzes Fell deuteten darauf hin, daß es sich um ein ausgewachsenes Exemplar eher des dunklen als des rötlichen Typs handelte. Soweit ich weiß, hatte das Jaguarundi bereits eine Zeitlang dort gestanden, die bräunlichen Augen auf mich gerichtet, als ich, bestrickt von den Rätseln der Quantenmechanik, näher heranging. Obschon das Tier offenkundig auf der Hut war, schien es sich ausgesprochen wohl zu fühlen. Minutenlang, so schien es mir, starrten wir einander wie gebannt an. Es verharrte sogar weiter regungslos, als ich mich ihm bis auf etwa dreißig Meter genähert hatte. Nachdem es alles gesehen hatte, was es von diesem bestimmten Menschen sehen wollte, wandte es sich dem Wald zu, senkte seinen Kopf und verschwand langsam zwischen den Bäumen.

Solche Begegnungen sind selten. Das Jaguarundi ist ein scheues Tier. Aufgrund der Vernichtung seines natürlichen Lebensraumes in Mexiko und Mittel- und Südamerika hat sein Bestand im Lauf der Jahre so stark abgenommen, daß es mittlerweile auf der *Roten Liste der bedrohten Tierarten* steht. Seine Gefährdung wird noch verschärft durch seine offenkundige Unfähigkeit, sich in Gefangenschaft fortzupflanzen. Mein Erlebnis mit dieser einzelnen Wildkatze deckte sich mit meinen Gedanken zum Begriff der Individualität. Ich erinnerte mich in diesem Augenblick an eine ganz andere Begegnung mit dem Phänomen Individualität in der Natur.

Eines Tages im Jahre 1956 kehrte ich mit meiner (ersten) Frau Margaret von der University of California in Berkeley, an der ich einige Vorlesungen über theoretische Physik gehalten hatte, nach Pasadena zurück, wo ich am California Institute of Technology als junger Professor lehrte. Wir fuhren in unserem Hillman-Minx-Cabrio mit zurückgeschlagenem Verdeck. Damals kleideten sich die Hochschullehrer etwas förmlicher als heutzutage – ich trug einen grauen Flanellanzug und Margaret einen Rock und eine Bluse, Seidenstrümpfe und Stöckelschuhe. Wir befanden uns auf der Route 99 (die damals noch nicht zu einem Freeway ausgebaut war) unweit des Tejonpasses, zwischen Bakersfield und Los Angeles. Jedesmal, wenn wir durch diese Gegend kamen, suchte ich den Himmel ab, in der Hoffnung, einen flüchtigen Blick auf einen Kalifornischen Kondor zu erhaschen. Diesmal sah ich etwas Großes in geringer Höhe durch die Lüfte fliegen und rasch hinter dem Hügel zu unserer Rechten verschwinden. Ich wollte der Sache unbedingt auf den Grund gehen und stellte den Wagen am Straßenrand ab, ergriff mein Fernglas, sprang aus dem Auto und eilte den Hügel hinauf, wobei ich den größten Teil des Weges durch zähen roten Schlamm watete. Auf halber Höhe drehte ich mich um und sah, nicht weit hinter mir, Margaret, deren elegante Kleider wie die meinen von Schmutz bedeckt waren. Wir erreichten den Kamm zur gleichen Zeit und sahen auf einem Feld unter uns ein totes Kalb liegen, an dem sich elf Kalifornische Kondore gütlich taten. Sie stellten einen Großteil der damaligen Gesamtpopulation dieser Art dar. Wir beobachteten sie lange, wie sie fraßen, aufflogen, um kurze Strecken zurückzulegen, landeten, umherwanderten und sich erneut an dem Kadaver zu schaffen machten. Ich war zwar auf ihre gigantische Größe (die Spannweite ihrer Flügel beträgt etwa drei Meter), ihre leuchtend gefärbten kahlen Köpfe und ihr schwarzweißes Gefieder gefaßt. Überrascht war ich jedoch darüber, wie leicht wir sie an ihren verlorenen Federn auseinanderhalten konnten. Bei einem Exemplar fehlten am linken Flügel ein paar Flugfedern. Ein anderes wies eine keilförmige Lücke in den Schwanzfedern auf. Kein Vogel besaß ein unbeschädigtes Federkleid. Dies hatte einschneidende Wirkungen: Jeder Vogel war ein leicht identifizierbares Individuum, und die beobachtbare Individualität war eine unmittelbare Folge historischer Zufallsereignisse. Ich fragte mich, ob es sich um dauerhafte Lücken im Gefieder handelte, die auf die hohe Lebenserwartung der Kondore und ihre abenteuerliche Lebensweise zurückzuführen sei, oder um eine vorübergehende Folge der jährlichen Mauser. (Später erfuhr ich, daß Kondore jedes Jahr ihr Federkleid wechseln.) Wir alle sind daran gewöhnt, Menschen (und Haustiere) als Individuen zu betrachten. Der Anblick dieser deutlich unterscheidbaren Kondore aber festigte meine Überzeugung, ein Großteil der von uns wahrgenommenen Welt bestehe aus – belebten und unbelebten – individuellen Objekten, die jeweils ihre spezifische Geschichte haben.

Als ich nun, gut dreißig Jahre später, in diesem mittelamerikanischen Wald stand und auf die Stelle blickte, wo kurz zuvor das Jaguarundi gestanden hatte, mich an die zerzausten Kondore erinnerte und mir meine Gedanken zum Thema Geschichte und Individualität in der Quantenmechanik zurückrief, begriff ich mit einem Mal, daß meine beiden Welten – die Welt der fundamentalen Physik und die Welt der Kondore, der Jaguarundis und der Maya-Ruinen – schließlich zu einer Einheit verschmolzen waren.

Über Jahrzehnte hinweg habe ich mich diesen beiden geistigen Leidenschaften gewidmet: meiner beruflichen Arbeit, bei der ich mich um das Verständnis der universellen Gesetze, denen die elementaren Bausteine der Materie gehorchen, bemühe, und meinem Hobby, als Amateurforscher die Evolution des Lebens auf der Erde und die der menschlichen Kultur zu erkunden. Ich habe immer gespürt, daß diese beiden Interessensgebiete irgendwie eng miteinander verknüpft sind, doch wußte ich lange Zeit nicht, auf welche Weise (außer, daß sie beide die Schönheit der Natur zum Gegenstand haben).

Man könnte meinen, daß zwischen der fundamentalen Physik

und den anderen Fachgebieten eine große Kluft besteht. In der Elementarteilchenphysik befassen wir uns mit Objekten wie dem Elektron und dem Photon, die sich jeweils unabhängig von ihrem Aufenthaltsort im Universum völlig gleich verhalten. So sind sämtliche Elektronen beliebig gegeneinander austauschbar, und das gleiche gilt für die Photonen. Elementarteilchen besitzen keine Individualität.

Die Gesetze der Elementarteilchenphysik gelten als exakt, universell und unveränderlich (abgesehen von möglichen kosmologischen Erwägungen), auch wenn wir Naturwissenschaftler uns durch sukzessive Approximationen an diese Gesetze herantasten mögen. Disziplinen wie Archäologie, Linguistik und Naturgeschichte befassen sich dagegen mit einzelnen Reichen, Sprachen und Arten und auf der Ebene größerer Detailgenauigkeit mit einzelnen Gebrauchsgegenständen, Wörtern und Organismen einschließlich des Menschen. In diesen Disziplinen haben Gesetze den Charakter von Näherungen; außerdem beziehen sie sich auf geschichtliche Vorgänge und jene Form der Entwicklung, die biologische Arten oder menschliche Sprachen und Kulturen durchlaufen.

Aber die fundamentalen Gesetze der Quantenmechanik bringen tatsächlich Individualität hervor. Im Verlauf der physikalischen Entwicklung des Universums, die sich in Einklang mit diesen Gesetzen vollzieht, sind, über den ganzen Kosmos verstreut, individuelle Objekte, wie unser Planet Erde, entstanden. Anschließend haben dieselben Gesetze durch Prozesse wie die biologische Evolution auf der Erde individuelle Objekte, etwa das Jaguarundi und die Kondore, die anpassungs- und lernfähig sind, hervorgebracht, und schließlich andere individuelle Objekte, wie die Menschen, die Sprachen und Kulturen erschaffen und die fundamentalen physikalischen Gesetze entdecken können.

Einige Jahre lang waren sowohl diese Kette von Beziehungen als auch die Gesetze selbst Gegenstand meiner Forschungsarbeiten. Ich hatte beispielsweise darüber nachgedacht, was komplexe adaptive Systeme, die Lern- und biologische Evolutionsprozesse durchlaufen, von evolvierenden Systemen (wie etwa Galaxien und

Sterne) die nichtadaptiv sind, unterscheidet. In die Kategorie komplexer adaptiver Systeme gehören ein Kind, das seine Muttersprache erlernt, ein Bakterienstamm, der eine Antibiotikaresistenz entwickelt, die wissenschaftliche Fachgemeinschaft, die neue Theorien überprüft, ein Künstler, der einen schöpferischen Einfall hat, eine Gesellschaft, die neue Sitten und Gebräuche ausbildet oder ein neues Glaubenssystem übernimmt, ein Computer, der so programmiert ist, daß er neue Schachspielstrategien entwirft, oder die Menschheit, die neue Lebensweisen konzipiert, um in besserem Einklang mit sich und den übrigen Organismen auf dem Planeten Erde zu leben.

Die Erforschung komplexer adaptiver Systeme und ihrer gemeinsamen Merkmale hat ebenso wie die Arbeit an der modernen Interpretation der Quantenmechanik und die Suche nach einer angemessenen Definition von Einfachheit und Komplexität stetig Fortschritte erzielt. Um die interdisziplinäre Erforschung dieser Probleme weiter voranzutreiben, habe ich zusammen mit anderen Wissenschaftlern das Santa Fe Institute in Santa Fe, New Mexico, gegründet.

Erst die Begegnung mit dem Jaguarundi in Belize machte mir in vollem Maße bewußt, welche Fortschritte meine Kollegen und ich bei der Erforschung der Beziehung zwischen dem Einfachen und dem Komplexen, zwischen dem Universellen und dem Individuellen, zwischen den elementaren Naturgesetzen und den spezifischen, auf die Erde bezogenen Fachgebieten, die mir immer am Herzen lagen, bereits verzeichnen können.

Je mehr ich über die Eigenart dieser Beziehung erfuhr, um so stärker wurde mein Wunsch, dieses Wissen an andere weiterzugeben. Erstmals in meinem Leben verspürte ich das dringende Bedürfnis, ein Buch zu schreiben.

2 Früher Erkenntnisdrang

Der Titel des vorliegenden Buches entsprang einem Vers aus einem Gedicht meines Freundes Arthur Sze, eines brillanten chinesisch-amerikanischen Dichters, der in Santa Fe lebt. Ich lernte ihn durch seine Frau, Ramona Sakiestewa, eine talentierte Weberin vom Stamm der Hopi-Indianer, kennen. Der Vers lautet: »Das Reich des Quark gleicht einem Jaguar, der in der Nacht umherstreicht.«

Quarks sind Elementarteilchen, Bausteine des Atomkerns. Ich bin einer der beiden Theoretiker, die ihre Existenz vorhersagten, und ich gab ihnen ihren Namen. Im Titel dieses Buches steht das Quark für die einfachen physikalischen Grundgesetze, die das Weltall und die gesamte darin enthaltene Materie beherrschen. Viele Menschen mögen der Ansicht sein, das Adjektiv »einfach« passe nicht auf die moderne Physik. In welchem Sinne die Physik einfach ist, das zu erklären, ist durchaus eines der Ziele dieses Buches.

Der Jaguar steht für die Komplexität der Welt um uns, wie sie sich vor allem in komplexen adaptiven Systemen manifestiert. Zusammengenommen drücken – für mein Empfinden – Arthurs Bilder des Quarks und des Jaguars auf perfekte Weise die beiden Aspekte der Natur aus, die ich das Einfache und das Komplexe nenne: einerseits die grundlegenden physikalischen Gesetze der Materie und des Weltalls, andererseits das vielgestaltige Gefüge der Welt, die wir direkt wahrnehmen und deren Teil wir sind. So wie das Quark ein Symbol für die Gesetze der Physik ist, die, einmal entdeckt, gestochen scharf vor dem analytischen Auge des Geistes erstehen, so ist der Jaguar, zumindest für mich, eine mögliche Metapher für das schwer erfaßbare komplexe adaptive System, das sich noch immer dem klaren analytischen Blick entzieht, obgleich man im Busch seinen beißenden Geruch wahrnehmen kann.

Wie kam es, daß mich schon als Kind Disziplinen wie die Naturgeschichte faszinierten? Und wie und weshalb wurde ich später Physiker?

Ein neugieriges Kind

Den größten Teil meiner frühen Erziehung verdanke ich meinem neun Jahre älteren Bruder Ben. Als ich drei Jahre alt war, brachte er mir (anhand der Aufschrift auf einer Kräcker-Schachtel) das Lesen bei, er zeigte mir auch, wie man Vögel und Säugetiere beobachtet, wie man botanisiert und Insekten sammelt. Obgleich wir in New York, und zwar überwiegend im Stadtteil Manhattan, lebten, bot sich selbst dort reichlich Gelegenheit, die Natur zu erkunden. Ich hielt New York für einen fast kahlgeschlagenen Hemlocktannen-Wald. Wir verbrachten viel Zeit in dem kleinen Restbestand, unmittelbar nördlich des Bronx-Zoos. Es gab noch viele weitere Stellen mit intakten Habitaten, wie etwa den Van Cortlandt Park mit seiner Süßwassermarsch, das New Dorp Gebiet auf Staten Island mit seinem Strand und seiner Salzwassermarsch und sogar, in unserer unmittelbaren Nachbarschaft, den Central Park, der vor allem während der Vogelzüge im Frühjahr und Herbst eine interessante Vogelfauna beherbergte.

Ich lernte die Artenvielfalt kennen und die eindrucksvolle Weise, in der diese Vielfalt organisiert ist. Wer am Rand eines Sumpfes entlangspaziert und ein Gelbkehlchen erblickt oder sein »Wichita, Wichita, Wichita« vernimmt, kann damit rechnen, bald auf ein zweites Exemplar zu treffen. Wer ein Fossil ausgräbt, wird wahrscheinlich in der Nähe auf ein weiteres Fossil des gleichen Typs stoßen. Nachdem ich Physiker geworden war, zerbrach ich mir eine Zeitlang den Kopf über die Frage, wie die fundamentalen Gesetze der Physik die Voraussetzungen für derartige Situationen schaffen. Es zeigte sich, daß die Antwort mit der Art und Weise zusammenhängt, wie die Quantenmechanik geschichtliche Phänomene behandelt, und daß die Erklärung letztlich in der Beschaffenheit des frühen Universums liegt. Doch abgesehen von solch tiefschürfenden physikalischen Fragen grübelte ich auch über das näherliegende Problem der Artbildung, das in der Biologie eine große Rolle spielt.

Es ist keineswegs selbstverständlich, daß es so etwas wie Arten gibt, und sie sind nicht bloß Artefakte des biologischen Erkenntnisprozesses, wie mitunter behauptet wurde. Der bedeutende Ornithologe und Biogeograph Ernst Mayr erzählt gerne, wie er als junger Wissenschaftler auf Neuguinea 127 Vogelarten identifizierte, die in dem Tal, in dem er arbeitete, nisten. Die Mitglieder des dort ansässigen Stammes differenzierten 126 Arten; der einzige Unterschied zwischen ihrer und seiner Liste bestand darin, daß sie zwei sehr ähnliche Gerygone-Arten, die Mayr aufgrund seiner wissenschaftlichen Ausbildung auseinanderhalten konnte, in einen Topf warfen. Noch bedeutender als die Übereinstimmung zwischen Menschen aus verschiedenen Kulturkreisen ist jedoch die Tatsache, daß die Vögel selbst darüber Auskunft geben können, ob sie zur selben Art gehören oder nicht. Denn Individuen verschiedener Arten paaren sich in der Regel nicht miteinander, und in den seltenen Fällen, in denen sie es doch tun, sind ihre Bastarde mit hoher Wahrscheinlichkeit unfruchtbar. Folglich gründet sich auch einer der gängigsten Artbegriffe auf die Feststellung, daß zwischen Mitgliedern verschiedener Arten kein Genaustausch stattfindet.

Auf meinen frühen Streifzügen durch die Natur beeindruckte mich die Tatsache, daß sich die Schmetterlinge, Vögel und Säugetiere, die wir sahen, eindeutig bestimmten Arten zuordnen ließen. Auf einem Spaziergang kann man Singspatzen, Sumpfspatzen, Sperlinge und Ammern zu Gesicht bekommen, aber höchstwahrscheinlich keine Sperlinge, die zwischen diese Kategorien fallen. Meinungsverschiedenheiten über die Frage, ob zwei Populationen zur selben Art gehören, treten vor allem dann auf, wenn sich die Populationen an verschiedenen Orten aufhalten oder wenn sie in verschiedenen Zeitabschnitten auftreten und mindestens eine fossil belegt ist. Ben und ich ergingen uns in Gesprächen darüber, wie alle Arten evolutionsgeschichtlich miteinander verwandt sind, ähnlich den Blättern eines »Stammbaumes«, wobei höhere Einheiten wie Gattungen, Familien, Ordnungen und so fort den Versuch darstellen, die Verzweigung dieses Baumes genauer aufzuklären. Zwei verschiedene Arten stehen sich verwandtschaftlich um so ferner, je weiter man die Verzweigung zurückverfolgen muß, um einen gemeinsamen Ahn zu finden.

Ben und ich verbrachten nicht unsere ganze Zeit in der freien Natur. Wir besuchten auch Museen einschließlich solcher, die über einen reichen Bestand an archäologischen Fundstücken (wie das Metropolitan Museum of Art) oder an Gegenständen aus dem mittelalterlichen Europa (wie das Cloisters) verfügen. Wir lasen Geschichtsbücher. Wir lernten, einige Inschriften in ägyptischen Hieroglyphen zu entziffern. Wir studierten rein zum Vergnügen lateinische, französische und spanische Grammatiken und stellten dabei fest, daß sich französische und spanische Wörter (und viele »Lehnwörter« im Englischen) vom Lateinischen herleiten. Aus Büchern über die indoeuropäische Sprachfamilie erfuhren wir, daß viele lateinische, griechische und englische Wörter in vielen Fällen eine gemeinsame Stammform besaßen, aus der sie sich nach ziemlich regelmäßigen Transformationsgesetzen entwickelt hatten. So entspricht zum Beispiel das englische Wort »salt« dem lateinischen *sal* und dem altgriechischen *hals*, und »six« im Englischen entspricht *sex* im Lateinischen und *hex* im Altgriechischen. Dem anlautenden »s« im Englischen und Lateinischen entspricht ein starker Hauchlaut im Altgriechischen, den wir durch ein »h« andeuten. Hier stießen wir auf einen anderen Stammbaum: den der Sprachen.

Historische Prozesse, Stammbäume, abgestimmte Biodiversität und individuelle Variation waren allgegenwärtig. Bei der Erkundung der biologischen Mannigfaltigkeit mußte ich auch erfahren, daß sie in vielen Fällen bedroht war. Ben und ich gehörten gewissermaßen zu den ersten Naturschützern. Wir erlebten, wie die wenigen Gebiete im Umkreis von New York, die sich noch mehr oder minder in natürlichem Zustand befanden, in dem Maße verschwanden, wie beispielsweise Sümpfe trockengelegt und mit einer Asphaltdecke überzogen wurden.

Schon in den dreißiger Jahren waren wir uns der Begrenztheit der Erde, der Beeinträchtigung von Pflanzen- und Tiergemeinschaften durch menschliche Aktivitäten und der Bedeutung einer Bevölkerungsbegrenzung genauso brennend bewußt wie des Bodenschutzes, der Walderhaltung und ähnlichem. Selbstverständlich brachte ich die notwendigen Veränderungen in Einstellung und Verhalten noch nicht in Zusammenhang mit der Entwicklung der menschlichen Gesellschaft als Ganzer in Hinblick auf größere Bewahrung, wie ich dies heute tue. Dennoch hatte ich bereits einige Vorstellungen über die Zukunft der Menschheit, die ich vor allem den sozialkritischen Schriften und naturwissenschaftlichen Zukunftsromanen von H. G. Wells entnommen hatte.

Ich mochte auch seine realistischen Romane. Zudem verschlang ich Sammelbände mit Kurzgeschichten, und Ben und ich lasen Anthologien englischer Dichter. Hin und wieder gingen wir in Konzerte und sogar in die Metropolitan Opera; da wir aber sehr arm waren, mußten wir uns die meiste Zeit mit kostenlosen Aktivitäten begnügen. Wir unternahmen einige plumpe Versuche, Klavier zu spielen und Opernarien sowie Lieder von Gilbert und Sullivan zu singen. Wir hörten Radio und versuchten, auf Kurz- und Langwelle weit entfernte Sender zu empfangen; jedesmal wenn wir Erfolg hatten, schrieben wir an die betreffende Sendeanstalt mit der Bitte, uns eine »Bestätigungskarte« zu schicken. Ich erinnere mich noch lebhaft an die Karten, die wir aus Australien bekamen und auf denen der Kookaburra-Vogel abgebildet war.

Ben und ich wollten die Welt verstehen und genießen und sie nicht auf eine willkürliche Weise in Stücke schneiden. Wir unterschieden nicht streng zwischen Kategorien wie den Naturwissenschaften, den Sozial- und Verhaltenswissenschaften und den Geisteswissenschaften oder der Kunst. Ich habe diese Unterscheidungen nie als grundlegend empfunden. Von jeher hat mich die Einheit der menschlichen Kultur, zu der die Wissenschaft als wichtiger Teil gehört, beeindruckt. Nicht einmal die Unterscheidung zwischen Natur und Kultur kann kategorische Gültigkeit beanspruchen; wir Menschen müssen uns vielmehr daran erinnern, daß wir ein Teil der Natur sind.

Auch wenn Spezialisierung ein unvermeidlicher Grundzug unserer Zivilisation ist, so muß sie doch durch integratives, interdisziplinäres Denken ergänzt werden. Ein sich selbst perpetuierendes Hindernis für eine solche Integration ist die Trennungslinie zwischen denjenigen, die etwas mit Mathematik anfangen können, und jenen, die sie nicht beherrschen. Ich hatte das Glück, von Kindesbeinen an in quantitativem Denken geschult zu werden.

Obwohl sich Ben für Physik und Mathematik interessierte, ermunterte mich hauptsächlich mein Vater zur Beschäftigung mit diesen Fachgebieten. Er hatte sein Studium an der Wiener Universität abgebrochen und war zu Beginn unseres Jahrhunderts in die Vereinigten Staaten eingewandert, um seinen Eltern unter die Arme zu greifen. Diese waren einige Jahre zuvor emigriert und lebten in New York, hatten jedoch Schwierigkeiten, ihren Lebensunterhalt zu verdienen. Mein Vater arbeitete zunächst in einem Waisenhaus in Philadelphia, wo ihm die Waisen Englisch und Baseball beibrachten. Obgleich er erst als junger Mann Englisch gelernt hat, waren seine Grammatik und seine Aussprache perfekt. In meinen Kindertagen hätte man allenfalls daraus, daß er nie einen Fehler machte, die Vermutung ableiten können, er sei im Ausland geboren.

Nachdem er mehrfach die Stelle gewechselt hatte, gründete er schließlich in den zwanziger Jahren die Arthur Gell-Mann School of Languages und war bemüht, anderen Einwanderern ein fehlerloses Englisch beizubringen. Er unterrichtete auch Deutsch und stellte Lehrer für Französisch, Spanisch, Italienisch und Portugiesisch ein. Die Schule war ein bescheidener Erfolg, bis sich im Jahre 1929, meinem Geburtsjahr, die Lage änderte. Nicht nur der Aktienmarkt brach zusammen, sondern es trat auch ein Gesetz in Kraft, das die Einwanderung in die Vereinigten Staaten drastisch begrenzte. Aufgrund der neuen Quoten verringerte sich die Zahl potentieller Schüler für die Schule meines Vaters, die zudem infolge der Rezession verarmte. Als ich drei Jahre alt war, machte die Schule Pleite, und mein Vater mußte eine schlechtbezahlte anspruchslose Beschäftigung bei einer Bank annehmen, um unseren Lebensunterhalt zu sichern. Er behielt diese Stelle bis zu seiner Pensionierung. Ich wurde in dem Glauben erzogen, die Zeit vor meiner Geburt sei die gute alte Zeit gewesen.

Mathematik, Physik und Astronomie faszinierten meinen Vater; er pflegte sich jeden Tag stundenlang in sein Arbeitszimmer einzusperren, um über Büchern zu brüten, die die Spezielle und Allgemeine Relativitätstheorie und die Expansion des Universums zum Gegenstand hatten. Er förderte mein Interesse an Mathematik, mit der ich mich aus eigenem Antrieb befaßte, und deren Kohärenz und Exaktheit ich bewunderte.

Während meines letzten Jahres auf der High School bewarb ich mich an der Universität Yale; in dem Zulassungsantrag mußte ich das gewünschte Hauptfach angeben. Als ich mit meinem Vater über die Wahl meines Studienfachs sprach, verhöhnte er meine Absicht, Archäologie oder Linguistik zu studieren, und meinte, dies seien brotlose Künste. Statt dessen empfahl er mir Ingenieurwissenschaften. Ich erwiderte, lieber würde ich Hunger leiden, und außerdem würde alles, was ich konstruierte, mit Sicherheit auseinanderfallen. (Nach einem später abgelegten Eignungstest sagte man mir: »Alles, nur nicht Ingenieurwissenschaften!«) Mein Vater schlug vor, wir sollten uns auf Physik einigen.

Ich erklärte, ich hätte auf der High School einen Physikkurs absolviert, der nicht nur der langweiligste Kurs im gesamten Lehrplan, sondern auch das einzige Fach gewesen sei, in dem ich schlecht abgeschnitten hatte. Wir hatten uns solche Dinge einprägen müssen wie die sieben Arten der einfachen Maschine: Hebel, Schraube, schiefe Ebene und so fort. Außerdem hatten wir Mechanik, Wärme, Schall, Licht, Elektrizität und Magnetismus durchgenommen, ohne daß man uns allerdings auf irgendwelche Verbindungen zwischen diesen Gebieten aufmerksam gemacht hätte.

Mein Vater gründete nun seine Fürsprache für die Physik nicht länger auf ökonomische Argumente, sondern auf den intellektuellen und ästhetischen Reiz dieser Wissenschaft. Er versicherte mir, die höhere Physik sei aufregender und befriedigender als der Grundkurs auf der High School und die Spezielle und Allgemeine

Relativitätstheorie sowie die Quantenmechanik würden mich begeistern. Ich beschloß, mich dem Willen des alten Mannes zu beugen, wohl wissend, daß ich mein Hauptfach nach der Zulassung in Yale immer noch ändern konnte. Als ich einmal in New Haven mein Studium begonnen hatte, war ich zu faul, um sogleich einen Fächerwechsel vorzunehmen. Es währte nicht lange, und die theoretische Physik hatte mich in ihren Bann gezogen. Mein Vater hatte mit seinen Versprechungen hinsichtlich der Relativitätstheorie und der Quantenmechanik recht behalten. Je tiefer ich in diese Gebiete eindrang, um so mehr begriff ich, daß die Schönheit der Natur sich ebensosehr in der Eleganz dieser fundamentalen Prinzipien manifestiert wie im Schrei eines Seetauchers oder in den lumineszierenden Spuren, die Tümmler bei ihren nächtlichen Zügen durchs Meer zurücklassen.

Komplexe adaptive Systeme

Ein wunderbares Beispiel für die einfachen Grundprinzipien der Natur ist das Gravitationsgesetz, vor allem Einsteins allgemeinrelativistische Theorie der Gravitation (auch wenn die meisten Menschen diese Theorie für alles andere als einfach halten). Das Phänomen der Gravitation führte im Verlauf der physikalischen Entwicklung des Universums zur Konzentration der Materie in Galaxien und später in Sternen und Planeten einschließlich der Erde. Diese Körper zeichneten sich von Anfang an durch Komplexität, Diversität und Individualität aus. Mit dem Auftreten komplexer adaptiver Systeme gewannen diese Eigenschaften dann eine neue Bedeutung. Auf der Erde ging die Entwicklung mit dem Ursprung des irdischen Lebens und mit dem Prozeß der biologischen Evolution einher, der die bemerkenswerte Vielfalt der Arten hervorbrachte. Unserer eigenen Spezies, die zumindest in gewisser Hinsicht die komplexeste Lebensform auf diesem Planeten darstellt, ist es gelungen, einen Großteil der grundsätzlichen Einfachheit einschließlich der Gravitationstheorie selbst zu entdecken.

Die wissenschaftliche Erforschung von Einfachheit und Komplexität, wie sie am Santa Fe Institute und anderen Forschungseinrichtungen rund um die Welt betrieben wird, umfaßt nicht nur die Herausarbeitung klarer Definitionen von »einfach« und »komplex«, sie ermittelt auch Ähnlichkeiten und Unterschiede zwischen komplexen adaptiven Systemen, die so verschiedenartige Prozesse betreffen wie die Entstehung des Lebens auf der Erde, die biologische Evolution, das Verhalten von Organismen in Ökosystemen, die Funktionsweise des Immunsystems der Säugetiere, Lernen und Denken bei Tieren (einschließlich des Menschen), die Entwicklung menschlicher Gesellschaften, das Verhalten von Anlegern in Finanzmärkten und die Arbeitsweise von Computersoftware oder -hardware, mit deren Hilfe Strategien oder Prognosen anhand von Daten aus der Vergangenheit erstellt werden sollen.

Gemeinsam ist all diesen Prozessen, daß jedes komplexe adaptive System Informationen über seine Umwelt und seine eigene Wechselwirkung mit dieser Umwelt aufnimmt, Regelmäßigkeiten in diesen Informationen erkennt, die es zu einem »Schema« oder Modell verdichtet, und in der realen Welt gemäß diesem Schema handelt. Es gibt jeweils mehrere konkurrierende Schemata, und die Folgen von Handlungen in der realen Welt wirken auf die Konkurrenz unter diesen Schemata zurück.

Jeder Mensch funktioniert in vielfältigster Weise als komplexes adaptives System. (In der Psychologie ist der Terminus »Schema« seit langem gebräuchlich; dort bezeichnet er einen begrifflichen Bezugsrahmen, mit dessen Hilfe ein Mensch Daten selektiert und ihnen Sinn zuschreibt.)

Stellen Sie sich vor, Sie halten sich in einer fremden Stadt in den USA auf und versuchen während der abendlichen Stoßzeit auf einer verkehrsreichen Ausfallstraße ein Taxi herbeizuwinken. Viele Taxis fahren an ihnen vorbei, ohne anzuhalten. Die meisten sind schon besetzt, und Sie bemerken, daß die Leuchtschilder dieser Taxis ausgeschaltet sind. Aha! Sie müssen also nach Taxis mit beleuchteten Schildern Ausschau halten. Nun erspähen Sie einige Taxis, die diese Bedingung erfüllen und tatsächlich keine Fahrgäste haben – doch auch diese halten nicht an. Also müssen Sie Ihr

Schema modifizieren. Bald erkennen Sie, daß (amerikanische) Taxischilder aus einem inneren und einem äußeren Teil bestehen und letzterer die Aufschrift *Out of Service* (»Außer Dienst«) trägt. Sie brauchen ein Taxi, dessen Dachschild nur in seinem inneren Teil erleuchtet ist. Ihre neue Hypothese wird bestätigt, als an der nächsten Straßenecke zwei Taxis ihre Fahrgäste absetzen und die Fahrer nur die Beleuchtung des inneren Teils des Taxischildes einschalten. Leider schnappen Ihnen andere Fußgänger diese Taxis vor der Nase weg. Einige weitere Taxis halten an und setzen ihre Fahrgäste ab, aber wieder kommen Sie nicht zum Zuge. Sie sehen sich gezwungen, bei Ihrer Suche nach einem erfolgreichen Schema weitere Erfahrungsdaten einzubeziehen. Schließlich beobachten Sie auf der anderen Seite der Straße zahlreiche Taxis, die in die entgegengesetzte Richtung fahren und den inneren Teil ihres Dachschildes eingeschaltet haben. Sie überqueren die Straße, winken ein Taxi herbei und steigen ein.

Nehmen wir ein weiteres Beispiel: Angenommen, Sie nehmen an einem psychologischen Experiment teil, in dem man Ihnen eine lange Serie von Bildern vertrauter Gegenstände zeigt. Die Bilder stellen die unterschiedlichsten Dinge dar, und jedes einzelne kann mehrfach auftreten. Man bittet Sie nun, von Zeit zu Zeit vorherzusagen, welche Bilder als nächstes erscheinen werden, und Sie bemühen sich unablässig darum, mentale Schemata der Bildfolge zu entwerfen, wobei Sie auf der Grundlage der bislang gesehenen Bilder Hypothesen über die Strukturierung der Bildfolge aufstellen. Jedes Schema, das durch die Erinnerung an die zuletzt gezeigten Bilder ergänzt wird, erlaubt Ihnen, die kommenden Bilder vorherzusagen. Gewöhnlich sind die ersten Prognosen falsch. Weist die Bildfolge ein leicht zu erfassendes Muster auf, dann wird die Diskrepanz zwischen Prognose und Beobachtung Sie veranlassen, die falschen Schemata zugunsten neuer, die zuverlässige Prognosen erlauben, zu verwerfen. Schon bald werden Sie richtig vorhersagen, welche Bilder als nächstes gezeigt werden.

Stellen wir uns nun ein ähnliches Experiment vor, das ein sadistischer Psychologe durchführt, der eine völlig unstrukturierte Bildfolge zeigt. Sie werden wahrscheinlich weiterhin Schemata aufstellen, die aber diesmal, abgesehen von gelegentlichen Zufallstreffern, keine richtigen Vorhersagen erlauben. In diesem Fall liefern die Ergebnisse in der realen Welt keinerlei Anhaltspunkte für die Auswahl eines Schemas, das etwas anderes besagt als: »Diese Bildfolge besitzt offenbar keinerlei Struktur oder Regelmäßigkeit.« Versuchspersonen finden sich jedoch nur schwer mit einer solchen Schlußfolgerung ab.

Ob Sie einen Geschäftsplan für ein neues unternehmerisches Projekt erstellen, ein Kochrezept verfeinern oder eine Sprache erlernen – immer agieren Sie als ein komplexes adaptives System. Wenn Sie einen Hund abrichten, beobachten Sie ein komplexes adaptives System bei der Arbeit, und Sie selbst funktionieren als ein solches (ist vorwiegend letzteres der Fall, dann sind die Rollen vertauscht, wie es oftmals geschieht, und Sie werden von Ihrem Hund »abgerichtet«). Wenn Sie Gelder in Finanztiteln anlegen, dann agieren Sie und alle übrigen Anleger als individuelle komplexe adaptive Systeme: Sie verbinden sich zu einer Gemeinschaft, die sich kraft der Bemühungen all ihrer Mitglieder, ihre Positionen zu verbessern oder doch zumindest wirtschaftlich zu überleben, weiterentwickelt. Solche Gemeinschaften können ihrerseits komplexe adaptive Systeme darstellen. Das gleiche gilt für organisierte Gemeinschaften wie etwa Unternehmen oder Volksstämme. Obschon die Menschheit als Ganze noch immer keinen sonderlich hohen Organisationsgrad aufweist, funktioniert sie doch in erheblichem Umfang als ein komplexes adaptives System.

Beispiele für die Funktionsweise komplexer adaptiver Systeme liefert uns nicht allein Lernen im gewöhnlichen Sinne. Viele weitere Beispiele finden wir im Bereich der biologischen Evolution. Während die Menschen im wesentlichen durch individuellen oder kollektiven Einsatz ihrer Gehirne Wissen erwerben, erhalten die übrigen Tiere einen viel größeren Teil ihrer lebenswichtigen Informationen im Wege direkter genetischer Vererbung; diese Information, die sich über Jahrmillionen entwickelt hat, liegt dem zugrunde, was man mitunter, recht vage, »Instinkt« nennt. In den Vereinigten Staaten geschlüpfte Monarch-Schmetterlinge »wissen«, welche Richtung sie auf ihrer Wanderung in riesigen

Schwärmen zu den kiefernbedeckten Abhängen der Vulkane unweit von Mexico City, ihrem Überwinterungsareal, einschlagen müssen. Der verstorbene Biochemiker Isaac Asimov, Autor populärwissenschaftlicher Bücher und Science-fiction-Romane, erzählte mir, er habe einmal eine Auseinandersetzung mit einem theoretischen Physiker gehabt, der bestritt, daß ein Hund die Newtonschen Bewegungsgesetze kennen könne. Asimov fragte entrüstet: »Und das behaupten Sie auch dann noch, wenn Sie gesehen haben, daß ein Hund einen Frisbee mit seinem Maul aufschnappt?« Offensichtlich verknüpften beide mit dem Wort »kennen« unterschiedliche Bedeutungen; der Physiker verstand darunter hauptsächlich das Ergebnis eines Lernprozesses im kulturellen Kontext der wissenschaftichen Erforschung der Welt, Asimov dagegen meinte damit die genetisch gespeicherte Information, die durch ein gewisses Maß an individuellem Lernen aus Erfahrung erweitert wird.

Die Fähigkeit, aus Erfahrung zu lernen, ist selbst ein Produkt der biologischen Evolution; das gilt für Pantoffeltierchen genauso wie für Hunde und Menschen. Darüber hinaus brachte die Evolution nicht nur die Lernfähigkeit hervor, sondern auch weitere, neue Typen komplexer adaptiver Systeme, wie etwa das Immunsystem der Säugetiere. Das Immunsystem durchläuft einen der biologischen Evolution selbst stark ähnelnden Prozeß, allerdings innerhalb eines Zeitraumes von Stunden oder Tagen statt Jahrmillionen, der den Körper in die Lage versetzt, einen eindringenden Erreger oder ein körperfremdes Protein rechtzeitig zu erkennen und eine Abwehrreaktion auszulösen.

Komplexe adaptive Systeme neigen im allgemeinen dazu, weitere Systeme ihrer Art hervorzubringen. Beispielsweise kann die biologische Evolution bei einem Problem, dem sich ein Organismus gegenübersieht, zu einer »Instinkt«-Lösung führen, sie kann aber auch einen Organismus mit so viel Intelligenz ausstatten, daß er ein ähnliches Problem durch Lernen bewältigen kann. Abbildung 1 veranschaulicht, wie verschiedene komplexe adaptive Sy-

Abbildung 1: *Einige komplexe adaptive Systeme der Erde*

?   Entwicklung
von Strategien
durch Rechner

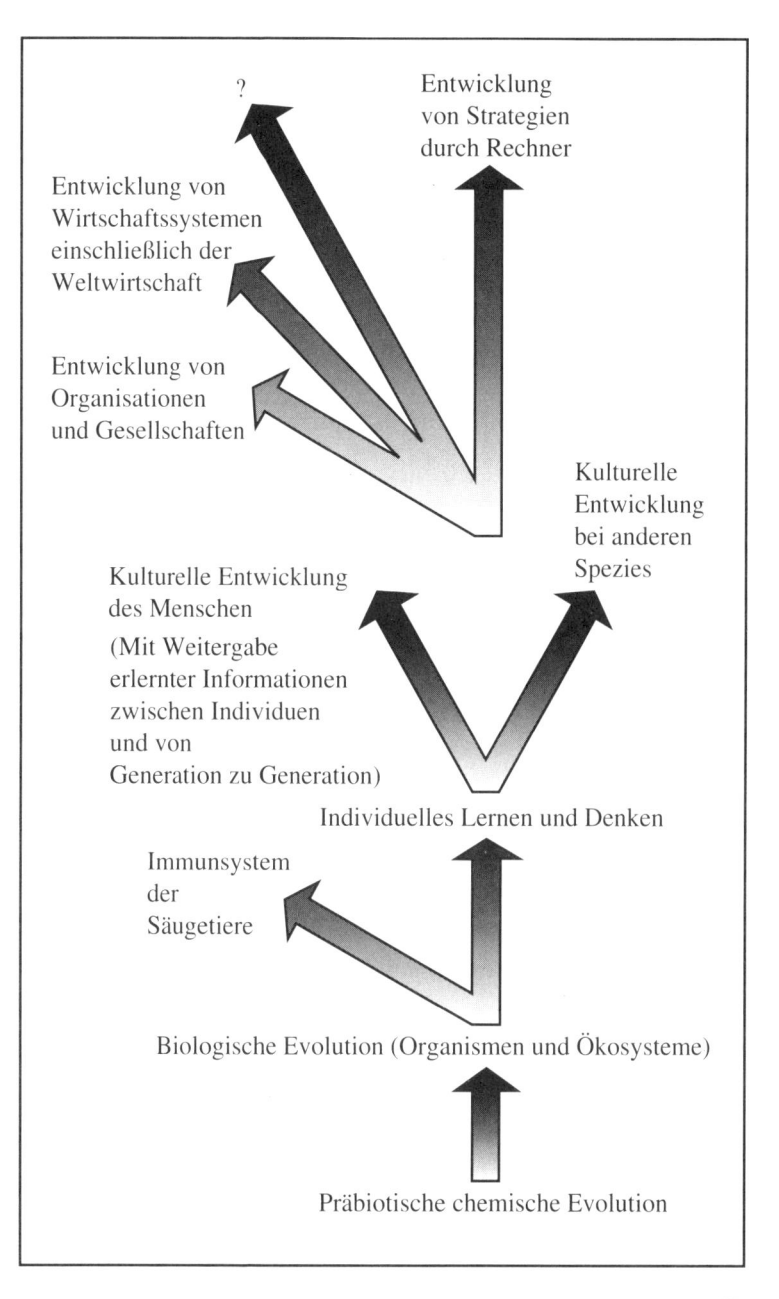

Entwicklung von
Wirtschaftssystemen
einschließlich der
Weltwirtschaft

Entwicklung von
Organisationen
und Gesellschaften

Kulturelle
Entwicklung
bei anderen
Spezies

Kulturelle Entwicklung
des Menschen
(Mit Weitergabe
erlernter Informationen
zwischen Individuen
und von
Generation zu Generation)

Individuelles Lernen und Denken

Immunsystem
der
Säugetiere

Biologische Evolution (Organismen und Ökosysteme)

Präbiotische chemische Evolution

steme auf der Erde miteinander verknüpft sind. Bestimmte chemische Reaktionen einschließlich der Reproduktion und eines gewissen Maßes übertragbarer Variation ließen vor etwa vier Milliarden Jahren die ersten Lebensformen entstehen und später die Vielfalt der Organismen, die sich zu ökologischen Gemeinschaften zusammenschlossen. Im Verlauf der biologischen Evolution bildeten sich weitere komplexe adpative Systeme heraus, wie etwa das Immunsystem und der Lernprozeß. Mit der Entwicklung der Fähigkeit des Menschen zum Gebrauch von Symbolsprachen wurde Lernen zu einer hochdifferenzierten kulturellen Aktivität, und innerhalb der menschlichen Kultur entstanden neue komplexe adaptive Systeme: Gesellschaften, Organisationen, Wirtschaftssysteme, die Wissenschaften, um nur einige zu nennen. Jetzt, da die menschliche Kultur schnelle und leistungsfähige Computer hervorgebracht hat, können wir dafür sorgen, daß auch sie als komplexe adaptive Systeme agieren.

In Zukunft werden die Menschen voraussichtlich weitere komplexe adaptive Systeme hervorbringen. Auf ein Beispiel, das Gegenstand einiger Science-fiction-Romane ist, wurde ich erstmals durch ein Gespräch zu Beginn der fünfziger Jahre aufmerksam. Der große ungarisch-amerikanische Physiker Leo Szilard lud einen Kollegen und mich zu einer internationalen Konferenz über Rüstungskontrolle ein. Mein Kollege »Murph« Goldberger (der spätere Präsident des Caltech und Direktor des Institute for Advanced Study in Princeton) antwortete, er könne nur an der zweiten Hälfte der Konferenz teilnehmen. Daraufhin wandte sich Szilard an mich, und ich antwortete, daß ich nur während der ersten Hälfte der Tagung anwesend sein könne. Szilard dachte einen Augenblick nach und sagte uns dann: »Nein, das ist nicht gut; eure Nervenzellen sind nicht miteinander verknüpft.«

Eines Tages werden solche Verknüpfungen vielleicht möglich sein, unabhängig davon, ob sie sich als Segen oder als Fluch für die Menschheit entpuppen werden. Ein Mensch könnte sich dann direkt (also ohne Vermittlung durch gesprochene Sprache und ohne eine Schnittstelle wie etwa eine Konsole) an einen hochentwickelten Computer anschließen und über diesen Computer mit einem oder mehreren Menschen in Verbindung treten. Die Menschen könnten Gedanken und Gefühle uneingeschränkt, ohne Zwischenschaltung des selektiven und mehrdeutigen Filters Sprache, miteinander teilen. (Voltaire soll einmal gesagt haben: »Die Menschen benutzen die Sprache nur, um ihre Gedanken zu verbergen.«) Meine Bekannte Shirley Hufstedler meint, sie würde einem kurz vor der Heirat stehenden Paar nicht empfehlen, sich miteinander verdrahten zu lassen. Ich bin mir nicht sicher, ob ich die Anwendung eines solchen Verfahrens überhaupt empfehlen würde (auch wenn es, vorausgesetzt, alles ginge gut, einige der hartnäckigsten menschlichen Probleme lösen würde). Doch brächte es zweifellos ein neuartiges komplexes adaptives System hervor, ein echtes Kompositum aus vielen Menschen.

Nach und nach erkennen die Wissenschaftler, die sich mit der Erforschung komplexer adaptiver Systeme befassen, deren allgemeine Eigenschaften und die Unterschiede zwischen ihnen. Wenngleich sich die Systeme in ihren physikalischen Merkmalen stark voneinander unterscheiden, ähneln sie sich doch in der Art und Weise der Informationsverarbeitung. Dieses gemeinsame Merkmal ist wohl der beste Ausgangspunkt für die Erforschung ihrer allgemeinen Funktionsweise.

3 Information und »grobe« Komplexität

Bei der Erforschung komplexer adaptiver Systeme verfolgen wir, was mit der Information geschieht. Wir untersuchen, wie die Information das System in Form eines Datenstroms erreicht. (Zum Beispiel stellt die Bildfolge, die man einer Versuchsperson in einem psychologischen Experiment zeigt, einen Datenstrom dar.) Wir beobachten, wie das jeweilige komplexe adaptive System Regelmäßigkeiten im Datenstrom erkennt, diese von Merkmalen, die ihm als nebensächlich oder willkürlich erscheinen, unterscheidet und sie zu einem Schema verdichtet, das Variationen unterliegt. (In unserem Beispiel stellt die Versuchsperson mutmaßliche Regeln auf, die die der Bildfolge zugrundeliegenden Regelmäßigkeiten beschreiben sollen, und die sie fortwährend modifiziert.) Wir beobachten, wie dann jedes so gebildete Schema mit zusätzlichen Informationen der gleichen Art wie die nebensächlichen Informationen, die beim Abstrahieren der Regelmäßigkeiten aus dem Datenstrom ausgesondert wurden, verknüpft wird, um ein Ergebnis mit Anwendungsmöglichkeiten in der realen Welt hervorzubringen: die Beschreibung eines beobachteten Systems, die Vorhersage von Ereignissen oder die Verhaltensvorschrift des komplexen adaptiven Systems selbst. (In dem psychologischen Experiment wird die Versuchsperson vielleicht ein Probeschema, das sie aufgrund der bisherigen Bildfolge erstellt hat, mit den Informationen verbinden, die die nächsten Bilder liefern, und infolgedessen eine Prognose darüber abgeben, welche Bilder anschließend gezeigt werden. In diesem Fall stammen die zusätzlichen Sonderinformationen wie so oft aus einem späteren Abschnitt desselben Datenstromes, aus dem das Schema abstrahiert wurde.) Schließlich sehen wir, wie die Konsequenzen der Beschreibung, der Vorhersage oder des Verhaltens in der realen Welt in Form von »Selektionsdrücken« auf die Konkurrenz der verschiedenen Schemata zurückwirken; einige der Schemata werden hierarchisch zurückgestuft oder ganz ausgeschieden, während eines oder mehrere andere beibehalten werden und möglicherweise sogar aufrücken. (In unserem Beispiel wird die Versuchsperson ein Schema, dessen Prognosen nicht mit der späteren Bildfolge übereinstimmen, vermutlich aufgeben, während sie ein Schema, das richtige Prognosen ergibt, beibehalten und ihm einen hohen Stellenwert beimessen wird. Hier erfolgt die Überprüfung der Schemata anhand späterer Abschnitte desselben Datenstroms, aus dem die Schemata ursprünglich abgeleitet wurden und der die zusätzlichen Sonderinformationen bereitstellte, die die Versuchsperson zur Erstellung der Vorhersagen verwandt hat.) Die Funktionsweise eines komplexen adaptiven Systems läßt sich in einem Diagramm darstellen (vgl. Abbildung 2 auf Seite 62), bei dem der Informationsfluß im Mittelpunkt steht.

Komplexe adaptive Systeme unterliegen, wie alle anderen Dinge, den Naturgesetzen, die wiederum auf den fundamentalen physikalischen Gesetzen der Materie und des Universums beruhen. Außerdem können komplexe adaptive Systeme nur in bestimmten, von den Naturgesetzen eingeräumten physikalischen Zuständen existieren.

Wie bei der Erforschung komplexer adaptiver Systeme können wir uns auch bei der Erforschung des Universums und der Struktur der Materie auf die Information konzentrieren. Welche Regelmäßigkeiten sind vorhanden und wo treten Zufall und Willkür auf?

Unbestimmtheit in der Quantenmechanik und in chaotischen Systemen

In der klassischen Physik ging man vor hundert Jahren davon aus, die genaue Kenntnis der Bewegungsgesetze und der Konfiguration des Universums zu jedem beliebigen Zeitpunkt erlaube im Prinzip die Vorhersage der gesamten Geschichte des Universums.

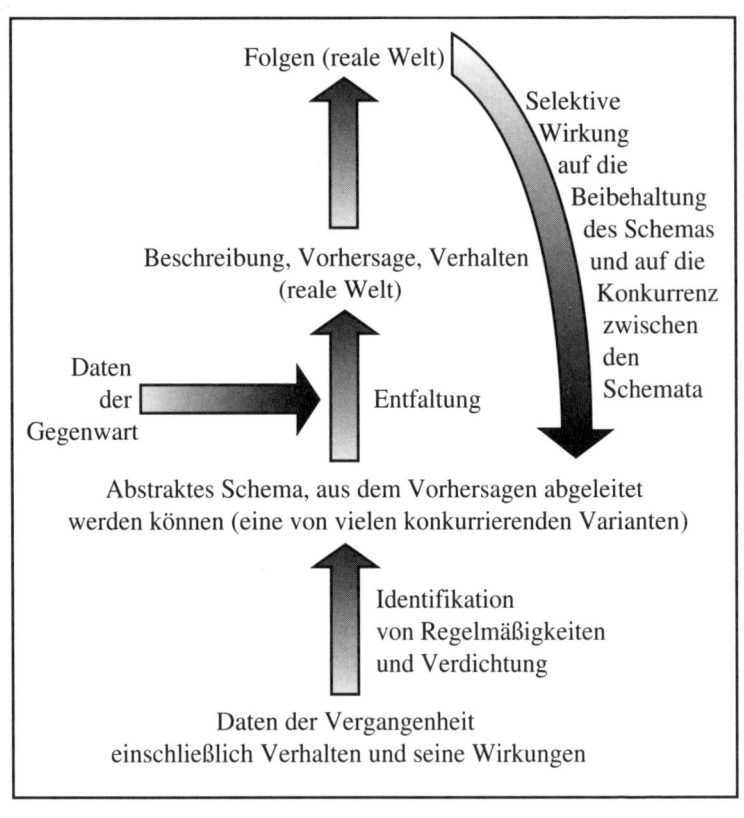

```
                Folgen (reale Welt)
                        ▲              Selektive
                        |              Wirkung
                        |              auf die
                        |              Beibehaltung
                        |              des Schemas
        Beschreibung, Vorhersage, Verhalten   und auf die
                  (reale Welt)         Konkurrenz
  Daten                                zwischen
                        ▲              den
   der    ────▶      Entfaltung        Schemata
 Gegenwart                             ▼

        Abstraktes Schema, aus dem Vorhersagen abgeleitet
      werden können (eine von vielen konkurrierenden Varianten)

                        ▲    Identifikation
                        |    von Regelmäßigkeiten
                        |    und Verdichtung
                 Daten der Vergangenheit
           einschließlich Verhalten und seine Wirkungen
```

Abbildung 2: *Die Funktionsweise eines komplexen adaptiven Systems*

Wir wissen heute, daß diese Ansicht unhaltbar ist. Das Universum ist quantenmechanisch, das heißt, daß wir selbst dann, wenn wir seinen Anfangszustand und die fundamentalen Gesetze der Materie kennen, nur eine Serie von Wahrscheinlichkeiten für verschiedene mögliche Geschichten des Universums berechnen können. Zudem geht das Ausmaß dieser quantenmechanischen »Unbestimmtheit« weit über die Größenordnungen hinaus, die man gewöhnlich diskutiert. Viele Menschen kennen die Heisenbergsche Unbestimmtheitsrelation, die es uns beispielsweise nicht gestattet, Ort und Impuls eines Teilchens zugleich mit beliebiger Genauigkeit zu bestimmen. Während dieses Prinzip über viele Jahrzehnte hinweg (und manchmal auf sehr mißverständliche Weise) popularisiert wurde, findet die zusätzliche Unbestimmtheit, die die Quantenmechanik fordert, nur selten Erwähnung. Wir werden noch ausführlicher darauf zu sprechen kommen.

Selbst wenn die klassische Näherung gerechtfertigt wäre und man die quantenmechanische Unbestimmtheit außer acht ließe, bliebe noch das weitverbreitete Phänomen Chaos. Danach zeigt das Ergebnis eines nichtlinearen dynamischen Prozesses eine so empfindliche Abhängigkeit von den Anfangsbedingungen, daß bereits eine winzige Änderung des Zustandes am Prozeßbeginn zu einer beträchtlichen Differenz an seinem Ende führt.

Einige zeitgenössische Aussagen über den klassischen Determinismus und das klassische Chaos hat der französische Mathematiker Henri Poincaré in dem folgenden Passus aus seinem 1903 verfaßten Buch *Science et Méthode* (dt. *Wissenschaft und Methode*) vorweggenommen:

> Würden wir die Gesetze der Natur und den Zustand des Universums für einen gewissen Zeitpunkt genau kennen, so könnten wir den Zustand dieses Universums für irgendeinen späteren Zeitpunkt genau voraussagen. Aber selbst wenn die Naturgesetze für uns kein Geheimnis mehr enthielten, könnten wir doch den Anfangszustand immer nur *näherungsweise* kennen. Wenn wir dadurch in den Stand gesetzt werden, den späteren Zustand mit demselben *Näherungsgrade* vorauszusagen, so ist das alles, was man verlangen kann; wir sagen dann: die Erscheinung wurde vorausgesagt, sie wird durch Gesetze bestimmt. Aber so ist es nicht immer; es kann der Fall eintreten, daß kleine Unterschiede in den Anfangsbedingungen große Unterschiede in den späteren Erscheinungen bedingen; ein kleiner Irrtum in den ersteren kann einen außerordentlich großen Irrtum für die letzteren nach sich ziehen. Die Vorhersage wird unmöglich, und wir haben eine »zufällige« Erscheinung.

Ein Aufsatz, der in den sechziger Jahren die Aufmerksamkeit auf das Phänomen Chaos lenkte, stammte aus der Feder eines Meteorologen namens Edward N. Lorenz. Tatsächlich liefert die Meteorologie idealtypische Beispiele für chaotische Systeme. Zwar haben Satellitenaufnahmen von Wolkenfeldern und Berechnungen mit Hilfe leistungsfähiger Computer Wettervorhersagen für viele Zwecke relativ zuverlässig gemacht, dennoch können uns Wetterberichte noch immer nicht fehlerfrei darüber informieren, was viele von uns am meisten interessiert: Ob es *morgen hier* regnen wird oder nicht. Welchen Weg ein bestimmtes Sturmsystem präzise nehmen und wann der erste Regen fallen wird, hängt möglicherweise haargenau von den Windverhältnissen sowie von der Position und dem physikalischen Zustand der Wolken ein paar Tage oder auch nur ein paar Stunden zuvor ab. Die kleinste Ungenauigkeit in diesen den Meteorologen zur Verfügung stehenden Daten kann die Wettervorhersage für den geplanten Firmenausflug unbrauchbar machen.

Da man nichts mit absoluter Genauigkeit messen kann, verursacht Chaos über die prinzipielle quantenmechanische Unbestimmtheit hinaus effektive Unbestimmtheit auf der Ebene der klassischen Physik. Die Wechselwirkung zwischen diesen beiden Arten von Nichtvorhersagbarkeit ist ein faszinierender und noch immer kaum erforschter Aspekt gegenwärtiger Physik. Die Aufgabe, die Beziehung zwischen der quantenmechanischen Nichtvorhersagbarkeit und der klassischen Unbestimmtheit chaotischer Systeme zu verstehen, beeindruckte sogar die federführenden Redakteure der *Los Angeles Times* derart, daß einer von ihnen 1987 diesem Thema einen Leitartikel widmete! Er wies auf das scheinbare Paradoxon hin, daß einige mit der Erforschung der Quantenmechanik von Systemen, die innerhalb der klassischen Grenzen chaotisches Verhalten zeigten, befaßte Theoretiker außerstande waren, jene chaotische Art von Unbestimmtheit zu entdecken, die die quantenmechanische Unbestimmtheit überlagert.

Ich freue mich, daß dieses Problem nun durch die Arbeiten gleich mehrerer theoretischer Physiker, darunter einer meiner Studenten namens Todd Brun aufgeklärt wird. Seine Ergebnisse scheinen die Annahme zu bestätigen, daß es für viele Zwecke nützlich ist, Chaos als einen Mechanismus zu begreifen, der die der Quantenmechanik innewohnende Unbestimmtheit so verstärken kann, daß sie auf makroskopischer Ebene durchschlägt.

In jüngster Zeit sind sehr viele oberflächliche Darstellungen zum Thema Chaos erschienen. Der Begriff Chaos, der ursprünglich ein technisches Phänomen in der nichtlinearen Mechanik bezeichnete, verkam zu einer Sammelbezeichnung für alle Arten tatsächlicher oder vermeintlicher Komplexität oder Unbestimmtheit. Wenn ich zum Beispiel in einem öffentlichen Vortrag über komplexe adaptive Systeme kurz oder auch gar nicht das Phänomen Chaos streife, kann ich sicher sein, daß man mir am Ende für diesen interessanten Vortrag über »Chaos« dankt.

Typisch dafür, wie wissenschaftliche Entdeckungen von den Medien und dem Laienpublikum aufgenommen werden, scheint zu sein, daß bestimmte, ungenau oder schlicht falsch interpretierte Begriffe oftmals das einzige sind, was auf dem Weg von der Fachzeitschrift zur Illustrierten oder zum Taschenbuch übrigbleibt. Die wichtigen Einschränkungen und Unterscheidungen, manchmal sogar die eigentliche Idee, gehen unterwegs leicht verloren. Man denke nur an den weitverbreiteten Gebrauch so beliebter Begriffe wie »Ökologie« oder »Quantensprung«, ganz zu schweigen von dem New-Age-Ausdruck »Energiefeld«. Natürlich kann man einwenden, daß Begriffe wie »Chaos« und »Energie« schon vor ihrem fachsprachlichen Gebrauch in Umlauf waren, doch werden ja gerade diese fachsprachlichen und nicht etwa die ursprünglichen Bedeutungen entstellt wiedergegeben.

Angesichts immer wirkungsvollerer schriftstellerischer Methoden, mit denen sich bestimmte nützliche Begriffe in nichtssagende Klischees verwandeln lassen, sollten wir unbedingt vermeiden, daß die verschiedenen Komplexitätsbegriffe dasselbe Schicksal erleiden. Wir müssen daher zwischen ihnen differenzieren und versuchen, den Anwendungsbereich jedes einzelnen Begriffs abzustecken.

Noch eine Anmerkung zur Bedeutung des Adjektivs »komplex« in dem Begriff »komplexes adaptives System«, wie er hier verwendet wird. Im Grunde müßte »komplex« in dieser rein auf Konvention beruhenden Begriffsbildung keine exakte Bedeutung haben. Dennoch soll dieses Adjektiv darauf hinweisen, daß jedes derartige System ein gewisses Mindestmaß an (in geeigneter Weise definierter) Komplexität besitzt.

»Einfachheit« bezeichnet das (völlige bzw. weitgehende) Fehlen von Komplexität. Während sich das frühere englische Wort *simplicity* von einem Ausdruck herleitet, der »einmal gefaltet« bedeutet, stammt der Begriff »Komplexität« von einem Wort mit der Bedeutung »zusammengeflochten«. (Man beachte, daß sowohl *plic-* für gefaltet als auch *plex-* für geflochten auf dieselbe indoeuropäische Wurzel *plek* zurückgehen.)

Verschiedene Arten von Komplexität

Was versteht man eigentlich unter den gegensätzlichen Begriffen Einfachheit und Komplexität? In welchem Sinne ist die Einsteinsche Gravitationstheorie einfach und ein Goldfisch komplex? Dies sind keine leichten Fragen, denn »einfach« läßt sich nicht einfach definieren. Wahrscheinlich reicht ein einziger Komplexitätsbegriff nicht aus, um unsere intuitiven Vorstellungen von der Bedeutung des Wortes angemessen wiederzugeben. Vielleicht müssen wir mehrere verschiedene Arten von Komplexität definieren, von denen wir uns einige noch nicht einmal vorstellen können.

In welchen Fällen taucht nun das Problem der Definition von Komplexität auf? Nehmen wir zum Beispiel einen Informatiker, der wissen will, wieviel Zeit ein Rechner für die Lösung eines bestimmten Problems braucht. Damit diese Zeit nicht von der Findigkeit des Programmierers abhängt, konzentrieren sich die Wissenschaftler auf die geringstmögliche Zeit, die häufig »rechnerische Komplexität« des Problems genannt wird.

Doch selbst die Mindestzeit hängt noch von der Wahl des Rechners ab. Diese »Kontextabhängigkeit« taucht immer wieder auf, wenn man verschiedene Arten von Komplexität definieren will. Der Informatiker möchte jedoch in erster Linie herausfinden, was mit einer Menge von Problemen geschieht, die einander außer in bezug auf ihre Länge ähnlich sind. Außerdem will er wissen, wie sich die rechnerische Komplexität verändert, wenn die Länge eines Problems gegen unendlich strebt. Welche Beziehung besteht zwischen der Mindestlösungszeit und der Problemlänge, wenn diese gegen unendlich strebt? Die Antwort auf diese Frage ist nicht an die spezifischen Eigenschaften des Rechners gebunden.

Die rechnerische Komplexität hat sich zwar als ein recht nützliches Konzept erwiesen, sie entspricht aber nur entfernt dem, was wir gewöhnlich mit dem Wort »komplex« etwa im Zusammenhang mit der hochkomplexen Handlung einer Erzählung oder der Struktur einer Organisation meinen. In diesen Fällen interessiert uns die Länge der Nachricht, die für die Beschreibung bestimmter Merkmale des betreffenden Systems erforderlich wäre, wahrscheinlich mehr als die Rechenzeit, die wir für die Lösung eines Problems benötigen.

So gab es beispielsweise in der Ökologie über Jahrzehnte hinweg eine Diskussion darüber, ob »komplexe« Ökosysteme wie Tropenwälder eine größere oder geringere ökologische Elastizität besitzen als vergleichsweise »einfache« Wälder, wie etwa der Eichen- und Nadelbaumwald, der die Höhen der San Gabriel Mountains, nördlich von Pasadena, überzieht. Unter Elastizität ist hier die Wahrscheinlichkeit zu verstehen, mit der ein Ökosystem größere Störungen, Klimaänderungen, Brände oder sonstige Veränderungen der Umweltbedingungen – unabhängig von ihrer Verursachung durch menschliches Zutun –, übersteht (oder sogar Vorteile daraus zieht). Gegenwärtig sieht es so aus, als behielten jene Ökologen recht, die behaupten, daß komplexere Ökosysteme bis zu einem gewissen Grad elastischer sind. Doch was verstehen sie unter einfach und komplex? Die Antwort hängt zweifellos in irgendeiner Weise mit der Länge der Beschreibung eines Waldes zusammen.

Um sich ein ganz grobes Bild von der Komplexität von Wäldern zu verschaffen, könnten die Ökologen beispielsweise die einzelnen Baumarten in jedem Waldtyp zählen (weniger als ein Dutzend in einem typischen Hochgebirgswald der gemäßigten Zone gegenüber Hunderten von Arten in einem tropischen Tieflandwald). Auch im zahlenmäßigen Vergleich der Vogel- und Säugetierarten lägen die tropischen Tiefländer weit vorn. Bei den Insektenarten wären die Unterschiede sogar noch gravierender – man stelle sich einmal vor, wie viele Insektenarten in einem äquatorialen Regenwald leben müssen. (Man hat diese Zahl schon immer sehr hoch angesetzt, und unlängst sind die hohen Schätzungen noch einmal kräftig nach oben korrigiert worden. Beginnend mit den Studien von Terry Erwin von der Smithsonian Institution, wurden mehrere Experimente durchgeführt, bei denen sämtliche auf einem einzigen Regenwaldbaum vorkommenden Insekten getötet und gesammelt wurden. Dabei stellte man fest, daß die Zahl der Arten zehnmal höher war, als man vorher angenommen hatte, und viele Arten waren noch nicht einmal wissenschaftlich beschrieben.)

Man braucht sich nicht auf das Zählen der Arten zu beschränken. Die Ökologen würden auch Wechselbeziehungen zwischen den Lebewesen des Waldes einbeziehen, wie etwa die zwischen Räuber und Beute, Parasit und Wirt, Bestäuber und bestäubte Pflanze und so fort.

Grobkörnigkeit

Doch bis zu welcher Gliederungstiefe würden sie ihre Zählung durchführen? Würden sie Mikroorganismen oder sogar Viren betrachten? Würden sie fast unmerkliche Wechselbeziehungen genauso prüfen wie die offenkundigeren? Natürlich müssen sie irgendwo haltmachen.

Wenn man Komplexität definiert, muß man immer die Gliederungstiefe angeben, bis zu der das System beschrieben werden soll, wobei feinere Details außer Betracht bleiben. Die Physiker nennen dies »Grobkörnigkeit«. Dieser Begriff entstand vermutlich in Anlehnung an die Vorstellung eines körnigen Fotos. Ist ein Detail auf einem Foto so klein, daß man es, um es erkennen zu können, stark vergrößern muß, dann kann die Vergrößerung die einzelnen fotografischen Körner zum Vorschein bringen. Statt eines klaren Bildes sieht man lediglich ein paar Punkte, die eine grobe Vorstellung des Details vermitteln. Der Titel des Films *Blow up* von Michelangelo Antonioni bezieht sich auf eine solche Vergrößerung. Die Körnigkeit des Fotos begrenzt somit die Informationsmenge, die es übermitteln kann. Wenn der Film sehr körnig ist, kann das Bild bestenfalls einen groben Eindruck des fotografierten Objekts vermitteln; es weist dann eine sehr hohe Grobkörnigkeit auf. Wenn ein Spionagesatellit eine Aufnahme von einem zuvor unbekannten Rüstungs-»Komplex« macht, dann hängt das Maß an Komplexität, das ihm zugeordnet werden kann, offenkundig von der Körnigkeit des Fotos ab.

Nachdem wir gezeigt haben, welche Bedeutung die Grobkörnigkeit hat, stellt sich uns noch immer die Frage, wie wir die Komplexität des untersuchten Systems definieren können. Was kennzeichnet beispielsweise ein einfaches oder komplexes Kommunikationsmuster einer bestimmten Anzahl ($=N$) Personen? Vor eine derartige Frage könnte sich ein Psychologe oder ein Organisationsforscher gestellt sehen, der vergleichen möchte, wie gut oder wie schnell ein Problem unter verschiedenen Kommunikationsbedingungen von den N Personen gelöst wird. In dem einen Extremfall (den wir Fall A nennen wollen) arbeitet jede Person für sich allein, und es findet keinerlei Kommunikation statt. Im anderen Extremfall (Fall F) kann jede Person mit allen anderen kommunizieren. Fall A ist offenkundig einfach. Ist Fall F nun sehr viel komplexer oder ungefähr so einfach wie Fall A?

Was die Gliederungstiefe (die Grobkörnigkeit) anbelangt, so gehen wir davon aus, daß alle Personen gleich behandelt werden, keine individuellen Besonderheiten aufweisen und in einem Diagramm als Punkte dargestellt werden, wobei die Positionen der Punkte keine Bedeutung haben und alle Punkte gegeneinander austauschbar sind. Die Kommunikation zwischen je zwei Personen ist entweder erlaubt oder untersagt; Abstufungen gibt es nicht, und jede zweiseitige Kommunikationsverbindung wird als Gerade (ohne Richtungsangabe) zwischen zwei Punkten dargestellt. Das resultierende Diagramm nennen die Mathematiker einen »ungerichteten Graphen«.

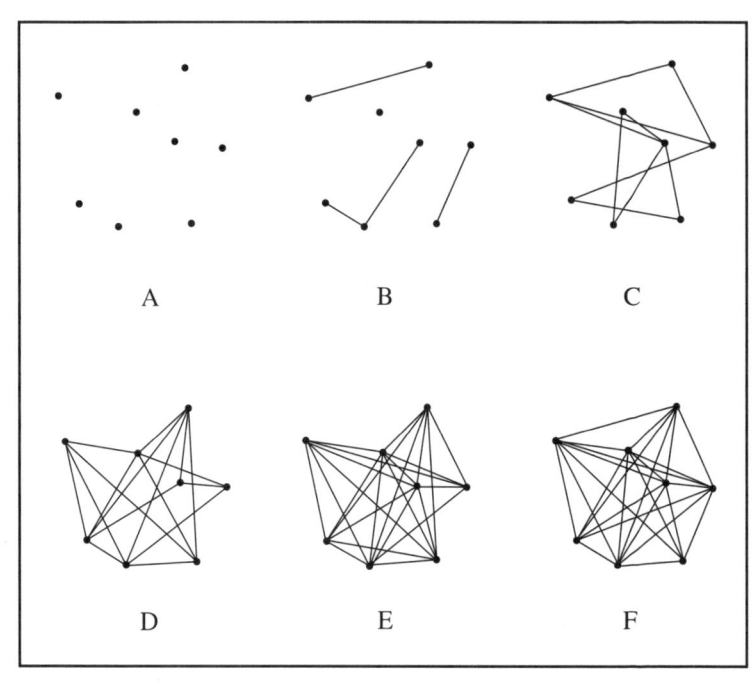

Abbildung 3: *Einige Verbindungsmuster zwischen acht Punkten*

Die Länge einer Beschreibung

Nachdem wir die Gliederungstiefe in dieser Weise spezifiziert haben, können wir untersuchen, was man unter der Komplexität eines Beziehungsmusters versteht. Nehmen wir zuerst den Fall einer geringen Anzahl Punkte, sagen wir acht ($N = 8$). Wir können nun ohne weiteres einige der Beziehungsmuster einschließlich einiger trivialer aufzeichnen. Die Diagramme in Abbildung 3 zeigen einige mögliche Kommunikationsmuster (A bis F) zwischen acht Individuen. In A ist kein Punkt mit einem anderen verbunden. In B sind einige, aber nicht alle Punkte miteinander verbunden. In C sind zwar alle Punkte verbunden, nicht aber auf jede mögliche Weise. In D fehlen die in C vorhandenen Verbindungen, und die in C fehlenden Beziehungen sind vorhanden; wir könnten D auch als »Komplement« von C bezeichnen und umgekehrt. Auch E und B sind Komplemente, ebenso F und A: Muster A weist keinerlei Verbindungen auf, während F alle möglichen Verbindungen enthält. Welchen Mustern kann man nun gemessen an welchen anderen eine höhere Komplexität zuschreiben?

Jeder wird zustimmen, daß A, da ohne Verbindungen, einfach ist, und daß B aufgrund einiger Verbindungen komplexer oder weniger einfach ist als A. Wie aber steht es mit den übrigen Mustern? Ein besonders interessanter Fall ist F. Auf den ersten Blick hält man es vielleicht für das komplexeste Beziehungsgefüge, weil es die meisten Verbindungen aufweist. Ist das jedoch berechtigt? Ist die Eigenschaft der »Allverbundenheit« nicht genauso einfach wie die der »Unverbundenheit«? Vielleicht gehört F aus diesem Grund zusammen mit A an das untere Ende der Komplexitätsskala.

Diese Überlegungen bringen uns zu dem Gedanken zurück, zumindest eine mögliche Definition der Komplexität eines Systems stütze sich auf die Länge seiner Beschreibung. Muster F wäre dann in etwa so einfach wie sein Komplement, Muster A, da der Ausdruck »alle Punkte verknüpft« etwa genauso lang ist wie der Ausdruck »keine Punkte verknüpft«. Ferner unterscheidet sich die Komplexität von E nicht allzusehr von der Komplexität seines Komplements B, denn das zusätzliche Wort »Komplement« macht die Beschreibung nicht wesentlich länger. Das gleiche gilt für D und C. Im allgemeinen besitzen komplementäre Muster ungefähr die gleiche Komplexität.

Die Muster B und E sowie C und D sind offenkundig komplexer als A und F. Der Vergleich von B und E mit C und D ist schwieriger. Stützt man sich auf das einfache Kriterium der Beschreibungslänge, könnte man meinen, C und D seien komplexer. Ob dies richtig ist, hängt allerdings in gewissem Umfang von dem für die Beschreibung verfügbaren Wortschatz ab.

Bevor wir mit der Hypothese, daß Komplexität und Länge einer Beschreibung zusammenhängen, fortfahren, noch ein Hinweis: Die gleichen Diagramme, die wir auf Kommunikationsmuster zwischen Menschen anwandten, sind in einer anderen Konstellation, die in der Wissenschaft, in der Technologie und im Wirtschaftsleben unserer Zeit von großer Bedeutung ist, genauso zu gebrauchen. Gegenwärtig machen Informatiker große Fortschritte beim Bau und Einsatz von sogenannten Parallelrechnern, die bestimmte Probleme sehr viel effizienter lösen als herkömmliche Rechner. Statt eines einzelnen Großrechners, der ein Problem so lange abarbeitet, bis es gelöst ist, benutzt man eine Reihe vieler kleinerer Rechner, die gleichzeitig in Betrieb sind, wobei ein Netz von Datenübertragungskanälen Rechner paarweise miteinander verbindet. Auch hier kann man fragen: »Was bedeutet es, wenn man sagt, ein Muster von Kommunikationsverbindungen sei komplexer als ein anderes?« Genau diese Frage stellte mir vor einigen Jahren ein Physiker, der einen Parallelrechner konzipierte, und belebte damit mein Interesse am Problem der Definition von Komplexität aufs neue.

Weiter vorn sind wir auf die Möglichkeit eingegangen, einfache und komplexe ökologische Lebensgemeinschaften unter Heranziehung der Anzahl der Arten, der Wechselbeziehungen und so fort zu definieren. Würde man beispielsweise sämtliche in einer Lebensgemeinschaft vorkommenden Baumarten auflisten, dann wäre die Länge dieses Teils der Beschreibung ungefähr proportional der Anzahl der Baumarten. Folglich hat man auch in diesem Fall eigentlich die Länge der Beschreibung als Maßstab der Komplexität herangezogen.

Kontextabhängigkeit

Wenn man Komplexität als die Länge einer Beschreibung definiert, dann ist sie keine dem beschriebenen Objekt innewohnende Eigenschaft. Denn die Länge der Beschreibung hängt zweifellos auch von der Person oder der Maschine ab, die die Beschreibung vornimmt. (Das erinnert mich an James Thurbers Geschichte *The Glass in the Field*, in der ein Fink anderen Vögeln auf prägnante Art beschreibt, wie er gegen eine Fensterscheibe stieß: »Ich flog über eine Wiese, als plötzlich die Luft um mich erstarrte.«) Jede

Definition der Komplexität ist zwangsläufig kontextabhängig, ja sogar subjektiv. Natürlich ist schon die Gliederungstiefe, auf der das System beschrieben wird, subjektiv gefärbt – denn auch sie hängt von dem Beobachter oder dem Beobachtungsgerät ab. In Wirklichkeit sprechen wir also über eine oder mehrere Definitionen von Komplexität, die von der Beschreibung eines Systems durch ein anderes, wahrscheinlich ebenfalls komplexes adaptives System – das zum Beispiel ein menschlicher Beobachter sein kann – abhängen. Nehmen wir für unsere gegenwärtigen Zwecke einmal an, das beschreibende System sei tatsächlich ein menschlicher Beobachter.

Wir konkretisieren den Begriff »Länge einer Beschreibung«, indem wir die Möglichkeit ausschließen, einen Gegenstand durch bloßes Hinzeigen zu beschreiben; denn auf ein komplexes System kann man genauso leicht zeigen wie auf ein einfaches System. Daher befassen wir uns mit einer Beschreibung, die gegenüber einem Abwesenden erfolgen soll. Außerdem kann man ein extrem komplexes Objekt ohne weiteres mit einem Namen wie »Sam« oder »Judy« belegen und seine Beschreibung prosaisch verkürzen. Man muß sich im voraus auf die deskriptive Sprache einigen, die keine ad hoc gebildeten Spezialbegriffe enthalten darf.

Damit sind natürlich keineswegs alle Formen von Willkür und Subjektivität ausgeschaltet. Die Länge der Beschreibung wird je nach Ausdrucksweise sowie Kenntnisstand und Weltverständnis der Briefpartner schwanken. Soll beispielsweise ein Nashorn beschrieben werden, dann läßt sich die Nachricht verkürzen, wenn beide Briefpartner bereits wissen, was ein Säugetier ist. Soll die Umlaufbahn eines Planetoiden beschrieben werden, macht es einen großen Unterschied, ob beide Briefpartner das Newtonsche Gravitationsgesetz und seine Bewegungsgleichung kennen oder nicht – die Länge der Beschreibung mag zudem davon abhängen, ob beiden Partnern bereits die Umlaufbahn von Mars, Jupiter und der Erde bekannt sind.

Prägnanz und »grobe« Komplexität

Wie steht es aber um eine Beschreibung, die wegen verbaler Weitschweifigkeit unnötig lang ist? Ich erinnere mich an die Geschichte von der Grundschullehrerin, die ihren Schülern einen Hausaufsatz von dreihundert Wörtern Länge aufgab. Ein Schüler, der das Wochenende mit Spielen verbracht hatte, schrieb am Montag morgen hastig den folgenden Aufsatz nieder: »Gestern brach in der Küche unseres Nachbarn ein Feuer aus. Ich streckte den Kopf aus dem Fenster und schrie: ›Feuer! Feuer! Feuer!...‹« Der Schüler schrieb das Wort »Feuer« so oft nieder, bis der Aufsatz die geforderte Länge von dreihundert Wörtern hatte. Hätte er diese Bedingung nicht erfüllen müssen, dann hätte er denselben Bedeutungsgehalt mit dem Ausdruck »...schrie 281mal ›Feuer!‹« vermitteln können. Für unsere Definition der Komplexität kommt es daher auf die Länge der kürzesten Nachricht an, die ein System beschreibt.

Diese Punkte lassen sich zu einer Definition der »groben Komplexität« zusammenfassen: der Länge der kürzesten Nachricht, mit der man einem Abwesenden ein System auf einer bestimmten Ebene der Grobkörnigkeit beschreibt, wobei beide Partner von vornherein die gleiche Terminologie verwenden und das gleiche Wissen und den gleichen Verständnishorizont besitzen (und dies auch voneinander wissen).

Einige bekannte Modi der Beschreibung eines Systems ergeben alles andere als die kürzeste Nachricht. Wenn wir beispielsweise die Teile eines Systems einzeln beschreiben (etwa die Bauteile eines Autos oder die Zellen des menschlichen Körpers) und noch dazu darlegen, wie das Gefüge aus den Teilen zusammengesetzt ist, haben wir viele Möglichkeiten zur Verdichtung der Nachricht außer acht gelassen. Solche Möglichkeiten machten sich die Ähnlichkeiten zwischen den Teilen zunutze. So besitzen die meisten Zellen des menschlichen Körpers nicht nur die gleichen Gene, sondern noch viele weitere gemeinsame Merkmale; und Zellen eines bestimmten Gewebes weisen sogar noch mehr Gemeinsamkeiten auf. Die kürzeste Beschreibung würde all dies berücksichtigen.

Algorithmischer Informationsgehalt
(algorithmic information content, AIC)

Manche Informationstheoretiker verwenden eine Größe, die weitgehend mit der »groben« Komplexität übereinstimmt, wenn auch ihre Definition technischer ist und sich auf Computer bezieht. Sie geben die Beschreibung auf einer bestimmten Ebene der Grobkörnigkeit und in einer bestimmten Ausdrucksweise an, um sie dann mit Hilfe eines Standard-Codierungsverfahrens in eine Folge von Einsen und Nullen zu übersetzen. Jede Wahl einer Eins oder einer Null entspricht einem sogenannten Bit. (Der Begriff ist ursprünglich durch Zusammenziehung von *binary digit* [»binäre Ziffer«] entstanden. Diese Ziffer ist binär, weil es nur zwei Wahlmöglichkeiten gibt, während es bei den gewöhnlichen Ziffern des Dezimalsystems zehn Wahlmöglichkeiten gibt: 0, 1, 2, 3, 4, 5, 6, 7, 8, 9.) Mit dieser Bitfolge, die auch »Zeichenfolge« genannt wird, befassen sich die Informatiker.

Die von ihnen definierte Größe heißt »algorithmische Komplexität« oder »algorithmischer Informationsgehalt« oder »algorithmische Zufälligkeit«. Heute bezeichnet das Wort »Algorithmus« eine Berechnungsregel und, im weiteren Sinne, ein Rechenprogramm. Wie wir bald sehen werden, bezieht sich der algorithmische Informationsgehalt auf die Länge eines Rechenprogramms.

Ursprünglich verstand man unter einem Algorithmus etwas anderes. Das Wort klingt so, als stamme es, wie »Arithmetik«, aus dem Griechischen, doch das ist das Ergebnis einer Verschleierung. Das »th« wurde in Analogie zu dem »th« in »Arithmetik« eingefügt, obwohl es eigentlich nicht dorthin gehört. Eine mit der Etymologie besser in Einklang stehende Schreibweise wäre »Algorismus«. Das Wort leitet sich von dem Namen des Verfassers eines Buches ab, das den Begriff Null in die abendländische Kultur einführte. Dieser Mann war der im 9. Jahrhundert lebende arabische Mathematiker Muhammad Ibn Musa al-Chwarizmi. Sein Nachname deutet darauf hin, daß seine Familie aus der südlich des Aralsees gelegenen Provinz Chorasan stammte, die seit kurzem zur unabhängigen Republik Usbekistan gehört. Er schrieb eine mathematische Abhandlung, in deren Titel der arabische Ausdruck *al jabr* (»die Umformung«) vorkommt, aus dem das Wort »Algebra« gebildet wurde. Ursprünglich bezeichnete das Wort »Algorismus« die Rechenart mit Dezimalzahlen, die wahrscheinlich in der lateinischen Übersetzung von al-Chwarizmis *Algebra* von Indien nach Europa gelangte.

Den Begriff des algorithmischen Informationsgehalts haben in den sechziger Jahren drei unabhängig voneinander arbeitende Autoren eingeführt. Einer war der große russische Mathematiker Andrej N. Kolmogorow. Der zweite der Amerikaner Gregory Chaitin, der damals erst 15 Jahre alt war. Der Dritte, Ray Solomonoff, war ebenfalls ein Amerikaner. Alle drei gingen von einem idealisierten Universalrechner mit unbegrenzter Speicherkapazität aus (bzw. begrenzter, die aber derart angelegt sein sollte, im Bedarfsfall zusätzliche Kapazität zu erlangen.) Der Rechner war mit einer spezifizierten Hard- und Software ausgerüstet. Die Wissenschaftler tüftelten nun eine bestimmte Zeichenfolge aus und fragten, welche Programme den Computer zum Ausdrucken dieser Sequenz und dann zum Anhalten veranlassen werden. Die Länge des kürzesten Programms ist der algorithmische Informationsgehalt (AIC) der Zeichenfolge.

Wie wir gesehen haben, gehen in die Definition der »groben« Komplexität zwangsläufig Momente der Subjektivität oder Willkür ein, die aus der Grobkörnigkeit und der für die Beschreibung des Systems verwendeten Wortzahl herrühren. Beim AIC kommen weitere Quellen der Willkür hinzu, insbesondere das spezifische Codierungsverfahren, das die Beschreibung des Systems in eine Bitfolge übersetzt, sowie die spezielle Hard- und Software, mit der der Rechner ausgestattet ist.

Keines dieser Willkürmomente bereitet den mathematischen Informationstheoretikern großes Kopfzerbrechen, da sie sich meistens mit Grenzwertzuständen befassen, bei denen ein begrenztes Maß an Willkür völlig irrelevant wird. Sie betrachten mit Vorliebe Sequenzen aus ähnlichen Bitfolgen zunehmender Länge und untersuchen, wie sich der AIC verhält, wenn die Länge gegen unendlich strebt. (Das gleicht der Art und Weise, wie Informatiker die rechnerische Komplexität einer Sequenz ähnlicher Probleme behandeln, deren Länge gegen unendlich strebt.)

Nehmen wir als Beispiel den idealisierten Parallelrechner, der aus Einheiten (dargestellt durch Punkte) besteht, die durch Datenübertragungskanäle (dargestellt durch Geraden) miteinander verbunden sind. Hier würden sich Kolmogorow, Chaitin und Solomonoff weniger für den AIC der verschiedenen möglichen Verknüpfungsmuster zwischen nur acht Punkten interessieren. Vielmehr würden sie die Verbindungen zwischen N Punkten, wenn N gegen unendlich strebt, untersuchen. Unter diesen Bedingungen werden bestimmte Unterschiede im Verhalten des AIC (etwa zwischen dem einfachsten und dem komplexesten Verknüpfungsmuster) sämtliche Unterschiede, die sich aus der Wahl eines bestimmten Rechners oder eines bestimmten Codierungsverfahrens oder auch einer bestimmten Ausdrucksweise ergeben, gering erscheinen lassen. Den Informationstheoretiker interessiert die Frage, ob ein bestimmter AIC stetig wächst, wenn N gegen unendlich strebt, und wenn ja, wie schnell. Dagegen befaßt er/sie sich nicht so sehr mit den vergleichsweise geringfügigen Differenzen zwischen einem AIC und einem anderen, die durch verschiedene Modalitäten der Willkür im Beschreibungsinventar eingeführt werden.

Von diesen Theoretikern können wir eine aufschlußreiche Lektion lernen: Auch wenn wir uns nicht auf Systeme beschränken, die unendlich groß werden, sollten wir begreifen, daß Diskussionen der Einfachheit und Komplexität um so mehr an Aussagekraft gewinnen, je länger die betrachteten Bitfolgen sind. Umgekehrt versteht es sich von selbst, daß es für eine Folge von einem Bit sinnlos ist, zwischen Einfachheit und Komplexität zu differenzieren.

Definition des Begriffs »Information«

Es ist nun höchste Zeit, den Unterschied zwischen algorithmischem Informationsgehalt und Information klarzustellen, wie ihn zum Beispiel Claude Shannon, der Begründer der modernen Informationstheorie, erörtert. Information bezieht sich grundsätzlich auf den Vorgang der Auswahl unter mehreren Alternativen, und am einfachsten läßt sie sich darstellen, wenn man diese Alternativen auf eine Folge binärer Wahlen reduzieren kann, die jeweils zwischen zwei gleich wahrscheinlichen Alternativen erfolgen. Wenn Sie beispielsweise erfahren, daß bei einem Münzwurf Zahl statt Kopf gesiegt hat, dann haben Sie ein Bit Information erworben. Wenn Sie erfahren, daß bei drei aufeinanderfolgenden Münzwürfen erst Kopf, dann Zahl und schließlich wieder Kopf oben lagen, haben Sie drei Bit Information aufgenommen.

Das Zwanzig-Fragen-Spiel bietet einen guten Anreiz, die unterschiedlichsten Arten von Information in Form sukzessiver binärer Wahlen zwischen gleich wahrscheinlichen Alternativen oder zwischen Alternativen, die die maximale vom Fragenden erreichbare Annäherung an die gleiche Wahrscheinlichkeit aufweisen, zu formulieren. Das Spiel wird von zwei Personen gespielt; der erste Spieler denkt sich einen Gegenstand aus, den der zweite Spieler mit höchstens zwanzig Fragen erraten muß, nachdem ihm gesagt wurde, ob das zu erratende Objekt ein Tier, eine Pflanze oder ein anorganischer Gegenstand ist. Alle Fragen müssen mit »ja« oder »nein« beantwortet werden, so daß jede Frage eine binäre Wahl darstellt. Für den zweiten Spieler ist es ratsam, die Fragen soweit wie möglich, einer Wahl zwischen gleich wahrscheinlichen Alternativen anzunähern. Weiß der Fragende beispielsweise, daß das gesuchte Objekt anorganisch ist, wäre es unklug von ihm, unvermittelt zu fragen: »Ist es der Hope-Diamant?« Angemessener ist eine Frage wie: »Ist es ein unbearbeiteter Gegenstand (im Unterschied zu einem industriell hergestellten oder einem von Menschenhand bearbeiteten)?« Hier kann man davon ausgehen, daß die Wahrscheinlichkeit einer bejahenden und einer verneinenden Antwort ungefähr gleich groß ist. Wird diese Frage verneint, könnte die nächste Frage lauten: »Handelt es sich um ein bestimmtes Objekt oder um eine Klasse von Objekten?« Fällt die Wahrscheinlichkeit bejahender und verneinender Antworten gleich groß aus, erbringt jede Frage ein Bit Information (das Maximum, das durch eine Entscheidungsfrage erzielt werden kann). Zwanzig Bit an Information entsprechen einer Wahl unter 1 048 576 gleich wahrscheinlichen Alternativen. Die Zahl erhält man dadurch, daß man zwanzigmal den Faktor 2 mit sich selbst multipliziert. (Dieses Ergebnis ist gleich der Zahl verschiedener Bitfolgen der Länge 20.)

Dabei ist zu beachten, daß Bitfolgen unterschiedlich verwendet werden, je nachdem ob es um den AIC oder um Information geht. Im Fall des algorithmischen Informationsgehalts betrachtet man eine einzelne Bitfolge (vorzugsweise eine lange) und mißt ihre inneren Regelmäßigkeiten anhand der Länge (in Bits) des kürzesten Programms, das einen Standardrechner veranlaßt, die Folge auszudrucken und dann anzuhalten. Im Fall der Information hingegen kann man eine Auswahl aus all den verschiedenen Bitfolgen einer bestimmten Länge betrachten. Sind sie alle gleich wahrscheinlich, dann entspricht ihre Länge der Zahl der Bits an Information.

Man kann sich auch mit einem Satz von Bitfolgen befassen, zum Beispiel mit gleich wahrscheinlichen, die jeweils einen bestimmten AIC-Wert besitzen. In diesem Fall ist es oft ratsam, sowohl eine Informationsmenge, die durch die Zahl der Bitfolgen determiniert ist, als auch einen über den Satz gemittelten AIC-Wert zu definieren.

Komprimierung und Zufallsfolgen

Der algorithmische Informationsgehalt besitzt eine sehr seltsame Eigenschaft. Bevor wir diese Eigenschaft erörtern können, müssen wir die relative »Komprimierbarkeit« verschiedener Zeichenfolgen betrachten. Im Hinblick auf eine Bitfolge bestimmter (sagen wir: sehr großer) Länge können wir fragen, wann ihre algorithmische Komplexität niedrig und wann sie hoch ist. Hat eine lange Folge die Form 110110110110110110110...110110, dann kann sie mit einem sehr kurzen Programm, das befiehlt, soundsooft 110 auszudrucken, generiert werden. Eine solche Bitfolge besitzt trotz ihrer Länge einen sehr niedrigen AIC. Das bedeutet, sie ist stark komprimierbar.

Demgegenüber läßt sich mathematisch zeigen, daß die meisten Bitfolgen einer bestimmten Länge nicht komprimierbar sind. Anders ausgedrückt: Das kürzeste Programm, das eine dieser Folgen hervorbringt (und dann den Rechner anhält), lautet schlicht DRUCKE, gefolgt von der Zeichenfolge selbst. Eine solche Folge hat für ihre Länge einen maximalen AIC. Es gibt keine Regel, keinen Algorithmus und kein Theorem, die die Beschreibung dieser Bitfolge vereinfachten und sie in eine kürzere Nachricht zu fassen erlaubten. Man bezeichnet sie deshalb als »Zufallsfolge«, weil sie keinerlei Regelmäßigkeit enthält, die ihre Komprimierung einräumte. Die Tatsache, daß der algorithmische Informationsgehalt bei Zufallsfolgen am höchsten ist, erklärt auch die alternative Bezeichnung »algorithmische Zufälligkeit«.

Die Nichtberechenbarkeit des AIC

Die seltsame Eigenschaft besteht darin, daß der AIC nicht berechnet werden kann. Obgleich die meisten Bitfolgen Zufälligkeitscharakter besitzen, gibt es keine Möglichkeit, diese Zufallsfolgen exakt zu ermitteln. Faktisch können wir im allgemeinen nie sicher sein, ob der AIC einer bestimmten Sequenz nicht niedriger ist, als wir glauben. Das liegt daran, daß es immer ein Theorem geben kann, das wir niemals finden, oder einen Algorithmus, den wir nicht entdecken, die eine weitere Komprimierung der Sequenz zuließen. Präziser formuliert: Es gibt kein Verfahren zur Auffindung sämtlicher Theoreme, die eine weitere Komprimierung ermöglichten. Das hat Greg Chaitin vor einigen Jahren in einer Arbeit bewiesen, die auf dem berühmten Ergebnis von Kurt Gödel aufbaut.

Der Logiker und Mathematiker Gödel versetzte zu Beginn der dreißiger Jahre mit seinen Entdeckungen über die Grenzen axiomatischer Systeme in der Mathematik der Mathematikerzunft einen schweren Schock. Bis dahin hatten die Mathematiker gehofft, daß es möglich sei, ein mathematisches Axiomensystem aufzustellen, dessen Widerspruchsfreiheit beweisbar sei und aus dem sich im Prinzip die Wahrheit oder Falschheit jeder mathematischen Aussage ableiten ließe. Gödel zeigte, daß keines dieser Ziele erreichbar ist.

Negative Ergebnisse wie dieses bedeuten oftmals einen gewaltigen Fortschritt in der Mathematik oder in den Naturwissenschaften. Der Vergleich mit Albert Einsteins Entdeckung bietet sich an, daß es keine absolute Definition des Raumes oder der Zeit geben kann, sondern nur eine Raumzeit. Gödel und Einstein verband eine enge Freundschaft. In den frühen fünfziger Jahren sah ich sie des öfteren gemeinsam zur Arbeit ins Institute for Advanced Study in Princeton spazieren. Sie bildeten ein komisches Gespann, das Patt und Pattachon ähnelte. Im Vergleich zu dem sehr kleinen Gödel nahm sich Einstein wie ein Hüne aus. Sprachen sie über schwierige mathematische oder physikalische Fragen? (Gödel arbeitete von Zeit zu Zeit an Problemen, die mit der Allgemeinen Relativitätstheorie zusammenhingen.) Oder drehten sich ihre Gespräche hauptsächlich ums Wetter und ihre gesundheitlichen Beschwerden?

Für unsere Diskussion ist vor allem der Gödelsche Satz über Unentscheidbarkeit (Unableitbarkeitssatz) von Bedeutung: Für jedes beliebige mathematische Axiomensystem gibt es immer Sätze, die nicht auf der Grundlage dieser Axiome entschieden werden können. Anders gesagt: Es gibt Sätze, die grundsätzlich weder als wahr noch als falsch bewiesen werden können.

Das bekannteste Beispiel eines unentscheidbaren Satzes ist eine von den Axiomen unabhängige Behauptung. Man kann mit Hilfe eines solchen Satzes die Menge der Axiome erweitern, indem man entweder den Satz oder sein Gegenteil als neues Axiom einführt.

Doch es gibt weitere unentscheidbare Sätze, die einen anderen

Charakter haben. Nehmen wir einmal an, ein unentscheidbarer Satz, der sich auf positive ganze Zahlen bezieht, habe die Form: »Jede gerade Zahl größer als 2 besitzt die folgende Eigenschaft...«. Gäbe es irgendeine Ausnahme von diesem Satz, dann könnten wir diese Ausnahme, vorausgesetzt, uns stünde genügend Zeit zur Verfügung, im Prinzip dadurch finden, daß wir jede aufeinanderfolgende gerade Zahl prüfen (4, 6, 8, 10...), bis wir auf eine Zahl stoßen, die die betreffende Eigenschaft nicht aufweist. Das würde den Satz direkt widerlegen, aber es würde zugleich seiner Unentscheidbarkeit widersprechen, denn Unentscheidbarkeit bedeutet ja gerade, daß der Satz nicht bewiesen oder widerlegt werden kann. Somit *gibt es keine Ausnahme* von dem Satz. Im gewöhnlichen Verständnis des Wortes »wahr« ist der Satz wahr.

Wir können dies noch deutlicher machen, indem wir einen Satz betrachten, der noch nicht bewiesen wurde, obgleich man nach jahrhundertelangem Suchen bislang keine Ausnahme davon gefunden hat. Es handelt sich um die »Goldbachsche Vermutung«, nach der sich jede gerade Zahl größer 2 als Summe zweier Primzahlen darstellen läßt. Eine Primzahl ist eine Zahl größer 1, die nur durch sich selbst und durch 1 teilbar ist. Die ersten Primzahlen lauten somit: 2, 3, 5, 7, 11, 13, 17, 19, 23, 29, 31 und 37. Aus dieser Liste kann man leicht ersehen, daß es für jede gerade Zahl zwischen 4 und 62 wenigstens eine Möglichkeit gibt, sie als Summe zweier Primzahlen darzustellen. Anhand von Computerberechnungen hat man nachgewiesen, daß jede gerade Zahl bis zu einem unglaublich hohen Wert die gleiche Eigenschaft besitzt. Allerdings kann keine derartige Berechnung die Vermutung *beweisen*, da sie für eine noch größere Zahl immer noch falsch sein könnte. Nur durch eine strenge mathematische Beweisführung ließe sich die Vermutung in ein bewiesenes Theorem überführen.

Es gibt keinen Grund anzunehmen, daß die Goldbachsche Vermutung unentscheidbar ist. Doch gehen wir einmal davon aus, sie sei es. Sie wäre dann trotz ihrer Unbeweisbarkeit wahr, weil es keine Ausnahme von ihr geben könnte. Die Existenz jeder geraden Zahl größer 2, die nicht die Summe zweier Primzahlen ist, würde die Vermutung widerlegen und damit ihrer Unentscheidbarkeit widersprechen.

Die Tatsache, daß solche wahren, aber unbeweisbaren Theoreme stets irgendwo verborgen liegen, bedeutet, wie Chaitin gezeigt hat, daß es möglicherweise ein Theorem gibt, daß die Komprimierung einer langen Zeichenfolge erlaubt, die wir für nicht komprimierbar erachten, oder eine stärkere Komprimierung, wenn wir glauben, das kürzeste Programm gefunden zu haben, das den Rechner veranlaßt, die Folge auszudrucken und dann anzuhalten. Daher können wir im allgemeinen den Wert des algorithmischen Informationsgehalts nicht genau kennen; wir können lediglich eine Obergrenze für ihn festlegen, die er nicht überschreiten kann. Da der AIC jedoch unter diesem Grenzwert liegen kann, ist er nicht berechenbar.

Auch wenn die Eigenschaft der Nichtberechenbarkeit ärgerlich sein mag, so hält uns doch eine andere Eigenschaft davon ab, Komplexität mit Hilfe des algorithmischen Informationsgehalts zu definieren. Obgleich der AIC für die Einführung nützlicher Begriffe wie Grobkörnigkeit, Komprimierbarkeit von Zeichenfolgen und Länge der Beschreibung durch ein Beobachtungssystem gut geeignet ist, hat er einen schwerwiegenden Mangel, der in der Alternativbezeichnung »algorithmische Zufälligkeit« anklingt: Der algorithmische Informationsgehalt ist bei Zufallsfolgen am höchsten. Es ist also ein Maß der Zufälligkeit, und Zufälligkeit ist weder im alltäglichen noch im allgemeinen wissenschaftlichen Sprachgebrauch gleichbedeutend mit Komplexität. Daher entspricht der AIC nicht der wahren oder effektiven Komplexität.

Allerdings ist bei der Diskussion des Begriffs »Zufälligkeit« Vorsicht angebracht, denn er hat nicht immer ein und dieselbe Bedeutung. Diese Gefahr erkannte ich vor langer Zeit, als ich für die RAND Corporation arbeitete.

4 Zufälligkeit

Als ich in den fünfziger Jahren meine Lehrtätigkeit am Caltech aufnahm, brauchte ich eine Stelle als Berater, um mein Gehalt aufzubessern. Professoren des Caltech dürfen einmal pro Woche als Berater arbeiten, und ich erkundigte mich bei meinen Kollegen nach diesbezüglichen Möglichkeiten. Einer oder zwei empfahlen die RAND Corporation, die in Santa Monica, in unmittelbarer Nähe des bekannten Landungssteges und des »Muscle Beach« ihren Sitz hat.

Die RAND Corporation war kurz nach dem Zweiten Weltkrieg als Air Force Project RAND (Akronym für »Research and Development«) gegründet worden. Sie sollte die U.S. Air Force in Fragen wie der Koordination von Strategie und Kampfauftrag (also der Aufgaben der Streitkräfte) und in rationellen Beschaffungsmethoden beraten. Nach einer Weile wurde der Aufgabenbereich der RAND Corporation auf die Beratung der Regierung in zahlreichen Sachgebieten, von denen viele mit der Verteidigungsstrategie zu tun hatten, erweitert. Das RAND-Projekt spielte zwar weiterhin eine wichtige Rolle, doch es lieferte nur einen Teil der finanziellen Einnahmen der Organisation, die sich in ein Unternehmen ohne Erwerbscharakter verwandelte und ihr Betätigungsfeld auf zahlreiche zivile Sektoren ausdehnte. So beschäftigt RAND Spezialisten aus vielen verschiedenen Fachgebieten, darunter Politikwissenschaft, Wirtschaftswissenschaften, Physik, Mathematik und Operations Research.

Die Abteilung Physik, die überwiegend mit Theoretikern besetzt war, stellte mich als Berater ein, und ich begann mit der Arbeit an nicht geheimen Forschungsvorhaben Geld zu verdienen.

Zusammen mit zwei anderen Wissenschaftlern vom Caltech bildete ich eine Fahrgemeinschaft, und wir verbrachten jeden Mittwoch in der RAND Corporation.

Die Bedeutungen von »Zufall«

Zu den Dingen, die während meiner ersten Besuche in der RAND Corporation den nachhaltigsten Eindruck bei mir hinterließen, gehörte die Aushändigung eines kleinen Stapels aktueller Berichte, die mich mit den laufenden Projekten vertraut machen sollten. Einer der Berichte in dem Stapel war die »RAND-Tabelle der Zufallszahlen«, eine zweifellos nützliche, wenn auch keine besonders spannende Lektüre. (Der Untertitel »Und 100 000 Normalabweichungen« soll allerdings einige Bibliothekare dazu bewogen haben, das Buch in das psychopathologische Schrifttum einzuordnen.)

Interessant an diesem Bericht fand ich einen Zettel (ein Merkzeichen), der beim Aufschlagen herausflatterte und zu Boden fiel. Als ich ihn aufhob, stellte ich fest, daß es sich um ein Fehlerverzeichnis handelte. Die RAND-Mathematiker hatten darauf Korrekturen von einigen Zufallszahlen vorgenommen! Hatten sie Zufallsfehler in den Zufallszahlen entdeckt? Lange Zeit betrachtete ich diese Begebenheit nur als eine weitere Szene in der »menschlichen Komödie«. Als ich jedoch später über dieses Verzeichnis nachdachte, wurde mir eine wichtige Tatsache bewußt: sogar Mathematiker und Naturwissenschaftler verknüpfen mit dem Begriff »Zufall« mehrere unterschiedliche Bedeutungen.

Als wir mit Bezug auf eine Zeichenfolge von eintausend Bits von »Zufall« sprachen, meinten wir damit, daß die Sequenz nicht komprimierbar ist. Anders gesagt. Sie ist so unregelmäßig, daß man sie nicht in kürzerer Form ausdrücken kann. »Zufall« kann indessen auch bedeuten, daß etwas durch einen »Zufallsprozeß« erzeugt wurde, also etwa durch eine Serie von Münzwürfen, wobei jeder Kopf eine 1 und jede Zahl eine 0 ergibt. Nun decken sich beide Bedeutungen nicht genau. Eine Serie von eintausend Münzwürfen *könnte* eine Folge von eintausend Köpfen hervorbringen, dargestellt als eine Bitfolge von eintausend Einsen, die jedoch alles andere als eine zufallsgenerierte Bitfolge wäre. Natürlich ist eine reine Kopfsequenz sehr unwahrscheinlich. Ihre Eintrittswahrscheinlichkeit ist faktisch nur 1 zu einer Zahl mit etwa dreihundert Ziffern. Da die meisten langen Bitfolgen nicht komprimierbar (zufällig) oder kaum komprimierbar sind, ergibt eine Serie von eintausend Münzwürfen aber *nicht immer* eine zufallsgenerierte Bitfolge. Eine Möglichkeit, Unklarheiten zu vermeiden, bestünde darin, statt von »zufälligen« von »stochastischen« Prozessen zu sprechen und den zweiten Begriff hauptsächlich nicht komprimierbaren Folgen vorzubehalten.

Was aber bedeutet das Wort »Zufall« in der RAND-Tabelle der Zufallszahlen? Wie kam es, daß die Tabelle mit einem Fehlerverzeichnis versehen wurde? Und was kann man überhaupt mit einer Tabelle von Zufallszahlen anfangen?

Die Abteilung Physik der RAND Corporation befaßte sich in den Jahren 1956 und 1957 unter anderem mit einem nicht geheimen Projekt der Anwendungsmöglichkeiten in der Astrophysik. Die dafür erforderliche Berechnung fiel eher in den Bereich der elementaren Physik. Ich übernahm diese Aufgabe, und ein alter Bekannter von mir, Keith Bruckner, der ebenfalls als Berater tätig war, half mir dabei. Ein Teil der Rechenarbeit bestand darin, ein paar schwierige Summen näherungsweise zu berechnen. Einer der interessantesten RAND-Physiker, Jess Marcum, erbot sich, diese Arbeit mit Hilfe der sogenannten Monte-Carlo-Methode und unter Verwendung der Tabelle von Zufallszahlen auszuführen.

Zufallszahlen und die Monte-Carlo-Methode

Diese Methode war Jess geradezu auf den Leib geschneidert, weil er nicht nur Physiker, sondern auch eine Spielernatur war. In seiner Jugend hatte er in Casinos beim Siebzehnundvier-Spiel eine Menge Geld gewonnen. Er ging nach der »Studenten«-Methode vor: In den meisten Spielen, in denen seine Gewinnchancen schlecht standen, spielte er mit geringem Einsatz, um dann, wenn seine Gewinnchancen gut standen, seinen Einsatz zu erhöhen, zum Beispiel wenn alle Karten, die Zehn zählten, (Zehner, Bildkarten und Asse) in einem Teil des Packs lagen. Diese Spielstrategie war jedoch nur so lange möglich, wie bei Siebzehnundvier ein einziger Pack verwendet wurde. Nach einiger Zeit stellten sich die Casinos auf diese Strategie (der »Studenten«) ein und gingen dazu über, viele Kartensets zugleich zu verwenden. Jess wandte sich daraufhin anderen Betätigungen zu.

Einmal ließ er sich mehrere Monate lang von der RAND Corporation beurlauben, um sich mit Pferdewetten zu beschäftigen. Seine Methode bestand darin, die Sportjournalisten, die die Ergebnisse von Rennen vorherzusagen versuchten, mit Handikaps zu belegen. Er maßte sich kein Urteil über die Leistungsfähigkeit der Pferde selbst an, sondern studierte lediglich die Renntabellen, um herauszufinden, wie gut die von jedem Journalisten beurteilten Gewinnchancen mit den tatsächlichen Ergebnissen der Pferderennen übereinstimmten. Er folgte dann dem Rat der erfolgreichen Journalisten. Doch nun kam ein weiterer Trick. Kurz vor jedem Rennen prüfte er den Totalisator, um festzustellen, ob die notierten Gewinnchancen (in denen sich die bis zu diesem Zeitpunkt eingegangenen Wetteinsätze widerspiegelten) mit den von den bewährten Journalisten vorhergesagten übereinstimmten. War das nicht der Fall, bedeutete dies, daß die Masse der Wettenden einem anderen Rat folgte, vermutlich dem schlechterer Journalisten, und daß eine Diskrepanz zwischen den notierten Gewinnchancen und den von den besten Prognostikern festgesetzten Chancen bestand. Jess nützte solche Lücken und spielte mit hohen Einsätzen. Auf diese Weise erzielte er auf der Rennbahn regelmäßige Einnahmen. Nach einer Weile kam er jedoch zu dem Schluß, daß er bei der RAND Corporation auf risikolosere Weise mindestens genausoviel verdienen würde, und kehrte zu seiner Arbeit zurück. So kam es, daß Jess mir bei der Berechnung der Summen helfen konnte.

Die Monte-Carlo-Methode zur Berechnung von Summen wird dann angewandt, wenn massenhaft Größen zu addieren sind; es gibt eine Regel (einen Algorithmus!) für die Berechnung der ersten Größe aus der Zahl 1, der zweiten Größe aus der Zahl 2, der dritten Größe aus der Zahl 3 und so fort; die Regel sorgt dafür, daß die Größe beim Übergang von einer Zahl zur nächsten nur geringfügig schwankt. Da die Berechnung jeder Größe aus der zugehörigen Zahl zeitraubend und aufwendig ist, führt man gerade so viele Berechnungen durch, wie unbedingt erforderlich sind. (Heute, da wir über außerordentlich schnelle und leistungsstarke Computer verfügen, werden viele derartige Summen direkt berechnet, die noch vor 35 Jahren Tricks wie die Monte-Carlo-Methode erfordert hätten.)

Angenommen, wir müßten 100 Millionen Größen addieren, nachdem wir jede aus der zugeordneten Zahl berechnet hätten, die von 1 bis 100 Millionen reicht. Bei der Monte-Carlo-Näherung bedienen wir uns einer Zufallszahlen-Tabelle, um zum Beispiel 5000 zufällig ausgewählte Zahlen zwischen 1 und 100 Millionen zu erhalten. In jedem der 5000 Fälle besitzt jede Zahl zwischen 1 und 100 Millionen die gleiche Auswahlwahrscheinlichkeit. Sodann berechnen wir die Größen, die den 5000 Zahlen entsprechen, und addieren sie, wobei wir sie als eine repräsentative Stichprobe sämtlicher 100 Millionen Größen betrachten, die addiert werden sollen. Schließlich multiplizieren wir das Ergebnis mit 100 Millionen, dividiert durch 5000 (also 20 000). Auf diese Weise haben wir unsere langwierige Berechnung mit einer sehr viel kürzeren angenähert.

Zufällig oder pseudozufällig?

Die Tabelle der Zufallszahlen sollte aus einer Menge ganzer Zahlen zwischen Eins und einer festgelegten hohen Zahl bestehen; dabei wird jede Zahl durch einen Zufallsprozeß ausgewählt, in dem jede Zahl im betrachteten Intervall die gleiche Auswahlwahrscheinlichkeit besitzt. In Wirklichkeit aber wird eine solche Tabelle meistens nicht auf diese Weise erstellt. Statt dessen handelt es sich um eine Tabelle von Pseudozufallszahlen! Diese spult ein Computer herunter, dem eine bestimmte mathematische Regel eingegeben wurde, die jedoch so verwickelt ist, daß man davon ausgeht, sie simuliere einen Zufallsprozeß (beispielsweise kann man eine Regel verwenden, die im technischen Sinne chaotisch ist). Anschließend kann man die so erhaltene Zahlenreihe überprüfen, um festzustellen, ob sie einige der statistischen Kriterien erfüllt, denen eine wirklich zufallsgenerierte Zahlenreihe in den meisten Fällen genügen würde. Waren die Zahlen der RAND-Tabelle wirklich pseudozufällig? Hat eine Überprüfung in letzter Minute ergeben, daß eines dieser Kriterien nicht voll erfüllt war? Mußte aus diesem Grund ein Fehlerverzeichnis beigefügt werden? Es zeigt sich, daß die Antworten auf diese Fragen negativ ausfallen. Denn schließlich *kann* eine Tabelle von Zufallszahlen durch einen echten stochastischen Prozeß generiert werden, der sich beispielsweise quantenmechanische Phänomene zunutze macht. Tatsächlich wurde die RAND-Tabelle auf stochastische Weise erstellt, und zwar mit Hilfe des Rauschens einer Vakuumröhre. Zudem bezog sich das Fehlerverzeichnis auf die 100000 Normalabweichungen und nicht auf die Tabelle der Zufallszahlen selbst! Das so lehrreiche Rätsel war in Wirklichkeit überhaupt keines. Stochastische Methoden sind sehr arbeitsintensiv; es ist daher bequemer, einen Computer, in den man eine deterministische Regel eingibt, eine Zahlenfolge herunterspulen zu lassen und dann dafür zu sorgen, daß die in der Sequenz auftauchenden ungewollten Regelmäßigkeiten in den Situationen, in denen man die Zahlen verwendet, relativ unschädlich sind. Dennoch hat die Erfahrung gezeigt, daß es gefährlich sein kann, pseudozufällige Zahlenfolgen so zu verwenden, als seien sie zufallsgeneriert.

Vor kurzem las ich, daß ein Verzeichnis von Pseudozufallszahlen, das in zahlreichen Labors verwendet wird, ein hohes Maß an Nichtzufälligkeit aufwies. Dies hatte zur Folge, daß bestimmte mit diesen Zahlen durchgeführte Berechnungen schwere Fehler enthielten. Dieser Vorfall mag uns daran erinnern, daß Zahlenfolgen, die aus deterministischen chaotischen oder fastchaotischen Prozessen hervorgehen, ein erhebliches Maß an Regelmäßigkeit besitzen können.

Deterministisches Chaos in Finanzmärkten

Manchmal erweisen sich vermeintlich stochastische Zahlenfolgen als teilweise pseudozufällig. Beispielsweise verkündeten viele neoklassische Wirtschaftswissenschaftler jahrelang, die Schwankungen um die von Hintergrunddaten determinierten Kurse in Finanzmärkten stellten einen »Random Walk«, einen stochastischen Prozeß, dar. Zugleich gaben »Chart-Analysten«, die die zeitliche Entwicklung der Aktienkurse in der Vergangenheit analysieren und behaupten, daraus bessere als zufällige Vorhersagen des Kursverlaufs in der nahen Zukunft ableiten zu können, Empfehlungen für Kapitalanleger. Ich las einmal den Artikel eines Wirtschaftswissenschaftlers, den schon der bloße Gedanke wütend machte, jemand erdreiste sich zu derartigen Prognosen, obwohl die Wirtschaftswissenschaftler beharrlich beteuerten, diese Schwankungen seien reine Zufallsprozesse.

Mittlerweile ist jedoch schlüssig nachgewiesen worden, daß die Vorstellung vom Zufallsprozeß falsch ist. Die Schwankungen erwiesen sich teilweise als pseudozufällig, wie dies auch im deterministischen Chaos der Fall ist; im Prinzip bergen sie so viele Regelmäßigkeiten, daß man sie gewinnträchtig nutzen kann. Das bedeutet nun nicht, daß jedes finanzielle Patentrezept, mit dem ein Chart-Analyst hausieren geht, Sie zum Millionär machen wird; die meisten ihrer Empfehlungen sind wahrscheinlich wertlos. Doch ist die Vorstellung, daß Kursschwankungen nicht rein zufällig erfolgen, nicht schlichtweg unsinnig, wie der wütende Wirtschaftswissenschaftler meinte. (Doyne Farmer und Norman Packard, zwei Physiker, die der Santa Fe-Familie angehören, haben sogar ihre Arbeit in der Forschung aufgegeben und eine Investmentgesellschaft gegründet. Sie suchen mit Hilfe der Theorie des deterministischen Chaos und von fastchaotischen Systemen nach Regelmäßigkeiten in den Kursschwankungen und richten sich in ihrem Anlageverhalten danach. Bevor sie echtes Kapital anlegten, das ihnen eine Großbank zur Verfügung stellte, haben sie ihre Strategie zuerst ein paar Monate lang mit Spielgeld erprobt. Bislang schlagen sie sich recht gut.)

Wir haben drei verschiedene fachsprachliche Bedeutungen des Begriffs »Zufall« kennengelernt:

1. Eine Zufalls-Bitfolge ist so unregelmäßig, daß es keine Regel zur Komprimierung ihrer Beschreibung gibt.
2. Ein Zufallsprozeß ist ein stochastischer Prozeß. Die dabei generierten Bitfolgen einer bestimmten Länge sind überwiegend völlig unkomprimierbar; manchmal weisen solche Folgen auch einige Regelmäßigkeiten auf und sind daher in gewissem Umfang komprimierbar; sehr selten sind Folgen, die äußerst regelmäßig, hoch komprimierbar und überhaupt nicht zufällig sind.
3. Eine Zufallszahlen-Tabelle wird normalerweise durch einen Pseudozufallsprozeß erstellt – durch einen deterministischen Rechenprozeß, der eigentlich überhaupt keine Zufälligkeit besitzt, aber ein so hohes Maß an Unordnung (zum Beispiel Chaos) aufweist, daß er für viele Zwecke eine recht gute Simulation eines stochastischen Prozesses liefert und einigen der statistischen Kriterien genügt, die ein stochastischer Prozeß in der Regel erfüllt. Wenn solche Pseudozufallsprozesse zur Generierung von Bitfolgen verwendet werden, gleichen die Sequenzen weitgehend den Ergebnissen einer Zufallsgenerierung.

William Shakespeare und die sprichwörtlichen Affen

Nun sind wir für die Erörterung der Frage gerüstet, weshalb die algorithmische Zufälligkeit oder der algorithmische Informationsgehalt nicht völlig mit unserem intuitiven Verständnis von Komplexität übereinstimmt. Nehmen wir die berühmten Affen, die Schreibmaschine schreiben und dabei die einzelnen Tasten in stochastischer Weise anschlagen sollen, so daß jeder Buchstabe beziehungsweise die Leertaste bei jedem Anschlag die gleiche Auftrittswahrscheinlichkeit besitzt. Ich bezweifle, ob echte Affen sich so verhalten würden, doch für unsere Zwecke spielt das keine Rolle. Wir fragen nun, wie hoch die Wahrscheinlichkeit ist, mit der die Affen in einem bestimmten Zeitraum die Werke Shakespeares niederschreiben würden (oder sämtliche Bücher des British Museum bzw. jenes Teils davon, der heute British Library heißt). Wenn jeder einzelne einer bestimmten Anzahl Affen hinreichend viele Seiten schriebe, dann gibt es offenkundig eine Wahrscheinlichkeit größer Null, daß das gesamte Textkorpus einen zusammenhängenden Teil mit den Werken Shakespeares (zum Beispiel in der Folio-Ausgabe) enthalten würde. Diese Wahrscheinlichkeit ist jedoch unvorstellbar klein. Wenn sämtliche Affen der Erde zehntausend Jahre lang täglich acht Stunden Schreibmaschine schrieben, wäre die Wahrscheinlichkeit verschwindend gering, daß das dabei entstandene Textmaterial einen zusammenhängenden Teil enthielte, der mit der Folio-Ausgabe von Shakespeare identisch wäre.

In der Zeitschrift *The New Yorker* erschien vor einigen Jahren eine amüsante Geschichte von Russell Maloney mit dem Titel »Inflexible Logic«. Darin erzählt er, wie sechs Schimpansen, die an einem solchen Experiment teilnahmen, tatsächlich damit begannen, systematisch und fehlerlos die Bücher des British Museum niederzuschreiben. Doch mit den Affen nahm es ein schlimmes Ende: ein Wissenschaftler tötete sie, um seine Auffassung von den Gesetzen der Wahrscheinlichkeit beibehalten zu können. Der letzte Schimpanse »sackte im Todeskampf vor seiner Schreibmaschine zusammen. Unter großen Schmerzen zog er mit seiner linken Hand die letzte zu Ende geschriebene Seite eines Werkes von Montaigne in der Übersetzung von John Florio aus der Schreibmaschine, spannte ein neues Blatt ein und tippte mit einem Finger. ›ONKEL TOM'S HÜTTE von Harriet Beecher Stowe. Kapitel...‹, dann hauchte auch er sein Leben aus.«

Betrachten wir nun einen Nicht-*New-Yorker* Affen der sprichwörtlichen Art, der einen Text tippt, dessen Länge der Folio-Ausgabe des Shakespearschen Œuvres entspricht, und vergleichen wir ein typisches Produkt des Affen mit einem Werk von Shakespeare. Welches von beiden besitzt einen größeren algorithmischen Informationsgehalt? Selbstverständlich das Werk des Affen. Denn dieser hat durch einen Zufallsprozeß (die zweite oben definierte Bedeutung von »Zufall«) mit hoher Wahrscheinlichkeit eine zufällige oder fastzufällige Zeichenfolge (die erste Bedeutung von »Zufall«) hervorgebracht. Wird das Werk des Affen mit Hilfe eines Standardverfahrens als Bitfolge codiert, dann wird diese Bitfolge für eine Zeichenkette ihrer Länge mit hoher Wahrscheinlichkeit eine maximale oder fast maximale algorithmische Zufälligkeit aufweisen. Shakespeares Werke sind demgegenüber in viel geringerem Maße Zufallsprodukte. So tragen die Regeln der englischen Grammatik, der englischen Rechtschreibung, Konventionen (ungeachtet Shakespeares saloppem Umgang mit einem schon an sich lockeren System), die semantischen Restriktionen und viele weitere Faktoren dazu bei, daß das Werk Shakespeares keinen Zufallscharakter hat, folglich weist es einen viel geringeren algorithmischen Informationsgehalt (oder eine viel geringere algorithmische Zufälligkeit) auf als jeder wahrscheinliche, gleich lange Text, den der sprichwörtliche Affe getippt hat. Das gleiche gilt für alle anderen englisch schreibenden Autoren; dabei haben wir noch nicht einmal die Einzigartigkeit Shakespeares berücksichtigt!

Effektive Komplexität

Obgleich der AIC oder die algorithmische Zufälligkeit mitunter als algorithmische Komplexität bezeichnet wird, entspricht sie nicht dem, was man für die meisten Zustände unter Komplexität versteht. Um effektive Komplexität zu definieren, braucht man etwas ganz anderes als eine Größe, die ihr Maximum in Zufallsfolgen erreicht. Tatsächlich sind es gerade die nichtzufälligen Aspekte eines Systems oder einer Zeichenfolge, die zu seiner/ihrer effektiven Komplexität beitragen. Diese läßt sich grob als die Länge einer prägnanten Beschreibung der Regelmäßigkeiten dieses Systems oder dieser Folge charakterisieren. »Grobe« Komplexität und AIC stimmen nicht mit unserem gewöhnlichen Verständnis von Komplexität überein, weil sie sich auf die Länge einer prägnanten Beschreibung des gesamten Systems oder der ganzen Zeichenfolge – einschließlich all seiner/ihrer Zufallsmerkmale – und nicht nur der Regelmäßigkeiten beziehen.

Bevor wir den Begriff der effektiven Komplexität eingehender erörtern können, müssen wir uns ausführlich mit der Eigenart komplexer adaptiver Systeme befassen. Wir werden sehen, daß ihr Lernen beziehungsweise ihre Weiterentwicklung unter anderem die Gabe verlangt, bis zu einem gewissen Grade zwischen Zufall und Ordnung zu unterscheiden. Die effektive Komplexität bezieht sich dann auf die Beschreibung der Regelmäßigkeiten eines Systems durch ein komplexes adaptives System, das das andere beobachtet.

5 Ein Kind, das eine Sprache erlernt

Als meine Tochter sprechen lernte, war einer ihrer ersten Sätze: *Daddy go car-car*, den sie allmorgendlich hersagte, wenn ich zur Arbeit fuhr. Ich fühlte mich geschmeichelt, daß sich der Satz auf mich bezog, und ich freute mich sehr, daß sie schon sprach, auch wenn sie noch viel lernen mußte. Erst in jüngster Zeit fiel mir auf, daß jene Äußerung bereits bestimmte Eigentümlichkeiten der englischen Grammatik enthielt. Nehmen wir zum Beispiel die Wortstellung. Im Englischen steht das Subjekt vor dem Verb (während dies in einigen anderen Sprachen, wie etwa dem Walisischen, dem Hawaiianischen und dem Madagassischen, nicht der Fall ist). Die Stellung von Subjekt und Verb war bereits grammatisch richtig. Ebenso die Position des Satzgliedes *car-car*. In dem grammatischen englischen Satz »[*Daddy*] [*is going away*] [*in his car*]« ist die Reihenfolge der drei Elemente genau die gleiche wie in der Näherung meiner Tochter.

Je älter meine Tochter wurde, um so besser beherrschte sie natürlich die Regeln der Grammatik, und innerhalb weniger Jahre sprach sie wie andere Kinder fehlerfrei. Jedes normale Kind mit einer Bezugsperson, wie etwa Vater oder Mutter, die eine bestimmte Sprache spricht und das Kind regelmäßig in dieser Sprache anredet, wird im Verlauf von mehreren Jahren den grammatisch korrekten Umgang mit dieser Sprache lernen. (Einige Amerikaner werden hier einwenden, daß diese Aussage auf viele Schüler an US-amerikanischen High Schools nicht zutreffe). Tatsächlich können die meisten Kinder zwei oder sogar drei Sprachen mit der Gewandtheit eines Muttersprachlers erlernen, vor allem wenn jede der zwei oder drei Bezugspersonen sich fehlerfrei und regelmäßig in einer Sprache mit dem Kind unterhält. Das gilt auch dann, wenn das Kind nur durch einen einzigen Muttersprachler mit der Sprache vertraut wird. Wie aber lernt ein Kind, welche von ihm in einer bestimmten Sprache gebildeten Sätze grammatisch korrekt und welche grammatisch falsch sind?

Stellen wir uns die fiktive Situation vor, es gäbe nur 50 000 mögliche Sätze, und eine Mutter probierte mit ihrem Kind systematisch tausend Tage lang fünfzig neue Sätze pro Tag durch, wobei sie jeden Satz geduldig mit »gut« oder »falsch« kommentierte. Ausgehend von diesem unrealistischen Szenario und einem vollkommenen Gedächtnis des Kindes, würde das Kind nach drei Jahren genau wissen, welche 50 000 Sätze grammatisch richtig sind.

Ein Informatiker könnte sagen, dieses fiktive Kind habe in seinem Bewußtsein eine »Nachschlagetabelle« angelegt, in der jeder mögliche Satz mit dem Etikett »grammatisch richtig« oder »grammatisch falsch« aufgelistet sei. Natürlich entwirft ein Kind in Wirklichkeit keine derartige Tabelle. Unter anderem sind 50 000 Sätze viel zuwenig.

In jeder menschlichen Sprache gibt es eine unbegrenzte Zahl möglicher Sätze, die aus beliebig vielen Gliedsätzen bestehen können, die ihrerseits mit modifizierenden Wörtern und Wortgruppen angereichert sind. Die Satzlänge wird nur durch die verfügbare Zeit oder die Geduld und die Gedächtniskapazität von Sprecher und Hörer begrenzt. Außerdem umfaßt der Wortschatz einer Sprache in der Regel viele Tausend Wörter, mit denen man arbeiten kann. Es ist undenkbar, daß ein Kind jeden möglichen Satz hören oder äußern und in einer »Nachschlagetabelle« speichern wird. Und doch kann ein Kind am Ende des realen Lernprozesses beurteilen, ob ein Satz, den es *nie zuvor gehört* hat, grammatisch korrekt ist oder nicht.

Kinder müssen also, ohne sich dessen voll bewußt zu sein, einen vorläufigen Satz von Regeln aufstellen, mit deren Hilfe sie entscheiden, welche Sätze grammatisch korrekt sind und welche nicht. In dem Maße, wie sie nun weiterhin grammatisch richtige Sätze hören und (gelegentlich) einen Satz äußern, der korrigiert wird, ändern sie fortlaufend diesen Regelsatz, wieder ohne sich zwangsläufig dessen voll bewußt zu sein. So ist es beispielsweise im

Englischen für ein Kind einfach, die regelmäßige oder »schwache« Form des Simple Past Tense (der einfachen Vergangenheit) eines Verbes zu lernen, die durch Anhängen der Buchstaben *-ed* oder *-d* an den Verbstamm gebildet wird. Sobald das Kind jedoch auf die Formen *sing* und *sang* stößt (Präsenz und Präteritum eines »starken« Verbs), wird es seinen Regelsatz so modifizieren, daß er diese Ausnahme einbezieht. Dieser neue Satz von Regeln mag nun seinerseits das Kind zur Bildung von Formen wie *bring* und *brang* veranlassen, die schließlich zu *bring* und *brought* korrigiert werden. Und so fort. Auf diese Weise wird der innere Regelkanon allmählich verbessert. Das Kind entwirft in seinem Bewußtsein eine Art Grammatik.

Ein Kind, das eine Sprache erlernt, macht sich in der Tat grammatische Informationen zunutze, die es über Jahre hinweg anhand von Beispielen grammatisch korrekter und fehlerhafter Sätze erworben hat. Das Kind erstellt jedoch keine »Nachschlagetabelle«, sondern verdichtet seine Erfahrungen zu einem Satz von Regeln, einer inneren Grammatik, die auch bei neuen, nie zuvor gehörten Sätzen funktioniert.

Aber genügen die Informationen, die das Kind aus der Außenwelt, zum Beispiel von einem Elternteil, der die betreffende Sprache spricht, aufnimmt, um eine solche innere Grammatik zu bilden? Noam Chomsky und seine Schüler verneinen die Frage. Ihrer Ansicht nach muß ein Kind bereits bei seiner Geburt über sehr viele Informationen verfügen, die auf die Grammatik jeder beliebigen natürlichen Sprache anwendbar sind. Die einzige plausible Quelle dieser Informationen ist eine im Verlauf der biologischen Evolution entstandene, angeborene Neigung zum Sprechen von Sprachen mit bestimmten allgemeinen grammatischen Merkmalen, die sämtliche natürliche Sprachen der Menschheit auszeichnen. Darüber hinaus weist die Grammatik jeder einzelnen Sprache zusätzliche Eigentümlichkeiten auf, die nicht biologisch programmiert sind. Viele solcher Charakteristika unterscheiden sich von einer natürlichen Sprache zur nächsten, während einige wenige vermutlich wie die angeborenen universell sind. Diese zusätzlichen Eigentümlichkeiten muß das Kind erlernen.

Eine Grammatik als partielles Schema

Die Frage, ob ein Aussagesatz grammatisch ist, hat wenig mit der Frage zu tun, ob er eine Tatsache wiedergibt. Des Englischen Kundige wissen, daß der Satz *The sky is green, with purple and yellow stripes* grammatisch korrekt, wenngleich höchstwahrscheinlich, zumindest auf der Erde, nicht wahr ist. Es gibt jedoch, abgesehen von der bloßen Wahrheit, zahlreiche Umstände, die die Wahl, welchen grammatischen Satz man in einer bestimmten Situation äußert, beeinflussen.

Ein Kind unterscheidet beim Aufbau einer inneren Grammatik zwischen den grammatischen Merkmalen einerseits und allen anderen (teilweise stochastischen) Faktoren, die die einzelnen Sätze, die es hört, determiniert haben. Nur auf diese Weise ist eine Komprimierung zu einem handlichen Satz grammatischer Regeln möglich.

Ein Kind, das dies tut, zeigt das erste Kennzeichen eines komplexen adaptiven Systems. Es hat bestimmte Regelmäßigkeiten in seinem Erfahrungsschatz zu einem Schema verdichtet, das Regeln beinhaltet, die dieser Erfahrung zugrunde liegen, aber die besonderen Umstände, in denen die Regeln angewandt werden müssen, ausgeklammert.

Die Grammatik umfaßt jedoch nicht alle Regelmäßigkeiten einer Sprache. Hinzu kommen die Lautregeln (die die sogenannte Phonologie einer Sprache ausmachen), die Regeln der Semantik, (die sich auf die Bedingungen sinnvoller Äußerungen beziehen), und so fort. Somit umfaßt das grammatische Schema nicht das gesamte Regelwerk einer Sprache, und die Grammatik ist nicht das einzige, was übrigbleibt, wenn man arbiträre Eigentümlichkeiten des sprachlichen Datenstroms aussondert. Dennoch ist das Erlernen der Grammatik im Kindesalter ein hervorragendes Beispiel für den Aufbau eines – wenn auch nur partiellen – Schemas.

Auch die übrigen Kennzeichen eines komplexen adaptiven Systems manifestieren sich im Prozeß des Erlernens der Grammatik einer Sprache. So unterliegt ein Schema der Variation, und die einzelnen Varianten werden in der realen Welt überprüft. Um sie überprüfen zu können, muß man sie mit Details anreichern, wie etwa jenen, die beim Aufbau des Schemas ausgesondert wurden. Das ist insofern sinnvoll, als man in der realen Welt wieder der gleichen Art von Datenstrom begegnet wie jenem, aus dem das Schema ursprünglich abstrahiert wurde. Schließlich hat das, was in der realen Welt geschieht, Einfluß darauf, welche Varianten des Schemas beibehalten werden.

Beim Erlernen der englischen Grammatik wird das Schema variiert, wenn beispielsweise die Regel, daß man die einfache Vergangenheit eines Verbs durch Anhängen von *-ed* oder *-d* an den Stamm bildet, durch Ausnahmen nach dem Muster *sing – sang* und *bring – brang* modifiziert wird. Um diese Varianten auszuprobieren, muß das Kind das Schema in einem konkreten Satz anwenden, also die besonderen Umstände, die es bei der Erstellung des Schemas abstrahiert hat, wieder einführen. So mag das Kind einen Satz äußern wie: *We sang a hymn yesterday morning.* Dieser Satz wird nicht beanstandet. Sagt das Kind jedoch: *I brang home something to show you*, wird seine Bezugsperson vielleicht darauf antworten: *It's very nice of you to show me that cockroach you found at Aunt Bessie's, but you ought to say ›I* brought *home something...‹* (Es ist lieb von dir, daß du mir die Schabe zeigst, die du bei Tante Bessie gefunden hast, doch du solltest sagen ›Ich *brachte* etwas nach Hause...‹) Diese Erfahrung führt wahrscheinlich dazu, daß das Kind ein neues Schema ausprobiert, das *sing – sang* und *bring – brought* einbezieht. Und so weiter. (Oft überprüft das Kind sein Schema einfach an der Äußerung einer anderen Person.)

Komplexe adaptive Systeme und effektive Komplexität

Die Funktionsweise eines komplexen adaptiven Systems haben wir bereits in dem Diagramm auf Seite 62 dargestellt.

Da ein komplexes adaptives System zwischen Regelmäßigkeiten und Zufälligkeiten unterscheidet, ermöglicht es, Komplexität als die Länge des Schemas zu definieren, mit dem ein komplexes adaptives System die Merkmale eines ankommenden Datenstroms beschreibt und vorhersagt. Diese Daten beziehen sich im allgemeinen auf die Funktionsweise eines anderen Systems, das das komplexe adaptive System beobachtet.

Die Heranziehung der Länge eines Schemas bedeutet keine Rückkehr zum Begriff der »groben« Komplexität, weil das Schema keine vollständige Beschreibung des Datenstroms beziehungsweise des beobachteten Systems, sondern nur der aus den verfügbaren Daten abstrahierten Regelmäßigkeiten ist. In manchen Fällen, etwa bei der Grammatik, werden nur Regelmäßigkeiten eines bestimmten Typs einbezogen, während andere unberücksichtigt bleiben, so daß ein partielles Schema herauskommt.

Man kann ein Lehrbuch der Grammatik als Maßstab der grammatischen Komplexität verwenden. Grob gesprochen, gilt dann: je länger das Lehrbuch, um so komplexer ist die Grammatik. Dies stimmt weitgehend mit der Auffassung von Komplexität als der Länge eines Schemas überein. Jede noch so kleine Ausnahme verlängert das Lehrbuch und erhöht die grammatische Komplexität der Sprache.

Wie gewöhnlich gibt es auch hier Momente der Willkür, wie etwa die gewählte Grobkörnigkeit und der gemeinsame anfängliche Wissensstand oder das Verständnis. Bei einem Grammatiklehrbuch entspricht der Grobkörnigkeit die Detailgenauigkeit der Darstellung. Handelt es sich um eine sehr elementare Grammatik, die viele schwerverständliche Ausnahmeregeln und -listen ausläßt und lediglich die wesentlichen Punkte behandelt, die ein Reisender braucht, den es nicht stört, ab und zu einen Fehler zu machen? Oder handelt es sich um ein dickes Standardwerk? Und wenn ja, um ein Lehrbuch des vertrauten, traditionellen Typs oder um eine generative Grammatik, wie sie gegenwärtig in Mode sind? Die Länge des Buches wird offenkundig von solchen Unterschieden abhängen. Was den anfänglichen Wissensstand betrifft, nehmen wir zum Beispiel eine auf Englisch geschriebene traditionelle Grammatik einer Fremdsprache. Eine Grammatik des Holländischen (eine dem Englischen sehr ähnliche und eng damit verwandte Sprache) wird für den Benutzer mit nicht so vielen neuen Regeln aufwarten wie eine entsprechende Grammatik des Navajo, das sich in seiner Struktur stark vom Englischen unterscheidet. Die Grammatik des Navajo wäre folglich länger. Ebenso wäre eine hypothetische Grammatik des Holländischen für Navajo-Muttersprachler vermutlich länger als eine Grammatik des Holländischen für englische Muttersprachler.

Auch unter Berücksichtigung dieser Faktoren ist es sinnvoll, die grammatische Komplexität einer bestimmten Sprache an der Länge ihres Grammatiklehrbuchs zu messen. Es wäre allerdings aufschlußreicher, wenn man statt dessen in das Gehirn eines Muttersprachlers hineinschauen könnte (was dank des technologischen Fortschritts eines Tages möglich sein könnte), um herauszufinden, wie die Grammatik dort codiert ist. Die Länge des durch diese innere Grammatik repräsentierten Schemas würde ein etwas weniger arbiträres Maß der grammatischen Komplexität darstellen. (Die Definition der Länge kann in diesem Fall natürlich vieldeutig sein, je nachdem, wie die Bits der grammatischen Information tatsächlich codiert sind. Sind sie lokal in Neuronen und Synapsen gespeichert oder über ein neuronales Netz verteilt?)

Wir definieren die effektive Komplexität eines Systems in bezug auf ein komplexes adaptives System, von dem es beobachtet wird, als die Länge des Schemas, das zur Beschreibung seiner Regelmäßigkeiten angewandt wird. Wir benutzen den Begriff »interne effektive Komplexität«, wenn das Schema auf irgendeine Weise das betreffende System steuert (wie die im Gehirn gespeicherte Grammatik das Sprechen steuert) und nicht bloß von einem externen Beobachter, wie dem Verfasser eines Grammatiklehrbuchs, benutzt wird.

Der Unterschied zwischen Regelmäßigkeit und Zufälligkeit

Die Nützlichkeit des Begriffs der effektiven Komplexität, insbesondere wenn es sich nicht um eine interne handelt, hängt davon ab, ob das beobachtende komplexe adaptive System die Regelmäßigkeiten zuverlässig identifiziert und komprimiert sowie alle Zufallsmomente ausgeschieden hat. Andernfalls hat die effektive Komplexität des beobachteten Systems mehr mit den Unzulänglichkeiten des jeweiligen Beobachters als mit den Merkmalen des beobachteten Systems zu tun. In vielen Fällen erweist sich der Beobachter als recht effizient. Allerdings wirft der Begriff der Effizienz als solcher tiefgreifende Probleme auf. Wir wissen bereits, daß die Vorstellung einer optimalen Komprimierung auf das Hindernis der Nichtberechenbarkeit stoßen kann. Wie aber verhält es sich mit dem konkreten Erkennen der Regelmäßigkeiten, unabhängig von ihrer Komprimierung? Ist die Aufdeckung der Regelmäßigkeiten in einem Datenstrom wirklich ein wohldefiniertes Problem?

Die Aufgabe fiele leichter, wenn der Datenstrom gewissermaßen unendlich lang wäre, wie im Fall einer Rede oder eines Textes, die so lang sind, daß sie eine repräsentative Stichprobe der möglichen Sätze (bis zu einer bestimmten Länge) enthalten, die in einer bestimmten Sprache geäußert werden können. Hier würde sogar eine seltene grammatische Regelmäßigkeit unter ähnlichen Bedingungen immer wieder auftauchen und könnte folglich von einer falschen, auf einer bloßen Zufallsschwankung basierenden Regel unterschieden werden. (Zum Beispiel könnten Verbformen der einfachen Vergangenheit in einem kurzen englischen Text ganz fehlen, so daß der Leser den falschen Eindruck erhält, diese Tempusform gebe es im Englischen nicht. In einem sehr langen Text dürfte dies kaum wahrscheinlich sein).

Die Identifikation bestimmter Klassen von Regelmäßigkeiten

Einige theoretische Physiker, darunter der an der University of California in Berkeley und am Santa Fe Institute tätige Jim Crutchfield, haben beachtliche Fortschritte in dem Bemühen erzielt, in einer unendlich langen Bitfolge Regelmäßigkeiten und zufällige Strukturen zu unterscheiden. Sie definieren bestimmte allgemeine Klassen von Regelmäßigkeiten und zeigen, wie man mit Hilfe eines Computers im Prinzip sämtliche Regelmäßigkeiten, die in diese Kategorien fallen, identifizieren kann. Aber nicht einmal ihre Methoden liefern einen Algorithmus, der jede Art von Regelmäßigkeit ausfindig macht. Es gibt keinen derartigen Algorithmus. Sie zeigen jedoch, wie ein Computer, der in einer Bitfolge Regelmäßigkeiten einer bestimmten Klasse herausgefunden hat, folgern kann, daß in derselben Bitfolge weitere, einer allgemeinen Klasse zugehörige Regelmäßigkeiten stecken und sich identifizieren lassen. Dies nennt man »hierarchisches Lernen«.

Eine Klasse von Regelmäßigkeiten entspricht normalerweise einem Satz mathematischer Modelle über die möglichen Erzeugungsweisen eines Datenstroms. Angenommen, der Datenstrom sei eine Bitfolge, die aus einem zumindest teilweise stochastischen Prozeß, wie er beim Münzwurf erfolgt, hervorging. Ein ganz einfaches Beispiel für einen Satz von Modellen liefert dann eine Serie nicht erwartungstreuer Münzwürfe, wobei die Wahrscheinlichkeit, daß Kopf (in der Bitfolge als 1 repräsentiert) auftaucht, bei jedem Modell einen festen Wert zwischen 0 und 1 annimmt, während die Wahrscheinlichkeit für Zahl (in der Bitfolge als 0 repräsentiert) entsprechend 1 minus der Wahrscheinlichkeit für Kopf ist.

Wenn die Wahrscheinlichkeit für Kopf ein halb beträgt, dann sind alle scheinbaren Regelmäßigkeiten in einer solchen Sequenz ausschließlich zufallsbedingt. Je länger der Datenstrom wird, um so geringer wird die Wahrscheinlichkeit, durch solche zufallsbedingten Regelmäßigkeiten getäuscht zu werden, und um so wahrscheinlicher wird die Erkenntnis, daß eine Sequenz einer Serie erwartungstreuer Münzwürfe äquivalent ist. Als entgegengesetzten Extremfall betrachten wir eine Folge aus zwei Bits. Die Wahrscheinlichkeit, daß beide Bits 1 sind (ein Fall vollkommener Regelmäßigkeit), beträgt bei erwartungstreuen Münzwürfen 1 zu 4. Eine solche Sequenz könnte allerdings genausogut beim Werfen einer Münze mit zwei Köpfen herauskommen. Somit läßt sich eine kurze Bitfolge, die aus einer Serie erwartungstreuer Münzwürfe hervorgeht, oftmals kaum von einer nicht erwartungstreuen Folge unterscheiden. Im allgemeinen besteht der Vorteil eines unendlich langen Datenstroms darin, daß er die Wahrscheinlichkeit, die Modelle voneinander zu unterscheiden, wobei jedes Modell einer bestimmten Klasse von Regelmäßigkeiten entspricht, stark erhöht.

Ein anderes Beispiel für Modelle, die etwas komplizierter wären als Sequenzen nicht erwartungstreuer Münzwürfe, könnte die zusätzliche Bedingung enthalten, daß alle Sequenzen, in denen nacheinander zwei Köpfe auftreten, ausgeschieden werden. Die daraus resultierende Regelmäßigkeit – nämlich, daß die Bitfolge niemals zwei Einsen hintereinander aufweisen würde – könnte in einer langen Folge relativ leicht erkannt werden. Ein noch komplizierteres Modell könnte aus einer Serie von nicht erwartungstreuen Münzwürfen bestehen, bei der jede Sequenz, die hintereinander eine gerade Zahl von Köpfen aufweist, ausgeschieden wird.

Wenn ein komplexes adaptives System einen beliebig langen Datenstrom empfängt, zum Beispiel in Form einer Bitfolge, dann kann es zwar systematisch nach Regelmäßigkeiten bestimmter Klassen (entsprechend den Modellen bestimmter Klassen) suchen, doch gibt es kein derartiges Verfahren zum Aufspüren jeglicher Art von Regelmäßigkeit. Alle identifizierten Regelmäßigkeiten können dann in einem Schema zusammengefaßt werden, das den Datenstrom (bzw. ein diesen Strom generierendes System) beschreibt.

Die Segmentierung des Datenstroms – übereinstimmende Informationen

Ein komplexes adaptives System, das Regelmäßigkeiten in einem von außen kommenden Datenstrom aufspüren möchte, zerlegt diesen Strom in viele Abschnitte, die in irgendeiner Hinsicht miteinander vergleichbar sind, und sucht nach ihren gemeinsamen Merkmalen. Informationen, die in vielen Abschnitten auftreten, mithin übereinstimmende Informationen, sind charakteristisch für Regelmäßigkeiten. Im Fall eines Datenstroms, der aus einem Text in einer bestimmten Sprache besteht, könnten Sätze die miteinander zu vergleichenden Abschnitte darstellen. Übereinstimmende grammatische Informationen in den Sätzen würden dann auf grammatische Regelmäßigkeiten hindeuten.

Übereinstimmende Informationen werden jedoch lediglich zur Kennzeichnung von Regelmäßigkeiten benutzt, und ihre Häufung ist kein direkter Maßstab der effektiven Komplexität. Sobald vielmehr Regelmäßigkeiten identifiziert sind und ihre prägnante Beschreibung vorliegt, bemißt sich die effektive Komplexität an der Länge dieser Beschreibung.

Große effektive Komplexität und mittlerer AIC

Angenommen, das zu beschreibende System weise keine Regelmäßigkeiten auf, wie dies oftmals (aber nicht immer!) für eine von den sprichwörtlichen Affen getippte Textpassage zutrifft. Dann sollte ein richtig funktionierendes komplexes adaptives System keinerlei Schema auffinden, da ein Schema Regelmäßigkeiten verdichtet, aber keinerlei Regelmäßigkeiten vorhanden sind. Anders ausgedrückt: Das einzige Schema wird null Länge haben, und das komplexe adaptive System wird dem von ihm analysierten Zufallsmaterial null effektive Komplexität zuschreiben. Das ist völlig angemessen, denn eine Grammatik reinen Gefasels sollte null Länge haben. Obgleich der algorithmische Informationsgehalt einer zufälligen Bitfolge für ihre Länge maximal ist, ist die effektive Komplexität gleich null.

Bewegt sich der AIC hingegen um Null, dann ist die Bitfolge vollkommen regelmäßig und besteht zum Beispiel aus lauter Einsen. Die effektive Komplexität – die Länge des Schemas, das eine solche Bitfolge beschreibt – sollte ganz nahe bei Null liegen, da die Nachricht »nur Einsen« sehr kurz ist.

Damit die effektive Komplexität eine gewisse Höhe erreicht, darf der AIC weder zu niedrig noch zu hoch sein, anders gesagt, das System darf weder ein zu hohes noch ein zu geringes Maß an Ordnung besitzen.

Die Skizze auf der gegenüberliegenden Seite veranschaulicht in groben Zügen, wie die maximale effektive Komplexität eines Systems (bezogen auf ein einwandfrei funktionierendes komplexes adaptives System als Beobachter) mit dem AIC variiert und nur in dem Bereich zwischen völliger Ordnung und völliger Unordnung hohe Werte erreicht. Viele wichtige Größen, die in unseren Erörterungen von Einfachheit, Komplexität und komplexen adaptiven Systemen vorkommen, können nur in diesem Zwischenbereich hohe Werte annehmen.

Wenn ein komplexes adaptives System ein anderes System beobachtet und einige seiner Regelmäßigkeiten identifiziert, dann wird der algorithmische Informationsgehalt des Datenstroms, der von dem beobachteten System ausgeht, als Summe zweier Terme ausgedrückt: des scheinbar regelmäßigen Informationsgehalts und des scheinbar stochastischen Informationsgehalts. Die Länge des Schemas – die effektive Komplexität des beobachteten Systems – ist im wesentlichen dasselbe wie der scheinbar regelmäßige Teil des Informationsgehalts. Bei einem zufallsgenerierten Datenstrom, der als solcher erkannt wird, ist die effektive Komplexität gleich null, und der gesamte AIC wird als Zufallsprodukt erkannt. Bei einem vollkommen regelmäßigen Datenstrom, der als solcher erkannt wird (zum Beispiel einer langen Bitfolge, die nur aus Einsen besteht), ist der gesamte AIC regelmäßig (ohne

Größtmögliche
effektive
Komplexität

Minimum, sehr nahe Null — Maximum
Algorithmischer Informationsgehalt
für Zeichenfolge gegebener Länge

← Zunehmende Ordnung

Zunehmende Unordnung →

Vollkommen regelmäßig — Vollkommen zufällig

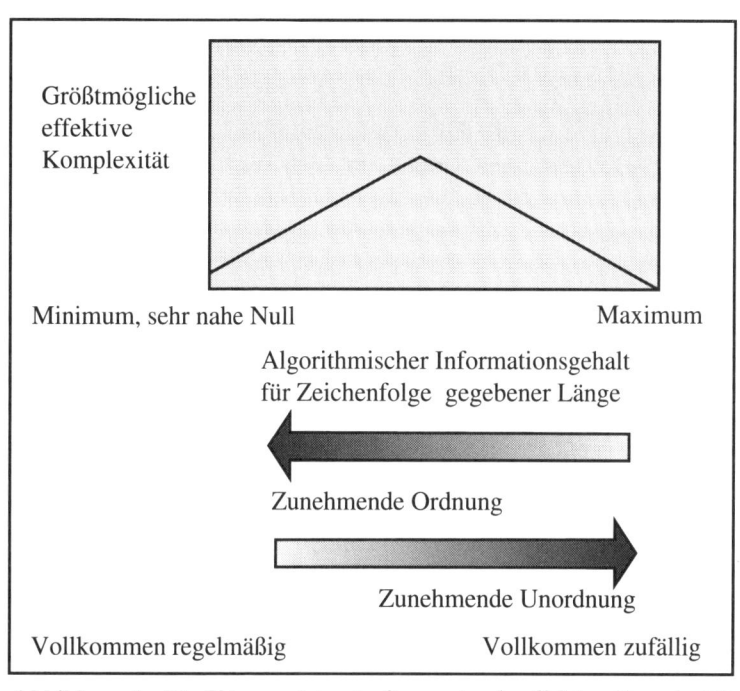

Abbildung 4: *Die Skizze zeigt, wie die maximale effektive Komplexität mit dem AIC variiert*

stochastische Komponente), aber sehr klein. Zwischen diesen Extremen liegen die interessanten Fälle; bei ihnen ist der AIC groß, aber nicht maximal (für die Länge des Datenstroms), und er ist die Summe zweier Terme bestimmter Größe, dem scheinbar regelmäßigen Teil (der effektiven Komplexität) und dem scheinbar stochastischen Teil.

Lernen mit den Genen und Lernen mit dem Gehirn

Auch wenn wir unsere Erörterung komplexer adaptiver Systeme mit dem Beispiel eines Kindes, das eine Sprache erlernt, begonnen haben, muß man zur Veranschaulichung dieses Begriffs doch keineswegs ein so hochentwickeltes Lebewesen wie den Menschen heranziehen. Wir könnten ebensogut die uns nahestehenden Primaten, die in der Schreibmaschinengeschichte karikiert wurden, betrachten. Oder einen Hund. Tatsächlich begegnen wir dem Phänomen Lernen auch beim Abrichten unserer Haustiere.

Dressiert man einen Hund, dem Befehl »Bleib« zu gehorchen, dann bringt man ihm eine Abstraktion bei, die sehr viele verschiedene Situationen abdeckt: in einer sitzenden Position auf der Erde zu verharren, im Auto zu bleiben, obwohl eine Tür offensteht, bei Fuß zu gehen, statt einem verlockenden Eichhörnchen nachzusetzen. Der Hund lernt durch Belohnung und/oder Bestrafung das Schema »Bleib«. Alternative Schemata, etwa eines, das für das Jagen von Katzen eine Ausnahme macht, werden (zumindest in der Theorie) in dem Maße verworfen, wie die Dressur voranschreitet. Doch selbst wenn der Hund ein Schema mit der Ausnahme übernimmt, funktioniert er noch immer als komplexes adaptives System. Infolge des Antagonismus zwischen der Abrichtung und dem Instinkt, Katzen zu jagen, wird ein anderes als das vom Trainer gewünschte Schema beibehalten.

Wenn dem abgerichteten Hund der Befehl »Bleib« erteilt wird, dann ergänzt er diesen um die angemessenen situationsbezogenen Details und überträgt das Schema in die reale Welt des Verhaltens, in der Belohnungen und Bestrafungen auftreten und sich auf die Beibehaltung des Schemas auswirken. Die Neigung, Katzen oder Eichhörnchen zu jagen, die ebenfalls die Konkurrenz zwischen den Schemata beeinflußt, erwirbt der einzelne Hund jedoch nicht durch Lernen. Sie ist vielmehr als Ergebnis der biologischen Evolution genetisch programmiert.

Alle Lebewesen besitzen solche Programme. Nehmen wir eine Ameise, die auf der Suche nach Beute umherstreift. Sie gehorcht einem angeborenen Verhaltensmechanismus, der sich über Jahrmillionen entwickelt hat. Herb Simon, der bekannte, an der Carnegie-Mellon University lehrende Experte für Psychologie, Wirtschaftswissenschaften und Informatik hat vor langer Zeit anhand der Streifzüge einer Ameise die Bedeutung dessen, was ich effektive Komplexität nenne, verdeutlicht. Mag auch der Weg, dem die Ameise folgt, komplex erscheinen, die das Suchverhalten steuernden Regeln sind einfach. Der verschlungene Weg der Ameise weist ein hohes Maß an algorithmischer Komplexität (AIC) auf, und nur ein kleiner Teil davon stammt von den Regeln, die mehr oder minder den Regelmäßigkeiten der Suche entsprechen. Dieser kleine Teil macht jedoch (zumindest näherungsweise) die gesamte effektive Komplexität aus. Der Rest des AIC, der Großteil der scheinbaren Komplexität, ist auf beiläufige, größtenteils zufällige Besonderheiten des Geländes zurückzuführen, das die Ameise erkundet. (Vor kurzem sprach ich mit Simon über die Ameisen-Geschichte, der grinsend meinte: »Ich habe dieser Ameise eine ordentliche Kilometerleistung abverlangt!«)

In einer Linie mehr oder minder komplexer Lebewesen, beispielsweise einem Hund, einem Goldfisch, einem Wurm und einer Amöbe, nimmt die Bedeutung des individuellen Lernens im Vergleich zu den Instinkten, die sich im Verlauf der biologischen Evolution anhäuften, stetig ab. Doch läßt sich auch die biologische Evolution selbst – sogar in den einfachsten Organismen – als ein komplexes adaptives System beschreiben.

6 Bakterien, die eine Antibiotikaresistenz entwickeln

Als Jugendlicher hatte ich die Angewohnheit, in Enzyklopädien zu schmökern (was ich – zur Belustigung meiner Familie – auch heute noch manchmal tue). Dabei stieß ich einmal auf einen Artikel über die Bronzepest, der mich dazu veranlaßte, erstmals über einige der Probleme nachzudenken, mit denen sich dieses Buch befaßt.

Die Bronzepest kommt durch eine Reihe chemischer Reaktionen zustande, die bronzene Flächen angreifen können und mit grünlich-blauen Flecken überziehen. Bei Feuchtigkeit können sich die Reaktionen durch die Luft von einer Oberfläche zur nächsten ausbreiten und eine ganze Sammlung von Bronzegegenständen ruinieren. Da beispielsweise chinesische Bronzegefäße aus der Zeit der Shang-Dynastie pro Stück eine Million Dollar wert sein können, ist der Schutz vor der Bronzepest nicht zu vernachlässigen. Als ich erstmals etwas darüber las, war ich jedoch ein armer Junge und betrachtete das Problem natürlich nicht aus der Perspektive des Sammlers.

Statt dessen fragte ich mich: »Worin unterscheidet sich die Bronzepest von einer Seuche, die von einem lebenden Organismus hervorgerufen wird? Etwa darin, daß diese Bronzepest nur den Gesetzen der Physik und Chemie unterliegt?« Doch schon als Kind hatte ich – wie Generationen ernstzunehmender Wissenschaftler vor mir – die Vorstellung verworfen, Leben zeichne sich durch besondere, nicht den Gesetzen der Physik und Chemie unterworfene »Lebenskräfte« aus. Nein, auch ein Bakterium unterliegt den Gesetzen der Physik und Chemie. Worin aber besteht dann der Unterschied? Mir kam der Gedanke, daß Bakterien (wie alle Lebewesen) Varianten hervorbringen, die vererbbar und der natürlichen Auslese unterworfen sind, während es bei der Bronzepest keine Anhaltspunkte für dergleichen gibt. Das ist in der Tat der wesentliche Unterschied.

Um diesen Unterschied genauer zu ergründen, betrachten wir das Beispiel einer turbulenten Strömung in einem Rohr. Seit gut hundert Jahren weiß man, daß große turbulente Wirbel über kleinere Wirbel Energie abgeben. Bei der Beschreibung solcher Wirbel haben die Physiker häufig Jonathan Swift zitiert:

So, Nat'ralists observe, a Flea
Hath smaller fleas that on him prey,
And these have smaller fleas to bite 'em,
And so proceed ad infinitum.

(Die Naturforscher beobachten, daß auf einem Floh
kleinere Flöhe sitzen, die an ihm saugen,
und auf diesen noch kleinere Flöhe, die jene beißen,
und so geht es endlos weiter.)

Zudem verfaßte der Physiker und Universalgelehrte L. F. Richardson seine eigenen Knittelverse, die speziell auf Wirbel anwendbar sind:

Big whorls have little whorls,
Which feed on their velocity;
And little whorls have lesser whorls,
And so on to viscosity.

(Große Wirbel bilden kleine Wirbel,
Die sich von der Geschwindigkeit der großen nähren;
Und kleine Wirbel bilden kleinere Wirbel,
Und so fort bis zur Viskosität.)

In gewissem Sinne bringen die größeren Wirbel die kleineren Wirbel hervor. Wenn das Rohr Windungen und Engpässe aufweist, werden möglicherweise einige große Wirbel zugrunde gehen, ohne Nachkommen zu hinterlassen, während andere überdauern und viele kleine Wirbel bilden, aus denen wiederum noch kleinere Wirbel entstehen und so fort. Die Wirbel scheinen also eine Art Variation und Selektion aufzuweisen. Und doch kam noch niemand auf die Idee, sie mit Lebewesen zu vergleichen. Welches wichtige Merkmal lebender Organismen fehlt turbulenten Wirbeln? Worin liegt der entscheidende Unterschied zwischen einer turbulenten Strömung und der biologischen Evolution?

Der Unterschied besteht in der Art und Weise der Informationsverarbeitung. Nichts deutet darauf hin, daß in einer turbulenten Strömung eine nennenswerte Informationsverarbeitung, eine Komprimierung von Regelmäßigkeiten stattfindet. In der biologischen Evolution hingegen wird die Erfahrung, verkörpert durch Variation und natürliche Selektion in der Vergangenheit, in Form eines hochverdichteten Informationspakets, des »Genoms« (der Gesamtheit der Gene), an künftige Generationen weitergegeben. Jedes Gen kann in verschiedenen, alternativen Ausprägungsformen vorliegen, die »Allele« genannt werden. Die Gesamtheit der spezifischen Allele aller Gene eines bestimmten Lebewesens bildet dessen »Genotyp«.

Biologen legen großen Wert auf den Unterschied zwischen dem Genotyp, der die in den Genen eines Individuums enthaltene Erbinformation bezeichnet, und dem Phänotyp, unter dem man das Erscheinungsbild und das Verhalten des Organismus im Verlauf seines Lebens versteht. Veränderungen des Genotyps, wie etwa das Umschalten innerhalb eines bestimmten Gens von einem Allel auf ein anderes, können sich selbstverständlich aufgrund der Einwirkungen des Gens auf die im Organismus ablaufenden chemischen Prozesse auf den Phänotyp auswirken. Doch wirken auf den Phänotyp während der Entwicklung des Organismus eine Vielzahl weiterer Faktoren ein, von denen viele zufallsbedingt sind. Man vergegenwärtige sich einmal sämtliche Zufallsfaktoren, die die Entwicklung eines Menschen beeinflussen, angefangen von den Stadien des Einzellers und Fötus über den Säugling, das Kind bis zum Erwachsenenalter, in dem die Geschlechtsreife erreicht wird. Der Genotyp eines einzelnen Menschen gleicht einem Grundrezept, das dem Koch bei der Zubereitung seiner konkreten Gerichte einen breiten Gestaltungsspielraum läßt. Ein einzelner Genotyp gestattet, daß sich im Verlauf des Entwicklungsprozesses einer der zahlreichen möglichen alternativen Erwachsenen herausbildet. Im Falle eineiiger Zwillinge, deren Genotyp identisch ist, existieren zwei verschiedene alternative Erwachsene nebeneinander. Werden eineiige Zwillinge getrennt aufgezogen, können sie wertvolle Informationen über den Einfluß von »Natur« und »Umwelt« auf die Ausprägung des erwachsenen Phänotyps liefern.

Im Verlauf der biologischen Evolution kommt es während des Generationenwechsels zu zufälligen Änderungen des Genotyps. Diese führen zusammen mit zufälligen Entwicklungsstörungen in einer bestimmten Generation zu phänotypischen Veränderungen, die mit darüber entscheiden, ob ein Organismus lebensfähig ist und die Geschlechtsreife erreichen, sich fortpflanzen und somit seinen Genotyp, ganz oder teilweise, an seine Nachkommen weitergeben kann. Folglich ist die Verteilung der Genotypen das Ergebnis von Zufall im Verein mit natürlicher Auslese.

Die Entwicklung der Antibiotikaresistenz bei Bakterien

Ein Fall von biologischer Evolution, der für die Menschheit derzeit große Bedeutung hat, ist die Entwicklung von Antibiotikaresistenz bei Bakterien. So sind beispielsweise nach dem jahrzehntelangen weitverbreiteten Einsatz von Penicillin zur Bekämpfung bestimmter Arten pathogener (krankheitserregender) Bakterien Stämme dieser Organismen aufgetaucht, denen Penicillin nicht mehr viel anhaben kann. Zur Bekämpfung der Krankheiten, die von diesen mutierten Erregern hervorgerufen werden, bedarf es neuer Typen von Antibiotika, und bis die neuen Medikamente verfügbar sind, wird womöglich viel menschliches Leid und sogar mancher Todesfall auf das Konto der resistenten Bakterien gehen. Auch der Tuberkelbazillus sprach jahrzehntelang auf bestimmte

Antibiotika an, doch in den letzten Jahren hat er resistente Stämme entwickelt. Die Tuberkulose ist erneut zu einem schwerwiegenden Gesundheitsrisiko geworden, und das selbst in Regionen, wo man die Krankheit lange Zeit unter Kontrolle hatte.

Beim Erwerb der Antibiotikaresistenz spielt oftmals der Austausch von genetischem Material zwischen zwei konjugierenden (durch eine Plasmabrücke verbundenen) Bakterien eine wichtige Rolle. Diesen Vorgang, der die größtmögliche Annäherung an die sexuelle Aktivität darstellt, die Organismen dieser niedrigen Entwicklungsstufe erreichen, hat erstmals Joshua Lederberg – damals noch Student in Yale – beobachtet. Ich studierte zur selben Zeit in Yale und erinnere mich an die große öffentliche Resonanz, die die Entdeckung der Sexualität im Reich der Bakterien auslöste; sogar in der Zeitschrift *Time* erschien ein Artikel über das Thema. Josh hatte damit den Grundstein für eine Karriere gelegt, die ihn schließlich an die Spitze der Rockefeller University führen sollte. Bei der Darstellung der Antibiotikaresistenz von Bakterien werde ich, aus Gründen der Vereinfachung, die Sexualität ausklammern (was mir Josh hoffentlich verzeihen wird).

Aus dem gleichen Grund werde ich einen weiteren sehr wichtigen Mechanismus zur Übertragung von genetischem Material zwischen Zellen, bei dem ein Bakterien befallendes Virus – Bacteriophagen (oder Phagen) – als Überträger fungiert, außer Betracht lassen. Experimente zum besseren Verständnis dieses als »Transduktion« bezeichneten Vorgangs ebneten den Weg für die ersten Forschungsarbeiten auf dem Gebiet der Gentechnologie.

Ein Großteil der grundlegenden Forschungsarbeiten über Bakterien wurde an der weitverbreiteten und harmlosen Art *Escherichia coli* (Kolibakterien, kurz: *E. coli*) durchgeführt, die im menschlichen Darm sogar eine nützliche Rolle spielt, aber häufig pathogen wird, wenn sie andere Körperteile infiziert, (bestimmte Mutanten sind auch im Verdauungstrakt gefährlich). Jeder *E. coli*-Organismus besteht aus einer Zelle, deren genetisches Material einige tausend Gene umfaßt. Ein typisches Gen setzt sich aus etwa tausend »Nukleotiden« (deren Gesamtheit als DNS bekannt ist) zusammen. Diese Bausteine der DNS, aus der die Gene sämtlicher Organismen zusammengesetzt sind, kommen als vier verschiedene Basen vor, die nach den Anfangsbuchstaben ihrer chemischen Bezeichnungen A, C, G und T genannt werden. Jedes Gen ist in einen langen Strang eingebaut, der aus Nukleotiden besteht und zusammen mit einem zweiten Strang die berühmte »Doppelhelix« bildet. Die Struktur dieser Doppelhelix haben 1953 Francis Crick und James Watson aufgeklärt, die sich dabei auf die Arbeiten von Rosalind Franklin und Maurice Wilkins stützten. Jede *E.coli*-Zelle besitzt zwei Helixstränge mit jeweils etwa fünf Millionen Nukleotiden.

Die Nukleotiden des einen Stranges sind denen des anderen Stranges komplementär in dem Sinne, daß A stets T gegenüberliegt und G sich immer mit C paart. Da jeder DNS-Strang durch den anderen determiniert ist, brauchen wir nur einen von beiden zu analysieren, um die vollständige Botschaft »abzulesen«.

Nehmen wir einmal an, ein Strang bestehe wirklich aus fünf Millionen Nukleotiden. Wir könnten dann A als 00, C als 01, G als 10 und T als 11 codieren, so daß die fünf Millionen Nukleotide durch eine Folge aus zehn Millionen Nullen und Einsen oder, anders ausgedrückt, durch eine Bitfolge mit zehn Millionen Bits repräsentiert würden. Diese Folge steht für die Information, die jedes *E.coli*-Bakterium an seine Nachkommen weitergibt, die durch Teilung der Zelle in zwei Tochterzellen entstehen, während aus der einen Doppelhelix zwei neue Doppelstränge hervorgehen, für jede neue Zelle einer.

Jedes der mehreren tausend Gene des Bakteriums kann in vielerlei Formen vorliegen. Die Zahl der mathematischen Möglichkeiten ist außerordentlich hoch. Für eine Folge aus tausend Nukleotiden zum Beispiel beläuft sich die Zahl verschiedener denkbarer Sequenzen auf 4F4F4F...F4F4 mit tausendmal dem Faktor 4. Im gewöhnlichen Dezimalsystem geschrieben, hat diese Zahl etwa sechshundert Ziffern! Man trifft in der Natur nur einen winzigen Bruchteil dieser theoretisch möglichen Sequenzen an. (Die Realisierung aller Möglichkeiten würde sehr viel mehr Atome erfordern, als das Universum enthält.) In der Praxis kann jedes Gen zu einem bestimmten Zeitpunkt einige hundert verschiedene Allele besitzen, die mit hoher Wahrscheinlichkeit in der Bakterienpopulation zum Tragen kommen und an ihren unterschiedlichen chemischen und biologischen Wirkungen erkennbar sind.

Jedes Gen kann infolge verschiedenster Zufallsereignisse, etwa der zufälligen Einwirkung kosmischer Strahlung oder einer in der Umwelt vorkommenden aggressiven Chemikalie von einer Form in eine andere mutieren. Eine einzige Mutation kann sich bereits nachhaltig auf das Verhalten der Zelle auswirken. So kann beispielsweise die Mutation eines bestimmten Gens in einer *E.coli*-Zelle in ein bestimmtes neues Allel im Prinzip dazu führen, daß diese Zelle gegen Antibiotika wie etwa Penicillin resistent wird. Diese Resistenz wird dann, sobald sich die Zelle durch wiederholte Teilung vermehrt, an deren Nachkommen weitergegeben.

Mutationen sind in der Regel Zufallsprozesse. Angenommen, ein einzelnes Bakterium erzeuge auf einem Nährboden eine Kolonie von Nachkommen, die alle den gleichen Genotyp besitzen. In dieser Kolonie können dann Mutationen auftreten, wobei die mutierten Formen eigene Kolonien hervorbringen. Auf diese Weise enthält die Bakterienpopulation schließlich verschiedene Genotypen. Verabreicht man nun hinreichende Mengen Penicillin, dann werden nur die penicillinresistenten Kolonien weiterwachsen. Der springende Punkt ist, daß die resistenten Mutanten häufig zufallsbedingt – in der Regel aufgrund einer Mutation bei einem Vorfahren – schon vorhanden sind, wenn sich durch das Medikament ein Selektionsdruck zu ihren Gunsten einstellt. Selbst wenn sie an diesem Ort nicht vorhanden sind, existieren sie bereits irgendwo anders oder sind zumindest schon mehrfach durch Zufallsprozesse entstanden und wieder verschwunden. Das Penicillin hat die Mutationen nicht herbeigeführt, wie Lederberg vor langer Zeit bewiesen hat.

Die Mutation eines Gens zu einem Allel, das eine Antibiotikaresistenz bewirkt, beeinträchtigt vermutlich auf irgendeine Weise die Vitalität einer *E.coli*-Zelle. Andernfalls wäre dieses Allel bald bei einer großen Zahl von *E.coli*-Bakterien angetroffen worden, und Penicillin wäre von Anfang an wirkungslos gewesen. Der weitere intensive Einsatz von Penicillin begünstigt jedoch die Selektion des penicillinresistenten Stammes, während der Selektionsnachteil, worin er auch immer bestehen mag, durch den Vorteil der Antibiotikaresistenz mehr als aufgewogen wird. (Ein anderes Antibiotikum, das in der Natur nicht so weit verbreitet ist wie Penicillin, würde ein noch besseres Beispiel abgeben, weil die Bakterienart vor der medizinischen Verwendung dieses Antibiotikums seltener damit in Kontakt gekommen wäre.)

Die Antibiotikaresistenz entsteht infolge einer Veränderung im Genotyp, das heißt der Sequenz von etwa zehn Millionen Bits, die die Zelle auf ihre Nachkommen überträgt. Über die Gene hat das Bakterium »gelernt«, die drohende Gefahr der Vernichtung abzuwenden. Der Genotyp enthält aber noch eine riesige Menge weiterer Informationen, die die Vitalfunktionen des Bakteriums steuern. Die Gene speichern die über Milliarden Jahre biologischer Evolution »gelernten« Lektionen, wie man als Bakterium überlebt.

Die Erfahrungen der Spezies *E.coli* und ihrer Stammformen sind nicht nur in einer Art »Nachschlagetabelle« abrufbereit gespeichert worden; vielmehr wurden die Regelmäßigkeiten in diesen Erfahrungen identifiziert und zu der Bitfolge, die der Genotyp verkörpert, verdichtet. Einige dieser Regelmäßigkeiten beziehen sich auf Erfahrungen in jüngster Vergangenheit, wie auf den weitverbreiteten Einsatz von Penicillin. Die Mehrheit jedoch reicht ziemlich weit in die Vergangenheit zurück. Der Genotyp variiert bis zu einem gewissen Grad zwischen den Individuen (bzw. zwischen den einzelnen Kolonien genetisch identischer Individuen), und es kann jederzeit zu zufallsbedingten Mutationen kommen, die an die Nachkommen weitergegeben werden.

Diese Art des Lernens unterscheidet sich in einer interessanten Hinsicht vom Lernen mit Hilfe des Gehirns. Wir haben hervorgehoben, daß Mutanten eines antibiotikaresistenten Bakteriums durchaus zufällig zu dem Zeitpunkt präsent sein können, zu dem das Medikament verabreicht wird, und daß diese Formen jedenfalls mehrfach in der Vergangenheit existiert haben. Neue Ideen hingegen entstehen häufiger aufgrund eines Problems und sind in der Regel nicht schon vorhanden, wenn sich das Problem stellt. (Es gibt gewisse Hinweise dafür, daß es mitunter infolge neuer Bedürfnisse zu genetischen Mutationen kommt. Sollte es dieses Phänomen wirklich geben, spielt es allerdings im Vergleich zu Zufallsmutationen eine unbedeutende Rolle.)

Die Evolution als komplexes adaptives System

Inwieweit läßt sich die Evolution als komplexes adaptives System beschreiben? Der Genotyp erfüllt die Kriterien eines Schemas, da er die Erfahrung der Vergangenheit in hochverdichteter Form enthält und mutationsbedingter Variation unterliegt. Der Genotyp selbst wird in der Regel nicht unmittelbar durch Erfahrungen geprüft. Er steuert zwar weitgehend die chemischen Abläufe innerhalb des Organismus, aber letztlich hängt das Schicksal jedes Individuums auch von Umweltbedingungen ab, die nicht von den Genen beeinflußt werden. Anders ausgedrückt: Der Phänotyp einer Zelle wird durch den Genotyp und all jene – vielleicht zufallsbedingten – externen Bedingungen mit determiniert. Eine solche Entfaltung des Schemas, bei der neue Daten eingespeist werden, um Wirkungen in der realen Welt zu erzielen, ist kennzeichnend für ein komplexes adaptives System.

Schließlich hängt der Fortbestand eines bestimmten Genotyps eines Einzellers davon ab, ob Zellen mit diesem Genotyp so lange leben, bis sie sich teilen, und ob ihre Nachkommen ihrerseits bis zur Teilung überleben und so fort. Das erfüllt die Anforderungen eines Regelkreises mit Selektionsdrücken. Die Bakterienpopulation ist also zweifelsfrei ein komplexes adaptives System.

Die effektive Komplexität eines Bakteriums – in unserem Sinne der Länge eines Schemas – hängt offensichtlich mit der Länge des Genoms zusammen. (Wenn es Abschnitte in dem DNS-Doppelstrang geben sollte, die bloße »Füllzeichen« sind und keine genetische Information tragen, wie dies bei höheren Organismen der Fall zu sein scheint, dann würde die Länge dieser Abschnitte nicht mitgezählt.) Die Länge der informationshaltigen Abschnitte des

Genoms liefert ein grobes internes Maß der effektiven Komplexität. Es ist ein internes Maß, weil es sich auf das Schema bezieht, mit dem der Organismus seinen Nachkommen sein Erbgut »beschreibt«, und nicht etwa auf ein Schema, das ein externer Beobachter konzipiert. (Dieses Maß gleicht der Länge der inneren, im Gehirn gespeicherten Grammatik eines Kindes, das seine Muttersprache erlernt, im Unterschied zur Länge eines Buches, das die Grammatik dieser Sprache beschreibt). Es ist lediglich ein grobes Maß, weil die biologische Evolution, wie andere komplexe adaptive Systeme, die Aufgabe der Verdichtung von Regelmäßigkeiten in den einzelnen Fällen mit unterschiedlicher Effizienz bewältigt. Manchmal können solche Schwankungen das Maß entwerten, zum Beispiel bei bestimmten, offenkundig einfachen Organismen, die abnorm lange Genome haben.

Ein Vergleich der Genome verschiedener Organismen zeigt jedoch, daß es nicht genügt, die auf der Länge eines Schemas basierende effektive Komplexität als alleiniges Maß für die Komplexität einer Spezies zu verwenden. Wenn wir zum Beispiel feine, aber bedeutsame Unterschiede betrachten, etwa jene zwischen dem Menschen und den nahe mit uns verwandten Menschenaffen, werden wir zweifellos differenziertere Maßstäbe heranziehen müssen.

Diesen vergleichsweise wenigen genetischen Veränderungen, die einem affenartigen Lebewesen ermöglichen, Sprache, analytisches Denken und hochstehende Kulturen zu entwickeln, die sich allesamt durch eine hohe effektive Komplexität auszeichnen, kommt größere Bedeutung zu als den meisten vergleichbaren Serien von Änderungen im genetischen Material. Die – an der Länge gemessene – effektive Komplexität des neuen (menschlichen) Genoms ist als solche kein hinreichendes Maß für die Komplexität der zugehörigen Organismen (Menschen), weil das geringfügig modifizierte Genom ein so hohes Maß einer ganz neuartigen effektiven Komplexität (kulturelle Komplexität) hervorgebracht hat.

Deshalb ist es notwendig, daß wir die effektive Komplexität um den Begriff der *potentiellen Komplexität* ergänzen. Kann ein komplexes adaptives System infolge einer geringfügigen Veränderung in einem Schema über einen bestimmten Zeitraum eine beträchtliche Menge neuer effektiver Komplexität hervorbringen, dann können wir sagen, daß die potentielle Komplexität dieses neuen Schemas in diesem Zeitintervall stark zugenommen hat. Bevor wir uns später eingehender mit diesem Thema befassen werden, möchte ich auf die Annahme der Adaptation an die Antibiotikaresistenz als eines komplexen adaptiven Systems zurückkommen und diese Vorstellung mit einer falschen Theorie über die Entstehung dieser Resistenz vergleichen.

Direkte Adaptation

Heute scheint es eine Binsenwahrheit zu sein, daß sich die Medikamentenresistenz weitgehend aufgrund eines genetischen Mechanismus wie dem von uns dargestellten entwickelt. Das war jedoch nicht immer so. Schon in den vierziger Jahren, als das Penicillin gerade in Gebrauch kam und die Sulfonamidpräparate noch immer als Wunderwaffen im Kampf gegen bakterielle Infektionen galten, war die Medikamentenresistenz ein Problem, und einige Wissenschaftler erkärten ihre Entstehung mit stark voneinander abweichenden Modellen. Einer von ihnen war der bedeutende englische Chemiker Cyril (später Sir Cyril) Hinshelwood. Als Student las ich sein Buch zu diesem Thema und blieb auch nach der Lektüre sehr skeptisch gegenüber seiner Theorie.

Hinshelwoods falscher Erklärungsansatz für die Medikamentenresistenz basierte natürlich auf einer chemischen Theorie. Sein Buch war gespickt mit Gleichungen, die die Geschwindigkeiten chemischer Reaktionen beschrieben. Er ging von der Annahme aus, das chemische Gleichgewicht der Bakterienzelle werde unter der Einwirkung des Medikaments so verändert, daß ihre Fortpflanzungsfähigkeit abnehme. Die längere Einwirkung hoher Dosen des Medikaments auf die Bakterien sollte jedoch auf direktem chemischen Wege zu Anpassungen im Zellstoffwechsel führen, die die schädlichen Wirkungen des Medikaments begrenzten und den Zellen zu überleben und sich zu teilen erlaubt. Bei der Zellteilung werde diese einfache Form der Medikamentenresistenz über die chemische Zusammensetzung des gewöhnlichen Zellmaterials automatisch an die Tochterzelle weitergegeben. Der vorgeschlagene Mechanismus war eine direkte negative Rückkopplung in einer Serie chemischer Reaktionen. (Ein anderes Beispiel für negative Rückkopplung: Sie sitzen in einem Auto, das aus der Fahrbahn auszuscheren beginnt, und korrigieren die Fahrtrichtung mit dem Steuerrad.)

In Hinshelwoods Theorie spielten die Gene der Bakterien keine Rolle. Ebensowenig die Vorstellung eines komplexen adaptiven Systems, das der Entstehung der Medikamentenresistenz bei Bakterien zugrunde liegt: keine Komprimierung von Information, kein Schema, keine Zufallsvariation und keine Selektion. Ein Kapitel seines Buches ist sogar ausdrücklich der Widerlegung der Hypothese einer Selektion spontan entstehender Varianten gewidmet.

Wir können Hinshelwoods Theorie als ein Modell der »direkten Adaptation« beschreiben. Derartige Vorgänge sind sehr häufig. Nehmen wir zum Beispiel die Funktionsweise eines Thermostaten, der auf eine bestimmte Temperatur eingestellt ist und einen Heizkörper anschaltet, wenn die Temperatur unter den Sollwert sinkt, und ihn wieder abschaltet, sobald sie den Sollwert erreicht. Statt einer Reihe konkurrierender und evolvierender Schemata besitzt der Thermostat ein einziges festgespeichertes Programm, das obendrein sehr einfach ist. Der Apparat murmelt sich die ganze Zeit zu: »Es ist zu kalt. Es ist zu kalt. Es ist ein wenig zu warm. Es ist zu kalt...« und handelt entsprechend.

Es ist nützlich, die direkte Adaptation vom Wirken eines komplexen adaptiven Systems zu unterscheiden, dennoch möchte ich nicht den Eindruck erwecken, die direkte Adaptation sei uninteressant. So hing das nachhaltige Interesse, das man nach dem Zweiten Weltkrieg der Kybernetik entgegenbrachte, weitgehend mit Prozessen der direkten Adaptation zusammen, insbesondere mit der Stabilisierung von Systemen durch negative Rückkopplung. Auch wenn das Grundprinzip das gleiche ist wie bei einem Thermostaten, können die aufgeworfenen Probleme sehr viel komplizierter sein.

Direkte Adaptation, Expertensysteme und komplexe adaptive Systeme

Der Begriff »Kybernetik« wurde von Norbert Wiener, einem bedeutenden, aber etwas verschrobenen Mathematikprofessor am Massachusetts Institute of Technology, eingeführt, der schon als Kind seine geniale Begabung gezeigt hatte und niemals seine Lust an bizarren Verhaltensweisen verlor. Als ich am MIT studierte, fand ich ihn hin und wieder schlafend im Treppenhaus liegen, wo sein fülliger Körper den Verkehr ernsthaft behinderte. Einmal steckte er seinen Kopf in das Arbeitszimmer meines Doktorvaters, Viki Weisskopf, und äußerte einige Worte, die Viki völlig sinnlos erschienen. »Oh, ich dachte, alle europäischen Intellektuellen würden Chinesisch sprechen«, sagte Wiener und eilte den Gang hinunter.

»Kybernetik« kommt von dem altgriechischen Wort *kybernetes*, das Steuermann bedeutet. Das Wort beginnt mit dem griechischen Buchstaben *kappa*, der auch in »Phi Beta kappa« auftaucht, dem Namen einer akademischen Vereinigung hervorragender Studenten, deren Motto soviel bedeutet wie »Philosophie, der Steuermann des Lebens«. Nachdem das griechische Wort durch Entlehnung zunächst ins Lateinische und dann ins Französische gelangt war, entstand daraus im Englischen das Verb *govern* (beherrschen, lenken). Tatsächlich befaßt sich die Kybernetik mit Steuerungs- und Regelungsmechanismen, wie sie zum Beispiel zur Kontrolle eines Roboters erforderlich sind. Die in der Anfangszeit der Kybernetik konstruierten Roboter waren jedoch noch nicht imstande, die aufgenommenen Sinnesdaten zu einem dynamischen Schema zu verdichten. Jetzt erst treten wir in das Zeitalter der Roboter ein, die echte komplexe adaptive Systeme sind.

Nehmen wir zum Beispiel einen mobilen Roboter. Zu Beginn der kybernetischen Ära mochte er mit Sensoren ausgestattet sein, die die Präsenz einer nahen Wand anzeigten und einen Mechanismus auslösten, um dieser Wand auszuweichen. Vielleicht verfügte er über weitere Sensoren, die unmittelbar vorausliegende Unebenheiten erfaßten und die Form der Fortbewegung auf eine im voraus festgelegte Weise so änderten, daß der Roboter die Unebenheit überwinden konnte. Bei der Konstruktion ging es damals vor allem darum, dem Roboter eine direkte Reaktion auf Umweltsignale zu ermöglichen.

Die nächste Ära war die der »Expertensysteme«; dabei lieferten Spezialisten Informationen eines bestimmten Fachgebiets, die in Form eines »internen Modells«, das zur Interpretation eingehender Daten verwendet werden konnte, in einen Computer eingespeist wurden. Die mit diesen Methoden erzielten Fortschritte in der Robotertechnologie waren nicht überwältigend. Ein Beispiel aus einem anderen wissenschaftlichen Bereich mag diesen Ansatz veranschaulichen. Die medizinische Diagnose läßt sich bis zu einem gewissen Grad dadurch automatisieren, daß man sich der Sachkompetenz von Ärzten bedient und einen »Entscheidungsbaum« für den Computer konstruiert. Die Entscheidung erfolgt bei jeder Verzweigung nach einer festgelegten Regel und unter Berücksichtigung der spezifischen Daten des jeweiligen Patienten. Ein solches internes Modell ist im Unterschied zu den Schemata komplexer adaptiver Systeme unveränderlich. Der Computer kann zwar Krankheiten diagnostizieren, doch kommt es zu keiner Verbesserung seiner diagnostischen Kompetenz aufgrund der Erfahrungen mit immer mehr Patienten. Er verwendet stur das mit dem Sachverstand von Experten erstellte gleiche interne Modell.

Natürlich kann man die Experten erneut konsultieren und das interne Modell unter Berücksichtigung der Erfolge und Mißerfolge der Computerdiagnosen umgestalten. In diesem Fall kann man das erweiterte System, das aus dem Computer, den Modellentwicklern und den Experten besteht, als ein komplexes adaptives System betrachten, und zwar als ein künstliches »mit Menschen in der Schleife«.

Heute treten wir in das Zeitalter ein, in dem sowohl Computer als auch Roboter als komplexe adaptive Systeme »ohne Menschen in der Schleife« funktionieren. In Zukunft werden viele Roboter über ausgeklügelte Schemata verfügen, die der Variation und Selektion unterliegen. Betrachten wir einen sechsbeinigen Roboter, der in jedem Bein eine Reihe von Sensoren zur Erfassung von Hindernissen hat und einen Prozessor, der auf die Signale dieser Sensoren auf im voraus festgelegte Weise reagiert und die Bewegungen dieses Beines in vertikaler wie horizontaler Richtung steuert. Insoweit gleichen diese Beine einem traditionellen kybernetischen Gerät.

Diese Konstruktion könnte heute jedoch über eine direkte – und nicht durch eine übergeordnete Zentraleinheit vermittelte – Datenübertragungsform der einzelnen Beine untereinander verfügen. Jedes Bein könnte dann über Datenübertragungskanäle das Verhalten der anderen Beine beeinflussen. Die Gewichtung des wechselseitigen Einflusses der Beine aufeinander wäre ein Schema, das Veränderungen unterliegt, die beispielsweise durch den Input eines Generators von Pseudozufallszahlen erzeugt werden. Die Selektionsdrücke, die die Auf- oder Abwertung alternativer Gewichtungsmuster beeinflussen, könnten von zusätzlichen Sensoren ausgehen, deren Messungen sich nicht nur auf die einzelnen Beine, sondern auch auf den Roboter als Ganzes beziehen, zum Beispiel, ob er sich vorwärts oder rückwärts bewegt und ob seine Unterseite weit genug vom Boden entfernt ist. Auf diese Weise würde der Roboter ein Schema erarbeiten, das eine auf das jeweilige Gelände zugeschnittene Gangart einschlagen und sich an Änderungen der Geländebeschaffenheit anpassen würde. Einen solchen Roboter könnte man zumindest als eine primitive Form eines komplexen adaptiven Systems betrachten.

Ich habe gehört, daß man am MIT einen sechsbeinigen Roboter dieser Art gebaut hat, der unter anderen eine Gangart entwickelt hat, die bei Insekten weit verbreitet ist: die Vorder- und Hinterbeine der einen Körperseite bewegen sich synchron mit dem Mittelbein der anderen Körperseite. Der Roboter setzt diese Gangart je nach Beschaffenheit des Geländes ein.

Betrachten wir nun im Gegensatz zu einem Roboter, der ein paar zweckdienliche Eigenheiten des Geländes, das er durchqueren muß, lernt, ein komplexes adaptives System, das die allgemeinen Eigenschaften und eine Unmenge von Detailmerkmalen eines viel größeren Raumes, nämlich des gesamten Universums, erforscht.

7 Die wissenschaftliche Erforschung der Welt

Der Begriff des komplexen adaptiven Systems wird aufs schönste durch den wissenschaftlichen Unternehmungsgeist des Menschen veranschaulicht. Die Schemata sind Theorien, und in der realen Welt steht Theorie gegen Beobachtung. Neue Theorien müssen mit alten konkurrieren, zum Teil im Hinblick auf Kohärenz und Allgemeingültigkeit, doch letztlich in bezug auf die Frage, ob sie die bislang gemachten Beobachtungen erklären und neue Beobachtungen richtig voraussagen. Jede Theorie ist eine hoch verdichtete Beschreibung einer ganzen Klasse von Situationen und muß, damit man konkrete Vorhersagen aus ihr ableiten kann, mit den Details einer oder mehrerer Situationen angereichert werden.

Die Funktion von Theorien in der Wissenschaft sollte unmittelbar einleuchten, gleichwohl brauchte ich selbst geraume Zeit, bevor ich wirklich davon überzeugt war, und das, obwohl ich später mein gesamtes Berufsleben der theoretischen Wissenschaft widmen sollte. Erst als ich in einem höheren Fachsemester an das MIT wechselte, begriff ich schließlich, wie die Erkenntnisgewinnung in der theoretischen Physik wirklich funktioniert.

Während meiner ersten Fachsemester in Yale hatte ich in den naturwissenschaftlichen und mathematischen Kursen gute Noten erhalten, ohne daß ich mir immer über die Bedeutung des Gelernten im klaren gewesen wäre. Manchmal konnte ich mich durchmogeln, indem ich in den Prüfungen das wiederkäute, was man mir im Unterricht eingetrichtert hatte. Meine Einstellung änderte sich erst, als ich an einer der Sitzungen des gemeinsam von der Harvard University und dem MIT abgehaltenen Seminars über theoretische Physik teilnahm. Ich hatte mir vorgestellt, das Seminar sei eine Art anspruchsvoller Schulunterricht.

In Wirklichkeit aber war es eine hochkarätige Diskussionsrunde über Themen der theoretischen Physik, insbesondere der Physik der Atomkerne und der Elementarteilchen. Professoren, Postdocs und Studenten höherer Fachsemester von beiden Hochschulen nahmen daran teil; ein Theoretiker pflegte einen Vortrag zu halten, an den sich eine allgemeine Diskussion des von ihm behandelten Themas anschloß. Ich wußte den Stellenwert derartiger wissenschaftlicher Aktivitäten noch nicht angemessen zu würdigen, da ich noch immer in Kategorien von Klassen, Noten und »Dem-Dozenten-Gefallen« zu denken gewohnt war.

Diesmal referierte ein Harvard-Student, der gerade seine Dissertation über die Eigenart des niedrigsten Energiezustands des aus je fünf Protonen und Neutronen bestehenden Atomkerns von Bor 10 (B^{10}) abgeschlossen hatte. Mit einem vielversprechenden Näherungsverfahren, das allerdings bislang noch nicht erprobt worden war, hatte er herausgefunden, daß der niedrigste Zustand einen »Spin« oder Eigendrehimpuls von einer Quanteneinheit besitzen sollte, was mit der allgemeinen Annahme übereinstimmte. Als er seinen Vortrag beendet hatte, fragte ich mich, welchen Eindruck seine näherungsweise Ableitung des erwarteten Ergebnisses auf die angesehenen Theoretiker in der ersten Reihe gemacht hatte. Als erster ergriff jedoch kein Theoretiker das Wort, sondern ein kleiner Mann mit Dreitagebart, der aussah, als sei er gerade dem Kellergeschoß des MIT entstiegen. Er sagte: »Der Spin ist nicht eins, sondern drei. Man hat ihn gemessen.« Mit einem Male begriff ich, daß die wichtigste Aufgabe des Theoretikers nicht darin bestand, die Professoren in der vordersten Reihe zu beeindrucken, sondern darin, Übereinstimmung mit den beobachteten Daten zu erzielen. (Natürlich können auch experimentellen Physikern Fehler unterlaufen, doch der beobachtete Wert, auf den der schmuddelige Mann anspielte, erwies sich als richtig.)

Es beschämte mich, nicht früher begriffen zu haben, daß der wissenschaftliche Erkenntnisprozeß auf diese Weise abläuft. Das Verfahren, nach dem Theorien entsprechend ihrer Übereinstimmung mit Beobachtungsdaten (und nach ihrer Kohärenz und Allgemeingültigkeit) ausgewählt werden, unterscheidet sich nicht allzusehr von der biologischen Evolution, bei der die Auswahl genetischer Muster danach erfolgt, ob sie zu fortpflanzungsfähigen Organismen führen. Doch erst viele Jahre später, als ich mehr über Einfachheit und Komplexität und komplexe adaptive Systeme wußte, sollte ich die volle Tragweite der Parallele zwischen diesen beiden Prozessen erkennen.

Heute arbeiten die meisten Physiker entweder auf dem Gebiet der theoretischen oder dem der experimentellen Physik. Manchmal haben die theoretischen Physiker die Nase vorn, etwa wenn sie eine sehr erfolgreiche Theorie formuliert haben, deren Voraussagen wiederholt durch Beobachtung bestätigt wurden. Dann wieder stoßen experimentelle Physiker auf ein unerwartetes Ergebnis, so daß die Theoretiker ihre Entwürfe revidieren müssen. Die Existenz getrennter Klassen von Forschern ist aber nicht als selbstverständlich anzusehen. In der Physik bestand diese Trennung nicht von jeher; und in vielen anderen Disziplinen, etwa Kulturanthropologie, Archäologie sowie auf den meisten Gebieten der Biologie, gibt es bislang nur wenige reine Theoretiker, die zudem nicht unbedingt in hohem Ansehen stehen. In der Molekularbiologie, einem heute sehr prestigeträchtigen Forschungsgebiet, hat sich gezeigt, daß findige Experimentalforscher die meisten bisher aufgetauchten theoretischen Schwierigkeiten relativ leicht zu lösen vermochten. Aus diesem Grund besteht nach Meinung vieler prominenter Molekularbiologen kein Bedarf an theoretischen Biologen.

Dagegen weist die Populationsbiologie eine lange und ehrwürdige Tradition mathematischer Theorien auf, die unter anderem von so herausragenden Forscherpersönlichkeiten wie Sir Ronald Fisher, J.B.S. Haldane und Sewall Wright stammen. Dank ihrer und der Arbeiten vieler anderer Theoretiker war es möglich, zahlreiche detaillierte Prognosen aufzustellen, die durch Beobachtungen auf dem Gebiet der Populationsgenetik bestätigt wurden; auch die Mathematik verdankt ihnen wichtige Anregungen.

Der theoretische Teil einer Wissenschaft wird in dem Maße zu einem eigenständigen Betätigungsfeld, in dem diese Wissenschaft sich weiterentwickelt und ihre theoretischen Methoden an »Tiefenschärfe« und Leistungsfähigkeit gewinnen. Zwischen Theorie und Beobachtung sollte aber eine stringente Aufgabenteilung vorgenommen werden, gleich, ob es in der Praxis eine Trennung von theoretisch und experimentell arbeitenden Wissenschaftlern gibt. Betrachten wir nun, wie die Wechselwirkung zwischen den beiden Bereichen zu der Vorstellung von einem komplexen adaptiven System paßt.

Theorien gehen gewöhnlich aus einer Vielzahl von Beobachtungen hervor, in deren Verlauf man sich gezielt darum bemüht, die Spreu vom Weizen zu trennen: Regelmäßigkeiten von besonderen oder zufälligen Umständen abzugrenzen. Eine Theorie aufstellen heißt einen einfachen Grundsatz oder eine Reihe von Grundsätzen in einer relativ knappen Aussage zusammenzufassen. Wie Stephen Wolfram betont hat, ist eine Theorie ein komprimiertes Informationspaket, das auf viele Fälle anwendbar ist. Meistens gibt es miteinander konkurrierende Theorien, die alle die angeführten Eigenschaften aufweisen. Um Prognosen über einen Einzelfall abgeben zu können, muß man eine Theorie erweitern oder »anreichern«, das heißt, die verdichtete Allgemeinaussage, die eine Theorie darstellt, muß um detaillierte Informationen über den konkreten Fall ergänzt werden. Die Theorien können dann anhand weiterer, oftmals im Verlauf von Experimenten gemachten Beobachtungen überprüft werden. Die Genauigkeit, mit der jede der konkurrierenden Theorien die Ergebnisse dieser Beobachtungen vorhersagt, entscheidet mit über ihren Bestand. Theorien, die in eklatantem Widerspruch zu wohldurchdachten und sorgfältig ausgeführten Experimenten stehen (insbesondere Experimenten, die mit konsistenten Ergebnissen wiederholt wurden), werden meistens durch bessere ersetzt, während Theorien, die Beobachtungen zuverlässig vorhersagen und schlüssig erklären, in der Regel anerkannt und als Basis für weitere Theorien herangezogen werden – solange sie nicht ihrerseits durch spätere Beobachtungen in Frage gestellt werden.

Falsifizierbarkeit und Ungewißheit

Es ist immer wieder hervorgehoben worden, insbesondere von dem Philosophen Karl Popper, das wesentliche Kennzeichen der Wissenschaft bestehe darin, daß ihre Theorien falsifizierbar seien. Aus Theorien lassen sich Vorhersagen ableiten, die man anhand weiterer Beobachtungen überprüfen kann. Wird eine Theorie durch Beobachtungen widerlegt, die so oft wiederholt wurden, daß sie allgemeine Anerkennung verdienen, dann muß diese Theorie als falsch angesehen werden. Da jederzeit die Möglichkeit besteht, daß eine Annahme widerlegt wird, wohnt jeder wissenschaftlichen Aktivität ein Moment der Ungewißheit inne.

Manchmal vergeht bis zur Bestätigung oder Widerlegung einer Theorie soviel Zeit, daß ihr Verfechter stirbt, bevor das Schicksal seiner Idee geklärt ist. Jenen Wissenschaftlern, die in den letzten Jahrzehnten auf dem Gebiet der Elementarteilchenphysik arbeiteten, war das Glück beschieden, die Überprüfung ihrer theoretischen Annahmen erleben zu dürfen. Die freudige Erregung angesichts der Feststellung, daß die eigene Prognose verifiziert wurde und daß das zugrunde liegende neue Schema im wesentlichen zutrifft, läßt sich mitunter nur schwer in Worte fassen – es ist eine wahrhaft überwältigende Erfahrung.

Man hat oft behauptet, Theorien würden, auch wenn sie aufgrund neuer Beweise widerlegt sind, erst mit dem Tod ihrer geistigen Väter sterben. Obschon sich diese Äußerung gemeinhin auf die Physik bezog, paßt sie meiner Meinung nach – wenn überhaupt – eher auf die schwierigeren und komplexeren Bio- und Verhaltenswissenschaften. Meine erste Frau Margaret, die klassische Archäologie studiert hatte, meinte in den fünfziger Jahren, diese Aussage treffe auf ihr Gebiet zu. In ihren Gesprächen mit Physikern stellte sie mit Erstaunen fest, daß diese, mit Beweisen konfrontiert, die ihren Lieblingsideen widersprachen, in vielen Fällen ihre Meinung änderten.

Wenn sich Hypothesen, auf denen eine Disziplin gründet, offenbar der Widerlegung entziehen, kann es zu Meinungsverschiedenheiten darüber kommen, ob man dieses Fachgebiet wirklich als »Wissenschaft« ansehen kann. Der Psychoanalyse wird häufig vorgeworfen, sie sei nicht falsifizierbar; ich würde dem zustimmen. Psychoanalyse verstehe ich hierbei als eine Theorie, die beschreibt, wie menschliches Verhalten durch unbewußte seelische Prozesse beeinflußt wird und wie solche Prozesse ihrerseits durch – insbesondere frühkindliche – Erfahrungen geprägt sind. (Die Wirksamkeit der Behandlung ist eine ganz andere Frage, auf die ich hier nicht eingehe. Die Behandlung könnte aufgrund einer konstruktiven Beziehung zwischen Analytiker und Analysand hilfreich sein, ohne daß dabei die der Psychoanalyse zugrunde liegenden Annahmen eine Bestätigung erführen. Ebenso könnte die Behandlung erfolglos verlaufen, obwohl viele der Annahmen richtig sind.)

Meiner Ansicht nach besitzt das von der Psychoanalyse errichtete Wissensgebäude vermutlich einen hohen Wahrheitsgehalt, ich glaube aber, daß die Psychoanalyse zum gegenwärtigen Zeitpunkt keine Wissenschaft ist, eben weil man sie nicht falsifizieren kann. Gibt es irgendwelche Äußerungen oder Verhaltensweisen eines Patienten, die nicht irgendwie mit den psychoanalytischen Grundvorstellungen in Einklang gebracht werden könnten? Falls nicht, haben diese Vorstellungen nicht den Charakter einer wissenschaftlichen Theorie.

In den sechziger Jahren liebäugelte ich mit dem Gedanken, die theoretische Physik an den Nagel zu hängen und mich der empirischen Psychologie oder der Psychiatrie zuzuwenden. Ich wollte aus der Gesamtheit der psychoanalytischen Annahmen einen Teil herausgreifen, der falsifizierbar wäre und somit eine Theorie im wissenschaftlichen Sinne darstellen könnte, und dann nach Möglichkeiten suchen, diese Theorie zu überprüfen. (Dieser Teil der Annahmen würde vielleicht nicht genau mit den Konzepten einer bestimmten psychoanalytischen Schule übereinstimmen, doch sie wären zumindest eng mit allgemeinen psychoanalytischen Vorstellungen verknüpft. Sie würden sich mit der Funktion unbewußter psychischer Prozesse im Alltagsleben weitgehend normaler Menschen und in den Mustern wiederholten, offenkundig abnormen Verhaltens bei sogenannten Neurotikern befassen.)

Im Verlauf mehrerer Monate besuchte ich zahlreiche bekannte Psychoanalytiker und Ordinarien für Psychologie (die damals noch stark unter dem Einfluß des Behaviorismus standen; die kognitive Psychologie steckte noch in ihren Kinderschuhen). Beide Gruppen rieten mir ab, wenn auch aus entgegengesetzten Gründen. Viele der Psychologen waren der Ansicht, unbewußte psychische Prozesse seien unwichtig oder zu schwer erfaßbar oder beides, und die Psychoanalyse sei überhaupt so abstrus, daß sie keine ernsthafte Beachtung verdiene. Die Analytiker hingegen meinten, ihr Fach sei so fest etabliert, daß es keines umständlichen Versuches bedürfe, einigen ihrer Annahmen die Weihe der Wissenschaftlichkeit zu geben, und daß jegliche Forschungsarbeit, die zur Verfeinerung ihrer Regeln erforderlich sei, am besten von den Psychoanalytikern selbst in ihrer Arbeit mit Patienten geleistet werden könne. Ich gab schließlich auf und blieb bei der Physik; aber viele Jahre später konnte ich indirekt an einem erneuten Versuch mitwirken, Annahmen über bewußte und unbewußte psychische Prozesse und deren Auswirkungen auf Verhaltensmuster wissenschaftlich abzusichern. Diese Bemühungen zeitigen einige vielversprechende Ergebnisse.

Selektionsdrücke, denen die Wissenschaft unterliegt

In praxi läßt sich der wissenschaftliche Erkenntnisprozeß nicht in ein idealtypisches Muster pressen. Im Idealfall führen Wissenschaftler Experimente durch, um Probleme zu erforschen oder um gewichtige Theorievorschläge zu überprüfen. Sie sollen eine Theorie danach beurteilen, wie genau, allgemeingültig und kohärent sie die gegebenen Daten beschreibt. Wesenszüge wie Egoismus, Unredlichkeit oder Voreingenommenheit sollten ihnen fernliegen.

Doch Wissenschaftler sind auch nur Menschen und deshalb nicht gegen die weitverbreiteten Einflüsse des Geltungsdranges, des materiellen Eigennutzes, der Mode, des Wunschdenkens oder

der Faulheit gefeit. Ein Wissenschaftler mag nach Anerkennung gieren oder bewußt ein sinnloses Projekt in die Wege leiten, um sich materielle Vorteile zu verschaffen, oder eine überkommene Erklärung als selbstverständlich hinnehmen, statt nach einer besseren zu suchen. Manchmal fälschen Wissenschaftler sogar ihre Ergebnisse und verstoßen damit gegen eines der gewichtigsten Tabus ihres Berufsstandes.

Dennoch hat der eine oder andere Wissenschaftstheoretiker, -historiker oder -soziologe, der diese Verstöße gegen die wissenschaftliche Redlichkeit oder die ideale wissenschaftliche Praxis dazu benutzt, das ganze Unternehmen als korrupt zu verdammen, die Quintessenz der Wissenschaft verkannt. Der wissenschaftliche Erkenntnisprozeß ist seinem Wesen nach selbstkorrektiv und neutralisiert jeden Mißbrauch. Phantastische und grundlose Behauptungen wie jene, die sich auf Polywasser oder die kalte Fusion bezogen, werden rasch als haltlos überführt. Falschmeldungen wie der Piltdown Man werden schließlich entlarvt. Vorurteile, wie zum Beispiel gegen die Relativitätstheorie, werden überwunden.

Ein Wissenschaftler, der komplexe adaptive Systeme erforscht, würde sagen, daß im wissenschaftlichen Erkenntnisprozeß die für die Wissenschaft *spezifischen* Selektionsdrücke mit den in den menschlichen Angelegenheiten geläufigen Selektionsdrücken einhergehen. Doch spielen die spezifisch wissenschaftlichen Selektionsdrücke die entscheidende Rolle bei der Vertiefung unseres Verständnisses der Natur. Wiederholte Beobachtungen und Berechnungen (sowie Vergleiche zwischen ihnen) pflegen, vor allem langfristig, die durch externe Selektionsdrücke eingeführten Mängel (das heißt Merkmale, die vom wissenschaftlichen Standpunkt aus Mängel sind) zu beseitigen.

Auch wenn die historischen Umstände einer wissenschaftlichen Entdeckung meistens etwas verwirrend sind, so kann sie doch letztlich zu einer brillanten und allgemeingültigen Klarstellung führen, wie dies etwa bei der Formulierung und Verifizierung einer vereinheitlichten Theorie der Fall ist.

Vereinheitlichende und zusammenfassende Theorien

Mitunter gelingt einer Theorie eine bemerkenswerte Synthese, indem sie die Regelmäßigkeiten eines breiten Spektrums von Phänomenen, die zuvor getrennt und in gewissem Maße unzureichend beschrieben wurden, in einer gerafften und eleganten Darstellung komprimiert. Ein hervorragendes Beispiel aus der physikalischen Grundlagenforschung liefern die in den fünfziger und sechziger Jahren des 19. Jahrhunderts entstandenen Arbeiten von James Clerk Maxwell über die Theorie des Elektromagnetismus.

Seit der Antike waren einige Menschen mit bestimmten einfachen Phänomenen der statischen Elektrizität vertraut, etwa daß Bernstein (*elektron* im Altgriechischen), den man an einem Katzenfell gerieben hat, die Kraft besitzt, Federstücke anzuziehen. Außerdem kannten sie einige Eigenschaften des Magnetismus, wie zum Beispiel die Tatsache, daß das Mineral Magnetit (ein Eisenoxid, das nach dem Ort Magnesia in Kleinasien benannt ist, wo es reichhaltige Vorkommen gibt) Eisenstückchen anzuziehen und sie zu magnetisieren vermag, so daß sie ihrerseits andere Eisenstückchen magnetisieren können. William Gilbert, einer der ersten modernen Naturwissenschaftler, hat in seine – 1600 erschienene – berühmte Abhandlung über Magnetismus einige wichtige Beobachtungen über die Elektrizität einbezogen. Aber noch immer betrachtete man Elektrizität und Magnetismus als zwei voneinander unabhängige Phänomene; erst im 19. Jahrhundert erkannte man, daß sie eng miteinander verwandt sind.

Nachdem Alessandro Volta um 1800 die erste elektrische Batterie (die sogenannte Volta-Säule) erfunden hatte, ebneten die darauf aufbauenden Experimente über elektrische Ströme den Weg für die Entdeckung der Wechselwirkungen zwischen Elektrizität und Magnetismus. Etwa 1820 entdeckte Hans Christian Ørsted, daß ein elektrischer Strom, der in einem Draht fließt, um diesen Draht ein Magnetfeld erzeugt. Das war die Geburtsstunde des Elektromagnetismus. 1831 beobachtete Michael Faraday, daß ein veränderliches Magnetfeld in einer Drahtschleife einen elektrischen Strom induzieren kann. Dieser Effekt wurde später so interpretiert, daß ein veränderliches Magnetfeld ein elektrisches Feld erzeugt.

In den fünfziger Jahren des 19. Jahrhunderts, als Maxwell mit seiner Arbeit an einer umfassenden mathematischen Beschreibung elektromagnetischer Wirkungen begann, lagen die meisten Einzelteile des elektromagnetischen Puzzles bereits als physikalische Gesetze vor. Maxwell stellte nun einen Satz Gleichungen auf, die diese Gesetze wiedergeben, wie in Abbildung 5 dargestellt. In modernen Lehrbüchern sind sie meistens in vier Gleichungen zusammengefaßt. Die erste Gleichung enthält eine Neuformulierung des Coulombschen Gesetzes, nach dem elektrische Ladungen ein elektrisches Feld erzeugen. Die zweite Gleichung greift die Ampèresche Vermutung auf, daß es keine echten magnetischen Ladungen gibt (und demzufolge alle magnetischen Erscheinungen auf elektrische Ströme zurückgeführt werden können). Die dritte Gleichung ist eine Neuformulierung des Faradayschen Gesetzes, das die Erzeugung eines elektrischen Feldes durch ein veränderliches Magnetfeld beschreibt. Die vierte Gleichung ist in ihrer ersten Fassung lediglich eine Wiederholung des Durchflutungsgesetzes von Ampère, das beschreibt, wie ein elektrischer Strom ein Magnetfeld erzeugt. Als Maxwell seine vier Gleichungen noch einmal überprüfte, merkte er, daß irgend etwas nicht stimmte, und er korrigierte den Fehler, indem er die letzte Gleichung änderte. Die Begründung, die er damals gab, mutet uns heute relativ unverständlich an, doch es gibt eine abgewandelte Version seiner Argumentation, die der heutigen Denkweise entspricht und deutlich macht, welche Art Änderung erforderlich war.

Die Erhaltung der gesamten elektrischen Ladung (ihre Konstanz in der Zeit) ist ein schönes und einfaches Gesetz, das durch Beobachtungen hinreichend bestätigt und schon zu Maxwells Zeiten von großer Bedeutung war. Seine ursprünglichen Gleichungen widersprachen jedoch diesem Prinzip. Was mußte er an den Gleichungen ändern, um diesen Widerspruch zu beseitigen? Die dritte Gleichung enthält einen Term, der die Erzeugung eines elektrischen Feldes durch ein veränderliches Magnetfeld beschreibt. Weshalb konnte man die vierte Gleichung nicht um einen entsprechenden Term ergänzen, der die Erzeugung eines Magnetfeldes durch ein veränderliches elektrisches Feld beschreiben würde? Tatsächlich zeigte sich, daß die Gleichung für einen bestimmten Wert des Koeffizienten (Multiplikators) des neuen Terms mit dem Ladungserhaltungssatz übereinstimmte. Zudem war dieser Wert so klein, daß Maxwell den Term einfügen konnte, ohne damit den Ergebnissen irgendeines bekannten Experiments zu widersprechen. Mit dem neu hinzugefügten Term, dem sogenannten Verschiebungsstrom, waren die Maxwellschen Gleichungen vollständig. Dank einer eleganten und konsistenten Beschreibung elektromagnetischer Phänomene waren Elektrizität und Magnetismus vollständig vereinheitlicht worden.

Nun konnte man erkunden, welche Konsequenzen die neue Beschreibung hatte. Es zeigte sich bald, daß die Gleichungen mit dem neuen Term »Wellenlösungen« hatten – elektromagnetische Wellen sämtlicher Frequenzen wurden in berechenbarer Weise durch Beschleunigung elektrischer Ladungen erzeugt. Im Vakuum sollten sich die Wellen mit derselben Geschwindigkeit ausbreiten. Bei der Berechnung dieser Geschwindigkeit stellte Maxwell fest, daß sie, innerhalb der damals üblichen Fehlergrenze, mit der berühmten Lichtgeschwindigkeit von etwa 300 000 Kilometern pro Sekunde übereinstimmte. Konnte demnach Licht aus elektromagnetischen Wellen eines bestimmten Frequenzbereiches bestehen? Zwar hatte schon Faraday diese Vermutung geäußert, doch erst durch Maxwells Arbeiten gewann sie stark an Klarheit und Plausibilität. Und sie traf den Nagel auf den Kopf, auch wenn ihre experimentelle Bestätigung erst Jahre später erfolgte. Die Maxwellschen Gleichungen forderten auch die Existenz von Wellen mit höheren Frequenzen als denen von sichtbarem Licht (die wir heute ultraviolette Strahlen, Röntgenstrahlen usw. nennen) und mit niedrigeren Frequenzen (die wir heute Infrarotstrahlung, Mikrowellen, Radiowellen usw. nennen). Schließlich wurden all diese Formen elektromagnetischer Strahlung experimentell nachgewiesen. Dies war nicht nur eine Bestä-

Die Schreibweise, die in heutigen Physik-Lehrbüchern für Anfänger üblich ist:	$\nabla \cdot E = 4\pi\rho$ $\nabla \cdot B = 0$ $\nabla \times E + \frac{1}{c}\dot{B} = 0$ $\nabla \times B - \frac{1}{c}\dot{E} = \frac{4\pi}{c}j$	(1) (2) (3) (4)
Die weniger stark komprimierte Schreibweise, die Maxwell zu Beginn seiner Forschungen verwendete:	$\frac{\partial Ex}{\partial x} + \frac{\partial Ey}{\partial y} + \frac{\partial Ez}{\partial z} = 4\pi\rho$ $\frac{\partial Bx}{\partial x} + \frac{\partial By}{\partial y} + \frac{\partial Bz}{\partial z} = 0$ $\frac{\partial Ey}{\partial x} - \frac{\partial Ex}{\partial y} + \frac{1}{c}\dot{B}_z = 0$ $\frac{\partial Ez}{\partial y} - \frac{\partial Ey}{\partial z} + \frac{1}{c}\dot{B}_x = 0$ $\frac{\partial Ex}{\partial z} - \frac{\partial Ez}{\partial x} + \frac{1}{c}\dot{B}_y = 0$ $\frac{\partial By}{\partial x} - \frac{\partial Bx}{\partial y} - \frac{1}{c}\dot{E}_z = \frac{4\pi}{c}j_z$ $\frac{\partial Bz}{\partial y} - \frac{\partial By}{\partial z} - \frac{1}{c}\dot{E}_x = \frac{4\pi}{c}j_x$ $\frac{\partial Bx}{\partial z} - \frac{\partial Bz}{\partial x} - \frac{1}{c}\dot{E}_y = \frac{4\pi}{c}j_y$	(1) (2) (3) (4)
Die stärker komprimierte relativistische Schreibweise:	$\partial_\nu F^{\mu\nu} = \frac{4\pi}{c}j^\mu$ $\varepsilon^{\mu\nu\kappa\lambda}\partial_\nu F_{\kappa\lambda} = 0$	(1 und 4) (2 und 3)

Abbildung 5: *Drei Schreibweisen der Maxwellschen Gleichungen*

tigung seiner Theorie, sondern führte auch zu den außerordentlichen technologischen Errungenschaften, mit denen wir alle vertraut sind.

Die Einfachheit Großer Vereinheitlichter Theorien

Die Maxwellschen Gleichungen beschreiben in wenigen Zeilen (die genaue Zahl hängt von der Kompaktheit der Schreibweise ab, wie in der Abbildung zu sehen ist) das Verhalten des Elektromagnetismus an jedem beliebigen Ort des Universums. Sind die Randbedingungen, die Ladungen und Stromstärken gegeben, dann kann man die elektrischen und magnetischen Felder berechnen. Die universellen Aspekte des Elektromagnetismus sind in den Gleichungen enthalten – lediglich die speziellen Einzelheiten müssen ergänzt werden. Die Gleichungen weisen die Regelmäßigkeiten mit großer Genauigkeit aus und bringen sie auf eine äußerst knappe, aber ungemein leistungsfähige mathematische Formel. Kann man sich ein eleganteres Beispiel eines Schemas vorstellen?

Da die Länge des Schemas praktisch null ist, liegt auch die effektive Komplexität, wie wir sie definiert haben, nahe Null. Anders gesagt: Die Gesetze des Elektromagnetismus sind außerordentlich einfach.

Ein Kritiker könnte freilich einwenden, daß es trotzdem bestimmter Kenntnisse bedarf, um die Schreibweise zu verstehen, in der die Gleichungen verfaßt sind. Als Maxwell die Gleichungen erstmals veröffentlichte, benutzte er eine weniger komprimierte Schreibweise, als sie heute in Lehrbüchern üblich ist, so daß der Satz Gleichungen etwas länger war. Ähnlich können wir heute eine relativistische Schreibweise verwenden und sie dadurch abkürzen. (Sowohl die längere als auch die kürzere Version sind abgebildet.) Vielleicht würde der Kritiker verlangen, daß wir in jedem Fall nicht nur die Gleichungen, sondern auch eine Erklärung der Schreibweise in das Schema aufnehmen.

Das ist keine unbegründete Forderung. Im Zusammenhang mit der »groben« Komplexität erwähnten wir bereits, daß es irreführend wäre, wollte man, nur um eine Beschreibung zu verkürzen, eine Spezialsprache verwenden. Die mathematischen Grundlagen der Gleichungen sind wahrhaftig nicht besonders schwer zu erklären; doch selbst wenn dies nicht der Fall wäre, bedürfte es allenfalls eines begrenzten Erklärungsaufwands. Und dieser verblaßt zur Bedeutungslosigkeit, wenn wir bedenken, daß die Gleichungen für sämtliche elektrischen und magnetischen Felder im gesamten Universum gelten. Die Verdichtung, die diese Gleichungen leisten, ist noch immer enorm.

Universelle Gravitation – Newton und Einstein

Ein weiteres bemerkenswertes universelles Gesetz ist das Gravitationsgesetz. Isaac Newton formulierte seine erste Version, auf die 250 Jahre später die genauere, allgemein-relativistische Gravitationstheorie Albert Einsteins folgte.

Newton gewann seine brillanten Einsichten in die Universalität der Gravitation als junger Mann, mit 23 Jahren. 1665 wurde die Universität Cambridge wegen der Pest geschlossen, und Newton, der kurz zuvor den Grad eines Bakkalaureus erworben hatte, kehrte in seinen Heimatort Woolsthorpe, in Lincolnshire, zu seiner Familie zurück. Dort begann er in den Jahren 1665 und 1666 mit der Entwicklung der Integral- und Differentialrechnung sowie mit der Formulierung des Gravitationsgesetzes und der nach ihm benannten drei Bewegungsgesetze. Außerdem führte er das berühmte Prismen-Experiment durch, mit dem er bewies, daß sich weißes Licht aus den Farben des Regenbogens zusammensetzt. Jede dieser Arbeiten war eine bedeutsame Neuerung, und obgleich Wissenschaftshistoriker heute gern hervorheben, daß er nicht alle Fragen in einem *annus mirabilis*, einem »wunderbaren Jahr«, löste, so räumen sie doch ein, daß er damals das Fundament für ihre Beantwortung legte. Wie meine Frau, die Dichterin Marcia Southwick, zu sagen pflegt, hätte er einen eindrucksvollen Aufsatz mit dem Titel »Was ich während meiner Ferien getan habe« schreiben können.

Der Legende nach hat ein herabfallender Apfel Newton auf die Idee eines universellen Gravitationsgesetzes gebracht. Trug sich diese Begebenheit wirklich zu? Die Wissenschaftshistoriker sind sich nicht sicher, doch sie schließen es nicht aus, da der Vorfall in vier voneinander unabhängigen Quellen erwähnt wird. So schreibt zum Beispiel Conduitt:

> Im Jahre 1666 verließ er Cambridge ein weiteres Mal... und begab sich zu seiner Mutter nach Lincolnshire & während er sich in einem Garten der Beschaulichkeit hingab, kam ihm der Gedanke, daß die Wirkung der Schwerkraft (die einen Apfel vom Baum auf die Erde fallen ließ) nicht auf eine bestimmte Entfernung von der Erde begrenzt war, sondern sich viel weiter erstrecken mußte, als man gemeinhin annahm. Wieso nicht bis zum Mond, fragte er sich & wenn dies der Fall war, so mußte es ihre Bewegung beeinflussen & sie vielleicht in ihrer Umlaufbahn halten, worauf er eine Berechnung anstellte, um herauszufinden, welche Folgen diese Annahme hätte; doch da er keine Bücher bei sich hatte & daher den üblichen Schätzwert verwendete, der von den Geographen & unseren Seefahrern benutzt wurde, bevor Norwood die Erde vermessen hatte, wonach ein Breitengrad auf der Erdoberfläche 60 Englische Meilen umfaßt, stimmte seine Berechnung nicht mit seiner Theorie überein & dies veranlaßte ihn zu der Überlegung, daß es neben der Schwerkraft eine Beimischung dieser Kraft geben könnte, die der Mond erfahren würde, wenn er von einem Wirbel fortgetragen würde...

In dieser Geschichte begegnen wir einigen Vorgängen, die sich von Zeit zu Zeit im Leben eines theoretischen Wissenschaftlers ereignen können. In einem wunderlichen Augenblick hat man einen Einfall. Aufgrund dieses Einfalls kann man eine Verbindung zwischen zwei Klassen von Phänomenen herstellen, die man früher für unabhängig voneinander hielt. Anschließend formuliert man eine Theorie. Einige ihrer Konsequenzen lassen sich vorhersagen; um diese Vorhersagen zu machen, stellt der Theoretiker Berechnungen an. Die Vorhersagen stimmen möglicherweise nicht mit den Beobachtungen überein, obwohl die Theorie richtig ist, und zwar entweder wegen eines Beobachtungsfehlers (wie in

Newtons Fall) oder weil dem Theoretiker bei der Anwendung der Theorie ein gedanklicher oder mathematischer Fehler unterlaufen ist. Der Theoretiker wird nun vielleicht die richtige Theorie (in ihrer Einfachheit und Eleganz) verwerfen und eine kompliziertere Theorie zusammenbasteln, die mit dem Fehler in Einklang steht. Man denke nur an den Hinweis am Ende des Conduitt-Zitats auf die seltsame »Wirbelkraft«, die Newton der Schwerkraft hinzuzufügen erwog!

Nach langer Zeit wurde die Diskrepanz zwischen Theorie und Beobachtung beseitigt, und die Newtonsche Theorie der universellen Gravitation wurde anerkannt, bis sie um 1915 Einsteins Allgemeine Relativitätstheorie ablöste, die für alle Körper, die sich im Vergleich zur Lichtgeschwindigkeit sehr langsam fortbewegen, exakt mit der Newtonschen Theorie übereinstimmt. In unserem Sonnensystem bewegen sich Planeten und Monde mit Geschwindigkeiten in der Größenordnung von 18 Kilometern pro Sekunde, während die Lichtgeschwindigkeit etwa 300 000 Kilometer pro Sekunde beträgt. Die Einsteinschen Korrekturen an der Newtonschen Theorie sind daher minimal und waren bislang nur in ganz wenigen Experimenten nachweisbar. Einsteins Theorie fand in allen Tests, die man bislang durchgeführt hat, ihre Bestätigung.

Die Ablösung einer hervorragenden Theorie durch eine noch bessere beschreibt auf besondere Weise Thomas Kuhn in seinem Buch *The Structure of Scientific Revolution* (dt. *Die Struktur wissenschaftlicher Revolutionen*), das auf große Resonanz gestoßen ist. Im Mittelpunkt steht der Begriff des »Paradigmenwechsels«, wobei er das Wort »Paradigma« in einem recht speziellen Sinne verwendet. (Manch einer würde sagen: mißversteht!) Sein Ansatz betont die grundsätzlichen Veränderungen, die eintreten, sobald die verbesserte Theorie allgemein anerkannt wird.

Im Fall der Gravitation würde Kuhn vielleicht darauf hinweisen, daß Newton in seiner Theorie den Begriff »Fernwirkung« verwendet, das bedeutet, die Gravitationskraft wirkt augenblicklich, während sich nach Einsteins Theorie Gravitationswirkungen, wie solche elektromagnetischer Art, mit Lichtgeschwindigkeit ausbreiten. In Newtons nichtrelativistischer Theorie werden Raum und Zeit als unabhängige und absolute Größen behandelt, und die Gravitation hat nichts mit der Geometrie zu tun; in Einsteins Theorie sind Raum und Zeit miteinander verknüpft (wie immer in der relativistischen Physik), und die Einsteinsche Gravitationstheorie ist unauflöslich mit der Geometrie der Raumzeit verbunden. Außerdem beruht die Allgemeine Relativitätstheorie, anders als die Newtonsche Gravitation, auf dem Äquivalenzprinzip, nach dem es unmöglich ist, an einem bestimmten Ort zwischen einem Gravitationsfeld und einem beschleunigten Bezugssystem (wie zum Beispiel einem Fahrstuhl) zu unterscheiden; das einzige, was man lokal spüren oder messen kann, ist der Unterschied zwischen der eigenen Beschleunigung und der lokalen Gravitationsbeschleunigung.

Der »Paradigmen«-Ansatz befaßt sich mit derartigen tiefgreifenden Unterschieden in Weltbild und Sprache zwischen einer alten und einer neuen Theorie. Kuhn geht nicht weiter auf die Tatsache ein (obwohl er sie natürlich erwähnt), daß die alte Theorie für Berechnungen und Voraussagen in dem Bereich, für den sie entwickelt wurde (in diesem Fall den Grenzbereich sehr niedriger relativer Geschwindigkeiten), nach wie vor eine hinreichend gute Näherung liefert. Ich möchte jedoch gerade diesen Aspekt herausstellen und darauf hinweisen, daß im Konkurrenzkampf der Schemata innerhalb des wissenschaftlichen Erkenntnisprozesses der Sieg eines Schemas über ein anderes nicht unbedingt bedeutet, daß das unterlegene Schema aufgegeben und vergessen wird. Ja, es wird womöglich viel häufiger verwendet als die genauere und ausgetüfteltere Nachfolgetheorie. Das gilt mit Sicherheit für die klassische Mechanik im Gegensatz zur relativistischen Mechanik unseres Sonnensystems. Der Sieg im Wettstreit der wissenschaftlichen Theorien bedeutet wohl eher eine Abwertung der alten Theorie und eine Aufwertung der neuen als eine völlige Verwerfung der unterlegenen Theorie. (Selbstverständlich geschieht es häufig, daß die alte Theorie jeglichen Wert verliert, und dann interessieren sich nur noch Wissenschaftshistoriker für die alte Theorie.)

Einsteins allgemein-relativistische Gleichung:

$$G_{\mu\nu} = 8\pi\varkappa T_{\mu\nu}$$

leistet für die Gravitation, was die Maxwellschen Gleichungen für den Elektromagnetismus leisten. Die linke Seite bezieht sich auf die Krümmung der Raumzeit (und somit auf das Gravitationsfeld) und die rechte Seite auf die Energiedichte und so weiter all dessen, was nicht vom Gravitationsfeld stammt. Sie beschreibt in einer einzigen kurzen Formel die universellen Eigenschaften der Gravitationsfelder im Universum. Sind die Massen, Orte und Geschwindigkeiten aller Materie bekannt, dann kann man die Stärke des Gravitationsfeldes (und damit die Wirkung der Gravitation auf die Bewegung eines Testkörpers) an jedem beliebigen Ort und zu jeder beliebigen Zeit berechnen. Wir haben es mit einem außerordentlich leistungsfähigen Schema zu tun, das die allgemeinen Eigenschaften der Gravitation an jedem beliebigen Ort des Universums in einer kurzen Aussage komprimiert hat.

Wieder könnte ein Kritiker verlangen, daß wir nicht nur die Formel, sondern auch die Erklärung der Symbole in das Schema einbeziehen. Mein Vater, der sich als gebildeter Laie um das Verständnis der Einsteinschen Theorie bemühte, sagte immer wieder: »Schau, wie einfach und schön diese Theorie ist, doch was bedeuten $T_{\mu\nu}$ und $G_{\mu\nu}$? Selbst wenn wir, wie beim Elektromagnetismus, einen Lehrgang in das Schema einbeziehen würden, wäre die Einsteinsche Gleichung noch immer ein Meisterstück an Verdichtung, da sie das Verhalten sämtlicher Gravitationsfelder überall im Universum beschreibt. Das Schema ist noch immer bemerkenswert kurz und seine Komplexität gering. Daher ist Einsteins allgemein-relativistische Theorie der Gravitation einfach.

8 Die Macht von Theorien

Die Denkweise des theoretischen Wissenschaftlers ist nicht nur für die Erforschung der tiefsten Geheimnisse des Universums, sondern auch für viele andere Aufgaben von Nutzen. Überall um uns herum gibt es Tatsachen, die miteinander verknüpft sind. Natürlich kann man sie als getrennte Objekte betrachten und als solche erforschen. Wie anders aber stellt sich alles dar, sobald wir erkennen, daß sie Teile eines Musters sind! Viele Tatsachen sind dann nicht mehr nur Dinge, die man auswendig lernt, vielmehr ermöglichen uns die Beziehungen zwischen ihnen, sie mit Hilfe einer komprimierten Beschreibung, einer Art Theorie oder Schema, zu begreifen und uns einzuprägen. Sie bekommen einen Sinn, und die Welt wird zu einem Ort, den wir besser verstehen.

Das Erkennen von Mustern fällt uns Menschen leicht; wir selbst sind schließlich recht komplexe adaptive Systeme. Aufgrund biologischer Vererbung und kultureller Prägung liegt es in unserem Wesen, nach Mustern zu suchen, Regelmäßigkeiten auszumachen und gedankliche Schemata zu entwerfen. Diese Schemata werden jedoch oftmals infolge von Selektionsdrücken – die sich stark von den in den Wissenschaften üblichen unterscheiden, wo die Übereinstimmung mit den Beobachtungen von so entscheidender Bedeutung ist – auf- oder abgewertet, anerkannt oder verworfen.

Unwissenschaftliche Ansätze zur Konstruktion von Modellen der Außenwelt haben das menschliche Denken von alters her geprägt und sind nach wie vor weit verbreitet. Nehmen wir zum Beispiel die Version der sympathetischen Magie, die auf der Vorstellung gründet, zwischen ähnlichen Vorgängen müsse ein Zusammenhang bestehen. Vielen Menschen erscheint es als selbstverständlich, sich in Dürreperioden eines Rituals zu bedienen, um

Wasser von einem bestimmten Ort auf die Erde herabzubeschwören. Die Ähnlichkeit zwischen dieser Handlung und dem gewünschten Phänomen scheint auf einen kausalen Nexus hinzudeuten. Der objektive Erfolg als das Kriterium, das in den Naturwissenschaften zählt (zumindest wenn sie korrekt betrieben werden), fällt nicht unter die Selektionsdrücke, die die Beibehaltung dieser Überzeugung fördern. Statt dessen sind andere Formen der Selektion wirksam. So mögen beispielsweise mächtige Personen, die das Ritual ausführen, den Glauben fördern, um ihre Autorität zu wahren.

Die gleiche Gesellschaft mag auch mit jener Form sympathetischer Magie vertraut sein, die sich kraft eines Aktes auf Menschen auswirkt, etwa wenn ein Krieger das Herz eines Löwen verzehrt, um seine Tapferkeit zu stärken. Hier können einfach aufgrund psychologischer Mechanismen bestimmte objektive Erfolge auftreten: Ist jemand fest davon überzeugt, er habe etwas gegessen, das seinen Mut steigert, dann mag ihm dies ein Selbstvertrauen einflößen, vermöge dessen er sich tatsächlich tapfer schlägt. Ebenso kann unheilvolle Zauberei (gleich, ob sie auf sympathetischer Magie beruht oder nicht) objektiv greifen, wenn das Opfer daran glaubt und weiß, daß sie praktiziert wird. Angenommen, Sie wollten mir etwas zuleide tun und formten eine Wachsfigur nach meinem Bild, in die Sie einige Haar- und Nagelreste von mir einarbeiteten; dann würden Sie die Figur mit Stecknadeln spikken. Sofern ich nur ein bißchen an die Wirksamkeit solcher Magie glaube und weiß, daß Sie sich damit abgeben, werde ich unter Umständen infolge psychosomatischer Wirkungen an den entsprechenden Stellen Schmerzen verspüren und krank werden (und im Extremfall vielleicht sogar sterben). Der gelegentliche (oder häufige!) Erfolg sympathetischer Magie in solchen Fällen mag auch dann noch den Glauben an die Wirksamkeit derartiger magischer Praktiken bestärken, wenn sie, wie im Fall des Regenbeschwörens, keinen objektiven Erfolg – außer durch bloßen Zufall – herbeiführen können.

Auf unwissenschaftliche Modelle wie auch auf die zahlreichen Gründe für ihre Anziehungskraft werden wir in dem Kapitel über

Aberglaube und Skeptizismus zurückkommen. Hier geht es zunächst einmal um den Wert *wissenschaftlicher Theorien* über die uns umgebende Welt; es geht darum zu sehen, wie plötzlich Verknüpfungen und Beziehungen auftreten.

»Bloß theoretisch«

Viele Leute haben offenbar ihre Schwierigkeiten mit dem Begriff »Theorie«, weil ihnen schon das Wort als solches suspekt ist, das gemeinhin in zwei recht verschiedenen Grundbedeutungen gebraucht wird. Zum einen kann es ein kohärentes System von Regeln und Prinzipien bezeichnen, eine mehr oder minder verifizierte oder anerkannte Erklärung bekannter Tatsachen oder Phänomene. Zum anderen kann es sich auf eine Spekulation, eine Annahme, eine Vermutung, eine ungeprüfte Hypothese, Idee oder Meinung beziehen. In diesem Buch verwende ich das Wort im Sinne der ersten Grundbedeutung, doch verbinden viele Menschen mit den Worten »Theorie« oder »theoretisch« die zweite. Einer meiner Kollegen im Direktorium der John D. and Catherine T. MacArthur Foundation pflegt immer dann, wenn es um die Genehmigung von Geldern für ein gewagtes Forschungsprojekt geht, zu bemerken: »Ich meine, wir sollten es riskieren und das Vorhaben unterstützen, doch wir sollten uns davor hüten, für etwas *Theoretisches* Geld auszugeben.« Für jemanden, dessen Beruf es ist, Theorien aufzustellen, sollte diese Aussage wie eine Kampfansage klingen, doch weiß ich, daß er und ich mit dem Wort »theoretisch« zwei unterschiedliche Bedeutungen verknüpfen.

Eine Theorie über Ortsnamen

Es kann nützlich sein, über nahezu jeden Aspekt der Welt um uns Theorien aufzustellen. Nehmen wir zum Beispiel Ortsnamen. Bewohner des Bundesstaates Kalifornien, die mit den spanischen Ortsnamen entlang der Küste vertraut sind, wundert es nicht, daß viele dieser Namen mit der römisch-katholischen Religion in Verbindung stehen, zu der sich die spanischen Eroberer und Siedler in der Regel mit großer Inbrunst bekannten. Meiner Meinung nach fragen sich jedoch nur wenige Menschen, wie jeder Ort gerade zu seinem speziellen Namen kam. Nun ist es durchaus sinnvoll zu fragen, ob hinter der Benennung von Inseln, Buchten und Orten mit Heiligennamen wie San Diego, Santa Catalina, Santa Bárbara sowie mit anderen religiösen Namen wie Concepción (Empfängnis) oder Santa Cruz (Heiliges Kreuz) irgendein System stecken könnte. Einen ersten Hinweis erhalten wir, wenn wir auf der Landkarte das Kap Año Nuevo (Neujahr) entdecken. Könnten sich auch andere Ortsnamen auf bestimmte Tage beziehen? Natürlich! Der römisch-katholische Kalender enthält neben Neujahr, das auf den 1. Januar fällt, die folgenden Tagesnamen:

San Diego	(heiliger Didacus von Alcalá de Henares) 12. November
Santa Catalina	(heilige Katharina von Alexandria) 25. November
San Pedro	(heiliger Petrus von Alexandria) 26. November
Santa Bárbara	(heilige Barbara, Jungfrau und Märtyrerin) 4. Dezember
San Nicolás	(heiliger Nikolaus von Myra) 6. Dezember
La Purísima Concepción	(Unbefleckte Empfängnis) 8. Dezember

Vielleicht wurden die geographischen Punkte auf einer Entdeckungsreise, die von Südosten nach Nordwesten an der kalifornischen Küste entlangführte, nach den Tagen benannt, an denen sie gesichtet wurden. Tatsächlich haben Wissenschaftler anhand von historischen Aufzeichnungen nachgewiesen, daß der Forschungsreisende Sebastián Viscaíno der San Diego Bay am 12. November 1602 ihren Namen gab, Santa Catalina Island am 25. November, der San Pedro Bay am 26. November, der Bucht von Santa Bárbara am 4. Dezember, San Nicolás Island am 6. Dezember und Kap Concepción am 8. Dezember. Kap Año Nuevo war offenbar die erste Landspitze, die im neuen Jahr 1603 gesichtet wurde, wenn auch eher am 3. Januar als am Neujahrstag. Am 6. Januar, dem Tag der Heiligen Drei Könige, gab Viscaíno Kap Reyes (der Könige) seinen Namen.

Unsere Theorie bestätigt sich also, doch ist sie allgemeingültig? Wie steht es mit Santa Cruz? Der Tag des Heiligen Kreuzes ist der 14. September, somit fällt der Ort aus der oben angeführten Serie heraus. Erhielt er seinen Namen auf einer anderen Entdeckungsreise? Unser Schema gewinnt nun ein wenig an Komplexität. Tatsächlich lassen sich viele religiöse spanische Ortsnamen entlang der kalifornischen Küste bestimmten Daten auf einigen wenigen Entdeckungsreisen zuordnen, so daß die effektive Komplexität nicht sonderlich groß ist.

Bei dieser Art Theorienbildung, die in der Konstruktion grober Schemata zur Beschreibung der Ergebnisse menschlicher Aktivitäten besteht, kann man auf willkürliche Ausnahmen stoßen, die glücklicherweise solche Schemata wie die Maxwellschen Gleichungen des Elektromagnetismus nicht beeinträchtigen. Nördlich von San Francisco zum Beispiel liegt der Ort San Quentin, bekannt wegen seiner Haftanstalt. Der Name klingt so, als sei er dem Ort von einem spanischen Entdecker am Sankt-Quintinus-Tag verliehen worden. Etymologische Nachforschungen zeigen jedoch, daß das »San« irrtümlicherweise dem früheren Namen Quentin beigefügt wurde, der für Spanisch »Quintín« steht, den Namen eines Indianerhäuptlings, der 1840 an diesem Ort gefangengenommen wurde.

Empirische Theorien – das Zipfsche Gesetz

In dem Ortsnamen-Beispiel führte die Formulierung einer Theorie nicht nur zum Erkennen von Regelmäßigkeiten, sondern auch zu einer plausiblen Erklärung für diese und zu einer Bestätigung dieser Erklärung. Das ist der Idealfall. Oft jedoch stoßen wir auf alles andere als idealtypische Fälle, in denen wir zwar Regelmäßigkeiten entdecken, ähnliche Regelmäßigkeiten in anderen Bereichen voraussagen, die Bestätigung dieser Voraussagen erleben und somit ein stabiles Muster erkennen. Dennoch entzieht sich dieses Muster beharrlich einer Erklärung. In einem solchen Fall sprechen wir von einer »empirischen« oder »phänomenologischen« Theorie, wobei wir mit diesen hochtrabenden Worten im wesentlichen nichts anderes ausdrücken wollen, als daß wir etwas gewahr werden, es aber noch nicht verstehen. Es gibt viele solcher empirischen Theorien, die Tatsachen miteinander verknüpfen, denen wir im Alltagsleben begegnen.

Angenommen, wir nehmen ein Buch mit statistischen Daten zur Hand, zum Beispiel den *World Almanac*. Darin finden wir eine Liste der – nach ihrer Größe geordneten – US-amerikanischen Ballungszentren einschließlich der Einwohnerzahlen. Vielleicht enthält er auch entsprechende Listen für die Städte der einzelnen Bundesstaaten sowie für Städte anderer Länder. Jeder Stadt in jeder Liste kann man einen Rangplatz zuordnen: der bevölkerungsreichsten Stadt den 1. Rangplatz, der Stadt mit der zweitgrößten Einwohnerzahl den 2. Rang und so fort. Gibt es für all diese Listen eine allgemeine Regel, die die Abnahme der Einwohnerzahl mit zunehmendem Rangplatz beschreibt? Ganz allgemein gesagt, ja. Die Einwohnerzahl ist – annähernd – umgekehrt proportional zum Rangplatz; anders ausgedrückt: die aufeinanderfolgenden Einwohnerzahlen sind in etwa proportional zu 1, 1/2, 1/3, 1/4, 1/5, 1/6, 1/7, 1/8, 1/9, 1/10, 1/11 und so fort.

Betrachten wir nun eine Liste der größten Unternehmen in abnehmender Reihenfolge des Umsatzvolumens (definiert als monetärer Wert der Absatzmenge eines bestimmten Jahres). Gibt es eine Näherungsregel, die uns sagt, wie die Umsatzzahlen der Unternehmen mit ihren Rangplätzen schwanken? Ja, und es ist die gleiche Regel wie für die Einwohnerzahlen. Das Umsatzvolumen ist annähernd umgekehrt proportional zum Rang des jeweiligen Unternehmens!

Und wie verhält es sich mit einer Liste der – in abnehmender Reihenfolge ihres Geldwertes geordneten – Ausfuhren einzelner Staaten in einem bestimmten Jahr? Wieder stellen wir fest, daß dieselbe Regel eine recht gute Näherung ergibt.

Eine interessante Folge dieser Regel kann man leicht dadurch nachprüfen, daß man eine der erwähnten Listen genauer analysiert, zum Beispiel eine Liste von Städten und ihren Einwohnerzahlen. Betrachten wir zunächst die dritte Ziffer jeder Einwohnerzahl. Wie erwartet, weist die dritte Ziffer eine Zufallsverteilung auf; die Zahlen Null, Eins, Zwei, Drei und so fort sind etwa gleich häufig an der dritten Stelle vertreten. Ein völlig anderes Bild zeigt sich dagegen bei der Verteilung der ersten Ziffern. Hier überwiegen bei weitem die Einsen, gefolgt von den Zweien und so weiter. Der Prozentsatz der Einwohnerzahlen, die mit einer Neun beginnen, ist außerordentlich gering. Dieses Verhalten der ersten Ziffer wird von der Regel vorhergesagt; würde die Regel genau erfüllt, würde das Verhältnis von Einsen zu Neunen als erster Ziffer 45 zu 1 betragen. Wie verhält es sich, wenn wir den *World Almanac* beiseite legen und ein Buch über Geheimcodes zur Hand nehmen, das eine Liste der – nach abnehmender Vorkommenshäufigkeit geordneten – gebräuchlichsten Wörter in einer bestimmten Sorte englischer Texte enthält? Wie lautet die Näherungsregel für die Vorkommenshäufigkeit jedes Wortes als einer Funktion seines Rangplatzes? Wieder stoßen wir auf die gleiche Regel, die auch auf andere Sprachen anwendbar ist.

Viele dieser Beziehungen wurden zu Beginn der dreißiger Jahre von einem gewissen George Kingsley Zipf entdeckt, der an der Harvard University Deutsch unterrichtete, und sie alle sind Ausprägungen dessen, was wir heute das Zipfsche Gesetz nennen. Heute würden wir sagen, daß das Zipfsche Gesetz eines von vielen sogenannten »Skalierungs-« oder »Potenzgesetzen« ist, denen

Rang-platz n	Stadt	Einwohner-zahl (1990)	nicht modifiziertes Zipfsches Gesetz 10 000 000 dividiert durch n	modifiziertes Zipfsches Gesetz 5 000 000 dividiert durch $(n-2/5)^{3/4}$
1	New York	7 322 564	10 000 000	7 334 265
7	Detroit	1 027 974	1 428 571	1 214 261
13	Baltimore	736 014	769 231	747 639
19	Washington, D.C.	606 900	526 316	558 258
25	New Orleans	496 938	400 000	452 656
31	Kansas City, Mo.	434 829	322 581	384 308
37	Virginia Beach, Va.	393 089	270 270	336 015
49	Toledo	332 943	204 082	271 639
61	Arlington, Texas	261 721	163 934	230 205
73	Baton Rouge, La.	219 531	136 986	201 033
85	Hialeah, Fla.	188 008	117 647	179 243
97	Bakersfield, Calif.	174 820	103 093	162 270

Abbildung 6: *Einwohnerzahlen von US-amerikanischen Städten aus dem 1994 World Almanac, verglichen mit der urspründlichen Version des Zipfschen Gesetzes und einer modifizierten Version.*

man in vielen Bereichen der Physik, Biologie und der Verhaltenswissenschaften begegnet. In den dreißiger Jahren jedoch waren diese Gesetze ein Novum.

Nach dem Zipfschen Gesetz ist die betrachtete Größe umgekehrt proportional zum Rangplatz, also proportional zu 1, 1/2, 1/3, 1/4 und so weiter. Benoit Mandelbrot hat gezeigt, daß man ein allgemeineres Potenzgesetz (fast das allgemeinste) dadurch erhält, daß man diese Sequenz nacheinander zwei Modifikationen unterwirft. Die erste Änderung besteht in der Addition einer Konstanten zum Rang, wobei man folgende Sequenz erhält: $1/(1 + \text{Konstante})$, $1/(2 + \text{Konstante})$, $1/(3 + \text{Konstante})$, $1/(4 + \text{Konstante})$ und so weiter. Die andere Änderung erlaubt statt dieser Brüche ihre zweite oder dritte Potenz, ihre Quadratwurzel oder irgendeine andere Potenz von ihnen. Bei Wahl der zweiten Potenz würde man zum Beispiel folgende Sequenz erhalten: $1/(1 + \text{Konstante})^2$, $1/(2 + \text{Konstante})^2$, $1/(3 + \text{Konstante})^2$, $1/(4 + \text{Konstante})^2$ und so weiter. Die Potenz in dem allgemeineren Potenzgesetz beträgt 1 für das Zipfsche Gesetz, 2 für die zweite Potenz, 3 für die dritte Potenz, 1/2 für die Quadratwurzeln und so fort. Die Mathematik verleiht auch Zwischenwerten der Potenz einen Sinn, wie etwa 3/4 oder 1,0237. Im allgemeinen können wir die Potenz als 1 plus eine zweite Konstante auffassen. Wie die erste Konstante zum Rang addiert wurde, wird die zweite Konstante zur Potenz addiert. Das Zipfsche Gesetz ist dann der Sonderfall, bei dem diese beiden Konstanten null sind.

Auch die Mandelbrotsche Verallgemeinerung des Zipfschen Gesetzes ist noch einfach: die zusätzliche Komplexität besteht lediglich in der Einführung der beiden neuen veränderbaren Konstanten: einer zum Rang addierten Zahl und einer zur Potenz 1 addierten Zahl. (Übrigens nennt man eine veränderbare Konstante einen »Parameter«; dieser Begriff ist in letzter Zeit, vielleicht unter dem Einfluß des ähnlich klingenden Begriffes »Perimeter« [Umfang], vielfach falsch verwendet worden. Das modifizierte Potenzgesetz hat zwei zusätzliche Parameter.) In jedem einzelnen Fall kann man diese beiden Konstanten einführen und sie so verändern, daß sie die jeweiligen Daten optimal wiedergeben, statt die Zahlen mit der ursprünglichen Fassung des Zipfschen Gesetzes zu vergleichen. In dem Diagramm auf Seite 155 können wir sehen, wie eine leicht abgewandelte Version des Zipfschen Gesetzes mit bestimmten Bevölkerungsdaten bedeutend besser übereinstimmt als das Zipfsche Gesetz in seiner ursprünglichen Fassung (in dem die beiden Konstanten gleich null gesetzt sind), das bereits eine recht gute Näherung liefert. »Leicht abgewandelt« bedeutet, daß die neuen Konstanten in dem zum Vergleich herangezogenen modifizierten Potenzgesetz recht kleine Werte besitzen. (Die Konstanten in dem Diagramm wurden nach einer bloß oberflächlichen Betrachtung der Daten ausgewählt. Eine optimale Anpassung hätte eine noch bessere Übereinstimmung mit den tatsächlichen Einwohnerzahlen erbracht.)

Als Zipf sein Gesetz erstmals formulierte – zu einer Zeit, da sehr wenige andere Skalierungsgesetze bekannt waren –, wies er stolz darauf hin, daß das von ihm entdeckte Prinzip die Verhaltenswissenschaften von den Naturwissenschaften abgrenze, in denen es seiner Meinung nach keine derartigen Gesetze gibt. Heute, nachdem wir in der Physik so viele Potenzgesetze entdeckt haben, sind seine damaligen Behauptungen seinem Ruf eher abträglich als förderlich. Außerdem soll es seinem Ansehen geschadet haben, daß er gewisse Sympathien gegenüber der von Hitler betriebenen territorialen Neuordnung Europas äußerte. Vielleicht versuchte er seine Einstellung mit dem Argument zu rechtfertigen, die Eroberungen Hitlers führten zu einer größeren Übereinstimmung der Bevölkerungszahlen der europäischen Staaten mit dem Zipfschen Gesetz.

Unabhängig von ihrem Wahrheitsgehalt erteilt uns diese Geschichte eine wichtige Lektion über die politischen Umsetzungen verhaltenswissenschaftlicher Erkenntnisse: Das bloße Vorhandensein bestimmter Beziehungen bedeutet noch nicht, daß man sie immer als unbedingt wünschenswert erachten sollte. Genau mit diesem Problem wurde ich jüngst auf einem Seminar des Aspen Institute konfrontiert, auf dem ich die Tendenz von Vermögens- beziehungsweise Einkommensverteilungen beschrieb, unter bestimmten Bedingungen Skalierungsgesetzen zu folgen. Prompt kam die Frage, ob diese Sachlage als etwas Positives zu betrachten sei. Soweit ich mich entsinne, zuckte ich mit den Achseln. Schließlich hängt die Steigung der Verteilungskurve, die den Grad der Gegensätze in den Vermögens- und Einkommensverhältnissen festlegt, davon ab, welche Potenz in dem Gesetz vorkommt.

Das Zipfsche Gesetz entzieht sich noch immer weitgehend einer Erklärung, und das gleiche gilt für viele weitere Potenzgesetze.

Benoit Mandelbrot, der wichtige Beiträge zur Erforschung dieser Gesetze geleistet hat (insbesondere hinsichtlich ihrer Beziehungen zu den Fraktalen), räumt freimütig ein, er habe zu Beginn seiner wissenschaftlichen Laufbahn nicht zuletzt deshalb Erfolg gehabt, weil ihm die Entdeckung und Beschreibung von Potenzgesetzen wichtiger gewesen sei als ihre Erklärung. (In seinem Buch *The Fractal Geometry of Nature* erwähnt er seine Neigung, »den Folgen eine größere Bedeutung beizumessen als den Ursachen«.) Er weist jedoch gleich darauf hin, daß in einigen Bereichen, insbesondere in der Physik, mittlerweile recht überzeugende Erklärungen vorliegen. So verstehen wir beispielsweise recht gut die Zusammenhänge, die zwischen dem Phänomen Chaos in der nichtlinearen Dynamik und Fraktalen sowie Potenzgesetzen bestehen. Mandelbrot hat auch schon ab und zu Modelle entworfen, in denen Potenzgesetze vorkommen. Zum Beispiel hat er die Worthäufigkeiten in Texten, die von den sprichwörtlichen Affen getippt wurden, berechnet. Sie gehorchen einer modifizierten Version des Zipfschen Gesetzes, wobei sich die Potenz mit wachsender Zahl der Symbole der 1 (dem ursprünglichen Wert von Zipf) nähert. (Er stellte übrigens auch fest, daß die Potenz erheblich von 1 abweichen kann, wenn die Worthäufigkeiten in realen, in natürlichen Sprachen geschriebenen Texten gut von einer modifizierten Version des Zipfschen Gesetzes beschrieben werden; dabei hängt die Abweichung von der Vielfalt des in dem betreffenden Text verwendeten Vokabulars ab.)

Skalenunabhängigkeit

In den letzten Jahren hat man einige Fortschritte bei der Erklärung bestimmter Potenzgesetze gemacht. Dabei stützte man sich unter anderem auf die sogenannte selbstorganisierte Kritikalität, einen Begriff, der erstmals von dem dänischen theoretischen Physiker Per Bak in Zusammenarbeit mit Chao Tang und Kurt Wiesenfeld formuliert wurde. Sie wandten diesen Begriff ursprünglich auf die Höhe von Sandhaufen an, wie man sie etwa in

Neuer Rangplatz $2n$, nach der Halbierung der Einwohnerzahlen

Ursprünglicher Rangplatz n

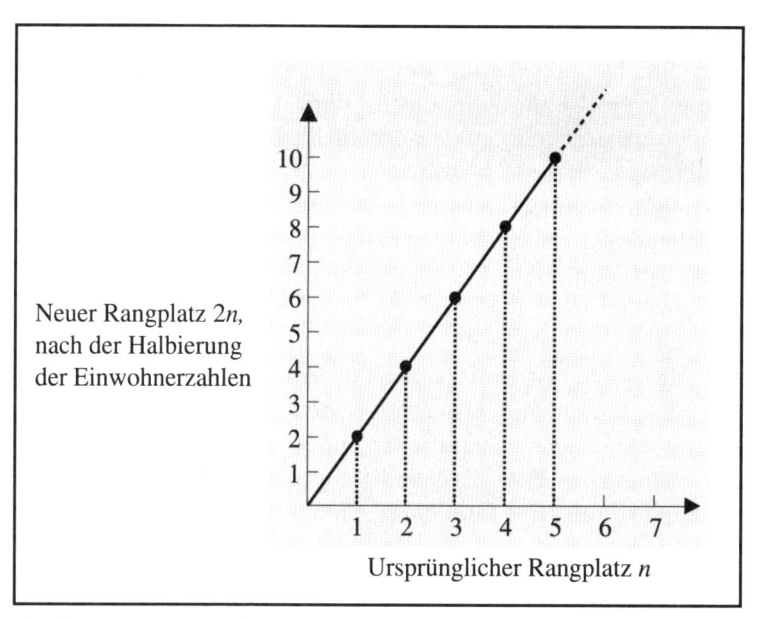

Abbildung 7: *Die Skalierungseigenschaft eines Potenzgesetzes* (in diesem Fall des Zipfschen Gesetzes in seiner ursprünglichen Version)

der Wüste oder am Strand antreffen kann. Die Sandhaufen sind annähernd kegelförmig, und jeder von ihnen hat eine wohldefinierte Neigung. Wenn wir diese Neigungen untersuchen, stellen wir fest, daß sie größtenteils gleich sind. Wie ist das zu erklären? Nehmen wir an, der Wind würde fortlaufend weitere Sandkörner auf dem Haufen ablagern (oder im Labor ließe ein Physiker kontinuierlich Sand aus einem Behälter auf künstliche Sandhaufen rieseln). Je größer ein Sandhaufen wird, um so steiler werden seine Seiten, jedoch nur so lange, bis die Neigung einen kritischen Wert annimmt. Sobald dieser kritische Wert erreicht ist, löst die Zuführung weiteren Sandes Sandstürze aus, die die Höhe des Haufens verringern.

Liegt die Neigung über dem kritischen Wert, entsteht eine instabile Lage, in der sehr leicht Sandstürze abgehen, die die Neigung so weit vermindern, daß sie wieder auf den kritischen Wert zurückfällt. Die Sandhaufen werden also von dem kritischen Neigungswert gleichsam »angezogen«, ohne daß es irgendwelcher besonderen externen Regulierung bedürfte (daher die Bezeichnung »selbstorganisierte« Kritikalität).

Die Größe eines Sandsturzes wird gewöhnlich an der Zahl der abgehenden Sandkörner gemessen. Aus Beobachtungen weiß man, daß dann, wenn die Neigung eines Haufens nahe seinem kritischen Wert liegt, die Größe der Sandstürze in guter Näherung einem Potenzgesetz folgt.

In diesem Fall ist die Konstante, die zu der Potenz des Zipfschen Gesetzes addiert wird, sehr groß. Anders gesagt: Ordnet man den Sandstürzen entsprechend ihrer Größe numerische Ränge zu, dann nimmt die Zahl der beteiligten Sandkörner mit dem Rang sehr schnell ab. Die Größenverteilung der Sandstürze, die von Sandhaufen abgehen, ist ein Beispiel eines Potenzgesetzes, das sowohl theoretisch als auch experimentell erfolgreich untersucht wurde. Eine numerische Simulation des Sandsturzprozesses durch Bak und Mitarbeiter reproduzierte sowohl das Gesetz als auch einen Näherungswert der großen Potenz.

Trotz der jähen Abnahme der Größe mit dem Rang sind nahezu sämtliche Skalen von Sandsturzgrößen bis zu einem gewissen Grad präsent. Im allgemeinen ist eine Potenzverteilung »skalenunabhängig«. Aus diesem Grund nennt man Potenzgesetze auch »Skalierungsgesetze«. Aber was genau bedeutet die Aussage, ein Verteilungsgesetz sei skalenunabhängig?

Die Skalenunabhängigkeit von Potenzgesetzen wird sehr gut durch die ursprüngliche Version des Zipfschen Gesetzes veranschaulicht, nach der beispielsweise die Einwohnerzahlen von Städten proportional zu 1/1: 1/2: 1/3: 1/4: 1/5... sind. Nehmen wir der Einfachheit halber an, die Einwohnerzahlen belaufen sich auf eine Million, eine halbe Million, eine drittel Million und so weiter. Nun multiplizieren wir diese Zahlen mit einem festen Bruch, etwa 1/2; dann lauten die neuen Einwohnerzahlen in Millionen 1/2, 1/4, 1/8, 1/10 und so fort. Es sind einfach die ursprünglichen Einwohnerzahlen, denen zuvor die Ränge 2, 4, 6, 8,

10 und so weiter zugeordnet waren. Eine Reduktion um einen Faktor 2 bei sämtlichen Einwohnerzahlen ist somit einer Verdopplung der Ränge der Städte äquivalent, so daß die Sequenz 1, 2, 3, 4... zur Sequenz 2, 4, 6, 8... wird. Tragen wir in einem Diagramm die neuen Ränge bei den alten Rängen ein, erhalten wir eine Gerade, wie sie in dem Diagramm auf Seite 155 abgebildet ist.

Diese geradlinige Zuordnung kann als Definition eines Skalierungsgesetzes jeder beliebigen Größenart dienen: die Reduktion sämtlicher Größen um einen konstanten Faktor (1/2 in unserem Beispiel) ist der Auswahl neuer Ränge in der ursprünglichen Menge von Größen äquivalent, so daß man, wenn man die neuen Ränge bei den alten einträgt, eine Gerade erhält. (Die neuen Ränge sind nicht immer ganze Zahlen, in jedem Fall aber ergibt die Formel für die Größe im Vergleich zum Rang eine sehr gleichmäßige Kurve, mit deren Hilfe man zwischen den ganzen Zahlen liegende Werte interpolieren kann.)

Da die Größen von Sandstürzen gemäß einem Potenzgesetz verteilt sind, ist eine Verminderung sämtlicher Größen um denselben Faktor einer einfachen Neuzuordnung der Ränge in der ursprünglichen Rangfolge der Sandstürze äquivalent. Hieraus ergibt sich, daß bei einem solchen Gesetz keine bestimmte Größenskala ausgezeichnet ist, außer an den beiden Enden des Größenspektrums, wo man an offenkundige Grenzen stößt: Da kein Sandsturz aus weniger als einem Sandkorn bestehen kann, muß das Potenzgesetz bei einer Skala von einem einzigen Korn versagen. Und an dem entgegengesetzten Ende des Spektrums gilt, daß keine Lawine größer sein kann als der jeweilige Sandhaufen. Die größte Lawine wird jedoch allein schon dadurch ausgezeichnet, daß man ihr den ersten Rang zuordnet.

Beim Nachdenken über die größten Sandstürze kommt einem ein häufiges Merkmal von Potenzverteilungen der Größenordnungen natürlicher Ereignisse in den Sinn. Obgleich die größten und katastrophalsten Ereignisse mit einem sehr niedrigen numerischen Rang mehr oder weniger auf der von dem Potenzgesetz diktierten Kurve liegen, können sie als individuelle historische Ereignisse mit sehr vielen weitreichenden Konsequenzen betrachtet werden. Die kleineren Ereignisse von sehr hohem numerischen Rang werden dagegen oft nur unter rein statistischen Gesichtspunkten betrachtet. Während gewaltige Erdbeben mit einer Stärke von 8,5 auf der Richter-Skala in Sensationsschlagzeilen in Zeitungen und in Geschichtsbüchern festgehalten werden (vor allem wenn Großstädte betroffen sind), führen die Aufzeichnungen der zahllosen Erdbeben der Stärke 1,5 auf der Richter-Skala ein Schattendasein in den Datenbanken von Seismologen, wo sie hauptsächlich statistischen Zwecken dienen. Dennoch folgen die Energiefreisetzungen bei Erdbeben einem Potenzgesetz, das vor langer Zeit von Charles Richter und seinem Mentor Beno Gutenberg – beide verstorbene Caltech-Kollegen – entdeckt wurde. (Gutenberg war jener Professor, der an einem Tag des Jahres 1933 so sehr mit Einstein in ein Gespräch über Seismologie vertieft war, daß keiner von beiden das Erdbeben im nahegelegenen Long Beach bemerkte, das den Campus der Caltech erzittern ließ.) Desgleichen werden die winzigen Meteoriten, die ständig auf die Erde niedergehen, hauptsächlich von Spezialisten in statistischen Erhebungen verzeichnet, während der gewaltige Meteoriteneinschlag, der vor 65 Millionen Jahren, also in der Kreidezeit, mit zu dem Massensterben von Tier- und Pflanzenarten beitrug, als ein fundamentales Einzelereignis in der Geschichte der Biosphäre betrachtet wird.

Nachdem man nachgewiesen hat, daß Potenzgesetze in Fällen selbstorganisierter Kritikalität auftreten, hat der schon vorher weitverbreitete Begriff »selbstorganisiert« noch an Beliebtheit gewonnen – oft in Verbindung mit dem Wort »emergent«. Die Wissenschaftler, einschließlich vieler Mitglieder des Santa Fe Institute, bemühen sich intensiv um das Verständnis der Frage, wie sich Strukturen ohne spezifische von außen auferlegte Bedingungen herausbilden können. In erstaunlich vielen unterschiedlichen Kontexten entstehen scheinbar komplexe Strukturen und Verhaltensweisen aus Systemen, die sich durch sehr einfache Regeln auszeichnen. Diese Systeme nennt man selbstorganisiert und ihre Merkmale emergent. Das großartigste Beispiel ist das Universum selbst, dessen gesamte Komplexität unter Einwirkung des Zufalls aus sehr einfachen Regeln hervorgeht.

In vielen Fällen ist die Untersuchung emergenter Strukturen durch die Entwicklung moderner Computer erheblich erleichtert worden. Das Neuauftreten von Merkmalen läßt sich mit Hilfe solcher Maschinen oftmals leichter verfolgen als durch das Niederschreiben von Gleichungen auf ein Stück Papier. Besonders eindrucksvolle Ergebnisse erhält man in Fällen, in denen während des Emergenzprozesses eine Menge Echtzeit verstreicht, weil der Computer diesen Prozeß um einen riesigen Faktor beschleunigen kann. Dennoch wird die Berechnung womöglich sehr viele Schritte erfordern, wodurch ein ganz neues Problem auftaucht.

Tiefe und Kryptizität

Bislang haben wir bei unserer Erörterung der Komplexität komprimierter Beschreibungen eines Systems oder seiner Regelmäßigkeiten (bzw. kurzer Rechnerprogramme zur Generierung codierter Beschreibungen) betrachtet, und wir haben verschiedene Arten der Komplexität mit den Längen dieser Beschreibungen oder Programme in Beziehung gesetzt. Der Zeit, dem Arbeitsaufwand oder der Findigkeit, die die Komprimierung erst ermöglichen oder die Regelmäßigkeiten erkennen lassen, haben wir hingegen wenig Beachtung geschenkt. Da die Arbeit eines theoretischen Wissenschaftlers gerade im Erkennen von Regelmäßigkeiten und der Verdichtung ihrer Beschreibung zu Theorien besteht, haben wir den Wert der Arbeit eines Theoretikers tatsächlich außer acht gelassen; zweifellos ein schweres Vergehen. Diesen Fehler müssen wir nun korrigieren.

Es ist bereits deutlich geworden, daß wir mehrere verschiedene Begriffe brauchen, um unsere intuitiven Vorstellungen von Komplexität adäquat zu erfassen. Jetzt müssen wir unsere Definition der effektiven Komplexität um Definitionen weiterer Größen ergänzen, die sich auf die Zeit beziehen, die ein Rechner braucht, um von einem kurzen Programm zu einer Beschreibung eines Systems zu gelangen und umgekehrt. (Diese Größen müssen bis zu einem gewissen Grad der rechnerischen Komplexität eines Problems gleichen, die wir früher als die kürzeste Zeit definiert haben, in der ein Rechner ein Problem lösen kann.)

Zahlreiche Wissenschaftler haben solche ergänzenden Größen untersucht, aber nur Charles Bennett, ein brillanter Denker bei IBM, versteht es, sie auf derart elegante Weise zu behandeln. Man läßt ihm Zeit, um Ideen zu entwickeln, sie zu veröffentlichen und da und dort vorzutragen. Ich vergleiche seine rege Reisetätigkeit gern mit der Wanderschaft eines Troubadours aus dem 12. Jahrhundert, der im heutigen Südfrankreich von Fürstenhof zu Fürstenhof zog. Statt von der ritterlichen Minne »singt« Charlie von Komplexität und Entropie, Quantencomputern und Quantenchiffrierung. Ich hatte das Vergnügen, in Santa Fe und auch in Pasadena mit ihm zusammenzuarbeiten, wo er sich für ein Trimester unserer Forschungsgruppe am Caltech anschloß.

Zwei besonders interessante Größen, die Charlie »Tiefe« (*depth*) und »Kryptizität« (*crypticity*) nennt, sind beide mit rechnerischer Komplexität verknüpft und stehen in einem reziproken Verhältnis zueinander. Die Untersuchung beider Größen ist besonders aufschlußreich im Fall eines scheinbar komplexen Systems, das dennoch einen niedrigen algorithmischen Informationsgehalt und eine niedrige effektive Komplexität aufweist, weil man es mit einem sehr kurzen Programm beschreiben kann. Das Problem läßt sich mit folgenden Fragen umreißen: 1. Wie mühsam ist es, von dem kurzen Programm oder einem hochverdichteten Schema zu einer umfassenden Beschreibung des Systems selbst oder seiner Regelmäßigkeiten zu gelangen? 2. Wie mühsam ist es, ausgehend von dem System, seine Beschreibung (oder eine Beschreibung seiner Regelmäßigkeiten) zu einem Programm oder Schema zu verdichten?

Grob gesprochen, ist die Tiefe ein Maß der ersten Schwierigkeit und die Kryptizität ein Maß der zweiten. Es ist offenkundig die Kryptizität, die mit dem Wert der Arbeit eines Theoretikers verknüpft ist (auch wenn eine genauere Beschreibung der Theoriebildung vielleicht auch zwischen einem kreativen und einem bloß fleißigen Theoretiker unterscheiden müßte).

Ein hypothetisches Beispiel

Um deutlich zu machen, daß mit großer Tiefe ein erhebliches Maß an Einfachheit einhergehen kann, wenden wir uns erneut der Goldbachschen Vermutung zu, nach der jede gerade Zahl größer als 2 die Summe zweier Primzahlen ist. Wie bereits erwähnt, ist diese Vermutung bislang weder bewiesen noch widerlegt worden, doch ist sie immerhin für sämtliche geraden Zahlen bis zu einer unvorstellbar hohen Grenze, die auf die Leistungsfähigkeit des benutzten Computers und die Geduld des Forschers setzen, verifiziert worden.

Früher gestatteten wir uns die Annahme, die Goldbachsche Vermutung sei im Grunde unentscheidbar (auf der Grundlage der Axiome der Zahlentheorie) und daher wirklich wahr. Diesmal wollen wir davon ausgehen, die Goldbachsche Vermutung sei falsch. In diesem Fall ist eine riesige gerade Zahl g die kleinste gerade Zahl größer als 2, die *nicht* die Summe zweier Primzahlen ist. Damit haben wir diese hypothetische Zahl g auf sehr einfache Weise beschrieben. Außerdem gibt es für ihre Berechnung sehr kurze Programme. So kann man beispielsweise systematisch nach immer größeren Primzahlen suchen und die Goldbachsche Vermutung an allen geraden Zahlen bis zu 3 plus der größten gefundenen Primzahl überprüfen. Auf diese Weise stößt man schließlich auf die kleinste gerade Zahl g, die die Goldbachsche Vermutung verletzt.

Wenn die Goldbachsche Vermutung wirklich falsch sein sollte, ist die Laufzeit jeden kurzen Programms, das g aufspüren soll, wahrscheinlich in der Tat sehr lang. In diesem hypothetischen Fall hätte die Zahl g zwar einen recht niedrigen algorithmischen Informationsgehalt und eine recht geringe effektive Komplexität, aber eine ganz erhebliche Tiefe.

Tiefe, genauer betrachtet

Bennetts technische Definition der Tiefe bezieht sich auf einen Rechner der gleichen Art, den wir in Zusammenhang mit dem algorithmischen Informationsgehalt einführten: einen idealen Universalrechner, der seine Speicherkapazität jederzeit beliebig erhöhen kann (oder von Anfang an über eine unbegrenzte Speicherkapazität verfügt). Er beginnt mit einer Zeichenfolge aus Bits, die das betreffende System beschreibt. Dann betrachtet er nicht nur das kürzeste Programm, das den Rechner veranlaßt, diese Folge auszudrucken und dann anzuhalten (wie dies laut Definition des algorithmischen Informationsgehalts geschah), sondern eine ganze Serie recht kurzer Programme, die die gleiche Wirkung haben. Bei jedem einzelnen Programm fragt er, wieviel Rechenzeit erforderlich ist, um vom Programm zur Zeichenfolge zu gelangen. Schließlich errechnet er mit Hilfe eines Mittelungsverfahrens, das die kürzeren Programme stärker gewichtet, den Mittelwert dieser Zeit über alle Programme.

Bennett hat auch eine leicht abgewandelte Version seiner Definition formuliert, wobei er die Metapher von Greg Chaitin verwendete. Stellen wir uns vor, unsere sprichwörtlichen Affen würden statt Prosa Computerprogramme tippen. Wir wollen uns auf die wenigen Programme konzentrieren, die den Rechner dazu bringen, unsere spezifische Zeichenfolge auszudrucken und dann anzuhalten. Wie hoch ist nun die Wahrscheinlichkeit, daß die erforderliche Rechenzeit eines dieser Programme unter irgendeiner bestimmten Zeit T liegen wird? Nennen wir diese Wahrscheinlichkeit p. Dann ist die Tiefe d eine besondere Art von Mittelwert von T, der von der Kurve von p gegen T abhängt.

Abbildung 8 zeigt näherungsweise, wie die Wahrscheinlichkeit p mit der maximal zulässigen Rechenzeit T variiert. Bei sehr geringem T ist es höchst unwahrscheinlich, daß die Affen ein Programm schreiben, das in so kurzer Zeit das gewünschte Ergebnis berechnen wird, so daß p nahe 0 liegt. Bei extrem langem T nähert sich die Wahrscheinlichkeit dem Wert 1. Die Tiefe d entspricht, grob gesprochen, in etwa der Anstiegszeit der Kurve

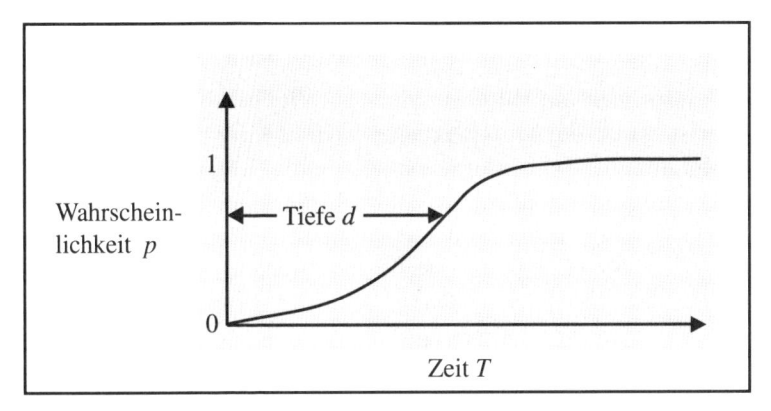

Abbildung 8: *Die Tiefe als Anstiegszeit*

von T gegen p. Sie sagt uns, welche maximal zulässige Laufzeit erforderlich ist, um einen Großteil der Programme aufzuspüren, die den Rechner zum Ausdrucken der Zeichenfolge und anschließend zum Anhalten veranlassen. Die Tiefe ist somit ein grobes Maß für die zum Generieren der Zeichenfolge erforderliche Zeit.

Weist ein in der Natur vorkommendes System sehr große Tiefe auf, deutet dies darauf hin, daß es selbst eine lange Entwicklung hinter sich hat oder von etwas abstammt, dessen Entwicklung sehr lange dauerte. Menschen, die sich dem Schutz der Natur oder der Erhaltung kultureller Zeugnisse widmen, trachten sowohl Tiefe als auch effektive Komplexität, wie sie sich in natürlichen Lebensgemeinschaften oder in unserer Kultur manifestiert, zu bewahren.

Wie Bennett gezeigt hat, überträgt sich aber Tiefe von selbst auf *Nebenprodukte* langwieriger Evolutionsprozesse. Spuren von Tiefe finden wir nicht nur in den rezenten Lebensformen einschließlich des Menschen, in von Menschenhand geschaffenen Meisterwerken der Kunst, in den Fossilien von Dinosauriern oder Säugetieren der Eiszeit, sondern ebenso in einem am Strand liegenden Bierdosenverschluß oder in einem Graffito, das mit Farbspray auf eine Wand gemalt wurde. Naturschützer müssen also nicht alle Erscheinungsformen der Tiefe bewahren.

Tiefe und AIC

Obgleich Tiefe ein Mittelwert der Laufzeit über die Programmlängen ist, wobei der Mittelwert so gewichtet wird, daß die kürzeren Programme stärker berücksichtigt werden, können wir Tiefe oft recht gut dadurch annähern, daß wir die Laufzeit des kürzesten Programms ermitteln. Nehmen wir zum Beispiel an, die Zeichenfolge sei völlig regelmäßig und der algorithmische Informationsgehalt fast gleich null. Dann ist die Laufzeit des kürzesten Programms nicht sehr lang – der Rechner muß nicht viel »Denkarbeit« leisten, um ein Programm wie »DRUCKE zwölf Billionen Nullen« auszuführen (selbstverständlich kann das Ausdrucken bei einem langsamen Drucker einige Zeit dauern). Bei sehr niedrigem algorithmischem Informationsgehalt ist auch die Tiefe gering.

Wie verhält es sich nun mit einer Zufallsfolge, die einen maximalen algorithmischen Informationsgehalt für eine bestimmte Nachrichtenlänge besitzt? Wieder erfordert der Übergang vom kürzesten Programm – DRUCKE, gefolgt von der Zeichenfolge – keine »Denkarbeit« von seiten des Computers. Folglich ist die Tiefe gering, wenn der algorithmische Informationsgehalt entweder maximal oder sehr klein ist. Diese Situation weist eine gewisse Ähnlichkeit mit der Art und Weise auf, wie die maximale effektive Komplexität mit dem algorithmischen Informationsgehalt variiert, wie dies in dem nebenstehenden Diagramm dargestellt ist. Abbildung 9 veranschaulicht in sehr grober Näherung, wie die maximale Tiefe mit dem algorithmischen Informationsgehalt variiert. Diese ist an beiden Enden gering, kann aber im Zwischenbereich zwischen Ordnung und Unordnung eine erhebliche Größe annehmen. Selbstverständlich *muß* die Tiefe in diesem Zwischenbereich nicht groß sein.

Beachten Sie, daß diese Abbildung eine andere Form hat als die Abbildung auf Seite 107. Obgleich beide nur grobe Näherungen sind, zeigen sie, daß Tiefe selbst bei recht nahe an völliger Ordnung beziehungsweise völliger Unordnung liegenden AIC-Werten, wo die effektive Komplexität noch niedrig ist, hoch sein kann.

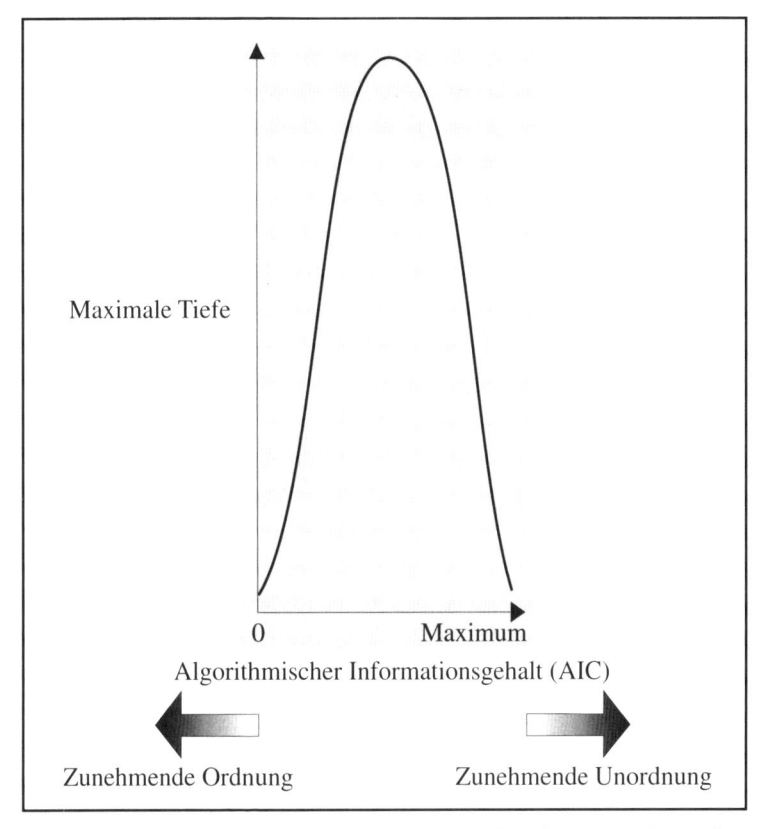

Abbildung 9: *Die maximale Tiefe als Funktion des algorithmischen Informationsgehalts* (in grober Näherung)

Kryptizität und Theorien

Die Definition der Kryptizität bezieht sich auf eine Operation, die das Gegenteil der Operation ist, die in der Definition von Tiefe auftritt. Die Kryptizität einer Zeichenfolge ist die Mindestzeit, die ein Standardrechner braucht, um, ausgehend von der Zeichenfolge, eines der kürzeren Programme aufzufinden, das den Rechner zum Ausdrucken der Folge und dann zum Anhalten veranlaßt.

Angenommen, die Zeichenfolge sei das Ergebnis der Codierung eines Datenstroms, der von einem Theoretiker untersucht wird. Die Kryptizität der Folge ist dann ein grobes Maß der Schwierigkeit der Aufgabe des Theoretikers, die sich nicht allzusehr von der definitionsgemäßen des Rechners unterscheidet. Der Theoretiker findet so viele Regelmäßigkeiten wie möglich heraus, und zwar in Form übereinstimmender Information, die verschiedene Abschnitte des Datenstroms miteinander in Beziehung setzen. Dann formuliert er möglichst einfache und kohärente Hypothesen, um die beobachteten Regelmäßigkeiten zu erklären.

Regelmäßigkeiten sind komprimierbare Merkmale des Datenstroms. Sie gehen teils auf die fundamentalen Naturgesetze und teils auf die spezifischen Ergebnisse von Zufallsereignissen zurück, die ganz anders hätten ausgehen können. Der Datenstrom weist aber auch zufällige Merkmale auf, die aus Zufallsereignissen stammen, die sich *nicht* in Regelmäßigkeiten niederschlagen. Diese Merkmale können nicht verdichtet werden. Der Theoretiker, der die Regelmäßigkeiten des Datenstroms so weit wie möglich verdichtet, entdeckt zugleich eine prägnante Beschreibung des gesamten Datenstroms, die aus verdichteten Regelmäßigkeiten und nicht komprimierbaren zufallsbedingten Zusatzinformationen besteht. In gleicher Weise kann man dafür sorgen, daß ein kurzes Programm, das einen Rechner zum Ausdrucken der Zeichenfolge (und dann zum Anhalten) veranlaßt, aus einem Basisprogramm besteht, das die Regelmäßigkeiten der Folge beschreibt und um Eingabedaten ergänzt wird, die die spezifischen Nebenumstände erfassen.

Obgleich unsere Ausführungen zum Thema »Theorie« nur die Oberfläche der Problematik streiften, erwähnten wir doch bereits das Aufstellen von Theorien über Ortsnamen, über empirische Formeln für statistische Daten, über die Höhen von Sandhaufen sowie über den Elektromagnetismus und die Gravitation in ihrer klassischen Formulierung. Obwohl zwischen diesen verschiedenen Theorien zahlreiche formale Übereinstimmungen bestehen, beziehen sie sich doch auf Entdeckungen auf sehr unterschiedlichen Ebenen, die man sinnvollerweise auseinanderhalten sollte.

Geht es um die Erforschung der fundamentalen Gesetze der Physik? Oder um Näherungsgesetze, die für schwer zu beschreibende physikalische Objekte wie etwa Sandhaufen gelten? Oder um approximative, aber allgemeingültige empirische Gesetze über menschliche Institutionen wie Städte und Unternehmen? Oder um spezifische Regeln – mit vielen Ausnahmen – über Ortsnamen, die Bewohner einer bestimmten geographischen Region verwenden? Selbstverständlich unterscheiden sich die verschiedensten theoretischen Prinzipien erheblich in bezug auf ihre Genauigkeit und Allgemeingültigkeit. Bei der Erörterung dieser Unterschiede fragt man häufig danach, welche Gesetze »fundamentaler« sind als andere. Doch was bedeutet das?

9 Was heißt »fundamental«?

Das Quark und der Jaguar nehmen praktisch entgegengesetzte Positionen auf der Skala der Fundamentalität ein. Die Elementarteilchenphysik und die Kosmologie sind die grundlegendsten wissenschaftlichen Disziplinen; dagegen ist das Studium hochkomplexer Lebewesen sehr viel weniger elementar, wenn auch offenkundig von größter Bedeutung. Bei der Erörterung dieser Hierarchie der Wissenschaften muß man mindestens zwei verschiedene Aspekte auseinanderhalten, von denen der eine mit bloßer Konvention und der andere mit wirklichen Beziehungen zwischen den Fachgebieten zu tun hat.

Man hat mir erzählt, daß die naturwissenschaftliche Fakultät einer französischen Universität die Aufgabe der einzelnen Fachgebiete in einer festgelegten Reihenfolge zu behandeln pflegte: erst Mathematik, dann Physik, dann Chemie, dann Physiologie und so weiter. Bei dieser Einteilung dürften die Belange der Biologen meistens etwas zu kurz gekommen sein.

Genauso stehen im Testament des schwedischen Dynamitmagnaten Alfred Nobel, des Nobelpreis-Stifters, die Preise für Physik an erster Stelle, für Chemie an zweiter und für Physiologie und Medizin an dritter Stelle. Aus diesem Grund wird der Nobelpreis für Physik immer am Beginn der Zeremonie in Stockholm überreicht. Gibt es nur einen Preisträger für Physik und ist dieser verheiratet, dann wird dessen Frau vom schwedischen König zum abendlichen Festbankett geleitet. (Als mein Freund Abdus Salam, ein pakistanischer Staatsbürger und Muslim, 1979 zusammen mit Steven Weinberg und Sheldon Lee Glashow den Nobelpreis für Physik erhielt, kam er mit seinen beiden Ehefrauen nach Schweden, was zweifellos einige protokollarische Probleme aufwarf.) Der oder die Nobelpreisträger der Chemie rangieren protokollarisch an zweiter Stelle und die Gewinner der Preise für Physiologie und Medizin an dritter Stelle. Aus nicht ganz einsichtigen Gründen hat Nobel in seinem Testament die Mathematik übergangen. Es geht das Gerücht, daß Nobel über einen schwedischen Mathematiker, Mittag-Leffler, verärgert gewesen sei, weil dieser die Zuneigung einer von Nobel selbst begehrten Frau gewonnen habe. Aber soweit ich weiß, handelt es sich bloß um ein Gerücht.

Diese Rangfolge der Wissenschaften läßt sich teilweise auf den französischen Philosophen Auguste Comte zurückführen, der im 19. Jahrhundert lebte und behauptete, die Astronomie sei die fundamentalste wissenschaftliche Disziplin, die Physik die zweitfundamentalste und so weiter. (Für ihn war die Mathematik eher als eine Naturwissenschaft ein logisches Instrument.) Hatte er recht? Und wenn ja, in welchem Sinne? Man sollte hier Fragen des Prestiges beiseite lassen und zu verstehen versuchen, was diese Hierarchie in wissenschaftlicher Hinsicht wirklich bedeutet.

Die Sonderstellung der Mathematik

Zunächst einmal ist es richtig, daß die Mathematik eigentlich keine Naturwissenschaft ist, sofern man unter einer Naturwissenschaft eine Disziplin versteht, die sich um die Beschreibung der Natur und ihrer Gesetze bemüht. Vielmehr befaßt sich die Mathematik mit dem Beweis logischer Folgerungen, die sich aus bestimmten Grundannahmen ergeben. Aus diesem Grund kann man sie gänzlich aus der Liste der Naturwissenschaften ausklammern (wie es Nobel in seinem Testament tat) und sie als ein interessantes Fach für sich (reine Mathematik) und ein für die Naturwissenschaften äußerst nützliches Instrument (angewandte Mathematik) behandeln.

Nach einer anderen Auffassung befaßt sich die angewandte Mathematik mit der Erforschung der Strukturen, die in naturwissenschaftlichen Theorien auftreten, während die reine Mathematik nicht nur diese Strukturen, sondern auch all jene erforscht, die in den Naturwissenschaften hätten auftreten (oder noch eines Tages auftreten) können. Demnach befaßt sich die Mathematik mit der exakten Erforschung hypothetischer Welten. Unter diesem Blickwinkel *ist* sie eine Art Wissenschaft, nämlich die Wissenschaft dessen, was möglich war und ist, und dessen, was wirklich ist.

Ist die Mathematik, so gesehen, die fundamentalste Wissenschaft? Und wie steht es mit den übrigen Disziplinen? Was bedeutet die Aussage, die Physik sei fundamentaler als die Chemie, oder die Chemie sei fundamentaler als die Biologie? Und wie verhält es sich mit den verschiedenen Teilgebieten der Physik: sind einige nicht fundamentaler als andere? Was macht, allgemein gefragt, eine Wissenschaft fundamentaler als eine andere?

Ich behaupte, Wissenschaft A ist fundamentaler als Wissenschaft B, wenn:

1. die Gesetze der Wissenschaft A, im Prinzip, die Phänomene und Gesetze der Wissenschaft B umfassen;
2. die Gesetze der Wissenschaft A allgemeingültiger sind als die von Wissenschaft B (das heißt die Gesetze von Wissenschaft B besitzen einen eingeschränkteren Geltungsbereich als die von Wissenschaft A).

Nach diesen Kriterien ist die Mathematik, sofern man sie als eine Wissenschaft betrachtet, fundamentaler als jede andere Disziplin. Sie befaßt sich mit allen denkbaren mathematischen Strukturen, während die Strukturen, die bei der Beschreibung natürlicher Phänomene von Nutzen sind, lediglich eine sehr kleine Teilmenge aus der Gesamtheit der Strukturen darstellen, mit denen sich Mathematiker befassen oder befassen können. Mit dieser Teilmenge decken die Sätze der Mathematik sämtliche Theorien ab, die in den übrigen Wissenschaften verwendet werden. Wie aber steht es mit diesen anderen Wissenschaften? Welche Beziehungen bestehen zwischen ihnen?

Chemie und Physik des Elektrons

Bei der Veröffentlichung seiner relativistischen quantenmechanischen Gleichung für das Elektron 1928 soll der brillante englische Physiker Paul Adrien Maurice Dirac geäußert haben, seine Formel erkläre die meisten physikalischen Phänomene und sämtliche chemischen Vorgänge. Natürlich war dies übertrieben. Dennoch können wir verstehen, was er meinte, insbesondere in bezug auf die Chemie, die sich hauptsächlich mit dem Verhalten von Atomen und Molekülen befaßt, die aus schweren Atomkernen und diese umkreisenden leichten Elektronen bestehen. Sehr viele chemische Phänomene werden weitgehend durch das Verhalten der Elektronen bestimmt, die über elektromagnetische Wirkungen mit den Kernen und miteinander wechselwirken.

Aus der Dirac-Gleichung, die die Wechselwirkung eines Elektrons mit einem elektromagnetischen Feld beschreibt, ging innerhalb weniger Jahre eine umfassende relativistische quantenmechanische Theorie des Elektrons und des Elektromagnetismus hervor. Diese Theorie, die Quantenelektrodynamik oder QED, ist durch Beobachtung in zahllosen Experimenten bis auf sehr viele Dezimalstellen bestätigt worden (und trägt somit ihre Abkürzung mit vollem Recht, die einige von uns an ihre Schulzeit erinnert, als wir mathematische Beweise mit dem Kürzel »QED« für *quod erat demonstrandum* abschlossen, was im Deutschen »was zu beweisen war« bedeutet).

Die QED erklärt im Prinzip die meisten chemischen Vorgänge. Sie läßt sich stringent auf all jene Probleme anwenden, bei denen sich die schweren Kerne als Fixpunkt-Teilchen mit elektrischer Ladung approximieren lassen. Einfache Erweiterungen der QED erlauben die Behandlung von Kernbewegungen und Teilchen von endlicher Ausdehnung.

Im Prinzip kann ein theoretischer Physiker mit Hilfe der QED das Verhalten jedes beliebigen chemischen Systems berechnen, bei dem der detaillierte innere Aufbau der Atomkerne keine Rolle spielt. Immer wenn Berechnungen derartiger chemischer Prozesse unter Verwendung angemessener Näherungen an die

QED möglich sind, sagen sie die Ergebnisse von Beobachtungen richtig vorher. Tatsächlich genügt in den meisten Fällen eine bestimmte, wohlbegründete Näherung an die QED, die Schrödinger-Gleichung unter Berücksichtigung der Coulomb-Kräfte genannt wird. Sie ist anwendbar, wenn das chemische System »nichtrelativistisch« ist, das heißt, wenn sich die Elektronen und die Kerne im Vergleich zur Lichtgeschwindigkeit sehr langsam bewegen. Diese Näherung wurde in der Frühzeit der Quantenmechanik entdeckt, drei Jahre bevor Dirac seine relativistische Gleichung veröffentlichte.

Um aus einer fundamentalen physikalischen Theorie chemische Eigenschaften herzuleiten, muß man sozusagen chemische Fragen an die Theorie stellen. Man muß nicht nur die Grundgleichungen, sondern auch die Bedingungen, die das betreffende chemische System oder den betreffenden chemischen Prozeß kennzeichnen, in die Berechnung einbeziehen. So ist beispielsweise der niedrigste Energiezustand zweier Wasserstoffatome im Wasserstoffmolekül H_2 verwirklicht. Eine wichtige Frage in der Chemie bezieht sich auf die Menge an Bindungsenergie in diesem Molekül; das heißt, man möchte wissen, um wieviel die Energie des Moleküls geringer ist als die Summe der Energien der beiden Atome, aus denen es sich zusammensetzt. Die Antwort auf diese Frage läßt sich mit Hilfe der QED berechnen. Doch man muß zuerst die Gleichung nach den Eigenschaften des niedrigsten Energiezustandes dieses speziellen Moleküls »befragen«.

Die Bedingungen niedriger Energie, unter denen derartige chemische Fragestellungen auftauchen, sind nicht universell. Im Zentrum der Sonne, wo eine Temperatur von mehreren zehn Millionen Grad Celsius herrscht, würden Wasserstoffatome in Elektronen und Protonen zerfallen. Die Wahrscheinlichkeit, daß dort Atome oder Moleküle vorkommen, ist extrem gering. Im Zentrum der Sonne gibt es gleichsam keine Chemie.

Die QED erfüllt die beiden Kriterien, die sie als fundamentaler ausweisen als die Chemie. Die Gesetze der Chemie lassen sich im Prinzip aus der QED ableiten, vorausgesetzt, die Zusatzinformation, die geeignete chemische Bedingungen beschreibt, wird in die

Gleichungen einbezogen; zudem sind diese Bedingungen spezifisch, das heißt, sie gelten nicht für das gesamte Universum.

Die Chemie auf ihrer eigenen Ebene

In der Praxis lassen sich selbst bei Einsatz der größten und schnellsten heute verfügbaren Rechner nur die einfachsten chemischen Probleme mit Hilfe fundamentaler physikalischer Theorie rechnerisch lösen. Zwar nimmt die Zahl dieser lösbaren Probleme ständig zu, doch noch immer werden die meisten chemischen Vorgänge unter Verwendung von Begriffen und Formeln auf der Ebene der Chemie und nicht jener der Physik beschrieben.

Naturwissenschaftler sind es gewohnt, Theorien, die empirische Befunde in einer bestimmten Disziplin beschreiben, nicht aus Theorien einer fundamentaleren Wissenschaft abzuleiten. Eine solche Ableitung, die zwar grundsätzlich möglich ist, sofern die speziellen Zusatzinformationen bereitgestellt werden, ist zu jedem beliebigen Zeitpunkt in den meisten Fällen kaum realisierbar oder in der Praxis unmöglich.

Chemiker unterscheiden zum Beispiel verschiedene Arten chemischer Bindungen zwischen Atomen (etwa die Bindung zwischen den beiden Wasserstoffatomen in einem Wasserstoffmolekül). Im Laufe der Zeit haben sie zahlreiche brauchbare Annahmen über chemische Bindungen entwickelt, die es ihnen erlauben, den Ablauf chemischer Reaktionen vorherzusagen. Zugleich bemühen sich theoretische Chemiker darum, diese Annahmen soweit wie möglich aus Approximationen an die QED abzuleiten. In allen Fällen – außer den einfachsten – sind sie nur zum Teil erfolgreich. Dennoch sind sie sicher, viel weitergehende Übereinstimmungen erzielen zu können, vorausgesetzt, ihnen stehen hinreichend leistungsfähige Rechner zur Verfügung.

»Treppen« (oder »Brücken«) und Reduktion

Somit gelangen wir zu der allgemeinen Metapher eines stufenartigen Aufbaus der Wissenschaften, mit der fundamentalsten Wissenschaft am unteren Ende und der am wenigsten fundamentalen an der Spitze. Die Nicht-Kernchemie liegt eine Ebene »über« der QED. In sehr einfachen Fällen benutzt man eine QED-Näherung, um die Ergebnisse auf der chemischen Ebene direkt vorherzusagen. In den meisten Fällen jedoch formuliert man zunächst Gesetze auf der höheren Ebene (Chemie), um Phänomene auf dieser Ebene zu erklären und vorherzusagen. Dann erst bemüht man sich, diese Gesetze soweit wie möglich aus der unteren Ebene (QED) abzuleiten. Der wissenschaftliche Erkenntnisprozeß erfolgt auf beiden Ebenen zugleich, und zudem versucht man, »Treppen« (oder »Brücken«) zwischen den Ebenen zu bauen.

Die Diskussion muß sich keineswegs auf nichtnukleare Phänomene beschränken. Seit ihrer Entwicklung um 1930 hat die QED eine weitgehende Generalisierung erfahren. Eine eigene Disziplin, die »Elementarteilchenphysik«, ist entstanden. In der Elementarteilchentheorie, mit der ich mich den größten Teil meines Berufslebens beschäftigt habe, bemüht man sich nicht allein um die Beschreibung des Elektrons und des Elektromagnetismus, sondern auch um die sämtlicher Elementarteilchen (der Grundbausteine der Materie) und sämtlicher Naturkräfte. Die Elementarteilchentheorie beschreibt die Vorgänge innerhalb des Atomkerns und zwischen den Elektronen. Aus diesem Grund kann man die Beziehung zwischen der QED und jenem Teilgebiet der Chemie, das sich mit Elektronen befaßt, nunmehr als einen Spezialfall der Beziehung zwischen der auf einer fundamentaleren Ebene angesiedelten Elementarteilchenphysik (als Ganzer) und der auf einer weniger fundamentalen Ebene angesiedelten Chemie (als Ganzer einschließlich Kernchemie) begreifen.

Den Prozeß, die höhere Ebene durch die niedrigere zu erklären, nennt man gemeinhin »Reduktion«. Ich kenne keinen ernstzunehmenden Naturwissenschaftler, der die Ansicht verträte, es gebe spezifische chemische Kräfte, die nicht aus zugrundeliegenden physikalischen Kräften hervorgingen. Auch wenn einige Chemiker wohl nicht diese Formulierung wählen würden, so ist die Chemie doch im Prinzip aus der Elementarteilchenphysik ableitbar. In diesem Sinne sind wir alle »Reduktionisten«, zumindest soweit es die Chemie und die Physik betrifft. Aber schon allein die Tatsache, daß die Chemie – die nur für die spezifischen Bedingungen gilt, unter denen chemische Prozesse ablaufen können – spezieller ist als die Elementarteilchenphysik, bedeutet: In die Gleichungen der Elementarteilchenphysik müssen Informationen über diese spezifischen Bedingungen einbezogen werden, sollen die Gesetze der Chemie auch nur prinzipiell daraus ableitbar sein. Ohne diese Einschränkung ist der Begriff der Reduktion unvollständig.

Aus all dem gewinnen wir die Erkenntnis, daß die einzelnen Wissenschaften Teile einer einheitlichen Struktur sind, auch wenn sie auf verschiedenen Ebenen angesiedelt sind. Die Einheit dieser Struktur wird durch die Beziehungen zwischen den Teilen zementiert. Eine Wissenschaft, die auf einer bestimmten Ebene angesiedelt ist, schließt die Gesetze einer weniger fundamentalen Wissenschaft auf einer höheren Ebene mit ein. Da diese jedoch spezieller ist, erfordert sie zusätzlich zu den Gesetzen der Wissenschaft auf niedrigerer Ebene weitere Informationen. Auf jeder Ebene sind Gesetze zu entdecken, die für sich genommen von Bedeutung sind. Der wissenschaftliche Erkenntnisprozeß beinhaltet die Erforschung dieser Gesetze auf sämtlichen Ebenen und gleichzeitig das Bemühen, sowohl von oben nach unten als auch von unten nach oben Treppen zwischen den Ebenen zu errichten.

Diese Überlegungen gelten auch innerhalb der Physik. Die Gesetze der Elementarteilchenphysik gelten für die gesamte Materie im ganzen Universum, unabhängig von den jeweils herrschenden Bedingungen. In den ersten Augenblicken der Expansion des Universums jedoch galten die Gesetze der Kernphysik noch nicht, weil die Materie so stark verdichtet war, daß sich keine getrennten Kerne, geschweige denn Neutronen oder Protonen, bilden konnten. Dennoch ist die Kernphysik von entscheidender Bedeutung für das Verständnis der Vorgänge im Zentrum der Sonne, wo thermonukleare Reaktionen (ähnlich den in einer Wasserstoffbombe ablaufenden) die Sonnenenergie erzeugen, selbst wenn unter den dort herrschenden Bedingungen keine chemischen Prozesse ablaufen. Die Physik der kondensierten Materie, die sich mit Systemen wie Kristallen, Gläsern und Flüssigkeiten sowie Supraleitern und Halbleitern befaßt, ist ebenfalls eine sehr spezielle Disziplin, die nur unter den Bedingungen (wie etwa hinreichend tiefen Temperaturen) gilt, die die Existenz der von ihr untersuchten Strukturen erlauben. Nur wenn diese Bedingungen spezifiziert werden, läßt sich die Physik der kondensierten Materie sogar prinzipiell aus der Elementarteilchenphysik ableiten.

Die für die Reduktion der Biologie erforderliche Information

Welche Beziehung besteht nun zwischen der Physik und der Chemie und einer anderen hierarchischen Ebene, etwa der Biologie? Gibt es heute noch – wie in den letzten Jahrhunderten – ernstzunehmende Wissenschaftler, die glauben, daß es in der Biologie spezielle »Lebenskräfte« gibt, die nicht physikalisch-chemischen Ursprungs sind? Wenn überhaupt, dann nur sehr wenige. Praktisch alle Wissenschaftler sind überzeugt, daß Leben grundsätzlich auf den physikalischen und chemischen Gesetzen beruht (wie die Gesetze der Chemie aus den Gesetzen der Physik hervorgehen), und in diesem Sinne sind wir wieder eine Art »Reduktionisten«. Dennoch ist es höchst lohnend, die Biologie in ihrer eigenen Begrifflichkeit und auf ihrer eigenen Ebene zu studieren, ungeachtet des Bemühens, weiter Brücken zu schlagen.

Zudem ist die Biologie der Erde ein extremer Sonderfall, da sie sich ausschließlich auf lebende Systeme dieses Planeten bezieht, die sich womöglich stark von einigen der anderen vielfältigen komplexen adaptiven Systeme unterscheiden, die zweifellos auf Planeten existieren, die weit entfernte Sterne in verschiedenen Regionen des Universums umkreisen. Auf einigen dieser Planeten existieren vielleicht nur solche komplexe adaptive Systeme, die wir nicht unbedingt als Lebewesen beschreiben würden, wenn wir ihnen begegneten. (Ein triviales Beispiel aus dem Bereich der Science-fiction ist eine Gesellschaft, die aus hochentwickelten Robotern und Computern besteht, die vor langer Zeit von einer ausgestorbenen Rasse von Wesen konstruiert wurden, die wir zu ihren Lebzeiten als »lebend« beschrieben hätten.) Doch selbst wenn wir unsere Aufmerksamkeit auf »Lebewesen« beschränkten, dürften viele von ihnen ganz andere Merkmale als die Lebensformen der Erde aufweisen. Um die biologischen Phänomene auf der Erde zu beschreiben, bedarf es über die Gesetze der Physik und Chemie hinaus einer ungeheuren Fülle spezifischer Zusatzinformationen.

Zunächst einmal sind viele gemeinsame Merkmale sämtlicher Lebensformen auf der Erde möglicherweise das Ergebnis von Zufällen, die sich zu einem frühen Zeitpunkt der Geschichte des Lebens auf unserem Planeten ereigneten und auch ganz andere Resultate hätten hervorbringen können. (Vielleicht haben vor langer Zeit auf der Erde sogar Lebensformen existiert, bei denen diese Zufallsereignisse zu anderen Ergebnissen führten.) Selbst die Regel, nach der Gene aus den vier Nukleotiden, nach ihren Anfangsbuchstaben A, C, G und T abgekürzt, bestehen müssen, die offenbar für alle rezenten Lebensformen auf unserem Planeten gilt, ist womöglich auf einer kosmischen Skala von Raum und Zeit nicht universell gültig. Vielleicht gibt es auf anderen Planeten viele weitere mögliche Regeln, und möglicherweise haben vor einigen Milliarden Jahren auch auf der Erde Lebewesen existiert, die anderen Regeln gehorchten, bis sie von Lebensformen verdrängt wurden, deren genetischer Code auf den vier bekannten Buchstaben A, C, G und T basiert.

Biochemie – effektive Komplexität und Tiefe

Nicht nur die spezifischen Nukleotide, die die DNS sämtlicher rezenten Lebensformen auf der Erde kennzeichnen, sind möglicherweise einzigartig. Die gleiche Frage stellt sich in bezug auf alle allgemeinen Merkmale der chemischen Prozesse, die dem Leben auf der Erde zugrunde liegen. Einige Wissenschaftler behaupten, die chemischen Grundlagen des Lebens müßten auf weit voneinander entfernten Planeten in vielen unterschiedlichen Ausprägungen auftreten. Das Leben auf der Erde wäre dann das Ergebnis zahlloser Zufallsereignisse, die alle zu den bemerkenswerten Regelmäßigkeiten der Biochemie auf der Erde beigetragen haben, aufgrund dessen sie ein hohes Maß an effektiver Komplexität erworben hat.

Den entgegengesetzten Standpunkt nehmen jene ein, die glauben, die Biochemie sei weitgehend einzigartig und die Gesetze der Chemie, die auf den fundamentalen Gesetzen der Physik beruhten, ließen wenig Raum für andere chemische Grundlagen des Lebens als jene, die man auf der Erde beobachtet. Die Verfechter dieser Auffassung sagen in der Tat, daß der Übergang von den fundamentalen Gesetzen zu den Gesetzen der Biochemie praktisch keine neue Information enthält und daher eine sehr geringe effektive Komplexität hervorbringt. Allerdings müßte ein Computer unter Umständen einen großen Rechenaufwand leisten, um die Quasi-Einzigartigkeit der Biochemie als theoretische Aussage aus den fundamentalen Gesetzen der Physik abzuleiten. Die Biochemie würde auch in diesem Fall sehr viel Tiefe, wenn nicht gar eine hohe effektive Komplexität besitzen. Man kann die Frage nach der Quasi-Einzigartigkeit der Biochemie auch folgendermaßen formulieren: »Läßt sich die Biochemie weitgehend dadurch erklären, daß man die richtigen Fragen an die Physik stellt, oder ist sie in erheblichem Maße überdies das Ergebnis eines geschichtlichen Entwicklungsprozesses?«

Leben: hohe effektive Komplexität – zwischen Ordnung und Unordnung

Auch wenn die chemischen Grundlagen des Lebens auf der Erde nur in geringem Maße auf einem geschichtlichen Prozeß beruhen, zeichnet sich die Biologie dennoch durch eine – im Vergleich zu Wissenschaften wie der Chemie oder der Physik der kondensierten Materie – sehr hohe effektive Komplexität aus. Man denke allein an die zahllosen evolutionären Veränderungen, die im Verlauf der zirka vier Milliarden Jahre, seit der Entstehung des Lebens auf der Erde, zufällig eingetreten sind. Einige dieser Zufallsereignisse (vermutlich ein verschwindender Bruchteil, aber trotzdem eine stattliche Zahl) haben großen Einfluß auf die nachfolgende Geschichte des Lebens auf diesem Planeten und auf die Gestalt der vielfältigen Lebensformen, die die Biosphäre schmücken, ausgeübt. Die Gesetze der Biologie beruhen auf den Gesetzen der Physik und der Chemie, aber auch auf einer riesigen Menge an Zusatzinformation über die Ergebnisse dieser Zufallsereignisse. Viel deutlicher als im Fall der Kernphysik, der Physik der kondensierten Materie oder der Chemie kann man hier den gewaltigen Unterschied zwischen der Reduktion auf die fundamentalen physikalischen Gesetze, die im Prinzip möglich ist, und dem trivialen Verständnis, das ein naiver Leser mit dem Begriff Reduktion verbindet, erkennen. Die Biologie ist eine sehr viel komplexere Wissenschaft als die fundamentale Physik, weil sehr viele Regelmäßigkeiten der terrestrischen Biologie sowohl von Zufallsereignissen als auch von den fundamentalen Gesetzen herrühren.

Doch selbst die Erforschung aller Arten komplexer adaptiver Systeme auf sämtlichen Planeten wäre noch immer eine recht spezielle Tätigkeit. Die Umgebung muß genügend Regelmäßigkeiten aufweisen, damit die Systeme sie für Lern- oder Anpassungsprozesse nutzen können, aber auch wieder nicht so viel Regelmäßigkeit, daß nichts geschieht. In einer Umgebung wie beispielsweise dem Zentrum der Sonne, bei einer Temperatur von mehreren zehn Millionen Grad Celsius, wo praktisch der reine Zufall regiert, ein nahezu maximaler algorithmischer Informationsgehalt erreicht wird und kein Raum für effektive Komplexität oder große Tiefe ist, kann so etwas wie Leben nicht existieren. Auch dann nicht, wenn die Umgebung aus einem vollkommenen Kristall besteht und die Temperatur beim absoluten Nullpunkt liegt, wobei der algorithmische Informationsgehalt gleich null und die effektive Komplexität beziehungsweise die Tiefe wieder sehr gering ist. Ein komplexes adaptives System kann nur unter Bedingungen existieren, die zwischen Ordnung und Unordnung liegen.

Die Oberfläche des Planeten Erde stellt eine solche Umgebung von mittlerem algorithmischem Informationsgehalt dar, in der es sowohl effektive Komplexität als auch Tiefe geben kann. Das ist zum Teil die Ursache dafür, daß sich hier Leben entwickeln konnte. Unter den Bedingungen, die vor einigen Milliarden Jahren auf der Erde herrschten, entstanden natürlich zuerst nur sehr primitive Lebensformen. Dann veränderten diese Urorganismen aber ihrerseits die Biosphäre vor allem dadurch, daß sie die Atmosphäre mit Sauerstoff anreicherten, damit eine den heutigen Verhältnissen ähnlichere Situation hervorbrachten und die Evolution höherer Lebensformen mit einer komplexeren Organisation ermöglichten. Zustände zwischen Ordnung und Unordnung kennzeichnen nicht nur die Umwelt, in der Leben entstehen kann, sondern auch das Leben selbst mit seiner hohen effektiven Komplexität und seiner großen Tiefe.

Psychologie und Neurobiologie – Bewußtsein und Gehirn

Komplexe adaptive Systeme auf der Erde haben mehrere wissenschaftliche Disziplinen, die »über« der Biologie liegen, hervorgebracht. Zu den wichtigsten gehört die Psychologie der Tiere – und insbesondere des Tieres mit der komplexesten Psychologie, des Menschen. Auch hier dürfte es kaum einen Wissenschaftler geben, der die Ansicht vertritt, es gebe spezifische »Geisteskräfte«, die weder biologischer noch letztlich physikalisch-chemischer Natur sind. Wieder sind in diesem Sinne praktisch alle Wissenschaftler Reduktionisten. Doch wird der Begriff Reduktionist im Zusammenhang mit Disziplinen wie der Psychologie (und mitunter der Biologie) selbst unter Wissenschaftlern häufig als Schimpfwort verwendet. (Beispielsweise wird das California Institute of Technology, an dem ich fast vierzig Jahre lang als Professor lehrte, immer wieder als reduktionistisch verhöhnt; ja vermutlich habe auch ich diesen Begriff verwendet, als ich bestimmte Mängel dieser Hochschule beklagte.) Wie ist das möglich? Worum geht es in dem Streit?

Der springende Punkt ist der, daß es sich lohnt, die Humanpsychologie auf ihrer eigenen Ebene zu erforschen, obwohl man sie grundsätzlich aus der Neurophysiologie, der Endokrinologie der Neurotransmitter und so weiter ableiten kann. Und viele Wissenschaftler sind mit mir der Meinung, daß man beim Versuch, Brücken zwischen Psychologie und Biologie zu schlagen, am besten gleichzeitig von oben nach unten und von unten nach oben arbeitet. Diese Ansicht findet jedoch keine allgemeine Zustimmung, nicht einmal am Caltech, wo praktisch keine humanpsychologische Forschung betrieben wird.

Wo man sowohl die biologische als auch die psychologische Forschung vorantreibt und sich auf beiden Ebenen bemüht, Brücken zu bauen, liegt der Schwerpunkt auf biologischer Ebene auf dem Gehirn (und dem übrigen Nervensystem, dem endokrinen System und so fort), während auf psychologischer Ebene der Schwerpunkt auf dem Bewußtsein liegt, also auf den phänomenologischen Manifestationen der Vorgänge im Gehirn und in verwandten Organen. Jede Verbindung zwischen den beiden Ebenen entspricht einer Brücke zwischen Gehirn und Bewußtsein.

Am Caltech erforscht man in erster Linie das Gehirn. Das Bewußtsein wird vernachlässigt, und in manchen Kreisen ist sogar das Wort »Bewußtsein« (ein Freund von mir nennt es das M-Wort; »M« für Englisch *mind*) verpönt. Und doch wurden am Caltech vor einigen Jahren sehr bedeutende psychologische Forschungen durchgeführt. Hier sind vor allem die vielbeachteten Studien des Psychobiologen Roger Sperry und seiner Mitarbeiter über die mentalen Wechselbeziehungen zwischen der linken und rechten Hemisphäre des menschlichen Gehirns zu nennen. Sie nahmen ihre Untersuchungen an Patienten vor, bei denen als Folge eines Unfalls oder eines chirurgischen Eingriffs zur Milderung epileptischer Anfälle das Corpus callosum, das die rechte mit der linken Hirnhälfte verbindet, durchtrennt war. Man wußte, daß das Sprechvermögen sowie die motorische Steuerung der rechten Körperseite in der linken Hirnhälfte lokalisiert sind, während die motorische Kontrolle der linken Körperseite normalerweise in der rechten Hirnhälfte stattfindet. Sperry und seine Mitarbeiter fanden beispielsweise heraus, daß ein Patient mit durchtrenntem Corpus callosum außerstande sein kann, die linke Körperseite betreffende Informationen zu verbalisieren, obwohl er auf indirekte Weise zu erkennen gibt, daß er diese Informationen besitzt.

Als Sperrys Arbeitseifer mit zunehmendem Alter nachließ, wurden die von ihm initiierten Forschungen von seinen ehemaligen Studenten, Post-docs und vielen interessierten Wissenschaftlern an anderen Institutionen fortgeführt. Man fand weitere Beweise dafür, daß die linke Hirnhälfte nicht nur das sprachliche Ausdrucksvermögen, sondern auch die logischen und analytischen Fähigkeiten weitgehend steuert, während die nonverbale Kommunikation, die affektiven Aspekte der Sprache und solche ganzheitlichen Aufgaben wie das Wiedererkennen von Gesichtern überwiegend der rechten Hirnhälfte obliegt. Einige Forscher haben die rechte Hirnhälfte auch mit Intuition und ganzheitlichem Denken in Verbindung gebracht. Leider wurde ein Großteil der Forschungsergebnisse in populären Darstellungen übertrieben und verzerrt wiedergegeben, und in der darauffolgenden Diskussion wurde allzuoft Sperrys warnender Hinweis, daß »die beiden Hemisphären im normalen, nicht geschädigten Gehirn regelmäßig als Einheit funktionieren...«, ignoriert. Dennoch sind die Entdeckungen äußerst bemerkenswert. Besonders faszinieren mich die laufenden Forschungsarbeiten, die den Wahrheitsgehalt der Behauptung überprüfen, daß Musikliebhaber musikalische Hörerlebnisse überwiegend in der rechten Hirnhälfte verarbeiten, während in der gleichen Situation bei Berufsmusikern überwiegend die linke Hirnhälfte aktiv ist.

Konzentration auf Mechanismen oder Erklärungen – »Reduktionismus«

Weshalb nun wird gegenwärtig am Caltech so wenig psychologische Forschung betrieben? Zugegeben, die Hochschule ist klein und kann nicht in allen Bereichen forschen. Doch weshalb wird auch die Evolutionsbiologie weitgehend vernachlässigt? (Ich sage manchmal im Scherz, eine kreationistische Lehranstalt könnte dieses Fachgebiet kaum stiefmütterlicher behandeln.) Weshalb so wenig Forschung in Ökologie, Linguistik oder Archäologie? Es drängt sich einem der Verdacht auf, daß sie ein gemeinsames Merkmal haben, das die meisten Wissenschaftler an unserer Hochschule abstößt.

Das wissenschaftliche Forschungsprogramm am Caltech begünstigt die Untersuchung von Mechanismen, zugrundeliegenden Prozessen und Erklärungen. Natürlich stehe ich diesem Ansatz positiv gegenüber, zumal er in der Elementarteilchenphysik üblich ist. Tatsächlich hat die Suche nach grundlegenden Mechanismen in den verschiedensten Fachgebieten zu vielen beeindruckenden Erfolgen geführt. Als T. H. Morgan in den zwanziger Jahren die Gene der Fruchtfliege kartierte und damit die Grundlagen der modernen Genetik schuf, wurde er dafür gewonnen, den Fachbereich Biologie am Caltech aufzubauen. Und Max Delbrück, der in den vierziger Jahren ans Caltech kam, wurde einer der Begründer der Molekularbiologie.

Wird ein Fachgebiet für zu deskriptiv oder zu phänomenologisch gehalten und hat es noch nicht das Stadium erreicht, in dem man seine Mechanismen erforschen kann, gilt es an unserer Hochschule als nicht hinreichend »wissenschaftlich«. Wenn das Caltech bereits zu Darwins Zeiten bestanden und man damals der gleichen Einstellung gehuldigt hätte, wäre *er* wohl kaum in den Lehrkörper aufgenommen worden. Denn er formulierte seine Theorie der

Evolution, ohne große Ahnung von den zugrundeliegenden Prozessen zu haben. Seine Schriften lassen erkennen, daß er den Mechanismus der Variation vermutlich in einer Weise erklärt hätte, die der falschen Vorstellung Lamarcks nahegekommen wäre. (Die Lamarckisten glaubten, man könne einen Stamm schwanzloser Mäuse dadurch erzeugen, daß man über mehrere Generationen hinweg sämtlichen Mäusen die Schwänze abschneidet. Und sie erklärten die langen Hälse von Giraffen damit, daß viele Generationen ihrer Vorfahren die Hälse immer weiter ausgestreckt hätten, um die hohen Äste der gelben dornigen Akazien besser erreichen zu können.) Trotzdem hat Darwin Gewaltiges für die Biologie geleistet. Insbesondere seine Theorie der Evolution legte das Fundament für das einfache vereinheitlichende Prinzip der gemeinsamen Abstammung sämtlicher existierender Organismen aus einer einzigen Stammform. Welch ein Kontrast zur Komplexität der zuvor allgemein anerkannten Anschauung von der Unveränderbarkeit der Arten, deren jede auf übernatürliche Weise erschaffen sei.

Selbst wenn ich der Meinung wäre, Fachgebiete wie die Psychologie seien noch nicht hinreichend »wissenschaftlich«, so würde ich mich doch mit diesen Disziplinen befassen, um an dem spannenden Prozeß mitzuwirken, ihnen einen wissenschaftlichen Charakter zu verleihen. Neben der »aufwärtsgerichteten« Vorgehensweise des interdisziplinären Brückenschlags als allgemeiner Regel – vom Fundamentaleren und Erklärenden zum weniger Fundamentalen – befürworte ich in zahlreichen Fällen (nicht nur dem der Psychologie) ebenso eine »abwärtsgerichtete« Vorgehensweise. Diese beginnt mit dem Erkennen wichtiger Regelmäßigkeiten auf der weniger fundamentalen Ebene und verschiebt das Verständnis der zugrundeliegenden, fundamentaleren Mechanismen auf einen späteren Zeitpunkt. Die Atmosphäre am Caltech ist jedoch von einer starken Vorliebe für den »aufwärtsgerichteten« (*bottom-up-*) Ansatz durchdrungen, der die meisten spektakulären Leistungen hervorgebracht hat, denen die Hochschule ihren Ruf verdankt. Dieser Hang fordert den Vorwurf des Reduktionismus in seiner herabsetzenden Bedeutung heraus.

Fachgebiete wie Psychologie, Evolutionsbiologie, Ökologie, Linguistik und Archäologie befassen sich ebenfalls mit komplexen adaptiven Systemen. Sie alle werden am Santa Fe Institute erforscht, wo man großen Nachdruck auf die Ähnlichkeiten zwischen diesen Systemen und auf die Erforschung ihrer Merkmale auf ihren eigenen Ebenen, nicht bloß als Folgen von fundamentaleren wissenschaftlichen Disziplinen, legt. In diesem Sinne ist das Santa Fe Institute Teil einer Art Rebellion gegen die Auswüchse des Reduktionismus.

Einfachheit und Komplexität vom Quark bis zum Jaguar

Wenn das Caltech meiner Meinung nach auch einen schweren Fehler macht, indem es die meisten »Komplexitätswissenschaften« vernachlässigt, habe ich mich doch über die Unterstützung gefreut, die man hier der Elementarteilchenphysik und der Kosmologie gewährt – den fundamentalsten Wissenschaften schlechthin –, in deren Gebiet die Suche nach den Grundgesetzen des Universums fällt.

Eine der größten Herausforderungen für die zeitgenössische Wissenschaft besteht darin, ausgehend von der Elementarteilchenphysik und der Kosmologie bis hinein in den Bereich komplexer adaptiver Systeme dem Gemisch aus Einfachheit und Komplexität, Regelmäßigkeit und Zufall, Ordnung und Unordnung nachzuspüren. Außerdem müssen wir erforschen, wie aus der Einfachheit, Regelmäßigkeit und Ordnung des frühen Universums mit der Zeit jene Zwischenzustände zwischen Ordnung und Unordnung hervorgingen, die in späteren Epochen vielerorts vorherrschten und unter anderem die Existenz solcher komplexer adaptiver Systeme wie der Organismen ermöglichen.

Im folgenden werden wir die fundamentale Physik unter dem Gesichtspunkt von Einfachheit und Komplexität betrachten und fragen, welche Rolle die einheitliche Theorie der Elementarteilchen, der Anfangszustand des Universums, die quantenmechanischen Unbestimmtheiten und die Eskapaden des klassischen Chaos bei der Erzeugung jener Muster aus Regelmäßigkeit und Zufall im Universum gespielt haben, in denen komplexe adaptive Systeme entstehen konnten.

TEIL II
DAS QUANTENUNIVERSUM

10 Einfachheit und Zufall in der Quantenwelt

Was wissen wir heute über die fundamentalen Gesetze der Materie und des Universums? Wie viel ist gesichertes Wissen und wie viel bloße Vermutung? Und wie steht es mit diesen Gesetzen im Hinblick auf Einfachheit und Komplexität beziehungsweise Regelmäßigkeit und Zufälligkeit?

Die fundamentalen Naturgesetze sind den Prinzipien der Quantenmechanik unterworfen, und in jeder Phase unserer Überlegungen werden wir auf den quantenmechanischen Ansatz Bezug nehmen müssen. Die Entdeckung der Quantenmechanik ist eine der größten Errungenschaften der Menschheit, aber auch eine der am schwersten zu begreifenden – selbst für jene Wissenschaftler, die über Jahrzehnte hinweg tagtäglich mit ihr gearbeitet haben. Sie widerspricht unserer Intuition – oder vielmehr: unsere Intuition wurde so geformt, daß sie quantenmechanisches Verhalten nicht begreift. Dieser Umstand macht es um so dringlicher, die eigentliche Bedeutung der Quantenmechanik zu erhellen, insbesondere durch die Betrachtung ihrer neueren Interpretationen. Wir werden dann wahrscheinlich besser verstehen, weshalb unsere Intuition etwas so Bedeutsames schlicht zu ignorieren scheint.

Das Universum besteht aus Materie, die sich ihrerseits aus vielen verschiedenen Arten von Elementarteilchen, etwa Elektronen und Photonen, zusammensetzt. Diese Teilchen besitzen keine Individualität, das heißt, jedes Elektron im Universum ist mit allen anderen Elektronen identisch, und alle Photonen lassen sich gegeneinander austauschen. Allerdings kann jedes Teilchen einen aus einer unendlichen Zahl verschiedener »Quantenzustände« besetzen. Es gibt zwei Grundklassen von Teilchen: die Fermionen, etwa die Elektronen, die dem sogenannten Pauli-Prinzip gehorchen, nach dem zwei gleiche Teilchen niemals zur selben Zeit den gleichen Quantenzustand besetzen können, und die Bosonen, etwa die Photonen, die einer Art Anti-Pauli-Prinzip unterliegen, nach dem zwei oder mehr gleiche Teilchen dazu neigen, zur selben Zeit den gleichen Zustand zu besetzen. (Auf dieser Eigenschaft der Photonen beruht die Funktionsweise des Lasers; hierbei regen Photonen, die sich in einem bestimmten Zustand befinden, die Emission weiterer Photonen im selben Zustand an. Diese Photonen, die die gleiche Frequenz haben und sich in die gleiche Richtung ausbreiten, bilden in ihrer Gesamtheit den Laserstrahl. Das Wort LASER ist eigentlich ein Akronym für *light amplification by stimulated emission of radiation*.)

Aufgrund ihrer Neigung, sich im gleichen Quantenzustand anzuhäufen, können Bosonen so hohe Dichten erreichen, daß sie sich fast wie klassische Felder (etwa elektromagnetische und Gravitationsfelder) verhalten. Daher kann man Bosonen als Quanten – gequantelte Energiepakete – dieser Felder betrachten. Das Quant des elektromagnetischen Feldes ist das Photon. Ebenso postuliert man aus theoretischen Erwägungen die Existenz eines Graviton genannten Bosons, das das Quant des Gravitationsfeldes darstellt. Tatsächlich muß jede fundamentale Kraft mit einem Elementarteilchen verknüpft sein, dem Quant des zugehörigen Feldes. Mitunter sagt man auch, das Quant »trage« die zugehörige Kraft.

Wenn man sagt, die Materie bestehe aus Elementarteilchen, also aus Fermionen und Bosonen, sollte man bedenken, daß sich einige Bosonen unter bestimmten Bedingungen mehr wie ein Feld denn wie Teilchen verhalten (zum Beispiel in dem elektrischen Feld, das eine Ladung umgibt). Auch die Fermionen lassen sich als Felder beschreiben; obgleich sich diese Felder nicht wie klassische Felder verhalten, sind sie doch in gewissem Sinne mit Kräften verbunden.

Alle Materie besitzt Energie, und alle Energie ist mit Materie verknüpft. Wenn mitunter in ungenauer Ausdrucksweise zu hören ist, Materie werde in Energie umgewandelt (und umgekehrt), dann heißt das nichts anderes, als daß bestimmte Arten von Materie und Energie in andere Arten umgewandelt werden. So entstehen beispielsweise beim Stoß eines Elektrons mit einem verwandten (aber entgegengesetzt geladenen) Teilchen, dem Positron, zwei Photonen; man nennt diesen Prozeß »Annihilation« oder »Paarvernichtung«. Im Grunde genommen wird dabei nur eine Art von Materie in eine andere Art oder werden bestimmte Formen von Energie in andere Formen umgewandelt.

Das Standardmodell

Alle bekannten Elementarteilchen (mit Ausnahme des aus theoretischen Erwägungen postulierten Gravitons) werden vorläufig mit einer Theorie beschrieben, die man heute als »Standardmodell« bezeichnet. Auf sie werden wir gleich ausführlicher eingehen. Das Standardmodell stimmt hervorragend mit den Beobachtungsdaten überein, auch wenn einige seiner Hypothesen bislang noch nicht experimentell bestätigt wurden. Die Physiker hatten gehofft, diese Hypothesen (und einige spannende Ideen aus jüngster Zeit, die über das Standardmodell hinausgehen) mit Hilfe des bereits teilweise fertiggestellten Hochenergiebeschleunigers (*Superconducting Supercollider*, SSC) in Texas überprüfen zu können. Doch das wurde vom US-Repräsentantenhaus vereitelt; ein erheblicher Rückschlag für die menschliche Kultur. Nun ruhen alle Hoffnungen, die fundamentalen theoretischen Annahmen doch noch überprüfen zu können, auf dem Beschleuniger, der gegenwärtig am Europäischen Kernforschungszentrum CERN bei Genf (durch Umbau einer vorhandenen Anlage) entsteht. Möglicherweise sind jedoch die Energien, die dieser Beschleuniger zu erzeugen imstande ist, zu niedrig.

Jene Physiker, die an der Formulierung des Standardmodells mitwirkten, sind verständlicherweise stolz auf diese Theorie, da sie eine verwirrende Vielfalt von Phänomenen auf einen relativ einfachen Nenner brachte. Dennoch gibt es mehrere Gründe, weshalb das Standardmodell nicht die letztgültige Theorie der Elementarteilchen sein kann.

1. Die Grundkräfte besitzen sehr ähnliche Formen, so daß sich eine Vereinheitlichung mit Hilfe einer Theorie, in der sie als verschiedene Manifestationen derselben grundlegenden Wechselwirkung erscheinen, geradezu aufdrängt. Im Standardmodell dagegen werden diese Kräfte als unabhängige Größen behandelt und (entgegen mitunter zu vernehmenden Beteuerungen) nicht vereinheitlicht. 2. Das Modell ist noch nicht einfach genug; es enthält über sechzig Arten von Elementarteilchen und mehrere Arten von Wechselwirkungen, ohne diese Vielfalt zu erklären. 3. Das Modell enthält über ein Dutzend willkürliche Konstanten, die diese Wechselwirkungen beschreiben (einschließlich der Konstanten, die die unterschiedlichen Massen der einzelnen Teilchenarten ergeben); es fällt schwer, eine Theorie als fundamental zu akzeptieren, in der so viele wichtige Zahlen grundsätzlich nicht berechnet werden können. Schließlich bleibt die Gravitationskraft ausgeklammert, und jeder Versuch, sie auf direkte Weise in das Standardmodell einzubeziehen, führt zu unüberwindlichen Schwierigkeiten, da die Ergebnisse der Berechnungen physikalischer Größen unendliche Korrekturen beinhalten, so daß sie bedeutungslos werden.

Sogenannte Große Vereinheitlichte Theorien

Theoretische Elementarteilchenphysiker haben versucht, diesen Mängeln auf zwei verschiedenen Wegen abzuhelfen. Der direktere Weg besteht in der Verallgemeinerung des Standardmodells zu einer sogenannten Großen Vereinheitlichten Theorie, die allerdings ihrem Namen kaum gerecht zu werden vermag. Prüfen wir, was eine solche Generalisierung für die oben aufgelisteten Probleme bedeutet:

1. Die Wechselwirkungen des Standardmodells, die eine Vereinheitlichung forderten, werden zusammen mit weiteren, neuen Wechselwirkungen bei sehr hohen Energien tatsächlich vereinheitlicht. Außerdem wird eine natürliche Erklärung dafür geliefert, daß die Wechselwirkungen bei den niedrigen Energien, die

bei heutigen Experimenten erreicht werden, als voneinander unabhängig erscheinen. 2. Sämtliche theoretisch postulierten Elementarteilchen werden in einigen wenigen Klassen zusammengefaßt, wobei die Mitglieder jeder Klasse eng miteinander verwandt sind. Auf diese Weise leistet die Theorie eine erhebliche Vereinfachung, auch wenn die Anzahl der Teilchenarten stark erhöht wird (und einige der neuen Teilchen so große Massen besitzen, daß sie in absehbarer Zukunft nicht experimentell nachweisbar sind). 3. Die Theorie enthält noch mehr willkürliche Konstanten als das Standardmodell, die sich auch weiterhin einer Berechnung entziehen. Schließlich bleibt die Gravitationskraft ausgeklammert, und ihre Einbeziehung ist genauso schwer wie zuvor.

Auch wenn eine solche Theorie für ein breites Spektrum von Energien annähernd gültig sein mag, so zeigen die Punkte drei und vier doch, daß sie noch nicht als fundamentale Theorie der Elementarteilchen angesehen werden kann.

Einsteins Traum

Diese Suche nach der fundamentalen vereinheitlichten Theorie führt zu der zweiten Möglichkeit, über das Standardmodell hinauszugehen. Sie erinnert an den Einsteinschen Traum von einer Feldtheorie, die seine allgemein-relativistische Gravitationstheorie mit Maxwells Theorie des Elektromagnetismus auf natürliche Weise vereinigen sollte. In hohem Alter veröffentlichte Einstein eine Reihe von Gleichungen, die diesen Anspruch einlösen sollten. Doch waren sie leider nur von mathematischem Interesse, da sie keine plausiblen physikalischen Wechselwirkungen zwischen der Gravitation und dem Elektromagnetismus beschrieben. Der größte Physiker der Neuzeit hatte seine geistige Kraft verloren. Bei den Feierlichkeiten zu Einsteins hundertstem Geburtstag, die 1979 in Jerusalem stattfanden, bedauerte ich die Tatsache, daß man auf der Rückseite der aus diesem Anlaß aufgelegten Gedenkmünze diese falschen Gleichungen eingeprägt hatte. Wie beschämend war dies für einen Wissenschaftler, der in jüngeren Jahren so viele schöne und richtige Gleichungen von außerordentlicher Bedeutung aufgestellt hatte. Ebenso störte mich, daß so viele Bilder und Statuen von Einstein (wie etwa die Skulptur vor dem Hauptsitz der National Academy of Sciences in Washington) einen Mann vorgerückten Alters zeigen, der keine wichtigen Beiträge zur Physik mehr lieferte, und nicht den gutaussehenden, elegant gekleideten jungen Mann, der all die genialen Entdeckungen gemacht hatte.

Einsteins Versuch, eine einheitliche Feldtheorie zu formulieren, war nicht nur aufgrund des allgemeinen Nachlassens seiner geistigen Fähigkeiten, sondern auch aufgrund spezifischer Fehler in seinem Ansatz zum Scheitern verurteilt. So übersah er unter anderem drei wichtige Aspekte des Problems:

- Die Existenz weiterer Felder neben dem Gravitations- und dem elektromagnetischen Feld (obwohl Einstein ahnte, daß es noch weitere Kräfte geben müsse, versuchte er nicht, sie zu beschreiben).
- Die Notwendigkeit, nicht nur die Felder zu erörtern, die nach der Quantentheorie von Bosonen wie dem Photon und dem Graviton vermittelt werden, sondern auch Felder von Fermionen (Einstein glaubte, daß sich zum Beispiel das Elektron irgendwie aus seinen Gleichungen herleiten lasse).
- Die Notwendigkeit, eine vereinheitlichte Theorie im Rahmen der Quantenmechanik zu entwickeln (Einstein hat die Quantenmechanik bis an sein Lebensende abgelehnt, obgleich er zu den Wissenschaftlern gehörte, die die Voraussetzungen für sie geschaffen hatten).

Dennoch streben wir theoretischen Physiker bis heute nach der Verwirklichung des Einsteinschen Traums – wenn auch in seiner modernen Version einer einheitlichen Quantenfeldtheorie. Diese sollte nicht nur das Photon, das Graviton und all die übrigen fundamentalen Bosonen mit den ihnen zugeordneten elektromagnetischen, Gravitations- und sonstigen Feldern, sondern auch die Fermionen, wie etwa das Elektron, umfassen. Eine solche Theorie wäre in einer einfachen Formel enthalten, die die Vielzahl der Elementarteilchen und ihre Wechselwirkungen erklärt und aus der man – mit den geeigneten Näherungen – die Einsteinsche Gleichung der allgemein-relativistischen Gravitation und die Maxwellschen Gleichungen des Elektromagnetismus herleiten könnte.

Wird der Traum Wirklichkeit? – Die Superstring-Theorie

Vielleicht ist dieser Traum mittlerweile Wirklichkeit geworden. Denn wir verfügen heute über eine Theorie, die sogenannte Superstring-Theorie, die offenbar die notwendigen Eigenschaften besitzt, um diese Vereinheitlichung zu vollbringen. Insbesondere mit der »heterotischen Superstring-Theorie« scheint erstmals eine einheitliche Quantenfeldtheorie sämtlicher Elementarteilchen und ihrer Wechselwirkungen in greifbare Nähe gerückt zu sein.

Die Superstring-Theorie geht auf eine Idee zurück, die man das »Bootstrap«-Prinzip (*bootstrap*, »Stiefelschlaufe«) nennt, in Anlehnung an die alte englische Redewendung *to pull oneself up by one's own bootstraps*, was soviel bedeutet wie »es aus eigener Kraft zu etwas bringen« oder »sich am eigenen Schopf aus dem Sumpf ziehen«. Dem lag die Annahme zugrunde, man könne eine bestimmte Klasse von Elementarteilchen so behandeln, als seien sie in selbstkonsistenter Weise aus Kombinationen ihrer selbst zusammengesetzt. Sämtliche Teilchen fungierten demnach sowohl als Konstituenten wie auch (sogar, in gewisser Hinsicht, die Fermionen) als Quanten der Kraftfelder, die die Konstituenten zusammenhalten. Außerdem sollen sie als Bindungszustände der Konstituenten auftreten. Als ich vor vielen Jahren dieses Konzept in einem Vortrag bei der Hughes Aircraft Company zu erklären versuchte, fragte mich der damalige Leiter des Entwicklungsprogramms für geostationäre Satelliten, Harold Rosen, ob er und sein Team wohl auf etwas Ähnliches gestoßen seien, als sie nach einer Erklärung für ein Störsignal in den von ihnen konstruierten

Schaltkreisen gesucht hätten. Dies sei ihnen schließlich gelungen, indem sie annahmen, das Signal sei vorhanden, und nachwiesen, daß es sich dann selbst erzeuge. Ich antwortete, daß das Bootstrap-Konzept tatsächlich etwas Ähnliches darstelle: die Teilchen, deren Existenz man voraussetzt, erzeugen Kräfte, die die Teilchen aneinander binden, und die daraus hervorgehenden Bindungszustände stellen die gleichen Teilchen dar, von denen man ausging, und sind dieselben, die die Kräfte tragen. Sofern das Teilchensystem existiert, erzeugt es sich also selbst.

Die erste Version der Superstring-Theorie hatten John Schwarz und André Neveu, die sich dabei auf Ideen von Pierre Ramond stützten, 1971 aufgestellt. Obgleich die Theorie damals recht exotisch anmutete, machte ich Schwarz und Ramond den Vorschlag, ihre Arbeit am Caltech weiterzuführen, da die Superstrings in meinen Augen von so hohem ästhetischem Reiz waren, daß sie zu irgend etwas taugen mußten. John Schwarz und mehrere Mitarbeiter, vor allem Joël Scherk und Michael Green, entwickelten dann die Theorie im Laufe der folgenden 15 Jahre weiter.

Sie wandten die Theorie zunächst auf jene Subklasse von Teilchen an, die einige Theoretiker zuvor mit Hilfe des Bootstrap-Prinzips zu beschreiben versucht hatten. Erst 1974 behaupteten Scherk und Schwarz, die Superstring-Theorie könne *sämtliche* Elementarteilchen beschreiben. Zu dieser Überzeugung gelangten sie aufgrund der Entdeckung, daß die Theorie die Existenz des Gravitons und damit die Einsteinsche Gravitationstheorie vorhersagte. Etwa zehn Jahre später veröffentlichten dann vier Physiker von der Princeton University, die als »Princeton String Quartet« firmieren, die sogenannte heterotische Superstring-Theorie.

Die Superstring-Theorie, insbesondere ihre heterotische Version, ist vielleicht tatsächlich die lange gesuchte einheitliche Quantenfeldtheorie. In geeigneter Näherung läßt sich aus ihr die Einsteinsche Theorie der Gravitation ableiten. Außerdem integriert sie die Einsteinsche Gravitation und die anderen Bereiche in eine Quantenfeldtheorie, ohne in die gewöhnlichen Schwierigkeiten mit Unendlichkeiten zu geraten. Sie erklärt auch, weshalb es eine so große Vielfalt von Elementarteilchen gibt: genaugenommen gibt es sogar unendlich viele verschiedene Arten, aber nur eine endliche Anzahl (vermutlich einige Hunderte) besitzt eine so geringe Masse, daß man sie experimentell nachweisen kann. Auch enthält die Theorie, zumindest auf den ersten Blick, keine willkürlichen Zahlen oder beliebige Listen von Teilchen und Wechselwirkungen, wenngleich bei näherer Untersuchung ein gewisses Maß an Willkür zum Vorschein kommen mag. Schließlich geht die Superstring-Theorie aus einem einfachen und eleganten Prinzip der Selbstkonsistenz hervor, das ursprünglich als Bootstrap-Konzept formuliert worden war.

Keine allumfassende Theorie

Von all den wichtigen Fragen im Zusammenhang mit der heterotischen Superstring-Theorie interessiert uns die folgende am meisten: Ist diese Theorie, vorausgesetzt, sie ist wahr, tatsächlich eine allumfassende Theorie (*theory of everything*, TOE)? Einige Wissenschaftler nennen sie so. Das ist jedoch eine irreführende Charakterisierung, es sei denn, sie meinen mit »allumfassend« lediglich die Beschreibung der Elementarteilchen und ihrer Wechselwirkungen. Die Theorie als solche ist nicht imstande, eine vollständige Erklärung des Universums und der darin enthaltenen Materie zu liefern. Hierzu bedarf es weiterer Informationen.

Der Anfangszustand und der (die) Zeitpfeil(e)

Eine dieser zusätzlichen Informationen ist der Anfangszustand des Weltalls zu (oder kurz nach) Beginn seiner Expansion. Wir wissen, daß die Expansion des Universums vor etwa zehn Milliarden Jahren begann. Diese Expansion ist für Astronomen, die durch hochauflösende Teleskope weit von der Erde entfernte Galaxienhaufen beobachten, deutlich zu erkennen. In unserer näheren stellaren Umgebung ist sie indes kaum wahrzunehmen. Das Sonnensystem expandiert nicht, ebensowenig unsere Galaxie oder der Galaxienhaufen, zu dem sie gehört. Auch die übrigen Galaxien und Galaxienhaufen expandieren nicht. Doch streben die verschiedenen Galaxienhaufen ihrerseits auseinander, und daran erkennt man die Expansion des Weltalls, die man metaphorisch mit dem Backen eines Rosinenbrotes verglichen hat. Unter der Wirkung der Hefe geht zwar der Brotteig (das Universum) auf, wahrscheinlich aber nicht die Rosinen (die Galaxienhaufen), die sich lediglich auseinanderbewegen.

Das Verhalten des Universums seit dem Beginn seiner Expansion hängt offenbar nicht allein von den Gesetzen ab, die das Verhalten der Teilchen, aus denen das Weltall besteht, steuern, sondern auch von seinem Anfangszustand. Zudem zeigt sich die Bedeutung des Anfangszustands keineswegs nur bei abstrusen physikalischen und astronomischen Problemen. Weit gefehlt. Er wirkt sich vielmehr beträchtlich auf viele Alltagsphänomene aus; so determiniert er insbesondere den beziehungsweise die Zeitpfeil(e).

Stellen wir uns im Film einen Meteoriten vor, der in die Erdatmosphäre eintritt, bei seinem Fall durch die Atmosphäre vor Hitze zu glühen beginnt, wobei seine Masse größtenteils verbrennt, und der schließlich, mit stark verminderter Größe und verringertem Gewicht, auf die Erde aufprallt. Könnten wir den Film rückwärts laufen lassen, würden wir einen teilweise im Erdboden versunkenen Felsbrocken sehen, der aus eigener Kraft in den Himmel aufsteigt, auf seinem Flug durch die Atmosphäre an Größe und Gewicht gewinnt, und schließlich als kalter und großer Brocken in das Weltall entschwindet. Die Zeitumkehr im Film kann natürlich nie einer realen Abfolge von Ereignissen entsprechen – wir erkennen sofort, daß der Film rückwärts abgespielt wird.

Diese Asymmetrie im Verhalten des Weltalls zwischen vorwärts- und rückwärtsgerichteter Zeit bezeichnet man als Zeitpfeil. Manchmal werden auch verschiedene Aspekte dieser Asymmetrie getrennt erörtert und als je eigene Zeitpfeile klassifiziert. Da sie letztlich alle denselben Ursprung haben, sind sie jedoch alle miteinander verwandt. Was ist nun dieser gemeinsame Ursprung?

Liefern vielleicht die fundamentalen Gesetze der Elementarteilchenphysik die Erklärung für den beziehungsweise die Zeitpfeil(e)? Wenn die Form der Gleichungen, die diese Gesetze beschreiben, bei Veränderung des Vorzeichens der Zeitvariablen gleich bleibt, dann sagt man, diese Gleichungen seien symmetrisch zwischen vorwärts- und rückwärtsgerichteter Zeit. Verändert sich dagegen bei Vertauschung des Vorzeichens der Zeitvariablen die Form der Gleichungen, dann spricht man von einer Asymmetrie zwischen vorwärts- und rückwärtsgerichteter Zeit oder einer Verletzung der Zeitsymmetrie. Eine derartige Verletzung könnte im Prinzip den Zeitpfeil erklären. Tatsächlich kennt man eine geringfügige Verletzung dieser Art, dieser Effekt ist jedoch viel zu speziell, als daß er ein so allgemeines Phänomen wie den Zeitpfeil hervorbringen könnte.

Die Erklärung liegt woanders: Wenn wir in beide Zeitrichtungen blicken, dann stellen wir fest, daß sich das Universum vor etwa zehn bis 15 Milliarden Jahren in einer dieser Richtungen in einem ganz spezifischen Zustand befand. Diese Zeitrichtung trägt den willkürlich gewählten Namen Vergangenheit. Die andere Zeitrichtung wird Zukunft genannt. Im Anfangszustand war das Weltall sehr klein, aber diese Kleinheit beschreibt den Zustand, der sich zugleich durch besondere Einfachheit auszeichnete, keineswegs vollständig. Wenn sich das Universum in ferner Zukunft nicht weiter ausdehnen, sondern zusammenziehen sollte, um schließlich wieder extrem klein zu werden, dürfte sich der resultierende Endzustand des Weltalls ganz erheblich von seinem Anfangszustand unterscheiden. Auf diese Weise wird die Asymmetrie zwischen Vergangenheit und Zukunft bewahrt.

Wie der Anfangszustand ausgesehen haben könnte

Da wir mittlerweile mit der Superstring-Theorie über eine vielversprechende einheitliche Theorie der Elementarteilchen verfügen, stellt sich die Frage, ob wir auch eine plausible Theorie für den Anfangszustand des Universums besitzen. James Hartle und Stephen Hawking haben 1980 eine solche Theorie vorgelegt. Hawking nennt diesen Zustand gern die »Randbedingung, daß es keinen Rand gibt«. Das ist zwar eine treffende Bezeichnung, sie bringt jedoch nicht zum Ausdruck, was vom Standpunkt des »Folgens der Information« an dem Vorschlag besonders interessant ist. Werden die Elementarteilchen tatsächlich durch eine einheitliche Theorie beschrieben (was Hartle und Hawking nicht ausdrücklich annahmen), dann kann man die in geeigneter Weise abgewandelte Version des von beiden Autoren angenommenen Anfangszustands im Prinzip mit Hilfe dieser einheitlichen Theorie berechnen, so daß die beiden fundamentalen Theorien der Physik, die für die Elementarteilchen und die für das Universum, in einer einzigen Theorie aufgehen.

Statt einer allumfassenden Theorie nur Wahrscheinlichkeiten für Geschichten

Unabhängig davon, ob die Hartle-Hawking-Theorie stimmt oder nicht, können wir immer noch die Frage stellen: Können wir, im Prinzip, das Verhalten des Weltalls und der gesamten darin enthaltenen Materie vorhersagen, wenn wir *sowohl* die einheitliche Theorie der Elementarteilchen *als auch* den Anfangszustand des Universums spezifizieren? Die Antwort lautet nein, denn die physikalischen Gesetze sind quantenmechanischer Natur, und die Quantenmechanik ist nicht deterministisch. Sie erlaubt den Theorien nur die Vorhersage von Wahrscheinlichkeiten. Die fundamentalen Gesetze der Physik erlauben grundsätzlich nur die Berechnung von Wahrscheinlichkeiten für verschiedene alternative Geschichten des Universums, die – bei gegebenem Anfangszustand – verschiedene mögliche Ereignisabläufe beschreiben. Informationen darüber, welche dieser Ereignisfolgen tatsächlich eintritt, lassen sich nur durch Beobachtung sammeln und ergänzen die fundamentalen Gesetze. Daher kann man aus den fundamentalen Gesetzen niemals eine allumfassende Theorie ableiten.

Die wahrscheinlichkeitstheoretische Natur der Quantentheorie läßt sich an einem einfachen Beispiel veranschaulichen. Jeder ra-

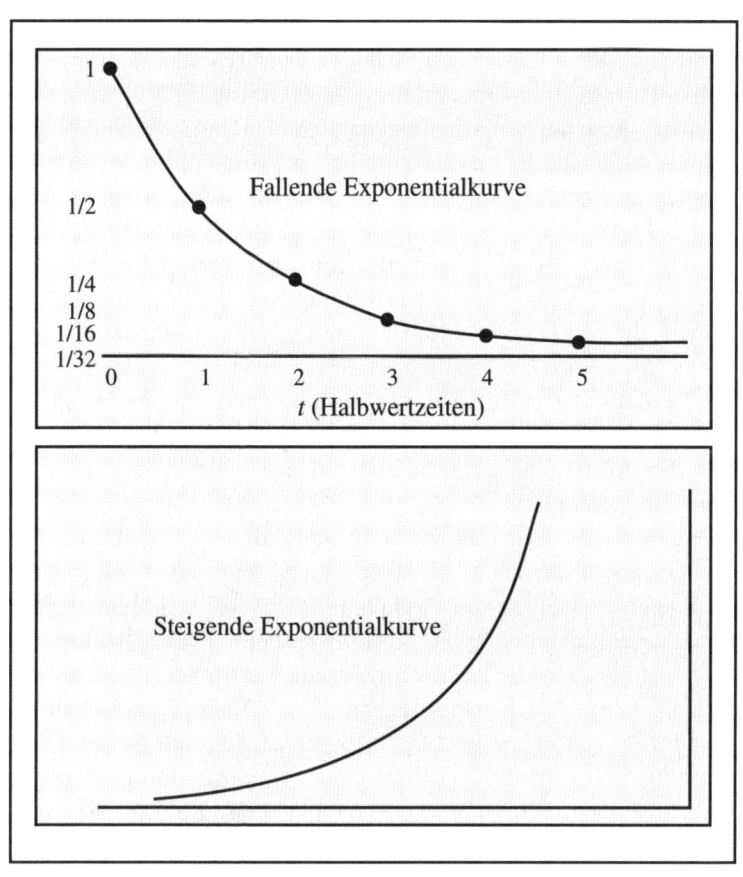

Abbildung 10: Oben: *Die fallende Exponentialkurve für den Bruchteil radioaktiver Atomkerne, die nach der Zeit t noch nicht zerfallen sind.* Unten: *Eine steigende Exponentialkurve.*

dioaktive Atomkern hat eine sogenannte Halbwertzeit; darunter versteht man die Zeitspanne, in der der Kern mit fünfzigprozentiger Wahrscheinlichkeit zerfällt. So beträgt beispielsweise die Halbwertzeit von Pu^{239}, dem gewöhnlichen Plutonium-Isotop, etwa 25000 Jahre. Das heißt, daß ein Pu^{239}-Kern nach

25 000 Jahren mit einer Wahrscheinlichkeit von 50 Prozent noch nicht zerfallen ist; nach 50 000 Jahren beträgt diese Wahrscheinlichkeit nur noch 25 Prozent, nach 75 000 Jahren 12,5 Prozent und so fort. Aus dem quantenmechanischen Charakter der Natur folgt, daß diese Information alles ist, was wir über den Zerfallszeitpunkt eines bestimmten Pu^{239}-Kerns wissen können; wir haben keine Möglichkeit, den genauen Zeitpunkt des Zerfalls vorherzusagen, sondern verfügen nur über eine gegen die Zeit aufgetragene Wahrscheinlichkeitskurve, wie sie in Abbildung 10 dargestellt ist. (Diese Kurve ist eine sogenannte fallende Exponentialkurve. Das Gegenstück, eine steigende Exponentialkurve, ist ebenfalls abgebildet. Eine Exponentialkurve liefert für gleich große Zeitintervalle eine geometrische Zahlenfolge, wie etwa 1/2, 1/4, 1/8, 1/16... bei einer fallenden Kurve oder 2, 4, 8, 16... bei einer steigenden.)

Während über den Zeitpunkt des radioaktiven Zerfalls immerhin gewisse Wahrscheinlichkeitsaussagen gemacht werden können, ist die Richtung des Zerfalls in keiner Weise prognostizierbar. Angenommen, der Pu^{239}-Kern befinde sich im Ruhestand und zerfalle in zwei elektrisch geladene Kernbruchstücke unterschiedlicher Größe, die in entgegengesetzte Richtungen auseinanderfliegen. Für eines der beiden Bruchstücke, zum Beispiel das kleinere, sind dann sämtliche Ausbreitungsrichtungen gleich wahrscheinlich. Wir haben keine Möglichkeit, die Ausbreitungsrichtung des Bruchstücks vorherzusagen.

Wenn schon unser Wissen über einen Atomkern a priori so beschränkt ist, welche prinzipiellen Grenzen sind dann erst der Vorhersage kosmologischer Abläufe gesetzt, und zwar selbst dann, wenn wir über eine einheitliche Theorie der Elementarteilchen und des Anfangszustandes des Universums verfügen. Abgesehen von diesen vermutlich einfachen Prinzipien wird jede alternative Geschichte des Universums von den Ergebnissen einer unvorstellbar großen Zahl von Zufallsereignissen beeinflußt.

Regelmäßigkeiten und effektive Komplexität durch »eingefrorene« Zufallsereignisse

Diese Zufallsereignisse zeitigen Zufallsergebnisse, wie es die Quantenmechanik fordert. Die Zufallsergebnisse haben nun ihrerseits die Eigenart bestimmter Galaxien (wie etwa unserer Milchstraße), einzelner Sterne und Planeten (wie der Sonne und der Erde), des Lebens auf der Erde und der verschiedenen dort entstandenen Spezies, einzelner Organismen wie der Menschen und von Ereignissen der menschlichen Geschichte und unseres persönlichen Lebens mitgeprägt. Der Genotyp jedes einzelnen Menschen ist von zahlreichen quantenmechanischen Zufällen beeinflußt worden, zu denen nicht nur Mutationen im Keimplasma der Vorfahren gehören, sondern auch Ereignisse, die sich auf die Befruchtung einer spezifischen Eizelle durch eine bestimmte Samenzelle auswirken.

Ein sehr kleiner Teil des algorithmischen Informationsgehalts jeder alternativen Geschichte des Universums stammt offenkundig von den einfachen fundamentalen Gesetzen, während ein riesiger Teil von all den unablässig eintretenden quantenmechanischen Zufallsereignissen herrührt. Doch nicht nur der AIC des Universums wird weitgehend von diesen Zufallsereignissen bestimmt. Denn obgleich es sich um Zufallsereignisse handelt, tragen ihre Folgen in erheblichem Maße zur effektiven Komplexität bei.

Die effektive Komplexität des Universums entspricht der Länge einer prägnanten Beschreibung seiner Regelmäßigkeiten. Wie der algorithmische Informationsgehalt wird auch die effektive Komplexität nur in geringem Maße von den fundamentalen Naturgesetzen bestimmt. Der Großteil stammt von den zahlreichen Regelmäßigkeiten, die aus »eingefrorenen« (verfestigten) Zufallsereignissen resultieren. Dies sind Zufallsereignisse, deren spezielle Ergebnisse eine Vielzahl von langfristigen Konsequenzen nach sich ziehen, die alle durch ihre gemeinsame Herkunft miteinander in Beziehung stehen.

Einige dieser Zufallsereignisse können weitreichende Folgen

haben. Der Charakter des gesamten Universums wurde von Zufallsereignissen beeinflußt, die sich zu Beginn seiner Expansion zutrugen. Die Eigenart des Lebens auf der Erde ist von Zufallsereignissen geprägt, die vor etwa vier Milliarden Jahren stattfanden. Sobald das Resultat feststeht, können die langfristigen Folgen eines solchen Ereignisses – auf jeder Ebene, außer der fundamentalsten – den Rang eines Gesetzes annehmen. Ein Gesetz der Geologie, Biologie oder Psychologie kann auf ein oder mehrere verstärkte Quantenereignisse zurückgehen, von denen jedes einen anderen Ausgang hätte nehmen können. Die Verstärkungen können auf vielen verschiedenen Mechanismen beruhen, wie etwa dem Phänomen Chaos, das in bestimmten Situationen unbegrenzt große Empfindlichkeit des Ergebnisses von den Anfangsbedingungen einführt.

Um die Tragweite von Zufallsereignissen richtig zu verstehen, müssen wir uns eingehender mit der Bedeutung der Quantenmechanik befassen, die uns lehrt, daß der Zufall bei der Beschreibung der Natur eine fundamentale Rolle spielt.

11 Eine moderne Interpretation der Quantenmechanik

Die Quantenmechanik und die klassische Näherung

Als die Quantenmechanik entdeckt wurde, beeindruckte die Wissenschaftler am meisten der Gegensatz zwischen ihrem wahrscheinlichkeitstheoretischen Charakter und dem Determinismus der älteren, klassischen Physik, in der die genaue und vollständige Information über einen Anfangszustand grundsätzlich die genaue und vollständige Bestimmung des Endzustandes erlaubt, sofern nur die richtige Theorie verwendet wird. Ein derartiger Determinismus ist in der Quantenmechanik zwar niemals uneingeschränkt, aber oft näherungsweise gültig. Das betrifft die häufigen Fälle, in denen die klassische Physik annähernd richtige Ergebnisse liefert und die wir zusammenfassend als quasiklassischen Bereich bezeichnen können. Dieser quasiklassische Bereich umfaßt, grob gesprochen, das Verhalten schwerer Objekte. So läßt sich beispielsweise die Bewegung der Planeten um die Sonne für praktische Zwecke ohne quantenmechanische Korrekturen berechnen, die bei einem solchen Problem völlig vernachlässigt werden können. Wenn der quasiklassische Bereich nicht so bedeutsam wäre, hätten die Physiker die klassische Physik ursprünglich gar nicht erst entwickelt und angewandt, und klassische Theorien, wie die von Maxwell und Einstein, hätten die Ergebnisse von Beobachtungen nicht auf so erstaunlich präzise Weise vorhersagen können. Dies ist ein weiterer Fall, in dem das alte Paradigma (im Sinne Thomas Kuhns) nicht durch ein neues Paradigma ersetzt wird, sondern innerhalb bestimmter Grenzen eine gültige Näherung bleibt (wie die Newtonsche Gravitation, die für Geschwindigkeiten weit unterhalb der Lichtgeschwindigkeit auch weiterhin eine äußerst nützliche Näherung der Einsteinschen Gravitationstheorie bleibt.) Dennoch stellt die klassische Physik nur eine Näherung dar, während die Quantenmechanik, nach unserem gegenwärtigen Kenntnisstand, vollkommen korrekt ist. Obgleich seit Entdeckung der Quantenmechanik im Jahre 1924 viele Jahrzehnte vergangen sind, nähern sich die Physiker erst jetzt einer wirklich befriedigenden Interpretation dieser Theorie, die uns ein tiefes Verständnis dessen gewährt, wie der quasiklassische Bereich unserer Alltagserfahrung aus der fundamentalen quantenmechanischen Eigenart der Natur hervorgeht.

Die approximative Quantenmechanik gemessener Systeme

Die ursprüngliche, von ihren Entdeckern formulierte Version der Quantenmechanik wurde häufig – und wird noch immer – auf eine merkwürdig verkürzende und anthropozentrische Weise dargestellt. Man geht dabei mehr oder weniger von der Annahme aus, irgendeine experimentelle Situation (wie der radioaktive Zerfall einer bestimmten Kernart) werde immer wieder auf gleiche Weise wiederholt. Das Ergebnis des Experiments werde jedesmal – vorzugsweise von einem Physiker, der sich dabei einer technischen Vorrichtung bedient – beobachtet. Man hält es für wichtig, daß der Physiker und die Vorrichtung außerhalb des untersuchten Systems stehen. Der Physiker verzeichne die Eintrittshäufigkeiten der verschiedenen möglichen Ergebnisse des Experiments (wie etwa der Zerfallszeiten). Mit steigender Zahl der Experimente würden diese Häufigkeiten zu Näherungswerten für die Wahrscheinlichkeiten der verschiedenen Ergebnisse, die von der quantenmechanischen Theorie vorhergesagt werden. (Die Wahrscheinlichkeit des radioaktiven Zerfalls als einer Funktion der Zeit steht in unmittelbarer Beziehung zum Prozentsatz der Atomkerne, die nach verschiedenen Zeitintervallen noch nicht zerfallen sind; dieser Prozentsatz ist in der Kurve auf Seite 201 dargestellt. Die Zerfallswahrscheinlichkeit folgt einer ähnlichen Kurve.)

Die ursprüngliche Interpretation der Quantenmechanik, die sich auf Serien gleicher Experimente, die außenstehende Beobachter durchführten, beschränkte, ist viel zu speziell, als daß sie heute als die fundamentale Beschreibung anerkannt werden könnte – zumal immer deutlicher geworden ist, daß die Quantenmechanik für das gesamte Universum gelten muß. Die ursprüngliche Interpretation ist nicht falsch, sie gilt jedoch nur für die Zustände, für deren Beschreibung sie entwickelt wurde. Allgemein betrachtet, muß sie zudem nicht nur als Sonderfall, sondern auch als Näherung gelten. Wir können sie daher als »approximative Quantenmechanik gemessener Systeme« bezeichnen.

Die moderne Interpretation

Für die Beschreibung des Universums als Ganzes bedarf es zweifellos einer allgemeineren Interpretation der Quantenmechanik, da es in diesem Fall weder einen außenstehenden Beobachter noch eine externe Apparatur und keine Möglichkeit der Wiederholung, der Beobachtung zahlreicher Kopien des Universums, gibt. (Jedenfalls dürfte es dem Universum ganz gleich sein, ob auf irgendeinem abgelegenen Planeten der Mensch entstanden ist, der die Geschichte des Weltalls aufklären will. Das Universum gehorcht den quantenmechanischen Gesetzen der Physik unabhängig davon, ob es von Physikern beobachtet wird.) Das ist einer der Gründe, weshalb in den letzten Jahrzehnten eine moderne Interpretation der Quantenmechanik ausgearbeitet wurde. Der zweite ausschlaggebende Grund ist das Bedürfnis, den Zusammenhang zwischen der Quantenmechanik und der approximativen klassischen Beschreibung der Welt um uns herum besser zu verstehen.

In frühen Darstellungen der Quantenmechanik ist oft implizit, manchmal auch explizit behauptet worden, es gebe einen klassischen Bereich *neben* der Quantenmechanik, so daß eine umfassende physikalische Theorie neben quantenmechanischen auch klassische Gesetze enthalten müsse. Während diese Einteilung eine Generation von Wissenschaftlern, deren Weltbild von der klassischen Physik geprägt war, befriedigt haben mag, erachten viele zeitgenössische Physiker sie als künstlich und überflüssig. Die moderne Interpretation der Quantenmechanik geht davon aus, daß der quasiklassische Bereich aus den quantenmechanischen Gesetzen einschließlich des Anfangszustandes zu Beginn der Expansion des Universums hervorgegangen ist. Eine der Hauptschwierigkeiten liegt in der Frage, wie diese Emergenz geschah.

Einer der Wegbereiter der modernen Interpretation war der verstorbene Hugh Everett III, der damals bei John A. Wheeler in Princeton studierte und später Mitglied der Weapons Systems Evaluation Group im Pentagon war. Nach ihm haben mehrere theoretische Physiker einschließlich James (»Jim«) Hartle und mir selbst an diesem Vorhaben gearbeitet. Hartle (der an der University of California in Santa Barbara lehrt und auch am Santa Fe Institute arbeitet) ist ein berühmter theoretischer Kosmologe und ein Experte in Einsteins allgemein-relativistischer Gravitationstheorie. Zu Beginn der sechziger Jahre betreute ich am Caltech seine Doktorarbeit über die Theorie der Elementarteilchen. Später schrieb er zusammen mit Stephen Hawking die bahnbrechende Abhandlung »Die Wellenfunktion des Universums«, die von grundlegender Bedeutung für die Quantenkosmologie sein sollte. Seit 1986 arbeiten Hartle und ich gemeinsam an einer modernen Interpretation der Quantenmechanik, insbesondere in ihrer Beziehung zum quasiklassischen Bereich.

Wir halten Everetts Leistung für nützlich und wichtig, doch zugleich glauben wir, daß noch sehr viel Arbeit vor uns liegt. Zudem hat seine Terminologie und die seiner späteren Kommentatoren in manchen Fällen für Verwirrung gesorgt. So wird seine Interpretation oftmals mit dem Begriff »Vielwelten« beschrieben, während unserer Ansicht nach eigentlich »viele alternative Geschichten des Universums« gemeint sind. Ferner heißt es von diesen »Vielwelten«, sie seien »alle gleich real«, während wir es für weniger mißverständlich halten, von »vielen Geschichten, die mit Ausnahme ihrer unterschiedlichen Wahrscheinlichkeiten in der Theorie gleich behandelt werden«, zu sprechen. Die von uns empfohlene Terminologie baut auf der vertrauten Vorstellung auf, daß ein bestimmtes System verschiedene mögliche Geschichten durchlaufen kann, die jeweils ihre spezifischen Wahrscheinlichkeiten besitzen. Man sollte nicht unnötig Verwirrung stiften mit dem Versuch, sich viele »parallele Universen«, die alle gleich real sind, zu denken. (Ein bekannter Physiker und Experte in Quantenmechanik folgerte aus bestimmten Kommentaren zu Everetts Interpretation, daß jeder, der daran glaubt, eigentlich voller Begeisterung russisches Roulette mit hohem Einsatz spielen sollte, weil der Spieler in einigen der »gleich realen« Welten überleben und reich sein würde.)

Ein weiteres terminologisches Problem besteht darin, daß Everett in den meisten Zusammenhängen den Begriff »Wahrscheinlichkeit« vermied und statt dessen den weniger geläufigen, aber mathematisch gleichwertigen Begriff »Maß« verwendete; Hartle und ich sehen darin keinerlei Vorteil. Doch abgesehen von den terminologischen Unklarheiten ließ Everett zahlreiche wichtige Fragen unbeantwortet, so daß die Hauptschwierigkeit nicht in der Begrifflichkeit liegt, sondern in der Beseitigung dieser Lücken in unserem Verständnis der Quantenmechanik.

Jim Hartle und ich gehören zu einer internationalen Gruppe theoretischer Physiker, die mit verschiedenen Ansätzen an einer modernen Interpretation der Quantenmechanik arbeiten. Besonders wertvolle Beiträge stammen von Robert Griffiths und Roland Omnès, die wie wir von der großen Bedeutung von Geschichten überzeugt sind, sowie von Erich Joos, Dieter Zeh und Wojciech (»Wojtek«) Żurek, die leicht abweichende Ansichten vertreten. Die Formulierung der Quantenmechanik auf der Grundlage des Geschichtsmodells geht auf Richard (»Dick«) Feynman zurück, der auf früheren Arbeiten Paul Diracs aufbaute. Diese Formulierung hilft nicht nur bei der begrifflichen Klärung der modernen Interpretation der Quantenmechanik, sondern auch und vor allem bei der Beschreibung der Quantenmechanik, wenn, wie im Fall der Quantenkosmologie, die relativistische Gravitationstheorie berücksichtigt werden muß. Man geht hierbei davon aus, daß die Geometrie der Raumzeit der quantenmechanischen Unbestimmtheit unterliegt, und die mit Geschichten arbeitende Methode bewältigt diese Situation besonders gut.

Der Quantenzustand des Universums

Grundlegend für jede Behandlung der Quantenmechanik ist der Begriff des Quantenzustands. Betrachten wir dazu ein leicht vereinfachtes Bild des Universums, in dem jedes Teilchen außer seinem Ort und seinem Impuls keine weiteren Eigenschaften besitzt und in dem die Ununterscheidbarkeit sämtlicher Teilchen einer bestimmten Klasse (beispielsweise die Austauschbarkeit sämtlicher Elektronen) außer Betracht bleibt. Was versteht man dann unter einem Quantenzustand des gesamten Universums? Es empfiehlt sich, zunächst den Quantenzustand eines einzelnen Teilchens und dann zweier Teilchen zu erörtern, bevor man das ganze Universum angeht.

In der klassischen Physik wäre es zulässig gewesen, gleichzeitig Ort und Impuls eines bestimmten Teilchens mit beliebiger Genauigkeit zu bestimmen; in der Quantenmechanik dagegen ist dies bekanntlich aufgrund der Unbestimmtheitsrelation nicht erlaubt. Je genauer man den Ort eines Teilchens festlegt, um so unsicherer ist sein Impuls; diese Situation kennzeichnet einen bestimmten Quantenzustand eines einzelnen Teilchens, und zwar einen Zustand genauer Bestimmtheit des Ortes. In einem anderen Quantenzustand ist zwar der Impuls des Teilchens genau bekannt, der Ort aber völlig unbestimmt. Es gibt eine unendliche Zahl weiterer möglicher Quantenzustände für ein einzelnes Teilchen, in denen weder der Ort noch der Impuls genau bestimmt sind, sondern nur eine verschmierte Wahrscheinlichkeitsverteilung für beide existiert. So kann sich beispielsweise in einem Wasserstoffatom, das aus einem (negativ geladenen) Elektron im elektrischen Feld eines (positiv geladenen) Protons besteht, das Elektron im Quantenzustand der niedrigsten Energie befinden, in dem sein Ort über einen atomaren Bereich »verschmiert« ist und auch sein Impuls eine entsprechende Wahrscheinlichkeitsverteilung aufweist.

Betrachten wir nun ein »Universum« aus zwei Elektronen. Es ist theoretisch möglich, daß sich jedes Elektron unabhängig vom anderen in einem bestimmten Quantenzustand befindet. In der Praxis geschieht das jedoch nicht oft, weil die beiden Elektronen, vor allem durch die elektrische Abstoßung zwischen ihnen, miteinander wechselwirken. Das Heliumatom beispielsweise besteht aus zwei Elektronen im elektrischen Feld eines zweifach positiv geladenen Atomkerns. Im niedrigsten Energiezustand des Heliumatoms trifft nicht zu, daß sich jedes der beiden Elektronen unabhängig vom anderen in einem bestimmten Quantenzustand befindet, obgleich man mitunter näherungsweise von einer solchen Situation ausgeht. Infolge der Wechselwirkung zwischen den Elektronen ist ihr gemeinsamer Quantenzustand vielmehr ein solcher, in dem die Quantenzustände der beiden Elektronen eng miteinander verzahnt (korreliert) sind. Interessiert man sich nur für eines der beiden Elektronen, kann man sämtliche Orte (oder Impulse oder Werte irgendeines anderen Merkmals) des zweiten Elektrons »aufsummieren«. Das erste Elektron befindet sich dann nicht in einem bestimmten (»reinen«) Quantenzustand, sondern besitzt eine Reihe von Wahrscheinlichkeiten für mehrere reine Einelektronen-Quantenzustände. Ein solches Elektron befindet sich in einem sogenannten gemischten Quantenzustand.

Wir können nun gleich zur Betrachung des gesamten Universums übergehen. Wenn sich das Universum in einem reinen Quantenzustand befände, dann wären die Quantenzustände aller Einzelteilchen im Weltall miteinander verknüpft. Würden wir dann sämtliche Zustände einiger Teile des Universums »aufsummieren«, erhielten wir für den Rest des Universums (den Bereich, der »verfolgt« und nicht aufsummiert wird) einen gemischten Quantenzustand.

Das Universum als Ganzes befindet sich möglicherweise in einem reinen Quantenzustand. Hartle und Hawking, die von dieser Annahme ausgehen, haben für den reinen Zustand, der zu Beginn der Expansion des Universums existierte, eine spezielle Form vorgeschlagen. Wie schon erwähnt, beschreibt ihre Hypothese diesen ursprünglichen Quantenzustand des Universums mit Hilfe der vereinheitlichten Theorie der Elementarteilchen. Diese vereinheitlichte Theorie erklärt auch, wie sich der Quantenzustand mit der Zeit verändert. Aber nicht einmal dann, wenn man den Quantenzustand des gesamten Universums – nicht nur zu Beginn, sondern für jeden beliebigen Zeitpunkt – vollständig beschriebe, hätte man eine Interpretation der Quantenmechanik.

Der Quantenzustand des Universums gleicht einem Buch, das die Antworten auf unzählige verschiedene Fragen enthält. Doch ohne eine Liste von Fragen, die man an das Buch richtet, ist es relativ nutzlos. Die moderne Interpretation der Quantenmechanik beginnt demnach mit einer Erörterung der geeigneten Fragen, die man zum Quantenzustand des Universums stellen kann.

Da die Quantenmechanik probabilistisch und nicht deterministisch ist, haben diese Fragen zwangsläufig mit Wahrscheinlichkeiten zu tun. Hartle und ich machen uns, wie Griffiths und Omnès, die Tatsache zunutze, daß die Fragen sich letztlich immer auf alternative Geschichten des Universums beziehen. (Wenn wir den Begriff Geschichte verwenden, so nicht um die Vergangenheit auf Kosten der Zukunft hervorzuheben; auch verstehen wir darunter nicht in erster Linie schriftliche Zeugnisse im Sinne der Kulturgeschichte. Geschichte ist in unserem Verständnis einfach eine Schilderung einer zeitlichen Folge von Ereignissen – in der Vergangenheit, Gegenwart oder Zukunft. Die Fragen über alternative Geschichten können beispielsweise lauten: »Wie hoch ist die Wahrscheinlichkeit, daß sich gerade diese spezifische Geschichte des Universums verwirklicht und nicht eine alternative Geschichte?« oder: »Vorausgesetzt, diese Annahmen über eine Geschichte des Universums sind wahr. Wie hoch ist dann die Wahrscheinlichkeit, daß die zusätzlichen Aussagen ebenfalls wahr sind?« Diese letzte Frage erscheint oftmals in der geläufigeren Formulierung: »Vorausgesetzt, diese Annahmen über die Vergangenheit oder die Gegenwart sind wahr. Wie hoch ist dann die Wahrscheinlichkeit, daß sich die Aussagen über die Zukunft bewahrheiten?«

Alternative Geschichten auf der Galopprennbahn

Ein Ort, an dem man Erfahrungen mit Wahrscheinlichkeiten sammeln kann, ist eine Galopprennbahn, wo Wahrscheinlichkeiten sich auf das beziehen, was man echte Siegeschancen nennen könnte. Wenn die echten Siegeschancen eines bestimmten Pferdes 1 zu 3 stehen, dann beträgt die Wahrscheinlichkeit, daß das Pferd siegt, 1/4; stehen die Chancen 1 zu 2, ist die Wahrscheinlichkeit 1/3 und so weiter. (Selbstverständlich sind die tatsächlich an der Rennbahn angezeigten Gewinnchancen keine echten Chancen und entsprechen somit keinen echten Wahrscheinlichkeiten. Wir werden später auf diesen Punkt zurückkommen.) Nehmen an einem Rennen zehn Pferde teil, dann hat jedes Pferd irgendeine positive Siegeswahrscheinlichkeit (die sich bei einer lahmen Mähre allerdings auf Null reduziert!), und diese zehn Wahrscheinlichkeiten addieren sich zu 1, wenn es unter den Pferden nur einen Sieger geben kann. Die zehn alternativen Ergebnisse sind dann *disjunkt* (nur eines kann eintreten) und *vollständig* (eines davon muß eintreten). Eine offenkundige Eigenschaft dieser zehn Wahrscheinlichkeiten ist, daß sie *additiv* sind: die Wahrscheinlichkeit, daß entweder das dritte oder das vierte Pferd siegen wird, ist gleich der Summe der einzelnen Siegeswahrscheinlichkeiten des dritten und des vierten Pferdes.

Eine noch größere Parallele zwischen den Siegeschancen beim Galopprennen und Geschichten des Universums kann man ziehen, wenn man eine Folge von Galopprennen betrachtet, zum Beispiel acht Rennen mit jeweils zehn Pferden. Nehmen wir der Einfachheit halber an, daß nur der Sieg zählt (nicht die Zweit- oder Drittplazierung) und daß es pro Rennen nur einen Sieger gibt (keine toten Rennen). Jede Liste mit acht Siegern ist dann eine Art Geschichte, und diese Geschichten sind disjunkt und vollständig, wie bei einem einzelnen Rennen. Die Anzahl der alternativen Geschichten ist gleich dem Produkt von acht Zehnerfaktoren (einer für jedes Rennen), also insgesamt hundert Millionen.

Die Wahrscheinlichkeiten der einzelnen Siegesfolgen addieren sich genauso wie die Siegeswahrscheinlichkeiten der einzelnen Pferde in einem Rennen: die Wahrscheinlichkeit, daß sich eine bestimmte Siegesfolge oder eine andere verwirklicht, ist gleich der Summe der Einzelwahrscheinlichkeiten der beiden Folgen. Einen Zustand, in dem entweder eine Folge oder eine andere eintritt, kann man eine »kombinierte Geschichte« nennen.

Bezeichnen wir nun die beiden alternativen Geschichten als A und B. Die additive Eigenschaft fordert dann, daß die Wahrscheinlichkeit der kombinierten Geschichte »A oder B« gleich der Wahrscheinlichkeit von A plus der Wahrscheinlichkeit von B ist. In anderen Worten: Die Wahrscheinlichkeit, daß ich morgen nach Paris fliege oder zu Hause bleibe, ist gleich der Summe der Wahrscheinlichkeiten, nach Paris zu fliegen und zu Hause zu bleiben. Eine Größe, die dieser Regel nicht gehorcht, ist keine Wahrscheinlichkeit.

Alternative Geschichten in der Quantenmechanik

Angenommen, wir betrachteten eine Menge alternativer Geschichten des Universums und diese Geschichten seien vollständig und disjunkt. Schreibt die Quantenmechanik nun immer jeder Geschichte eine bestimmte Wahrscheinlichkeit zu? Überraschenderweise ist dies nicht immer der Fall. Vielmehr ordnet sie jedem *Paar* von Geschichten die Größe D zu, und sie liefert eine Regel für die Berechnung von D in Abhängigkeit vom Quantenzustand des Universums. Die beiden Geschichten eines gegebenen Paares können verschieden sein, wie etwa die Alternativen A und B, oder auch gleich, wie etwa A und A. Der Wert von D wird durch einen Ausdruck wie etwa $D(A, B)$, sprich: D von A und B, angegeben. Sind die Geschichten des Paares beide A, dann erhalten wir $D(A, A)$. Bilden beide die kombinierte Geschichte A oder B, dann wird der Wert von D als $D(A$ oder B, A oder $B)$ bezeichnet.

Wenn die beiden Geschichten eines Paares gleich sind, ist D –

wie ein Wahrscheinlichkeitswert – eine Zahl zwischen Null und Eins. Tatsächlich kann D unter bestimmten Bedingungen als Wahrscheinlichkeit der Geschichte interpretiert werden. Um diese Bedingungen herauszufinden, untersuchen wir die Beziehung zwischen den folgenden Größen:

D (A oder B, A oder B)
D (A, A)
D (B, B)
D (A, B) plus D (B, A).

Die ersten drei Größen sind Zahlen zwischen Null und Eins und gleichen somit Wahrscheinlichkeiten. Die letzte Größe kann größer oder kleiner oder gleich Null sein und ist keine Wahrscheinlichkeit. Die Regel für die Berechnung von D schreibt in der Quantenmechanik vor, daß die erste Größe die Summe der drei anderen Größen ist. Wenn jedoch die letzte Größe immer gleich null ist, sobald sich A und B voneinander unterscheiden, ist D (A oder B, A oder B) genau gleich D (A, A) plus D (B, B). Mit anderen Worten: Wenn D immer null ist, sobald die beiden Geschichten unterschiedlich sind, dann besitzt D von einer Geschichte und derselben Geschichte immer die additive Eigenschaft und kann somit als Wahrscheinlichkeit dieser Geschichte interpretiert werden.

Die vierte Größe in der obenstehenden Liste heißt Interferenzterm zwischen den Geschichten A und B. Wenn sie *nicht* für jedes Paar verschiedener Geschichten in der Menge null ist, kann man diesen Geschichten in der Quantenmechanik keine Wahrscheinlichkeiten zuordnen. Sie »interferieren« (überschneiden sich).

Da die Quantenmechanik bestenfalls Wahrscheinlichkeiten vorhersagen kann, versagt sie bei Geschichten, die miteinander interferieren. Derlei Geschichten sind nur nützlich, um nichtinterferierende zusammengesetzte Geschichten zu bilden.

Feinkörnige Geschichten des Universums

Vollkommen feinkörnige Geschichten des Universums sind Geschichten, die das Universum in jedem beliebigen Zustand so vollständig wie möglich beschreiben. Was hat die Quantenmechanik über sie zu sagen?

Gehen wir weiterhin von dem vereinfachten Bild des Universums aus, in dem Teilchen außer Ort und Impuls über keine weiteren Eigenschaften verfügen und in dem die Ununterscheidbarkeit aller Teilchen eines bestimmten Typs außer Betracht bleiben. Wäre die klassische, deterministische Physik uneingeschränkt gültig, dann könnte man die Orte und Impulse sämtlicher Teilchen im Universum jederzeit genau bestimmen. Dann könnte die klassische Dynamik im Prinzip exakt die Orte und Impulse sämtlicher Teilchen für jeden beliebigen künftigen Zeitpunkt vorhersagen. (Das Chaos-Phänomen bringt Situationen hervor, in denen die kleinste Ungenauigkeit bei der Bestimmung der Ausgangsorte oder -impulse zu beliebig großen Unbestimmtheiten bei künftigen Prognosen führen kann; in der klassischen Physik hingegen wäre unter der Voraussetzung vollständiger Information der vollkommene Determinismus nach wie vor gültig.)

Wie sieht der entsprechende Zustand in der Quantenmechanik aus, zu der die klassische Physik lediglich eine Näherung darstellt? Zum einen ist es hier nicht länger sinnvoll, den genauen Ort und den genauen Impuls eines Teilchens gleichzeitig angeben zu wollen; das geht aus der berühmten Unbestimmtheitsrelation hervor. In der Quantenmechanik könnte man daher den Zustand des vereinfachten Universums zu einem bestimmten Zeitpunkt einfach durch die Aufenthaltsorte sämtlicher Teilchen beschreiben (oder durch die Aufenthaltsorte einiger Teilchen und die Impulse anderer, oder durch die Impulse aller Teilchen, oder auf unendlich viele andere Weisen). Eine Art vollkommen feinkörniger Geschichte des Universums bestünde aus den Angaben der Orte sämtlicher Teilchen zu jedem beliebigen Zeitpunkt.

Da die Quantenmechanik probabilistisch und nicht deterministisch ist, könnte man erwarten, sie liefere für jede feinkörnige

Geschichte einen Wahrscheinlichkeitswert. Das ist jedoch nicht der Fall. Die Interferenzterme zwischen feinkörnigen Geschichten verschwinden in der Regel nicht, und deshalb können solchen Geschichten keine Wahrscheinlichkeiten zugeschrieben werden.

Beim Pferderennen braucht sich der Wetter jedoch nicht um irgendwelche Interferenzterme zwischen zwei Siegerserien zu kümmern. Wieso nicht? Wie kommt es, daß der Wetter mit echten Wahrscheinlichkeiten zu tun hat, die sich nach den üblichen Regeln addieren, während die Quantenmechanik auf der feinkörnigen Ebene lediglich Größen liefert, deren Addition durch Interferenzterme erschwert wird? Die Antwort lautet, daß man, um echte Wahrscheinlichkeiten zu erhalten, hinreichend grobkörnige Geschichten betrachten muß.

Grobkörnige Geschichten

Die Serie von acht Pferderennen dient nicht nur als Metapher, sondern als ein reales Beispiel einer sehr grobkörnigen Geschichte des Universums. Da wir nur die Liste der Sieger betrachten, besteht die Grobkörnigkeit darin,

1. sämtliche Zeitpunkte in der Geschichte des Universums mit Ausnahme jener, in denen die Rennen gewonnen werden, außer Betracht zu lassen;
2. zu den betrachteten Zeitpunkten nur die an den Rennen beteiligten Pferde zu verfolgen und sämtliche anderen Objekte im Universum auszuklammern und
3. unter diesen Pferden nur die Sieger der Rennen zu verfolgen; alle Teile des Pferdes mit Ausnahme der Nasenspitze werden vernachlässigt.

Bei quantenmechanischen Geschichten des Universums bedeutet Grobkörnigkeit in der Regel, daß man nur bestimmte Dinge zu bestimmten Zeitpunkten und bis zu einer bestimmten Gliederungstiefe verfolgt. Eine grobkörnige Geschichte kann als eine

Klasse alternativer feinkörniger Geschichten betrachtet werden, die alle die gleichen Dinge verfolgen, sich aber im Hinblick auf alle möglichen Verhaltensweisen dessen, was nicht verfolgt, sondern aufsummiert wird, voneinander unterscheiden. In dem Beispiel der Pferderennen ist jede grobkörnige Geschichte gleich der Klasse aller feinkörnigen Geschichten, die – an diesem bestimmten Nachmittag und auf diesem bestimmten Rennplatz – dieselbe Serie der acht erstplazierten Pferde verfolgen, obwohl die feinkörnigen Geschichten in dieser Klasse sich hinsichtlich aller möglichen alternativen Ausprägungsformen jedes beliebigen anderen Merkmals der Geschichte des Universums voneinander unterscheiden!

Sämtliche feinkörnigen Geschichten des Universums werden derart in Klassen eingeordnet, daß jede feinkörnige Geschichte in einer und nur in einer Klasse enthalten ist. Diese vollständigen und disjunkten Klassen bilden die grobkörnigen Geschichten (wie etwa die verschiedenen möglichen Sequenzen der Sieger von acht Rennen, sofern es keine unentschiedenen Rennen gibt). Nehmen wir an, eine bestimmte Klasse enthalte nur zwei feinkörnige Geschichten, J und K; dann lautet die grobkörnige Geschichte »J oder K«, was bedeutet, daß entweder J oder K eintritt. Enthält eine Klasse zahlreiche feinkörnige Geschichten, dann ist die grobkörnige Geschichte die kombinierte Geschichte, in der jede einzelne feinkörnige Geschichte statthaben kann.

Mathematiker würden diese grobkörnigen Geschichten »Äquivalenzklassen« feinkörniger Geschichten nennen. Jede feinkörnige Geschichte ist in einer und nur einer Äquivalenzklasse enthalten, und die Mitglieder der Klasse werden als äquivalent behandelt.

Nehmen wir an, die einzigen Objekte im Universum seien die an den acht Rennen teilnehmenden Pferde und einige Pferdebremsen; nehmen wir weiterhin an, jedes Pferd könne nur gewinnen oder nicht gewinnen. Jede feinkörnige Geschichte in dieser absurd vereinfachten Welt besteht dann aus einer Folge erstplazierter Pferde und einer spezifischen Schilderung dessen, was die Fliegen angeht. Wenn die grobkörnigen Geschichten ausschließlich die Pferde und deren Siege verfolgen und die Fliegen außer acht lassen, dann besteht jede dieser Geschichten aus der Menge feinkörniger

Geschichten, die eine bestimmte Folge erstplazierter Pferde und einen Bericht über das Schicksal der Fliegen enthalten. Im allgemeinen ist jede grobkörnige Geschichte eine Äquivalenzklasse feinkörniger Geschichten, die durch eine bestimmte Schilderung der verfolgten Phänomene und irgendeine der möglichen alternativen Schilderungen all dessen, was nicht verfolgt wird, charakterisiert sind.

Grobkörnigkeit kann Interferenzterme auswaschen

Wie kann bei quantenmechanischen Geschichten des Universums die Zusammenfassung feinkörniger Geschichten zu Äquivalenzklassen grobkörnige Geschichten mit echten Wahrscheinlichkeiten hervorbringen? Wie kommt es, daß zwischen hinreichend grobkörnigen Geschichten keine Interferenzterme stehen? Die Antwort liegt darin, daß der Interferenzterm zwischen zwei grobkörnigen Geschichten der Summe sämtlicher Interferenzterme zwischen Paaren feinkörniger Geschichten, die in diesen beiden grobkörnigen Geschichten enthalten sind, entspricht. Addiert man all diese Terme mit ihren positiven und negativen Vorzeichen, führt dies zu umfassenden Kürzungen, so daß entweder eine kleine positive oder negative Zahl oder Null herauskommt. (Erinnern wir uns daran, daß D von einer Geschichte und derselben Geschichte immer, wie eine echte Wahrscheinlichkeit, zwischen Null und Eins liegt; diese Größen kürzen sich nicht, wenn man sie addiert.)

Man kann sagen, daß jegliches Verhalten all der Dinge im Universum, die in den grobkörnigen Geschichten außer acht bleiben, in diesem Summierungsprozeß gewissermaßen »aufsummiert« wurde. Sämtliche Details, die nicht in grobkörnigen Geschichten eingehen, sämtliche nicht verfolgten Zeitpunkte, Orte und Objekte werden aufsummiert. So könnten zum Beispiel die Äquivalenzklassen sämtliche feinkörnigen Geschichten zusammenfassen, in denen die Orte bestimmter Teilchen zu jedem beliebigen

Zeitpunkt genau festgelegt sind, während sich alle übrigen Teilchen irgendwo in dem vereinfachten Universum aufhalten können. Wir sagen dann, daß die Orte der ersten Teilchenmenge zu jedem Zeitpunkt verfolgt werden, während die der zweiten Teilchenmenge außer Betracht gelassen oder aufsummiert werden. Eine weitere Erhöhung der Grobkörnigkeit könnte darin bestehen, daß man die Aufenthaltsorte der Teilchen der ersten Menge nur zu bestimmten Zeitpunkten verfolgt, so daß alles, was in der übrigen Zeit geschieht, aufsummiert wird.

Dekohärenz grobkörniger Geschichten – echte Wahrscheinlichkeiten

Ist der Interferenzterm zwischen jedem Paar grobkörniger Geschichten – entweder genau oder in sehr guter Näherung – null, dann bezeichnet man alle grobkörnigen Geschichten als *dekohärent*. Die Größe D von jeder grobkörnigen Geschichte und derselben Geschichte ist dann eine echte Wahrscheinlichkeit mit additiver Eigenschaft. Da die Quantenmechanik in der Praxis immer auf Mengen dekohärenter grobkörniger Geschichten angewandt wird, kann sie Wahrscheinlichkeiten vorhersagen. (Übrigens nennt man D das *Dekohärenz-Funktional*; der Begriff »Funktional« deutet an, daß die Größe von Geschichten abhängig ist.)

In unserem Beispiel der nachmittäglichen Pferderennen läßt sich die verwendete Grobkörnigkeit folgendermaßen zusammenfassen: das Schicksal aller Objekte im Weltall wird mit Ausnahme der Sieger der Galopprennen auf einer bestimmten Rennbahn aufsummiert; und zu allen beliebigen Zeiten werden Ereignisse aufsummiert, ausgenommen die Momente der Siege in den acht Rennen an einem bestimmten Tag. Die resultierenden grobkörnigen Geschichten sind dekohärent und besitzen echte Wahrscheinlichkeiten. Aufgrund unserer Alltagserfahrungen überrascht uns dieses Ergebnis nicht weiter, doch sollten wir genauer untersuchen, wie es dazu kommt.

Verknüpfung und Mechanismen der Dekohärenz

Worin liegt letztlich die Erklärung für die Dekohärenz – für jenen Mechanismus, der bewirkt, daß sich die Interferenzterme zu Null addieren, und der die Zuordnung von Wahrscheinlichkeiten erlaubt? Die Erklärung liegt in der Verknüpfung dessen, was in den grobkörnigen Geschichten verfolgt wird, mit dem, was außer Betracht bleibt oder aufsummiert wird. Die an den Rennen beteiligten Pferde und Jockeis sind in Kontakt mit Luftmolekülen, Sandkörnern und Pferdekot auf der Rennbahn, von der Sonne emittierten Photonen sowie Pferdebremsen – Objekten, die allesamt in den grobkörnigen Geschichten der Rennen aufsummiert werden. Die verschiedenen möglichen Ergebnisse der Pferderennen sind mit den verschiedenen Schicksalen all der Dinge verknüpft, die in den grobkörnigen Geschichten außer Betracht bleiben. Doch diese Schicksale werden aufsummiert, und die Quantenmechanik sagt uns, unter geeigneten Bedingungen verschwinden im Endergebnis die Interferenzterme zwischen den Geschichten, die verschiedene Schicksale der ausgeklammerten Objekte beinhalten. Aufgrund der Verknüpfung verschwinden auch die Interferenzterme zwischen verschiedenen Ergebnissen der Rennen.

Es ist verwirrend, statt dieser dekohärenten grobkörnigen Geschichten den genau entgegengesetzten Fall feinkörniger Geschichten zu betrachten, die Interferenzterme ungleich Null aufweisen und keine echten Wahrscheinlichkeiten besitzen. Diese Geschichten könnten jedes Elementarteilchen jeden Pferdes und alles, was mit jedem Pferd in Kontakt kam, über den gesamten Zeitraum der Rennen verfolgen. Nehmen Sie das berühmte Experiment, in dem ein von einer winzigen Quelle emittiertes Photon auf seinem Weg zu einem bestimmten Punkt in einem Detektor unbehindert einen von zwei Schlitzen in einem Schirm passieren kann – diesen beiden interferierenden Geschichten kann keine Wahrscheinlichkeit zugeordnet werden. Daher ist es müßig zu sagen, durch welchen der beiden Schlitze das Photon hindurchschlüpfte.

Wahrscheinlichkeiten und angezeigte Wettkurse

Um der Klarheit willen ist nochmals hervorzuheben: Die Wahrscheinlichkeiten für hinreichend grobkörnige Geschichten, die die Quantenmechanik zusammen mit einer richtigen physikalischen Theorie ergeben, sind die besten Wahrscheinlichkeiten, die man berechnen kann. Für eine Folge von Galopprennen entsprechen sie dem, was wir echte Siegeschancen genannt haben. Ganz anders verhält es sich mit den an einer Galopprennbahn angezeigten Wettkursen. Sie spiegeln lediglich die Einschätzungen der Wetter hinsichtlich der bevorstehenden Rennen wider. Zudem addieren sich die entsprechenden Wahrscheinlichkeiten nicht einmal zu Eins, da der Rennveranstalter seine Kosten abdecken muß.

Dekohärenz für ein Objekt auf einer Umlaufbahn

Um die Allgemeingültigkeit der Dekohärenz zu veranschaulichen, verlassen wir die Erde und wenden uns einem Beispiel im Weltall zu: der näherungsweisen Beschreibung der Umlaufbahn eines Objekts im Sonnensystem. Die Größe dieses Objekts kann von einem großen Molekül über ein Staubkorn, einen Kometen oder einen Planetoiden bis zu einem Planeten reichen. Wir betrachten grobkörnige Geschichten, in denen die Schicksale aller anderen Objekte im Universum ebenso wie alle inneren Eigenschaften des Objekts selbst aufsummiert werden und nur seine Schwerpunkt-Position zu allen Zeiten übrigbleibt. Darüber hinaus nehmen wir an, daß die Position selbst nur näherungsweise bestimmt wird, so daß nur kleine Raumzonen betrachtet und alle möglichen Positionen innerhalb jeder Zone aufsummiert werden. Schließlich gehen wir davon aus, daß die grobkörnige Geschichte die meisten Ereignisse aufsummiert und die näherungsweise Position des Objekts nur in einer Sequenz diskreter Zeitpunkte, zwischen denen kurze Intervalle liegen, verfolgt.

Sagen wir, das in der Umlaufbahn befindliche Objekt habe die Masse M, die linearen Abmessungen der kleinen Raumzonen lägen in der Größenordnung X und die Zeitintervalle in der Größenordnung T. Die verschiedenen möglichen grobkörnigen Geschichten unseres Objekts im Sonnensystem werden mit einem hohen Genauigkeitsgrad über weite Wertebereiche der Größen M, X und T dekohärent sein. Der für diese Dekohärenz verantwortliche Mechanismus ist wieder die häufige Wechselwirkung mit Objekten, deren Schicksale aufsummiert werden. In einem bekannten Beispiel handelt es sich dabei um die Photonen, aus denen sich die elektromagnetische Hintergrundstrahlung zusammensetzt; sie stammt aus der Zeit, als das Universum (infolge des Urknalls) zu expandieren begann. Das eine Umlaufbahn beschreibende Objekt im Sonnensystem wird wiederholt mit solchen Lichtquanten zusammenstoßen und sie streuen. Nach jedem Stoß werden das Objekt und das jeweilige Photon ihre Bewegungsrichtung ändern. Da wir jedoch die unterschiedlichen Ausbreitungsrichtungen und Energien sämtlicher Photonen aufsummieren, werden die Interferenzterme zwischen diesen Ausbreitungsrichtungen und Energien ausgewaschen und somit die Interferenzterme zwischen verschiedenen grobkörnigen Geschichten des Objekts auf der Umlaufbahn.

Die Dekohärenz der Geschichten (die aufeinanderfolgende angenäherte Positionen des Schwerpunkts des Objekts im Sonnensystem zu bestimmten Zeitpunkten angeben) ist auf die wiederholten Wechselwirkungen des Objekts mit Dingen, die aufsummiert werden, zurückzuführen, wie etwa mit den Photonen der Hintergrundstrahlung.

Dieser Vorgang liefert die Antwort auf eine Frage, die mir Enrico Fermi zu Beginn der fünfziger Jahre, als wir Kollegen an der Universität Chicago waren, immer wieder gestellt hat: »Wenn die Quantenmechanik zutrifft, wieso ist dann der Planet Mars nicht über seine ganze Umlaufbahn verteilt?« Die herkömmliche Antwort, nach der Mars zu jeder Zeit an einem bestimmten Ort steht, weil die Menschen ihn betrachten, kannten wir beide – doch sie erschien Fermi genauso dumm wie mir. Die richtige Erklärung erbrachten lange nach seinem Tod die Arbeiten von Theoretikern wie Dieter Zeh, Erich Joos und Wojtek Żurek über Mechanismen der Dekohärenz, wie etwa demjenigen, der sich auf die Photonen der Hintergrundstrahlung bezieht.

Auch die von der Sonne emittierten Photonen, die am Mars streuen, werden aufsummiert, wodurch sie zur Dekohärenz verschiedener Positionen des Planeten beitragen. Gerade diese Photonen sind es, die dem Menschen erlauben, den Planeten Mars zu sehen. Während also seine Beobachtung des Mars den Menschen auf eine falsche Fährte lockt, kann der physikalische Vorgang, der diese Beobachtung ermöglicht, als teilweise Erklärung für die Dekohärenz verschiedener grobkörniger Geschichten der Bewegung dieses Planeten um die Sonne angesehen werden.

Dekohärente Geschichten bilden einen Verzweigungsbaum

Derartige Dekohärenzmechanismen ermöglichen die Existenz des quasiklassischen Bereichs, der unsere Alltagserfahrung einschließt. Dieser Bereich besteht aus dekohärenten grobkörnigen Geschichten, die eine baumartige Struktur bilden. Jorge Luis Borges hat in einer seiner glänzenden Kurzgeschichten eine solche Struktur anschaulich als einen »Garten sich gabelnder Wege« beschrieben. An jedem Verzweigungspunkt gibt es disjunkte Alternativen. Ein solches Alternativenpaar wurde oft mit einer Straßengabelung verglichen – etwa in dem Gedicht *The Road Not Taken* von Robert Frost.

Die erste Verzweigung dieser Struktur in alternative Möglichkeiten vollzieht sich mit – oder unmittelbar nach – Beginn der Expansion des Universums. Kurze Zeit darauf spaltet sich dann jeder Zweig in weitere Alternativen auf, und dieser Vorgang setzt sich nun unbegrenzt fort. An jeder Verzweigung besitzen die Alternativen wohldefinierte Wahrscheinlichkeiten. Zwischen ihnen gibt es keine quantenmechanische Interferenz.

Diese Situation läßt sich besonders gut am Beispiel der Pferde-

rennen veranschaulichen. Jedes Rennen geht mit einer Verzweigung in zehn Alternativen hinsichtlich der möglichen Sieger einher, und für jeden Sieger gibt es eine weitere Verzweigung in zehn Alternativen hinsichtlich des Siegers des nächsten Rennens.
 Beim Rennwettbewerb wirkt sich das Ergebnis eines Rennens in der Regel nicht besonders stark auf die Siegeswahrscheinlichkeiten des nächsten Rennens aus (beispielsweise wenn ein Jockei über seine Niederlage in einem vorangehenden Rennen tief deprimiert ist). Beim Verzweigungsbaum alternativer Geschichten des Universums dagegen kann sich das Ergebnis an einer Verzweigung nachhaltig auf die Wahrscheinlichkeiten bei späteren Verzweigungen auswirken, ja es kann sogar die Eigenart der Alternativen bei späteren Verzweigungen beeinflussen. So kann beispielsweise die Verdichtung von Materie, aus der der Planet Mars hervorgegangen ist, auf einem quantenmechanischen Zufallsereignis basieren, das vor Milliarden von Jahren stattfand; daraus folgt, daß an den Zweigen, an denen kein solcher Planet auftauchte, keine weiteren, explizit mit alternativen Schicksalen des Planeten Mars verknüpfte Verzweigungen vorkämen.
 Die baumartige Struktur alternativer dekohärenter grobkörniger Geschichten des Universums unterscheidet sich von Stammbäumen, wie sie für die natürlichen Sprachen und die biologischen Arten erstellt werden. Bei Stammbäumen sind sämtliche Zweige in der gleichen historischen Überlieferung präsent. Zum Beispiel gingen alle romanischen Sprachen aus einer späten Version des Lateinischen hervor; sie bilden jedoch keine Alternativen. Französisch, Spanisch, Portugiesisch, Italienisch, Katalanisch und andere romanische Sprachen werden heute nebeneinander gesprochen, und selbst die ausgestorbenen romanischen Sprachen, wie das Dalmatische, hat man zur gleichen Zeit gesprochen. Im Gegensatz dazu sind die Zweige des Baumes alternativer dekohärenter Geschichten disjunkt, und nur ein Zweig ist der Beobachtung zugänglich. Sogar die Interpretatoren der Arbeiten von Hugh Everett, die von »vielen gleich realen Welten« sprechen, behaupten nicht, mehr als eine dieser »Zweig-Welten« beobachtet zu haben.

Hohe Trägheit und annähernd klassisches Verhalten

Die Dekohärenz alleine (die Verzweigungen von Geschichten in unabhängige Alternativen mit wohldefinierten Wahrscheinlichkeiten hervorbringt) ist nicht die einzige wichtige Eigenschaft des quasiklassischen Bereichs, der unsere Alltagserfahrung mit einschließt. Dieser Bereich zeigt auch weitgehend klassisches Verhalten – daher »quasiklassisch«. Nicht nur die sukzessiven Positionen des Planeten Mars in kurz aufeinanderfolgenden Zeitpunkten haben echte Wahrscheinlichkeiten. Vielmehr sind die Positionen zu diesen Zeitpunkten auch in hohem Maße miteinander korreliert (Wahrscheinlichkeiten sehr nahe an Eins), und sie entsprechen in ausgezeichneter Näherung einer wohldefinierten klassischen Umlaufbahn um die Sonne. Diese Umlaufbahn gehorcht den klassischen Newtonschen Gesetzen für die Bewegung im Schwerefeld der Sonne und anderer Planeten, wobei Einsteins verbesserte (allgemein-relativistische) klassische Theorie und eine sehr geringe Reibungskraft aus Stößen von Lichtquanten wie der Photonen der Hintergrundstrahlung nur sehr geringfügige Korrekturen erforderlich machen. Erinnern wir uns daran, daß diese Objekte in den grobkörnigen Geschichten, die die Bewegung des Planeten Mars verfolgen, außer Betracht bleiben und somit aufsummiert werden. Das ist die Ursache dafür, daß grobkörnige Geschichten dekohärieren.

Wie kann der Planet eine deterministische, klassische Umlaufbahn beschreiben, wenn er ständig durch zufällige Stöße der Photonen, die unentwegt seine Bahn kreuzen, erschüttert wird? Die Antwort lautet: Je schwerer ein Objekt auf einer Umlaufbahn ist, um so weniger unregelmäßiges Verhalten zeigt es und um so unbeirrter folgt es seiner Umlaufbahn. Es ist die Masse M des Planeten, seine Trägheit, die den Erschütterungen widersteht und ihm erlaubt, sich in sehr guter Näherung klassisch zu verhalten. Ein Atom oder ein kleines Molekül ist zu leicht, um angesichts all der potentiellen Stoßpartner im Sonnensystem auch nur annähernd eine gleichmäßige Umlaufbahn beschreiben zu können. Ein großes Staubkorn ist schon schwer genug, um näherungsweise einer Umlaufbahn zu folgen, und die Umlaufbahn eines kleinen Raumschiffes ist sogar noch gleichmäßiger. Aber selbst ein solches Raumschiff wird von dem Sonnenwind, der aus von der Sonne emittierten Elektronen besteht, ein wenig aus der Bahn geworfen. Zusammenstöße des Raumfahrzeugs mit diesen Elektronen reichten aus, um bestimmte hochempfindliche Experimente zur Überprüfung der Einsteinschen Gravitationstheorie zu stören; aus diesem Grund wäre es wünschenswert, für diese Experimente ein Sekundärradar auf dem Mars, statt eines Transponders auf einer Raumsonde zu benutzen. Obgleich wir schweren Objekten quasiklassisches Verhalten zugeschrieben haben, wäre es genauer, dieses Verhalten Bewegungen, die mit hinreichend hoher Trägheit verbunden sind, zuzuschreiben. Eine Probe stark gekühlten flüssigen Heliums kann groß und schwer sein und dennoch bizarre Quanteneffekte zeigen – beispielsweise über den Rand eines offenen Behälters schwappen, weil sich einige Heliumatome mit geringer Trägheit bewegen.

Fluktuationen

Physiker versuchen gelegentlich zwischen Quanten- und klassischen Fluktuationen zu unterscheiden, wobei zu den letzteren beispielsweise »thermische Schwankungen« gehören, die mit den Bewegungen der Moleküle in einem heißen Gas zusammenhängen. Die zur Erzielung quantenmechanischer Dekohärenz erforderliche Grobkörnigkeit verlangt die Aufsummierung zahlreicher Variablen, und diese können durchaus einige der Variablen umfassen, die solche Molekularbewegungen beschreiben. Aus diesem Grund werden Quanten- und klassische »thermische« Fluktuationen gerne in einen Topf geworfen. Ein schweres Objekt, das annähernd eine klassische Umlaufbahn beschreibt, widersteht gleichzeitig den Wirkungen beider Fluktuationsarten. Umgekehrt können sich beide Arten erheblich auf ein leichteres Objekt auswirken.

Die durch wiederholte Stöße der Teilchen verursachte unregelmäßige Molekularbewegung wurde zu Beginn des 19. Jahrhunderts erstmals von dem Botaniker Robert Brown beschrieben, nach dem dieses Phänomen »Brownsche Bewegung« heißt. Sie läßt sich leicht beobachten, wenn man einen Tropfen Tinte in Wasser gibt und die Tintenkörnchen unter einem Mikroskop betrachtet. Ihre ruckartigen Bewegungen wurden von Einstein quantitativ als Stöße der Wassermoleküle erklärt, und so wurden Moleküle erstmals der Beobachtung zugänglich gemacht.

Schrödingers Katze

In einem quasiklassischen Bereich gehorchen Objekte näherungsweise den klassischen Gesetzen. Sie unterliegen zwar Fluktuationen, doch sind dies Einzelereignisse, die von einem weitgehend klassischen Verhaltensmuster überlagert werden. Sobald jedoch eine Fluktuation in der Geschichte eines ansonsten klassischen Objekts auftritt, kann sie beliebig verstärkt werden. So kann ein Mikroskop das Bild eines Tintenkörnchens, das von einem Molekül angestoßen wird, vergrößern, und eine Fotografie kann das vergrößerte Bild zeitlich unbegrenzt erhalten.

Dieses Phänomen erinnert an das berühmte Gedankenexperiment mit Schrödingers Katze, bei dem ein Quantenereignis so verstärkt wird, daß es über Tod oder Leben einer Katze entscheidet. Eine solche Verstärkung ist durchaus möglich, wenn auch nicht sehr nett. So kann man eine Vorrichtung bauen, die Leben oder Tod der Katze zum Beispiel von der Bewegungsrichtung eines Kernbruchstückes, das bei einem radioaktiven Zerfallsprozeß freigesetzt wird, abhängig macht. (Mit Hilfe thermonuklearer Waffen könnte man heute dafür sorgen, daß das Schicksal einer ganzen Stadt in der gleichen Weise determiniert wird.)

Gewöhnlich beschreibt man bei der Erörterung von Schrödingers Katze als nächstes die angebliche Quanteninterferenz zwischen den Zuständen »lebende Katze« und »tote Katze«. Doch steht die lebende Katze, zum Beispiel durch ihr Atmen, in starker

Wechselwirkung mit der Außenwelt. Und sogar die tote Katze wechselwirkt noch in gewissem Maße mit der Luft. Es hilft auch nichts, die Katze in einen Kasten zu setzen, denn der Kasten steht ebenso in Wechselwirkung mit der Außenwelt wie mit der Katze. Somit gibt es eine Vielzahl von Möglichkeiten für Dekohärenz zwischen grobkörnigen Geschichten, in denen die Katze lebt, und solchen, in denen sie stirbt. Die Zustände »lebende Katze« und »tote Katze« dekohärieren; es kommt also zu keiner Interferenz zwischen ihnen.

Vielleicht ist es dieser unsinnige Interferenzaspekt der Katzengeschichte, der Stephen Hawking zu der Äußerung veranlaßte: »Wenn ich jemanden von Schrödingers Katze sprechen höre, greife ich nach meinem Gewehr.« Jedenfalls parodiert er damit die Bemerkung (die oftmals einem führenden Nazi zugeschrieben wird, aber tatsächlich in dem frühen nazifreundlichen Stück *Schlageter** von Hanns Johst vorkommt): »Wenn ich Kultur höre, entsichere ich meine Browning.«

Nehmen wir an, das Quantenereignis, das über das Schicksal der Katze befindet, habe bereits stattgefunden, aber wir wüßten das Ergebnis erst dann, wenn wir den Kasten mit der Katze öffneten. Da die beiden Ergebnisse dekohärent sind, unterscheidet sich diese Situation nicht von einer klassischen, wenn wir eine Katzenbox öffnen und das arme Tier, das eine lange Flugreise hinter sich hat, entweder tot oder lebend vorfinden, wobei jeder Zustand eine bestimmte Wahrscheinlichkeit besitzt. Dennoch hat man Berge von Papier damit verschwendet, den vermeintlich seltsamen quantenmechanischen Zustand der Katze, die zur gleichen Zeit tot und lebendig ist, zu diskutieren. Kein wirkliches quasiklassisches Objekt kann ein solches Verhalten zeigen, weil die Wechselwirkung mit dem übrigen Universum zur Dekohärenz der Alternativen führt.

---

* München 1933

Zusätzliche Grobkörnigkeit für Trägheit und der quasiklassische Bereich

Der quasiklassische Bereich verlangt Geschichten, die hinreichend grobkörnig sind, um in vorzüglicher Näherung zu dekohärieren; darüber hinaus verlangt er eine zusätzliche Grobkörnigkeit, damit das, was in den Geschichten verfolgt wird, genügend Trägheit besitzt, um den Fluktuationen, die zwangsläufig mit dem, was aufsummiert wird, verknüpft sind, weitgehend zu widerstehen. Daher kommt es immer wieder zu kleinen und manchmal auch großen Abweichungen vom klassischen Verhalten.

Hohe Trägheit erfordert deshalb eine zusätzliche Grobkörnigkeit, weil dann große Brocken Materie verfolgt werden können und diese Brocken hohe Massen haben können. (Stabile oder fast stabile Elementarteilchen mit riesiger Masse wären eine andere Quelle hoher Trägheit. Doch sind derartige Teilchen experimentell noch nicht nachgewiesen worden, auch wenn sie möglicherweise existieren und, in diesem Fall, eine wichtige Rolle in den ersten Augenblicken der Expansion des Universums gespielt haben könnten.)

Meßbarkeit und Messung

Ein Quantenereignis kann mit einem Vorgang im quasiklassischen Bereich vollkommen korrelieren. Das geschieht beispielsweise in dem sinnvollen Teil der Katzengeschichte, wo ein solches Ereignis mit dem Schicksal des Tieres korreliert. Ein einfacheres und weniger künstliches Beispiel liefert ein radioaktiver Atomkern, der als Verunreinigung in einem Glimmerkristall vorkommt und, so nehmen wir an, in zwei elektrisch geladene Fragmente zerfällt, die sich in entgegengesetzte Richtungen ausbreiten. Die Bewegungsrichtung eines Fragments ist vor dem Zerfallsereignis völlig unbestimmt; danach aber korreliert sie vollkommen mit einer im Glimmer verbliebenen Spur. Quasiklassische Geschichten, die Dinge wie die bei der Entstehung der Spur emittierte weiche Strahlung aufsummieren, lassen die verschiedenen Richtungen mit je einem kleinen Streubereich dekohärent. Eine solche Spur bleibt bei gewöhnlichen Temperaturen Zehntausende von Jahren oder noch länger erhalten, und natürlich ist die bloße Persistenz ein (wenn auch triviales) Beispiel für eine klassische Geschichte. Der radioaktive Zerfall ist hier mit dem quasiklassischen Bereich in Berührung gekommen.

Die in Mineralien auftretende Anhäufung von Spuren, die von Abbauprodukten spontaner Kernspaltungen stammen, wird mitunter zur Datierung dieser Mineralien verwendet; diese Methode wird als Festkörperspurverfahren bezeichnet, und sie kann auf mehrere hunderttausend Jahre altes Gestein angewandt werden. Nehmen wir an, ein Physiker, der mit dieser Methode arbeitet, prüft eine bestimmte Spur. Bei seinem Versuch, das Alter des Steins zu bestimmen, nimmt er nebenbei eine Messung der Zerfallsrichtung des radioaktiven Atomkerns vor. Die Spur aber befindet sich dort seit ihrer Entstehung; sie entsteht nicht erst, wenn der Physiker sie analysiert (wie man aus einigen ungenauen Darstellungen der Quantenmechanik folgern könnte). Die Meßbarkeit bestand seit dem Zerfall des Atomkerns und der Entstehung der Spur; zu diesem Zeitpunkt kam eine hohe Korrelation mit dem quasiklassischen Bereich zustande. Die tatsächliche Messung hätte von einer Kakerlake oder irgendeinem anderen komplexen adaptiven System ausgeführt werden können. Sie besteht in der »Feststellung«, daß eine bestimmte Alternative aus einer Menge dekohärenter Alternativen mit verschiedenen Wahrscheinlichkeiten eingetreten ist. Genau das gleiche geschieht auf der Galopprennbahn, wenn ein bestimmtes Pferd dabei »beobachtet« wird, wie es eines der Rennen gewinnt. Dieser Sieg, der bereits irgendwo im quasiklassischen Bereich registriert ist, wird nun auch im Gedächtnis des Beobachters – unabhängig davon, ob dieser über eine hohe oder eine niedrige Intelligenz verfügt – gespeichert. Und doch haben viele kluge, ja glänzende Wissenschaftler die angebliche Bedeutung des menschlichen Bewußtseins beim Meßvorgang hervorgehoben. Ist das Bewußtsein wirklich so wichtig? Was bedeutet eigentlich »feststellen« und »beobachten«?

Ein IGUS – ein komplexes adaptives System als Beobachter

In diesem Zusammenhang entspricht eine Beobachtung einer Art Auslichtung des Baumes der verzweigten Geschichten. An einem bestimmten Verzweigungspunkt bleibt nur einer der Zweige erhalten. (Genauer gesagt: An jedem dieser Zweige wird nur dieser Zweig selbst erhalten.) Die abgeschnittenen Zweige werden weggeworfen und mit ihnen sämtliche Teile des Baumes, die aus den abgeschnittenen Zweigen wachsen.

In gewissem Sinne hat der Kernspaltungsspuren aufweisende Glimmer bereits eine Auslichtung vorgenommen, indem er die tatsächliche Bewegungsrichtung des Spaltbruchstücks registrierte und dadurch alle anderen Richtungen ausschied. Ein komplexes adaptives System, das die Spur beobachtet, vollzieht diese Auslichtung jedoch auf explizitere Weise, indem es die Beobachtung in den Datenstrom aufnimmt, aus dem es seine Schemata abstrahiert. In seinem anschließenden Verhalten kann sich dann die Tatsache widerspiegeln, daß es eine bestimmte Spurrichtung beobachtet hat.

Ein komplexes adaptives System, das als Beobachter agiert, verdient einen besonderen Namen. Jim Hartle und ich nennen es ein IGUS, für *Information Gathering and Utilizing System* (Informationssammlungs- und -verarbeitungssystem). Wenn das IGUS in hohem Maße über Bewußtsein und Selbstbewußtsein verfügt (so daß es seiner selbst innewird, wie es die Richtung einer Kernspaltungsspur wahrnimmt), um so besser. Aber wozu ist dies nötig? Hat eine Messung, die irgendein Mensch vornimmt, und sei es ein recht beschränkter, wirklich eine größere Bedeutung als eine Messung, die ein Gorilla oder ein Schimpanse ausführt? Und wenn nicht, warum soll man dann nicht einen Affen durch einen Chinchilla oder eine Kakerlake ersetzen?

Wenn es um die Auslichtung des Verzweigungsbaumes der Geschichten geht, sollte man vielleicht zwischen einem menschlichen Beobachter, der sich in der Quantenmechanik auskennt (und sich mithin des Ursprungs des Baumes bewußt ist), und einem, der keine Ahnung davon hat, differenzieren. In gewissem Sinne besteht zwischen ihnen ein größerer Unterschied als zwischen einem Menschen, der nichts von Quantenmechanik versteht, und einem Chinchilla.

Ein IGUS kann, sobald ein bestimmtes Ergebnis feststeht, mehr als alternative Geschichtszweige entfernen, es kann auch im voraus mit Hilfe einer quantenmechanischen Näherung der Wahrscheinlichkeiten auf dieses Ergebnis setzen. Das vermag nur ein komplexes adaptives System zu leisten. Anders als ein Stück Glimmer kann ein IGUS seine Wahrscheinlichkeitsschätzungen für künftige Ereignisse in ein Schema einbauen und sein künftiges Verhalten an diesem Schema ausrichten. So mag beispielsweise ein wüstenbewohnendes Säugetier einige Tage nach dem letzten Regen eine weite Strecke zu einem tiefen Wasserloch zurücklegen, nicht hingegen zu einer seichten Tränke, denn die Wahrscheinlichkeit, daß das tiefe Loch noch Wasser enthalten wird, ist größer.

Die Auslichtung ersetzt das, was man in der traditionellen Interpretation der Quantenmechanik meistens den »Zusammenbruch der Wellenfunktion« nennt. Die beiden Beschreibungen sind zwar mathematisch miteinander verwandt, aber oft wird der Zusammenbruch der Wellenfunktion als ein geheimnisvolles, spezifisch quantenmechanisches Phänomen dargestellt. Da die Auslichtung jedoch nichts anderes als die Feststellung ist, daß aus einer Menge *dekohärenter* Alternativen die eine oder andere stattgehabt hat, ist sie uns recht vertraut. Ein anschauliches Beispiel dafür ist etwa die Feststellung, daß ich zu guter Letzt nicht nach Paris geflogen, sondern zu Hause geblieben bin. Sämtliche Geschichtszweige, die von meiner Reise nach Paris abhingen, sind damit ausgeschieden; ihre Wahrscheinlichkeiten sind jetzt gleich null, gleich, wie hoch sie vorher gewesen sein mögen.

In Darstellungen des sogenannten Zusammenbruchs der Wellenfunktion wird oft nicht klargestellt, daß die Auslichtung selbst dann, wenn sie mit der Messung eines Quantenereignisses verbunden ist, dennoch eine gewöhnliche Unterscheidung zwischen dekohärenten Alternativen bleibt. Quantenereignisse können nur auf der Ebene des quasiklassischen Bereichs nachgewiesen werden.

Dort gibt es lediglich klassische Wahrscheinlichkeiten, wie beim Würfeln oder beim Werfen einer Münze, wobei die Wahrscheinlichkeiten mit Bekanntwerden des Ergebnisses Eins und Null werden. Der quasiklassische Bereich eröffnet die Möglichkeit, daß das Ergebnis recht dauerhafte »Spuren« hinterläßt. Diese Spuren können bei quasigewisser Übereinstimmung jeder Spur mit der vorangehenden in einer quasiklassischen Folge beliebig vergrößert oder kopiert werden. Sobald ein Quantenereignis mit dem quasiklassischen Bereich korreliert (und so der Zustand der Meßbarkeit eintritt), wird das spezifische Ergebnis an einem bestimmten Geschichtszweig zu einer Tatsache.

Selbstbewußtsein und freier Wille

Da wir nun einmal das Problem des Bewußtseins angeschnitten haben, wollen wir uns in einem kurzen Exkurs etwas eingehender damit befassen. Das menschliche Gehirn weist im Vergleich zu dem unserer nächsten Verwandten, den Menschenaffen, stark vergrößerte Stirnlappen auf. Neurobiologen haben in den Stirnlappen Bereiche ausgemacht, in denen offenbar Selbstbewußtsein und Wille lokalisiert sind, die beim Menschen als besonders hoch entwickelt gelten.

In Zusammenhang mit den vielen parallel ablaufenden psychischen Prozessen beim Menschen scheint das Phänomen Bewußtsein oder Aufmerksamkeit einem sequentiellen Prozeß zuordenbar, einer Art Scheinwerfer, der in rascher Folge von einem Sinneskanal auf den anderen oder von einer Vorstellung auf die andere gerichtet werden kann. Wenn wir glauben, uns mit vielen verschiedenen Dingen gleichzeitig zu befassen, bewegen wir den Scheinwerfer in Wirklichkeit vielleicht ständig zwischen den verschiedenen Objekten unserer Aufmerksamkeit hin und her. Die parallel ablaufenden psychischen Prozesse sind dem Bewußtsein in unterschiedlicher Weise zugänglich, und einige Triebfedern des menschlichen Verhaltens liegen in psychischen Tiefenschichten begraben, die sich nur schwer dem Bewußtsein erschließen.

Dennoch sagen wir, Äußerungen und andere Handlungen seien weitgehend bewußtseinsgesteuert, und in dieser Aussage spiegelt sich nicht nur die Erkenntnis wider, daß das Bewußtsein wie eine Art Scheinwerfer funktioniert, sondern auch die feste Überzeugung, daß wir bis zu einem gewissen Grad über einen freien Willen verfügen und zwischen Alternativen wählen können. Diese Wahlfreiheit ist zum Beispiel ein zentraler Aspekt in dem bereits erwähnten Gedicht *The Road Not Taken*.

Welches objektive Phänomen bringt diesen subjektiven Eindruck der Willensfreiheit hervor? Wenn man sagt, eine Entscheidung werde frei getroffen, möchte man damit zum Ausdruck bringen, daß sie von vorausliegenden Ereignissen nicht völlig determiniert wird. Was ist die Ursache dieser scheinbaren Unbestimmtheit?

Die verlockende Erklärung besteht darin, eine solche Entscheidung mit fundamentalen Unbestimmtheiten in Verbindung zu bringen, vorzugsweise mit quantenmechanischen, die durch klassische Phänomene wie das Chaos verstärkt werden. Eine von einem Menschen getroffene Entscheidung hätte dann nichtvoraussagbare Merkmale, die man im Rückblick als frei gewählt bezeichnen könnte. Man kann sich allerdings fragen, welches Merkmal der menschlichen Hirnrinde die Wirkungen quantenmechanischer Fluktuationen und des Chaos gerade hier so deutlich hervortreten läßt.

Statt lediglich auf diese einfachen physikalischen Wirkungen einzugehen, können wir auch Prozesse betrachten, die direkter mit dem Gehirn und dem Bewußtsein verknüpft sind. Erinnern wir uns daran, daß bei einer bestimmten Grobkörnigkeit *sämtliche* aufsummierten (nicht verfolgten) Phänomene scheinbare Unbestimmtheiten (wie etwa thermische Schwankungen) beisteuern können, die mit den quantenmechanischen Fluktuationen in einen Topf geworfen werden. Da der Suchscheinwerfer des Bewußtseins viele parallel ablaufende psychische Prozesse nicht beleuchtet, werden diese Vorgänge in den extrem grobkörnigen Geschichten, an die wir uns bewußt erinnern, aufsummiert. Die daraus resultierenden Unbestimmtheiten scheinen stärker zum subjektiven Eindruck des freien Willens beizutragen als die im engeren Sinne physikalisch bedingten Unbestimmtheiten. Mit anderen Worten: Das Verhalten der Menschen wird häufiger von versteckten Motiven beeinflußt als von den Ergebnissen eines inneren Generators von Zufalls- oder Pseudozufallszahlen. Allerdings verfügen wir nur über wenige gesicherte Kenntnisse auf diesem Gebiet, und wir sind vorläufig auf Spekulationen angewiesen. (Spekulationen über diese Fragen sind keineswegs neu und meistens recht vage. Ich sehe jedoch keinen Grund, warum man diese Frage nicht in Form einer ernsthaften wissenschaftlichen Untersuchung der möglichen Rolle verschiedener Unbestimmtheiten für die Funktionsweise der menschlichen Hirnrinde und der damit einhergehenden mentalen Prozesse weiterverfolgen sollte.)

Was zeichnet den quasiklassischen Bereich unserer Erfahrung aus?

In den grobkörnigen Geschichten des quasiklassischen Bereichs, der auch unsere Erfahrungswelt umfaßt, werden bestimmte Arten von Variablen verfolgt, während die übrigen aufsummiert, also ausgeklammert werden. Welche Arten werden verfolgt? Grob gesprochen, verfolgt der gewöhnliche quasiklassische Bereich Gravitations- und elektromagnetische Felder sowie Größen, die, wie Energie, Impuls und elektrische Ladung, vollkommen erhalten bleiben, und Größen, die näherungsweise erhalten bleiben, wie die Anzahl der Versetzungen (Unregelmäßigkeiten), die ein geladenes Teilchen beim Durchtritt durch ein Kristall erzeugt. Eine Größe wird Erhaltungsgröße genannt, wenn ihr Gesamtbetrag in einem geschlossenen System in der Zeit konstant bleibt; sie wird Fasterhaltungsgröße genannt, wenn ihr Gesamtbetrag in einem geschlossenen System in der Zeit nur geringfügig schwankt. Eine Erhaltungsgröße wie die Energie kann nicht erzeugt oder vernichtet, sondern allenfalls umgewandelt werden. Die Versetzungen in einem Kristall hingegen können natürlich erzeugt werden, zum Beispiel indem man ein geladenes Teilchen hindurchschickt; allerdings können diese Versetzungen Zehntausende oder sogar Hunderttausende von Jahren überdauern, und in diesem Sinne werden sie annähernd erhalten.

Der quasiklassische Bereich unserer vertrauten Erfahrung bezieht die Aufsummierung aller Größen mit Ausnahme der Wertebereiche dieser Erhaltungs- und Fasterhaltungsgrößen innerhalb kleiner Rauminhalte mit ein. Diese Rauminhalte müssen aber allemal so groß sein, daß sie die erforderliche Trägheit besitzen, um den Schwankungen, die mit den Wirkungen sämtlicher aufsummierten Variablen verknüpft sind, zu widerstehen. Das heißt, den Schwankungen wird so viel Widerstand entgegengesetzt, daß die erfaßten Größen quasiklassisches Verhalten zeigen.

Diese Größen müssen in Zeitintervallen verfolgt werden, die nicht zu nahe beieinanderliegen, so daß die alternativen grobkörnigen Geschichten dekohärieren können. Allgemein gilt: Wird die Körnigkeit zu fein (weil die Zeitintervalle zu kurz, die Volumina zu klein oder die Wertebereiche der verfolgten Größen zu schmal sind), erwächst die Gefahr der Interferenz zwischen den Geschichten.

Betrachten wir eine Menge alternativer grobkörniger Geschichten, die maximal verfeinert sind, so daß jede weitere Steigerung der Feinkörnigkeit die Dekohärenz oder den quasiklassischen Charakter der Geschichten oder beides zerstören würde. Die kleinen Volumina, in denen die Erhaltungs- und Fasterhaltungsgrößen in geeigneten Zeitintervallen verfolgt werden, können dann zwar das gesamte Universum abdecken, aber mit einer Grobkörnigkeit in Raum und Zeit (und in den Wertebereichen der Größen), die gerade hinreicht, um dekohärente und quasiklassische alternative Geschichten hervorzubringen.

Die vertraute Erfahrungssphäre des Menschen und der Systeme, mit denen er in Kontakt steht, ist ein sehr viel grobkörnigerer Bereich als ein solcher maximal quasiklassischer Bereich. Es bedarf eines sehr hohen Maßes zusätzlicher Grobkörnigkeit, um von diesem maximal quasiklassischen Bereich in einen der Beobachtung zugänglichen Bereich vorzudringen. Dieser beobachtbare Bereich erstreckt sich lediglich auf sehr begrenzte Regionen der Raumzeit, und die Belegung dieser Variablen ist in diesen Regionen nur sehr punktuell. (So ist beispielsweise das Innere von Sternen und sonstigen Planeten einer Beobachtung praktisch nicht zugänglich, und auch die Vorgänge auf ihrer Oberfläche lassen sich nur sehr grobkörnig erfassen.)

Die grobkörnigen Geschichten des maximal quasiklassischen Bereichs hingegen müssen nicht alle der menschlichen Beobachtung unzugänglichen Variablen aufsummieren und sie somit ausklammern. Statt dessen können diese Geschichten Beschreibungen der alternativen Ergebnisse von räumlich und zeitlich beliebig weit entfernten Prozessen beinhalten. Sie können sogar Ereignisse zu Beginn der Expansion des Universums erfassen, als es vermutlich noch nirgendwo komplexe adaptive Systeme gab, die als Beobachter hätten agieren können.

Fassen wir zusammen: Ein maximal quasiklassischer Bereich besteht aus einer vollständigen Menge disjunkter grobkörniger Geschichten des Universums, die die gesamte Raumzeit abdekken, dekohärieren, meistens annähernd klassisch und gerade so feinkörnig sind, daß sie mit den übrigen Bedingungen in Einklang stehen. Die in diesem – von uns erörterten – speziellen maximal quasiklassischen Bereich verfolgten Größen sind Wertevorräte von Erhaltungs- und Fasterhaltungsgrößen über kleine Volumina. Den uns vertrauten Erfahrungsbereich erhält man dadurch, daß man auf diesen maximalen Bereich ein extrem hohes Maß an zusätzlicher Grobkörnigkeit anwendet, das den Fähigkeiten unserer Sinne und Instrumente entspricht.

Die Zweigabhängigkeit verfolgter Größen

Es ist wichtig, noch einmal hervorzuheben, daß die spezifischen, zu einem bestimmten Zeitpunkt verfolgten Größen von dem Ergebnis einer früheren Verzweigung der Geschichten abhängig sein können. So wird beispielsweise die Verteilung der Masse in der Erde, wie sie die in jedem Volumen einer Unzahl kleiner Volumina im Planeten enthaltene Energiemenge repräsentiert, vermutlich seit Entstehung der Erde von grobkörnigen Geschichten verfolgt. Doch was ist, wenn die Erde eines Tages infolge einer gegenwärtig nicht vorhersehbaren Katastrophe in tausend Stücke zerbirst? Was ist, wenn die Erde bei der Katastrophe verdampft, wie dies in einigen zweitklassigen Kinofilmen zu sehen ist? In den Geschichten, in denen dies geschieht, werden die grobkörnigen Geschichten nach der Katastrophe vermutlich andere Größen verfolgen als zuvor. Anders ausgedrückt: Was Geschichten bei einer bestimmten Grobkörnigkeit verfolgen, kann zweigabhängig sein.

Individuelle Objekte

Wir haben den quasiklassischen Bereich, der unsere vertraute Erfahrungswelt umfaßt, mit Hilfe von Wertebereichen von Feldern und Erhaltungs- oder Fasterhaltungsgrößen in kleinen Raumvolumina beschrieben. Doch wie erklärt sich die Entstehung individueller Objekte wie etwa eines Planeten?

Schon früh in der Geschichte des Universums begannen Materiemassen unter dem Einfluß der gravitativen Anziehung zu kondensieren. Die Schilderungen der alternativen grobkörnigen Geschichten nach dieser Zeit sind viel prägnanter, wenn sie unter Heranziehung der so entstandenen Objekte beschrieben werden. Es ist viel einfacher, die Bewegung eines Sternsystems aufzuzeichnen, als all die wechselwirkenden Materiedichteschwankungen in einer Billion Billionen kleiner Volumina einzeln aufzulisten, die bei der Bewegung des Sternsystems auftreten.

Als aus den Galaxien Sterne, Planeten und Planetoiden hervorgingen und sich an einigen Orten komplexe adaptive Systeme wie die Lebewesen auf der Erde entwickelten, wurde die Existenz individueller Objekte zu einem immer charakteristischeren Merkmal des quasiklassischen Bereichs. Zahlreiche Regelmäßigkeiten des Universums lassen sich am prägnantesten anhand dieser Objekte beschreiben; aus diesem Grund stellen die Eigenschaften individueller Objekte einen Großteil der effektiven Komplexität des Universums dar.

Meistens ist die Beschreibung individueller Objekte dann am einfachsten, wenn die Definition den Zuwachs oder den Verlust relativ kleiner Materiemengen in Betracht zieht. Wenn ein Meteorit auf einem Planeten einschlägt oder eine Katze atmet, verändert sich dadurch weder die Identität des Planeten noch die der Katze. Doch wie kann man Individualität messen? Man kann beispielsweise eine Menge ähnlicher Objekte betrachten und auf einer bestimmten Ebene der Grobkörnigkeit die Eigenschaften, die sie voneinander unterscheiden, so kurz wie möglich beschreiben, (wie etwa die verlorenen Federn der elf Kondore, die ich beim Verzehr eines toten Kalbs beobachtete). Die Zahl der Bits in der Beschreibung eines typischen Individuums kann dann mit der Anzahl Bits verglichen werden, die für die Zählung der Individuen der Menge erforderlich ist. Enthält die Beschreibung für die spezifische Ebene der Grobkörnigkeit mehr Bits als die Zählung, dann besitzen die Objekte der Menge Individualität.

Betrachten wir die Menge aller Menschen, die sich gegenwärtig auf etwa 5,5 Milliarden beläuft. Um jeder Person eine andere Zahl zuzuschreiben, benötigt man etwa 32 Bits, weil 2, 32mal mit sich selbst multipliziert, 4294967296 ergibt. Doch schon ein flüchtiger Blick aus der Nähe auf jede Person kann im Verein mit einer kurzen Befragung mühelos viel mehr als 32 Bits Information aufdecken. Und bei gründlicherer Analyse eines jeden Menschen kommt noch sehr viel mehr Individualität zum Vorschein. Wieviel zusätzliche Information wird erst verfügbar sein, wenn wir das individuelle Genom jedes Menschen entziffern können.

In unserer Galaxie gibt es etwa hundert Milliarden Sterne – nicht gerechnet die potentiellen Dunkelsterne, die die Astronomen vielleicht eines Tages entdecken werden. Um jedem Stern eine Seriennummer zuzuschreiben, brauchte man etwa 37 Bits. Über die in der Nähe befindliche Sonne sind den Astronomen viel mehr Daten bekannt, doch ist für andere Sterne die Körnigkeit viel gröber. Die Position am Himmel, die Helligkeit, das Spektrum des emittierten Lichts und die Bewegung lassen sich je nach Entfernung mit mehr oder minder großer Genauigkeit messen. Die Gesamtzahl der Bits liegt in der Regel nicht weit über 37, in manchen Fällen kann sie sogar darunter liegen. Mit Ausnahme der Sonne weisen die Sterne, wie die Astronomen sie heute beobachten können, eine gewisse, aber keine sonderlich große Individualität auf.

Die spezifische Grobkörnigkeit der heutigen Beobachtungen läßt sich dadurch vermeiden, daß man in den maximal quasiklassischen Bereich übergeht, der aus alternativen Geschichten besteht, die die gesamte Raumzeit abdecken und nicht nur dekohärent und fast klassisch sind, sondern aufgrund ihrer Dekohärenz und Quasiklassizität in gewisser Hinsicht auch maximal feinkörnig. Wo es zweckmäßig erscheint, kann man diese Geschichten anhand individueller Objekte formulieren, die außergewöhnlich detailgenau verfolgt werden und ein entsprechend hohes Maß an Individualität aufweisen.

Im üblichen maximal quasiklassischen Bereich ist die Information über jeden beliebigen Stern sehr viel größer als unsere Kenntnisse über die Sonne. Ebenso ist die Information über jeden einzelnen Menschen sehr viel umfassender als unser heute verfügbares Wissen. Wahrscheinlich könnte kein komplexes adaptives System, das einen Stern oder einen Menschen beobachtet, eine derart gigantische Informationsmenge wirklich verwerten. Zudem würde sich ein Großteil der Daten auf zufällige oder pseudozufällige Fluktuationen der Massendichte im Innern eines Sterns oder eines Knochens oder Muskels beziehen. Es ist schwer vorstellbar, wozu ein komplexes adaptives System eine solche Unmenge Informationen verwenden sollte. Allerdings könnten Regelmäßigkeiten innerhalb des Datenstroms sehr nützlich sein; so machen sich beispielsweise Mediziner derartige Regelmäßigkeiten zunutze, wenn sie mit Hilfe der Kernspin- oder Computertomographie Krankheiten diagnostizieren. Wie gewöhnlich besteht das deskriptive Schema, das ein komplexes adaptives System als Beobachter formuliert, aus einer prägnanten Liste der Regelmäßigkeiten, und die Länge einer solchen Liste ist ein Maß für die effektive Komplexität des beobachteten Objekts.

Der proteische Charakter der Quantenmechanik

Wie klassische probabilistische Situationen, etwa eine Folge von Pferderennen, bilden auch die grobkörnigen alternativen Geschichten des Universums, die den maximalen quasiklassischen Bereich darstellen, eine baumartige Struktur mit wohldefinierten Wahrscheinlichkeiten für die verschiedenen Möglichkeiten an jedem Verzweigungspunkt. Worin unterscheidet sich dann die Quantenmechanik von der klassischen Mechanik? Ein offensichtlicher Unterschied liegt darin, daß die Grobkörnigkeit in der Quantenmechanik unverzichtbar ist, wenn die Theorie sinnvolle Aussagen machen soll. In die klassische Mechanik dagegen wird die Grobkörnigkeit nur wegen der Ungenauigkeit von Messungen oder einer sonstigen praktischen Beschränkung eingeführt. Doch ein weiterer Unterschied könnte mehr als alles andere die kontraintuitive Eigenart der Quantenmechanik erklären – ihren proteischen Charakter. Erinnern wir uns, daß Proteus in der klassischen Mythologie ein Prophet wider Willen war, der vielerlei Gestalt annehmen konnte. Damit man von ihm Voraussagen erhielt, mußte man seiner in einer seiner zahlreichen Verwandlungen habhaft werden.

Kehren wir zu unseren vereinfachten feinkörnigen Geschichten des Universums zurück, die den Ort jedes Teilchens im Universum zu jedem Zeitpunkt genau angeben. In der Quantenmechanik beruht die Feststellung des Ortes jedoch auf einer willkürlichen Entscheidung. Auch wenn es nach Heisenbergs Unbestimmtheitsrelation unmöglich ist, zugleich Ort und Impuls eines bestimmten Teilchens mit beliebiger Genauigkeit anzugeben, so kann man durchaus zu einigen dieser Zeitpunkte statt des Ortes den Impuls genau bestimmen. Folglich können feinkörnige Geschichten auf viele verschiedene Weisen ausgewählt werden, wobei jedes Teilchen zu bestimmten Zeitpunkten durch seinen Impuls und zu den übrigen Zeitpunkten durch seinen Ort bestimmt ist. Zudem gibt es eine unendliche Vielfalt weiterer, subtilerer Methoden, feinkörnige Geschichten des Universums aufzustellen.

Gibt es viele nichtäquivalente quasiklassische Bereiche?

Wir können für jede dieser Mengen feinkörniger Geschichten zahlreiche verschiedene Grobkörnigkeiten erwägen und fragen, welche, wenn überhaupt eine, in einen maximal quasiklassischen Bereich führen, der sich durch dekohärente grobkörnige Geschichten auszeichnet, die mit laufend geringeren und manchmal größeren Abweichungen annähernd klassisches Verhalten zeigen. Außerdem können wir fragen, ob tatsächlich nennenswerte Unterschiede zwischen ihnen bestehen oder ob sie alle mehr oder minder gleich sind.

Jim Hartle und ich gehören zu den Wissenschaftlern, die eine Antwort auf diese Frage suchen. Bis zum Beweis des Gegenteils bleibt es denkbar, daß eine große Menge nichtäquivalenter maximaler quasiklassischer Bereiche existiert, von denen der uns vertraute Bereich nur ein Beispiel ist. Angenommen, dies sei der Fall, was unterscheidet dann den uns vertrauten quasiklassischen Bereich von allen anderen?

Jene, die sich der ersten Interpretation der Quantenmechanik anschließen, sagen, die Menschen hätten sich dafür entschieden, bestimmte Größen zu messen, und diese Entscheidung trüge mit dazu bei, den quasiklassischen Bereich, mit dem wir es zu tun haben, zu bestimmen. Etwas allgemeiner formuliert, könnten sie sagen, der Mensch ist nur imstande, bestimmte Größen zu messen, und der quasiklassische Bereich muß zumindest teilweise auf diesen Größen basieren.

Heimstätte komplexer adaptiver Systeme

Zwar garantiert die Quasiklassizität allen Menschen und allen Systemen, die mit uns in Verbindung stehen, die Möglichkeit zum Datenvergleich, so daß wir alle mit demselben Bereich zu tun haben. Wird aber dieser Bereich in einem kollektiven Willensakt von uns *ausgewählt*? Eine solche Sichtweise wäre – wie andere

Aspekte der alten Interpretation der Quantenmechanik – unnötig anthropozentrisch.

Ein anderer, weniger subjektiv gefärbter Ansatz besteht darin, mit einem maximal quasiklassischen Bereich zu beginnen und festzustellen, daß er an bestimmten Zweigen binnen bestimmter Zeitspannen und in bestimmten räumlichen Regionen genau jene Mischung aus Regelmäßigkeit und Zufälligkeit zeigt, die die Entwicklung komplexer adaptiver Systeme begünstigt. Das fast klassische Verhalten liefert die Regelmäßigkeit, während die Abweichungen vom Determinismus – die Fluktuationen – das Zufallselement beisteuern. Verstärkungsmechanismen einschließlich solcher, die Chaos erzeugen, erlauben einigen dieser Zufallsschwankungen, in Korrelation mit dem quasiklassischen Bereich zu treten und Verzweigungen hervorzubringen. Komplexe adaptive Systeme entwickeln sich also in Verbindung mit einem bestimmten maximal quasiklassischen Bereich, der in keiner Weise von diesen Systemen entsprechend ihren Fähigkeiten ausgewählt wurde. Vielmehr determinieren der Aufenthaltsort und die Fähigkeiten der Systeme das Ausmaß der zusätzlichen Grobkörnigkeit (die in unserem Fall tatsächlich sehr grob ist), die auf den bestimmten maximal quasiklassischen Bereich Anwendung findet, um zu dem Bereich zu gelangen, der von den Systemen wahrgenommen wird.

Angenommen, die Quantenmechanik des Universums erlaube, mathematisch gesehen, mehrere mögliche maximal quasiklassische Bereiche, die wirklich nichtäquivalent seien. Nehmen wir ferner an, komplexe adaptive Systeme entwickelten sich eigentlich, um eine bestimmte Grobkörnigkeit von jedem dieser maximal quasiklassischen Bereiche zu nutzen. Dann würde jeder Bereich eine Reihe alternativer grobkörniger Geschichten des Universums liefern, und Informationssammlungs- und -verarbeitungssysteme (IGUSe) würden in jedem einzelnen Fall die Ergebnisse der verschiedenen probabilistischen Verzweigungen am Baum möglicher Geschichten registrieren, der in den beiden Fällen ein recht unterschiedliches Aussehen hätte!

Bestünde zwischen den ansonsten unterschiedlichen quasiklassischen Bereichen ein bestimmter Grad an Übereinstimmung in den verfolgten Phänomenen, dann könnten die beiden IGUSe einander gewahr werden und sogar in gewissem Umfang miteinander kommunizieren. Doch ein Großteil dessen, was ein IGUS verfolgt, könnte das andere IGUS nicht direkt wahrnehmen. Nur mit Hilfe einer quantenmechanischen Berechnung oder Messung könnte ein IGUS das gesamte Spektrum der vom anderen wahrgenommenen Phänomene erfassen. (Dies mag manch einen an die Beziehung zwischen Mann und Frau erinnern.)

Könnte ein Beobachter, der einen Bereich benutzt, wirklich erkennen, daß andere Bereiche – mit ihren eigenen Mengen sich verzweigender Geschichten und ihren eigenen Beobachtern – als alternative Beschreibungen der möglichen Geschichten des Universums verfügbar sind? Dieser faszinierende Fragenkomplex ist von Science-fiction-Autoren aufgeworfen worden (die manchmal im Anschluß an den russischen Theoretiker Starobinsky den Ausdruck »Koboldwelten« verwenden), doch erst jetzt schenken ihm die Spezialisten auf dem Gebiet der Quantenmechanik die gebührende Beachtung.

Die theoretischen Physiker, die an der modernen Interpretation der Quantenmechanik arbeiten, möchten, daß die Epoche zu Ende geht, die unter dem Diktum von Niels Bohr stand: »Wer behauptet, über die Quantenmechanik nachdenken zu können, ohne verrückt zu werden, zeigt damit bloß, daß er nicht das Geringste davon verstanden hat.«

12 Quantenmechanik und unsinnige Behauptungen

Auch wenn es in der Quantenmechanik zahlreiche Fragen gibt, die noch nicht ganz gelöst sind, ist es müßig, dort Verwirrung zu stiften, wo es keine Probleme gibt. Dennoch wird in einem Großteil der jüngsten Veröffentlichungen zum Thema Quantenmechanik genau das getan.

Da die Quantenmechanik nur Wahrscheinlichkeiten vorhersagt, hat sich in manchen Kreisen die Überzeugung herausgebildet, sie erlaube praktisch alles. Stimmt es, daß in der Quantenmechanik alles möglich ist? Das hängt davon ab, ob man auch extrem unwahrscheinliche Ereignisse einbezieht. Ich erinnere mich, daß ich während meiner Studienzeit einmal die Wahrscheinlichkeit berechnen mußte, mit der ein schweres makroskopisches Objekt während eines bestimmten Zeitintervalls aufgrund von Quantenfluktuationen dreißig Zentimeter in die Luft schnellt. Die Lösung war etwa Eins, dividiert durch eine Eins mit 62 Nullen. Mit diesem Beispiel wollte man uns zeigen, daß es zwischen dieser extrem niedrigen Wahrscheinlichkeit und Null praktisch keinen Unterschied gibt. Alles, was unwahrscheinlich ist, ist tatsächlich unmöglich.

Wenn wir uns fragen, welche Ereignisse mit einer gewissen Wahrscheinlichkeit eintreten können, stellen wir fest, daß viele Phänomene, die nach den Gesetzen der klassischen Physik unmöglich waren, auch nach den quantenmechanischen Gesetzen effektiv unmöglich sind. Die allgemeine Einsicht in diese Sachlage wurde jedoch in den letzten Jahren durch eine Flut von Büchern und Artikeln erschwert, in denen sich irreführende Verweise auf einige elegante theoretische Abhandlungen des verstorbenen John Bell und die Ergebnisse eines dort geschilderten Experiments finden. Einige Darstellungen des Experiments, in dem es um zwei sich in entgegengesetzte Richtung ausbreitende Photonen ging, vermittelten den Lesern den falschen Eindruck, die Messung der Eigenschaft des einen Photons wirke sich augenblicklich auf das andere Photon aus. Daraus wurde dann der Schluß gezogen, die Quantenmechanik erlaube die Übermittlung von Daten mit Überlichtgeschwindigkeit, und sogar vermeintlich »paranormale« Phänomene, wie Präkognition, erhielten so den Anstrich der wissenschaftlichen Seriosität! Wie konnte es dazu kommen?

Einsteins Einwände gegen die Quantenmechanik

In gewisser Weise beginnt die ganze Geschichte mit Albert Einsteins ablehnender Haltung gegenüber der Quantenmechanik. Obgleich er zu Beginn der zwanziger Jahre mit seiner brillanten Arbeit über Photonen, in der er die ursprüngliche Quantenhypothese von Max Planck umsetzte, zu den Wegbereitern der Quantenmechanik gehörte, hat er selbst die Theorie immer abgelehnt. Auf der 1930 in Brüssel stattfindenden Solvay-Konferenz präsentierte Einstein den vermeintlichen Beweis für ihre Inkonsistenz. Niels Bohr und seine Bundesgenossen suchten in den darauffolgenden Tagen fieberhaft nach einem Fehler in der Beweisführung des großen Mannes. Und tatsächlich konnten sie noch vor Ende des Kongresses nachweisen, daß Einstein ironischerweise ausgerechnet die Folgen der Allgemeinen Relativitätstheorie vergessen hatte. Sobald man diese einbezog, verschwand die vermeintliche Inkonsistenz.

Einstein versuchte nun nicht länger zu beweisen, daß die Quantenmechanik in sich widersprüchlich war. Statt dessen konzentrierte er sich darauf, das Prinzip zu identifizieren, gegen das die Quantenmechanik verstieß und dem seiner Ansicht nach ein theoretisches Bezugssystem gehorchen sollte. 1935 veröffentlichte er gemeinsam mit zwei jungen Mitarbeitern, Podolsky und Rosen, einen Aufsatz, in dem er dieses Prinzip und ein hypothetisches Experiment beschrieb, in dem die Quantenmechanik angeblich dieses Prinzip verletzte. Das Prinzip, das er »Vollständigkeit« nannte, stellte die Grundlagen der Quantenmechanik in Frage. Einstein forderte in etwa folgendes: Wenn durch eine Messung der Wert einer bestimmten Größe Q mit Sicherheit vorhergesagt werden könnte und wenn sich durch eine zweite, davon völlig unabhängige Messung der Wert einer weiteren Größe R genau vorhersagen ließe, dann sollte man nach Einsteins Vollständigkeitsprinzip beiden Größen Q und R gleichzeitig exakte Werte zuordnen können. Einstein und seinen Mitarbeitern gelang es, genau jene Größen auszuwählen, die nach den Gesetzen der Quantenmechanik niemals gleichzeitig genau bestimmt werden können, nämlich Ort und Impuls desselben Objekts. So ergab sich ein direkter Widerspruch zwischen der Quantenmechanik und dem Vollständigkeitsprinzip.

Welche Beziehung besteht in der Quantenmechanik nun wirklich zwischen einer Messung, mit der man dem Ort eines Teilchens zu einem bestimmten Zeitpunkt einen exakten Wert zuordnen kann, und einer anderen Messung, mit der man dessen Impuls zum selben Zeitpunkt genau feststellen kann? Der springende Punkt ist der, daß diese Messungen an zwei verschiedenen Zweigen stattfinden, die dekohärent sind (ähnlich der Beziehung zwischen einem Geschichtszweig, in dem ein Pferd ein bestimmtes Rennen gewinnt, und einem anderen Zweig, in dem ein anderes Pferd gewinnt). Einsteins Forderung läuft also auf die Behauptung hinaus, die Ergebnisse der beiden alternativen Zweige müßten *zusammen* anerkannt werden. Damit wird zweifelsfrei die Preisgabe der Quantenmechanik verlangt.

Verborgene Parameter

Tatsächlich wollte Einstein die Quantenmechanik durch ein anderes theoretisches Bezugssystem ersetzen. Aus anderweitigen Äußerungen von ihm läßt sich seine Überzeugung entnehmen, die

Erfolge der Quantenmechanik beruhten auf theoretischen Ergebnissen, die nur näherungsweise richtig seien und eine Art statistischer Mittelwert über die Vorhersagen einer anderen Theorie darstellten.

Einsteins Vorstellungen nahmen deutlichere Konturen an, als mehrere theoretische Physiker zu verschiedenen Zeiten die Annahme äußerten, die Quantenmechanik könne vielleicht durch ein deterministisches, klassisches Bezugssystem ersetzt werden, das jedoch eine sehr große Zahl »verborgener Parameter« enthalte. Diese Parameter sollten – bildlich gesprochen – unsichtbare kleine Fliegen beschreiben, die praktisch überall im Universum umherschwirrten und, mehr oder weniger zufällig, mit den Elementarteilchen wechselwirkend deren Verhalten beeinflußten. Solange die Fliegen nicht nachweisbar seien, könnten die Theoretiker bei Vorhersagen allenfalls statistische Mittelwerte der Bewegungen der Fliegen verwenden. Doch die unsichtbaren Fliegen würden unvorhersagbare Schwankungen erzeugen, die wiederum Unbestimmtheiten hervorbrächten. Man hoffte nun, daß diese Unbestimmtheiten aus irgendeinem Grund den quantenmechanischen Unbestimmtheiten entsprechen würden, so daß die Vorhersagen dieses Modells mit quantenmechanischen Prognosen in den zahlreichen Fällen, in denen diese durch Beobachtung verifiziert werden, übereinstimmen würden.

Bohm und Einstein

Ich kenne einen theoretischen Physiker, der, zumindest eine Zeitlang, hin- und hergerissen war zwischen seinem Glauben an die Quantenmechanik und der Überzeugung, daß die Quantenmechanik vielleicht durch ein mit »verborgenen Parametern« arbeitendes Modell ersetzt werden müsse. Dieser Theoretiker war David Bohm, der sich während seines gesamten Berufslebens um ein vertieftes Verständnis der Quantenmechanik bemühte.

1951, als ich gerade meinen Doktortitel erworben hatte und ein Aufbaustudium am Institute for Advanced Study in Princeton absolvierte, war Bohm Lehrbeauftragter an der Princeton University. Wir waren beide Junggesellen und verbrachten so manchen Abend mit gemeinsamen Spaziergängen auf dem Campus der Universität, auf denen wir physikalische Probleme erörterten. David erzählte mir, wie schwer es ihm als Marxist gefallen sei, an die Quantenmechanik zu glauben. (Marxisten ziehen rein deterministische Theorien vor.) Da die Quantenmechanik außerordentlich erfolgreich und noch durch keine Beobachtung widerlegt worden war, hatte er sich selbst davon zu überzeugen versucht, daß sie im Grunde eine philosophisch akzeptable Theorie war. Im Rahmen seiner Bemühungen, die Quantenmechanik mit seinen marxistischen Überzeugungen in Einklang zu bringen, hatte er ein Lehrbuch der Quantenmechanik geschrieben, in dem er besonders auf das Problem der Interpretation einging. Dieses Buch stand kurz vor dem Erscheinen, und David lag sehr viel daran, Einstein die wichtigsten Kapitel vorzulegen und soweit wie möglich die Einwände des großen Wissenschaftlers zu entkräften. David bat mich, ein Treffen zu arrangieren. Ich erwiderte, daß ich nicht die geeignete Person dafür sei, da ich Einstein kaum kannte. Ich würde jedoch mit der furchteinflößenden Sekretärin von Einstein, Fräulein Dukas, reden und sehen, was sich machen ließe.

Als ich David einen oder zwei Tage später wieder traf und ihm gerade erzählen wollte, daß ich mich um die Vereinbarung eines Treffens bemühte, unterbrach er mich freudig erregt, um mir mitzuteilen, dies sei nicht mehr nötig. Sein Buch war erschienen, und Einstein hatte es bereits gelesen und ihn angerufen, um ihm zu sagen, daß es die beste Darstellung der gegen ihn vorgebrachten Argumente sei und daß sie sich treffen sollten, um darüber zu sprechen. Als ich David das nächste Mal sah, wollte ich natürlich unbedingt wissen, wie ihr Gespräch verlaufen war, und fragte ihn danach. Er machte einen recht niedergeschlagenen Eindruck und antwortete: »Er hat es mir ausgeredet. Ich bin wieder an dem Punkt, wo ich war, bevor ich das Buch geschrieben habe.« Von da an arbeitete Bohm über vierzig Jahre lang an einer Neuformulierung und Neuinterpretation der Quantenmechanik, die die Bedenken Einsteins entkräften sollte. Vor kurzem erfuhr ich zu meinem tiefen Kummer von seinem Tod.

Das EPRB-Experiment

Vor vielen Jahren schlug David Bohm vor, das von Einstein, Podolsky und Rosen formulierte Gedankenexperiment, das sich auf das »Vollständigkeit«sprinzip bezog (und hier nicht beschrieben werden muß), durch eine modifizierte und wirklichkeitsnähere Version zu ersetzen. In Bohms Experiment (das nach den vier beteiligten Physikern EPRB-Experiment genannt wird) geht es um den Zerfall eines Teilchens in zwei Photonen. Befindet sich das Teilchen im Ruhezustand und hat es keinen Spin (Eigendrehimpuls), dann breiten sich die Photonen in entgegengesetzte Richtungen aus, haben gleiche Energie und identische Polarisationen. Ist eines der Photonen linkszirkular polarisiert (besitzt es also einen Linksspin), dann ist auch das andere Photon linkszirkular polarisiert; und ist eines rechtszirkular polarisiert (besitzt also einen Rechtsspin), gilt das auch für das andere. Wenn ferner ein Photon entlang einer bestimmten Achse linear polarisiert ist (also sein elektrisches Feld entlang dieser Achse schwingt), dann trifft dies genauso für das andere Photon zu.

Die Versuchsanordnung sieht vor, daß auf keines der beiden Photonen bis zu seinem Eintritt in einen Detektor eine Störkraft einwirkt. Sobald der Detektor die zirkulare Polarisation eines der beiden Photonen gemessen hat, ist damit auch die zirkulare Polarisation des anderen genau bestimmt: sie ist identisch. Ebenso steht mit der Messung der linearen Polarisation eines der Photone die des anderen fest: sie ist wieder mit der des ersten Photons identisch. Nach Einsteins »Vollständigkeit«sprinzip müßte man dann sowohl der zirkularen als auch der linearen Polarisation des zweiten Photons exakte Werte zuschreiben können. Die Werte der zirkularen Polarisation und der linearen Polarisation eines Photons können aber niemals beide gleichzeitig genau bestimmt werden (ebensowenig wie der Ort und der Impuls eines Teilchens). Folglich ist vom Standpunkt der Quantenmechanik die Forderung nach »Vollständigkeit« in diesem Fall genauso unvernünftig wie in der Situation, die Einstein und seine Mitarbeiter erörtert haben. Die beiden Messungen, einmal der zirkularen, zum anderen der linearen Polarisation, sind Alternativen; sie finden an verschiedenen Geschichtszweigen statt, und es gibt keinen Grund, die Ergebnisse beider Experimente zusammen zu betrachten.

Das EPRB-Experiment und die Theorie der »verborgenen Parameter«

Später zeigte John Bell in einer theoretischen Arbeit, daß man das EPRB-Experiment dazu verwenden könnte, durch bestimmte Polarisationsmessungen an beiden Photonen die Quantenmechanik von hypothetischen Theorien, die mit verborgenen Parametern arbeiten, zu unterscheiden. Bells Theorem (auch »Bellsche Ungleichungen« genannt) bezieht sich auf eine bestimmte Größe, die die Korrelation zwischen den Polarisationen der beiden Photonen genau angibt. In der Quantenmechanik kann diese Größe Werte annehmen, die in einer klassischen, mit verborgenen Parametern arbeitenden Theorie nicht erlaubt wären.

Nachdem Bell seine Abhandlung veröffentlicht hatte, führten mehrere Gruppen von Experimentalphysikern das EPRB-Experiment durch. Die Ergebnisse wurden mit Spannung erwartet, obgleich praktisch alle Physiker von der Richtigkeit der Quantenmechanik überzeugt waren, die dann auch durch die Resultate bestätigt wurde. Nun hätte man natürlich erwartet, daß die Nachricht einen kollektiven Seufzer der Erleichterung in der weltweiten Gemeinde der Physiker auslösen würde und daß die Wissenschaftler zu ihrer Alltagsarbeit zurückkehrten. Statt dessen setzte eine Flut von Veröffentlichungen ein, in denen behauptet wurde, es hätte sich gezeigt, daß die Quantenmechanik seltsame und beunruhigende Eigenschaften habe. Natürlich handelte es sich um dieselbe alte Quantenmechanik. Nichts war neu, außer ihrer Bestätigung und der anschließenden Woge unsinniger Behauptungen.

Die Verdrehung der Tatsachen

Die wichtigste in den Nachrichtenmedien und in zahlreichen Büchern verbreitete Tatsachenverdrehung besteht in der impliziten oder gar expliziten Behauptung, die Messung der zirkularen beziehungsweise linearen Polarisation eines der beiden Photonen beeinflusse das andere Photon. In Wirklichkeit wird durch die Messung keinerlei physikalischer Effekt von einem Photon auf das andere übertragen. Was geschieht dann? Wenn an einem bestimmten Geschichtszweig die lineare Polarisation eines Photons gemessen und somit genau angegeben wird, dann ist auf demselben Geschichtszweig auch die lineare Polarisation des anderen Photons genau bestimmt. Wird auf einem anderen Geschichtszweig die zirkulare Polarisation eines der beiden Photonen gemessen, dann ist damit die zirkulare Polarisation beider Photonen genau bestimmt. Der Zustand an jedem Zweig läßt sich mit den »Bertlmannschen Socken« vergleichen, die John Bell in einer seiner Abhandlungen beschreibt. Bertlmann ist ein Mathematiker, der stets eine rosa und eine grüne Socke trägt. Wer nur einen seiner Füße sieht und eine grüne Socke erblickt, weiß sofort, daß an seinem anderen Fuß eine rosa Socke prangt. Und das, obwohl keine Signalübertragung zwischen den Füßen stattfindet. Ebensowenig findet in dem Experiment, das die Quantenmechanik bestätigt, eine Signalübertragung (und damit eine Fernwirkung) zwischen den beiden Photonen statt.

Aus der falschen Behauptung, die an dem einen Photon vorgenommene Messung wirke sich unmittelbar auf das andere Photon aus, kann man alle möglichen verhängnisvollen Schlüsse ziehen. Erstens würde die vermeintlich instantane Übertragung der Wirkung die Forderung der Relativitätstheorie verletzen, daß sich kein Signal – keine physikalische Wirkung – schneller als mit Lichtgeschwindigkeit ausbreiten kann. Könnte ein Signal die Lichtgeschwindigkeit überschreiten, dann hätten Beobachter in gewissen Bewegungszuständen den Eindruck, das Signal breite sich in die Vergangenheit aus. Daher der Limerick:

There was a young lady named Bright
Who could travel much faster than light.
She set out one day, in a relative way,
And returned home the previous night.

Sodann haben einige Autoren behauptet, angeblich »paranormale« Phänomene wie Präkognition, bei denen bestimmte »medial veranlagte« Personen die Ergebnisse von Zufallsprozessen im voraus kennen sollen, seien von der Quantenmechanik gedeckt. Selbstverständlich wären derartige Phänomene mit der Quantenmechanik genausowenig vereinbar wie mit der klassischen Physik; wenn es sie wirklich geben sollte, würden sie eine vollständige Neuformulierung der Naturgesetze, wie wir sie heute kennen, erfordern.

Ein weiteres Beispiel offenkundigen Unsinns sind Vorschläge etwa an das US-Verteidigungsministerium, die Quantenmechanik in militärischen Bereichen für die Datenübermittlung mit Überlichtgeschwindigkeit einzusetzen. Man fragt sich, ob das Aufkommen dieser neuen Kategorie absurder Wünsche bedeutet, daß die Zahl der illusorischen Vorstellungen altmodischer Art wie etwa die Antischwerkraft und das Perpetuum mobile, zurückgeht. Andernfalls kann es nur daran liegen, daß die Zahl der Bürokraten, die sich mit diesen Problemen herumschlagen, zunimmt.

Ernstzunehmende potentielle Nutzanwendungen des EPRB-Effekts

Unterdessen haben ernstzunehmende Wissenschaftler über Möglichkeiten nachgedacht, den EPRB-Effekt für praktische Zwecke nutzbar zu machen. Statt mit verrückten Ideen aufzuwarten, haben sie einige faszinierende potentielle Nutzanwendungen aufgezeigt. So arbeiteten beispielsweise Charles Bennett, Gilles Brassard und Artur Ekert an einer Form der Quantenkryptographie, bei der durch vielfache Wiederholung des EPRB-Effekts

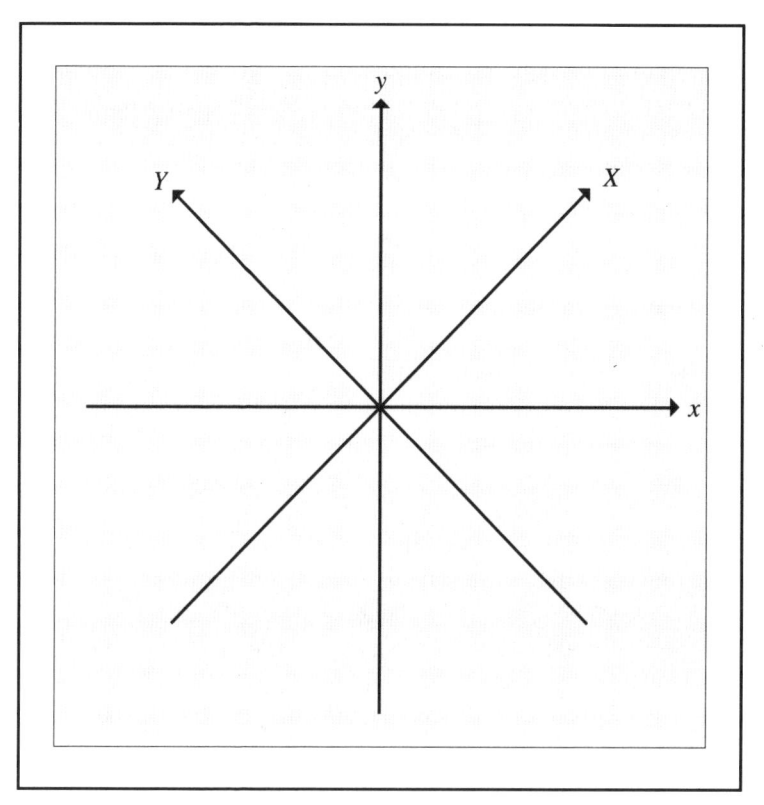

Abbildung 11: *In der Quantenkryptographie verwendete Achsen zur Messung der linearen Polarisation*

eine zufallsgenerierte Bitfolge erzeugt wird, die nur zwei Personen bekannt ist. Diese Folge kann dann als Basis für einen nicht dechiffrierbaren Code zur geheimen Nachrichtenübermittlung zwischen den beiden dienen.

Die Methode funktioniert etwa folgendermaßen. Nehmen wir an, den fiktiven Personen Alice und Bob stünde eine stetige Folge von EPRB-Photonenpaaren zur Verfügung. Ein Photon jeden Paares geht an Alice und eines an Bob. Sie vereinbaren im voraus, eine lange Reihe von Messungen der linearen Polarisation ihrer jeweiligen Photonen durchzuführen. Die eine Hälfte der Messungen erfolgt zwischen zwei senkrecht aufeinanderstehenden Achsen, x und y, und die andere Hälfte zwischen zwei senkrecht aufeinanderstehenden (entlang der Winkelhalbierenden zwischen x und y verlaufenden) Achsen, X und Y. (Die X- und die Y-Achse sind um 45 Grad gegen die x- und y-Achse gedreht, wie in Abbildung 11 zu sehen ist.) Alice entscheidet bei jedem ihrer Photonen nach dem Zufallsprinzip, ob es einer x/y-Messung oder einer X/Y-Messung unterzogen wird. Und Bob geht, getrennt und unabhängig von Alice, genauso vor.

Nach Abschluß der Meßreihe teilt Alice Bob mit, welche Messung sie bei jedem ihrer Photonen vornahm, ob eine x/y- oder eine X/Y-Messung. Und Bob gibt Alice seinerseits die entsprechenden Informationen. (Ihre Unterhaltung kann über ein öffentliches Telefon erfolgen und von Spionen abgehört werden, ohne daß dies irgendwie schaden würde.) Sie erfahren, bei welchen Gelegenheiten sie die gleiche Messung vorgenommen haben (das wird auf etwa 50 Prozent der Fälle zutreffen). Für jede gleiche Messung müssen aufgrund des EPRB-Effekts die Ergebnisse von Bob und Alice übereinstimmen. Die Ergebnisse der gleichen Messungen sind dann nur ihnen beiden bekannt (vorausgesetzt, beide haben die Messungen heimlich vorgenommen und die Ergebnisse nicht öffentlich verbreitet). Die Ergebnisse lassen sich nun als eine Folge von Einsen (für x bzw. X) und Nullen (für y bzw. Y) darstellen, die nur Alice und Bob kennen. Und diese Folge kann dann als Basis für einen nichtdechiffrierbaren Geheimcode dienen, den sie untereinander verwenden.

Sollten Alice und Bob besonderen Wert auf Geheimhaltung legen, können sie die Ergebnisse einiger gleicher Messungen preisgeben, indem sie die übereinstimmenden Einsen und Nullen über eine offene Telefonleitung abgleichen, um sicherzugehen, daß sie auch wirklich identisch sind (während sie die übrigen Einsen und Nullen für ihre Geheimnachrichten verwenden). Jeder Spion, der auf irgendeine Weise seine eigenen Messungen an den Photonen durchführte, hätte dadurch die vollkommene Übereinstimmung zwischen den Ergebnissen von Bob und Alice zerstört. Durch Vergleich einiger dieser Ergebnisse käme die Arbeit des Spions ans Tageslicht.

Die Quantenkryptographie ist eigentlich nicht auf den EPRB-Effekt angewiesen. Eine Gruppe von sechs Physikern (darunter Bennett) hat später ein raffiniertes Verfahren entwickelt, bei dem der EPRB-Effekt für die Zerstörung eines Photons und die Erzeugung eines anderen Photons im selben Polarisationszustand, aber an anderem Ort (das heißt mit einer anderen räumlichen Wahrscheinlichkeitsverteilung) unverzichtbar ist.

Je mehr sich unser Wissen über das System der Elementarteilchen vertieft hat, um so bemerkenswerter geriet das Wechselspiel zwischen den scheinbaren Komplexitäten, die durch Experimente aufgedeckt wurden, und den in der Theorie erzielten Vereinfachungen. Die Entdeckung vieler verschiedener Teilchenarten und mehrerer Typen von Wechselwirkungen zwischen ihnen hat den Eindruck erweckt und verstärkt, die Teilchenphysik sei kompliziert. Zugleich kommt dank der Fortschritte, die bei der Vereinheitlichung der theoretischen Beschreibung der Teilchen und Wechselwirkungen erzielt werden, immer stärker die grundlegende Einfachheit der Elementarteilchenphysik zum Vorschein. Obgleich die Elementarteilchenphysik noch keine hundert Jahre alt ist, befinden wir uns vielleicht schon in der Phase, in der sich die Einheit des gesamten Gebiets abzuzeichnen beginnt, und zwar in Form eines einzigen Prinzips, von dem man sich erhofft, daß es die Existenz der beobachteten Teilchenvielfalt vorhersagt.

13 Quarks und dergleichen: das Standardmodell

Das Rahmenmodell für alle ernstzunehmenden Theorien der Elementarteilchen bildet die Quantenfeldtheorie, zu der sowohl das Standardmodell als auch die Superstring-Theorie gehören. Die Quantenfeldtheorie fußt auf drei Grundannahmen: der Gültigkeit der Quantenmechanik, der Gültigkeit des Einsteinschen Relativitätsprinzips (des speziellen Relativitätsprinzips, sofern die Gravitation ausgeklammert ist, ansonsten des allgemeinen Relativitätsprinzips) und dem Prinzip der Lokalität (nach dem sämtliche fundamentalen Kräfte aus lokalen Prozessen hervorgehen und nicht auf Fernwirkung basieren). Zu diesen lokalen Prozessen gehören auch die Emission und Absorption von Teilchen.

QED – Quantenelektrodynamik

Das erste erfolgreiche Beispiel einer Quantenfeldtheorie war die Quantenelektrodynamik (QED), die Theorie des Elektrons und des Photons. Das Elektron ist ein Fermion (das heißt, es gehorcht dem Pauli-Verbot), und es besitzt eine Grundeinheit elektrischer Ladung (die aufgrund einer Konvention, die auf Benjamin Franklin zurückgeht, als »negativ« bezeichnet wird). Das Photon ist ein Boson (es gehorcht also dem Anti-Pauli-Verbot) und elektrisch neutral.

Die Quantenelektrodynamik erklärt die elektromagnetische Kraft zwischen zwei Elektronen damit, daß eines der beiden Elektronen ein Photon emittiert, das vom zweiten Elektron absorbiert wird. Wenn Sie sich ein wenig in der klassischen Physik auskennen, werden Sie vielleicht einwenden, daß die Emission eines Pho-

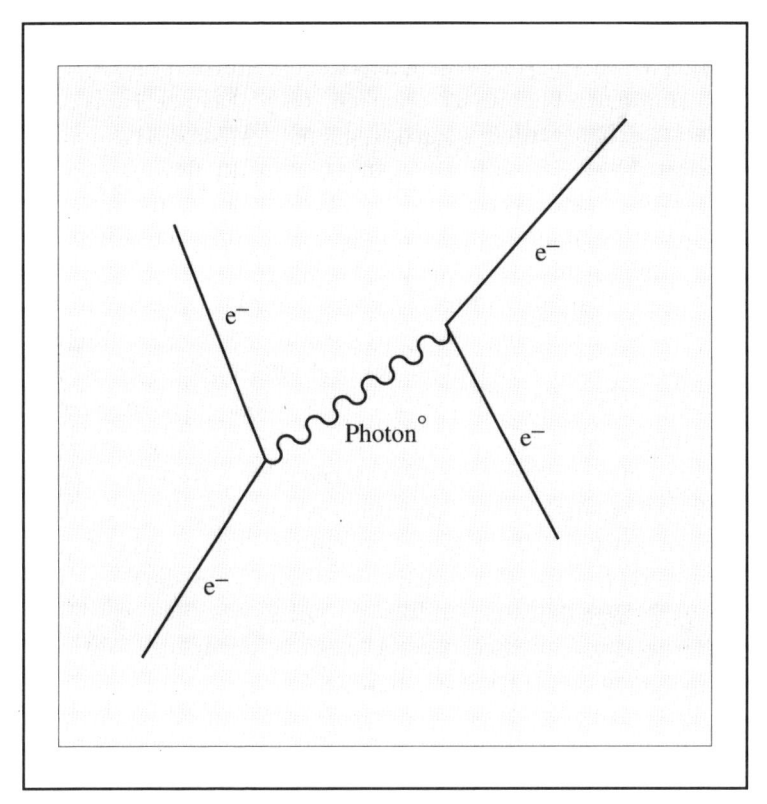

Abbildung 12: *Die elektromagnetische Kraft zwischen zwei Elektronen entsteht durch den virtuellen Austausch eines Photons.*

tons durch ein Elektron (also dessen Umwandlung in ein Elektron und ein Photon) den Energie- beziehungsweise den Impulserhaltungssatz oder beide verletze; das gleiche gelte für die Absorption eines Photons. Sollten Sie jedoch ein paar Grundkenntnisse in der Quantenmechanik besitzen, dann werden Sie wahrscheinlich wissen, daß die Energieerhaltung nicht für begrenzte Zeitintervalle, sondern nur über längere Zeiträume gelten muß. Diese Eigenschaft der Quantenmechanik kann als Manifestation der auf Energie und Zeit angewandten Heisenbergschen Unbestimmtheitsrelation betrachtet werden. Das System kann sich eine Zeitlang ein wenig Energie borgen, um damit dem ersten Elektron die Emission eines Photons zu erlauben. Diese Energie kann dann zurückgegeben werden, wenn das andere Elektron das Photon absorbiert. Diesen Prozeß nennt man den »virtuellen« Austausch eines Photons zwischen Elektronen. Dabei erfolgen die Emission und Absorption des Photons nur im »metaphorischen« Sinne der Quantenmechanik.

Für jede Quantenfeldtheorie können wir kleine schematische Diagramme anfertigen, die mein verstorbener Kollege Richard Feynman ersonnen hat und die uns in der Illusion wiegen, wir verstünden, was tatsächlich vor sich geht. Abbildung 12 zeigt zwei Elektronen, zwischen denen es aufgrund des virtuellen Austauschs eines Photons eine elektromagnetische Kraft gibt. Jedes Elektron ist durch ein »e« dargestellt, dessen beigefügtes Minuszeichen seine einfach negative elektrische Ladung anzeigt. Das Photon trägt entsprechend eine hochgestellte Null, die seine elektrische Neutralität anzeigt. Ein »e« mit Pluszeichen würde ein Positron, das Antiteilchen des Elektrons, darstellen. Was aber versteht man unter einem Antiteilchen?

Teilchen-Antiteilchen-Symmetrie

Die Quantenfeldtheorie basiert auf einer fundamentalen Symmetrie des Systems der Elementarteilchen, nämlich der Symmetrie zwischen Teilchen und ihren »Antiteilchen«. Zu jedem Teilchen gibt es ein entsprechendes Antiteilchen, das sich wie das in Zeit und Raum rückwärtslaufende Teilchen verhält. Das Antiteilchen des Antiteilchens ist wieder das Teilchen selbst. Sind zwei Teilchen Antiteilchen zueinander, dann besitzen sie entgegengesetzte elektrische Ladungen (also gleiche Ladungsmenge, aber entgegengesetzte Vorzeichen), aber die gleiche Masse. Das Antiteilchen des Elektrons heißt wegen seiner positiven elektrischen Ladung Positron. Einige elektrisch neutrale Teilchen, wie das Photon, sind ihre eigenen Antiteilchen.

Mit Paul A. Diracs Veröffentlichung seiner relativistischen Gleichung für das Elektron war 1928 der Weg für die Entdeckung der Quantenelektrodynamik geebnet, die bald darauf erfolgte. Obgleich sich aus der Interpretation der Dirac-Gleichung zwangsläufig das Postulat eines Positrons ergab, hat Dirac zu Anfang die Existenz dieses Teilchens nicht eigentlich vorausgesagt. Vielmehr deutete er an, das angenommene positiv geladene Objekt könnte mit dem Proton identisch sein, das experimentell gut erforscht war, aber fast zweitausendmal schwerer als das Elektron ist (von dem es sich auch in vielen anderen wichtigen Aspekten unterscheidet). Als ich Dirac Jahrzehnte später fragte, weshalb er nicht von Anfang an die Existenz des Positrons vorausgesagt habe, antwortete er in seiner gewohnt prägnanten Art: »Reine Feigheit.«

So blieb die Entdeckung den experimentellen Physikern vorbehalten. Das Positron wurde 1932 von meinem verstorbenen Kollegen Carl Anderson am Caltech und von Patrick Blackett in England experimentell nachgewiesen; einige Jahre später erhielten sie dafür den Nobelpreis für Physik. Ihre Experimente bewiesen, daß die Teilchen-Antiteilchen-Symmetrie der Quantenfeldtheorie ein reales Phänomen ist.

Das Standardmodell kann weitgehend als eine Generalisierung der Quantenelektrodynamik betrachtet werden. Das Elektron und das Positron werden um zahlreiche weitere Teilchen-Antiteilchen-Paare von Fermionen ergänzt, und zu den Photonen kommen weitere Quanten hinzu. Wie das Photon Träger oder Quant der elektromagnetischen Kraft ist, sind die übrigen Quanten Träger anderer fundamentaler Kräfte.

Quarks

Lange Zeit glaubte man, daß neben dem Elektron auch die Bestandteile des Atomkerns, das Neutron und das Proton, zu den fundamentalen Fermionen gehören würden. Diese Annahme erwies sich jedoch als falsch; Neutron und Proton sind nicht elementar. Die Physiker haben wiederholt die Erfahrung machen müssen, daß Objekte, die sie ursprünglich für fundamental hielten, aus noch kleineren Bausteinen bestehen. So bestehen Moleküle aus Atomen, die – obgleich sich ihr Name von dem griechischen Wort für »unteilbar« herleitet – ihrerseits aus Atomkernen und diese umkreisenden Elektronen aufgebaut sind. Die Atomkerne wiederum sind aus Neutronen und Protonen zusammengesetzt, was den Physikern um das Jahr 1932, als man das Neutron entdeckte, klarzuwerden begann. Heute wissen wir, daß Neutron und Proton selbst zusammengesetzte Objekte sind: sie bestehen aus Quarks. Die theoretischen Physiker sind sich heute ziemlich sicher, daß die Quarks die analogen Teilchen des Elektrons sind. (Wenn sich – was heute unwahrscheinlich anmutet – herausstellen sollte, daß die Quarks ihrerseits zusammengesetzte Gebilde sind, dann müßte auch das Elektron ein Kompositum sein.)

Als ich 1963 den fundamentalen Bausteinen des Nukleons den Namen »Quark« gab, war mir zunächst der Klang des Wortes in den Sinn gekommen, den ich zunächst nicht mit einer bestimmten Buchstabenfolge assoziierte, die beispielsweise auch »kwork« hätte lauten können. Bei einem meiner gelegentlichen Streifzüge durch *Finnegans Wake* von James Joyce stieß ich dann auf das Wort *quark*, und zwar in dem Satz *Three quarks for Muster Mark*. Da Joyce *quark* (das unter anderem als lautmalendes Wort den Schrei einer Möwe nachahmt), wie *bark* und ähnliche Wörter, eindeutig als Reimwort zu »Mark« verwendete, brauchte ich einen Vorwand, um die Aussprache »kwork« zu rechtfertigen. Nun erzählt das Buch bekanntlich den Traum eines Gastwirts namens Humphrey Chimpden Earwicker. Die Wörter des Textes sind meistens mehrdeutig, ähnlich den »Kurzwörtern« (*portmanteau words*) in *Through the Looking Glass* (dt. *Alice hinter den Spiegeln*). Ab und zu kommen in dem Buch Sätze vor, die teilweise durch die Form von Getränkebestellungen an einer Bar determiniert sind. Aus diesem Grund meinte ich, daß *Three quarts for Mister Mark* eine der zahlreichen Quellen der Order *Three quarks for Muster Mark* darstellen könnte. In diesem Fall wäre die Aussprache »kworks« nicht gänzlich ohne Berechtigung. Jedenfalls stimmte die Zahl Drei perfekt mit der Art und Weise überein, in der Quarks in der Natur vorkommen.

So muß man beispielsweise drei Quarks zusammenfügen, um ein Neutron oder ein Proton zu erhalten. Das Proton besteht aus zwei »*u*-Quarks« (für *Up*) und einem »*d*-Quark« (für *Down*), während sich das Neutron aus zwei »*d*-Quarks« und einem »*u*-Quark« zusammensetzt. Die *u*- und *d*-Quarks haben unterschiedliche elektrische Ladungen. In den Einheiten der Elektronenladung ausgedrückt, hat das Elektron die elektrische Ladung -1, das Proton die Ladung $+1$ und das Neutron die Ladung 0. In denselben Einheiten ausgedrückt, besitzt das *u*-Quark eine Ladung von $2/3$ und das *d*-Quark eine Ladung von $-1/3$. Addiert man $2/3$, $2/3$ und $-1/3$, erhält man 1, die Ladung des Protons; addiert man $-1/3$ und $-1/3$ und $2/3$, erhält man 0, die Ladung des Neutrons.

U und *d* bezeichnen verschiedene »Flavors« (»Geschmäcke«) der Quarks. Neben dem Flavor besitzen die Quarks noch eine weitere, wichtigere Eigenschaft, die man »Farbe« nennt, obgleich diese Eigenschaft mit richtiger Farbe genausowenig zu tun hat wie Flavor mit den Geschmacksrichtungen von Eiskrem. Zwar ist die Bezeichnung »Farbe« in erster Linie spaßhaft gemeint, doch dient sie zugleich als eine Art Metapher. Gemäß einer einfachen Theorie der menschlichen Farbwahrnehmung unterscheiden wir drei Grundfarben des Lichts: Rot, Grün und Blau. (Bei Malfarben nimmt man als Grundfarben meistens Rot, Gelb und Blau; geht es jedoch darum, die Wirkungen der Mischung verschiedenfarbigen Lichts auf menschliche Beobachter zu erkunden, ersetzt man Gelb durch Grün.) Um ein Neutron oder ein Proton herzustellen, braucht man ein Quark jeder Farbe, also ein rotes, ein grünes und ein blaues Quark, so daß sich die Farben gegenseitig aufheben. Da im Bereich des Farbensehens Weiß als eine Mischung von Rot, Grün und Blau angesehen werden kann, können wir diese Metapher benutzen, um das Neutron und das Proton als weiß darzustellen.

Eingeschlossene Quarks

Quarks besitzen die bemerkenswerte Eigenschaft, daß sie ständig im Innern »weißer« Teilchen, wie etwa des Neutrons und des Protons, eingeschlossen sind. Nur diese »weißen« Teilchen lassen sich direkt experimentell beobachten. Die beobachtbaren Teilchen sind nach außen hin farblos, und nur in ihrem Innern können farbige Objekte existieren. Desgleichen ist die elektrische Ladung eines beobachtbaren Objekts immer ganzzahlig (wie etwa 0, 1, − 1 oder 2), Teilchen mit gebrochenzahliger Ladung können nur in deren Innern existieren.

Als ich die Existenz von Quarks postulierte, glaubte ich von Anfang an, daß sie aus irgendeinem Grund immer in eingeschlossener Form vorliegen. Ich nannte diese Quarks »mathematische« Quarks, wobei ich diesen Begriff gründlich erklärte, und stellte sie den »wirklichen Quarks« gegenüber, die meiner Meinung nach als freie Teilchen existieren und somit auch einzeln nachweisbar sein konnten. Der Grund für diese terminologische Unterscheidung besteht darin, daß ich mich nicht in Dispute mit philosophisch argumentierenden Kritikern über die Frage verwickeln lassen wollte, wie ich Quarks »wirklich« nennen konnte, wenn sie nur in latenter Form existieren. Diese Terminologie erwies sich als verhängnisvoll. Zahlreiche Autoren, die meine Erklärung der Begriffe »mathematisch« und »wirklich« einfach nicht zur Kenntnis nahmen und die die Tatsache übersahen, daß diese Beschreibung mittlerweile allgemein als richtig anerkannt wird, behaupteten, ich glaube nicht an die wirkliche Existenz der Quarks! Sobald sich ein solches Mißverständnis einmal in die populärwissenschaftliche Literatur eingeschlichen hat, wird es dort beharrlich weiterverbreitet, weil die verschiedenen Autoren nicht selten einfach voneinander abschreiben.

Farbige Gluonen

Da Quarks nur in eingeschlossener Form existieren, müssen zwischen ihnen Bindungskräfte bestehen, die sich von den uns vertrauten Kräften, wie etwa dem Elektromagnetismus, ganz und gar unterscheiden. Wie kommt es zu diesem Unterschied?

Wie die elektromagnetische Kraft zwischen Elektronen auf dem virtuellen Austausch von Photonen beruht, entsteht auch die Kraft, die die Quarks aneinander bindet, durch den Austausch anderer Quanten. Diese Quanten werden Gluonen genannt (*glue*, »Leim«), weil sie die Quarks zusammenschweißen und so beobachtbare weiße Objekte wie das Neutron und das Proton hervorbringen. Da die Gluonen nicht auf Flavor reagieren, können wir sie als »flavor-unempfindlich« bezeichnen. Dagegen sind sie äußerst »farbempfindlich«. Tatsächlich spielt die Farbe für sie die gleiche Rolle, die die elektrische Ladung für das Photon spielt: die Gluonen wechselwirken mit der Farbe genauso stark, wie das Photon mit der elektrischen Ladung wechselwirkt.

Aufgrund der drei verschiedenen Farbtöne müssen die Gluonen eine Eigenschaft besitzen, die das Photon nicht aufweist: für die verschiedenen Farbzustände gibt es verschiedene Gluonen. Die linke Abbildung auf Seite 266 zeigt die Umwandlung eines roten Quarks in ein blaues unter virtueller Emission eines rot-blauen Gluons, das virtuell von einem blauen Quark absorbiert wird und dieses so in ein rotes Quark verwandelt. Ein anderer Farbzustand ist in der rechten Abbildung zu sehen, wo sich ein blaues Quark unter virtueller Emission eines blau-grünen Gluons in ein grünes Quark verwandelt, während sich das grüne Quark durch virtuelle Absorption des Gluons in ein blaues Quark transformiert. (Man beachte übrigens, daß das Antiteilchen eines Gluons ebenfalls ein Gluon ist; so sind beispielsweise blau-grüne und grün-blaue Gluonen Antiteilchen zueinander.) In den beiden Abbildungen wurden unterschiedliche Flavorindizes gewählt, um zu verdeutlichen, daß die Flavoreigenschaft für die durch Gluonen vermittelten Farbänderungsprozesse unerheblich ist.

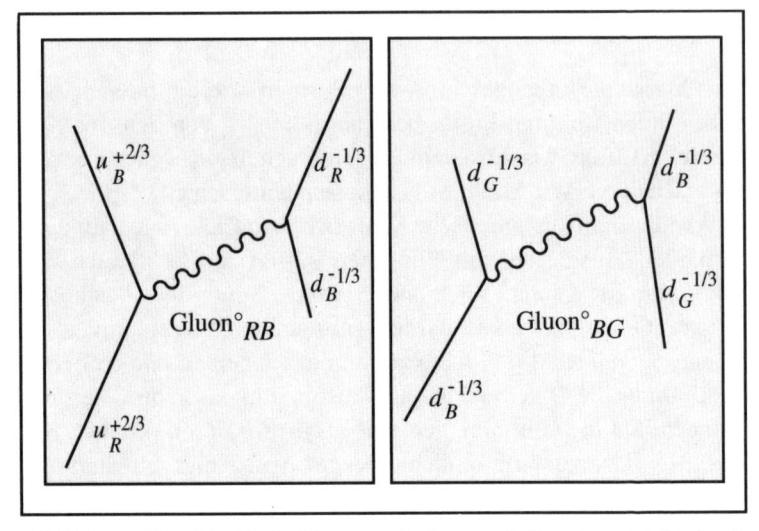

Abbildung 13: *Die Kraftwirkung zwischen zwei Quarks entsteht durch den Austausch von Gluonen*

Quantenchromodynamik

Um das Jahr 1972 formulierten einige theoretische Physiker eine umfassende Quantenfeldtheorie der Quarks und Gluonen. Ich taufte diese Theorie »Quantenchromodynamik« (QCD), wobei ich auf die griechische Wortwurzel *chroma*, die »Farbe« bedeutet, zurückgriff. Allem Anschein nach ist sie die richtige Theorie, und sie wird allgemein als solche anerkannt, obgleich noch immer sehr viel mathematische Arbeit erforderlich ist, bevor wir sicher sein können, daß ihre detaillierten quantitativen Prognosen mit den Beobachtungen übereinstimmen und bestätigen, daß sich die Quarks, Antiquarks und Gluonen (aus denen alle Kernteilchen, wie etwa das Neutron und das Proton, bestehen) wirklich so verhalten, wie es die Gesetze der Quantenchromodynamik fordern.

Um die Quantenelektrodynamik mit der Quantenchromodynamik zu vergleichen, können wir eine schematische Übersicht erstellen, wie sie in Abbildung 14 zu sehen ist. In der QED kommt die Wechselwirkung zwischen Elektronen und Positronen durch den virtuellen Austausch von Photonen zustande, während die Wechselwirkung zwischen Quarks und Antiquarks in der QCD auf dem virtuellen Austausch von Gluonen basiert. Da die elektromagnetische Kraft durch elektrische Ladungen erzeugt wird, können wir annehmen, daß auch die Farbkraft durch Farbladungen erzeugt wird. Sowohl elektrische Ladungen als auch Farbladungen bleiben vollständig erhalten, das heißt, eine Farbladung kann ebensowenig wie eine elektrische Ladung erzeugt oder zerstört werden.

Dennoch gibt es einen grundlegenden Unterschied zwischen beiden Theorien: in der QED ist das Photon, das die elektromagnetische Wechselwirkung vermittelt, elektrisch neutral, während in der QCD die Gluonen, die die Farbkraft vermitteln, selbst farbig sind. Da die Gluonen nicht farblos sind, besteht zwischen ihnen eine direkte Wechselwirkung, die zwischen Photonen nicht vorkommt, und dadurch tauchen in den Gleichungen der QCD Terme auf, die keine Entsprechungen in der QED haben. Folglich verhält sich die Farbkraft ganz anders als der Elektromagnetismus oder irgendeine andere bekannte Kraft: Sie nimmt über große Entfernungen nicht ab. Diese Eigenschaft der QCD erklärt, weshalb farbige Quarks und Antiquarks sowie farbige Gluonen permanent in weißen Objekten wie dem Neutron und dem Proton eingeschlossen sind. Die Farbkraft wirkt gleichsam als Feder, die die Quarks, Antiquarks und Gluonen zusammenhält.

Obwohl Quarks niemals als freie Teilchen vorliegen und somit experimentell nicht direkt nachweisbar sind, hat man eine Reihe eindrucksvoller Experimente durchgeführt, die ihre Existenz im Innern des Protons beweisen. Man kann beispielsweise mit einem Strahlenbündel aus energiereichen Elektronen eine Art elektronenmikroskopischer Aufnahme des Protoninnern herstellen, wobei die Quarkstruktur zum Vorschein kommt. Ich habe mich sehr gefreut, als meine Freunde Dick Taylor, Henry Kendall und Jerry Friedman für ein solches Experiment den Physik-

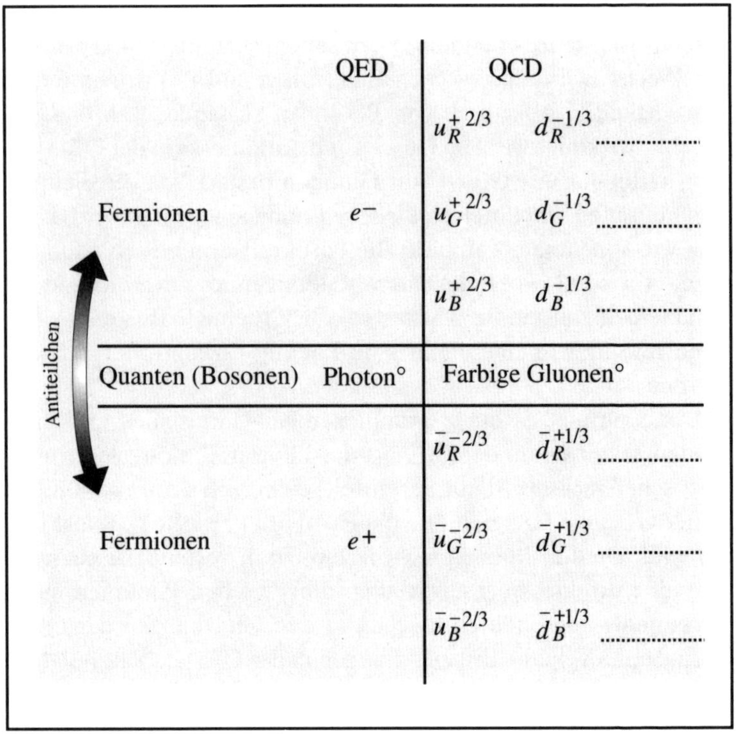

	QED	QCD	
Fermionen	e^-	$u_R^{+2/3}$ $d_R^{-1/3}$	
		$u_G^{+2/3}$ $d_G^{-1/3}$	
		$u_B^{+2/3}$ $d_B^{-1/3}$	
Quanten (Bosonen)	Photon°	Farbige Gluonen°	
Fermionen	e^+	$\bar{u}_R^{-2/3}$ $\bar{d}_R^{+1/3}$	
		$\bar{u}_G^{-2/3}$ $\bar{d}_G^{+1/3}$	
		$\bar{u}_B^{-2/3}$ $\bar{d}_B^{+1/3}$	

(Antiteilchen)

Abbildung 14: *Ein Vergleich zwischen QED und QCD. Die Quarks und Antiquarks sind durch ihre elektrischen Ladungen an das Photon gekoppelt; das Elektron und das Positron dagegen sind nicht an die Gluonen gekoppelt.*

nobelpreis erhielten. (Ich hätte mir nur gewünscht, ich wäre früher darauf gekommen, daß dies eine gute Möglichkeit ist, die Existenz der Quarks zu beweisen.)

QCD und Einfachheit

In einem Atomkern sind Neutronen und Protonen eng miteinander verbunden. (Im Unterschied zu den Quarks sind sie jedoch nicht eingeschlossen und können einzeln aus dem Atomkern herausgelöst werden.) Da wir heute wissen, daß diese Teilchen aus Quarks bestehen, stellt sich die Frage, wie man die zwischen ihnen wirkenden Kernkräfte beschreiben kann. Zu meiner Studienzeit war die Natur der Kräfte eines der großen Geheimnisse, das wir eines Tages zu lösen hofften. Die meisten theoretischen Physiker sind heute der Ansicht, daß die QCD die Lösung darstellt, auch wenn die notwendigen Berechnungen keineswegs vollständig sind. Die Situation ist jener der Atom- und Molekularkräfte vergleichbar, die Ende der zwanziger Jahre, nach der Entdeckung der Quantenmechanik, erklärt wurden. Diese Kräfte sind keineswegs fundamental, sondern lediglich indirekte Folgen der quantenmechanisch gedeuteten elektromagnetischen Kraft. Auch die Kernkraft ist nicht fundamental, sondern eine indirekte Wirkung der Farbkraft, die ihrerseits auf der Quark-Gluon-Wechselwirkung basiert.

Neutron und Proton sind zwar die bekanntesten, aber nicht die einzigen beobachtbaren (weißen) Kernteilchen. Seit Ende der vierziger Jahre wurden bei energiereichen Stößen, zuerst in Experimenten mit der kosmischen Strahlung und dann in Teilchenbeschleunigern Hunderte weiterer Kernteilchenzustände entdeckt. Sie alle sind mittlerweile als Verbindungen aus Quarks, Antiquarks und Gluonen erklärt worden. Das Quarkmodell, das mittlerweile in die explizit dynamische Theorie der Quantenchromodynamik integriert wurde, hat die hinter einem scheinbar recht komplizierten Muster von Zuständen verborgene Einfachheit aufgedeckt. Außerdem wirken alle diese Zustände durch die »starke Wechselwirkung«, zu der die Kernkraft gehört, aufeinander ein. Man nimmt an, daß sich die zahlreichen Manifestationen der starken Wechselwirkung als indirekte Folgen der fundamentalen Quark-Gluon-Wechselwirkung beschreiben lassen. Die Quantenchromodynamik hat somit die Einfachheit der starken Wechselwirkung und der Kernteilchenzustände, die an dieser Wechselwirkung beteiligt sind, zum Vorschein gebracht.

Elektron und Elektron-Neutrino – die schwache Wechselwirkung

So wichtig die Kernteilchen und ihre fundamentalen Konstituenten auch sind, so wissen wir doch, daß weitere wesentliche Faktoren zu beachten sind. Das Elektron zum Beispiel besitzt keine Farbe und ist gegenüber der Farbkraft und der daraus resultierenden Kernkraft unempfindlich. Die in einem schweren Atom um den Kern kreisenden Elektronen der innersten Schale halten sich genaugenommen zeitweise im Kern selbst auf, ohne daß die Kernkraft sie beeinträchtigen würde, obgleich sie natürlich elektromagnetischen Wirkungen unterliegen, wie etwa der elektrischen Anziehung durch die Protonen.

Das Elektron besitzt zwar keine Farbe, dafür hat es Flavor. Wie das d-Quark der Flavorpartner des u-Quarks ist, hat das Elektron das Elektron-Neutrino zum Partner. Das Elektron-Neutrino ist eine Art »schweigender« Partner, weil es nicht nur die Kernkraft ignoriert (wie das Elektron), sondern als elektrisch neutrales Teilchen auch keine elektromagnetische Kraft spürt. So ist beispielsweise die Wahrscheinlichkeit, daß ein Elektron-Neutrino beim Durchgang durch die Erde mit anderen Teilchen wechselwirkt, außerordentlich klein. Ein Teil der in Fusionsreaktionen im Zentrum der Sonne entstehenden Neutrinos regnet tagsüber auf die Erdoberfläche herab, während sie uns nachts erst nach dem Durchtritt durch die Erde erreichen. Den Schriftsteller John Updike inspirierte dieses seltsame Verhalten des Neutrinos zu folgendem Gedicht mit dem Titel »Cosmic Gall«:

Neutrinos, they are very small.
  They have no charge and have no mass
  And do not interact at all.

The earth is just a silly ball
  To them, through which they simply pass,
Like dustmaids down a drafty hall
  Or photons through a sheet of glass.
  They snub the most exquisite gas,
Ignore the most substantial wall,
  Cold-shoulder steel and sounding brass,
Insult the stallion in his stall,
  And, scorning barriers of class,
Infiltrate you and me! Like tall
And painless guillotines, they fall
  Down through our heads into the grass.
At night, they enter at Nepal
  And pierce the lover and his lass
From underneath the bed – you call
  It wonderful; I call it crass.

(Man ist versucht, in der dritten Zeile von der wissenschaftlichen »Lizenz« Gebrauch zu machen und *do not* in *scarcely* [kaum] abzuwandeln.)

Leider ist der Nachweis solarer Neutrinos noch immer mit zahlreichen Problemen verbunden. Die Nachweisrate ist offenbar niedriger, als man vorhergesagt hatte. Dafür haben Physiker verschiedene Erklärungen unterschiedlicher Plausibilität vorgelegt. Mein Kollege Willy Fowler ging sogar so weit, zu behaupten, möglicherweise sei der nukleare Schmelztiegel im Zentrum der Sonne bereits vor einiger Zeit erloschen, doch arbeiteten die Energieübertragungsmechanismen in der Sonne so langsam, daß die Neuigkeit noch nicht die Oberfläche erreicht habe. Zwar sind nur wenige Wissenschaftler von der Richtigkeit dieser Erklärung überzeugt, aber falls sie stimmt, steht uns eines Tages eine schwere Energiekrise ins Haus.

Wie können Neutrinos im Zentrum der Sonne entstehen, und wie können sie hier auf der Erde experimentell nachgewiesen werden, wenn sie weder der starken noch der elektromagnetischen Kraft unterliegen? Dafür ist eine andere, die sogenannte schwa-

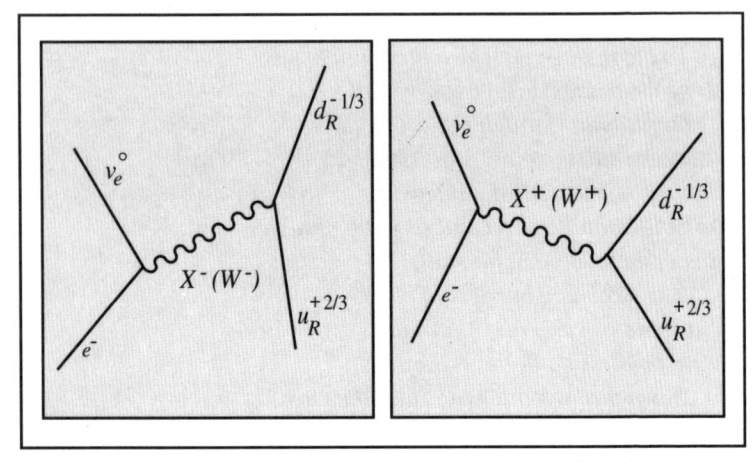

Abbildung 15: *Ein Elektron verwandelt sich in ein Elektron-Neutrino, während sich ein* u-*Quark in ein* d-*Quark verwandelt. Zwei Versionen des gleichen Feynman-Diagramms.*

che Kraft, verantwortlich. Das Elektron-Neutrino und das Elektron nehmen an dieser Wechselwirkung teil. Aus diesem Grund auch die vorgeschlagene Korrektur an John Updikes Formulierung *do not interact at all* (von »wechselwirken überhaupt nicht« in »wechselwirken kaum«).

Auf der schwachen Wechselwirkung beruhen beispielsweise die folgenden Reaktionen:

1. Ein Elektron verwandelt sich in ein Elektron-Neutrino, während sich gleichzeitig ein Proton in ein Neutron verwandelt. Diese Reaktion ist ein Beispiel dafür, wie Neutrinos erzeugt werden können; das betreffende Proton ist Teil eines schweren Kerns, und das Elektron befindet sich in einem der kernnächsten Elektronenzustände, so daß es sich immer wieder für längere Zeit im Kern aufhält.
2. Der umgekehrte Prozeß: ein Elektron-Neutrino verwandelt sich in ein Elektron, während sich gleichzeitig ein Neutron in

ein Proton transformiert. Dies zeigt, wie man ein Neutrino nachweisen kann, wobei sich das Target-Neutron im Kern befindet.

Da weder das Neutron noch das Proton elementar ist, sind diese Reaktionen nicht die fundamentalen Prozesse, die vielmehr auf der Ebene der Quarks ablaufen:

1. Ein Elektron verwandelt sich in ein Elektron-Neutrino, während sich ein u-Quark in ein d-Quark verwandelt.
2. Ein Elektron-Neutrino verwandelt sich in ein Elektron, während sich ein d-Quark in ein u-Quark verwandelt.

Sowohl bei dem Elektron, das sich in ein Elektron-Neutrino (bzw. umgekehrt) verwandelt, als auch bei dem u-Quark, das sich in ein d-Quark (bzw. umgekehrt) verwandelt, gehen diese Reaktionen mit einer Änderung des Flavors einher. Wie bei jedem derartigen Prozeß in der Quantenfeldtheorie wird ein Quant ausgetauscht. Für jede der beiden Reaktionen (von denen die erste auf Seite 272 dargestellt ist) gibt es zwei Versionen des gleichen Feynman-Diagramms: Die eine Version beinhaltet den Austausch eines positiv geladenen Quants und die andere den Austausch eines negativ geladenen Quants. Die Vermutung, daß diese Quanten existieren, haben einige theoretische Physiker erstmals Ende der fünfziger Jahre angestellt, doch erst 25 Jahre später gelang am europäischen Kernforschungszentrum CERN der experimentelle Nachweis dieser Quanten, für den Carlo Rubbia und Simon van der Meer mit dem Nobelpreis für Physik ausgezeichnet wurden. Diese Quanten werden gewöhnlich im Anschluß an ihre Bezeichnung in einer berühmten Abhandlung von T. D. Lee und C. N. Yang, W^+ und W^- genannt, doch verwende ich noch immer die Symbole X^+ und X^-, die Dick Feynman und ich einführten.

Die Quantenflavordynamik und die neutrale schwache Wechselwirkung

Sowohl die elektromagnetische als auch die schwache Wechselwirkung können als Flavorkräfte betrachtet werden, da die elektrische Ladung mit dem Flavor variiert und die schwache Wechselwirkung die Änderung des Flavors mit einschließt. In den fünfziger und sechziger Jahren wurde eine Version der Quantenflavordynamik (QFD) formuliert, die sowohl die Quantenelektrodynamik als auch eine Theorie der schwachen Wechselwirkung einbezog. So hat die Quantenflavordynamik (die vor allem mit den Namen von Sheldon Glashow, Steven Weinberg und Abdus Salam verbunden ist) beispielsweise die Existenz einer neuen Flavorkraft, die die einfache Streuung von Elektron-Neutrinos an Neutronen oder Protonen ohne Änderung des Flavors hervorruft, zutreffend vorhergesagt.

Auf der fundamentaleren Ebene der Quarks bewirkt die neue Wechselwirkung die Streuung eines Elektron-Neutrinos an u- und d-Quarks, wieder ohne Änderung des Flavors. Die Streuung vollzieht sich durch den Austausch eines weiteren, elektrisch neutralen Quants, das $Z°$ genannt wird (vgl. Abbildung 16). Auch dieses Quant wurde von Rubbia, van der Meer und Kollegen experimentell nachgewiesen.

Fermionen-Familien

Abbildung 17 gibt einen zusammenfassenden Überblick über die Teilchen und Kräfte, die wir bislang erörtert haben. Es gibt eine »Familie« von Fermionen, die sich aus dem Elektron und seinem Neutrino sowie zwei Flavors dreifarbiger Quarks zusammensetzt. Die zugehörige Antifamilie besteht aus dem Positron, dem Antielektron-Neutrino und zwei Flavors dreifarbiger Antiquarks. Die farbigen Gluonen der Quantenchromodynamik sind an die Farbvariable gekoppelt (die nicht für das Elektron und sein Neutrino sowie ihre Antiteilchen existiert). Die vier Quanten der Quanten-

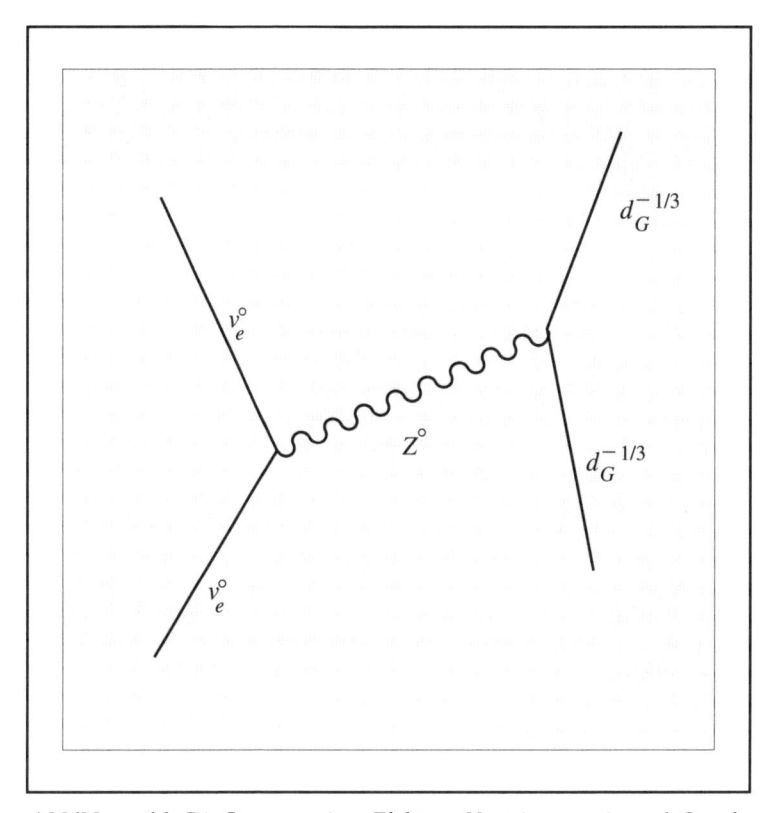

Abbildung 16: *Die Streuung eines Elektron-Neutrinos an einem* d-*Quark*

flavordynamik sind an die Flavorvariable gekoppelt, die für die ganze Familie und die ganze Antifamilie existiert.

Wie sich herausgestellt hat, steht die Fermionen-Familie nicht alleine. Es gibt zwei weitere Familien mit ganz ähnlicher Struktur. Jede besteht aus einem elektronenartigen Teilchen, einem zugehörigen Neutrino und zwei Quarkflavors mit den elektrischen Ladungen $-1/3$ und $+2/3$, wie sie auch das d- und das u-Quark tragen.

Das elektronenartige Teilchen in der zweiten Familie ist das Myon, das 1937 von den am Caltech tätigen Physikern Carl

$$e^- \quad v_e^\circ$$

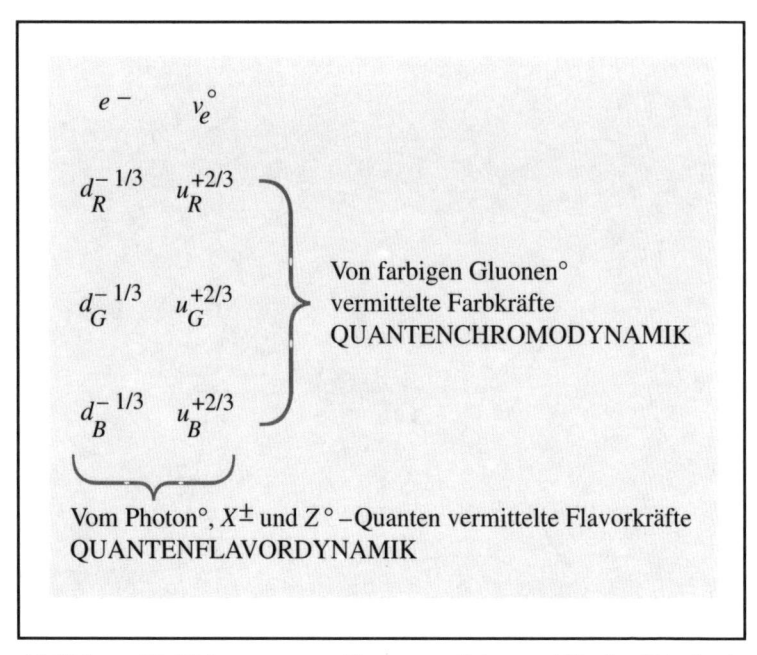

$$\left.\begin{array}{ll} d_R^{-1/3} & u_R^{+2/3} \\[6pt] d_G^{-1/3} & u_G^{+2/3} \\[6pt] d_B^{-1/3} & u_B^{+2/3} \end{array}\right\} \begin{array}{l}\text{Von farbigen Gluonen}^\circ \\ \text{vermittelte Farbkräfte} \\ \text{QUANTENCHROMODYNAMIK}\end{array}$$

Vom Photon°, $X^\pm$ und Z°-Quanten vermittelte Flavorkräfte
QUANTENFLAVORDYNAMIK

Abbildung 17: *Bislang erörterte Elementarteilchen und Kräfte.* (Die Antiteilchen der Fermionen sind aus Gründen der Vereinfachung weggelassen.)

Anderson und Seth Neddermeyer entdeckt wurde. Diese schwere Version des Elektrons (etwa 200mal so schwer) besitzt sein eigenes Neutrino, das Myon-Neutrino. Die Quarks der zweiten Familie sind das dem *d*-Quark analoge *Strange*-Quark (kurz *s*-Quark) und das dem *u*-Quark analoge *Charm*-Quark (kurz *c*-Quark). Wie das Myon sind sie schwerer als ihre Gegenstücke in der ersten Familie.

Schließlich ist noch eine dritte Fermionen-Familie bekannt: sie besteht aus dem Tau (das etwa 20mal so schwer ist wie das Myon), dem Tau-Neutrino, dem *Bottom*-Quark (kurz *b*-Quark) mit der Ladung $-1/3$ und dem *Top*-Quark (kurz *t*-Quark) mit der Ladung $+2/3$, für das erst in allerjüngster Zeit experimentelle Beweise vorgelegt worden sind. Sollten die experimentellen Physiker die Existenz des Top-Quark nicht mit seiner näherungsweise postulierten Masse bestätigen, dann werden wir Theoretiker »uns in unsere Füllfederhalter stürzen müssen«, wie mein ehemaliger Kollege Marvin (»Murph«) Goldberger in Anspielung auf einen altrömischen Brauch zu sagen pflegte. Allerdings sind Füllfederhalter heute Mangelware. Dem antiken römischen Helden, der sich nach einer schmählichen Niederlage das Leben nehmen wollte, stand ein zuverlässiger Gefolgsmann zur Seite, der das Schwert hielt – dagegen ist es fraglich, ob ein Student einen Füllhalter fest genug halten könnte.

Könnten neben den drei bekannten Fermionen-Familien noch weitere existieren? Ein kürzlich durchgeführtes Experiment über die Zerfallsrate des $Z°$-Quants hat eine erste Antwort auf diese Frage gebracht. Denn das Ergebnis stimmt mit den theoretischen Vorhersagen überein, nach denen das $Z°$-Quant in drei verschiedene Arten von Neutrino-Antineutrino-Paare zerfallen kann, die genau dem Elektron-, dem Myon- und dem Tau-Neutrino entsprechen. Es besteht keine Notwendigkeit, eine vierte Neutrinoart anzunehmen, es sei denn dieses Neutrino besäße im Unterschied zu den anderen dreien, die sehr leicht sind, eine sehr große Masse. Somit ist eine vierte Familie ausgeschlossen, es sei denn ihr Neutrino würde sich grundlegend von den anderen Neutrinos unterscheiden.

Mit den drei Fermionen-Familien, ihren Antiteilchen und den Quanten der elektromagnetischen, der schwachen und der starken Wechselwirkung sind wir fast am Ende unserer Beschreibung des Standardmodells angelangt, das immer noch eine recht einfache Generalisierung der QED darstellt. Das Photon wird durch weitere Quanten ergänzt und das Elektron durch weitere Fermionen. Die Muster dieser Quanten und Fermionen einschließlich ihrer verschiedenen Massen und der Stärken der von den Quanten vermittelten Felder besitzen offenbar eine gewisse Komplexität. Das Standardmodell ist aber noch nicht die fundamentale Theorie, und erst auf der fundamentalen Ebene sollte die vollkommene Einfachheit der zugrundeliegenden Theorie zum Vorschein kommen.

Die Nullmassen-Näherung

Man kann die im Standardmodell enthaltene Einfachheit dadurch herausarbeiten, daß man eine Näherung betrachtet, bei der sämtlichen bislang erwähnten Teilchen die Masse Null zugewiesen wird; das bedeutet, sie breiten sich immer mit Lichtgeschwindigkeit aus und können niemals in den Ruhezustand versetzt werden. Wenn die Quanten der schwachen Wechselwirkung als masselos behandelt werden, offenbart sich die fundamentale Ähnlichkeit der drei Wechselwirkungen. Die Quantenflavordynamik und die Quantenchromodynamik haben ähnliche mathematische Strukturen; sie gehören zur gleichen Klasse von Theorien, nämlich den sogenannten Eich- oder Yang-Mills-Theorien (die Sheldon Glashow und ich vor längerer Zeit verallgemeinert haben).

Setzt man auch die Massen der Fermionen gleich null, dann kommt in dem System der Fermionen ein hohes Maß an Symmetrie zum Vorschein. Die drei Familien haben dann vor allem identische Eigenschaften.

Nun erhebt sich natürlich sogleich die Frage, wie die Nullmassen-Näherung verletzt wird. Doch bevor wir den Mechanismus beschreiben, der von Null verschiedene Massen erzeugt, sollten wir uns die tatsächlichen Werte dieser Massen ansehen.

Große und kleine Massen (bzw. Energien)

Wenn es um Massen und Energien geht, muß man die berühmte, von Einstein formulierte Beziehung zwischen Masse und Energie berücksichtigen, nach der ein Teilchen mit einer von Null verschiedenen Masse im Ruhezustand eine Energie besitzt, die dem Produkt seiner Masse und dem Quadrat der Lichtgeschwindigkeit $(E = mc^2)$ entspricht. Aufgrund dieser Äquivalenz von Masse und Ruheenergie kann man jeder beliebigen Masse ein Energieäquivalent zuordnen. Der Neutron- und Protonmasse entspricht beispielsweise eine Energie von etwa einem Gigaelektronenvolt (GeV). Die Vorsilbe »Giga-« steht für eine Milliarde. Ein GeV ist somit die Energie, die ein Elektron erhalten würde, wenn es beim Durchlaufen einer elektrischen Potentialschwelle von einer Milliarde Volt aus dem Ruhezustand beschleunigt würde. Es ist eine nützliche Maßeinheit für die Energieäquivalente von Teilchenmassen.

Die von Null verschiedenen Massen der meisten Elementarteilchen weichen im Standardmodell ganz erheblich voneinander ab. So entspricht die Elektronenmasse etwa einem zweitausendstel GeV. Die Neutrinomassen liegen höchstenfalls in der Größenordnung eines einhundertmillionenstel GeV, sofern sie überhaupt von Null verschieden sind. Die Taumasse beträgt etwa 2 GeV. Die X (bzw. W) plus und minus sowie die $Z^°$-Bosonen haben Massen von etwa 100 GeV. Und das schwerste Quark, das t-Quark, besitzt vermutlich eine Masse von 170 GeV. All diese Massen verletzen die speziellen Symmetrien der Nullmassen-Näherung.

Spontane Symmetriebrechung

Was aber ist nun der Grund dafür, daß diese Massen von Null verschieden sind, und was führt dazu, daß sie sich so stark voneinander unterscheiden? Den dafür verantwortlichen, im Rahmen des Standardmodells funktionierenden Mechanismus verstehen wir zumindest teilweise. Er hängt mit der Existenz einer (oder mehrerer) neuen Bosonenart(en) zusammen. Bei den heute beziehungsweise in naher Zukunft an dem neuen CERN-Beschleuniger verfügbaren Energien sollte wenigstens ein derartiges Boson nachweisbar sein. Dieses Teilchen heißt Higgs-Boson (oder Higgson). Es wurde genaugenommen nicht nur von Peter Higgs aus Edinburgh (in einer glänzenden theoretischen Abhandlung) postuliert, sondern auch von mehreren anderen Elementarteilchenphysikern wie Tom Kibble, Gerald Guralnik und C. R. Hagen sowie Robert Brout und François Englert. Noch früher hatte es schon mein Freund Philip Anderson, ein Experte in der theoretischen Physik der kondensierten Materie, in allgemeiner Form postuliert. Anderson, der derzeit stellvertretender Vorsitzender des Wissenschaftlichen Beirats des Santa Fe Institute ist, wurde für seine Arbeit auf dem Gebiet der Physik der kondensierten Materie mit dem Nobelpreis für Physik ausgezeichnet. Seine grundsätzliche Vorhersage des Higgs-Bosons stieß bei den Elementarteilchenphysikern jedoch nicht auf einhellige Anerkennung. Ich werde den leisen Verdacht nicht los, daß er uns mit seinen beredten öffentlichen Stellungnahmen gegen den Bau weiterer Teilchenbeschleuniger verschont hätte, wäre seinem Beitrag breitere Zustimmung zuteil geworden. Wie sollte er sich einer Anlage widersetzen, die unter anderem dem experimentellen Nachweis des Anderson-Higgs-Bosons oder des Higgs-Anderson-Bosons dienen würde?

Um der Gerechtigkeit willen schlage ich vor, den Begriff »Higgson« beizubehalten, aber mit dem Namen »Anderson-Higgs« den Mechanismus zu benennen, der die Symmetrie der Nullmassen-Näherung bricht und für die zahlreichen von Null verschiedenen Teilchenmassen im Standardmodell verantwortlich ist. Der Anderson-Higgs-Mechanismus stellt einen Sonderfall eines allgemeineren Prozesses dar, den man als spontane Symmetriebrechung bezeichnet.

Ein alltägliches Beispiel für diesen Prozeß liefert ein gewöhnlicher Magnet, in dem all die winzigen atomaren Magneten in die gleiche Richtung zeigen. Die Gleichungen für die Elementarteilchen, aus denen der Magnet besteht und die miteinander wechselwirken, aber keinen äußeren Einflüssen unterliegen, sind hinsichtlich aller möglichen Richtungen im Raum vollkommen symmetrisch, das heißt, sie sind sozusagen indifferent gegenüber der Richtung, in die der Magnet zeigt. Dann aber kann jeder noch so schwache äußere Einfluß (etwa ein sehr schwaches äußeres Magnetfeld) die Ausrichtung des Magneten festlegen, die andernfalls völlig zufallsabhängig wäre.

Die Gleichungen für die Teilchen, aus denen der Magnet besteht, sind symmetrisch, weil sie alle Richtungen gleich behandeln, jede einzelne Lösung der Gleichungen aber verletzt die Symmetrie, da sie in eine bestimmte Richtung zeigt. Die Menge all dieser unsymmetrischen Lösungen ist jedoch ihrerseits symmetrisch, weil jede Richtung einer Lösung entspricht und die Menge aller Richtungen vollkommen symmetrisch ist.

Das Wesentliche an der spontanen Symmetriebrechung liegt gerade in folgendem Umstand: Gleichungen mit einer speziellen Symmetrie können Lösungen haben, die für sich genommen diese Symmetrie verletzen, auch wenn die Menge sämtlicher Gleichungen symmetrisch ist.

Der größte Vorteil des Anderson-Higgs-Mechanismus der spontanen Symmetriebrechung besteht darin, daß er den Fermionen und Quanten der schwachen Wechselwirkung erlaubt, von Null verschiedene Massen zu erwerben, ohne in die Berechnungen der Quantenflavordynamik verheerende Unendlichkeiten einzuführen. Die Teilchentheoretiker hatten einige Zeit nach einem solchen »weichen« Mechanismus für die Erzeugung der von Null verschiedenen Massen gesucht, bevor sich zeigte, daß das Higgson diesen Ansprüchen genügte.

Die Verletzung der Zeitsymmetrie

Der Anderson-Higgs-Mechanismus ist voraussichtlich nicht nur für die von Null verschiedenen Massen im Standardmodell, sondern auch für die in der Elementarteilchenphysik beobachtete geringfügige Abweichung von der Symmetrie bei Zeitumkehr verantwortlich. Die Gleichungen der zugrundeliegenden fundamentalen Theorie wären dann bei Zeitumkehr symmetrisch. (Die heterotische Superstring-Theorie – der gegenwärtig aussichtsreichste Anwärter für die einheitliche Theorie der Elementarteilchen – besitzt tatsächlich diese Symmetrie.) Die Verletzung würde ein weiteres Beispiel für symmetrische Gleichungen darstellen, die eine symmetrische Menge unsymmetrischer Lösungen besitzen, von denen nur eine in der Natur angetroffen wird. In diesem Fall gäbe es zwei Lösungen, die sich in der Zeitrichtung unterscheiden würden.

Diese Verletzung der Zeitsymmetrie auf der Ebene der Elementarteilchen scheint jedenfalls nicht den oder die Zeitpfeil(e) erklären zu können – die beträchtlichen Unterschiede, die wir zwischen in der Zeit vorwärtslaufenden Ereignissen und der entsprechenden, zeitumgekehrten Version dieser Ereignisse immer wieder beobachten. Diese auffälligen Unterschiede sind vielmehr auf den bereits erwähnten und später noch eingehender zu erörternden speziellen Anfangszustand zu Beginn der Expansion des Universums zurückzuführen.

Verletzung der Materie-Antimaterie-Symmetrie

Wird die mathematische Operation, die vorwärts- und rückwärtslaufende Zeit gegeneinander austauscht, mit dem Austausch von Links und Rechts und von Materie und Antimaterie verknüpft, dann ist die resultierende Operation (CPT genannt) eine exakte Symmetrie der Quantenfeldtheorie. Daher sollte es nicht sonderlich überraschen, daß die spontane Verletzung der Zeitsymmetrie auch die Symmetrie zwischen Materie und Antimaterie verletzt. Kann die grobe Asymmetrie unserer Umwelt, wo fast alles aus Materie besteht und Antimaterie nur in seltenen, energiereichen Stößen entsteht, auf diese Verletzung zurückzuführen sein?

Vor vielen Jahren äußerte der verstorbene russische Physiker Andrej Sacharow, der (gemeinsam mit Ya. B. Zel'dovich) als Vater der sowjetischen Wasserstoffbombe gilt und sich später für Frieden und Menschenrechte in der Sowjetunion einsetzte, diese Vermutung. Sacharow stellte eine Reihe von Annahmen auf, die zwar von anderen theoretischen Physikern erheblich modifiziert wurden, aber immer den folgenden Punkt enthielten: Das Universum wies in seiner Frühzeit eine Symmetrie zwischen Materie und Antimaterie auf; doch bald entstand infolge des gleichen Effekts, der für die spontane Verletzung der Zeitsymmetrie verantwortlich ist, der gegenwärtige asymmetrische Zustand. Die von Sacharow vorgeschlagene Erklärung mutete zwar zunächst recht sonderbar an, doch im Verlauf ihrer sukzessiven Überarbeitungen gewann sie immer mehr an Plausibilität. So ist die spontane Symmetriebrechung offenbar für das Übergewicht der Materie über die Antimaterie verantwortlich.

Spin

Das am Anderson-Higgs-Mechanismus der spontanen Symmetriebrechung beteiligte Higgson gehört zu einer anderen Bosonenart als die Quanten der starken, schwachen und elektromagnetischen Wechselwirkung. Ein sehr wichtiger Unterschied liegt im Wert des Eigendrehimpulses (kurz Spin genannt), er gibt an, wie sehr sich ein Teilchen um die eigene Achse dreht. Die Quantenmechanik liefert eine natürliche Einheit für den Spin, und in dieser Einheit gemessen, besitzt ein Boson einen ganzzahligen Spin (0, 1, 2, usw.), während ein Fermion einen halbzahligen Spin (1/2, 3/2 oder 5/2, usw.) aufweist.

Sämtliche elementaren Fermionen des Standardmodells besitzen einen Spin 1/2. Und sämtliche Quanten der Quantenchromodynamik und Quantenflavordynamik haben Spin 1. Das Higgson allerdings muß Spin 0 aufweisen.

Weshalb gibt es so viele Elementarteilchen?

Die ungeheure Vielfalt beobachteter Nukleonenzustände fand ihre Erklärung, nachdem man entdeckt hatte, daß es sich um zusammengesetzte Objekte handelt, die entsprechend den Gesetzen der Quantenchromodynamik aus elementaren Quarks, Antiquarks und Gluonen bestehen. Aber schon die Quarks mit ihren drei Farben und sechs Flavors und die Gluonen mit ihren acht (statt neun) Farbkombinationen bilden eine vielgestaltige Gruppe. Außerhalb des Bereichs der stark wechselwirkenden Nukleonen begegnen wir darüber hinaus dem Elektron und seinem Neutrino, dem Myon und seinem Neutrino sowie dem Tau und seinem Neutrino. Und sämtliche Fermionen haben von ihnen verschiedene Antiteilchen. Außerdem haben wir noch das Photon und die drei intermediären Bosonen der schwachen Wechselwirkung. Das Higgson vervollständigt unsere Liste der Elementarteilchen, wie sie das Standardmodell fordert.

Wie viele Elementarteilchen enthält das Standardmodell nun insgesamt? Wir haben 18 Quarks, 3 elektronenartige Teilchen und 3 Neutrinos, so daß wir insgesamt 24 Fermionen erhalten. Zusammen mit ihren Antiteilchen ergibt das 48. Hinzu kommen die bekannten Quanten: 8 Gluonen, das Photon und die 3 intermediären Bosonen der schwachen Wechselwirkung, was die Gesamtzahl auf 60 erhöht. Mit dem Higgson sind es 61.

Einem Laien erscheint es unsinnig anzunehmen, die fundamentale Theorie der gesamten Materie des Universums könne auf einem so umfangreichen und heterogenen Katalog fundamentaler Objekte beruhen. Der Elementarteilchenphysiker kann ihm darin nur beipflichten. Des Rätsels Lösung kann nur in der Einbettung des Standardmodells in eine umfassendere, weniger willkürliche Theorie bestehen, vorzugsweise einer einheitlichen Theorie aller Teilchen und all ihrer Wechselwirkungen. Während das Standardmodell durch umfassende experimentelle Nachweise abgesichert ist, muß eine einheitliche Theorie zum gegenwärtigen Zeitpunkt mangels direkten Beweises aus der Beobachtung als Spekulation betrachtet werden. Eine einheitliche Theorie muß natürlich überprüfbar sein; das heißt, aus ihr müssen sich Vorhersagen ableiten lassen, die durch Beobachtungen verifiziert werden können. Wie aber kann eine solche Theorie die Fülle der Elementarteilchen in den Griff bekommen, mit der wir heute im Standardmodell konfrontiert sind?

Es gibt drei Lösungsansätze: Der erste geht davon aus, daß die heute bekannten Elementarteilchen tatsächlich zusammengesetzte Objekte sind und daß die endgültige Beschreibung der Materie eine kleine Zahl noch unbekannter, wirklich elementarer Konstituenten beinhaltet. Meiner Ansicht nach gibt es nicht die geringsten theoretischen oder experimentellen Anhaltspunkte, die in diese Richtung weisen. Außerdem müßten die neuen hypothetischen Bausteine ihrerseits recht zahlreich sein, um die sehr unterschiedlichen Eigenschaften der bekannten Elementarteilchen zu erklären. Aus diesem Grund würde sich die Zahl elementarer Objekte nicht wesentlich vermindern.

Damit verwandt ist die Vorstellung, daß der gerade dargestellte Vorgang – nämlich scheinbar elementare Objekte einer Ebene als Gebilde zu beschreiben, die sich aus noch elementareren Objekten auf der nächsttieferen Ebene zusammensetzen – sich endlos fortsetzt. Eine solche unendliche Kette der Zusammensetzung hatte in der Volksrepublik China im verstorbenen Vorsitzenden Mao einen Fürsprecher. (Wen die Betätigung des Großen Vorsitzenden auf diesem wissenschaftlichen Feld überraschen mag, der erinnere sich daran, daß Lenin über das Elektron geschrieben und Stalin sich in zahlreiche Kontroversen in den Natur- und Geisteswissenschaften sowie den Künsten einmischte, was für die von ihm Angegriffenen mitunter verhängnisvolle Konsequenzen nach sich zog.) In Übereinstimmung mit den Anschauungen des Vorsitzenden nannte man das Quark auf chinesisch eine Zeitlang »Schichtenkind«, was an die ältere Begriffsbildung »Grundkind« für Atom erinnert. Während der Herrschaft Maos und der Viererbande war es für chinesische Naturwissenschaftler nicht ratsam, allzu entschieden der Vorstellung einer unendlichen Schichtenfolge zu widersprechen. Unter seinen großmütigeren Nachfolgern wurde der Ausflug des verstorbenen Vorsitzenden in die theoretische Physik weitgehend mit Schweigen übergangen.

Die dritte Möglichkeit besteht darin, daß dem System der Elementarteilchen eine einfache Theorie zugrunde liegt, nach der die Zahl dieser Teilchen unendlich ist, wenngleich aufgrund der verfügbaren Energien nur eine begrenzte Zahl experimentell nachweisbar ist. Die Superstring-Theorie fällt in diese letzte Kategorie.

14 Die Superstring-Theorie: die lange ersehnte Vereinheitlichung?

Zum ersten Mal in der Geschichte verfügen wir mit der Superstring-Theorie – insbesondere mit der heterotischen Superstring-Theorie – über einen ernstzunehmenden Vorschlag für eine einheitliche Theorie sämtlicher Elementarteilchen und ihrer Wechselwirkungen und damit letztlich aller Naturkräfte. Der nächste Schritt besteht darin, aus der Theorie Vorhersagen abzuleiten und sie mit unseren vorhandenen Kenntnissen über die Elementarteilchen und den in naher Zukunft durchführbaren Messungen an ihnen zu vergleichen. Bei diesem Vergleich fällt auf, daß in den Gleichungen eine charakteristische Energie oder Masse (die Planck-Masse) vorkommt, in deren Nähe sich die vollkommene Einheitlichkeit der Superstring-Theorie direkt zu manifestieren beginnt. Allerdings ist das Energieäquivalent der Planck-Masse im Vergleich zur Energieskala experimentell nachweisbarer Phänomene riesig groß. Die Elementarteilchen, die mehr oder weniger direkt im Labor untersucht werden können, gehören daher alle zum »Niedrigmassen-Sektor« der Theorie.

Der Niedrigmassen-Sektor

Eine große, aber endliche Zahl von Teilchen (schätzungsweise zwischen ein- und zweihundert) besitzen so geringe Massen, daß sie in absehbarer Zukunft durch Experimente in Teilchenbeschleunigern nachgewiesen werden können. Diese Teilchen und ihre Wechselwirkungen bilden den Niedrigmassen-Sektor der Superstring-Theorie.

Alle übrigen Elementarteilchen (eine unendliche Zahl) besitzen sehr viel größere Massen, so daß sie nur anhand virtueller Effekte (wie etwa der Erzeugung von Kräften durch virtuellen Quantenaustausch) nachweisbar sind. Einige dieser virtuellen Effekte könnten von grundlegender Bedeutung sein, beispielsweise jene, die die Einbeziehung der relativistischen Gravitationstheorie in die Superstring-Theorie erlauben, ohne störende Unendlichkeiten einzuführen.

Das Standardmodell, das die drei Fermionen-Familien, ihre Antiteilchen und die zwölf bekannten Quanten einschließt, gehört in diesen Niedrigmassen-Sektor der einheitlichen Theorie. Auch das masselose Graviton gehört natürlich in den Niedrigmassen-Sektor, ebenso weitere vorhergesagte Teilchen.

Die Renormierbarkeit des Standardmodells

Das Standardmodell unterscheidet sich unter anderem von der Theorie des Gravitons durch eine wunderbare Eigenschaft, die man als Renormierbarkeit bezeichnet. Das bedeutet, man kann das Modell in hervorragender Näherung vom Rest der einheitlichen Theorie abtrennen, ohne auf Divergenzen zu stoßen, die Berechnungen sinnlos machen. Ein renormierbarer Teil der einheitlichen Theorie kann für sich genommen verwendet werden, fast so, als sei er die endgültige Theorie. Allerdings hat diese Trennung ihren Preis, und der besteht beim Standardmodell darin, daß mehr als ein Dutzend willkürlicher Zahlen auftreten, die sich nicht aus der Theorie berechnen lassen und statt dessen experimentell bestimmt werden müssen. In diesen Zahlen spiegelt sich die Abhängigkeit des Modells vom übrigen Teil der fundamentalen einheitlichen Theorie einschließlich der unendlichen Menge an Zuständen mit schweren Massen wider.

Der Vergleich mit Beobachtungsdaten ist durchaus möglich

Da die Unterschiede zwischen der Planck-Masse und den von Null verschiedenen Massen des Niedrigmassen-Sektors so groß sind, haben einige theoretische Physiker und mehrere populärwissenschaftliche Autoren behauptet, die aus der Theorie ableitbaren Vorhersagen ließen sich nur sehr schwer oder gar nicht mit Beobachtungsdaten vergleichen. Diese Einwände greifen jedoch nicht durch. Vielmehr gibt es zahlreiche Möglichkeiten, die theoretischen Prognosen an experimentellen Ergebnissen zu überprüfen:

1. Die Superstring-Theorie sagt schon jetzt in angemessenen Grenzen Einsteins allgemein-relativistische Gravitationstheorie voraus. Die automatische Einbeziehung der Einsteinschen Gravitationstheorie in eine einheitliche Quantenfeldtheorie, ohne daß dabei die üblichen Schwierigkeiten (mit Unendlichkeiten) auftreten, ist bereits ein bedeutender Erfolg.
2. Der nächste Schritt besteht darin herauszufinden, ob die Superstring-Theorie in angemessener Näherung das Standardmodell vorhersagen kann.
3. Nun weist jedoch das Standardmodell bekanntlich eine Vielzahl willkürlicher Konstanten (Parameter) auf, deren Werte die Superstring-Theorie vorhersagen sollte.
4. Der Niedrigmassen-Sektor der Superstring-Theorie enthält weitere, noch nicht entdeckte Teilchen, deren vorhergesagte Eigenschaften mit Beobachtungsdaten verglichen werden können.
5. Insbesondere ist das Standardmodell in ein umfassenderes renormierbares Modell eingegliedert, das zum Niedrigmassen-Sektor gehört. Die Grundannahmen dieser umfassenderen Theorie einschließlich ihres Teilchenkatalogs und der Konstanten, die die Massen und Wechselwirkungen der Teilchen beschreiben, können mit den Ergebnissen von Experimenten verglichen werden.

6. Außerdem werden die virtuellen Effekte des Hochmassen-Sektors möglicherweise einige meßbare Korrekturen an der Physik des Niedrigmassen-Sektors einführen.
7. Schließlich mag die Superstring-Theorie Resultate für die Kosmologie mit sich bringen, die durch astronomische Beobachtungen nachprüfbar sind.

Es gibt somit genügend Möglichkeiten, die theoretischen Vorhersagen mit Beobachtungen in der Natur zu überprüfen. Allerdings müssen die theoretischen Physiker sich weiterhin der schwierigen Aufgabe widmen, diese Vorhersagen aus der Theorie abzuleiten.

Grundeinheiten der Energie und anderer Größen

Die riesige Energie, die die Superstring-Theorie kennzeichnet – was ist sie, und woher kommt sie? Es ist die Grundeinheit der Energie, die sich von den fundamentalen und universellen Naturkonstanten ableitet. Es gibt drei derartige Konstanten: c, die Vakuum-Lichtgeschwindigkeit; h, das Plancksche Wirkungsquantum; und G, die Newtonsche Gravitationskonstante.

Die Konstante h ist der universelle Quotient der Energie eines Strahlungsquants und der Frequenz dieser Strahlung. In der Praxis wird sie gewöhnlich in der Form $\hbar$ verwendet, die h, durch zwei Pi dividiert, bedeutet, wobei zwei Pi der bekannte Quotient eines Kreisumfangs zu seinem Radius angibt. (Werner Heisenberg pflegte eine Krawattennadel in Form von $\hbar$ zu tragen, womit er seinen Stolz darauf zum Ausdruck bringen wollte, daß er die Quantenmechanik entdeckt hatte.) Die Physiker sind mit diesem Symbol so vertraut, daß mein verstorbener Freund, der brillante und immer zu Späßen aufgelegte Mathematiker Stanisław Ulam, das ł, das »dunkle« polnische l in seinem Vornamen, als ł, dividiert durch zwei Pi, beschrieb.

G ist die universelle Konstante in Newtons Formel zur Berechnung der Gravitationskraft zwischen zwei punktförmigen Teilchen; diese ist gleich *G* mal dem Produkt der beiden Massen, dividiert durch das Quadrat des Abstandes zwischen ihnen. (Newton zeigte, daß dieselbe Formel für zwei kugelsymmetrische Körper gilt, wenn man als Abstand die Entfernung zwischen ihren Schwerpunkten verwendet, so daß man die Formel näherungsweise auf die Sonne, die Planeten und natürliche Satelliten wie den Mond anwenden kann.)

Durch Multiplikation und Division geeigneter Potenzen der drei universellen Konstanten c, $\hbar$ und G läßt sich die Grundeinheit jeder beliebigen physikalischen Größe, wie etwa Länge, Zeit, Energie oder Kraft, bestimmen. Die fundamentale Längeneinheit ist ungefähr ein Zentimeter, dividiert durch eine 1 mit 33 Nullen. Dividiert man diese Länge durch die Lichtgeschwindigkeit, erhält man die fundamentale Zeiteinheit, die sich in der Größenordnung von einer Sekunde, dividiert durch eine 1 mit 44 Nullen, bewegt.

Im Gegensatz dazu sind die Einheiten, die wir in unserem Alltagsleben verwenden, willkürlich, da sie nicht aus den universellen Naturkonstanten abgeleitet sind. Auch wenn die Maßeinheit »Fuß« nicht mehr (wenn überhaupt jemals) der mittleren Länge der beschuhten Füße der ersten zehn Männer, die sonntags die Kirche verlassen, entspricht, so ist sie dennoch nicht fundamental. Das gleiche gilt für den Meter, der früher als die Länge eines bestimmten, in einem Tresorraum nahe Paris aufbewahrten Metallstabs definiert war und heute als ein bestimmtes Vielfaches der Wellenlänge des Lichts, das ein Kryptonatom in einem bestimmten Anregungszustand emittiert, definiert wird.

Teilchenmassen und die Grundeinheit

Die fundamentale Masseneinheit, die Planck-Masse, entspricht etwa einem hunderttausendstel Gramm. Auch wenn dies, am Maßstab der menschlichen Erfahrung gemessen, nicht sonderlich schwer sein mag, so ist es doch im Vergleich zu den Massen des Neutrons und des Protons (die beide etwa 1 GeV entsprechen) wahrhaft gigantisch, nämlich etwa zwanzig Milliarden Milliarden mal soviel. Kehrt man die Beziehung um, kann man sagen, daß die Neutron- und Protonmassen, in fundamentalen Masseneinheiten ausgedrückt, verschwindend gering sind. Und die Masse des Elektrons ist sogar noch einmal um den Faktor 2000 kleiner. Wie erklären sich diese außerordentlich kleinen Zahlen? Kurz gesagt: Wir wissen es nicht. Die heterotische Superstring-Theorie enthält explizit keinerlei veränderlichen Parameter. Ist sie tatsächlich korrekt, dann muß sie auf irgendeine Weise von sich aus die, gemessen an der fundamentalen Masseneinheit, sehr kleinen Quotienten der Massen der bekannten Teilchen hervorbringen. Hierfür eine Berechnung zu liefern wird eine der härtesten Bewährungsproben für die Superstring-Theorie darstellen.

Bislang gibt es nur vage Vermutungen darüber, wie diese kleinen Zahlen in der Theorie auftreten könnten. Eine recht naheliegende Annahme lautet, es gebe eine brauchbare Näherung, in der allen Teilchen des Niedrigmassen-Sektors die Masse Null zugeschrieben wird. Dann wären symmetriebrechende Korrekturen dieser Näherung (einschließlich solcher, die durch den Anderson-Higgs-Mechanismus erzeugt werden) für die außerordentlich kleinen Massen verantwortlich. Einige wenige Massenwerte einschließlich jener des Photons und des Gravitons werden überhaupt nicht korrigiert und bleiben Null.

Für heute durchgeführte Experimente stehen Energien in der Größenordnung von tausend GeV zur Verfügung; in naher Zukunft mag höchstenfalls das Zehnfache verfügbar sein. Verglichen mit der fundamentalen Energieeinheit, die etwa zwanzig Milliarden Milliarden GeV beträgt, sind diese Energien dennoch sehr niedrig. Da die experimentellen Physiker im Labor keine Teilchen erzeugen können, deren Massen größer als die in den Teilchenbeschleunigern erreichbaren Energien sind, werden sie nur Teilchen, die zum Niedrigmassen-Sektor gehören, direkt untersuchen können.

Die Bedeutung des Begriffs »Superstring«

Was läßt sich allgemein über den Teilchenkatalog der heterotischen Superstring-Theorie sagen? Die Antwort auf diese Frage hängt mit der Bedeutung des Wortes *string* (»Saite«) und der Vorsilbe *super* zusammen.

Wie das Wort *string* andeutet, beschreibt diese Theorie Teilchen nicht als Punkte, sondern als winzige Schleifen; die typische Größe einer Schleife entspricht dabei annähernd der fundamentalen Längeneinheit, also einem Milliardstel eines Billionstel eines billionstel Zentimeters. Diese Schleifen sind so klein, daß sie sich für viele Zwecke, physikalisch äquivalent, als punktförmige Teilchen, genaugenommen als unendlich viele Arten punktförmiger Teilchen beschreiben lassen. In welcher Beziehung stehen nun diese verschiedenen Teilchenarten zueinander? Und welche Beziehung besteht insbesondere zwischen den Teilchen des Niedrigmassen-Sektors und den Teilchen, deren Massen der Planck-Masse gleichkommen oder diese sogar übertreffen?

Ein anschauliches Vergleichsobjekt ist eine Geigensaite, die eine niedrigste Schwingungsmode und unendlich viele weitere Moden (Oberschwingungen) von steigender Tonfrequenz besitzt. Allerdings wird in der Quantenmechanik die Energie, wie die Frequenz, mit der Planckschen Konstanten $\hbar$ multipliziert. Die Teilchen des Niedrigmassen-Sektors kann man sich dann metaphorisch als die niedrigsten Schwingungsmoden unterschiedlicher in der Superstring-Theorie vorkommender Saitenschleifen (*loops of string*) vorstellen, während Teilchen mit Massen nahe der fundamentalen Masseneinheit die nächsthöheren Schwingungsmoden und noch schwerere Teilchen noch höhere Schwingungsmoden darstellen und immer so weiter.

Die Vorsilbe *super* deutet an, daß die Superstring-Theorie näherungsweise »supersymmetrisch« ist, und dies wiederum bedeutet, daß es für jedes Fermion auf der Teilchenliste ein zugehöriges Boson gibt und umgekehrt. Wäre das System der Elementarteilchen exakt supersymmetrisch, dann hätte jedes Fermion genau die gleiche Masse wie sein zugehöriges Boson. Die Supersymmetrie ist jedoch »gebrochen«, und zwar auf eine Weise, die man bislang nur ansatzweise versteht. Daher klafft zwischen den Massen der korrespondierenden Fermionen und Bosonen eine »Superlücke«, wie ich es gern nenne. Diese ist zwar nicht bei jedem Fermion-Boson-Paar genau gleich, doch dürfte sie sich immer in der gleichen Größenordnung bewegen. Liegt diese Superlücke in der Größenordnung der fundamentalen Masseneinheit, dann können wir die Hoffnung aufgeben, jemals die Superpartner der bekannten Elementarteilchen direkt nachzuweisen.

Superpartner und neue Teilchenbeschleuniger

Beläuft sich das Energieäquivalent der Superlücke dagegen nur auf einige hundert oder gar tausend GeV, dann sind diese Superpartner in den nächsten Jahren möglicherweise beobachtbar, vorausgesetzt, der neue Teilchenbeschleuniger am CERN wird gebaut. (Die Erfolgsaussichten wären größer gewesen, wenn der höhere Energien erzeugende Superconducting Supercollider [in Texas] fertiggestellt worden wäre.) Die theoretische Analyse bestimmter experimenteller Ergebnisse deutet darauf hin, daß die Superlücke vermutlich in einer Größenordnung liegt, die der SSC mit großer Sicherheit überbrückt hätte und die CERN-Anlage vielleicht überbrücken kann. Nehmen wir einmal an, diese Hinweise sind richtig, dann ist die Aussicht, Superpartner zu entdecken, mit Abstand das spannendste der zahlreichen Motive für den Bau neuer Teilchenbeschleuniger. (Es gibt darüber hinaus stets das unspezifische Ziel, das Unbekannte zu erforschen und zu beobachten, ob irgendein unerwartetes Phänomen auftaucht.)

In der Beziehung der hypothetischen Superpartner ist man zwei verschiedenen Wortbildungsmustern gefolgt. Handelt es sich bei dem bekannten Teilchen um ein Boson, erhält das zugehörige Fermion einen Namen, der auf die italienische Diminutivsilbe *-ino* endet, wie erstmals (wenngleich auf andere Weise) Fermi bei der Benennung des Neutrinos verfuhr. So nennt man den hypothetischen Partner des Photons »Photino«, den des Gravitons »Gravitino« und so weiter. Da die elektrisch geladenen Bosonen, die die schwache Wechselwirkung vermitteln, meistens W^+ und W^- genannt werden, erhalten die zugehörigen hypothetischen Fermionen die seltsame Bezeichnung »Winos«. Ist das bekannte Teilchen dagegen ein Fermion, erhält der Boson-Partner den gleichen Namen wie das Fermion, allerdings mit einem vorangestellten »s« (das wahrscheinlich für *super* steht). So kommen recht sonderbare Bezeichnungen wie »Squarks« und »Selektronen« zustande. (Ich möchte betonen, daß ich für diese Benennungen nicht verantwortlich bin, wenn ich auch widerstrebend zugeben muß, daß ich an der Konferenz teilnahm, auf der man beschloß, die Fermionen-Partner der bekannten Bosonen mit dem Suffix *-ino* zu bezeichnen.)

Da der Superpartner eines Bosons ein Fermion ist und umgekehrt, müssen die beiden Superpartner immer verschiedene Spins besitzen: der eine Spin ist ganzzahlig und der andere eine ganze Zahl plus 1/2. Faktisch müssen sich die beiden Spins um 1/2 unterscheiden. Die Higgs-Bosonen (bzw. Higgsonen) haben Spin 0, und ihre Partner (Higgsinos) haben Spin 1/2. Die drei Fermionen-Familien haben Spin 1/2 und ihre Partner (Squarks, Selektronen usw.) Spin 0. Die Quanten (Gluonen, Photonen, X- bzw. W- und Z°-Bosonen) haben Spin 1 und ihre Partner (Gluinos, Photinos usw.) Spin 1/2. Das Graviton schließlich weist den Spin 2 auf und sein Partner, das Gravitino, den Spin 3/2.

In der Superstring-Theorie wird das Standardmodell in eine umfassendere renormierbare Theorie integriert, die wir Super-Standardmodell nennen können; es umfaßt die zwölf Quanten, die bekannten Fermionen und einige Higgsonen sowie die Superpartner all dieser Teilchen. Die Vorhersage des Super-Standardmodells liefert zahlreiche experimentelle Überprüfungsmöglichkeiten der Superstring-Theorie.

Die Annäherung an die Planck-Masse

Die Superstring-Theorie sagt vorher, daß sich die starke, die elektromagnetische und die schwache Wechselwirkung mit zunehmender Energie und mit dem Heraustreten aus dem Niedrigmassen-Sektor – der direkten Experimenten zugänglich ist – in ihrer Stärke einander annähern und ihre enge Verwandtschaft enthüllen. (Extrapoliert man von den gegenwärtigen experimentellen Ergebnissen auf hohe Energien, ergibt sich die gleiche Schlußfolgerung, vorausgesetzt, man nimmt eine gebrochene Supersymmetrie und eine nicht allzu große Superlücke an. Somit verfügt man bereits über einige indirekte Beweise für die Supersymmetrie.) Zugleich treten die Symmetrien zwischen den Fermionen deutlicher hervor.

Lassen wir die Energie nun weiter steigen. Möglicherweise stellt sich in einem Energieintervall direkt unterhalb der Planck-Masse heraus, daß das Super-Standardmodell vorübergehend von einer supersymmetrischen Version einer »Großen Vereinheitlichten Theorie« abgelöst wird, bevor es, in unmittelbarer Nähe der Planck-Masse, die ersten angeregten Moden der Superstring-Theorie zeigt.

Auch wenn keiner von uns den Tag erleben wird, an dem sich Energien im Bereich der Planck-Masse künstlich erzeugen lassen werden, so traten solche Energien doch zu Beginn der Expansion des Universums auf. Die fundamentale Zeiteinheit, etwa ein Hundertmillionstel eines Billionstel eines Billionstels des Billionstels einer Sekunde, mißt die Zeitspanne, in der das extrem verdichtete Universum voll den physikalischen Wirkungen der Superstring-Theorie ausgesetzt war. Gibt es irgendwelche noch heute vorhandenen kosmischen Beweisspuren, anhand deren man die Gültigkeit der Superstring-Theorie in diesem entscheidenden, aber weit zurückliegenden Zeitpunkt überprüfen könnte?

Die Theoretiker sind nicht sicher, ob es noch heute Spuren der damaligen Ereignisse gibt. Auf jene kurze Zeitspanne folgte höchstwahrscheinlich eine Periode der »Inflation«, eine explosionsartige Expansion des Universums, an die sich dann die noch heute andauernde, langsamere Expansion anschloß. Die Inflation hat zahlreiche Merkmale dieses ganz frühen Zustands des Universums praktisch ausgelöscht und so möglicherweise zahlreiche Folgen der Superstring-Theorie beseitigt. Doch die Beschränkungen, die die Superstring-Theorie dem Charakter der Inflation auferlegt, erlauben möglicherweise dennoch eine Überprüfung der Theorie mit kosmologischen Mitteln.

Die gleiche Überlegung gilt für den Anfangszustand des Universums, der nach der These von Hartle und Hawking mit der einheitlichen Quantenfeldtheorie verknüpft ist. Falls ihre Annahme und die Superstring-Theorie richtig sind, dann ist zwar der Anfangszustand in spezifischer Weise determiniert, doch seine Wirkungen auf die weitere Entwicklung des Universums werden durch den Prozeß der Inflation »gefiltert«.

Scheinbar viele Lösungen

Abgesehen von der großen Diskrepanz zwischen dem charakteristischen Energiebereich der Superstring-Theorie und den für Teilchen-Experimente verfügbaren Energien gibt es einen weiteren Grund, aus dem einige Physiker die Überprüfbarkeit der Theorie in Zweifel gezogen haben: die Entdeckung zahlreicher Näherungslösungen für die Gleichungen der heterotischen Superstring-Theorie.

Jede dieser Lösungen liefert unter anderem eine Liste von Teilchen, die in der verwendeten Näherung masselos sind. Es ist plausibel, davon auszugehen, daß es sich dabei um die gleichen Teilchen handelt, die den Niedrigmassen-Sektor der Superstring-Theorie bilden, sobald die kleinen Korrekturen für von Null verschiedene Massen einbezogen werden. Dann kann man die Liste masseloser Teilchen jeder Näherungslösung mit dem Teilchenkatalog des Super-Standardmodells vergleichen. Bei bestimmten Lösungen besteht in der Tat Übereinstimmung: der Niedrigmassen-Sektor enthält das Super-Standardmodell und einige weitere Teilchen einschließlich des Gravitons und des Gravitinos.

Das Problem besteht darin, daß Tausende weiterer Näherungslösungen aufgetaucht sind, und es so aussieht, als werde man noch viele weitere finden. Daher ist es keineswegs ausgeschlossen, daß der beobachtete Zustand mit einer bestimmten Lösung der Superstring-Theorie kompatibel ist. Doch was stellt man mit all den anderen Lösungen an?

Es gibt mehrere mögliche Antworten. Zum einen kann die Theorie natürlich falsch sein. Ich sehe aber keinerlei Grund, nur wegen der Vielzahl von Näherungslösungen solch einen drastischen Schluß zu ziehen. Zum anderen kann die ganze Schwierigkeit von der Näherung herrühren (die keineswegs völlig gerechtfertigt, sondern lediglich bequem ist), so daß sich bei einer verbesserten Näherung sämtliche Lösungen außer einer als falsch erweisen und ausgeschieden werden können. (Denkbar wäre auch, daß nur ein paar echte Lösungen übrigbleiben.)

Wirkung

Bei der Erörterung der verbleibenden möglichen Antworten auf das Problem der zahlreichen Lösungen ist es hilfreich, auf eine außerordentlich wichtige Größe einzugehen, die als »Wirkung« bezeichnet und meistens mit dem Symbol S gekennzeichnet wird. Sie wurde vor langer Zeit in die klassische, Newtonsche Physik eingeführt und erwies sich als recht nützlich; als dann die Quantenmechanik entdeckt wurde, zeigte sich, daß sie nicht nur nützlich, sondern geradezu unentbehrlich ist. (Die Wirkung besitzt die Dimensionen Energie mal Zeit; $\hbar$, die Planck-Konstante, dividiert durch zwei Pi, hat die gleichen Dimensionen und kann als Grundeinheit der Wirkung betrachtet werden.) Erinnern wir uns, die Wahrscheinlichkeiten von grobkörnigen Geschichten in der Quantenmechanik sind Summen über Werten der Größe D für Paare vollkommen feinkörniger Geschichten. Eine quantenmechanische Theorie ordnet jeder feinkörnigen Geschichte einen bestimmten Wert der Wirkung S zu, und diese Werte der Wirkung determinieren (zusammen mit dem Anfangszustand) die Werte von D.

Es ist natürlich überaus wünschenswert, die Formel für die Wirkung *S* in der heterotischen Superstring-Theorie zu finden. Bislang hat sich dies als unerreichbares Ziel erwiesen. Immerhin ist heute – aufgrund der Arbeiten meines ehemaligen Studenten Barton Zwiebach, von Michio Kaku und einer Gruppe in Kyoto – die Möglichkeit in greifbare Nähe gerückt, die Wirkung als Summe einer unendlichen Reihe auszudrücken, wenngleich die Summierung dieser Reihe eine schwierige Aufgabe bleibt.

Es mag aufschlußreich sein, diese Situation mit einem Gedankenexperiment zu vergleichen, das mein verstorbener Kollege Dick Feynman 1954 anstellte. (Ich besuchte seinerzeit gerade das Caltech, wo man mir eine Stelle angeboten hatte, die ich annahm. Damals besprach Feynman mit mir sein Projekt. Tatsächlich hatte ich ein ähnliches Projekt in Angriff genommen.) Feynman stellte sich zunächst vor, Einstein hätte um 1914 nicht seine geniale Einsicht in die Natur der Gravitation gehabt, die Erkenntnis nämlich, daß diese dem allgemeinen Relativitätsprinzip gehorchen und mit der Geometrie der Raumzeit verknüpft sein müsse. Dick fragte sich, ob es möglich sei, die Theorie auch ohne diese Einsicht, gleichsam »mit der Brechstange« aufzustellen. Er kam zu dem Schluß, daß dies möglich sei. Allerdings trat die Wirkung in Form einer unendlichen Reihe auf, und die Summierung dieser Reihe war ohne die geometrische Sichtweise und das Relativitätsprinzip praktisch unmöglich. Dieses allgemeine Relativitätsprinzip liefert die Antwort auf direkte Weise, ohne daß man das Brechstangenprinzip oder die unendliche Reihe braucht. Sobald Einstein, ausgehend von dem allgemeinen Relativitätsprinzip, erkannte, welche Art Formel er zur Beschreibung der Gravitation brauchte, konnte er sich die erforderlichen mathematischen Grundlagen bei einem ehemaligen Klassenkameraden, Marcel Grossmann, aneignen und die Formel für die Wirkung aufschreiben, aus der die Gleichung auf Seite 143 hergeleitet werden kann.

Vielleicht ist die Situation in der Superstring-Theorie ähnlich. Wenn die Theoretiker das Relativitätsprinzip der Superstring-Theorie verstünden, könnten sie vielleicht sofort die Formel für die Wirkung aufstellen, ohne auf die Summierung unendlicher Reihen zurückgreifen zu müssen. (Wie sollten wir dieses Prinzip in der Zwischenzeit, bis zu seiner Entdeckung, nennen? »Feldmarschall«-Relativität? »Generalissimus«-Relativität? Zweifellos geht es weit über das allgemeine Relativitätsprinzip hinaus.) Jedesmal wird die Entdeckung der Formel für die Wirkung S Hand in Hand gehen mit einem tieferen Verständnis der Superstring-Theorie.

Wie bereits erwähnt, war die für die Arbeiten, die ursprünglich zur Entdeckung der Superstring-Theorie führten, ausschlaggebende Idee das sogenannte Bootstrap-Prinzip der Selbstkonsistenz – ein einfacher und leistungsfähiger Gedanke, der jedoch noch nicht in der richtigen Sprache formuliert ist, um die Wirkung oder gar das der Wirkung zugrundeliegende vollständige Symmetrieprinzip zu entdecken. Erst wenn die Superstring-Theorie in der Sprache der Quantenfeldtheorie formuliert sein wird und ihre Wirkung und ihre Symmetrien entdeckt sind, wird sie wahrhaft den Kinderschuhen entwachsen sein.

Effektive Wirkung

Ausgehend von der Wirkung kann man im Prinzip eine verwandte Größe berechnen, die ich mit dem Symbol $\bar{S}$ bezeichne. Ein Theoretiker könnte sie »quantenkorrigierte euklidische Wirkung« nennen. Sie ist eine Art Mittelwert einer modifizierten Version der Wirkung $\bar{S}$, wobei die Modifikation mit einer Änderung der Zeitvariablen einhergeht. Wir können diese neue Größe $\bar{S}$ als »effektive Wirkung« bezeichnen. Sie spielt eine außerordentlich wichtige Rolle in der Deutung der Superstring-Theorie. Erstens haben Hartle und Hawking den von ihnen postulierten Anfangszustand des Universums in Kategorien von $\bar{S}$ ausgedrückt. Zweitens müssen wir uns an die Größe $\bar{S}$ halten, wenn wir herausfinden wollen, ob die Superstring-Theorie tatsächlich viele Lösungen hat. Auf irgendeine Weise muß diese Größe, die für die verschiedenen Lösungen berechnet wurde, als Selektionskriterium dienen.

Unter Verweis auf die klassische Physik, in der das »Prinzip der kleinsten Wirkung« eine elegante Formulierung der klassischen

Dynamik erlaubt, könnten einige Theoretiker behaupten, die für physikalische Zwecke richtige Lösung – die das wirkliche Universum beschreibt – müßte die Lösung mit dem kleinsten Wert der effektiven Wirkung $\bar{S}$ sein. Das könnte in der Tat das zutreffende Kriterium für die Auswahl der richtigen Lösung darstellen.

Da wir uns jedoch im Bereich der Quantenmechanik befinden, könnte sich herausstellen, daß es nicht *eine* richtige Lösung für das Universum gibt, sondern vielmehr einen probabilistischen Zustand, in dem alle wahren Lösungen potentielle Alternativen darstellen, die jeweils spezifische, mit steigendem Wert von $\bar{S}$ kleiner werdende Wahrscheinlichkeiten aufweisen. Tatsächlich wäre die Formel für die Wahrscheinlichkeit in Abhängigkeit von $\bar{S}$ eine abfallende Exponentialkurve, die durch eine Kurve wie in Abbildung 10 beschrieben wird. Dann hätte die Lösung mit dem kleinsten Wert von $\bar{S}$ zwar die höchste Wahrscheinlichkeit, die wahre Beschreibung des Universums zu sein, doch auch andere Lösungen würden gewisse Wahrscheinlichkeiten besitzen.

Determiniert Zufall eine bestimmte Lösung?

Die spezielle Lösung, die für das Universum gilt, würde dann die Struktur des Systems der Elementarteilchen determinieren. Ja, sie würde sogar noch mehr leisten und auch die Anzahl der Raumdimensionen determinieren.

Eine mögliche Deutung des räumlichen Aspekts der heterotischen Superstring-Theorie besteht darin, von einer Raumzeit mit einer Zeitdimension und neun Raumdimensionen auszugehen; die verschiedenen Lösungen entsprechen dann dem Zusammenbruch einiger Raumdimensionen, so daß nur die verbleibenden beobachtbar sind. Wenn die probabilistische Deutung von $\bar{S}$ richtig ist, dann ist die Dreidimensionalität des Raumes in unserem Universum eine Folge des zufälligen Auftretens einer speziellen Lösung der Superstring-Gleichungen (das gleiche gilt für die Existenz einer bestimmten Anzahl von Fermionen-Familien, die jeweils bestimmte Teilchenmengen enthalten).

Dieser probabilistische Zustand ist die faszinierendste mögliche Lösung des Rätsels, das die Existenz scheinbar zahlreicher Lösungen für die Gleichungen der Superstring-Theorie gegenwärtig aufgibt. Nehmen wir an, es sei die richtige Lösung. Wir können dann davon ausgehen, daß der Verzweigsbaum alternativer grobkörniger Geschichten des Universums, deren jede eine bestimmte Wahrscheinlichkeit besitzt, mit einer Verzweigung beginnt, die eine spezielle Lösung der Superstring-Gleichungen auswählt.

Unabhängig davon, ob die Vorhersagen der Superstring-Theorie von einer solchen probabilistischen »Wahl« der Lösung abhängen, müssen sie mit unserer Erfahrung des dreidimensionalen Raumes ebenso wie mit allen Eigenschaften des Elementarteilchensystems verglichen werden.

Falls die heterotische Superstring-Theorie in all den Fällen, in denen sie einer Überprüfung zugänglich ist, richtige Vorhersagen machen sollte, dürfte das Problem der fundamentalen Theorie der Elementarteilchen gelöst sein. Wir werden dann die der Entwicklung des Universums zugrundeliegende Triebkraft kennen. Die Beschreibung der Geschichte des Universums hängt aber sowohl von seinem Anfangszustand wie auch von den Zufallsergebnissen sämtlicher Verzweigungen am Baum der universellen Geschichte ab.

Mehrfach-Universen?

Bislang haben wir die Quantenkosmologie so beschrieben, als beziehe sie sich auf alternative Geschichten des Universums, das wir als ein einzelnes Gebilde behandelt haben, das die gesamte Materie umfaßt. Doch die Quantenkosmologie ist in stetem Wandel begriffen, und sie bringt eine Fülle reizvoller spekulativer Ideen hervor, deren tatsächliche Bedeutung noch unsicher ist; einige dieser Ideen beziehen sich in der einen oder anderen Weise auf Mehrfach-Universen. Da *uni* eins bedeutet, klingt dieser Begriff wie ein Widerspruch in sich. Vielleicht kann ein neuer Begriff wenigstens zur Vermeidung der sprachlichen Verwirrung beitragen, die auftreten könnte, wenn sich diese Ideen zumindest als teilweise zutreffend erweisen: Der Begriff »Multiversum« soll die Gesamtheit aller Universen bezeichnen, zu denen auch das uns vertraute Universum gehört.

Die Einführung von Mehrfach-Universen ist nur dann sinnvoll, wenn unser Universum dadurch nicht seine weitgehende Autonomie verliert. Nach einer Auffassung stellen die anderen Universen sogenannte Baby-Universen dar, die in virtuellen Quantenprozessen erzeugt und vernichtet werden, wobei diese Quanten stark den virtuellen Quanten gleichen, die in der Quantenfeldtheorie die Kräfte vermitteln. Nach Einschätzung von Stephen Hawking und anderen verändert die virtuelle Erzeugung und Vernichtung von Baby-Universen die Ergebnisse von Berechnungen in der Elementarteilchentheorie, sie stellt aber nicht unbedingt das Konzept eines Verzweigungsbaumes der Geschichte grundlegend in Frage.

Eine weitere Möglichkeit besteht darin, daß es zwar zahlreiche Universen gibt, von denen viele größenmäßig mit unserem vergleichbar sind, daß unser Universum aber, wenn überhaupt, nur in begrenztem Kontakt mit den anderen steht, auch wenn ein solcher Kontakt in ferner Vergangenheit vorgekommen sein oder weit in der Zukunft möglich werden könnte. Nach einer solchen Vorstellung bilden die Universen gleichsam Blasen im Multiversum, die sich vor sehr langer Zeit voneinander trennten und damit eine Ära einleiteten, in der die Universen nicht mehr miteinander in Verbindung stehen. Diese Ära würde sehr lange dauern. Wenn diese Art Vorstellung von den Mehrfach-Universen auch nur ein Körnchen Wahrheit enthält, dann könnte man herauszufinden versuchen, was in den einzelnen Blasen mit verschiedenen möglichen Zweigen der Geschichte des Universums geschieht. Der Idee, daß unglaublich viele Zweige am Baum grobkörniger Geschichten tatsächlich verwirklicht sind, wenn auch in verschiedenen Blasen, stünde nichts mehr im Weg. Die Wahrscheinlichkeit einer jeden Geschichte wäre dann weitgehend eine statistische Wahrscheinlichkeit, der Anteil der verschiedenen »Universen«, in denen die jeweilige Geschichte stattfindet.

Nehmen wir nun einmal an, die probabilistische Interpretation der zahlreichen Näherungslösungen der Superstring-Theorie sei richtig, so daß es viele wahre Lösungen mit verschiedenen Elementarteilchenmodellen und unterschiedlichen Zeitdimensionen gebe. Wenn dann wirklich zahlreiche Universen als Blasen in einem Multiversum existieren, könnten Gruppen dieser Universen durch verschiedene Lösungen der Superstring-Theorie beschrieben werden, wobei die Eintrittshäufigkeiten exponentiell mit dem Wert der effektiven Wirkung $\bar{S}$ abnehmen.

Selbst wenn sich derartige theoretische Spekulationen als unhaltbar erweisen sollten, bildet die Annahme zahlreicher, weitgehend unabhängiger Universen eine interessante (wenngleich recht abstrakte) Möglichkeit, sich Wahrscheinlichkeiten in der Quantenkosmologie *vorstellen* zu können.

»Anthropische Prinzipien«

Einige Quantenkosmologen sprechen gern von einem sogenannten anthropischen Prinzip, nach dem die im Universum herrschenden Bedingungen mit der Existenz des Menschen vereinbar sein müssen. In seiner schwachen Version besagt dieses Prinzip lediglich, daß der spezifische Geschichtszweig, auf dem wir uns befinden, die notwendigen Merkmale besitzt, damit unser Planet existieren und Leben einschließlich des menschlichen Lebens auf ihm gedeihen kann. In dieser Form ist das anthropische Prinzip unmittelbar einleuchtend.

In seiner stärksten Version hingegen würde dieses Prinzip sich vermutlich auch auf die Dynamik der Elementarteilchen und den Anfangszustand des Universums erstrecken und diese grundlegenden Gesetze des Universums so zurechtschneidern, daß sie den Menschen hervorbringen. Diese Idee erscheint mir derart lächerlich, daß sie keiner weiteren Erörterung bedarf.

Dennoch habe ich mich bemüht, eine Version des »anthropischen Prinzips« zu finden, die weder trivial noch absurd ist. Die folgende ist das beste, was mir eingefallen ist: Bestimmte Lösungen und bestimmte Geschichten unter den zahlreichen Lösungen der fundamentalen Gleichungen (wenn es denn tatsächlich mehrere exakte Lösungen geben sollte) und unter den zahlreichen Geschichtszweigen erzeugen an vielen Orten günstige Bedingungen für die Entwicklung komplexer adaptiver Systeme, die als IGUSe (Informationssammlungs- und -verarbeitungssysteme), als Beobachter der Ergebnisse quantenmechanischer Verzweigungen, fungieren können. (Zu diesen Bedingungen gehört das Vorherrschen eines Zustands, der in relativ gleichem Abstand zwischen Ordnung und Unordnung liegt.) Die Charakterisierung dieser Lösungen und Zweige wirft ein theoretisches Problem von großer Bedeutung auf, das man meines Erachtens als Suche nach einem IGUS-Prinzip bezeichnen könnte! Ein untergeordnetes Merkmal dieser für die Entwicklung von IGUSen günstigen Bedingungen bestünde darin, daß die Existenz der Erde, von Leben auf der Erde und insbesondere des menschlichen Lebens erlaubt wären und an bestimmten Zweigen aufträten.

Diese theoretische Forschung ließe sich beispielsweise nutzbar machen für verfeinerte Berechnungen der Wahrscheinlichkeit, mit der wir von intelligenten komplexen adaptiven Systemen auf weit entfernte Sterne umkreisenden Planeten Signale empfangen können (wie dies etwa im Rahmen des SETI-Projekts, der Suche nach extraterrestrischen intelligenten Lebensformen, geschieht). In solche Berechnungen gehen zahlreiche Faktoren ein. Einer davon ist die wahrscheinliche Zeitspanne, die eine technische Zivilisation überdauert und während der sie fähig und willens wäre, Signale auszusenden, da ein verheerender Krieg oder ein technologischer Niedergang diesen Übertragungen ein Ende setzen könnte. Ein weiterer Faktor ist die Wahrscheinlichkeit, mit der ein Planet komplexe adaptive Systeme beherbergen kann, zum Beispiel solche, die Lebensformen auf der Erde gleichen. Hier können eine Reihe komplizierter Erwägungen eingreifen. Harold Morowitz zum Beispiel kam, nachdem er erforscht hatte, welche Bedingungen die Erdatmosphäre zur Zeit der präbiotischen chemischen Reaktionen, aus denen sich das Leben entwickelte, erfüllen mußte, zu dem Schluß, daß einige recht restriktive Bedingungen geherrscht haben müssen, damit diese Reaktionen eintreten konnten. Andere Experten sind sich da allerdings nicht so sicher.

Offenbar haben wir es nicht mit einem ehrfurchtgebietenden »anthropischen Prinzip« zu tun, sondern mit einer Reihe faszinierender, aber recht konventioneller Fragestellungen im Bereich der theoretischen Naturwissenschaft. Diese beziehen sich auf die Bedingungen, die, ausgehend von der fundamentalen Theorie der Elementarteilchen und des anfänglichen Quantenzustands des Universums, für die Entwicklung komplexer adaptiver Systeme auf verschiedenen Geschichtszweigen und zu verschiedenen Zeiten sowie an verschiedenen Orten notwendig sind.

Die Bedeutung des Anfangszustands

Mehrfach sind wir auf die Bedeutung gestoßen, die dem Anfangszustand für die Ausbildung der Ordnung im frühen Universum zukommt, die die spätere Entstehung zunächst von Himmelsobjekten wie Galaxien, Sternen und Planeten und dann von komplexen adaptiven Systemen ermöglichte. Wir sind auch auf eine der weitreichendsten Folgen des Anfangszustands eingegangen, die darin besteht, daß die Zeit im ganzen Universum gleichmäßig vorwärtsläuft. Wenden wir uns nun dem Zeitfluß etwas eingehender zu.

15 Zeitpfeile: vorwärts- und rückwärtslaufende Zeit

Erinnern wir uns an den Meteoriten, der durch die Atmosphäre fällt und auf die Erdoberfläche auftrifft. Ließe man einen Film über die gesamte Folge von Ereignissen rückwärtslaufen, würden wir sofort erkennen, daß darin die Zeitrichtung umgekehrt ist. Wir wissen, daß diese Richtung der Zeit letztlich darauf zurückzuführen ist, daß sich das Universum vor etwa zehn bis 15 Milliarden Jahren in einem ganz speziellen Zustand befunden hat. Blicken wir entgegen der Zeitrichtung auf diese einfache Konfiguration zurück, schauen wir auf das, was wir als Vergangenheit bezeichnen; wenden wir unseren Blick in die andere Richtung, erstreckt sich vor uns das, was wir Zukunft nennen.

Die Kompaktheit des Anfangszustands (zu der Zeit, die manche »Urknall« nennen) stellt keine hinreichende Beschreibung seiner Einfachheit dar. Schließlich halten es die meisten Kosmologen für möglich, ja sogar für wahrscheinlich, daß das Universum zu einem unvorstellbar fernen Zeitpunkt in der Zukunft wieder zu einer winzigkleinen Struktur kollabieren wird. Allerdings wird sich diese Struktur erheblich von jener in der Vergangenheit unterscheiden. Während der Kollaps-Periode wird das Universum jedoch nicht die Phase seiner Expansion in umgekehrter Richtung durchlaufen. Die Vorstellung, Expansion und Kontraktion seien zueinander symmetrisch, nennt Stephen Hawking seinen »größten Fehler«.

Strahlung und Spuren

Man kann sich leicht zahlreiche Unterschiede zwischen vorwärts- und rückwärtslaufender Zeit vorstellen. So strahlen beispielsweise »heiße Objekte« wie Sterne und Galaxien Energie nach außen ab. Die häufigste Form von Strahlungsenergie besteht aus Photonen, etwa aus Licht- und Radiowellen sowie Gammastrahlen, die optische Astronomie, Radioastronomie, Gammastrahlen-Astronomie und so weiter ermöglichen. Neben der Beobachtung von Photonen bildet sich gerade die Neutrino-Astronomie als eigenständiger astronomischer Zweig heraus, und in naher Zukunft werden wir auch die Gravitationswellen-Astronomie besitzen. Sie alle beruhen auf dem Nachweis des von den beobachteten Objekten ausgehenden Energieflusses in Form von Teilchen und Wellen. Wenn wir Licht sehen, das von einem Feuer oder einer elektrischen Glühbirne ausgeht, registrieren unsere Augen ebenfalls einen Strom emittierter Photonen. Bei Zeitumkehr würde die Energie in all diesen Fällen statt dessen nach innen fließen. Der nach außen gerichtete Energiefluß kann Signale übertragen; wenn sich ein Stern in eine Supernova verwandelt und seine Helligkeit eine Zeitlang plötzlich enorm zunimmt, breitet sich diese Information mit Lichtgeschwindigkeit aus.

Ein weiterer Unterschied zwischen Vergangenheit und Zukunft ist die Existenz von Spuren der Vergangenheit, wie etwa den in Glimmersteinen nachweisbaren Spuren geladener Teilchen, die vor langer Zeit beim Zerfall radioaktiver Kerne freigesetzt wurden. Auffällig ist demgegenüber das Fehlen derartiger Indizien für künftige Zerfallsprozesse. Diese Asymmetrie zwischen Vergangenheit und Zukunft ist so offenkundig, daß wir sie allzu leicht übersehen.

Wir Menschen benutzen Strahlen, um Signale zu übertragen, und erforschen die Vergangenheit in den Spuren, die sie hinterließ. Ja wir selbst hinterlassen bewußt Spuren. Doch die Existenz von Signalen und Spuren ist im allgemeinen weitgehend unabhängig von der Existenz komplexer adaptiver Systeme – wie uns Menschen –, die sich einen Teil davon zunutze machen.

Anfangszustand und Kausalität

Die Zeitasymmetrie von Signalen und Spuren gehört zum Prinzip der physikalischen Kausalität, nach dem Wirkungen das Ergebnis ihrer Ursachen sind. Physikalische Kausalität läßt sich unmittelbar auf die Existenz eines einfachen Anfangszustands des Universums zurückführen. Doch wie findet dieser Anfangszustand Eingang in die Theorie?

Die quantenmechanische Formel für die Größe D, die die Wahrscheinlichkeiten alternativer Geschichten des Universums liefert, enthält bereits die Asymmetrie zwischen Vergangenheit und Zukunft. An dem einen Ende, das der Vergangenheit entspricht, enthält sie eine genaue Beschreibung des Quantenzustands des frühen Universums, den wir den Anfangszustand nennen. Am anderen Ende, das der fernen Zukunft entspricht, enthält die Formel eine Summation aller möglichen Zustände des Universums. Diese Summation läßt sich als eine Bedingung vollkommener Indifferenz hinsichtlich des Zustands des Universums in ferner Zukunft beschreiben.

Wäre auch der Anfangszustand durch vollkommene Indifferenz gekennzeichnet, gäbe es keine Kausalität und nicht viel Geschichte. Der Anfangszustand ist hingegen einfach und speziell (das gilt vielleicht auch für den von Hartle und Hawking beschriebenen Zustand, der abgesehen von dem dynamischen Gesetz, das das System der Elementarteilchen beherrscht, keine weiteren Informationen erfordert). Wenn der Zustand in ferner Zukunft nicht durch vollkommene Indifferenz gekennzeichnet wäre, käme es zu Verletzungen der Kausalität und zu Ereignissen, die zwar bezüglich der Vergangenheit unerklärlich (oder zumindest außerordentlich unwahrscheinlich) wären, aber von dem Zustand, der für die ferne Zukunft spezifiziert wurde, gefordert (oder fast gefordert) würden. Mit zunehmenden Alter des Universums würde die Zahl derartiger Ereignisse ständig anwachsen. Nichts deutet darauf hin (aber vieles spricht dagegen), daß dieser Zustand vorausbestimmt ist; da es kein überzeugendes neues Argument gibt, können wir daher die Möglichkeit, daß der Zustand des Universums in ferner Zukunft nicht indifferent ist, außer acht lassen. Während wir diese Möglichkeit also in den Bereich der Science-fiction oder des Aberglaubens verweisen, können wir nach wie vor einen speziellen Zustand in ferner Zukunft erwägen, der einen interessanten kontrafaktischen Fall darstellt und der unserer festen Überzeugung nach der richtigen Kausalsituation widerspricht.

Aus der grundlegenden quantenmechanischen Formel für die Wahrscheinlichkeiten von Geschichten kann man bei einem geeigneten Anfangszustand all die vertrauten Aspekte der Kausalität, wie etwa Signale und Spuren, die von der Vergangenheit in die Zukunft zeigen, ableiten. Sämtliche Zeitpfeile entsprechen verschiedenen Merkmalen grobkörniger Geschichten des Universums, und die Formel enthüllt die Tendenz all dieser Pfeile, an jedem beliebigen Ort eher vorwärts als rückwärts zu zeigen.

Entropie und der zweite Hauptsatz der Thermodynamik

Einer der bekanntesten Zeitpfeile, die den Unterschied zwischen vorwärts- und rückwärtsgerichteter Zeit kennzeichnen, ist die Tendenz der Entropie genannten Größe, in einem abgeschlossenen System zuzunehmen (oder zumindest nicht abzunehmen). Daraus ergibt sich das Prinzip, das man als zweiten Hauptsatz der Thermodynamik bezeichnet. (Nach einem alten Physiker-Witz besagt der erste Hauptsatz der Thermodynamik, man könne nicht mit Gewinn arbeiten, während der zweite Hauptsatz besagt, man könne nicht einmal die Gewinnschwelle erreichen. Beide Sätze sind frustrierend für jemanden, der ein Perpetuum mobile erfinden will.) Der erste Hauptsatz postuliert lediglich die Erhaltung der Energie: Die Gesamtenergie eines abgeschlossenen Systems bleibt gleich. Der zweite Hauptsatz, der die Zunahme (oder Konstanz) der Entropie fordert, ist komplizierter, und doch begegnen wir in unserem Alltagsleben der Entropie auf Schritt und Tritt. Sie ist ein Maß der Unordnung. Und wer wollte leugnen, daß die Unordnung in einem abgeschlossenen System zunimmt?

Wenn man einen Nachmittag damit verbringt, an einem Tisch sitzend Groschen nach ihrem Prägedatum oder Nägel nach ihrer Größe zu sortieren, und irgend etwas auf dem Tisch umstürzt, ist es da nicht überaus wahrscheinlich, daß die Groschen oder Nägel wieder völlig durcheinandergeraten? Ist es in einem Haushalt, in dem Kinder Brotscheiben mit Erdnußbutter und Marmelade bestreichen, nicht wahrscheinlich, daß in dem Glas mit der Erdnußbutter Marmeladenspuren zurückbleiben und daß sich in dem Marmeladenglas einige Erdnußbutterbröckchen ansammeln? Und ist es nicht nahezu gewiß, daß die Beseitigung einer Trennwand, die in einem Raum die linke, mit Sauerstoff gefüllte Hälfte von der rechten, mit einer gleich großen Menge Stickstoff gefüllten Hälfte trennt, zu einer Vermischung von Sauerstoff und Stickstoff in beiden Teilen führt?

Dies läßt sich damit erklären, daß es sehr viel mehr Möglichkeiten gibt, Nägel und Groschen in Unordnung zu bringen, als sie zu sortieren. Auch gibt es sehr viele Möglichkeiten, daß Erdnußbutter und Marmelade in ihren Gefäßen durch Beimengungen des jeweils anderen Stoffes verunreinigt werden, als daß sie völlig rein bleiben. Und schließlich gibt es sehr viel mehr Möglichkeiten, daß sich Sauerstoff- und Stickstoffmoleküle vermischen, als daß sie getrennt bleiben. Unter der Einwirkung des Zufalls ist es wahrscheinlich, daß sich ein abgeschlossenes System, das einen gewissen Grad an Ordnung aufweist, in Richtung Unordnung entwickelt, für die es so viel mehr Möglichkeiten gibt.

Mikrozustände und Makrozustände

Wie kann man die Zahl dieser Möglichkeiten bestimmen? Ein völlig geschlossenes, genau beschriebenes System kann in zahlreichen verschiedenen Zuständen existieren, die oft Mikrozustände genannt werden. Die Quantenmechanik faßt diese Zustände als mögliche Quantenzustände des Systems auf. Diese Mikrozustände werden entsprechend den verschiedenen Merkmalen, je nach Grobkörnigkeit, in Kategorien (die mitunter Makrozustände genannt werden) zusammengefaßt. In einem bestimmten Makrozustand werden dann die Mikrozustände als äquivalent behandelt, so daß es lediglich auf ihre Zahlen ankommt.

Betrachten wir den Raum, der die gleiche Anzahl von Stickstoff- und Sauerstoffmolekülen enthält, die durch eine Trennwand voneinander geschieden sind, die dann beseitigt wird. Nunmehr lassen sich alle möglichen Mikrozustände der Stickstoff- und Sauerstoffmoleküle etwa folgendermaßen zu Makrozuständen zusammenfassen: Makrozustände, in denen die linke Hälfte des Raumes weniger als 10 Prozent Stickstoff und die rechte Hälfte des Raumes weniger als 10 Prozent Sauerstoff enthält; Makrozustände, in denen die Kontaminationen zwischen 10 und 20 Prozent liegen; Makrozustände, in denen sie zwischen 20 und 30 Prozent liegen, und so weiter. Die Makrozustände, in denen die Kontamination zwischen 40 und 50 Prozent (oder zwischen 50 und 60 Prozent) liegt, enthalten die meisten Mikrozustände. Makrozustände, in denen die Gase am stärksten miteinander vermischt sind, weisen auch den höchsten Grad an Unordnung auf.

Die Bestimmung der Anzahl unterschiedlicher Möglichkeiten eines abgeschlossenen Systems, sich in einem bestimmten Makrozustand zu befinden, ist eng mit der technischen Definition der Entropie (gemessen in der gebräuchlichsten Einheit, der sogenannten Boltzmann-Konstante) verknüpft. Die Entropie eines Systems in einem bestimmten Makrozustand entspricht in etwa der Menge an Information – der Anzahl der Bits –, die man zur Spezifizierung eines der Mikrozustände in diesem Makrozustand braucht; dabei werden alle Mikrozustände so behandelt, als seien sie gleich wahrscheinlich.

Erinnern wir uns, daß das Zwanzig-Fragen-Spiel, sofern es fehlerlos gespielt wird, 20 Bits an Informationen herausholen kann, ungeachtet dessen, ob es sich bei dem gesuchten Gegenstand um ein Tier, eine Pflanze oder einen anorganischen Gegenstand handelt. Zwanzig Bits entsprechen der Information, die man braucht, um eine unter 1048676 verschiedenen, gleich wahrscheinlichen Alternativen herauszufinden; diese Zahl erhält man einfach dadurch, daß man 2 zwanzigmal mit sich selbst multipliziert. Ebenso entsprechen 3 Bits 8 gleich wahrscheinlichen Möglichkeiten, weil man 8 erhält, wenn man die 2 dreimal mit sich selbst multipliziert. Vier Bits entsprechen 16 Möglichkeiten, 5 Bits 32 Möglichkeiten und so weiter. Liegt die Zahl der Möglichkeiten *zwischen* 16 und 32, dann liegt die Zahl der Bits *zwischen* 4 und 5.

Daher beträgt die Entropie eines Systems in einem Makrozustand, der 32 Mikrozustände umfaßt, 5 Einheiten. Beläuft sich die Zahl auf 16, beträgt die Entropie 4 und so weiter.

Entropie als Unwissenheit

Entropie und Information sind sehr eng miteinander verknüpft. Genaugenommen kann man die Entropie als ein Maß der Unwissenheit betrachten. Weiß man lediglich, daß sich ein System in einem bestimmten Makrozustand befindet, dann mißt die Entropie des Makrozustands den Grad der Unwissenheit über den Mikrozustand, in dem sich das System befindet, indem sie die Zahl der Bits an Zusatzinformation angibt, die zu dessen Spezifizierung erforderlich sind, dabei werden alle Mikrozustände innerhalb des Makrozustands als gleich wahrscheinlich behandelt.

Nehmen wir nun an, das System befinde sich in keinem bestimmten Makrozustand, sondern besetze mit unterschiedlichen Wahrscheinlichkeiten mehrere Makrozustände. Die Entropien der Makrozustände werden dann mit einer ihren Wahrscheinlichkeiten entsprechenden Gewichtung gemittelt. Zudem wird die Entropie um einen weiteren Beitrag ergänzt, der sich aus der zur Bestimmung des Makrozustands erforderlichen Zahl der Bits an Informationen ergibt. Die Entropie kann somit als Mittelwert der Unkenntnis des Mikrozustands innerhalb eines Makrozustands plus der Unkenntnis des Makrozustands selbst betrachtet werden.

Die Spezifizierung des Zustands entspricht der Ordnung und die Unkenntnis der Unordnung. Der zweite Hauptsatz der Thermodynamik sagt uns lediglich, daß sich ein abgeschlossenes System niedriger Entropie (hoher Ordnung) bei sonst konstanten Bedingungen zumindest für sehr lange Zeit in Richtung höherer

Entropie (hoher Unordnung) entwickelt. Da es mehr mögliche Zustände der Unordnung als der Ordnung gibt, verläuft die Entwicklung in Richtung Unordnung.

Die endgültige Erklärung: Ordnung in der Vergangenheit

Die tiefergehende Frage ist nun, weshalb die gleiche Gesetzmäßigkeit nicht bei Zeitumkehr gilt. Weshalb sollte ein rückwärts abgespielter Film über ein bestimmtes System nicht dessen Entwicklung in Richtung wahrscheinlicher Unordnung statt Ordnung zeigen? Letztendlich liegt die Antwort auf diese Frage in dem einfachen Anfangszustand des Universums zu Beginn seiner Expansion, vor gut zehn Milliarden Jahren, im Gegensatz zum Zustand der Indifferenz, der in der quantenmechanischen Wahrscheinlichkeitsformel für die ferne Zukunft angesetzt wird. Infolgedessen zeigt nicht nur der kausale Zeitpfeil, sondern zeigen auch die übrigen Pfeile einschließlich des Zeitpfeils, der von Ordnung in Richtung Unordnung zeigt (der »thermodynamische« Zeitpfeil), von der Vergangenheit in die Zukunft. Der Urzustand des Universums führt später zur gravitationsbedingten Verdichtung der Materie und zur Entstehung junger Galaxien. Mit der Zeit bilden sich innerhalb bestimmter Arten von Galaxien neue Sterne und Planetensysteme. Diese Sterne und Planeten altern nun ihrerseits. Der Zeitpfeil wird so vom Universum an die Galaxien und von den Galaxien an die Sterne und Planeten weitergegeben. Überall im Universum ist er zeitlich nach vorn gerichtet. Auf der Erde wird er auf den Ursprung des irdischen Lebens und dessen Evolution sowie auf die Geburt und das Altern jedes einzelnen Lebewesens übertragen. Im Universum gehen praktisch alle Fälle von Ordnung aus früheren Zuständen der Ordnung und letztlich aus dem Anfangszustand hervor. Aus diesem Grund vollzieht sich der Übergang von Ordnung zur statistisch sehr viel wahrscheinlicheren Unordnung überall von der Vergangenheit in die Zukunft und nicht in umgekehrter Richtung.

Wir können uns das Universum metaphorisch als eine altmodische Armbanduhr vorstellen, die zu Beginn ihrer Expansion voll aufgezogen ist und dann allmählich abläuft, während sie kleinere, teilweise aufgezogene Uhren hervorbringt, die ihrerseits langsam ablaufen, und so weiter. In jeder Phase übertragen die vorhandenen Strukturen jedem neu entstehenden Gebilde die Eigenschaft, mindestens teilweise aufgezogen zu sein. Wir können das Altern jedes annähernd isolierten Gebildes mit dem Ablaufen seiner zugehörigen Uhr gleichsetzen.

Wie verhalten sich Galaxien, Sterne und Planeten, wenn sie altern? Denken wir an das, was mit einigen bekannten Kategorien stellarer Objekte geschieht. Im Zentrum der Sterne wie der Sonne finden bei Temperaturen von einigen zehn Millionen Grad Celsius Kernreaktionen statt, die Wasserstoff in Helium umwandeln. Die dabei freigesetzte Energie wird schließlich in Form von Sonnen- oder Sternenlicht von der Oberfläche abgestrahlt. Zu guter Letzt geht dem Stern der Kernbrennstoff aus, und er verändert, oft auf dramatische Weise, sein Aussehen. Bei entsprechend großem Gewicht kann sich ein Stern plötzlich in eine Supernova verwandeln, die dann, nachdem sie einige Monate lang in enormer Helligkeit erstrahlt ist, zu einem schwarzen Loch kollabiert. Selbstverständlich verläuft dieser Prozeß zeitlich gerichtet!

Wenn wir Menschen ein Ordnungsmuster (zum Beispiel mit Groschen) erstellen und es sich selbst überlassen – abgesehen davon, daß wir einen potentiell Unordnung stiftenden Handelnden (zum Beispiel einen Hund) hinzufügen –, dann wird sich das abgeschlossene System (Groschen auf einem Tisch plus plumper Hund) stetig in Richtung Unordnung entwickeln, weil Unordnung eine so hohe Wahrscheinlichkeit besitzt. Diese Änderung wird in vorwärtsgerichteter Zeit eintreten, weil wir Menschen – wie alles andere, was in positiver Zeitrichtung abläuft – uns kausal verhalten, und erst das Ordnungsmuster erzeugten, um es dann samt Hund sich selbst zu überlassen. Diese Situation, die mit einer Entropiezunahme verbunden ist, unterscheidet sich nicht allzusehr von den Vorgängen in den Sternen und Galaxien.

Ein geringfügiger Unterschied *besteht* darin, daß wir das Ordnungsmuster ursprünglich herstellten, also die Groschen sortierten beziehungsweise sie neu sortierten, nachdem der Hund sie durcheinandergebracht hat. Auf die Menge der Groschen bezogen, handelt es sich eindeutig um eine Abnahme der Entropie, auch wenn hier nicht der zweite Hauptsatz der Thermodynamik verletzt wird, weil diese Groschen kein geschlossenes System bilden. Der zweite Hauptsatz besagt in der Tat, daß die Entropie der Umgebung und der Person, die die Groschen sortiert, mindestens um den Betrag zunehmen muß, um den die Entropie der Groschen abnimmt. Wie funktioniert das? Wie zeigt sich die Zunahme der Entropie bei der Person, die die Groschen sortiert, und in der Umgebung?

Der Maxwellsche Dämon

Beim Versuch, diese Fragen zu beantworten, ist es hilfreich, auf einen hypothetischen Dämon einzugehen, der seine Zeit mit Sortieren zubringt: nämlich den Maxwellschen Dämon, den sich derselbe James Clerk Maxwell ausdachte, der die Gleichungen für den Elektromagnetismus formulierte. Er befaßte sich mit einer sehr häufigen (und der vielleicht frühesten) Anwendung des zweiten Hauptsatzes der Thermodynamik: auf einen heißen und einen kalten Körper, die sich in unmittelbarer Nähe zueinander befinden. Stellen wir uns einen Raum vor, der durch eine wegnehmbare Trennwand in zwei Hälften aufgeteilt ist. Die eine Hälfte ist mit einer heißen Gasprobe angefüllt und die andere Hälfte mit einer kalten Probe des gleichen Gases. Der Raum ist ein abgeschlossenes System mit einem bestimmten Grad an Ordnung, denn die, statistisch gesehen, schnelleren Moleküle des heißen Gases auf der einen Seite der Trennwand sind von den, statistisch gesehen, langsameren Molekülen des kalten Gases auf der anderen Seite getrennt.

Nehmen wir als erstes an, die Trennwand bestehe aus Metall, mithin wärmeleitend ist. Jeder weiß, daß sich die heiße Gasprobe abkühlen und die kältere Probe erwärmen wird, bis die beiden die gleiche Temperatur erreicht haben. Genau dies fordert der zweite Hauptsatz, da die geordnete Trennung von heißerem und kälterem Gas aufgehoben wird und die Entropie aus diesem Grund zunimmt.

Nehmen wir nun an, die Trennwand sei nicht wärmeleitend, so daß die Trennung von heißerem und kälterem Gas aufrechterhalten bleibt. Dann bleibt die Entropie konstant, was ebenfalls mit dem zweiten Hauptsatz vereinbar ist. Was aber geschieht, wenn ein Dämon die Moleküle in schnellere und langsamere sortiert? Kann er die Entropie vermindern?

Der Maxwellsche Dämon bewacht eine Klapptür in der Trennwand, die nicht wärmeleitend sein soll. Er erspäht Moleküle, die von beiden Seiten kommen, und schätzt ihre Geschwindigkeiten ein. Da die Moleküle des heißen Gases nur *statistisch gesehen* schneller sind als die Moleküle des kälteren Gases, enthält jede Gasprobe Moleküle, die sich mit ganz unterschiedlichen Geschwindigkeiten bewegen. Der boshafte Dämon läßt nur die langsamsten Moleküle des heißen Gases und die schnellsten Moleküle des kalten Gases durch die Klapptür passieren. Da das kalte Gas auf diese Weise nur extrem langsame Moleküle erhält, kühlt es weiter ab. Umgekehrt erhält das heiße Gas nur außerordentlich schnelle Moleküle, so daß seine Temperatur weiter ansteigt. In scheinbarem Widerspruch zum zweiten Hauptsatz der Thermodynamik sorgt der Dämon dafür, daß Wärme vom kalten Gas auf das heiße Gas übergeht. Wie ist das möglich?

Da der zweite Hauptsatz nur für abgeschlossene Systeme gilt, müssen wir den Dämon in unsere Berechnungen mit einbeziehen. Seine Entropie muß mindestens um den Betrag zunehmen, um den die Entropie der mit Gas gefüllten Raumhälften abnimmt. Was bedeutet es für den Dämon, daß seine Entropie zunimmt?

Ein neuer Beitrag zur Entropie

Leo Szilard griff diese Frage 1929 auf, als er den Zusammenhang zwischen Entropie und Information entdeckte. Nach dem Zweiten Weltkrieg formulierte Claude Shannon den mathematischen Informationsbegriff, der dann von dem französischen theoretischen Physiker Léon Brillouin weiterentwickelt wurde. In den sechziger Jahren führten Kolmogorow, Chaitin und Solomonoff den Begriff der algorithmischen Komplexität oder des algorithmischen Informationsgehalts ein. Schließlich arbeiteten Rolf Landauer und Charles Bennett von IBM im einzelnen heraus, wie Information und algorithmischer Informationsgehalt mit der Aktivität einer Person, eines Dämons oder einen Geräts verknüpft sind, die die Entropie eines physikalischen Systems verringern, während sie ihre eigene Entropie um einen gleich großen oder größeren Betrag erhöhen.

Bennett zeigte, daß ein Gerät, das die geeignete Art Information über ein physikalisches System aufnimmt und diese dann (zum Beispiel auf Papier oder Magnetband) speichert, tatsächlich mit Hilfe der aufgezeichneten Information Wärme von einem kalten Gegenstand auf einen heißen übertragen kann, *solange das Gerät über unbeschriebenes Papier oder unbespieltes Magnetband verfügt*. Die Entropie des Systems, das aus dem heißen und kalten Gegenstand besteht, nimmt folglich ab, allerdings um den Preis, daß das Papier oder das Magnetband aufgebraucht wird. Zuvor hatte Landauer gezeigt, daß die vollständige Löschung der Datensätze (einschließlich sämtlicher Kopien) eine Zunahme der Entropie bewirkt, die die Abnahme mindestens ausgleicht. Da irgendwann die Speicherkapazität des Geräts erschöpft ist, wird langfristig – nämlich sobald Datensätze gelöscht werden, um Platz für neue Datensätze zu schaffen – die Gültigkeit des zweiten Hauptsatzes der Thermodynamik wiederhergestellt.

Wir sagten gerade, daß die Löschung der *letzten* Kopie der Datensätze eine Zunahme der Entropie bewirken *muß*, die mindestens so groß ist, daß der zweite Hauptsatz wieder gilt. In der Praxis wird wahrscheinlich die Löschung einer beliebigen Kopie zu einer ähnlich großen Entropiezunahme führen; grundsätzlich aber *muß* dies nur die letzte Kopie tun. Der Grund dafür ist folgender: Bei Vorhandensein von mindestens zwei Kopien sind unter bestimmten Voraussetzungen Methoden verfügbar, mit denen man eine von beiden reversibel »wegkopieren« kann, ohne daß dabei die gewöhnliche Entropie im geringsten Maße zunehmen würde.

Unterdessen kann man die Gültigkeit des zweiten Hauptsatzes – sogar während der Periode, in der die Datensätze vorhanden sind und benutzt werden – in einer Form erhalten, indem man nämlich die Definition der Entropie des gesamten Systems korrigiert. Dies erreicht man dadurch, daß man einen Term hinzufügt, der dem algorithmischen Informationsgehalt der relevanten nicht gelöschten Datensätze entspricht. Da der algorithmische Informationsgehalt (AIC) lediglich von der Länge des *kürzesten* Programms, das die Information beschreibt, abhängt, ändert sich sein Wert nicht aufgrund der Existenz zusätzlicher Kopien der Datensätze. Es kommt einzig darauf an, ob von jedem Datensatz wenigstens ein Muster existiert.

Wojtek Żurek, der am Los Alamos National Laboratory und am Sante Fe Institute arbeitet, hat sich als erster für die Verwendung dieser modifizierten Definition der Entropie ausgesprochen. Wir können uns die neue Definition auf folgende Weise vorstellen: Die normale Entropie, die ein Maß der Unkenntnis ist, wird modifiziert, indem man den AIC der Datensätze, die irgendeine korrespondierende Information enthalten, dazuaddiert. Das bedeutet, für gespeicherte Information gibt es eine Art Abschlag an Unkenntnis. Wenn Information aufgenommen und gespeichert wird, verringert sich die Unkenntnis, während gleichzeitig der Informationsgehalt der Datensätze zunimmt. Werden Daten gelöscht, dann nimmt der Informationsgehalt der Datensätze ab, doch gleichzeitig nimmt die Unkenntnis über den Zustand des gesamten abgeschlossenen Systems um mindestens den gleichen Betrag zu.

Ausradieren oder durch den Reißwolf jagen

Während der Dämon seiner Sortieraufgabe nachgeht, muß er mit den Informationen, die er über die einzelnen Moleküle erwirbt, irgend etwas anfangen. Sofern er diese Informationen speichert, wird irgendwann seine Speicherkapazität erschöpft sein. Sofern die Informationen gelöscht werden, erhöht der Akt der Löschung die Entropie des Dämons und seiner Umgebung. Was aber bedeutet es, wenn eine vollständige Löschung stattfindet?

Denken wir an eine mit Bleistift geschriebene Notiz, die mit einem gewöhnlichen Radiergummi ausradiert wird. Dabei lösen sich von dem Radiergummi kleine Stücke ab, die jeweils einen kleinen Teil der Notiz mit sich nehmen und sich über den ganzen Schreibtisch und sogar auf dem Boden verstreuen. Diese Art der Zerstörung von Ordnung ist selbst eine Entropiezunahme. In der Wirklichkeit führt der ungeordnete Prozeß des Löschens meistens zu einer Entropiezunahme, die die gelöschte Informationsmenge übersteigt, und ein Großteil dieser Entropieerzeugung hat einen recht konventionellen Charakter (zum Beispiel die Erzeugung gewöhnlicher Wärme). Der Einfachheit halber haben wir jedoch diese zusätzliche Entropiezunahme außer Betracht gelassen und uns auf die minimale Zunahme konzentriert, die mit der Zerstörung der informationstragenden Datensätze einhergehen muß.

Es kommt darauf an, ob die Zerstörung irreversibel ist. Läßt sich der Vorgang umkehren, indem man die Notiz aus den Radiergummikrümeln rekonstruiert, dann ist die spezifisch mit der Löschung verbundene Entropiezunahme nicht eingetreten – aber ebensowenig hat die Löschung stattgefunden, da ja eine Kopie der Informationen noch immer in den Krümeln existiert.

Man könnte dagegen einwenden, daß eine solche Rekonstruktion im Prinzip immer möglich ist und es lediglich praktische Schwierigkeiten zu überwinden gibt, wenn man die Informationen aus den kleinen Radiergummikrümeln wiedergewinnen will. Ein drastisches Beispiel für eine solche Situation ereignete sich anläßlich der Besetzung der US-Botschaft in Teheran im Jahre 1979. Die »Studenten«, die das Gebäude stürmten, sammelten die Streifen geheimer Dokumente auf, die Botschaftsangehörige im letzten Augenblick durch den Reißwolf gejagt hatten, und setzten sie geduldig zusammen, so daß man die Dokumente entziffern und ihren Inhalt veröffentlichen konnte. Auch wenn die heute üblichen Reißwölfe Dokumente quer und längs zerschneiden, was eine Rekonstruktion erheblich erschwert, ist sie grundsätzlich dennoch nicht unmöglich. Wie können wir dann von irreversibler Löschung oder Streuung der Information oder gar von der Zerstörung jeglicher Ordnung sprechen? Wieso ist nicht die ganze Vorstellung einer Entropiezunahme und einer Umwandlung von Ordnung in Unordnung ein einziger Schwindel?

Entropie ohne Grobkörnigkeit ist nutzlos

Kehren wir zurück zu den Sauerstoffmolekülen, die sich mit den Stickstoffmolekülen vermischen. Wir können fragen, in welchem Sinne die Mischung der Gase wirklich zu einer Zunahme der Unordnung führt, zumal da sich jedes Sauerstoff- und Stickstoffmolekül zu jedem Zeitpunkt *an irgendeinem Ort* aufhält (zumindest in der klassischen Näherung) und daher der Zustand zu jedem Zeitpunkt einen genauso hohen Grad an Ordnung aufweist wie zu jedem früheren Zeitpunkt (vorausgesetzt, man beschreibt den Ort jedes einzelnen Moleküls und nicht die Verteilung von Sauerstoff und Stickstoff).

Die Antwort darauf lautet, daß die Entropie – wie die effektive Komplexität, der algorithmische Informationsgehalt und weitere von uns besprochene Größen – von der Grobkörnigkeit abhängt, von der Gliederungstiefe, auf der das System beschrieben wird. Zwar ist es, mathematisch gesehen, richtig, daß die Entropie eines in vollkommener Detailgenauigkeit beschriebenen Systems nicht zunehmen, sondern konstant bleiben würde. In Wirklichkeit aber wird ein aus vielen Teilen bestehendes System immer durch nur einige seiner Variablen beschrieben, und die Ordnung in diesen relativ wenigen Variablen verteilt sich mit der Zeit auf andere Variablen, bei denen sie nicht länger als Ordnung zählt. Das ist die eigentliche Bedeutung des zweiten Hauptsatzes der Thermodynamik.

Eine andere Interpretation der Grobkörnigkeit geht von Makrozuständen aus. Ein System, das sich zunächst in einem oder einigen wenigen Makrozuständen befindet, wird sich normalerweise nach einiger Zeit in vielen verschiedenen Makrozuständen aufhalten, da sich die Makrozustände aufgrund der dynamischen Entwicklung des Systems miteinander vermischen. Zudem werden jene Makrozustände, die die größte Anzahl von Mikrozuständen umfassen, in aller Regel die Gemische dominieren. Aus diesen beiden Gründen wird der spätere Wert der Entropie größer sein als der Anfangswert.

Wir können diese Form der Grobkörnigkeit mit der quantenmechanischen Grobkörnigkeit in Beziehung zu setzen versuchen: Erinnern wir uns daran, daß in einem maximal quasiklassischen Bereich, der aus alternativen grobkörnigen Geschichten des Universums besteht, diese Geschichten so feinkörnig wie möglich mit dekohärenten und fast klassischem Verhalten übereinstimmen. Wie bereits früher erwähnt, liefert ein quasiklassischer Bereich in der Quantenmechanik auf diese Weise eine Art theoretisches Minimum der Grobkörnigkeit des Universums, das in der Beschreibung eines einzelnen Objekts einem Maximum an Individualität entspricht. Das gleiche Minimum gilt in vielerlei Hinsicht für die in der Definition der Entropie verwendete Grobkörnigkeit. Im Falle seiner Gültigkeit sind die feinkörnigsten Makrozustände, die man zur Definition der Entropie heranziehen kann, jene, denen man im quasiklassischen Bereich begegnet.

Die Entropie der algorithmischen Komplexität

Die Alternative zwischen Speichern oder Löschen, der sich der Dämon gegenübersieht, stellt sich auch jeder realen Maschine (bzw. Person oder einem anderen Organismus), die Ordnung schafft. Speichert sie die aufgenommene Information, kann sie die (konventionell definierte) Entropie des Universums vermindern, allerdings höchstens um einen Betrag, der dem AIC dieser gespeicherten Information entspricht. Wird hingegen die Information gelöscht, um Speicherkapazität frei zu machen, dann erhöht sich die Entropie des Universums mindestens um den Betrag, den es verloren hatte. Korrigiert man die Entropie derart, daß man den AIC der gespeicherten Informationen hinzuaddiert, ist der zweite Hauptsatz der Thermodynamik nicht einmal vorübergehend verletzt.

Diesen AIC-Beitrag zur korrigierten Entropie könnte man Entropie der algorithmischen Komplexität nennen. Sie ist im Vergleich zur normalen Entropie oftmals extrem klein. Ist ihr Beitrag zur Gesamtentropie auch verschwindend gering, so ist sie dennoch wichtig, weil sie die Möglichkeit quantifiziert, den zweiten Hauptsatz in seiner traditionellen Form zumindest zeitweise, bis zur Löschung der Daten, mit Hilfe der Information zu umgehen.

Die Zeitpfeile und der Anfangszustand

Der thermodynamische Zeitpfeil läßt sich auf den einfachen Anfangszustand des Universums und den Endzustand der Indifferenz in der quantenmechanischen Formel zur Berechnung von Wahrscheinlichkeiten für dekohärente grobkörnige Geschichten des Universums zurückverfolgen. Das gleiche gilt für den mit nach außen gerichteter Strahlung verknüpften Zeitpfeil und für das, was ich den echten kosmologischen Zeitpfeil nenne, der das Altern, das »Ablaufen« der Zeit des Universums und seiner einzelnen Bestandteile betrifft. (Stephen Hawking erklärt den von ihm eingeführten kosmologischen Zeitpfeil mit der Expansion des Universums. Nach meiner Definition ist dies jedoch kein echter Zeitpfeil. Wenn sich das Universum nach einer unvorstellbar langen Zeit wieder zusammenzieht, wird auch diese Kontraktion wieder in Vorwärts-Zeitrichtung stattfinden, so daß sich – wie Hawking selbst betont – der Alterungsprozeß des Universums fortsetzt.

Auch der mit dem Entstehen von Aufzeichnungen verknüpfte Zeitpfeil leitet sich letztlich vom einfachen Anfangszustand des Universums her. Schließlich geht auch der sogenannte psychologische Zeitpfeil, der sich auf das Erleben des vorwärtsgerichteten Zeitflusses beim Menschen und allen anderen komplexen adaptiven System bezieht, aus diesem Anfangszustand hervor. Das Gedächtnis ist nichts anderes als ein Datenspeicher, und es gehorcht der gleichen vorwärtsgerichteten Kausalität wie andere Datenspeicher auch.

Das Erscheinen höherer Komplexität: eingefrorene Zufallsereignisse

Mit dem Ablauf der Zeit erschließen sich offenbar Möglichkeiten zur Steigerung der Komplexität. Wir wissen aber, daß die Komplexität in einem bestimmten System, wie etwa in einer Gesellschaft, die unter Einwirkung von starkem Streß aufgrund klimatischer Faktoren, äußerer Feinde oder innerer Streitigkeiten zu einfacheren sozialen Organisationsformen zurückkehrt, auch abnehmen kann. Eine solche Gesellschaft kann sogar untergehen. (Der Zusammenbruch der klassischen Maya-Kultur ging zweifellos mit einer Reduktion von Komplexität einher, auch wenn womöglich viele Menschen überlebten.) Dennoch bildet sich mit der Zeit eine immer höhere soziale Komplexität heraus. Die gleiche Tendenz kommt in der biologischen Evolution zum Vorschein. Auch wenn manche Veränderungen mit einer Abnahme der Komplexität verbunden sein mögen, geht die allgemeine Tendenz in Richtung einer höheren maximalen Komplexität. Weshalb?

Erinnern wir uns daran, daß die effektive Komplexität eines Systems der Länge einer prägnanten Beschreibung seiner Regelmäßigkeiten entspricht. Einige dieser Regelmäßigkeiten lassen sich auf die fundamentalen physikalischen Gesetze des Universums zurückführen. Andere basieren auf der Tatsache, daß zahlreiche Merkmale eines bestimmten Teils des Universums zu einem gegebenen Zeitpunkt aufgrund ihres gemeinsamen Ursprungs in einem vergangenen Ereignis miteinander verwandt sind. Diese Merkmale weisen gemeinsame Kennzeichen auf; sie zeigen übereinstimmende Information. So gleichen sich beispielsweise die Autos eines bestimmten Modells, weil ihnen allen das gleiche Design zugrunde liegt, das viele willkürliche Kennzeichen enthält, die auch anders hätten gestaltet werden können. Derartige »eingefrorene Zufallsereignisse« können sich auf vielerlei Weise bemerkbar machen. Beim Betrachten von Münzen mit dem Bildnis Königs Heinrich VIII. von England denken wir vielleicht an all die Erwähnungen seiner Person – nicht nur auf Münzen, sondern auch in Urkunden, in Dokumenten im Zusammenhang mit der Beschlagnahme von Klöstern und in Geschichtsbüchern – und daran, wie anders alles gekommen wäre, wenn sein älterer Bruder Arthur am Leben geblieben wäre und statt seiner den Thron bestiegen hätte. Und in welchem Ausmaß mag sich dieses eingefrorene Zufallsereignis auf die weitere Geschichte auswirken!

Wir können nun eine Reihe recht tiefgreifender Fragen, die wir zu Beginn des Buches angeschnitten haben, klären. Angenommen, wir finden eine Münze mit dem Bildnis Heinrichs VIII., wie können wir dann aus den fundamentalen dynamischen Gleichungen der Physik die Annahme herleiten, daß weitere derartige Münzen auftauchen sollten? Und wenn wir ein Fossil finden, wie können wir dann aus den fundamentalen Gesetzen die Hypothese ableiten, daß es vermutlich noch weitere Fossilien ähnlicher Art gibt? Die Antwort lautet: Nur, indem wir neben den fundamentalen dynamischen Gesetzen auch den Anfangszustand des Universums berücksichtigen. Wir können uns dann den Baum der sich verzweigenden Geschichten zunutze machen und, ausgehend vom Anfangszustand und der daraus folgenden Kausalität, die Behauptung aufstellen, daß die gefundene Münze oder das gefundene Fossil auf eine Reihe von Ereignissen in der Vergangenheit schließen lassen, aus denen diese Objekte hervorgegangen sind, und daß diese Ereignisse wahrscheinlich weitere derartige Münzen oder Fossilien hervorgebracht haben. Ohne Einbeziehung des Anfangszustands des Universums, nur mit Hilfe der dynamischen Gesetze der Physik kämen wir nicht zu dieser Schlußfolgerung.

Ein eingefrorenes Zufallsereignis könnte, wie bereits früher erwähnt, auch erklären, weshalb sich die DNS sämtlicher Lebewesen der Erde aus den vier Nukleotiden mit den Abkürzungen A, C, G und T zusammensetzt. Planeten, die weit entfernte Sterne umkreisen, können ebenfalls komplexe adaptive Systeme beherbergen, die große Ähnlichkeiten mit den terrestrischen Lebensformen aufweisen, deren genetisches Material hingegen aus anderen Molekülen aufgebaut sein könnte. Einige Theoretiker, die sich mit dem Ursprung des Lebens auf der Erde befassen, ziehen daraus den Schluß, daß es Tausende solcher möglichen Alternativen zu dem Satz A, C, G und T geben könnte. (Andere hingegen glauben, daß die bekannte Menge von Nukleotiden die einzig mögliche ist.)

Mit noch größerer Wahrscheinlichkeit ist das Auftreten rechtsdrehender Moleküle, die in den biochemischen Prozessen irdischer Lebensformen eine wichtige Rolle spielen, während linksdrehende Moleküle keinen derartigen Stellenwert haben und in manchen Fällen bei irdischen Lebensformen ganz fehlen mögen, auf ein eingefrorenes Zufallsereignis zurückzuführen. Es ist nicht schwer zu verstehen, weshalb verschiedene Arten rechtsdrehender Moleküle biochemisch gut zusammenpassen, und das gleiche gilt für linksdrehende Moleküle. Was aber determinierte die Wahl einer der beiden Alternativen?

Einige theoretische Physiker haben lange Zeit versucht, diese Links-Rechts-Asymmetrie mit dem auffallenden Verhalten der schwachen Wechselwirkung in Verbindung zu bringen, die in gewöhnlicher (aus Quarks und Elektronen bestehender) Materie Linkshändigkeit und in Antimaterie (die aus Antiquarks und Positronen besteht) Rechtshändigkeit aufweist. Ihre Bemühungen waren offenbar nicht von Erfolg gekrönt, so daß die biochemische Links-Rechts-Asymmetrie vermutlich ein eingefrorenes Merkmal des Urahnen aller irdischen Lebensformen darstellt und genausogut andersherum hätte ausfallen können.

Die biologische Links-Rechts-Asymmetrie veranschaulicht auf schlagende Weise, daß viele eingefrorene Zufallsereignisse als Fälle spontaner Symmetriebrechung betrachtet werden können.

Es kann eine symmetrische Menge Möglichkeiten geben (in diesem Fall: rechts- und linksdrehende Moleküle), von denen nur eine in einem bestimmten Teil des Universums während eines bestimmten Zeitintervalls verwirklicht wird. In der Elementarteilchenphysik geht man davon aus, daß typische Fälle spontaner Symmetriebrechung für das gesamte Universum gelten. (Es mag auch in der Elementarteilchenphysik andere Fälle geben, die nur für sehr große Regionen des Universums gelten; wenn dem so ist, dann hätte sogar diese Disziplin bis zu einem gewissen Grad den Charakter einer Umweltwissenschaft!)

Die baumartige Struktur sich verzweigender Geschichten schließt an jedem Verzweigungspunkt ein Glücksspiel ein. Jede einzelne grobkörnige Geschichte besteht in einem bestimmten Ergebnis jedes dieser Spiele. Mit dem zeitlichen Fortgang jeder Geschichte nimmt die Zahl der aufgezeichneten Zufallsergebnisse zu. Einige dieser Zufallsereignisse verfestigen sich jedoch zu Regeln für die Zukunft, zumindest für einen Teil des Universums. Daher steigt mit der Zeit die Zahl potentieller Regelmäßigkeiten und damit die potentielle Komplexität.

Dieser Effekt ist keineswegs auf komplexe adaptive Systeme beschränkt. Die Entwicklung physikalischer Strukturen im Universum zeigt den gleichen Trend zur Emergenz komplexerer Formen durch die Anhäufung eingefrorener Zufallsereignisse. Im Frühzustand des Universums entstanden aus Zufallsschwankungen Galaxien und Galaxienhaufen. Jedes dieser Objekte war mit seinen individuellen Merkmalen vom Zeitpunkt seiner Entstehung an für den Teil des Universums, in dem es sich befand, eine sehr bedeutende Regelmäßigkeit. Auch die in diesen Galaxien eintretende Kondensation von Sternen, Mehrfachsternen und Sternen mit Planetensystemen aus Gaswolken lieferte neue Regelmäßigkeiten von großer lokaler Bedeutung. Mit steigender Entropie – dem gesamten Ausmaß an Unordnung – des Universums kann Selbstorganisation lokal Ordnung hervorbringen, beispielsweise in den Armen einer Spiralgalaxie oder in der Fülle symmetrischer Formen einer Schneeflocke.

Die Komplexität, die ein in Entwicklung befindliches System

(ein komplexes adaptives System oder ein nichtadaptives System) zu einem bestimmten Zeitpunkt aufweist, ist kein Maß für die Vielschichtigkeit der Komplexität, die es selbst oder seine Nachkommen (im wörtlichen oder übertragenen Sinne) in der Zukunft erreichen werden. Diesem Mangel haben wir abgeholfen, indem wir weiter oben den Begriff der potentiellen Komplexität einführten. Um diese zu definieren, betrachten wir die möglichen künftigen Geschichten des Systems und mitteln die effektive Komplexität des Systems zu jedem künftigen Zeitpunkt über diese Geschichten, die jeweils mit ihrer Wahrscheinlichkeit gewichtet werden. (Die natürliche Zeiteinheit ist in diesem Fall das mittlere Intervall zwischen zufälligen Veränderungen des Systems.) Die resultierende potentielle Komplexität sagt uns, da sie eine Funktion der Zukunft ist, etwas über die Wahrscheinlichkeit, mit der sich das System zu einem zukünftigen Zeitpunkt zu einem hochkomplexen Gebilde, vielleicht sogar durch Hervorbringen eines ganz neuartigen komplexen adaptiven Systems, weiterentwickelt. In dem früher erörterten Beispiel unterscheiden sich die frühesten Formen des Menschen und die Menschenaffen hinsichtlich der potentiellen Komplexität, während ihre effektive Komplexität damals nicht allzuweit voneinander abwich. Ebenso unterscheidet sich die Oberfläche eines Planeten, auf der innerhalb eines bestimmten Zeitraumes mit hoher Wahrscheinlichkeit Leben entsteht, von der Oberfläche eines anderen Planeten, auf der die Entstehung von Leben sehr unwahrscheinlich ist.

Wird die Emergenz größerer Komplexität endlos fortdauern?

Nach einem (selbst an kosmologischen Maßstäben gemessen) extrem langen Zeitraum wird das Universum im Zuge seiner weiteren Expansion eine tiefgreifende Veränderung erfahren. Sterne werden erlöschen; schwarze Löcher, deren Zahl bis dahin zunehmen wird, werden zerfallen, und das gleiche Schicksal wird möglicherweise sogar den Protonen (und schwereren Kernen) widerfahren. Alle uns heute wohlvertrauten Strukturen werden verschwinden. So kann es sein, daß die Zahl der Regelmäßigkeiten immer weiter abnimmt und das Universum nur noch in Zufallskategorien beschreibbar sein wird. Da die Entropie und auch der algorithmische Informationsgehalt dann sehr hoch sein werden, werden sowohl die effektive Komplexität als auch die Tiefe gering sein (vgl. Seite 107 und 165).

Falls dieses Szenario richtig ist, wird zwischen jetzt und jenem künftigen Zeitpunkt die Emergenz immer komplexerer Formen allmählich zum Stillstand kommen, und die Regression zu niedrigerer Komplexität wird die Regel werden. Außerdem werden die dann herrschenden Bedingungen der Existenz komplexer adaptiver Systeme nicht länger förderlich sein. Mit dem Schwinden wohldefinierter Objekte wird womöglich sogar die Individualität allmählich abnehmen.

Dieses Szenario ist keineswegs unumstritten. Wir brauchen eingehendere theoretische Untersuchungen über die weit entfernte Zukunft. Obgleich derartige Untersuchungen keine unmittelbar praxisrelevanten Ergebnisse liefern, werden sie uns doch die Bedeutung der Ära der Komplexität, in der wir uns befinden, klären helfen. Auch steuert das Universum eines sehr fernen Tages möglicherweise auf einen Kollaps zu. Einige Theoretiker erforschen dieses Phänomen, sie bemühen sich, die Folgen zu beschreiben, die der weitere stetige Anstieg der Entropie im kontrahierenden Universum hätte und wie sich die Komplexität in dieser Phase der kosmischen Evolution vermutlich entwickeln wird.

Unterdessen haben hier auf der Erde die Merkmale unseres Planeten und unserer Sonne eingefrorene Zufallsereignisse bereitgestellt, die die Gesetzmäßigkeiten der Geologie, der Meteorologie und anderer »Umwelt«-Wissenschaften nachhaltig beeinflussen. Sie bilden insbesondere die Basis der terrestrischen Biologie. Die Entwicklung der Erde, des Klimas auf ihrer Oberfläche, der präbiotischen chemischen Reaktionen, die zur Emergenz von Leben als solchem und seiner vielfältigen Formen führten, verdeutlichen die Anhäufung eingefrorener Zufallsereignisse, die in begrenzten Regionen von Zeit und Raum zu Regelmäßigkeiten wurden. Die biologische Evolution zumal hat Lebensformen von immer höherer effektiver Komplexität hervorgebracht.

TEIL III
AUSLESE UND EIGNUNG

16 Auslese in der biologischen Evolution und in anderen Bereichen

Alle Arten komplexer adaptiver Systeme einschließlich der biologischen Evolution wirken im Einklang mit dem zweiten Hauptsatz der Thermodynamik. Dennoch behaupten jene, die eine Evolution leugnen, sie widerspräche dem zweiten Hauptsatz, und zwar aus dem Grund, weil das Auftauchen immer komplexerer Formen eine Zunahme der Ordnung im Verlauf der Zeit bedeute. Es gibt eine ganze Reihe von Gründen, warum diese Behauptung falsch ist.

Als erstes können wir die Evolution nichtadaptiver Systeme wie Galaxien, Sterne, Planeten und Felsen anführen: Mit der Zeit entstehen aus Gründen, die wir früher beschrieben haben, immer komplexere Formen, die durchaus nicht im Widerspruch zur Zunahme der Entropie stehen. In Übereinstimmung mit dem zweiten Hauptsatz altern alle Strukturen, im Verlauf der Zeit kommt es darüber hinaus jedoch zu einer immer breiteren Streuung der Komplexität, wobei die maximale Komplexität allmählich zunimmt.

Zweitens gilt der zweite Hauptsatz der Thermodynamik nur für abgeschlossene (das heißt autarke) Systeme. All jene, die einen Widerspruch zwischen diesem Hauptsatz und der biologischen Evolution sehen, machen einen entscheidenden Fehler: Sie betrachten nur, was mit bestimmten Organismen geschieht, und ziehen die Umgebung dieser Organismen nicht mit in Betracht.

Der offenkundigste Grund, weshalb lebende Systeme nicht geschlossen sein können, liegt darin, daß sie das Sonnenlicht als Energiequelle brauchen. Genaugenommen müßte man eigentlich davon ausgehen, daß der zweite Hauptsatz der Thermodynamik nur dann gilt, wenn wir die Absorption von Sonnenenergie mit einschließen. Zudem fließt Energie nicht nur zu, sondern auch ab; am Ende wird sie in Form von Strahlung in den Himmel freigesetzt (denken Sie nur an die Wärme, die Ihr Haus an den kalten, dunklen Nachthimmel abgibt). Energiefluß durch ein System kann lokal Ordnung schaffen.

Abgesehen von diesem Effekt muß man jedoch in Betracht ziehen, wie sich Information aus der terrestrischen Umgebung auswirkt. Ein sehr vereinfachter Fall, in dem der von der Umgebung ausgeübte Einfluß konstant ist und die Wechselwirkung zwischen Organismen unberücksichtigt bleibt, zeigt, was bei der Einbeziehung von Information aus der Umgebung passiert. Dann entwickelt sich eine Population einer bestimmten Organismenart in einer gleichbleibenden Umgebung. Im Verlauf der Zeit paßt sich die Population allmählich immer besser an ihre Umgebung an, da verschiedene Genotypen miteinander konkurrieren und einige mit größerem Erfolg Phänotypen hervorbringen, die überleben und sich reproduzieren. In der Folge reduziert sich allmählich das Informationsgefälle zwischen der Umgebung und dem Organismus. Dieser Prozeß ähnelt in etwa der Art und Weise, wie sich die Temperatur eines heißen und die eines kalten Gegenstands, die miteinander in Berührung kommen, in Übereinstimmung mit dem zweiten Hauptsatz dem thermischen Gleichgewicht nähern. Weit davon entfernt, diesem Hauptsatz zu widersprechen, kann die biologische Evolution aufschlußreiche Beispiele dafür liefern. Der Prozeß der Anpassung stellt selbst eine Art Alterung der Population in ihrer bestimmten Umgebung dar.

In heißen Schwefelquellen überall auf der Welt (und in den Tiefen der Ozeane, wo heiße Ventilationsöffnungen die Grenzen zwischen tektonischen Platten markieren) gedeihen in einer Umgebung, die für die meisten lebenden Dinge äußerst feindlich wäre, primitive Organismen, die als Extremophile (oder Crenarchaeota) bezeichnet werden. Im Leben der Extremophilen auf dem Grund des Ozeans spielt das Sonnenlicht eine untergeordnete Rolle, die sich weitgehend auf Prozesse zur Lieferung oxidierender Chemikalien beschränkt. So trägt das Sonnenlicht beispielsweise zum Fortbestehen anderer Lebensformen bei, die sich näher an der Wasseroberfläche aufhalten und ständig organisches Material abgeben, das in die Tiefe absinkt, wo die Extremophilen leben. Gewichtige indirekte Beweise lassen darauf schließen, daß vor mehr als drei Milliarden Jahren Organismen existierten, die – zumindest was den Stoffwechsel betrifft – den Extremophilen ähnlich waren. Kein Mensch weiß, ob die gesamten zugrundeliegenden Genotypen ebenfalls sehr ähnlich aussahen oder ob Teile des Genoms einer beträchtlichen Drift unterlagen, die das konkrete Ergebnis in der realen Welt der Selektionsdrücke kaum veränderte. In beiden Fällen kann man davon ausgehen, daß das reichlich komplizierte Problem des Überlebens in dieser heißen, schwefelsäurehaltigen Umgebung gelöst wurde, als die Erde noch jung war. Zwischen den Extremophilen und ihrer Umgebung kam es zu einer Art von Fließgleichgewicht, zu so etwas wie einem evolutionären Gleichgewicht.

Allerdings ist die Umgebung nur selten derart stabil. Die meisten Zustände in der Natur sind dynamischer, wobei die Umgebung im Verlauf der Zeit beträchtlichen Veränderungen unterliegt. So ist beispielsweise die derzeitige Zusammensetzung der Erdatmosphäre weitgehend eine Folge der Tatsache, daß Leben existiert. Das Vorhandensein großer Mengen Sauerstoff ist, zumindest zu einem großen Teil, den Pflanzen zuzuschreiben, die sich allmählich über die Oberfläche des Planeten ausbreiteten.

Gemeinsam sich entwickelnde Spezies

Zur Umwelt jeder Organismenart gehört außerdem eine Unmenge anderer Spezies, die sich ihrerseits entwickeln. Man kann den Genotyp eines jeden Organismus oder auch die für jede Spezies charakteristische Gruppe von Genotypen als ein Schema betrachten, das eine Beschreibung vieler dieser anderen Spezies und ihrer wahrscheinlichen Reaktionen auf verschiedene Verhaltensweisen beinhaltet. Eine ökologische Gemeinschaft besteht also aus zahlreichen Spezies; sie alle entwickeln Modelle der Gewohnheiten anderer Spezies sowie Strategien, sich auf diese Gewohnheiten einzustellen.

In einigen Fällen ist der – idealisierende – Ansatz ganz hilfreich, nur zwei Spezies zu betrachten, die sich beide entwickeln und dabei die Entwicklung der Fähigkeiten des jeweils anderen berücksichtigen müssen. Beispielsweise bin ich beim Durchstreifen der südamerikanischen Wälder oft auf eine Baumart gestoßen, die einer besonders scheußlichen Spezies stechender Ameisen Nahrung bietet. Im Gegenzug vertreiben die Ameisen viele Tierarten einschließlich uns Menschen, die dem Baum möglicherweise Schaden zufügen würden. So wie ich mir das Aussehen dieses Baumes gemerkt habe, damit ich nicht aus Versehen dagegenrenne, so haben auch andere Säugetiere gelernt, ihn zu erkennen und sich nicht daran gütlich zu tun. Eine derartige Symbiose muß das Ergebnis einer langen Zeit gemeinsamer Entwicklung sein.

Im selben Wald trifft man unter Umständen auf eine offensivdefensive Konkurrenz, die ebenfalls Hand in Hand mit der Evolution zweier Spezies, die sich einander anpassen, fortschreitet. So kann ein Baum die Fähigkeit entwickeln, eine giftige Substanz abzusondern, die eine schädliche Insektenart abschreckt. Diese Insektenart kann ihrerseits einen Stoffwechselmechanismus ausbilden, um das Gift abzubauen, das dann keine Bedrohung mehr darstellt. Im Verlauf der weiteren Evolution verändert möglicherweise der Baum die Zusammensetzung des Giftstoffs, so daß er wieder die gewünschte Wirkung erzielt und so fort. Ein solches chemisches Wettrüsten kann zur natürlichen Erzeugung chemischer Wirkstoffe führen, die biologisch sehr effektiv und unter Umständen für den Menschen von großem Nutzen sind: in der Medizin, zur umfassenden Schädlingsbekämpfung und in anderen Bereichen.

In Wirklichkeit, ohne diese Vereinfachung, entwickeln sich viele Arten gemeinsam in einer ökologischen Gemeinschaft, wobei sich ihre unbelebte Umgebung mit der Zeit allmählich (oder auch schnell) verändert. Das ist weit komplizierter als die idealisierten Beispiele einer Symbiose oder Konkurrenz zweier Arten, die ihrerseits viel komplizierter sind als der noch idealtypischere Fall einer einzigen Spezies, die sich in einer unveränderlichen Umwelt entfaltet. In allen diesen Fällen ist der Prozeß der biologischen Evolution mit den thermodynamischen Zeitpfeilen vereinbar, solange man das System als Ganzes in Betracht zieht. Doch führt die Evolution nur in den allereinfachsten Situationen – beispielsweise bei den Extremophilen – zu einer Art Informationsgleichgewicht. Im allgemeinen handelt es sich bei diesem Prozeß um einen kontinuierlichen dynamischen Wandel, etwa bei komplexen physikochemischen Systemen wie einer Galaxie, einem Stern oder einem Planeten, auf denen kein Leben existiert. Mit fortschreitender Zeit altern sie alle und verlieren an Schwung, wenn auch auf recht komplizierte Art und Weise.

In einer ökologischen Gemeinschaft stellt der Prozeß der wechselseitigen Anpassung durch Evolution einen Aspekt dieses Alterungsprozesses dar. Biologische Evolution ist ein Teil des Verschleißprozesses, der die Informationslücke zwischen dem Potentiellen und dem Realisierten verkleinert. Sobald einmal ein komplexes adaptives System existiert, ist die Entdeckung und Nutzung günstiger Gelegenheiten nicht nur möglich, sondern wahrscheinlich, denn die Selektionsdrücke, die auf dieses System einwirken, treiben es in eben dieser Richtung.

Punktiertes Gleichgewicht

Normalerweise läuft biologische Evolution nicht mit mehr oder weniger gleichmäßiger Geschwindigkeit ab, wie manche Experten glauben. Vielmehr tritt oft das Phänomen des »punktierten (oder durchbrochenen) Gleichgewichts« in Erscheinung: Spezies (und höhere Gruppierungen oder Taxa, wie etwa Gattungen, Familien usw.) bleiben für lange Zeitspannen zumindest auf phänotypischer Ebene relativ unverändert, um dann innerhalb kurzer Zeit einen vergleichsweise schnellen Wandel durchzumachen. Stephen Jay Gould veröffentlichte zahlreiche interessante Artikel und Bücher über das punktierte Gleichgewicht, nachdem er und sein Kollege Niles Eldredge die Idee in wissenschaftlichen Veröffentlichungen vorgestellt hatten.

Was ist die Ursache der vergleichsweise raschen Veränderungen in Form von Punktierungen? Die vermutlich dafür in Frage kommenden Mechanismen lassen sich verschiedenen Kategorien zuordnen. Eine dieser Kategorien umfaßt – gelegentlich weiträumige – Veränderungen der physikochemischen Umgebung. Gegen Ende der Kreidezeit, vor etwa 65 Millionen Jahren, prallte mindestens ein schweres Objekt mit der Erde zusammen; dabei entstand der riesige Krater von Chicxulub an der Spitze der Halbinsel Yucatán. Die daraus resultierenden atmosphärischen Veränderungen trugen zum »großen Sterben« in der Kreidezeit bei, in dessen Verlauf die großen Dinosaurier und zahlreiche andere Lebensformen ausgelöscht wurden. Hunderte Jahrmillionen zuvor, während des Kambriums, hatten sich zahlreiche ökologische Nischen aufgetan, die sich mit neuen Lebensformen anfüllten (ungefähr so, wie eine neue, populäre Technologie zahlreiche neue Arbeitsplätze schafft). Diese neuen Lebensformen schufen ihrerseits noch mehr neue Nischen und so weiter. Einige Evolutionstheoretiker versuchten, diese explosionsartige Entstehung vielfältiger Lebensformen mit einem gesteigerten Sauerstoffgehalt der Atmosphäre in Zusammenhang zu bringen; allerdings wird diese Hypothese heute nicht mehr allgemein anerkannt.

Ein anderer schneller Wandel in Form einer Punktierung eines allem Anschein nach austarierten evolutionären Gleichgewichts ist weitgehend biologischer Natur und erfordert keine plötzlichen, dramatischen Veränderungen der physikalischen Umgebung. Sie ergibt sich vielmehr aus der Tendenz der Genome, sich mit der Zeit allmählich zu verändern, und das auf eine Art und Weise, die die Lebensfähigkeit des Phänotyps nicht tiefgreifend beeinflußt. Infolge dieses als »Drift« bezeichneten Prozesses kann sich eine Gruppe von Genotypen, die eine Spezies bilden, auf eine Situation der Instabilität zu bewegen, in der relativ geringfügige genetische Abweichungen den Phänotyp grundlegend verändern können. Es kann passieren, daß zu einem bestimmten Zeitpunkt eine Reihe von Organismenarten in einer ökologischen Gemeinschaft sich dieser Art Instabilität annähert. Dann ist die Zeit reif für das Auftreten von Mutationen, die nun zu bedeutenden phänotypischen Veränderungen bei einem oder mehreren Organismen führen. Derlei Veränderungen können eine Art Kettenreaktion auslösen, in deren Verlauf einige Organismen erfolgreicher werden und andere aussterben; die gesamte Gemeinschaft verändert sich, und neue ökologische Nischen tun sich auf. Ein solcher Umbruch kann dann einen Wandel in benachbarten Gemeinschaften herbeiführen, wenn zum Beispiel neue Tierarten zuwandern und erfolgreich mit älteren Arten konkurrieren. Was vorübergehend den Anschein eines Gleichgewichts erweckte, ist punktiert worden.

Schleusenereignisse

Gelegentlich sind besonders dramatische biologische Ereignisse für entscheidende Fälle von Punktierungen verantwortlich, zu denen es kommt, obwohl die physikochemische Umgebung sich nicht grundlegend verändert hat. Harold Morowitz, der an der George Mason University und am Santa Fe Institute tätig ist, betont die immense Bedeutung von Durchbrüchen oder Schleusenereignissen, die ganze Bereiche neuer Möglichkeiten eröffnen, wobei manchmal auch höhere Organisationsebenen und höhere Funktionstypen beteiligt sind. Besonderen Nachdruck legte Harold auf Fälle, in denen diese Schleusen einmalig – oder nahezu einmalig – sind und von einer biochemischen Neuerung abhängen.

Als erstes macht er sich Gedanken über mögliche chemische Schleusenereignisse im Verlauf der präbiotischen chemischen Evolution, die zur Entstehung von Leben auf der Erde führten. Zu diesen Schleusen gehörten:

1. jene, die zu einem Energiestoffwechsel unter Verwendung von Sonnenlicht und damit zu der Möglichkeit führte, daß eine Membran einen Teil der Materie isolierte, der sich später als Zelle darstellte;
2. jene, die die Katalysatoren für den Übergang von Ketosäuren zu Aminosäuren und damit zur Erzeugung von Proteinen zur Verfügung stellte, und

3. die chemischen Reaktionen, in deren Folge heterozyklische Distickstoffe genannte Moleküle entstanden und die so zu den Nukleotiden führten, aus denen die DNS besteht; auf diese Weise konnte das Genom, das biologische Schema oder Informationspaket, entstehen.

Harold betont, wie eng in all diesen Fällen die Schleuse jeweils war. Bezeichnenderweise ermöglichen schon einige wenige spezielle chemische Reaktionen den Eintritt in einen neuen Bereich; gelegentlich ist nur eine einzige Reaktion dafür verantwortlich. (Die Besonderheit derartiger Reaktionen bedeutet nicht, daß sie unwahrscheinlich sind – selbst eine einmalige Reaktion kann ohne weiteres stattfinden.)

Im Verlauf der biologischen Evolution, nach der Entwicklung der allen heute lebenden Organismen zugrundeliegenden Lebensform, kam es zu analogen Schleusenereignissen. Viele dieser Ereignisse eröffneten neue Organisationsebenen. Ein Beispiel ist die Evolution von Eukaryonten, Organismen, in denen die Zelle einen richtigen Kern (der den Großteil des genetischen Materials enthält) und andere »Organellen« – Mitochondrien und Chloroplasten – besitzt. Nach Ansicht vieler Forscher erfolgte die Umwandlung von primitiveren Organismen in einzellige Eukaryonten dadurch, daß sie andere Organismen in sich aufnahmen, die zu Endosymbionten wurden (das heißt, sie lebten innerhalb und in Symbiose mit der Zelle) und sich dann zu Organellen entwickelten.

Ein weiteres Beispiel ist die Evolution tierähnlicher, einzelliger Eukaryonten (wahrscheinlich die Vorfahren der eigentlichen Tiere). Vermutlich gab es zuerst pflanzenähnliche Eukaryonten, von denen jede einzelne zur Photosynthese befähigt und mit einer Zellwand aus Zellulose sowie einer Membran innerhalb dieser Wand ausgestattet war. (Die Entstehung der Membran erforderte einen biochemischen Durchbruch, die Entstehung der mit Cholesterin und menschlichen Sexualhormonen verwandten Sterine.) Im weiteren Verlauf führte die Evolution zu Organismen, die eine Membran ohne die Wand besaßen und damit in der Lage waren, ohne Photosynthese auszukommen, indem sie statt dessen Organismen verschlangen, die die Photosynthese übernahmen. Die Herausbildung dieser Fähigkeit war der Schlüssel zum späteren Auftreten der eigentlichen Tiere.

Schließlich kam die Evolution vielzelliger Organismen aus einzelligen – wahrscheinlich durch Vereinigung – dank eines weiteren biochemischen Durchbruchs zustande: der Entstehung eines Klebstoffs, der die Zellen zusammenhalten kann.

Harold Morowitz und andere sind der Auffassung, daß, zumindest in vielen Fällen, eine geringfügige Veränderung des Genoms infolge einer oder einiger weniger Mutationen, denen jedoch viele frühere Veränderungen vorausgingen, ein Schleusenereignis auslösen und eine der Revolutionen in Gang setzen kann, die die relative Stabilität des evolutionären Gleichgewichts auf entscheidende Weise punktieren. Mit dem Eintritt in den von dem Schleusenereignis eröffneten Bereich erwirbt ein Organismus neue, äußerst signifikante Regelmäßigkeiten, die ihn auf eine höhere Stufe der Komplexität heben.

Physikalische Störungen wie Erdbeben (oder Zusammenstöße der Erde mit anderen Objekten des Sonnensystems) kann man entweder als singuläre Ereignisse von großer Bedeutung oder aber als ungewöhnliche Geschehnisse einer enormen Größenordnung im Ausläufer einer Verteilung betrachten, die aus Ereignissen zumeist viel niedrigerer Größenordnung besteht.

Höhere Organisationsebenen als Folge von Vereinigungsprozessen

Wie in der biologischen Evolution ergeben sich auch in der Entwicklung einer ökologischen Gemeinschaft oder einer Wirtschaft, oder einer Gesellschaft ständig neue Gelegenheiten zur Steigerung der Komplexität, infolgedessen hat die maximale Komplexität die Tendenz zuzunehmen. Am faszinierendsten sind jene Steigerungen der Komplexität, die den Übergang von einer Organisationsebene zu einer höheren beinhalten, normalerweise durch die Herausbildung einer zusammengesetzten Struktur wie bei der Entwicklung vielzelliger Pflanzen und Tiere aus einzelligen Organismen.

Bei den Menschen tun sich Familien oder Gruppen zusammen und bilden einen Stamm. Einzelne Personen können ihre Anstrengungen bündeln, um ihren Lebensunterhalt dadurch zu sichern, daß sie eine Firma ins Leben rufen. Im Jahre 1291 gründeten drei Kantone, denen sich bald ein vierter anschloß, den Schweizer Bund, aus dem im Lauf der Zeit die heutige Schweiz wurde. Die dreizehn nordamerikanischen Kolonien schlossen sich zu einer Konföderation zusammen und machten sich dann mit der Ratifizierung der Verfassung von 1787 zu einer Bundesrepublik, die sich als die Vereinigten Staaten bezeichnete. Kooperation, die zu einem Zusammenschluß führt, kann von Nutzen sein.

Obwohl für komplexe adaptive Systeme eine Konkurrenz zwischen Schemata charakteristisch ist, können diese Systeme in ihren Wechselbeziehungen mit anderen selbst eine Mischung aus Wettstreit und Zusammenarbeit zulassen. Für komplexe adaptive Systeme ist es oft von Vorteil, sich zu einer kollektiven Einheit zusammenzuschließen, die ebenfalls als komplexes adaptives System funktioniert. Das ist beispielsweise dann der Fall, wenn die Regierung das Verhalten von Einzelpersonen und Firmen in einem Wirtschaftssystem auf eine Weise reglementiert, daß Werte, die für die Gemeinschaft als Ganze wichtig sind, gefördert werden.

Kooperation von Schemata

Selbst bei Schemata ist eine durch Zusammenarbeit abgemilderte Konkurrenz gelegentlich sowohl möglich als auch von Vorteil. So schließen im Bereich der Theorien beispielsweise konkurrierende Begriffe einander nicht unbedingt aus; manchmal kommt eine Synthese mehrerer Ideen der Wahrheit viel näher als jede von ihnen allein genommen. Im akademischen Betrieb und anderswo ernten jedoch die Verfechter eines bestimmten theoretischen Standpunkts oft Lorbeeren dafür, daß sie ihren Vorschlag für vollkommen richtig und absolut neu erklären und behaupten, konkurrierende Ansichten seien falsch und sollten aufgegeben werden. Auf einigen Gebieten und in bestimmten Fällen mag ein solches Vorgehen gerechtfertigt sein. Oft ist es jedoch kontraproduktiv.

In der Archäologie beispielsweise sowie in anderen Bereichen der Anthropologie tobte lange Zeit der Streit: Verbreitung (Diffusion) kultureller Merkmale versus unabhängige Erfindung. Doch kommt offenbar beides vor. Es erscheint hochgradig wahrscheinlich, daß die Erfindung der Null in Indien (von wo aus sie durch das Werk von al-Chwarizmi nach Europa gebracht wurde) unabhängig von jener in Mittelamerika (wo sie beispielsweise die klassischen Maya verwendeten) erfolgte. Falls es Kontakte irgendwelcher Art gab, die dazu führten, warum war dann in präkolumbianischer Zeit das Rad in der Neuen Welt nahezu unbekannt (soviel ich weiß, hat man es lediglich in Mexiko an einigem Spielzeug gefunden), obwohl es in der Alten Welt schon seit so langer Zeit gang und gäbe war? Pfeil und Bogen breiteten sich vermutlich von Nordamerika nach Mittelamerika aus, zahlreiche andere kulturelle Errungenschaften, etwa die Kultivierung von Mais, in entgegengesetzter Richtung. Wie können Gelehrte einander nach wie vor als »Diffusionisten« und »Antidiffusionisten« beschimpfen?

Einige Kulturanthropologen liefern für Stammessitten, die auf den ersten Blick willkürlich oder unvernünftig erscheinen, mit Vorliebe ökologische und ökonomische Erklärungen. Damit erweisen sie der Wissenschaft einen wertvollen Dienst, aber gelegentlich treiben sie es auf die Spitze und machen sich über die Idee als solche lustig, daß Irrationalität und willkürliche Entscheidungen in Glaubenssystemen und in Mustern des sozialen Verhaltens durchaus eine große Rolle spielen. Das geht mit Sicherheit zu weit; ein vernünftiger Standpunkt würde den ökologischen und ökonomischen Determinismus etwas abschwächen und auch Raum für die Eigenheiten von Stammesschemata lassen. Eine bestimmte Ernährungsvorschrift zum Beispiel, etwa das Verbot, Okapis zu verspeisen, kann angesichts der Ernährungsbedürfnisse der Population und des Arbeitsaufwands bei der Okapijagd im

Vergleich zur Erzeugung anderer Nahrungsmittel entsprechend der ökologischen Situation in den umliegenden Wäldern bei einem bestimmten Stamm sinnvoll erscheinen. Die Verbote können sich jedoch auch aus einer vormaligen Identifizierung mit dem Okapi als Totemtier des Stammes herleiten; möglicherweise wirkt beides zusammen. Ist es klug, darauf zu bestehen, daß immer nur die eine oder die andere Ansicht richtig ist?

Eine der Tugenden des Santa Fe Institute ist es, ein intellektuelles Klima geschaffen zu haben, in dem Gelehrte und Wissenschaftler sich von den Ideen der anderen angezogen fühlen und vermutlich in weit höherem Maße als an ihren Heimatinstituten nach Möglichkeiten suchen, diese Ideen miteinander zu versöhnen und zu einer nutzbringenden Synthese zusammenzuschließen, wenn dies angezeigt scheint. Als einmal mehrere Professoren der gleichen Fakultät ein und derselben Universität an einem Seminar in unserem Institut teilnahmen, stellten sie fest, daß sie es irgendwie schafften, in Santa Fe miteinander konstruktiv über Themen zu reden, die an ihrer Universität unweigerlich zu heftigen Auseinandersetzungen führten.

In der biologischen Evolution kommt die Genetik der sexuellen Reproduktion, bei der sich die Genotypen der Elternorganismen in ihren Nachkommen vermischen, einer Kooperation unter Schemata wahrscheinlich am nächsten. Wir werden uns gleich der sexuellen Reproduktion zuwenden, aber zuerst wollen wir den Trend zu höherer Komplexität etwas eingehender untersuchen.

Gibt es eine Triebkraft in Richtung einer höheren Komplexität?

Wie wir gesehen haben, kann die Dynamik der biologischen Evolution sehr kompliziert sein. Dennoch wurde sie oft auf überaus vereinfachende Weise dargestellt. Gelegentlich wurde die Emergenz immer komplexerer Formen fälschlicherweise als ein stetiges Fortschreiten auf irgendeine Art von Vollkommenheit hin aufgefaßt, die ihrerseits mit der Spezies und möglicherweise sogar mit der Rasse oder dem Geschlecht des jeweiligen Autors identifiziert wurde. Glücklicherweise ist diese Einstellung im Verschwinden begriffen, und heute ist es möglich, Evolution eher als einen Prozeß denn teleologisch, als Mittel zu einem Zweck, zu betrachten.

Dennoch hält sich nach wie vor, selbst bei einigen Biologen, bis zu einem gewissen Grad die Vorstellung, es gäbe eine der biologischen Evolution innewohnende »Antriebskraft« in Richtung Komplexität. Wie wir gesehen haben, sind die Abläufe in Wirklichkeit etwas komplizierter. Evolution geht schrittweise voran, und bei jedem Schritt kann die Komplexität entweder zu- oder abnehmen; auf die Gesamtheit der existierenden Spezies wirkt sie sich jedoch so aus, daß die größte realisierte Komplexität die Tendenz hat, mit der Zeit anzusteigen. Ein ähnlicher Prozeß läuft in einer Gemeinschaft ab, die insofern immer wohlhabender wird, als zwar bei den einzelnen Familien das Einkommen größer und kleiner werden oder gleichbleiben, das Spektrum der Einkommen jedoch immer breiter werden kann, so daß das größte Familieneinkommen zu einer Steigerung tendiert.

Wenn wir jegliche Vorteile außer acht lassen, die zunehmende Komplexität für Spezies mit sich bringt, dann könnten wir die sich ändernde Verteilung von Komplexitäten als eine Art Diffusion betrachten; eine »zufällige Bewegungsfolge« entlang einer geraden Linie ist ein Beispiel für eine solche Diffusion. Viele Flöhe beginnen an ein und demselben Punkt loszuhüpfen. Bei jedem Sprung legen die Flöhe die gleiche Entfernung zurück, entweder vom Ausgangspunkt weg oder zu ihm hin (beim ersten Sprung hüpfen sie natürlich alle von ihm weg). Zu jedem späteren Zeitpunkt sind einer oder mehrere Flöhe am weitesten vom Ausgangspunkt entfernt. Welche Flöhe im einzelnen die größte Entfernung zurückgelegt haben, kann sich natürlich von Fall zu Fall ändern, je nachdem, welche es zufällig auf die meisten Sprünge vom Ausgangspunkt weg gebracht haben. Die größte von einem der Flöhe von diesem Ausgangspunkt zurückgelegte Entfernung tendiert dazu, mit der Zeit immer größer zu werden. Die Verteilung der Abstände der Flöhe vom Ausgangspunkt wird breiter, da bei den

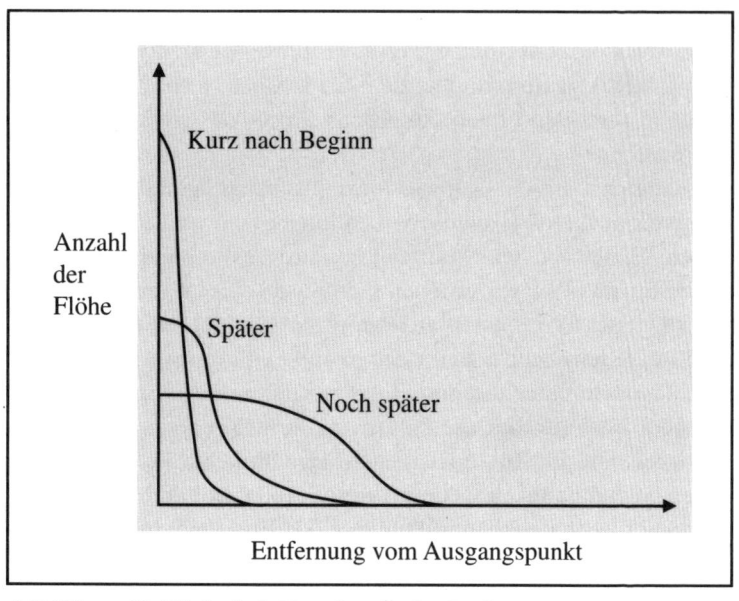

[Diagramm: Kurven zeigen die Anzahl der Flöhe über die Entfernung vom Ausgangspunkt, beschriftet mit "Kurz nach Beginn", "Später" und "Noch später"]

Abbildung 18: *Wechselnde Verteilungen der Entfernungen bei einer zufälligen Bewegungsfolge*

Flöhen eine *Diffusion* zu immer größeren Entfernungen hin stattfindet, wie Abbildung 18 zeigt.

Bewegung in Richtung einer höheren maximalen Komplexität kann auf eine Weise stattfinden, die einer Diffusion ähnelt, insbesondere in nichtadaptiven Systemen wie Galaxien. In komplexen adaptiven Systemen wie der biologischen Evolution passiert es jedoch häufig, daß Selektionsdrücke in bestimmten Situationen eine höhere Komplexität erleichtern. In diesen Fällen wird sich die Verteilung der Komplexitäten, der Form nach eine Funktion der Zeit, von dem Ergebnis einer zufälligen Bewegungsfolge unterscheiden. Wenngleich nach wie vor nichts für die Annahme einer stetig wirkenden Triebkraft in Richtung komplexerer Organismen spricht, können doch die Selektionsdrücke, die eine höhere Komplexität begünstigen, oft sehr stark sein. Solche Systeme und Umgebungen, in denen Komplexität höchst vorteilhaft ist, zu charakterisieren, stellt eine große intellektuelle Herausforderung dar.

Im Verlauf der biologischen Evolution haben Schleusenereignisse meistens beträchtliche Steigerungen der Komplexität zur Folge und bringen zudem bedeutsame Vorteile mit sich. Die Öffnung einer entscheidenden Schleuse führt zu einer explosionsartigen Zunahme ökologischer Nischen; die Auffüllung dieser Nischen kann durchaus den Anschein erwecken, als sei sie durch eine Triebkraft in Richtung einer größeren Komplexität verursacht.

Da wir Menschen die komplexesten Organismen in der Geschichte der biologischen Evolution auf der Erde sind, ist es verständlich, daß in den Augen einiger Leute der gesamte Evolutionsprozeß direkt auf die Herausbildung des *Homo sapiens sapiens* zusteuerte. Zwar ist diese Ansicht anthropozentrischer Unsinn, aber in gewissem Sinne findet die biologische Evolution in uns – zumindest vorläufig – ihre Vollendung. Wir beeinflussen die Biosphäre derart einschneidend, und unsere Befähigung, Lebensformen umzuwandeln (nicht nur mit Hilfe veralteter und schwerfälliger Methoden wie Hundezucht, sondern mit modernen, etwa gentechnischen Verfahren), wird bald einen Grad erreichen, daß die Zukunft des Lebens auf der Erde in der Tat weitgehend von einigen grundlegenden Entscheidungen abhängt, die unsere Spezies trifft. Entweder Verhinderung eines spektakulären Verzichts auf Technologie (angesichts der riesigen menschlichen Population, die wir bereits jetzt am Leben erhalten müssen, sehr schwierig zu realisieren) oder aber Selbstzerstörung eines Großteils der menschlichen Rasse – und in der Folge ein Rückfall der Restbevölkerung in die Barbarei –: Es sieht ganz so aus, als würde die natürliche biologische Evolution im Vergleich zur menschlichen Kultur und *ihrer* Weiterentwicklung in absehbarer Zukunft im guten wie im bösen nur eine sekundäre Rolle spielen.

Die Vielfalt ökologischer Gemeinschaften

Unglücklicherweise wird es noch lange dauern – wenn es überhaupt je soweit kommt –, bis menschliches Wissen, Verständnis und Erfindungsgabe der »Klugheit« von etlichen Jahrmilliarden biologischer Evolution gleichkommen. Nicht nur haben einzelne Organismen ihre eigenen komplizierten Muster und Daseinsweisen entwickelt, auch die Wechselwirkungen zwischen ungeheuer vielen Spezies in ökologischen Gemeinschaften haben sich über lange Zeitspannen hinweg auf subtile Art und Weise einander angepaßt.

Die verschiedenen Gemeinschaften bestehen, je nach der Erdregion und innerhalb einer jeden Region entsprechend der physikalischen Umwelt, aus unterschiedlichen Speziesgruppen. Auf dem Festland variiert das Wesen einer Gemeinschaft entsprechend physikalischen Faktoren wie der Höhe, der Niederschlagsmenge und deren Verteilung über das Jahr sowie der Temperatur und ihrem Schwankungsmuster. Mit den regionalen Unterschieden hängen Speziesverteilungen zusammen, die in vielen Fällen von den Verschiebungen der Kontinente im Verlauf von Jahrmillionen und von den Wechselfällen frühzeitlicher Wanderungen und Aufsplitterungen beeinflußt wurden.

So gibt es selbst in den Tropen höchst unterschiedliche Arten von Wäldern. Nicht alle tropischen Wälder sind Tiefland-Regenwälder, wie gewisse Reportagen uns glauben machen wollen. Bei einigen handelt es sich um tiefgelegene Trockenwälder, bei anderen um hochgelegene Nebelwälder und so weiter. Darüber hinaus lassen sich Hunderte verschiedener Regenwälder auseinanderhalten, die allesamt erhebliche Unterschiede in Flora und Fauna aufweisen. In Brasilien beispielsweise gibt es nicht nur den riesigen tiefgelegenen Regenwald des Amazonabeckens, der in sich selbst beträchtliche Unterschiede aufweist, sondern auch den ganz anders gearteten Regenwald am Atlantik, der heute nur mehr einen kleinen Bruchteil seines ehemaligen Territoriums bedeckt. An seinem südlichen Ende geht der atlantische Wald in den Alto-Paraná-Wald von Paraguay und die tropischen Wälder der Provinz

Misiones in Argentinien über. Die fortschreitende Zerstörung des Amazonaswaldes ist mittlerweile zu einer Angelegenheit des allgemeinen Interesses geworden, obwohl ein Großteil davon noch erhalten ist (wenngleich er sich manchmal leider in einem sehr schlechtem Zustand befindet, was von der Luft aus nur schwer feststellbar ist). Aber noch dringlicher ist die Erhaltung dessen, was vom atlantischen Wald noch übrig ist.

Dementsprechend gibt es auch sehr unterschiedliche Arten von Wüsten. In der Namib-Wüste in Namibia sehen Flora und Fauna eindeutig anders aus als in der Sahara am anderen Ende Afrikas und als in der Dornbuschwüste in Südmadagaskar.

Die Mojave- und die Colorado-Wüste in Südkalifornien unterscheiden sich beträchtlich voneinander, und in keiner von beiden kommen viele Spezies vor, die wir in der israelischen Negev finden könnten. (Beachten Sie jedoch, daß es sich bei dem berühmten israelischen Kaktus Sabre lediglich um einen Import aus Mexiko und Kalifornien handelt.) Auf den ersten Blick mögen viele Pflanzen in der Colorado- und der Negev-Wüste vom Aussehen her große Ähnlichkeit miteinander haben, aber diese Ähnlichkeit beruht weniger auf einer engen Beziehung zwischen den Spezies als vielmehr weitgehend auf evolutionärer Konvergenz, dem Ergebnis der Einwirkung ähnlicher Selektionsdrücke. So ähneln auch viele Euphorbien der trockenen Hochebenen in Ostafrika Kakteen in der Neuen Welt, aber nur, weil sie sich an ein ähnliches Klima angepaßt haben; in Wirklichkeit gehören sie unterschiedlichen Familien an. In verschiedenen Teilen der Welt hat die Evolution eine ganze Reihe unterschiedlicher, aber ähnlicher Lösungsmöglichkeiten für ein Problem einer Organismengemeinschaft gefunden, die in einem bestimmten Bedingungsgefüge lebt.

Wird die Menschheit als Ganze angesichts einer derartigen Vielfalt natürlicher Gemeinschaften klug genug sein, die richtigen politischen Entscheidungen zu treffen? Haben wir die Macht, einschneidende Veränderungen vorzunehmen, erworben, ehe wir als Spezies reif genug geworden sind, um verantwortungsbewußt mit dieser Macht umzugehen?

Der biologische Begriff der Eignung

Bei ökologischen Gemeinschaften, die aus vielen komplexen, einer Vielzahl von Spezies angehörenden Individuen bestehen, deren jedes Schemata zur Beschreibung und Vorhersage des Verhaltens der anderen entwickelt, handelt es sich nicht um Systeme, die wahrscheinlich den Endzustand eines Fließgleichgewichts erreichen oder sich einem solchen auch nur annähern. Jede Spezies entwickelt sich in Anwesenheit einer beständig sich wandelnden Ansammlung anderer Spezies. Die Situation unterscheidet sich grundlegend von der der Meeresextremophilen, die sich in einer einigermaßen konstanten physikochemischen Umgebung entwickeln und mit anderen Organismen hauptsächlich über die organische Materie, die zu ihnen absinkt, interagieren.

Im Grunde läßt sich nicht einmal einem vergleichsweise einfachen und nahezu unabhängigen System wie dem der Extremophilen eine als »Eignung« bezeichnete wohldefinierte numerische Eigenschaft zuschreiben, erst recht nicht in dem Sinne, daß sie mit dem Fortschreiten der Evolution beständig zunimmt, bis ein Fließgleichgewicht erreicht ist. Selbst in einem so einfachen Fall ist es viel sicherer, das Augenmerk direkt auf die Selektionsdrücke zu richten, die Effekte, die ein phänotypisches Merkmal gegenüber einem anderen begünstigen und solchermaßen die Konkurrenz zwischen den verschiedenen Genotypen beeinflussen. Es kann sein, daß diese Selektionsdrücke sich nicht mit Hilfe einer einzigen, wohldefinierten Größe, genannt Eignung, ausdrücken lassen; möglicherweise erfordern sie eine komplizierte Beschreibung, selbst in dem idealisierten Fall, da sich eine einzige Spezies an eine unveränderliche Umgebung anpaßt. Noch weniger wird man daher einem Organismus ein wirklich aussagekräftiges Maß an Eignung zuschreiben können, wenn sich die Umgebung verändert, vor allem wenn er Teil einer hochgradig interaktiven ökologischen Gemeinschaft von Organismen ist, die sich an die Besonderheiten der anderen anpassen.

Dennoch erweist sich die vereinfachte Darstellung der biologischen Evolution in Begriffen der Eignung gelegentlich als lehrreich. Dem biologischen Begriff der Eignung liegt die Vorstellung zugrunde, daß die Übertragung von Genen von einer Generation zur nächsten davon abhängt, daß der Organismus lange genug überlebt, um das fortpflanzungsfähige Stadium zu erreichen und eine angemessene Anzahl Nachkommen zu erzeugen, die ihrerseits lange genug überleben, um sich zu reproduzieren. Unterschiedliche Überlebens- und Reproduktionsraten können häufig in Begriffen einer Eignungsgröße annähernd umschrieben werden, etwa folgendermaßen: Organismen mit einer größeren Eignung tendieren im allgemeinen dazu, bei der Weitergabe ihre Gene mehr Erfolg zu haben als Organismen mit einer geringeren Eignung. Überspitzt formuliert: Organismen mit genetischen Mustern, denen es ständig mißlingt, sich zu reproduzieren, haben eine sehr geringe Eignung und tendieren dazu auszusterben.

Eignungslandschaften

Sobald man den etwas plumpen Begriff »Eignungslandschaft« einführt, wird eine generelle Schwierigkeit erkennbar. Stellen wir uns vor, die verschiedenen Genotypen werden auf einer horizontalen, zweidimensionalen Fläche (die für einen vieldimensionalen mathematischen Raum möglicher Genotypen steht) verteilt. Eignung oder Nichteignung werden mittels der Höhe ausgedrückt; wenn sich der Genotyp verändert, beschreibt die Eignung eine zweidimensionale Fläche mit zahlreichen Bergen und Tälern in drei Dimensionen. Im allgemeinen stellen Biologen zunehmende Eignung durch zunehmende Höhe dar, so daß die maximalen Eignungen den Berggipfeln und die minimalen den tiefsten Talgründen entsprechen; ich werde mich jedoch der umgekehrten Darstellungsweise bedienen, die in vielen anderen Bereichen üblich ist, und das Ganze auf den Kopf stellen. Dann nimmt die Eignung mit der Tiefe zu, und die Maxima der Eignung sind die tiefsten Landsenken (siehe Abbildung 19).

Die Landschaft ist sehr kompliziert und weist zahlreiche Senken

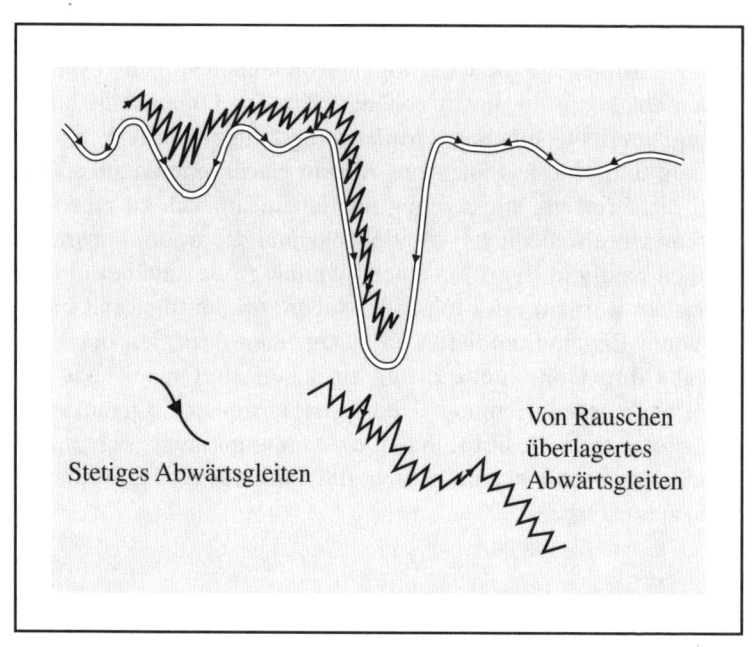

Abbildung 19: *Eignungslandschaft; zunehmende Eignung entspricht zunehmender Tiefe*

(»lokale Maxima der Eignung«) sehr unterschiedlicher Tiefe auf. Würde die Evolution ständig nach unten tendieren – immer in Richtung auf eine Verbesserung der Eignung hin –, dann bliebe der Genotyp wahrscheinlich in einer flachen Mulde stecken und hätte keine Gelegenheit, in die nahegelegenen tiefen Löcher zu gelangen, die einer viel größeren Eignung entsprechen. Der Genotyp muß sich zumindest auf etwas kompliziertere Art bewegen, als einfach den Hang hinunterzurutschen. Wenn er beispielsweise obendrein in zufälliger Manier herumhüpft, hat er die Chance, aus solchen flachen Mulden herauszukommen und nahegelegene tiefere Löcher zu finden. Er darf aber auch nicht zu viel herumhüpfen, sonst klappt das Ganze nicht mehr. Wie wir in den verschiedensten Zusammenhängen gesehen haben, funktionieren komplexe adaptive Systeme am besten in einem Bereich zwischen Ordnung und Unordnung.

Gesamteignung

Zu einer weiteren Schwierigkeit bei der Verwendung des Begriffs Eignung kommt es bei höheren Organismen, die sich sexuell reproduzieren. Ein solcher Organismus gibt nur die Hälfte seiner Gene an seine Nachkommenschaft weiter, während die andere Hälfte vom anderen Elternteil stammt. Die Nachkommen sind keine Klone, sondern lediglich nahe Verwandte. Zudem hat der Organismus noch weitere nahe Verwandte, deren Überleben ebenfalls zur Weitergabe von Genen beitragen kann, die seinen eigenen ähnlich sind. Biologen haben daher den Begriff der »Gesamteignung« entwickelt, der das je nach Verwandtschaftsgrad gewichtete Ausmaß berücksichtigt, in dem Verwandte eines bestimmten Organismus lange genug überleben, um sich zu reproduzieren. (Natürlich sorgt Gesamteignung auch für das Überleben des Organismus selbst.) Die Evolution müßte eine allgemeine Tendenz aufweisen, Genotypen mit einer hohen Gesamteignung zu favorisieren, die sich insbesondere in dem Überleben eines Organismus und dem seiner nahen Verwandten förderlichen ererbten Verhaltensmustern erweist. Man nennt diese Tendenz »Verwandtschaftsselektion«, und sie paßt recht gut in eine Vorstellung von Evolution, nach der die Organismen lediglich Vorrichtungen sind, deren sich die Gene »bedienen«, um ihre Weitergabe zu sichern. Diese Ansicht wurde unter dem Schlagwort »das egoistische Gen« popularisiert.

Das egoistische Gen und das »wahrhaft egoistische Gen«

Eine Extremform des Phänomens des egoistischen Gens kann bei der sogenannten Segregationsverzerrung auftreten. Laut dem Soziobiologen Robert Trivers könnte Segregationsverzerrung die Folge der Aktivität eines »wahrhaft egoistischen Gens« sein. Darunter versteht er ein Gen, das *direkt* und nicht über den neu entstehenden Organismus vorgeht, um seine Erfolgsaussichten im Konkurrenzkampf mit rivalisierenden genetischen Mustern zu verbessern. In einem männlichen Tier kann ein solches Gen sein Trägerspermium dazu bringen, andere Spermien zu überholen oder sogar zu vergiften, um so den Wettlauf zur Befruchtung der Eier des Weibchens zu gewinnen. Allerdings ist ein wahrhaft egoistisches Gen für den neu entstehenden Organismus nicht unbedingt von Vorteil; es kann unter Umständen sogar schädlich sein.

Abgesehen von solchen bemerkenswerten möglichen Ausnahmen werden Selektionsdrücke indirekt, über den von Spermium und Ei erzeugten Organismus ausgeübt. Dies paßt besser zu der Vorstellung eines komplexen adaptiven Systems, bei dem das Schema (in diesem Fall das Genom) eher in der realen Welt (in diesem Fall durch den Phänotyp) als direkt erprobt wird.

Individuelle und Gesamteignung

Ein faszinierender Fall, in dem sowohl gewöhnliche individuelle Eignung als auch Gesamteignung eine Rolle zu spielen scheinen, ist das sogenannte altruistische Verhalten bestimmter Vogelarten. Der Mexikanische oder Graubrusthäher lebt in Trockenhabitaten in Nordmexiko, im südöstlichen Arizona und im Südwesten von New Mexico. Vor Jahren beobachteten Ornithologen, daß ein bestimmtes Nest dieser Spezies oft von vielen Vögeln versorgt wurde und nicht nur von dem Paar, dem die Eier gehörten. Was wollten die anderen Häher dort? Verhielten sie sich wirklich altruistisch? Wie die Untersuchungen von Jerram Brown ergaben, handelte es sich bei den Helfern in den meisten Fällen um Abkömmlinge des nistenden Paares; sie halfen also bei der Aufzucht ihrer Geschwister. Dieses Verhalten lieferte allem Anschein nach ein schlagendes Beispiel für die Entwicklung sozialen Verhaltens via Gesamteignung. Die Evolution hatte ein Verhaltensmuster begünstigt, demzufolge junge Häher ihre eigene Fortpflanzung ein paar Jahre aufschoben, um bei der Fütterung und Behütung ihrer jüngeren Geschwister zu helfen und so zur Weitergabe von Genen beizutragen, die mit ihren eigenen nahe verwandt waren.

Infolge der Arbeiten von John Fitzpatrick und Glen Woolfenden über eine verwandte Häherart, die Florida-Buschhäher in dem rasch kleiner werdenden trockenen Eichenhabitat in Südflorida, gestaltete sich das Bild in jüngerer Zeit etwas komplizierter. Bislang galt dieser Vogel als eine der vielen Unterarten des Buschhähers, der im Südwesten der Vereinigten Staaten sehr verbreitet ist. Fitzpatrick und Woolfenden schlagen jedoch vor, ihn aufgrund seines Aussehens, seines Gesangs und seines Verhaltens als gesonderte Spezies zu betrachten. Das Verhalten schließt eine Mithilfe beim Nisten ein, wie beim Graubrusthäher. Wiederum handelt es sich bei den Helfern meistens um Nachkommen des nistenden Paares, aber die Beobachtungen der Forscher in Florida legen den Schluß nahe, daß die Helfer nicht nur ihren Geschwistern, sondern auch sich selbst einen Gefallen erweisen. Die weiträumigen Nistterritorien in Buscheichenhabitaten (in der Größenordnung von etwa zwölf Hektar) werden erbittert verteidigt, und es ist nicht leicht, an eines heranzukommen. Als potentielle Erben des ganzen oder eines Teils des Territoriums, in dem sie Hilfe leisten, befinden sich die Helfer in einer günstigen Ausgangsposition. Zumindest in Florida hat es den Anschein, als spiele für das »altruistische« Verhalten der Buschhäher neben der Gesamteignung auch die ganz gewöhnliche individuelle Eignung eine sehr große Rolle.

Ich habe die Geschichte mit den Buschhähern nicht erzählt, um in einer Kontroverse unter Ornithologen irgendwie Partei zu ergreifen, sondern lediglich, um zu verdeutlichen, wie verzwickt die Sache mit der Eignung, ob individueller oder Gesamteignung, ist.

Auch wenn Eignung als Konzept recht nützlich sein kann, ist sie doch in gewissem Sinne ein Zirkelschluß. Die Evolution begünstigt das Überleben der Geeignetsten, und die Geeignetsten sind diejenigen, die überleben oder deren nahe Verwandte überleben.

Die Bedeutung der Sexualität für die Eignung

Das Phänomen der sexuellen Fortpflanzung stellt die Theorien über Selektionsdrücke und Eignung vor besondere Herausforderungen. Wie zahlreiche andere Organismen neigen höhere Tierarten dazu, sich sexuell zu reproduzieren. Doch in vielen Fällen sind diese Tiere auch einer Parthenogenese fähig, bei der Weibchen weibliche Nachkommen mit – abgesehen von möglichen Mutationen – identischem genetischen Material gebären. Die Dienste eines Männchens sind nicht erforderlich. Selbst die Eier eines derart komplexen Tieres wie des Frosches können, etwa durch einen Nadelstich, dazu stimuliert werden, Kaulquappen hervorzubringen, die zu erwachsenen Fröschen heranreifen. In sehr seltenen Fällen, etwa bei den Sechsstreifigen Rennechsen in Mexiko und im Südwesten der USA, scheinen ganze Wirbeltierspezies völlig ohne Männchen auszukommen und sich nur mittels Parthenogenese zu reproduzieren. Warum dann überhaupt Sex? Welchen Vorteil bringt sexuelle Reproduktion mit sich? Warum wird sie normalerweise der Parthenogenese vorgezogen? Wozu sind Männchen eigentlich gut?

Sexuelle Reproduktion sorgt für Vielfalt bei den Genotypen der Nachkommenschaft. Etwas verkürzt gesagt, sieht die Sache folgendermaßen aus: Die Chromosomen (von denen jedes einen Strang Gene enthält) treten in einander korrespondierenden Paaren auf; ein Individuum erbt ein Chromosom von jedem väterlichen und eines von jedem mütterlichen Paar. Welches Chromosom es von jedem Elternteil erhält, bleibt weitgehend dem Zufall überlassen. (Bei eineiigen Zwillingen läuft diese ansonsten stochastische Auswahl auf ein und dasselbe Ergebnis hinaus). Die Nachkommen von Organismen mit vielen Chromosomenpaaren haben im allgemeinen Chromosomensätze, die sich von denen eines jeden Elternteils unterscheiden.

Mit der sexuellen Fortpflanzung kommt zudem ein ganz neuer, von der gewöhnlichen Mutation verschiedener Mechanismus ins Spiel, der für eine Veränderung der Chromosomen sorgt. Beim Prozeß des sogenannten Crossing-over (siehe Abbildung 20) können Teile eines Paars korrespondierender Chromosomen vom Vater oder von der Mutter während der Erzeugung eines Spermiums beziehungsweise eines Eis untereinander ausgetauscht werden. Angenommen, es kommt bei dem Ei, das die Mutter beisteuert, zu einem Crossing-over. Das Ei erhält dann ein gemischtes Chromosom, das zu einem Teil vom Vater der Mutter, zum anderen von der Mutter der Mutter stammt, während ein anderes Ei vielleicht ein Chromosom erhält, das aus den jeweils übriggebliebenen Teilen des Chromosoms des Großvaters und der Großmutter mütterlicherseits besteht.

Der Evolutionstheoretiker William Hamilton, der jetzt in Oxford lehrt, stellte eine einfache Erklärung des Stellenwerts der sexuellen Reproduktion zur Diskussion. Grob umrissen lautet seine These folgendermaßen: Feinden einer Spezies, insbesondere schädlichen Parasiten, fällt es schwerer, sich an die unterschiedlichen Eigenschaften einer über sexuelle Reproduktion hervorgebrachten Population anzupassen als an die verhältnismäßige Gleichförmigkeit einer durch Parthenogenese erzeugten. Die Vermischung der von Vater und Mutter beigesteuerten Chromosomen erlauben ebenso wie der Prozeß des Crossing-over alle möglichen Neukombinationen in der Nachkommenschaft. Die Parasiten müssen sich nun auf eine breit gefächerte Vielfalt von Wirtstieren mit unterschiedlicher chemischer Zusammensetzung, unterschiedlichen Gewohnheiten und so weiter einstellen. Folglich treffen die Feinde auf größere Schwierigkeiten, und die Wirtstiere sind besser geschützt.

Diese Theorie legt den Schluß nahe, daß Spezies ohne sexuelle Reproduktion eigentlich über andere Mechanismen verfügen müßten, um mit Parasiten fertigzuwerden; dies gilt insbesondere für ganze Gruppen niedrigerer Tierarten, die sich seit Zehnmillio-

Chromosom vom Vater der Mutter
(2DNS-Stränge)

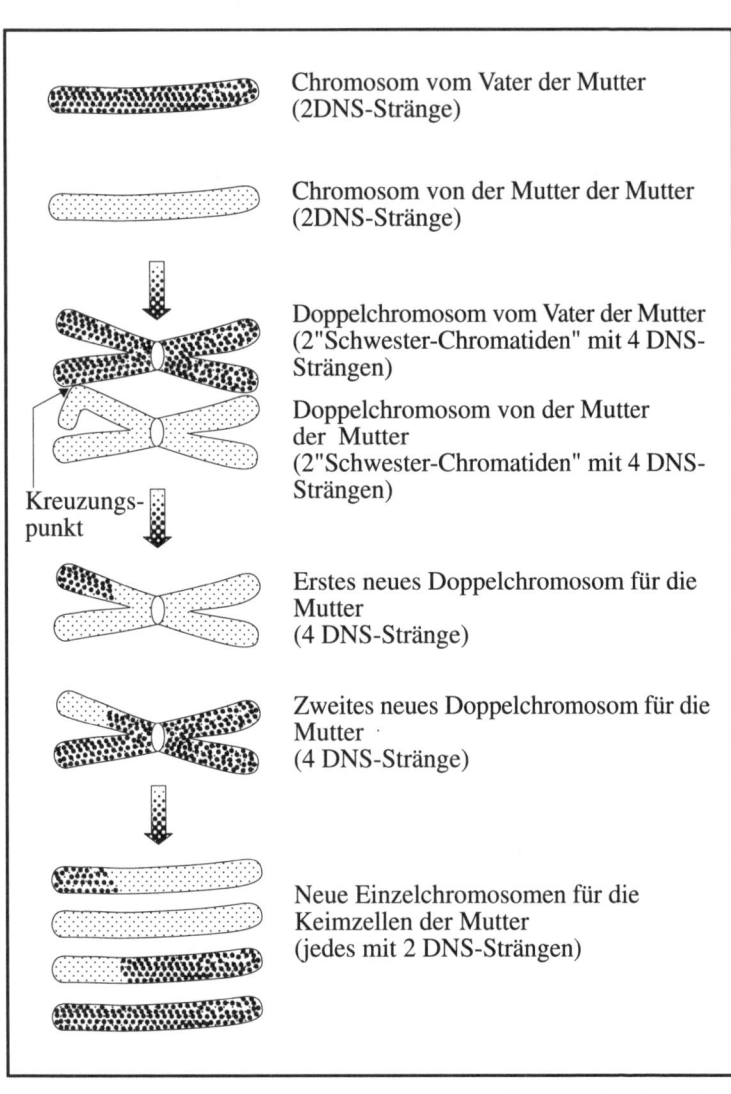

Chromosom von der Mutter der Mutter
(2DNS-Stränge)

Doppelchromosom vom Vater der Mutter
(2"Schwester-Chromatiden" mit 4 DNS-Strängen)

Doppelchromosom von der Mutter der Mutter
(2"Schwester-Chromatiden" mit 4 DNS-Strängen)

Kreuzungspunkt

Erstes neues Doppelchromosom für die Mutter
(4 DNS-Stränge)

Zweites neues Doppelchromosom für die Mutter
(4 DNS-Stränge)

Neue Einzelchromosomen für die Keimzellen der Mutter
(jedes mit 2 DNS-Strängen)

Abbildung 20: *Crossing-over von Chromosomen bei sexueller Fortpflanzung*

nen von Jahren nicht geschlechtlich fortpflanzen. Die Rädertierchen (speziell Bdelloidea) bilden eine solche Gruppe. Sie leben an Stellen, beispielsweise in Moospolstern, die die meiste Zeit über feucht sind, aber alle paar Wochen oder Monate, je nach Wetterlage, austrocknen. Eine Schülerin Hamiltons, Olivia Judson, untersucht diese Rädertierchen, um herauszufinden, wie sie mit Parasiten fertigwerden. Ihrer Ansicht nach bietet ihnen ihre Gewohnheit auszutrocknen und wegzufliegen, wenn ihre Umgebung ausdörrt, genügend Schutz vor Parasiten, so daß sie auch ohne Sexualität auskommen.

Jedenfalls müssen die Vorteile einer geschlechtlichen Reproduktion beträchtlich sein, um den offensichtlichen Nachteil eines Aufbrechens der erfolgreichen Genotypen der Eltern und Großeltern aufzuwiegen, die lange genug überlebt haben, um sich fortpflanzen zu können. Diese Vorteile kommen allerdings der Population als Ganzer zugute. Nun bestehen jedoch viele Evolutionsbiologen darauf, daß Selektionsdrücke nur auf Einzelorganismen einwirken. Vielleicht ist diese Regel doch nicht so starr.

Auf einer Konferenz, die kürzlich am Sante Fe Institute stattfand, referierte John Maynard Smith, der an der Universität Sussex lehrt, über dieses Thema, als Brian Arthur, der die Sitzung leitete, ihn an ihre erste Begegnung erinnerte. Beide Wissenschaftler waren früher im technischen Bereich tätig. Maynard Smith war Flugzeugkonstrukteur, ehe er sich der Evolutionsbiologie zuwandte, die ihm zahlreiche bemerkenswerte Beiträge verdankt. Brian, in Belfast aufgewachsen, hatte sich mit Unternehmensforschung und anschließend mit Wirtschaftswissenschaften befaßt; er wurde schließlich Professor in Stanford und Gründungsdirektor des wirtschaftswissenschaftlichen Programms am Santa Fe Institute. Die beiden lernten sich auf einer Konferenz in Schweden kennen, wo Maynard Smith in einem Vortrag äußerte, es sei zwar offensichtlich, daß Sex einer Population Vorteile bringe, jedoch nicht, was er für das Individuum leiste. Zwischenruf Brians: »Wahrhaft englisch gedacht!« Maynard Smith, um eine Antwort nicht verlegen: »Ihrem Akzent nach sind Sie Ire. Naja, wir in England *praktizieren* zumindest Sex!«

Tod, Reproduktion und Population in der Biologie

Während Sexualität in der Biologie keinesfalls überall eine Rolle spielt, trifft dies für den Tod schon eher zu. Das Sterben von Organismen ist eine der dramatischeren Auswirkungen des zweiten Hauptsatzes der Thermodynamik. Als solche trifft es in gewissem Sinne alle komplexen adaptiven Systeme. In der biologischen Evolution, in der die Wechselwirkung zwischen Tod und Reproduktion eine ausschlaggebende Rolle im Adaptationsprozeß spielt, kommt ihm jedoch besondere Bedeutung zu. Konkurrenz zwischen Genotypgruppen überträgt sich zu einem beträchtlichen Grad in Konkurrenz um Populationsgröße zwischen korrespondierenden Organismenarten. In dem Maße, wie Eignung in der Biologie wohldefiniert ist, hängt sie mit der Populationsgröße zusammen.

Ein Vergleich zwischen verschiedenen Typen komplexer adaptiver Systeme zeigt, daß es Systeme gibt, in denen Tod, Reproduktion und Populationsgröße nicht so wichtig sind wie in der Biologie. Nehmen wir einmal eine Person, die sich, tief in Gedanken versunken, bemüht, ein Problem zu lösen. In diesem Fall bestehen die Schemata aus Ideen statt aus Genotypen. Die Analogie zum Tod wäre Vergessen. Kein Mensch leugnet Häufigkeit und Bedeutung des Vergessens, aber es spielt wohl kaum die gleiche Rolle wie der Tod in der Biologie. Gäbe es keine Notwendigkeit zu vergessen, kein Bedürfnis, »das Band zu löschen«, dann würde das Denken keinen wesentlichen Veränderungen unterliegen. Die Aufzeichnung einer Idee ist nützlich und wirkt dem Vergessen entgegen. Doch kennzeichnet die Anzahl identischer oder nahezu identischer Memoranden nicht im selben Maße die Eignung einer Idee, wie die Populationsgröße in der Biologie mit Eignung zusammenhängt.

Bei der Verbreitung bestimmter Ideen in einer Gesellschaft (sogar in der wissenschaftlichen Gemeinschaft) ist es durchaus wichtig, wie viele Leute eine bestimmte Vorstellung teilen. Bei demokratischen Wahlen zählt, soweit es um Anschauungen geht, die

Meinung der Mehrheit. Wie jedoch sattsam bekannt ist, beweist selbst die Tatsache, daß eine Idee ungeheuer viele Anhänger hat, nicht unbedingt deren Richtigkeit; sie garantiert nicht einmal, daß sich diese Vorstellung lange hält.

Konkurrenz zwischen menschlichen Gesellschaften in der Vergangenheit ähnelt schon eher dem Fall der biologischen Evolution. Damals bemaß sich Eignung weitgehend an der Populationsgröße. In Südostasien beispielsweise legten einige ethnische Gruppen für den Reisanbau Bewässerungssysteme an, während andere Trockenanbau betrieben und zu diesem Zweck oft Wälder abholzten oder niederbrannten. Die Völker mit Bewässerungsanlagen, wie etwa die Thai, die Laoten und die Vietnamesen, konnten mehr Leute pro Gebietseinheit unterbringen als ihre Nachbarn. Die größere Bevölkerungsdichte machte es ihnen leichter, die Völker mit Trockenanbau zu beherrschen und sie in vielen Fällen in abgelegenes Gebirgsland zurückzudrängen. Im Hinblick auf die Zukunft ist die Frage durchaus berechtigt, ob es wünschenswert ist, weiterhin über Bevölkerungsdichte oder absolute Bevölkerungszahlen Gewinner und Verlierer zu bestimmen.

Die Auffüllung von Nischen

Der biologischen Evolution, in der Tod und Populationsgröße soviel Gewicht beigemessen wird, gelingt es auf lange Sicht ziemlich gut, ökologische Nischen zu füllen, sobald sich diese auftun. Sofern sich eine Gelegenheit bietet, auf bestimmte Weise das Leben zu fristen, wird sich wahrscheinlich ein Organismus entwickeln, der sie nutzt, selbst wenn diese Lebensweise einem menschlichen Beobachter reichlich seltsam erscheinen mag.

In diesem Zusammenhang ist die Analogie zwischen einer ökologischen Gemeinschaft und einer Marktwirtschaft ganz nützlich. Wenn sich in einem solchen Wirtschaftssystem die Gelegenheit bietet, einen Gewinn zu machen, ist es wahrscheinlich (wenn auch keineswegs sicher), daß Individuen oder Firmen diese Gelegenheit wahrnehmen. Das Analogon zu Tod ist Bankrott, und an die

Stelle von Bevölkerungsgröße tritt Reichtum als grobe Maßeinheit für die Eignung einer Firma. Sowohl in der Wirtschaft als auch in der Ökologie verändert das Auftauchen einer neuen Firma oder eines neuen Organismus (oder einer neuen Verhaltensweise einer existierenden Firma oder eines existierenden Organismus) die Eignungslandschaft für die anderen Mitglieder der Gemeinschaft. Vom Standpunkt eines Industriezweigs oder einer Spezies aus verändert sich diese Landschaft permanent (und dies zudem keineswegs wohldefiniert).

Beide Fälle veranschaulichen, wie ein komplexes adaptives System, sobald es einmal besteht, Nischen füllen und währenddessen neue Nischen schaffen kann, diese ebenfalls füllt, und so im Verlauf dieses Prozesses immer neue komplexe adaptive Systeme hervorbringen kann. (Wie Abbildung 1 auf Seite 57 zeigt, hat die biologische Evolution das Immunsystem der Säugetiere, Lernen und Denken sowie durch den Menschen lern- und anpassungsfähige Gesellschaften und in jüngster Zeit Computer hervorgebracht, die als komplexe adaptive Systeme funktionieren.)

Das komplexe adaptive System, immer neugierig, immer auf der Suche nach günstigen Gelegenheiten, immer mit Neuerungen experimentierend, trachtet seine Komplexität zu steigern und entdeckt dabei gelegentlich Schleusenereignisse, die die Möglichkeiten neuer Strukturen einschließlich neuer Arten von komplexen adaptiven Systemen eröffnen. Vorausgesetzt, es steht ausreichend Zeit zur Verfügung, scheint die Wahrscheinlichkeit ziemlich groß, daß sich Intelligenz entwickelt.

Astronomen und Planetologen sehen keinen Grund, warum in unserer Galaxie oder in ähnlichen Galaxien irgendwo im Universum Planetensysteme besonders selten sein sollten. Auch waren nach Ansicht von Wissenschaftlern, die sich mit der Entstehung von Leben befassen, die Bedingungen auf unserem Planeten vor etwa vier Milliarden Jahren keineswegs so bemerkenswert, daß die Herausbildung von Leben (oder etwas dem Leben Ähnlichen) auf einem anderen Planeten ein besonders unwahrscheinliches Ereignis wäre. Aller Wahrscheinlichkeit nach gibt es im Universum jede Menge komplexer adaptiver Systeme, von denen viele Intelligenz hervorgebracht haben oder hervorbringen werden. Wie bereits erwähnt, sind die statistischen Hauptunbekannten bei der Suche nach außerirdischer Intelligenz (SETI, *Search for Extraterrestrial Intelligence*) die Anzahl der Planeten pro Raumeinheit, auf denen sich intelligente Wesen entwickelt haben, sowie die Frage, wie lange ihre Phase technischer Zivilisation und damit ihre Fähigkeit, Funksignale auszusenden, gewöhnlich dauert. Angesichts dessen, wie ungeheuer viel wir von der Vielfalt der natürlichen Gemeinschaften auf der Erde, ganz zu schweigen von der Vielfalt menschlicher Gesellschaften, lernen können, ist die (gelegentlich von Science-fiction-Schriftstellern durchgespielte) Vorstellung atemberaubend, was wir alles aus dem Zusammentreffen mit Außerirdischen über die Vielfalt von Situationen, die komplexe adaptive Systeme nutzen könnten, zu lernen vermöchten.

Täuschungsmanöver bei Vögeln

Das Lügen, wie es bei anderen Tierarten als dem Menschen praktiziert wird, liefert uns amüsante Beispiele dafür, wie bestimmte Spezies in der Interaktion mit anderen Spezies günstige Gelegenheiten nutzen. Die Täuschung durch Mimikry ist allgemein bekannt. Der Admiral (oder Vizekönigsfalter) beispielsweise ähnelt dem Monarch (Königsfalter) und profitiert so von dessen üblem Geschmack. Der Kuckuck der Alten Welt und der Ani in der Neuen Welt führen eine andere Art Täuschungsmanöver durch, indem sie ihre Eier in die Nester anderer Vögel legen; die aufdringlichen Jungvögel verdrängen die Eier oder Küken, die eigentlich in das Nest gehören, und nehmen die Zuwendung der Pflegeeltern ganz für sich in Anspruch. Aber ist das wirklich Lügen?

Wir sind es gewöhnt, daß die Leute lügen, aber bei anderen Organismen überrascht es uns einigermaßen. Wenn die argentinische Marine im Mündungsgebiet des Rio de la Plata ein geheimnisvolles U-Boot entdeckt, kurz bevor die Legislative über das Budget der Streitkräfte entscheidet, vermuten wir, daß es sich dabei um ein Täuschungsmanöver handelt, um zusätzliche Haushaltsmittel zu ergattern, und sind nicht weiter überrascht. Mit einem analogen Verhalten bei Vögeln rechnen wir jedoch kaum. Bei der Untersuchung von gemischten Nahrungs- oder Freßgemeinschaften im Tiefland-Tropenwald des Manu-Nationalparks in Peru stieß mein Freund Charles Munn, ein Ornithologe, kürzlich auf einen solchen Fall. Einige Spezies suchen gemeinsam auf der untersten Ebene oder Etage des Waldes nach Futter, andere auf der mittleren, wo sich ihnen hin und wieder farbenprächtige Tangaras aus der oberen Etage, die Früchte fressen, anschließen. (Im Winter finden sich unter den Arten in diesen Freßgemeinschaften auch einige wenige Zugvögel aus Nordamerika. Weiter im Norden Süd- und Mittelamerikas sind es viel mehr. Wir Nordamerikaner kennen sie als Arten, die im Sommer bei uns nisten, und sind fasziniert, wenn wir feststellen, daß sie in einem weit entfernten Land ein ganz anderes Leben führen. Wenn sie Jahr für Jahr zu ihren Nistplätzen zurückkehren, müssen ihre Habitate in den südlichen Ländern geschützt werden. Umgekehrt wird ihre Rückkehr nach Norden problematisch, je mehr in Nordamerika die Wälder in immer kleinere Parzellen unterteilt werden. Ein Ausdünnen der Wälder ermöglicht unter anderem ein weiteres Vordringen parasitärer Aniarten.)

In jeder gemischten Nahrungsgemeinschaft gibt es ein oder zwei Wächterspezies, die sich meist nahe dem Mittelpunkt der Freßgemeinschaft oder knapp darunter aufhalten. Mit einem speziellen Ruf warnen sie die anderen, sobald sich Vögel nähern, bei denen es sich möglicherweise um Raubvögel handelt. Charlie stellte fest, daß in den Gemeinschaften der untersten Ebene die Wächter gelegentlich auch dann solche Warnlaute ausstoßen, wenn offenkundig keine Gefahr drohte. Als er sich das Ganze näher ansah, stellte er fest, daß es auf diese Weise dem Wächter ab und zu gelang, einen saftigen Bissen zu ergattern, den sonst ein anderes Mitglied der Nahrungsgemeinschaft gefressen hätte. Sorgfältige Beobachtungen ergaben, daß die Wächter in etwa 15 Prozent der Fälle die anderen täuschten – und oft davon profitierten. Charlie wollte nun wissen, ob es sich dabei um ein allgemein verbreitetes Phänomen handelte, daher untersuchte er das Verhalten der Freßgemeinschaften der mittleren Ebene und stellte fest, daß sich die Wächter hier genauso verhielten. In beiden Fällen war der prozentuale Anteil der falschen Warnrufe etwa gleich hoch. Wahrscheinlich wären die Warnrufe, hätte der Prozentsatz erheblich höher gelegen, nicht mehr ernst genommen worden; wäre er hingegen niedriger gewesen, hätten die Wächter kaum eine oder gar keine Gelegenheit mehr gehabt, durch Lügen auf ihre Kosten zu kommen. Mich fasziniert die Herausforderung, ob es möglich wäre, durch irgendeine mathematische Überlegung die Zahl von etwa 15 Prozent abzuleiten; könnte es, in einem plausiblen Modell, auf Eins dividiert durch zwei Pi hinauslaufen?

Als ich Charles Bennett diese Frage stellte, fiel ihm eine Geschichte ein, die ihm sein Vater über Einheiten der Royal Canadian Airforce, die im Zweiten Weltkrieg in England stationiert waren, erzählt hatte. Man fand damals eine recht gute Möglichkeit heraus, die Luftwaffe zu täuschen, wenn man einen Jagdflieger und einen Bomber gemeinsam losschickte: Man ließ das Jagdflugzeug unter und nicht über dem Bomber fliegen. Nach ziemlich langem Herumprobieren machte man das schließlich aufs Geratewohl *in einem von sieben Fällen.*

Kleine Schritte – große Veränderungen

Bei der Erörterung der Schleusenereignisse haben wir einige Beispiele für Entwicklungen in der biologischen Evolution aufgezeigt, die wie riesige Sprünge aussehen; wir haben jedoch gleichzeitig betont, daß derlei Ereignisse sehr selten sind und an dem einen Ende eines ganzen Spektrums von Veränderungen verschiedener Größenordnung liegen; die Veränderungen am anderen Ende des Spektrums sind in den meisten Fällen eher klein. In welcher Größenordnung ein solches Ereignis auch liegen mag, es steht fest, daß die biologische Evolution normalerweise mit dem arbeitet, was zur Verfügung steht. Bereits existierende Organe werden an neue Verwendungsmöglichkeiten angepaßt. Die Arme des Menschen beispielsweise sind nichts weiter als leicht modifizierte Vorderbeine. Vorhandene Strukturen werden nicht mit einem Schlag im Rahmen einer revolutionären Umgestaltung des gesamten Organismus verworfen. Die Mechanismen der Mutation und der natürlichen Auslese begünstigen solche Diskontinuitäten in keiner Weise. Dennoch kommt es gelegentlich zu Revolutionen.

Wir sind darauf eingegangen, daß die vergleichsweise plötzlichen Veränderungen – das Phänomen des »punktierten Gleichgewichts« – unterschiedliche Ursachen haben können. Eine ist ein Wandel der physikochemischen Umgebung, der die Selektionsdrücke erheblich verändert. Eine andere ist die Folge von »Drift«, bei der neutrale Mutationen, die die Lebensfähigkeit des Phänotyps nicht beeinträchtigen (und manchmal auch den Genotyp kaum verändern), allmählich zu einer Art Instabilität des Genotyps führen. In dieser Situation können eine einzige oder einige wenige Mutationen den Genotyp beträchtlich verändern und den Weg für eine wahre Sturzflut von Veränderungen auch bei zahlreichen anderen Spezies bereiten. Manchmal lösen kleine Veränderungen Schleusenereignisse – oft biochemischer Natur – aus, die neue Reiche von Lebensformen eröffnen. In einigen Fällen sind derlei revolutionäre Veränderungen die Folge eines Zusammenschlusses von Organismen zu komplexen Strukturen. Doch ist in jedem Fall die Grundeinheit des Wandels eine Mutation (oder eine Rekombination mit oder ohne Crossing-over), die auf etwas bereits Vorhandenes einwirkt. Nichts entsteht aus dem Nichts.

Inwieweit ist dies ein allgemeingültiges Prinzip für komplexe adaptive Systeme? Ist es beispielsweise notwendig, daß menschliches Denken schrittweise vorgeht? Geht man bei einer Erfindung von bereits Vorhandenem aus und führt lediglich eine Reihe kleinerer Veränderungen durch? Warum sollte ein Mensch nicht in der Lage sein, eine völlig neue Vorrichtung, etwas bis dahin nie Dagewesenes zu erfinden? Warum sollte man in der Wissenschaft nicht mit einer vollkommen neuen Theorie aufwarten, die mit keiner der vorangegangenen Ideen Ähnlichkeit hat?

Die Forschung (wie auch die alltägliche Erfahrung) scheint darauf hinzuweisen, daß menschliches Denken in der Tat mit Assoziationen arbeitet und bei jedem Schritt spezifische Änderungen an bereits Gegebenem vornimmt. Doch tauchen bei Erfindungen, in der Wissenschaft, in der Kunst und auf vielen anderen Gebieten menschlichen Strebens in der Tat gelegentlich bemerkenswerte neue Strukturen auf. Solche Durchbrüche lassen an die Schleusenereignisse in der biologischen Evolution denken. Wie kommt es dazu? Folgt das kreative Denken des Menschen in diesen verschiedenen Bereichen unterschiedlichen Mustern? Oder kommen dabei einige allgemeine Prinzipien ins Spiel?

17 Vom Lernen zum kreativen Denken

Wir wollen mit einigen Beobachtungen zu kreativem Denken in der theoretischen Wissenschaft beginnen und dann seine Beziehung zu bestimmten Formen kreativer Leistung in anderen Bereichen untersuchen.

Eine erfolgreiche neue theoretische Idee pflegt das jeweils existierende theoretische System zu verändern und zu erweitern, so daß beobachtete Tatsachen berücksichtigt werden können, die man vorher nicht verstehen und mit einbeziehen konnte. Zudem ermöglicht sie neue Voraussagen, die eines Tages überprüft werden können.

Fast immer beinhaltet diese neue Idee eine negative Erkenntnis, daß nämlich ein vormals geltendes Prinzip falsch und folglich zu verwerfen ist. (Oft war eine ältere Vorstellung zwar richtig, aus historischen Gründen aber mit unnötigen intellektuellen Beiwerk belastet, das es nun unbedingt über Bord zu werfen gilt.) Nur wenn man sich von einem solchen vormals geltenden, aber äußerst einengenden Prinzip löst, ist Fortschritt möglich.

Gelegentlich wird eine richtige Idee, wenn sie zum erstenmal vorgetragen und dann allgemein übernommen wird, zu eng interpretiert. In gewissem Sinne werden ihre möglichen Implikationen nicht ernst genommen. Dann muß entweder der ursprüngliche Vertreter dieser Idee oder ein anderer Theoretiker sie wieder aufgreifen und sich intensiver darauf einlassen, als dies ursprünglich der Fall war, um ihre volle Tragweite zu ermessen.

Ein Beispiel sowohl für die Verwerfung einer geltenden falschen Idee als auch für die Rückkehr zu einer richtigen, anfangs zu eng interpretierten, liefert Einsteins erste Abhandlung zur Speziellen Relativitätstheorie, die er 1905 im Alter von 26 Jahren veröffentlichte. Er mußte sich von der allgemein akzeptierten, aber irrigen Vorstellung eines absoluten Raums und einer absoluten Zeit lösen; erst dann konnte er die Symmetrien der Maxwellschen Gleichungen des Elektromagnetismus als allgemeines Prinzip ernst nehmen – die Symmetrien, die dem speziellen Relativitätsprinzip entsprechen. Bis dahin hatte man sie zu eng gesehen und geglaubt, sie gälten nur für Elektromagnetimus, aber beispielsweise nicht für die Dynamik von Teilchen.

Ein Beispiel aus meiner persönlichen Erfahrung

Ich hatte das Glück und die Freude, in der Elementarteilchentheorie mit ein paar recht brauchbaren Ideen aufzuwarten, die natürlich nicht mit denen Einsteins zu vergleichen, aber interessant genug waren, um mir einige persönliche Erfahrungen mit dem kreativen Akt, wie er sich in der theoretischen Wissenschaft vollzieht, zu vermitteln.

Ein Beispiel aus der Zeit zu Beginn meiner wissenschaftlichen Laufbahn dürfte zur Illustrierung genügen. Als ich 1952 an die University of Chicago kam, wollte ich das Verhalten der neuen »seltsamen Teilchen« erklären – so bezeichnet, weil sie im Übermaß produziert wurden, als würden sie stark miteinander wechselwirken, und dennoch langsam zerfielen, wie Teilchen mit schwacher Wechselwirkung. (Unter »langsam« ist hier eine Halbwertzeit von etwa zehnmilliardstel Sekunden zu verstehen; eine normale Zerfallsrate eines stark wechselwirkenden Teilchenzustands entspräche eher einer Halbwertzeit des Billionstels einer billionstel Sekunde; das ist in etwa die Zeit, die das Licht zur Durchquerung eines solchen Teilchens benötigt.)

Ich vermutete ganz richtig, daß die für die massenhafte Entstehung der seltsamen Teilchen verantwortliche starke Wechselwirkung aufgrund irgendeines Gesetzes den Zerfall nicht auslösen konnte, der daher »langsam«, mit Hilfe der schwachen Wechselwirkung, ablaufen mußte. Aber was war das für ein Gesetz? Seit langem spekulierten Physiker über Erhaltung durch die starke Wechselwirkung einer als Isospin I bezeichneten Größe, die die Werte 0, 1/2, 1, 3/2, 2, 5/2 und so weiter annehmen kann. Im gleichen Gebäude sammelte eine Gruppe unter der Leitung Enrico Fermis experimentelle Beweise für diese Idee, und ich beschloß zu untersuchen, ob es sich bei der Erhaltung des Isospins um das fragliche Gesetz handeln könnte.

Entsprechend dem damaligen Wissensstand hatten nukleare (stark wechselwirkende) Teilchenzustände, bei denen es sich um Fermionen, etwa Neutronen und Protonen, handelte, Werte von I gleich 1/2, 3/2 oder 5/2 und so fort, entsprechend dem Beispiel des Neutrons und Protons, bei denen $I = 1/2$ galt. (Die Tatsache, daß Fermionen einen Eigendrehimpuls von 1/2, 3/2, 5/2 und so weiter haben mußten, untermauerte diese Vorstellung.) Dementsprechend war man der Ansicht, daß bei den stark wechselwirkenden Bosonen, den Mesonen, $I = 0$ oder 1 oder 2 und so weiter war, wie bei dem bekannten Meson, dem Pion, für das $I = 1$ galt. (Auch hier sprach die Parallele zum Spin, der bei einem Boson ganzzahlig sein mußte, für die geltende Idee.)

Eine Gruppe seltsamer Teilchen (mittlerweile als Sigma- und Lambda-Teilchen bezeichnet) besteht aus stark wechselwirkenden Fermionen, die langsam in Pion ($I = 1$) plus Neutron oder Proton ($I = 1/2$) zerfallen. Ich spielte mit dem Gedanken, diesen seltsamen Teilchen einen Isospin $I = 5/2$ zuzuweisen, der die starke Wechselwirkung an einer Auslösung des Zerfalls hindern würde. Das funktionierte jedoch nicht, da elektromagnetische Effekte wie die Emission eines Photons I um eine Einheit ändern und damit das Gesetz aufheben konnten, das ansonsten einen schnellen Zerfall verbietet. Damals wurde ich eingeladen, am Institute for Advanced Study in Princeton einen Vortrag über mein Denkmodell und darüber, warum es nicht funktionierte, zu halten. Ich sprach von Sigma- und Lambda-Teilchen und wollte gerade sagen: »Nehmen wir einmal an, ihr I ist gleich 5/2, so daß die starke Wechselwirkung ihren Zerfall nicht auslösen kann«, um dann zu zeigen, wie Elektromagnetismus diese Argumentation vereitelte, indem er $I = 5/2$ zu $I = 3/2$ veränderte, einen Wert, der ermöglichte, daß sich der fragliche Zerfall mit Hilfe der starken Wechselwirkung schnell vollzieht.

Da verhaspelte ich mich und sagte »$I = 1$« anstatt »$I = 5/2$«. Ich hielt unvermittelt inne, da mir klar wurde, daß es mit $I = 1$ funktionieren würde. Die elektromagnetische Wechselwirkung konnte $I = 1$ nicht in $I = 3/2$ oder $I = 1/2$ verwandeln, damit war es nun möglich, das Verhalten der seltsamen Teilchen anhand der Erhaltung von I zu erklären.

Aber was war mit der damals geltenden Regel, daß stark wechselwirkende Teilchenzustände von Fermionen Werte wie $I = 1/2$ oder $3/2$ oder $5/2$ haben müssen? Mir wurde sofort klar, daß diese Regel reinster Aberglaube und völlig überflüssig war. Sie war unnötiger intellektueller Ballast des nützlichen Konzepts der Isospin I, und es war Zeit, diesen Ballast über Bord zu werfen. Nun konnte man den Isospin auf einen größeren Bereich anwenden als bisher.

Die Erklärung des Zerfalls der »seltsamen Teilchen« durch einen Versprecher erwies sich als korrekt. Heute verstehen wir das Ganze besser und können es folglich einfacher formulieren: Die Zustände des seltsamen Teilchens unterscheiden sich von bekannteren Teilchen wie Neutron oder Proton oder Pionen dadurch, daß sie mindestens ein s- oder »seltsames« Quark anstelle eines u- oder d-Quarks haben. Nur die schwache Wechselwirkung kann das Flavor eines Quark ändern, und dieser Prozeß läuft langsam ab.

Andere machen die gleichen Erfahrungen

Um 1970 gehörte ich zu einer kleinen Gruppe von Physikern, Biologen, Malern und Dichtern, die in Aspen, Colorado, darüber diskutierten, wie man auf kreative Ideen kommt. Das Beispiel, das ich anführte, war mein Versprecher während des Vortrags in Princeton.

Alle Erfahrungsberichte stimmten in erstaunlichem Maße überein. Jeder von uns war auf einen Widerspruch zwischen der gängigen Vorgehensweise und etwas, das er zustande bringen mußte, gestoßen: in der Kunst der Ausdruck eines Gefühls, eines Gedankens, einer Einsicht; in der theoretischen Wissenschaft die Erklärung irgendwelcher experimenteller Tatsachen angesichts eines akzeptierten »Paradigmas«, das eine solche Erklärung nicht zuließ.

Zuerst hatte jeder von uns tage-, wochen- oder sogar monatelang versucht, die mit dem speziellen Problem verbundenen Schwierigkeiten zu überwinden und sich ganz darauf einzustellen. Dann kam ein Zeitpunkt, ab dem weiteres gezieltes Nachdenken sinnlos wurde, obwohl wir das Problem weiter mit uns herumschleppten. Als drittes kam uns dann plötzlich beim Radfahren oder beim Rasieren oder beim Kochen (oder durch einen Versprecher, wie in meinem Fall) die zündende Idee. Wir waren aus den eingefahrenen Geleisen ausgeschert.

Wir waren alle beeindruckt, wie sehr sich unsere Geschichten glichen. Erst später fand ich heraus, daß diese Einsicht in den kreativen Akt in Wirklichkeit schon ziemlich alt ist. Hermann von Helmholtz, der große Physiologe und Physiker beschrieb im ausgehenden 19. Jahrhundert, die drei Stadien, wie man auf eine gute Idee kommt – in vollkommener Übereinstimmung mit dem, was die Mitglieder unserer Gruppe in Aspen ein Jahrhundert später erörterten –, als Saturation, Inkubation und Illumination (Sättigung, Ausbrütung und Erleuchtung).

Was geht nun in diesem zweiten Stadium, dem der Inkubation, vor sich? Für psychoanalytisch Orientierte und viele andere liegt die Interpretation nahe, daß während dieser Inkubationszeit die geistige Aktivität weitergeht, nur eben im »vorbewußten Denken« und nicht im bewußten, also gerade außerhalb des Bewußtseins. Meine eigene Erfahrung, wie mir die richtige Antwort bei einem Versprecher herausrutschte, paßt exakt zu dieser Auffassung. Einige akademische Psychologen trauen dieser Erklärung jedoch nicht ganz und schlagen eine alternative Lösung vor: Während der Inkubation passiert überhaupt nichts, außer daß vielleicht der Glaube an das falsche Prinzip, der die Suche nach einer Lösung blockiert, ins Wanken gerät. Das eigentliche kreative

Denken findet nach ihrer Ansicht unmittelbar vor dem Augenblick der Erleuchtung statt. In jedem Fall liegt normalerweise eine beträchtliche Zeitspanne zwischen Saturation und Illumination; wir können uns diese Pause als Inkubationszeit denken, egal, ob wir sie uns als intensives Nachdenken außerhalb des Bewußtseins oder als allmähliches Nachlassen eines Vorurteils vorstellen, das eine Lösung verhindert.

1908 fügte Henri Poincaré diesen drei Phasen ein viertes, ziemlich wichtiges Stadium hinzu, auch wenn es anscheinend auf der Hand liegt – die Verifizierung. Er beschrieb seine eigenen Erfahrungen bei der Entwicklung der Theorie einer bestimmten Art mathematischer Funktion. Zwei Wochen lang setzte er sich ununterbrochen mit dem Problem auseinander – ohne Erfolg. Eines Nachts, als er nicht einschlafen konnte, war ihm, als »stürzten die Ideen massenweise auf mich ein, ich fühlte sozusagen, wie sie aufeinanderprallten, bis sie sich paarweise ineinander verhakten und eine feste Verbindung herstellten«. Aber die Lösung hatte er immer noch nicht. Einen oder zwei Tage später stieg er in einen Bus, um mit einigen Kollegen an einer geologischen Exkursion teilzunehmen. »In dem Augenblick... kam mir, ohne daß irgend etwas in meinen Überlegungen ihm den Weg geebnet hatte, der Gedanke, daß die Transformationen, mit deren Hilfe ich [diese] Funktionen definiert hatte, denen der nichteuklidischen Geometrie entsprachen. Ich verifizierte diesen Gedanken nicht... denn nachdem ich meinen Platz im Bus eingenommen hatte, führte ich ein zuvor begonnenes Gespräch weiter; ich war mir aber vollkommen sicher. Nach Caen zurückgekehrt, verifizierte ich um meines Seelenfriedens willen das Ergebnis in aller Ruhe.«

Formal wurde dieser vierstufige Prozeß 1926 von dem Psychologen Graham Wallas beschrieben und ist seitdem fester Bestandteil des entsprechenden Teilbereichs der Psychologie; allerdings hatte, soviel ich weiß, keiner der Teilnehmer des Seminars in Aspen je etwas davon gehört. Ich selbst stieß zum erstenmal in Morton Hunts bekanntem Buch darauf, *The Universe Within* (dt. *Das Universum in uns*) aus dem auch die Zitate stammen.

Kann man die Phase der Inkubation beschleunigen oder überspringen?

Nun stellt sich die Frage, ist es notwendig, diesen Prozeß zu durchlaufen? Können wir das Stadium der Inkubation beschleunigen oder überspringen, damit wir nicht so lange auf den erforderlichen neuen Gedanken zu warten brauchen? Gibt es eine Möglichkeit, schneller aus einem intellektuellen Gleis, in dem wir uns festgefahren haben, herauszuspringen?

Nach Ansicht etlicher Leute, die spezielle Schemata zum Erlernen von Denktechniken anbieten, handelt es sich bei kreativem Denken um eine der Fertigkeiten, die sich vervollkommnen lassen. Einige ihrer Vorschläge, wie man sich leichter von alten Denkgewohnheiten lösen kann, passen ganz gut in eine Erörterung dieses Prozesses bei komplexen adaptiven Systemen. Lernen und Denken im allgemeinen sind Beispiele für komplexe adaptive Systeme in Aktion, und die vielleicht höchste irdische Ausdrucksform dieser Art Befähigung ist das kreative Denken des Menschen.

Eine skizzenhafte Analyse in Begriffen einer Eignungslandschaft

Auch in diesem Fall ist, wie bei anderen Analysen komplexer adaptiver Systeme, die Einführung der Begriffe Eignung und Eignungslandschaft recht lehrreich, auch wenn diese Begriffe hier in noch höherem Maße als im Falle der biologischen Evolution Idealisierungen sind. Es ist unwahrscheinlich, daß sich die im Verlauf des Denkprozesses auftretenden Selektionsdrücke in Begriffen wohldefinierter Eignung ausdrücken lassen.

Dies gilt vor allem für die Suche eines Künstlers nach kreativen Ideen. In der Wissenschaft läßt sich dieses Konzept vielleicht eher anwenden. In der Wissenschaft entspräche die Eignung eines theoretischen Gedankens dem Maß, in welchem sie eine bereits existierende Theorie verbessert, indem sie beispielsweise neue

Beobachtungen erklärt, dabei jedoch die Schlüssigkeit und Aussagekraft dieser Theorie nicht in Frage stellt, sondern sie noch verstärkt. Jedenfalls wollen wir uns einmal eine Eignungslandschaft für kreative Ideen vorstellen. Wie vorhin entspricht abnehmende Höhe zunehmender Eignung (vgl. Abbildung 19 Seite 352).

Wie wir im Fall der biologischen Evolution gesehen haben, wäre die Annahme, ein komplexes adaptives System rutsche lediglich in dieser Landschaft nach unten, allzu vereinfachend. Es würde dann, sobald es in eine Senke geriete, immer weiter nach unten, bis auf den Grund der Senke, zum lokalen Eignungsmaximum, gleiten. Der Bereich, in dem die Abwärtsbewegung auf diesen Punkt zusteuert, wird als Anziehungsmulde bezeichnet. Glitte das System bloß immer weiter nach unten, wäre die Wahrscheinlichkeit, daß es in einer flachen Mulde steckenbleibt, immens hoch. In größerem Maßstab betrachtet, gibt es jedoch viele solcher Mulden, und einige von ihnen sind möglicherweise tiefer (und daher geeigneter, »erstrebenswerter«) als jene, die das System gefunden hat, wie Abbildung 19 Seite 352 zeigt. Wie schafft es das System, diese anderen Mulden zu erforschen?

Eine Methode, aus einer Anziehungsmulde herauszukommen, stellt Rauschen dar, das heißt eine Zufallsbewegung, die die Abwärtstendenz überlagert; wir haben diesen Vorgang bereits früher, im Fall der biologischen Evolution, erörtert. Das Rauschen gibt dem System die Chance, aus einer flachen Senke freizukommen und irgendwo in der Nähe eine tiefere ausfindig zu machen; dieser Vorgang wird so lange wiederholt, bis der tiefste Punkt einer wirklich tiefen Mulde erreicht ist. Allerdings darf das Rauschen nur so stark sein, daß die Amplituden der Zufallserkundungen nicht zu groß werden. Andernfalls würde die Abwärtsbewegung zu sehr gestört, und das System bliebe selbst dann nicht in einer tiefen Mulde, wenn es eine gefunden hätte.

Eine weitere Möglichkeit ist, während des stetigen Hinunterrutschens Pausen einzulegen, um die nächste Umgebung zu erforschen, was die Entdeckung nahegelegener tieferer Senken erlaubte. Bezogen auf das kreative Denken, entsprechen derlei Pausen in gewissem Sinne dem Inkubationsprozeß, in dessen Verlauf die methodische Suche nach der erforderlichen Idee unterbrochen wird und die Auseinandersetzung mit dem Problem außerhalb des Bewußtseins fortgeführt werden kann.

Einige Regeln, wie man in eine tiefere Mulde entkommt

Einige der Vorschläge, wie man den Prozeß, auf eine kreative Idee zu kommen, beschleunigen könnte, passen ganz gut in das Bild, mit Hilfe eines kontrollierten Rauschpegels ein Steckenbleiben in einer zu flachen Anziehungsmulde zu verhindern. Man kann versuchen, mit Hilfe einer Zufallsstörung aus der ursprünglichen Mulde herauszukommen - beispielsweise schlägt Edward De Bono vor, das letzte Substantiv auf der Titelseite der Tageszeitung auf das Problem anzuwenden, egal, welcher Art es ist.

Eine weitere Methode ist dem Brainstorming verwandt, das während der gesamten Nachkriegszeit praktiziert wurde. Einige Leute diskutieren in dem gemeinsamen Bemühen, Lösungen für ein Problem zu finden. Dabei wird jeder ermutigt, den Vorschlag eines anderen, egal wie bizarr er scheint, auszubauen, ohne ihn jedoch anzugreifen. Ein verrückter oder widersprüchlicher Vorschlag kann eine vorläufige Idee sein, die schließlich zu einer Lösung führt. Als Beispiel führt De Bono gerne eine Diskussion zur Kontrolle von Flußverschmutzung an, in deren Verlauf jemand sagen könnte: »Was wir wirklich brauchten, wäre die Auflage, daß Fabriken flußabwärts von sich selber liegen«, was ganz offenkundig unmöglich ist. Ein etwas ernsthafterer Vorschlag lautet dann vielleicht: »Man könnte etwas in der Art tun, wenn man nämlich verlangt, daß bei jeder Fabrik der Wassereinlaß flußabwärts vom Abfluß liegt.« Die verrückte Idee kann in einer Eignungslandschaft als Erhebung betrachtet werden, die zu einer viel tieferen Mulde führt, als die, in der die Diskussion begann.

Übertragung von Denktechniken?

Edward und viele andere haben für Schulen sowie für große Betriebe und sogar für Nachbarschaftsvereine Materialien für Spezialkurse zum Erlernen von Denktechniken zusammengestellt. Einige dieser Techniken zielen darauf ab, kreative Ideen zu wecken. In verschiedenen Teilen der Welt wurden etliche solcher Kurse durchgeführt. Ein Beispiel liefert Venezuela; dort gründete vor nicht allzulanger Zeit ein Präsident ein Ministerium für Intelligenz mit dem Ziel, das Denken an den Schulen des Landes zu fördern. Unter der Schirmherrschaft des neuen Ministeriums nahmen zahlreiche Studenten an verschiedenen Denkkursen teil.

Das Lehrmaterial stellt oft Denktechniken in bestimmten Zusammenhängen in den Vordergrund. So beinhalten beispielsweise viele von Edwards Übungen Aufgaben, die ich als Verfahrensanalyse oder Verfahrensstudien bezeichnen würde. Es geht darum, auf der Ebene des Individuums, der Familie, des Vereins, des Dorfes oder der Stadt, des Bezirks oder der Provinz, des Staates oder der übernationalen Körperschaft unter verschiedenen Vorgehensweisen zu wählen. (Eine solche Analyse setzt vielleicht bei der Hypothese an, daß ein neues Gesetz verabschiedet worden ist; dann werden mögliche Konsequenzen aus diesem Gesetz erörtert.) Meistens zielt das Lehrmaterial darauf ab, Argumente zu finden und zu analysieren, die für und gegen verschiedene bekannte Alternativen sprechen, und neue zu entdecken.

Natürlich erhebt sich dabei die Frage, in welchem Maße sich in einem bestimmten Zusammenhang erlernte Techniken auf andere Situationen übertragen lassen. Hilft einem ein solches Denktraining, bei dem man sich neue Verfahrensmöglichkeiten (oder Wege, die relativen Vorzüge alter abzuwägen) ausdenkt, wirklich auf einem Wissenschaftsgebiet auf gute neue Ideen zu kommen oder großartige Kunstwerke zu schaffen? Erleichtert einem ein derartiges Denktraining das Erlernen von Physik und Chemie, von Mathematik, von Geschichte oder von Sprachen? Vielleicht werden sich diese Fragen eines Tages beantworten lassen. Derzeit gibt es nur sehr vorläufige Informationen darüber.

Funktionieren die verschiedenen angebotenen Methoden tatsächlich?

Ob es tatsächlich zu einer Verbesserung des kreativen Denkens gekommen ist, nachdem jemand einen solchen Denkkurs absolviert hat, das zu überprüfen, stellt ein höchst schwieriges Unterfangen dar. Im Idealfall müßte man einen solchen Test mehr oder weniger vereinheitlichen, um die Interessenten, Eltern, Lehrer, Regierungsbeamte und Gesetzgeber, mit den Ergebnissen zu beeindrucken. Wie soll man aber anhand eines standardisierten Tests kreatives Denken messen? Eine Teilantwort liefern Probleme, bei denen es um Entwürfe geht. Beispielsweise wurden, wie man mir berichtete, in Venezuela die Teilnehmer an solchen Denkkursen zu einem bestimmten Zeitpunkt aufgefordert, einen Tisch für ein kleines Apartment zu entwerfen. Möglich, daß die Antworten auf derlei Probleme, wenn man sie sorgfältig und phantasievoll bewertet, einigen Aufschluß darüber geben, ob die Studenten sich kreative Denktechniken angeeignet haben.

David Perkins vom pädagogischen Graduiertenkolleg der Harvard University war an der Formulierung der Aufgabe mit dem Tisch beteiligt. Ihm liegt besonders daran, die Vermittlung solcher Denktechniken in den gesamten Lehrplan einfließen zu lassen und nicht nur Spezialkurse anzubieten. Er betont, nicht nur in den abgehobenen Bereichen von Wissenschaft und Kunst bedürfe man kreativer Ideen, sondern auch im alltäglichen Leben. Als Beispiel führt er einen Freund an, der die Situation bei einem Picknick rettet, als sich herausstellt, daß niemand daran gedacht hat, ein Messer mitzubringen: Er zerteilt den Käse fein säuberlich mit einer Kreditkarte.

Laut David haben Forscher bei Personen, die es im Bereich der Ideen wiederholt schaffen, aus einer Anziehungsmulde heraus und in eine andere, tiefere zu gelangen, eine Reihe von Eigenschaften ausgemacht. Zu diesen Eigenschaften zählen wirkliches Interesse an der gestellten Aufgabe, das Bewußtsein, in einer ungeeigneten Mulde steckengeblieben zu sein, die Bereitschaft, auf dem schmalen Grat zwischen einzelnen Mulden zu balancieren und sich dabei einigermaßen wohl zu fühlen, sowie die Fähigkeit ein Problem sowohl zu formulieren als auch zu lösen. Keine dieser Eigenschaften scheint notwendigerweise angeboren zu sein. Durchaus möglich, daß sie sich anerziehen lassen, aber es ist alles andere als klar, ob die heutigen Schulen dies leisten. So sind sie beispielsweise, wie David bemerkt, mit der einzige Ort, wo Probleme normalerweise vorformuliert werden.

Formulierung und Eingrenzung eines Problems

Problemformulierung hängt eng mit der Eingrenzung eines Problems zusammen. Um zu verdeutlichen, was ich damit meine, möchte ich einige Fälle herausgreifen, die mein Freund, ehemaliger Nachbar und Studienkollege in Yale, Paul MacCready, in seinen Vorträgen gerne als Beispiele für neue Lösungen irgendwelcher Probleme anführt. (Paul hat das Flugzeug mit Fahrradantrieb, das Flugzeug mit Solarantrieb, den flatternden künstlichen Flugsaurier und andere Geräte »im äußersten Grenzbereich der Aerodynamik«, wie er dies bescheiden zu nennen pflegt, erfunden.) Obwohl ich mich der gleichen Beispiele wie er bediene, ziehe ich etwas andere Schlußfolgerungen daraus.

Beginnen wir mit dem berühmten Problem, das Abbildung 21 veranschaulicht: »Verbinden Sie, ohne den Bleistift abzusetzen, alle neun Punkte mit der kleinstmöglichen Anzahl von geraden Linien.« Viele Leute glauben, sie müßten innerhalb des von den äußeren Punkten gebildeten Quadrats bleiben, wengleich diese Anweisung nicht Teil der Aufgabe ist. Sie brauchen fünf Linien, um das Problem zu lösen. Wenn sie über das Quadrat hinausgehen, können sie es mit vieren schaffen. Ginge es in diesem Fall um ein Problem in der realen Welt, so wäre ein wesentlicher Schritt bei der Problemformulierung herauszufinden, ob es irgendeinen Grund gibt, die Linien innerhalb des Quadrats zu ziehen. Diesen Teil bezeichne ich als Bestimmung der Grenzen des Problems.

Läßt das Problem es zu, daß die Linien über das Quadrat hin-

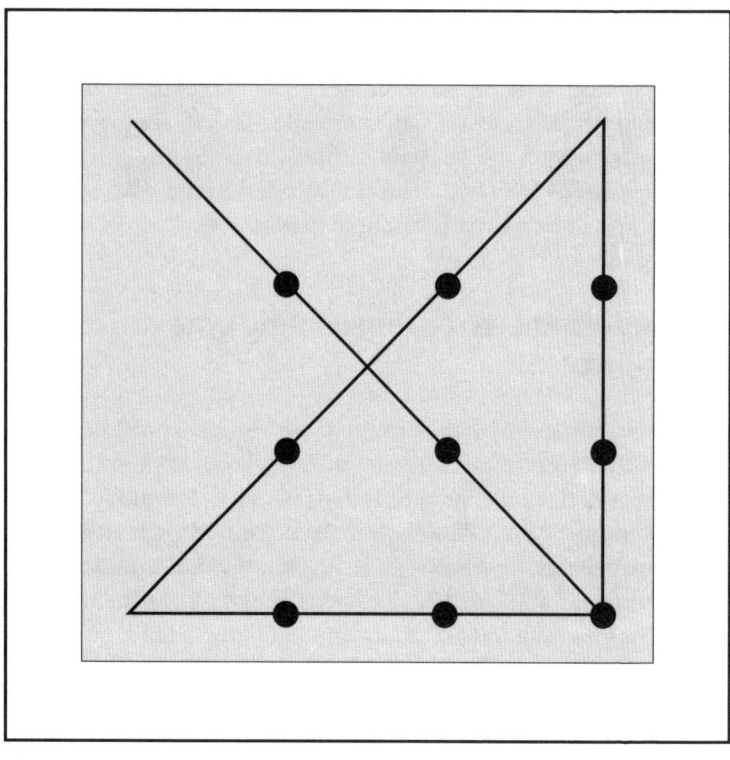

Abbildung 21: *Verbindung von neun Punkten in einem Quadrat mittels vier geraden Linien, ohne dabei den Bleistift abzusetzen*

ausgehen, dann erlaubt es vielleicht auch in anderer Hinsicht einen größeren Spielraum. Wie wäre es, wenn man man das Papier so zusammenknüllte, daß alle Punkte auf einer Linie liegen, und einen Bleistift durch alle Punkte sticht? In seinem Buch *Conceptual Blockbusters* führt James L. Adams etliche solcher Ideen an. Die beste steht in einem Brief, den er von einem kleinen Mädchen erhielt (Abbildung 22). Ausschlaggebend ist der letzte Satz: »Es steht nirgends, daß es keine dicke Linie sein darf.« Ist eine fette Linie verboten oder nicht? Welche Regeln gelten in der realen Welt?

> 30. Mai 1974
> 5 FDR
> Roosevelt Rds Navasa
> Ceiba, P.R.00635
>
> Lieber Prof. L. Adams,
> mein Vater und ich haben Rätsel aus "Conceptual Blockbusting" gelöst, vor allem die mit Punkten wie dieses ⁝⁝⁝
> Mein Vater hat gesagt, daß ein Mann eine Möglichkeit herausgefunden hat, es mit einem Strich zu schaffen. Ich habe das auch versucht und habe es hingekriegt. Nicht mit Zusammenfalten, sondern mit einem dicken Strich. Es steht nirgends, daß es keine dicke Linie sein darf.
>
> ← So 
>
> Herzliche Grüße,
> Becky Buechel
> Alter: 10
>
> P.S.
> Allerdings brauchen Sie dazu einen sehr dicken Stift

Abbildung 22: *Brief eines zehnjährigen Mädchens an Professor Adams*

Wie immer ist die Bestimmung der Grenzen ein wesentlicher Schritt bei der Formulierung eines Problems. Noch besser veranschaulicht dies *Die Geschichte mit dem Barometer**, die der Physikprofessor Dr. Alexander Calandra von der Washington University in St. Louis niederschrieb:

Vor einiger Zeit rief mich ein Kollege an und bat mich, bei der Benotung einer Prüfungsfrage als Schiedsrichter zu fungieren.

---

* In: *Teacher's Edition of Current Science*. Vol. 49, No. 14, 6.–10. Januar 1964. Mit freundlicher Genehmigung von Robert L. Semans.

Offenbar wollte er einem Studenten null Punkte für dessen Beantwortung einer Frage in Physik geben; der Student seinerseits behauptete, er verdiene eigentlich die beste Note und würde sie auch bekommen, wenn das System nicht von vornherein gegen ihn wäre. Der Professor und der Student einigten sich darauf, den Fall einem unparteiischen Schiedsrichter vorzulegen, und die Wahl fiel auf mich...

Ich ging also ins Büro meines Kollegen und las die Prüfungsfrage. Sie lautete: »Zeigen Sie, wie man die Höhe eines großen Bauwerks mit Hilfe eines Barometers bestimmen kann.«

Die Antwort des Studenten sah folgendermaßen aus: »Nehmen Sie das Barometer, steigen Sie damit auf das Dach des Bauwerks, binden Sie das Barometer an ein langes Seil, lassen Sie es hinunter, ziehen es dann wieder hinauf und messen Sie dann die Länge des Seils. Die Länge des Seils entspricht der Höhe des Gebäudes.«

Nun, das ist eine recht interessante Antwort, aber sollte man dem Studenten dafür eine gute Note geben? Ich wies darauf hin, daß vieles dafür sprach, denn er hatte die Frage vollständig und korrekt beantwortet. Andererseits hätte die höchste Punktzahl zu einer recht hohen Einstufung des Studenten in seinem Physikkurs geführt. Das wäre einer Art Bescheinigung, daß der Student sich in Physik einigermaßen auskannte, gleichgekommen; darauf hatte seine Antwort jedoch keinerlei Rückschlüsse zugelassen. Aufgrund dieser Überlegung machte ich den Vorschlag, der Student solle einen zweiten Versuch machen, die Frage zu beantworten. Daß mein Kollege einverstanden war, überraschte mich nicht weiter; allerdings war ich sehr überrascht, als auch der Student zustimmte.

Ich gab dem Studenten sechs Minuten, um die Frage zu beantworten, machte ihn jedoch darauf aufmerksam, daß die Antwort einige Grundkenntnisse in Physik erkennen lassen sollte. Nach fünf Minuten saß er immer noch vor einem leeren Blatt Papier. Ich fragte ihn, ob er aufgeben wolle, denn ich mußte mich noch um einen anderen Kurs kümmern. Er erklärte jedoch, nein, er gebe nicht auf, er wisse viele Antworten auf die

Frage und überlege gerade, welche die beste sei. Ich entschuldigte mich, daß ich ihn unterbrochen hatte, und bat ihn weiterzumachen. Binnen einer Minute hatte er seine Antwort hingekritzelt. Sie lautete:

»Gehen Sie mit dem Barometer auf das Dach des Gebäudes, und beugen Sie sich über das Geländer. Lassen Sie das Barometer fallen, und messen Sie die Zeit, bis es unten aufschlägt, mit der Stoppuhr. Berechnen Sie dann mit Hilfe der Formel $S = 1/2\, at^2$ [die Fallhöhe entspricht der Hälfte der Erdbeschleunigung mal dem Quadrat der Zeit] die Höhe des Gebäudes.«

An diesem Punkt fragte ich meinen Kollegen, ob er aufgeben wolle. Er willigte ein und gab dem Studenten fast die volle Punktezahl. Als ich das Büro meines Kollegen verließ, fiel mir ein, daß der Student gesagt hatte, er wüßte mehrere Antworten auf die Frage. Ich fragte ihn also danach. »Oh, ja«, meinte er. »Es gibt viele Möglichkeiten, mit Hilfe eines Barometers die Höhe eines großen Gebäudes zu berechnen. Beispielsweise könnten Sie an einem sonnigen Tag das Barometer mit rausnehmen, messen, wie hoch das Barometer, wie lange sein Schatten und wie lange der Schatten ist, den das Gebäude wirft. Mittels einer einfachen Verhältnisgleichung können Sie dann die Höhe des Bauwerks bestimmen.«

»Fein«, sagte ich. »Und die anderen?«

»Naja«, erwiderte der Student, »es gibt eine sehr einfache Messung, die wird Ihnen gefallen. Sie nehmen das Barometer und steigen damit die Treppe hinauf. Beim Hinaufsteigen verwenden Sie das Barometer als eine Art Meterstab und erhalten so die Höhe des Gebäudes in Barometereinheiten. Eine sehr direkte Methode.

Wenn Sie allerdings eine raffiniertere Methode vorziehen, dann befestigen Sie das Barometer an einer Schnur, schwingen es wie ein Pendel hin und her und bestimmen den Wert von g [Erdbeschleunigung] unten auf der Straße und oben auf dem Dach des Gebäudes. Aus der Differenz zwischen den beiden Werten für g läßt sich, zumindest im Prinzip, die Höhe des Gebäudes berechnen.

Allerdings gibt es«, fügte er abschließend hinzu, »noch viele andere Antworten, wenn Sie mich nicht auf physikalische Lösungen festlegen. Beispielsweise könnten Sie mit dem Barometer ins Erdgeschoß gehen und beim Hausverwalter klopfen. Wenn er ihnen aufmacht, sagen Sie:
›Werter Herr Verwalter, ich habe hier ein sehr schönes Barometer. Wenn Sie mir sagen, wie hoch dieses Gebäude ist, gehört es Ihnen.‹...«

18 Aberglaube und Skepsis

Im Gegensatz zu den spezifischen Selektionsdrücken, die für das Unternehmen Wissenschaft (zumindest wenn es ernsthaft betrieben wird) charakteristisch sind, haben auch ganz andere Arten von Selektion die Entwicklung theoretischer Ideen zu eben den Themen beeinflußt, die heute in den Zuständigkeitsbereich der Naturwissenschaft fallen. Ein Beispiel dafür ist die Berufung auf Autorität unter Verzicht auf einen Vergleich mit den Gegebenheiten der Natur. Im Europa des Mittelalters und der beginnenden Neuzeit war der Verweis auf irgendwelche Autoritäten (etwa Aristoteles, ganz zu schweigen von der römisch-katholischen Kirche) in Bereichen, in denen später weitgehend wissenschaftliche Methoden angewandt wurden, gang und gäbe. Als 1661 die Royal Society in London gegründet wurde, wählte man als Leitspruch *Nullius in verba*. Nach meinem Verständnis bedeutet dies: »Glaube niemandes Worten«, und kommt einer Verwerfung der Berufung auf irgendeine Autorität zugunsten einer Berufung auf die Natur gleich, die die noch relativ junge Disziplin der damals so bezeichneten »experimentellen Philosophie« auszeichnete, die jetzt Naturwissenschaft genannt wird.

Es war bereits die Rede von Glaubenssystemen, etwa sympathetischer Magie, die vorwiegend eine Antwort auf Selektionsdrücke darstellen, die sich beträchtlich von dem Vergleich zwischen Vorhersagen und Beobachtung unterscheiden. Im Verlauf der letzten paar Jahrhunderte florierte das Unternehmen Wissenschaft und schuf sich einen Geltungsbereich, in dem Autorität und magisches Denken weitgehend der Beobachtung im Zusammenwirken mit Theorie gewichen sind. Außerhalb dieses Bereichs sind jedoch nach wie vor ältere Denkweisen und abergläubische

Vorstellungen weit verbreitet. Ist dieses Vorherrschen von Aberglauben neben der Wissenschaft ein uns Menschen eigentümliches Phänomen, oder müssen wir damit rechnen, daß intelligente komplexe adaptive Systeme anderswo im Universum ähnliche Neigungen haben?

Irrtümer bei der Identifizierung von Regelmäßigkeiten

Komplexe adaptive Systeme stellen Regelmäßigkeiten in den Datenströmen, die sie empfangen, fest, und verdichten diese Regelmäßigkeiten zu Schemata. Da leicht zwei Arten von Fehlern unterlaufen – nämlich daß man Zufälligkeit irrtümlich für Regelmäßigkeit hält und umgekehrt –, ist es nur vernünftig anzunehmen, daß komplexe adaptive Systeme dazu tendieren, sich auf eine einigermaßen ausgeglichene Situation hin zu entwickeln, in der außer dem korrekten Erkennen von Regelmäßigkeiten auch beide Arten von Irrtümern vorkommen.

Betrachten wir menschliche Denkmuster, so können wir die eine Art von Irrtum in etwa mit Aberglauben, die andere mit Leugnung gleichsetzen. Typisch für abergläubische Vorstellungen ist die Auffindung einer Ordnung, wo es in Wirklichkeit keine Ordnung gibt; Leugnung läuft auf Verwerfen von Beweisen für Regelmäßigkeiten hinaus, gelegentlich sogar solcher, die einem förmlich ins Gesicht springen. Jeder von uns kann durch Selbstbeobachtung wie auch durch Beobachtung anderer Menschen feststellen, daß ein Zusammenhang zwischen dieser beiden Arten von Irrtum und Angst besteht.

In dem einen Fall haben die Leute Angst vor der Unvorhersehbarkeit und insbesondere vor der Unkontrollierbarkeit vieler Dinge um uns herum. Ein Teil dieser Unvorhersehbarkeit resultiert letztlich aus den grundlegenden Unbestimmtheiten der Quantenmechanik und den anderen Vorsagen durch das Chaos auferlegten Einschränkungen. Zudem trägt die beschränkte Reichweite und Empfindlichkeit unserer Sinne und Instrumente beträchtlich zu dieser Grobkörnigkeit und folglich Unvorhersehbarkeit bei: Wir können nur einen winzigen Bruchteil der im Prinzip vorhandenen Information über das Universum aufnehmen. Ein weiteres Handikap stellen unser unzureichendes Verständnis und unsere beschränkte Fähigkeit dar, Berechnungen anzustellen.

Wenn wir daher in irgend etwas keinen Sinn und Zweck erkennen können, jagt uns dies Angst ein, und so zwingen wir der uns umgebenden Welt und selbst zufallsbedingten Tatsachen und Phänomenen eine künstliche Ordnung auf, der falsche Verursachungsprinzipien zugrunde liegen. Auf diese Weise trösten wir uns mit einer Illusion der Vorhersagbarkeit und sogar der Beherrschung der Dinge. Wir bilden uns ein, wir könnten die Welt um uns herum manipulieren, indem wir uns auf die imaginären Kräfte berufen, die wir selber erfunden haben.

Im Fall der Leugnung sind wir zwar in der Lage, vorhandene Muster zu erkennen, aber sie erschrecken uns in einem Maße, daß wir die Augen davor verschließen. Die bedrohlichste Regelmäßigkeit in unserem Leben ist offenbar die Gewißheit des Todes. Zahlreiche Glaubensvorstellungen einschließlich einiger, an denen man am hartnäckigsten festhält, dienen dem Zweck, unsere Angst vor dem Sterben zu mindern. Werden in einer Kultur spezielle Glaubensvorstellungen von vielen geteilt, dann verstärkt sich die beruhigende Wirkung auf den einzelnen.

Zu derlei Glaubensvorstellungen gehören jedoch charakteristischerweise erfundene Regelmäßigkeiten; Leugnung geht also mit Aberglauben einher. Außerdem sehen wir, wenn wir bestimmte Formen des Aberglaubens, wie etwa der sympathetischen Magie, näher betrachten, daß der Glaube an sie nur aufgrund der Leugnung ihrer offenkundigen Mängel, insbesondere ihres häufigen Versagens, aufrechterhalten werden kann. Die Leugnung tatsächlicher und die Setzung falscher Regelmäßigkeiten sind somit zwei Seiten ein und derselben Medaille. Nicht nur sind wir Menschen für beide anfällig, sondern sie gehen meistens auch Hand in Hand miteinander und bestärken sich gegenseitig.

Wenn diese Art der Analyse zutrifft, dann können wir den

Schluß ziehen, daß intelligente komplexe adaptive Systeme auf im ganzen Universum verstreuten Planeten dazu tendieren, sich bei der Identifizierung von Regelmäßigkeiten in ihren Eingabedaten in beiden Richtungen zu irren. Unmittelbarer auf den Menschen bezogen, heißt das: Wir können damit rechnen, daß intelligente komplexe adaptive Systeme überall für eine Mischung aus Aberglaube und Leugnung anfällig sind. Ob es sinnvoll ist, diese Mischung – über die menschliche Erfahrung hinaus – so zu beschreiben, daß sie einer Linderung der Angst dient, steht auf einem anderen Blatt.

Unter einem anderen Blickwinkel betrachtet, legt Aberglaube in einem komplexen adaptiven System den Schluß nahe, daß Aberglaube möglicherweise weiter verbreitet ist als Leugnung. Das System hat sich dann womöglich großteils zu dem Zweck entwickelt, Muster zu entdecken, so daß ein Muster in gewissem Sinne sich selbst zur Belohnung wird, auch wenn es in der »realen Welt« keinen besonderen Vorteil mit sich bringt. Ein derartiges Muster kann man sich als ein »egoistisches Schema« denken, das in etwa dem egoistischen Gen oder sogar dem wahrhaft egoistischen Gen vergleichbar ist.

Beispiele aus dem Alltag lassen sich unschwer finden. Vor ein paar Jahren wurde ich zu einer Zusammenkunft mit einer Gruppe hervorragender Akademiker gebeten, die von außerhalb gekommen waren, um sich über eine faszinierende neue Entdeckung zu unterhalten. Wie sich herausstellte, hatten einige Einzelheiten auf kürzlich übermittelten NASA-Fotografien von der Marsoberfläche, die entfernt einem menschlichen Gesicht ähnelten, ihr Interesse geweckt. Ich kann mir nicht vorstellen, welchen Vorteil ein derartiger Unfug diesen ansonsten klugen und aufgeklärten Leuten hätte bringen können, außer der reinen Freude darüber, eine geheimnisvolle Regelmäßigkeit festgestellt zu haben.

Das Mythische in Kunst und Gesellschaft

Abgesehen von einer Linderung der Furcht fördern zahlreiche Selektionsdrücke in der realen Welt beim Menschen, vor allem auf gesellschaftlicher Ebene, Verzerrungen im Prozeß der Feststellung von Regelmäßigkeiten. Abergläubische Vorstellungen können der Untermauerung der Macht von Schamanen und Priestern dienen. Ein organisiertes Glaubenssystem mitsamt seinen dazugehörigen Mythen kann die Unterwerfung unter bestimmte Verhaltensregeln begünstigen und die Bindungen zwischen den Mitgliedern einer Gesellschaft festigen.

Durch die Zeitalter hindurch haben Glaubenssysteme der Unterteilung der Menschheit in Gruppen gedient; nicht nur solchen, die über einen inneren Zusammenhang verfügen, sondern manchmal auch heftig miteinander konkurrierenden, oft bis hin zu Konflikten und Verfolgungen, die sogar in massive Gewalttätigkeit ausarten. Leider sind in der Welt von heute Beispiele dafür nicht schwer zu finden.

Konkurrierende Glaubensvorstellungen sind jedoch nur einer der Gründe für die Aufspaltung in Gruppen, die nicht miteinander auskommen können. Jede Etikettierung erfüllt diesen Zweck. (Um aus dem Comic-strip *B. C.* zu zitieren: »[Ein Etikett ist] etwas, das du anderen [Leuten] anheftest, so daß du sie hassen kannst, ohne sie zuerst kennenzulernen.«) Viele Greueltaten in großem Maßstab (wie auch Grausamkeiten von Einzelpersonen) wurden aufgrund ethnischer oder anderer Unterschiede begangen, oft ohne einen besonderen Bezug zu Glaubensvorstellungen.

Neben den verheerenden Auswirkungen von Glaubenssystemen zeichnen sich jedoch auch deutlich ihre positiven Errungenschaften ab, insbesondere die großartigen, von bestimmten Mythologien inspirierten Werke der Musik, Architektur, Literatur, Bildhauerkunst, Malerei und des Tanzes. Schon das Beispiel der griechisch-archaischen schwarzen Figurinengefäße würde genügen, um Zeugnis für die kreativen, von Mythen freigesetzten Energien abzulegen.

Angesichts der überwältigenden Erhabenheit eines Großteils

der Kunst, die in Zusammenhang mit Mythologie zu sehen ist, müssen wir die Bedeutung falscher Regelmäßigkeiten neu überdenken. Mythische Glaubensvorstellungen üben nicht nur einen nachhaltigen Einfluß auf das menschliche Denken und Fühlen aus und regen zur Schaffung herrlicher Kunstwerke an, es kommt ihnen darüber hinaus offensichtlich eine Bedeutung jenseits ihrer vordergründigen Fehlerhaftigkeit und ihrer Verknüpfung mit Aberglauben zu. Sie bündeln in sich aus jahrhunderte- und jahrtausendelanger Wechselwirkung mit Natur und menschlicher Kultur gewonnene Erfahrungen. Sie vermitteln nicht nur Wissen, sondern liefern, zumindest implizit, auch Verhaltensvorschriften. Sie sind lebenswichtige Bestandteile der kulturellen Schemata der Gesellschaften, die als komplexe adaptive Systeme funktionieren.

Die Suche nach Mustern in der Kunst

Der Glaube an Mythen ist nur eine von vielen Inspirationsquellen der Kunst (so wie er auch nur eine der vielen Wurzeln von Haß und Grausamkeit ist). Nicht nur in Zusammenhang mit dem Mythischen nähren sich die Künste von assoziativen und regelhaften Mustern, die die Wissenschaft nicht anerkennt. Sämtliche Künste gedeihen kraft Identifizierung und Nutzung solcher Muster. Die meisten Vergleiche und Metaphern stellen Muster dar, die die Wissenschaft wahrscheinlich ignoriert – aber was wäre die Literatur, insbesondere die Poesie, ohne Metaphern? In der bildenden Kunst bringt ein großes Werk dem Betrachter oft eine neue Sehweise nahe. Das Erkennen und das Schaffen von Mustern sind in jeder Kunstform Tätigkeiten von grundlegender Bedeutung. Die daraus sich ergebenden Schemata unterliegen Selektionsdrücken, die sich oft (wenngleich nicht immer) von den in der Wissenschaft wirksamen unterscheiden. Und die Ergebnisse sind wundervoll.

Wir können daher Mythos und Magie unter mindestens drei verschiedenen und komplementären Gesichtspunkten betrachten:

1. als reizvolle, aber unwissenschaftliche Theorien, trostreiche, aber falsche der Natur aufgezwungene Regelmäßigkeiten,
2. als kulturelle Schemata, die dazu beitragen, Gesellschaften – im guten wie im schlechten – Identität zu verleihen,
3. als Teil der großen Suche nach einem Muster, nach kreativer Assoziation, die künstlerische Arbeit in sich schließt und das Leben der Menschen bereichert.

Ein moralisches Äquivalent für Glauben?

Es drängt sich die Frage auf, ob es irgendeine Möglichkeit gibt, in den Genuß der herrlichen Folgeerscheinungen mythischer Glaubensvorstellungen zu gelangen, ohne der damit verbundenen Selbsttäuschung und Intoleranz zu erliegen, die meistens damit einhergehen. Vor etwa einem Jahrhundert befaßte man sich eingehend mit der Vorstellung eines »moralischen Äquivalents für Krieg«. Meines Wissens geht es dabei um folgendes: Krieg weckt Kameradschaft, Opferbereitschaft, Mut, selbst Heldenmut, und stellt ein Ventil für Abenteuerlust dar; andererseits ist Krieg außergewöhnlich grausam und zerstörerisch. Die menschliche Rasse ist daher gefordert, Aktivitäten mit den positiven, aber ohne die negativen Begleiterscheinungen des Kriegs zu finden. Bestimmte Organisationen versuchen dieses Ziel zu erreichen, indem sie junge Leute, die sonst vielleicht keine Gelegenheit dazu hätten, zu Abenteuern in der freien Natur einladen. Man hofft, derlei Aktivitäten könnten als Ersatzhandlungen nicht nur für Krieg, sondern auch für Straftaten und Kriminalität dienen.

Setzt man an die Stelle von Krieg und Verbrechen Aberglaube, dann stellt sich die Frage, ob es ein moralisches Äquivalent für Glauben gibt. Kann auch etwas anderes als die Anerkennung einer buchstäblichen Wahrheit der Mythen den Menschen die geistige Befriedigung, den Trost und den sozialen Zusammenhalt vermitteln und sie zu den herrlichen künstlerischen Schöpfungen veranlassen, die Begleiterscheinungen mythischer Glaubensvorstellungen sind?

Die Antwort könnte zum Teil in der Macht des Rituals liegen. Das griechische Wort *mythos* bezog sich, so heißt es, in alten Zeiten auf die gesprochenen Worte, die eine Zeremonie begleiteten. In gewissem Sinne standen die Handlungen im Mittelpunkt; was dazu gesagt wurde, war von zweitrangiger Bedeutung. Oftmals war sogar die ursprüngliche Bedeutung des Rituals zumindest teilweise vergessen; der Mythos, der schließlich übrigblieb, stellte einen Erklärungsversuch anhand der Interpretation bildhafter Symbole der Vergangenheit und der Zusammenfügung von Bruchstücken alter Traditionen dar, die sich auf ein längst vergangenes kulturelles Stadium bezogen. Die Mythen unterlagen dann einem Wandel, während die Kontinuität des Rituals zum Zusammenhalt der Gesellschaft beitrug. Könnte, während Rituale fortbestehen, der Glaube an die wortgetreue Wahrheit der Mythologie allmählich schwinden, ohne daß dies zu einem allzu großen Bruch führt?

Die Antwort könnte teilweise mit der Einstellung gegenüber Dichtung und Dramen zusammenhängen. Die großen literarischen Charaktere scheinen eine Art Eigenleben zu führen, und ihre Erfahrungen werden, wie die mythischer Gestalten, regelmäßig als Quellen der Weisheit und Inspiration zitiert. Doch kein Mensch würde behaupten, die Werke der Dichtung seien im buchstäblichen Sinne wahr. Besteht dann Aussicht, sich einen Großteil des gesellschaftlichen und kulturellen Gewinns des Glaubens zu bewahren, während die damit verbundene Selbsttäuschung allmählich nachläßt?

Zum Teil könnte sich die Antwort auch auf mystische Erfahrungen beziehen. Ist es möglich, daß zumindest einige Menschen nicht mehr aus abergläubischen Vorstellungen einen geistigen Gewinn ziehen, sondern statt dessen aus dem Erlernen von Techniken, die derlei Erfahrungen erleichtern?

In der heutigen Welt ist der Glaube an die wortgetreue Wahrheit von Mythologien leider vielerorts alles andere als im Schwinden begriffen; er nimmt vielmehr in dem Maße zu, wie fundamentalistische Bewegungen erstarken und den modernen Gesellschaften veraltete Verhaltensnormen und Einschränkungen der Ausdrucksfreiheit aufzuerlegen drohen. (Zudem kommt es nicht einmal dort, wo die Kraft mythologischer Glaubensvorstellungen abnimmt, unbedingt zu einer Verbesserung der Beziehung zwischen verschiedenen Gruppen, da schon geringfügige Unterschiede nahezu beliebiger Art genügen, um die Feindschaft zwischen ihnen aufrechtzuerhalten.)

Für eine eingehende Auseinandersetzung mit dem gesamten Themenbereich abergläubischer Vorstellungen empfehle ich *Wings of Illusion* von John F. Schumaker. Allerdings scheint dieser die Hoffnung aufgegeben zu haben, daß wir als Spezies in der Lage sind, ohne unsere diversen tröstenden und oft inspirierenden Illusionen auszukommen.

Die Skeptikerbewegung

In den letzten paar Jahrzehnten traten, zumindest in den westlichen Ländern, neben die althergebrachten abergläubischen Überzeugungen zahlreiche von einer Welle der Popularität getragene Glaubensvorstellungen des sogenannten New Age; viele sind nichts weiter als zeitgenössische und pseudowissenschaftlich verbrämte oder gelegentlich nur neu etikettierte – etwa »Kanalisierung« statt »Spiritismus« – abergläubische Vorstellungen. Bedauerlicherweise werden sie in den Medien und in populärwissenschaftlichen Büchern oft als auf Tatsachen beruhend oder zumindest als sehr wahrscheinlich hingestellt. Im derlei Behauptungen entgegenzuwirken, entstand eine neue Bewegung, die der Skeptiker. Weltweit bildeten sich Skeptikergruppen. (Drei Orten, an denen ich mich für längere Zeit aufhielt, würde eine heilsame Dosis Skeptizismus recht gut bekommen: Aspen, Santa Fe und Südkalifornien.)

Die einzelnen örtlichen Skeptikerorganisationen stehen in lockerer Verbindung mit einem Komitee, das seinen Sitz in den Vereinigten Staaten hat, dem aber Mitglieder aus anderen Teilen der Welt angehören; es nennt sich CSICOP – *Committee for Scientific Investigation of Claims of the Paranormal* (Komitee für die wissenschaftliche Untersuchung angeblicher Manifestationen des Übersinnlichen) und gibt eine Zeitschrift, *Skeptical Inquirer*, heraus. Diese Organisation steht nicht jedermann offen; vielmehr werden die einzelnen Mitglieder gewählt. Vor ein paar Jahren nahm ich die Wahl an, denn obwohl ich der Organisation und ihrer Zeitschrift gegenüber einige Vorbehalte habe, gefällt mir deren Arbeit.

Wir sind ringsum von angeblichen Manifestationen des sogenannten Paranormalen oder Übersinnlichen umgeben. Einige der lächerlichsten liefern die Schlagzeilen für Veröffentlichungen, die an den Kassen von Supermärkten zum Verkauf ausliegen: »Katze verspeist Papagei... jetzt spricht sie... Kätzchen will einen Keks.« – »Hunderte vom Tod Auferstandene beschreiben Himmel und Hölle.« – »Unglaublicher Fischmensch kann unter Wasser atmen.« – »Siamesische Zwillinge treffen ihren doppelköpfigen Bruder.« – »Außerirdischer aus dem Weltall hat mich geschwängert.« Auf derlei Veröffentlichungen einzugehen macht CSICOP sich gar nicht erst die Mühe. Doch treten seine Mitglieder dann auf den Plan, wenn gängige Zeitungen, Illustrierte oder Rundfunk- und Fernsehanstalten Dinge als völlig normal und unbestritten, als unzweifelhaft oder sehr wahrscheinlich darstellen, die alles andere als abgesichert sind: angebliche Phänomene wie hypnotische Rückkehr in ein früheres Leben, Medien, die der Polizei wertvolle Hilfe leisten, Psychokinese (bei der angeblich konkrete Gegenstände durch gedankliche Anstrengung bewegt werden können). Diese Phänomene widersprechen den anerkannten naturwissenschaftlichen Gesetzen, und zwar auf der Grundlage von Beweismaterial, das bei sorgfältiger Untersuchung sehr dürftig oder gar nicht vorhanden ist. Es ist das Verdienst von CSICOP, darauf zu achten, daß die Medien derlei nicht als real oder wahrscheinlich darstellen.

Angebliche Manifestationen des Übersinnlichen? Was ist »das Übersinnliche«?

Dennoch drängen sich einige Fragen auf, wenn wir den Namen der Organisation sorgfältig hinterfragen. Was bedeutet angebliche Manifestationen des Übersinnlichen? Die Mehrzahl von uns Wissenschaftlern (genaugenommen die meisten vernünftigen Leute) fragen bei jedem angeblichen Phänomen erst einmal, ob so etwas wirklich passieren kann. Wir wollen wissen, in welchem Maße die Behauptungen wahr sind. Doch wie kann ein echtes Phänomen übersinnlich sein? Wissenschaftler sind ebenso wie viele Nichtwissenschaftler davon überzeugt, daß die Natur regelhaften Gesetzen unterliegt und es daher gewissermaßen so etwas wie das Übersinnliche nicht gibt. Was auch immer in der Natur geschieht, es kann im Rahmen der Wissenschaft beschrieben werden. Natürlich kann es durchaus passieren, daß wir einmal nicht in der Stimmung sind, eine wissenschaftliche Beschreibung bestimmter Phänomene zu liefern. Beispielsweise könnten wir eine poetische Umschreibung vorziehen. Gelegentlich ist das Phänomen zu kompliziert, als daß eine wissenschaftliche Beschreibung möglich wäre. Im Prinzip sollte jedoch jedes echte Phänomen mit der Wissenschaft vereinbar sein.

Wenn etwas Neues entdeckt (und zuverlässig bestätigt) wird, das nicht in den Rahmen unserer wissenschaftlichen Gesetze paßt, werden wir nicht gleich verzweifelt die Hände über dem Kopf zusammenschlagen. Wir werden vielmehr die naturwissenschaftlichen Gesetze erweitern oder auch modizifieren, um das neue Phänomen damit in Einklang zu bringen. Dadurch gerät jemand, der sich auf eine wissenschaftliche Untersuchung angeblicher Manifestationen des Übersinnlichen einläßt, vom Logischen her in eine merkwürdige Lage, denn letztendlich kann nichts, was tatsächlich passiert, übersinnlich sein. Vielleicht hängt damit das vage Gefühl der Enttäuschung zusammen, das mich gelegentlich bei der Lektüre der ansonsten hervorragenden Zeitschrift *Skeptical Inquirer* überkommt. Mir geht die Spannung ab. Gewöhnlich verrät schon die Überschrift den Inhalt, daß nämlich, was auch immer in dem

Artikel steht, nicht wahr ist. Nahezu alles in dieser Zeitschrift zur Sprache Gebrachte wird schließlich entlarvt. Darüber hinaus scheinen sich viele Autoren verpflichtet zu fühlen, jeden Einzelfall bis ins letzte rational zu erklären, obgleich in der Realität eine Untersuchung jeglichen komplexen Phänomens normalerweise einiges ein bißchen ungeklärt läßt. Wohlgemerkt, es freut mich, wenn »unblutige« operative Eingriffe (ohne Skalpell) oder Levitationen mittels Meditation ihres Nimbus beraubt werden. Aber meines Erachtens würde eine gewisse Neudefinierung des Anliegens die Organisation ebenso wie ihre Zeitschrift etwas lebendiger und interessanter und auch fundierter machen. Ich sehe den eigentlichen Auftrag der Organisation und ihrer Zeitschrift darin, die kritische und wissenschaftliche Untersuchung geheimnisvoller Phänomene, vor allem solcher, die den Gesetzen der Naturwissenschaft zuwiderzulaufen scheinen, zu ermutigen, ohne sich jedoch des Etiketts »übersinnlich« mit seiner Implikation, eine Entlarvung sei aller Wahrscheinlichkeit noch notwendig, zu bedienen. Viele dieser Phänomene erweisen sich vermutlich als Scheinphänomene, oder es gibt eine ganz prosaische Erklärung dafür. Bei einigen wenigen könnte sich jedoch herausstellen, daß sie tatsächlich echt und sehr interessant sind. Der Begriff »übersinnlich« erscheint mir nicht sonderlich hilfreich, und als allgemeiner Ansatz befriedigt das Bestreben zu entlarven – das bei den meisten der abgehandelten Themen durchaus angemessen ist – nicht vollauf.

Oft werden wir mit Fällen konfrontiert, bei denen es sich um bewußten Betrug handelt: Leichtgläubige Menschen werden um ihr Geld geprellt, ernstlich kranke Patienten werden durch wertlose Pseudobehandlungen (etwa »unblutige« Operationen) von einer fachgerechten Behandlung abgehalten, die ihnen unter Umständen Heilung brächte, und so weiter. In solchen Fällen leistet man mit einer Entlarvung der Menschheit einen Dienst. Aber selbst dann sollten wir einige Gedanken darauf verwenden, welchen emotionalen Bedürfnissen der Opfer diese Quacksalberei entgegenkommt, sowie darauf, wie man diese Bedürfnisse erfüllen könnte, ohne einer Selbsttäuschung zu verfallen.

Mein Rat ist, die Skeptiker sollten sich nachhaltiger als bisher um ein Verständnis der Gründe, weshalb so viele Leute derlei glauben wollen oder müssen, bemühen. Wären diese Menschen nicht so empfänglich dafür, dann erschiene es den Medien vermutlich nicht so gewinnträchtig, das sogenannte Übersinnliche herauszustreichen. In Wirklichkeit liegt nämlich der Neigung, an ein bestimmtes Phänomen zu glauben, nicht nur eine falsche Vorstellung über die Aussagekraft des Beweismaterials zugrunde. In Gesprächen mit Menschen, die wie die Weiße Königin in *Through the Looking Glass* jeden Tag schon vor dem Frühstück sechs unmögliche Dinge glauben, stellte ich fest, daß für sie die Loslösung des Glaubens von Beweisen charakteristisch ist. In der Tat geben viele dieser Leute offen zu, daß sie das glauben, was zu glauben ihnen guttut. Beweise spielen da keine große Rolle mehr. Diese Menschen beschwichtigen ihre Angst vor Zufälligkeit, indem sie Regelmäßigkeiten feststellen, die nicht existieren.

Geistesstörung und Beeinflußbarkeit

Zwei Themen gehören unbedingt in jede Erörterung seltsamer Glaubensvorstellungen: Beeinflußbarkeit und Geistesstörung. So glaubt beispielsweise laut neueren Umfragen ein erstaunlich hoher Prozentsatz der dafür Anfälligen nicht nur an die Existenz »Außerirdischer auf fliegenden Untertassen«, sondern behauptet überdies, von solchen Wesen entführt und genauestens untersucht, ja sogar sexuell belästigt worden zu sein. Es handelt sich hier eindeutig um Menschen, die aus irgendeinem Grund Wirklichkeit und Wahn schwer auseinanderzuhalten vermögen. Die Frage liegt nahe, ob einige von ihnen an ernsten Geisteskrankheiten leiden.

Es ließe sich auch mutmaßen, eine Reihe derer, die an solch unheimliche Vorkommnisse glauben, seien schlicht und einfach hochgradig empfänglich für Trancezustände, so daß sie mit größter Leichtigkeit in solche Zustände der Beeinflußbarkeit hinein- und wieder herausgleiten. Ein Hypnotiseur kann diesen Menschen in Trance bestimmte Glaubensvorstellungen einreden; vielleicht kann ein derartiger Prozeß auch mehr oder weniger spontan ablaufen. Eine hohe Empfänglichkeit für Trancezustände kann eine Last aber auch ein Segen sein, da sie unter Umständen Hypnose, Selbsthypnose oder tiefe meditative Versenkung erleichtert; sie ermöglichen es einer Person, sich sinnvolle Formen der Selbstkontrolle anzueignen, die sich auf andere Weise nur schwer erlernen lassen (auch wenn dies nicht unmöglich ist).

In vielen traditionellen Gesellschaften wird den mit sehr hoher Empfänglichkeit für Trancezustände begabten Menschen eine Rolle als Schamane oder Prophet zugesprochen. Ähnlich werden andere Personen eingeschätzt, die an unterschiedlich schweren Geistesstörungen leiden. Von beiden Gruppen nimmt man an, bei ihnen sei die Wahrscheinlichkeit mythischer Erfahrungen größer als bei anderen. In modernen Gesellschaften gelten diese Menschen gelegentlich als äußerst kreative Künstler. (Natürlich müssen alle diese mutmaßlichen Zusammenhänge sorgfältig überprüft werden.)

Zur Zeit untersucht man die geistigen Eigenschaften von Menschen, die an höchst unwahrscheinliche Phänomene glauben, vor allem wenn sie behaupten, sie hätten persönliche Erfahrungen mit solchen Phänomenen gemacht. Bislang gibt es erstaunlich wenig Hinweise auf ernste geistige Erkrankungen oder auf eine hohe Empfänglichkeit für Trancezustände. Vielmehr dient in vielen Fällen anscheinend ein fester Glaube dazu, die Interpretation alltäglicher Erfahrungen mit physikalischen Phänomenen sowie mit durch Schlaf oder Drogen herbeigeführten geistigen Zuständen zu beeinflussen. Dieser Forschungsbereich steckt allerdings eindeutig noch in den Kinderschuhen. Es scheint mir erstrebenswert, die Erforschung solcher Glaubensvorstellungen und Glaubenssysteme sowie der ihnen zugrunde liegenden Ursachen verstärkt fortzuführen, da sie auf lange Sicht in unser aller Zukunft eine wesentliche Rolle spielen.

Skeptizismus und Wissenschaft

Nehmen wir an, ein Hauptanliegen der Skeptikerbewegung sei es – abgesehen von der Erforschung des Themenbereichs Glaube und Aktivitäten wie der Aufdeckung von Schwindel und Betrug sowie dem Versuch, die Medien zur Ehrlichkeit zu zwingen –, eine kritische und wissenschaftliche Untersuchung von Berichten über geheimnisvolle Phänomene zu fördern, die auf den ersten Blick den naturwissenschaftlichen Gesetzen widersprechen. Dann sollte sich der Grad der Skepsis, mit der man einem angeblichen Phänomen begegnet, danach richten, in welchem Maße es den anerkannten Gesetzen widerspricht. Hier gilt es sehr sorgfältig zu sein. In so komplizierten Wissenschaftsbereichen wie der Meteorologie oder Planetologie (einschließlich Geologie) laufen zum Beispiel angeblich seltsame natürliche Phänomene bestimmten anerkannten Prinzipien in diesen Bereichen zuwider, sie verstoßen aber offenbar nicht gegen fundamentale Naturgesetze wie der Erhaltung der Energie. Es ist manchmal sehr schwierig, die empirischen oder phänomenologischen Gesetze in diesen Wissenschaftsbereichen mit den Gesetzen grundlegenderer Wissenschaften in Beziehung zu setzen, und ständig werden aufgrund von Beobachtung neue Entdeckungen gemacht, die eine Überprüfung der empirischen Gesetze erfordern. Ein angebliches Phänomen, das solchen Gesetzen zuwiderläuft, ist bei weitem nicht so verdächtig wie eines, das gegen den Energieerhaltungssatz verstößt.

Noch vor dreißig Jahren verwarfen die meisten Geologen einschließlich nahezu aller renommierten Wissenschaftler am Caltech die Idee der Kontinentalverschiebung. Ich kann mich gut daran erinnern, weil ich mich damals oft mit ihnen darüber gestritten habe. Obwohl sich die Beweise für eine Kontinentalverschiebung häuften, glaubten sie nicht daran. Man hatte ihnen beigebracht, dies sei Unsinn, vor allem deshalb, weil man in der Geologie bislang keinen einleuchtenden Mechanismus dafür gefunden hatte. Doch kann ein Phänomen durchaus echt sein, auch wenn es noch keine plausible Erklärung dafür gibt. Insbesondere in solchen Fachgebieten ist es unklug, ein angebliches Phänomen einfach von der Hand zu weisen, nur weil die Experten nicht auf Anhieb erklären können, wie es möglicherweise dazu kommt. Ein paar Jahrhunderte ist es her, daß den Planetologen der Schnitzer unterlief, die Existenz von Meteoriten zu bestreiten: »Am Himmel gibt es keine Felsen«, wandten sie ein, »wie können also Felsen vom Himmel fallen?«

Heute neigen viele meiner Freunde in der Skeptikerbewegung ebenso wie eine ganze Reihe meiner Physiker-Kollegen dazu, Behauptungen eines häufigeren Auftretens seltener bösartiger Erkrankungen bei Menschen, die mehr als andere vergleichsweise schwachen elektromagnetischen Feldern von Geräten und Starkstromleitungen mit 60 Hertz Wechselstrom ausgesetzt sind, leichthin abzutun. Die Skeptiker könnten durchaus recht haben mit ihrer Ansicht, diese Behauptungen seien falsch, aber das ist keineswegs so offenkundig, wie manche von ihnen meinen. Auch wenn diese Felder zu schwach sind, um auffällige Erscheinungen, wie etwa einen beträchtlichen Temperaturanstieg, hervorzurufen, könnten sie dennoch in der Lage sein, in geringerem Maße auf bestimmte hochspezialisierte Zellen einzuwirken, die ungewöhnlich empfindlich auf Magentismus reagieren, da sie beträchtliche Mengen Magnetit enthalten. Joseph Kirchvink vom Caltech (der für einen Caltech-Professor recht ungewöhnliche Interessen hat) erforscht derzeit diese Möglichkeit experimentell und hat bereits einige vorläufige Hinweise darauf gefunden, daß ein solcher Zusammenhang zwischen Magnetismus und seltenen bösartigen Erkrankungen mehr als bloße Einbildung sein könnte.

Der Kugelblitz

Eine Reihe von Phänomenen, die sich angeblich in der Atmosphäre abspielen, sind bis heute sozusagen in der Schwebe. Dazu zählt der Kugelblitz. Bestimmte Beobachter machen geltend, sie sähen bei stürmischem Wetter eine leuchtendhelle Kugel, die wie ein Blitz in Form eines Balles aussieht. Sie kann zwischen weit auseinanderstehenden Latten eines Zauns durchschlüpfen oder durch ein Fenster kommen, im Zimmer herumrollen und dann wieder verschwinden; angeblich hinterläßt sie leichte Brandspuren. Zwar kursiert eine Unmenge Anekdoten, aber einen unbestreitbaren Beweis gibt es nicht, auch keine wirklich zufriedenstellende Theorie. Ein Physiker, Luis Alvarez, vertrat die Ansicht, der Kugelblitz sei lediglich ein Phänomen des Augapfels des Beobachters. Allerdings paßt diese Erklärung nicht zu den Berichten, wie sie beispielsweise ein Wissenschaftler zusammenstellte, der die Angestellten eines staatlichen Labors befragte. Etliche seriöse Theoretiker untersuchten dieses Phänomen wissenschaftlich. Der große russische Physiker Pjotr L. Kapitza schrieb, als er wegen seiner Weigerung, unter der Leitung von Stalins Geheimdienstchef Lawrentij P. Berija an der Entwicklung thermonuklearer Waffen zu arbeiten, unter Hausarrest stand, zusammen mit einem seiner Söhne eine theoretische Abhandlung über einen hypothetischen Mechanismus, der dem Phänomen des Kugelblitzes zugrunde liegen könnte. Andere versuchten, diese Erscheinung im Labor zu simulieren. Meines Erachtens sind die Ergebnisse jedoch immer noch nicht überzeugend. Kurz gesagt: Kein Mensch weiß, was man eigentlich davon halten soll.

Um das Jahr 1951 sorgte die Erwähnung von Kugelblitzen für die Störung eines Seminars am Instute for Advanced Study in Princeton, in dessen Verlauf Harold W. (»Hal«) Lewis – jetzt Professor an der University of California in Santa Barbara – eine Abhandlung vorlegte, die er zusammen mit Robert Oppenheimer ausgearbeitet hatte. Es handelte sich, glaube ich, um Roberts letzte physikalische Arbeit, ehe er Direktor des Instituts wurde; er legte großen Wert darauf, daß die Leute Hals Darlegung der Arbeit aufmerksam lauschten, die in dem Paper von Oppenheimer, Lewis und Wouthuysen über Mesonenerzeugung bei Zusammenstößen zweier Protonen abgedruckt war. In der anschließenden Diskussion erwähnte irgend jemand, Enrico Fermi habe ein Modell zur Diskussion gestellt, nach dem die beiden Protonen aus unbekannten Gründen lange zusammenkleben und in statistischer Folge Mesonen aussenden. Viele von uns äußerten Vorschläge, was wohl die Gründe für dieses Verhalten sein könnten. Der hervorragende theoretische Physiker Markus Fierz, ein Schweizer, ließ die Bemerkung fallen, man wisse eben nicht immer, warum Dinge zusammenkleben: »Denken Sie nur an den Kugelblitz.« (Oppenheimers Gesicht lief vor Wut rot an. Seine letzte physikalische Abhandlung stand zur Diskussion, und Fierz brachte die Rede auf den Kugelblitz!) Fierz fuhr fort, die Schweizer Regierung habe einem seiner Freunde eigens einen Eisenbahnwaggon zur Verfügung gestellt, damit er durch das Land reisen und Berichte über Kugelblitze nachgehen konnte. Schließlich hielt Robert es nicht mehr aus; er stolzierte hinaus und murmelte vor sich hin: »Feuerbälle, Feuerbälle!« Seitdem sind wir meines Erachtens dem Verständnis dieses Phänomens nicht wesentlich näher gekommen (obwohl Hal Lewis selber einen interessanten Artikel darüber verfaßte).

Fischregen

Eines meiner Lieblingsbeispiele für mysteriöse Phänomene handelt von Fischen und Fröschen, die vom Himmel fallen. Viele der Berichte sind ziemlich detailliert und stammen von glaubwürdigen Beobachtern. Im folgenden schildert A. B. Bajkov einen Fischregen in Marksville, Louisiana, am 23. Oktober 1947:

Ich führte zu der Zeit biologische Untersuchungen für das Department of Wildlife and Fisheries durch. Am Morgen besagten Tages, zwischen 7^{oo} und 8^{oo}, fielen, zur großen Verwunderung der Bürger der Stadt, Fische von zirka fünf bis 25 Zentimeter Länge auf Straßen und Höfe. Meine Frau und ich frühstückten gerade im Restaurant, als die Kellnerin uns mitteilte, es fielen Fische vom Himmel. Augenblicklich rannten wir auf die Straße und lasen ein paar auf. Die Leute in der Stadt befanden sich in heller Aufregung. Der Direktor der Bank von Marksville, J. M. Barham, erklärte, er habe nach dem Aufstehen bemerkt, daß Hunderte von Fischen in seinem Hof und in dem angrenzenden

Garten von Mrs. J. W. Joffrion lagen. Der Kassierer dieser Bank, J. E. Gremillion, sowie zwei Kaufleute, E. A. Blanchard und J. M. Brouillette, wurden von herabfallenden Fischen getroffen, als sie um 7^{45} zu ihrem Arbeitsplatz gingen...
(Zitiert von William R. Corliss, in: *Science*, 109, vom 22. April 1949, S. 402).

Alle Meteorologen, die ich dazu befragte, versicherten mir, ihre Wissenschaft könne bislang mit keinen schlüssigen Einwänden gegen die Möglichkeit aufwarten, daß diese Tiere infolge meteorologischer Störungen emporgehoben, über beträchtliche Entfernungen transportiert und dann fallengelassen werden. Auch wenn man über mögliche Mechanismen, die derartigen Vorgängen zugrunde liegen – etwa Wasserhosen – nur spekulieren kann, ist es durchaus vorstellbar, daß dieses Phänomen tatsächlich vorkommt.

Wenn Fische oder zumindest ihr Laich tatsächlich lebend vom Himmel fallen, könnte dies zudem für die Tiergeographie, die Erforschung der geographischen Verteilung von Tierspezies, von großer Bedeutung sein. Ernst Mayr, der große Ornithologe, Tiergeograph und Evolutionstheoretiker, erwähnt in einem seiner Artikel in der Tat, es gebe noch viele Rätsel über die Verteilung von Frischwasserfischen, die vielleicht zu lösen wären, wenn diese Lebewesen auf unkonventionelle Weise – beispielsweise in Form eines Fischregens – transportiert würden.

Das Gesagte macht deutlich, daß es den geltenden Gesetzen der Wissenschaft in keiner Weise schadet, wenn tatsächlich Fische vom Himmel fallen; faktisch hilft es ihnen wahrscheinlich weiter. Ähnliches gilt für den Fall, daß sich eines jener »kryptozoologischen« Lebewesen, etwa das angebliche Riesenfaultier im Amazonaswald, als real erweist, so wie es den Gesetzen der Wissenschaft ja keinen Abbruch tat, als man vor fünfzig Jahren vor der Küste Südafrikas den Quastenflosser entdeckte, den man für ausgestorben hielt. Aber was ist mit angeblichen Phänomenen, die den fundamentalen Gesetzen der Naturwissenschaft, so wie wir sie kennen, zu widersprechen scheinen?

Angebliche Phänomene, die den anerkannten naturwissenschaftlichen Gesetzen zuwiderlaufen

Obgleich solche Phänomene nicht ipso facto nichtexistent sind, sollte man ihnen mit allergrößter Skepsis begegnen. Falls sich jedoch herausstellt, daß eines dieser Phänomene real ist, müßten wir die wissenschaftlichen Gesetze so modifizieren, daß sie damit in Einklang stehen.

Denken wir nur an das angebliche Phänomen (an das ich übrigens nicht glaube) der Telepathie zwischen zwei Personen, die sich sehr nahestehen und obendrein nahe verwandt sind, etwa Mutter und Kind oder eineiige Zwillinge. Wohl jeder hat schon irgendwelche Geschichten über solche Menschen gehört. Es heißt, wenn einer von ihnen sich in einer extremen Streßsituation befindet, ängstige der andere sich plötzlich, selbst wenn die beiden weit voneinander entfernt sind. Nun ist es äußerst wahrscheinlich, daß derlei Berichte das Ergebnis eines Zusammenwirkens von Zufall, selektivem Gedächtnis (beispielsweise vergißt man die Fälle falschen Alarms), verzerrter Erinnerung an die jeweiligen Umstände (unter anderem Fehleinschätzung des zeitlichen Zusammentreffens) und so fort sind. Zudem ist es äußerst schwierig, wenn auch im Prinzip nicht unmöglich, derlei Phänomene wissenschaftlich zu untersuchen. So könnte man sich beispielsweise ein Experiment vorstellen, das sich zwar aus ethischen Gründen verbietet, aber ohne weiteres durchführbar wäre: Man engagiert viele identische Zwillingspaare, bringt sie an weit voneinander entfernte Orte und setzt dann jeweils einen Zwilling großen Belastungen aus, um zu sehen, wie der andere Zwilling reagiert. (Es gibt naive Menschen, einschließlich etlicher meiner New-Age-Bekannten in Aspen, die tatsächlich glauben, ein solches Experiment sei mit Tieren durchgeführt worden, als sich das Unterseeboot *Nautilus* unter dem Polareis befand. Ihrer Meinung nach wurde ein Mutterkaninchen in dem Unterseeboot beobachtet; es zeigte Anzeichen von Unruhe, als einige seiner Jungen in Holland gequält wurden!)

Wie dem auch sei, nehmen wir einfach einmal an, ein solches

telepathisches Phänomen – beispielsweise bei eineiigen menschlichen Zwillingen – stellt sich, entgegen meinen Erwartungen, als wahr heraus. Die grundlegende wissenschaftliche Theorie müßte tiefgreifend geändert werden, aber letztlich könnte man zweifelsohne eine Erklärung dafür finden. Die Theoretiker könnten zum Beispiel zu dem Schluß kommen, daß irgendeine Art Band existieren muß, dessen Natur wir noch nicht verstehen; wahrscheinlich wären zu diesem Zweck beträchtliche Modifikationen der physikalischen Gesetze, so wie sie derzeit formuliert sind, erforderlich. Ein derartiges Band zwischen den Zwillingen würde ein Signal von einem zum anderen übermitteln, sobald einer der beiden in ernstliche Schwierigkeiten gerät. Auf diese Weise wäre der Effekt weitgehend unabhängig von der Entfernung, was ja viele der Anekdoten nahelegen. Ich möchte noch einmal betonen, daß ich dieses Beispiel nicht anführe, weil ich an Telepathie glaube, sondern nur um deutlich zu machen, wie die wissenschaftliche Theorie modifiziert werden könnte, um selbst sehr bizarre Phänomene einzuordnen, falls sie sich als wirklich erweisen.

Eine echte Begabung – das Lesen von Schallplattenrillen

Gelegentlich stellt CSICOP fest, daß eine scheinbar verrückte Behauptung tatsächlich gerechtfertigt ist. Solche Fälle werden ordnungsgemäß im *Skeptical Inquirer* veröffentlicht und bei Zusammenkünften diskutiert; meiner Ansicht nach sollte man ihnen jedoch mehr Aufmerksamkeit widmen, als dies bislang der Fall ist. Dann wäre weit klarer, daß es nicht einfach darum geht, irgend etwas zu entlarven, sondern darum, wahre von falschen Behauptungen zu unterscheiden.

Aufs ganze gesehen können die Wissenschaftler nur bescheidene Erfolge vermelden, was die Überprüfung mutmaßlicher Betrüger betrifft. Nur allzuoft ließen sich selbst berühmte Gelehrte täuschen; gelegentlich unterstützten sie sogar Scharlatane, die sie eigentlich hätten bloßstellen müssen. CSICOP verläßt sich in solchen Fällen hauptsächlich auf den Zauberer James Randi, der Tests für Leute entwickelt, die behaupten, über außergewöhnliche Kräfte zu verfügen. Randi weiß, wie man ein Publikum austrickst, und ebensogut vermag er sich vorzustellen, wie jemand anderer ihn hereinzulegen versucht. Es fasziniert ihn, Betrüger zu entlarven und zu demonstrieren, wie sie ihre Effekte erzielten.

Als die Zeitschrift *Discover* erfuhr, ein Mann behaupte, er könne von den Rillen auf Schallplatten Informationen ablesen, tat man das Nächstliegende: Man schickte Randi los, um den Fall zu untersuchen. Der fragliche Mann, Dr. Arthur Lintgen aus Pennsylvania, erklärte, es genüge, wenn er sich die Aufzeichnung eines klassischen Orchesterwerks aus der Zeit nach Mozart ansehe, um den Komponisten, oft auch das Musikstück, gelegentlich sogar den Interpreten zu erkennen. Randi unterzog ihn seinen üblichen strengen Tests und stellte fest, daß er tatsächlich die reine Wahrheit sagte. Völlig korrekt identifizierte der Arzt zwei verschiedene Aufnahmen von Strawinskys *Sacre du printemps* sowie Ravels *Bolero*, Holsts *The Planets* und Beethovens Sechste Symphonie. Selbstverständlich zeigte Randi ihm zur Kontrolle einige andere Platten. Eine, von Dr. Lingten als »Geschnatter« bezeichnet, war von Alice Cooper. Bei einer anderen Kontrollplatte erklärte er: »Das ist gar keine Orchestermusik. Ich schätze, es handelt sich um irgendeine Art Vokalsolo.« Es war in der Tat die Aufnahme eines Sprechers, der einen Text mit dem Titel *So You Want to Be a Magician* (»Du willst also ein Zauberer sein«) vortrug.

Die seltsame Behauptung, die sich als wahr herausstellte, verstieß gegen kein wichtiges Prinzip. Die notwendige Information war in den Rillen der Schallplatten vorhanden. Die Frage war nur, ob jemand wirklich durch bloßes Anschauen diese Informationen entschlüsseln könnte. Randis Ansicht nach war dies tatsächlich der Fall.

19 Adaptive und dysadaptive Schemata

Kritische Nachprüfung hat unter anderem die Geschichte vom »hundertsten Affen« widerlegt. Der erste Teil des Berichts entspricht der Wahrheit. Bestimmte Mitglieder einer Affenkolonie auf einer Insel in Japan lernten, ihre Nahrung im Wasser des Sees, in dem ihre Insel lag, zu waschen. Diese Fertigkeit brachten sie auch anderen Angehörigen der Kolonie bei. So weit, so gut. Eine New-Age-Legende greift nun diese Fakten auf und behauptet, nachdem hundert Affen sich den Trick angeeignet hatten, hätten plötzlich auf irgendeine wundersame Weise alle Angehörigen der Spezies ihn gekannt und praktiziert. Doch dafür gibt es keinerlei glaubhaften Beweis.

Eigentlich ist ja schon der wahre Teil der Geschichte als Beispiel für kulturelle Übermittlung erlernten Verhaltens bei Tieren interessant genug. Ein weiteres Exempel lieferte das Verhalten, das vor etlichen Jahrzehnten einige Kohlmeisen in bestimmten Städten in England an den Tag legten. Die kleinen Vögel lernten Milchflaschen aufzumachen. Immer mehr Kohlmeisen eigneten sich diesen Trick an, ebenso ein paar Angehörige anderer Meisenarten. Die für diesen Zweck erforderlichen Bewegungen gehörten bereits zum Repertoire der Vögel; sie mußten nur noch lernen, daß die Milchflaschen eine brauchbare Belohnung enthielten. Man kennt noch zahlreiche andere Fälle, in denen neuartiges Verhalten bei Tieren auf diese Weise übermittelt wurde.

Kulturelle DNS

Beim Menschen kann kulturelle Übermittlung natürlich sehr viel facettenreicher aussehen. Vermutlich liegt das nicht nur an der überlegenen Intelligenz, sondern läßt sich auch durch das Wesen der Sprachen erklären, deren jede beliebig komplexe Äußerungen zuläßt. Mit dem Gebrauch dieser Sprachen stellen menschliche Gesellschaften in weit höherem Maße als Herden anderer Primaten, Wildhundrudel oder Vogelschwärme Gruppenlernen (oder Gruppenadaptation, oder kulturelle Evolution) unter Beweis. Solches kollektives Verhalten läßt sich in gewissem Maße analysieren, wenn man es auf die Ebene von Individuen, die als komplexe adaptive Systeme agieren, reduziert. Wie in den meisten Fällen verzichtet eine derartige Reduktion jedoch auf wertvolle Einsichten, die sich aus der Untersuchung eines Phänomens auf seiner eigenen Ebene ergeben. Insbesondere wird schlichte Reduktion auf Psychologie der Tatsache, daß das System über die allgemeinen Eigenschaften einzelner Menschen hinaus zusätzliche Informationen einschließlich der spezifischen Traditionen, Sitten, Gesetze und Mythen der Gruppe beinhaltet, kaum hinreichend Bedeutung beimessen. Man kann sie, um es mit dem bildhaften Ausdruck von Hazel Henderson zu umschreiben, in ihrer Gesamtheit als »kulturelle DNS« betrachten. Sie fassen die gemeinsame Erfahrung vieler Generationen dieser Gesellschaft zusammen und beinhalten die Schemata der Gesellschaft, die selbst als komplexes adaptives System funktioniert. In der Tat bezeichnet der von dem englischen Biologen Richard Dawkins geprägte Ausdruck »Meme« eine Einheit kulturell übermittelter Information analog zum Gen in der biologischen Evolution.

Adaptation vollzieht sich auf mindestens drei verschiedenen Ebenen, und das stiftet gelegentlich Verwirrung bei der Verwendung des Begriffs. Zuallererst findet eine direkte Adaptation (wie bei einem Thermostaten oder einem kybernetischen Gerät) als Ergebnis des Wirkens des Schemas statt, das zu einem bestimmten Zeitpunkt vorherrscht. Eine Gemeinschaft kann die Gewohnheit haben, sich in neuen Dörfern hoch oben in den Bergen anzusiedeln, wenn das Klima wärmer und trockener wird. Oder sie greift zu religiösen Zeremonien, um unter Aufsicht einer Priesterschaft Regen herabzubeschwören. Wird ihr Territorium von einer feindlichen Macht überfallen, dann reagiert die Gemeinschaft unter Umständen automatisch mit Rückzug in eine befestigte Stadt, in der sie vorsorglich Vorräte gehortet hat, um eine Belagerung durchzustehen. Wenn die Menschen Angst vor einer Sonnenfinsternis haben, stehen möglicherweise Schamanen mit einem entsprechenden Hokuspokus bereit. Keine dieser Verhaltensweisen erfordert eine Veränderung des vorherrschenden Schemas.

Auf der nächsten Ebene kommt es zu einer Veränderung des Schemas, zu Konkurrenz zwischen verschiedenen Schemata und zu ihrer Höherstufung beziehungsweise Abwertung entsprechend der Einwirkung der Selektionsdrücke in der realen Welt. Wenn Regentänze einer Dürre nicht abhelfen, kann es passieren, daß die Priesterschaft in Ungnade fällt und man sich einer neuen Religion zuwendet. War die traditionelle Reaktion auf einen Klimawechsel ein Umzug in höhergelegene Gegenden, kann ein Fehlschlagen dieses Schemas die Übernahme anderer Praktiken zur Folge haben, etwa die Entwicklung neuer Bewässerungsmethoden oder den Anbau anderer Getreidesorten. Wenn die Strategie des Rückzugs in eine Festung bei wiederholten schweren Angriffen des Feindes versagt, reagiert die Gemeinschaft auf den nächsten Angriff vielleicht mit der Entsendung eines Expeditionsheeres ins Kernland des Feindes.

Die dritte Ebene der Adaptation ist das darwinistische Überleben der Geeignetsten. Wenn ihre Schemata einer angemessenen Reaktion auf irgendwelche Geschehnisse versagen, kann eine Gesellschaft schlichtweg aufhören zu existieren. Es müssen nicht alle Menschen sterben; vielleicht schließen sich die Überlebenden anderen Gemeinschaften an; aber die Gesellschaft als solche verschwindet und mit ihr ihre Schemata. Auf gesellschaftlicher Ebene hat eine Form natürlicher Auslese stattgefunden.

Beispiele für Schemata, die zum Aussterben führen, sind nicht schwer zu finden. Einige Gemeinschaften (etwa die Essener im antiken Palästina oder die Shaker des 19. Jahrhunderts in den Vereinigten Staaten) sollen sexuelle Enthaltsamkeit praktiziert haben. Alle Mitglieder der Gemeinschaft, nicht nur ein paar Mönche und Nonnen, sollten sich jeglicher sexueller Aktivität enthalten. Bei einem solchen Schema hinge das Überleben der Gemeinschaft davon ab, daß mehr Menschen bekehrt werden als sterben. Das war offenbar nicht der Fall. Die Essener starben aus, und von den Shaker sind nur noch einige wenige am Leben. Jedenfalls war das Verbot von Geschlechtsverkehr ein kulturelles Merkmal, das offensichtlich zur Auslöschung der Gemeinschaft – oder fast der ganzen Gemeinschaft – führte.

Der Untergang der klassischen Maya-Zivilisation in den tropischen Wäldern Mittelamerikas im 10. Jahrhundert ist ein eindrucksvolles Beispiel für das Aussterben einer Hochkultur. Wie bereits an früherer Stelle erwähnt, sind die Ursachen für den Untergang umstritten; die Archäologen sind sich nicht sicher, welche Schemata versagt haben – die Klassenstruktur der Gesellschaft, der Ackerbau im Dschungel, die kriegerischen Auseinandersetzungen der Städte untereinander oder aber andere Teilaspekte der Zivilisation. Jedenfalls geht man davon aus, daß zahlreiche Personen den Untergang überlebten und daß einige der Menschen, die heute dort leben und sich der Maya-Sprachen bedienen, ihre Nachkommen sind. Aber das Errichten von Steinbauten in den von Wäldern umgebenen Städten hatte ein Ende, ebenso die Aufstellung von Stelen, auf denen wichtige Daten im Maya-Kalender eingemeißelt waren. Die nachfolgenden Gesellschaften waren bei weitem nicht so komplex wie die der klassischen Periode.

Im allgemeinen finden die drei Ebenen der Adaptation auf unterschiedlichen Zeitskalen statt. Ein existierendes dominantes Schema kann auf der Stelle, innerhalb von Tagen oder Monaten, in direktes Handeln umgesetzt werden. Eine Veränderung in der Hierarchie der Schemata spielt sich normalerweise in einem größeren Zeitrahmen ab, obwohl sich auf dem Höhepunkt der Entwicklung die Ereignisse überstürzen können. Das Aussterben von Gemeinschaften zieht sich im allgemeinen über noch längere Zeiträume hin.

In theoretischen Diskussionen in den Sozialwissenschaften, zum Beispiel in der archäologischen Fachliteratur, hält man sich nicht immer an die Unterscheidung zwischen den verschiedenen Ebenen der Adaptation, was häufig für einige Verwirrung sorgt.

Die Entwicklung der Sprachen

Wie im Fall von Gesellschaften findet auch bei Sprachen auf jeweils unterschiedliche Weise und auf verschiedenen Zeitskalen eine Evolution beziehungsweise ein Lernprozeß oder eine Adaptation statt. Wie bereits früher erwähnt, stellt das Erlernen von Sprache bei einem Kind ein komplexes adaptives System in Aktion dar. Auf einer viel größeren Zeitskala kann auch die Entwicklung der Sprachen über Jahrhunderte und Jahrtausende hinweg als komplexes adaptives System betrachtet werden. Auf einer Zeitskala von Hunderttausenden oder Millionen von Jahren schließlich bildete sich durch biologische Evolution die Fähigkeit des Menschen (*Homo sapiens sapiens*) heraus, mit Sprachen des modernen Typs zu kommunizieren. (Allen diesen Sprachen sind bestimmte Eigenschaften gemeinsam, etwa Sätze von beliebiger Länge, eine komplizierte grammatische Struktur und universale grammatische Elemente, etwa Pronomen, verschiedene Genitivkonstruktionen und so fort).

Die Untersuchung der Entwicklung der Grammatik muß die verschiedenen Adaptationsebenen in Betracht ziehen. Seit der Pionierarbeit Joe Greenbergs wurde eine Vielzahl von Informationen über grammatische Elemente, die allen bekannten Sprachen gemeinsam sind (»grammatische Universalien«), und solche, die in nahezu allen Fällen gelten (»grammatische Fastuniversalien«) zusammengetragen. Es liegt auf der Hand, daß man bei einer Betrachtung dieser allgemeinen Merkmale den – von Chomsky und seinen Schülern hervorgehobenen – Zwängen, die sich biologisch entwickelt haben und die neurologisch vorprogrammiert sind, Rechnung tragen muß. Darüber hinaus muß man jedoch die Resultate einer jahrhunderte- und jahrtausendelangen linguistischen Evolution berücksichtigen, die in gewissem Maße Selektionsdrücke widerspiegeln müssen, die bestimmte, für eine Kommunikation geeignete grammatische Elemente begünstigten. Schließlich kann es auch verfestigte, eingefrorene Zufälle geben, »Gründereffekte« als Folge willkürlicher Entscheidungen in Sprachen (oder auch nur in einer einzelnen Sprache), die allen modernen Sprachen zugrunde liegen, Entscheidungen, deren Konsequenzen sich bis heute überall bemerkbar machen. (Erinnern wir uns, daß es sich in der Biologie bei der Asymmetrie zwischen links- und rechtsdrehenden Molekülen um einen solchen eingefrorenen Zufall handeln könnte.) In linguistischen Diskussionen am Santa Fe Institute betont man vor allem die Notwendigkeit, beim Versuch einer Erklärung grammatischer Universalien und Fastuniversalien alle diese Beiträge mit einzubeziehen.

Von ausschlaggebender Bedeutung bei der Untersuchung der Evolution eines beliebigen komplexen adaptiven Systems ist es, daß man versucht, diese drei Stränge voneinander getrennt zu betrachten: die Grundregeln, eingefrorene Zufälle und die Selektion dessen, was adaptiv ist. Und in einem kosmischen Raum- und Zeitmaßstab können natürlich die Grundregeln selber wie eingefrorene Zufälle aussehen.

Adaptation versus adaptiv oder scheinbar adaptiv

Auch wenn man verschiedene Adaptationsebenen und Zeitskalen unterscheidet, bleibt es immer noch ein Rätsel, warum adaptive komplexe Systeme wie Gesellschaften so oft dysadaptiven Schemata verhaftet zu bleiben scheinen. Warum entwickelten sie nicht einfach immer bessere Schemata und schritten damit zu immer größerer Eignung fort? Einige der Gründe dafür haben wir bereits in den vorangegangenen Kapiteln angesprochen.

Gesellschaften unterliegen, wie andere komplexe adaptive Systeme auch, oft Selektionsdrücken, die nicht durch irgendeine Eignungsfunktion eindeutig beschrieben sind. Eignung ist, wie wir gesehen haben, keineswegs etwas, das mit der Zeit einfach zunimmt, nicht einmal dann, wenn sie wohldefiniert ist. Zudem existiert keine simple Entsprechung zwischen Merkmalen, die adaptiv sind, und solchen, die infolge der verschiedenen Adaptationsformen entstanden sind. Keines dieser Probleme gilt ausschließlich für Gesellschaften. Sie sind in der Biologie weit verbreitet und gerade für den einzelnen Menschen manchmal besonders kritisch. Wir wollen einige der Mechanismen aufzählen, die ein Überdauern dysadaptiver Schemata erlauben.

Dysadaptive Schemata – äußere Selektionsdrücke

Einen sehr allgemeinen Mechanismus für die Beibehaltung offenkundig dysadaptiven Verhaltens haben wir bereits einigermaßen ausführlich besprochen, insbesondere im Zusammenhang mit Aberglaube versus Wissenschaft. Die Selektionsdrücke, die die Höherstufung beziehungsweise Abwertung wissenschaftlicher Theorien beeinflussen, hängen vor allem damit zusammen, inwieweit diese Theorien die Ergebnisse von Beobachtung umfassend erklären und – zumindest wenn das Unternehmen Wissenschaft richtig funktioniert – zutreffende Voraussagen machen können. Wenn das nicht klappt, können andere, großteils aus den menschlichen Schwächen von Wissenschaftlern resultierende Selektionsdrücke großen Einfluß ausüben.

Im Falle abergläubischen Theoretisierens spielen Selektionsdrücke nichtwissenschaftlicher Art eine beherrschende Rolle. Wir wollen die bereits erwähnten Drücke kurz rekapitulieren. Dazu gehören unter anderem die Festigung der Autorität mächtiger Persönlichkeiten sowie die Aufrechterhaltung des sozialen Zusammenhalts, die einen Vorteil in der gesellschaftlichen Evolution mit sich bringt. Darüber hinaus kann das Überstülpen einer Struktur falscher Ordnung und Regelmäßigkeit auf weitgehend zufällige oder zusammenhanglose Fakten einen gewissen Trost vermitteln: Die Illusion von Verständnis und vor allem Beherrschung mindert die Ängste vor dem Unkontrollierbaren. Mit diesen Selektionsdrücken hängt der sehr allgemeiner Art zusammen, den wir mit dem Schlagwort »das egoistische Schema« angesprochen haben: Jedes komplexe adaptive System hat sich entwickelt, um Muster zu entdecken, daher ist ein Muster in gewissem Sinne seine eigene Belohnung.

Das allen diesen Selektionsdrücken gemeinsame Element ist, daß sie dem in der Wissenschaft als adaptiv Geltenden, nämlich einer erfolgreichen Beschreibung der Natur, weitgehend äußerlich sind. Desgleichen sind sie zumeist dem in der Technik als adaptiv Geltenden, nämlich der Kontrolle der Natur für irgendwelche Ziele des Menschen, äußerlich. Dennoch spielen derlei Selektionsdrücke eine entscheidende Rolle bei der Entwicklung kultureller DNS.

Daraus läßt sich eindeutig eine allgemeine Lehre ziehen. Oft ist das untersuchte System dadurch definiert, daß es nicht geschlossen ist. Wichtige Selektionsdrücke werden von außerhalb ausgeübt. Ein einfaches Beispiel ist einer der Prozesse, die im Rahmen der Entwicklung der Sprachen ablaufen. Nehmen wir an, bestimmte verschiedensprachige Stämme oder Nationen kommen in Berührung miteinander; nach etlichen Generationen überleben einige Sprachen – mit gewissen Abänderungen –, während andere aussterben. Welche aussterben, hängt weniger von der relativen Eignung der verschiedenen Sprachen als Kommunikationsmittel ab, als von ganz anderen Faktoren, wie etwa von der jeweiligen militärischen Stärke oder von den zivilisatorischen Errungenschaften der verschiedenen Stämme oder Nationen. Diese Selektionsdrücke werden außerhalb des linguistischen Bereichs ausgeübt.

Im Bereich der biologischen Evolution, in dem Auslese normalerweise auf der phänotypischen Ebene stattfindet, kann es, wie bereits erörtert, Sonderfälle geben, in denen Selektion unmittelbar auf die Keimzellen einwirkt: Ein »wahrhaft egoistisches Gen« sorgt für die erfolgreiche Befruchtung einer Eizelle durch das Spermium, das es trägt, auch wenn das Gen als solches für den erzeugten Organismus nicht vorteilhaft, sondern unter Umständen sogar schädlich ist.

Alle diese Beispiele legen den Schluß nahe, daß das Überdauern offenkundig dysadaptiver Schemata in komplexen adaptiven Systemen oft die Folge zu eng gefaßter Kriterien dafür ist, was unter Berücksichtigung aller tatsächlich wirkenden Selektionsdrücke als adaptiv gelten kann.

Von einflußreichen Personen ausgeübte Drücke

Bei einer Untersuchung der Entwicklung menschlicher Organisationen ist es nicht immer von Vorteil, die einzelnen Mitglieder der Organisation nur vereinfacht als im Rahmen der Gemeinschaft Agierende zu betrachten. Oft haben von spezifischen Individuen gefällte besondere Entscheidungen großen Einfluß auf die zukünftige Geschichte. Auch wenn sich solche Auswirkungen auf lange Sicht möglicherweise als vorübergehende Verirrungen erweisen, die durch das Einwirken langfristiger Trends »geheilt« werden, kann man doch unmöglich das Faktum, daß Individuen eine Rolle spielen, außer acht lassen. Folglich kommt das Element des Planens ins Spiel. Die Verfassung eines Staates oder eines Staatenbunds wird von Individuen geschrieben. Obwohl viele der dabei aufbrechenden Konflikte die Konkurrenz mächtiger Interessen widerspiegeln, sind die jeweils zustande gekommenen Kompromisse das Werk einzelner Staatsmänner. In ähnlicher Weise wird eine Firma von Einzelpersonen geleitet, und Charakter und Ideen des Direktors oder der Direktoren (und gelegentlich auch anderer Beteiligter) sind für den Erfolg oder Mißerfolg des Unternehmens von ausschlaggebender Bedeutung.

Gleichzeitig verhält sich die Organisation in vieler Hinsicht als komplexes adaptives System mit Schemata und Selektionsdrücken. Eine Firma arbeitet mit einem bestimmten Satz von Praktiken und Verfahren sowie bestimmten Zielvorgaben für ihre verschiedenen Abteilungen, sie plant für die Zukunft und entwickelt gedankliche Modelle für das Funktionieren der Firma als Ganzer. Die Modelle stellen im Verein mit den Zielvorgaben, Plänen,

Techniken und Verfahren Schemata dar, die direkten – von Managern auf verschiedenen Ebenen, vom Direktor bis hin zu den Vorarbeitern oder Abteilungsleitern – ausgeübten Drücken ausgesetzt sind. Die tatsächlichen Selektionsdrücke, denen die Firma von seiten der »realen Welt« ausgesetzt ist, haben jedoch etwas mit Profiten zu tun, mit dem Überleben auf dem Markt. So spielt es eine Rolle, ob Kunden angeworben und dann zufriedengestellt werden. Wenn man Organisationen sowohl als komplexe adaptive Systeme wie auch als Betätigungsfelder für die Führungsqualitäten von Individuen betrachtet, erhebt sich im allgemeinen die Frage nach dem Verhältnis zwischen den finalen Selektionsdrücken, von denen das Überleben der Organisation abhängt, und den internen Selektionsdrücken, die von den einzelnen Managern ausgeübt werden.

W. Edwards Deming, der amerikanische Statistiker (und zugleich Doktor der Physik), der die Japaner beim Wiederaufbau ihrer Industrie nach dem Zweiten Weltkrieg beriet, wurde dank seiner klugen Empfehlungen in Japan so etwas wie ein Held. Erst in dem Jahrzehnt vor seinem Tod – er starb kürzlich im Alter von 93 Jahren – wurde er endlich auch in seinem Heimatland gebührend gewürdigt, wo seine Ideen mittlerweile weit verbreitet sind und von vielen Firmen übernommen werden. Am bekanntesten ist wohl seine Betonung eines »totalen Qualitätsmanagements« (*total quality management,* TQM). Für unsere Zwecke greifen wir unter den vielen Aspekten des TQM am besten seine kritischen Bemerkungen zu den internen, von Managern einschließlich denen der mittleren Ebene ausgeübten Selektionsdrücken heraus. Diese Leute verteilen Belohnungen und verhängen Sanktionen. Sie schaffen Anreize für die Angestellten, ein besonderes Verhalten an den Tag zu legen, und beeinflussen auf diese Weise unmittelbar einige der wichtigsten Schemata der Organisation. Aber stehen diese direkten Auswirkungen auch in Einklang mit den in der realen Welt ausgeübten Selektionsdrücken? Werden die Angestellten für ein Verhalten belohnt, das im Endeffekt tatsächlich der Zufriedenstellung des Kunden dient? Oder kommen sie nur der Laune irgendeines Managers entgegen? Neigen Manager dazu, sich wie das wahrhaft egoistische Gen zu verhalten und das Überleben des Schemas unmittelbar auf eine Weise zu beeinflussen, die nicht unbedingt dem Überleben der Organisation förderlich ist?

Adaptive Systeme mit Menschen in der Schleife

Der Fall der Manager in einer Firma steht als Beispiel für die allgemeinere Situation von adaptiven Systemen mit einem oder mehreren Menschen in der Schleife – Systemen, die einer gerichteten Evolution (wie sie gelegentlich genannt wird) unterliegen, bei der Selektionsdrücke von Einzelpersonen ausgeübt werden.

In den einfachsten Situationen handelt es sich um direkte Adaptation ohne abweichende Schemata. Stellen Sie sich einen Sehtest bei einem Optiker vor. Sie schauen mit dem einen Auge auf eine Tafel mit Buchstabenreihen und horizontal und vertikal schraffierten Kästchen. Der Optiker stellt Ihnen eine Reihe von Ja/Nein-Fragen. Bei jedem Bilderpaar fragt er Sie, ob das Bild links deutlicher zu sehen ist als das rechts. Binnen kurzem steht fest, welche Stärke Ihr Brillenglas haben muß, je nachdem, an welcher Kombination von Astigmatismus, Kurz- und Alterssichtigkeit das Auge leidet. Das Schema der mit einem Auge zu lesenden Tafel hat sich Ihrem Auge angepaßt.

Ein nicht ganz so routinemäßiges Beispiel liefert die Arbeit von Karl Sims, der jetzt für Thinking Machines arbeitet, ein Unternehmen, das parallelverarbeitende Rechner entwickelt und herstellt. Sims benutzt einen Bildschirm, der aus 256 mal 256 Pixels besteht; in jedem dieser Bildelemente kann die Farbe über das ganze Spektrum variieren. Aus der Spezifizierung der Farbe für jedes Pixel ergeben sich Muster. Unter der Verwendung von Sims' Programm beginnt der Rechner mit einem speziellen Muster und produziert dann, mit Hilfe eines speziellen Algorithmus, einen Satz unterschiedlicher Muster. Die Person »in der Schleife« sucht sich die Variante aus, die ihr am besten gefällt. Als nächstes bietet der

Rechner einen weiteren Satz von Auswahlmöglichkeiten an und so fort. Nach nicht allzulanger Zeit hat das System sich einem Bild angenähert, das die beteiligte Person anspricht. Wie ich mir habe sagen lassen, sind die Ergebnisse oft bemerkenswert; außerdem soll das Ganze süchtig machen.

Man kann sich verfeinerte Methoden dieser Art vorstellen, bei denen in dem Algorithmus für die Berechnung der in jedem Stadium angebotenen Auswahlmöglichkeiten Zufall eine Rolle spielt. Oder der Computer arbeitet, was fast auf das gleiche hinausläuft, mit einem Pseudozufallsprozeß als Teil des Algorithmus.

Als Chris Langton auf einem Symposion der Wissenschaftskommission des Santa Fe Institute eine kurze Zusammenfassung von Sims' Arbeit gab, wies Bob Adams, ein Archäologe und Sekretär der Smithsonian Institution, darauf hin, daß der Algorithmus, nach dessen Regeln der Rechner ständig neue Auswahlmöglichkeiten anbietet, selbst einer Veränderung unterliegen könnte. In diesem Fall würde er zu einer Art Schema, wobei man jede Variante als einen besonderen Suchprozeß durch die enorm lange Liste möglicher Muster betrachten könnte. Zusammen mit den Ergebnissen der von der beteiligten Person getroffenen Auswahl ergäbe der spezielle Suchprozeß, für den man sich entschieden hat (mit oder ohne Zufallselement), das Muster auf dem Monitor.

Diese Muster könnten dann auf ein dauerhaftes Medium übertragen und Selektionsdrücken ausgesetzt werden, beispielsweise dem Verkauf in einem Kaufhaus oder Kritikeräußerungen. Die Computerprogramme, die (durch das Eingreifen der Versuchspersonen) am häufigsten zu Bildern führen, die relativ hohe Preise oder bei den Kritikern relativ vorteilhafte Beurteilungen erzielen, könnten höher, die restlichen niedriger eingestuft werden. In ähnlicher Weise könnte sich über die Beeinflussung durch die Preise oder Kritiken der (bewußte oder unbewußte) Geschmack der Versuchspersonen weiterentwickeln. Das Programm, der Computer, die Versuchsperson, das Kaufhaus oder der Kritiker bildeten dann ein komplexes adaptives System mit

Menschen in der Schleife. Genaugenommen könnte ein solches System als eine Art grobe Karikatur des kreativen Prozesses, wie er bei echten Künstlern gelegentlich abläuft, dienen.

Wir alle kennen ein anderes komplexes adaptives System, das auf diese Weise arbeitet, nämlich die Tier- oder Pflanzenzucht zum Nutzen des Menschen. In der Geschichte der modernen Biologie spielten Tier- und Pflanzenzucht eine wichtige Rolle. Wiederholt erwähnte Darwin sie in seiner *Entstehung der Arten* unter der Rubrik »künstliche Auslese«, die er mit der natürlichen Auslese verglich und ihr gegenüberstellte. Der Mönch Gregor Mendel entdeckte die nach ihm benannten Vererbungsgesetze beim Züchten von Erbsen. Um die Jahrhundertwende, als Mendels Arbeit wiederentdeckt und weltweit bekannt wurde, stieß dann der Holländer de Vries beim Tulpenzüchten auf das Phänomen der Mutation.

Der Züchter arbeitet mit Selektionsdrücken, indem er nur einige der erzeugten Organismen zur Weiterzucht auswählt. Natürlich kommt dabei auch natürliche Auslese mit ins Spiel; aus Gründen, die nichts mit der Entscheidung des Züchters zu tun haben, pflanzen sich viele Tiere oder Pflanzen nicht fort oder überleben nicht. Wie immer in der biologischen Evolution ist das Genom das Schema, aber in diesem Fall ist die Evolution teilweise gerichtet; zudem bilden die Prinzipien, nach denen der Züchter vorgeht, ebenfalls ein Schema, wenn auch ganz anderer Art.

Wenn ein Züchter ein Pferd zum Verkauf anbietet oder an einem Rennen teilnehmen läßt (oder beides), werden seine Methoden analog dem Computerprogramm von Karl Sims plus den von seiner Versuchsperson getroffenen Entscheidungen den Selektionsdrücken des Markts und der Rennbahn ausgesetzt. Auf diese Weise kann ein komplexes adaptives System mit einer Komponente gerichteter Evolution Teil eines komplexen adaptiven Systems höherer Ordnung werden, in dem sich die Art des menschlichen Eingreifens selbst weiterentwickeln kann.

Nehmen wir jedoch an, ein wohlhabender Züchter interessiert sich nicht dafür, wie seine Pferde sich in Rennen halten oder ob irgend jemand sie kaufen will. In diesem Fall werden im Zusammenhang des komplexen adaptiven Systems höherer Ordnung die Zuchtergebnisse im Endeffekt vermutlich dysadaptiv sein. So wie Manager, die Arbeitern Anreize für ein Verhalten bieten, das wahrscheinlich weder dem Anwerben noch der Bewahrung von Kunden dient, so macht sich ein Hobby-Pferdezüchter unter Umständen selber eine Freude, verhält sich jedoch nicht wie ein Geschäftsmann. Unter rein wirtschaftlichen Gesichtspunkten ist seine Zucht ein Mißerfolg, aber er kann trotzdem damit weitermachen.

Das Überdauern dysadaptiver Schemata: Reifungsfenster

Gelegentlich überdauern dysadaptive Schemata, weil die entprechende Adaptationsart – zumindest fast – zum Stillstand gekommen ist. Kleinkinder entwickeln Beziehungen zu Menschen, die in ihrem Leben einen wichtigen Stellenwert haben: zu Eltern, Stiefeltern, Geschwistern, Kindermädchen, dem Liebhaber der Mutter und so weiter. Laut Dr. Mardi Horowitz werden die Einstellungen und das Verhalten eines Kindes in einer solchen Beziehung von einem »Personenschema« gesteuert, das sich auf die Art bezieht, wie das Kind die betreffende Person wahrnimmt. Anfangs kann sich ein solches Schema ändern, aber ab einem späteren Zeitpunkt in der Kindheit verfestigt es sich zusehends. Mit zunehmendem Alter können diese Personenschemata in hohem Maße die Art und Weise beeinflussen, wie er oder sie seine Beziehungen zu anderen Menschen gestaltet. So kennen wir alle beispielsweise Erwachsene, die immer wieder aufs neue Ersatzsituationen für die Beziehung des Kindes zu einem Elternteil inszenieren. Häufig scheinen Personenschemata ziemlich dysadaptiv, und ein Leben entsprechend solchen Schemata läuft oft auf ein neurotisch genanntes Verhalten hinaus, das bekanntlich schwer zu heilen ist.

Recht brauchbar ist die Methode, solche Situationen unter dem Gesichtspunkt »Reifungsfenster« versus »Formbarkeit« zu untersuchen. Ein extremes Beispiel für ein Reifungsfenster ist das durch Konrad Lorenz (*Er redete mit dem Vieh, den Vögeln und den Fischen*) berühmt gewordene Phänomen der Prägung. Eine neugeborene Graugans betrachtet das erste Tier, das es sieht, als Elter und läuft ihm überallhin nach. Wenn dieses Tier Lorenz oder ein anderer Mensch ist, betrachtet die Gans schließlich sich selber in gewissem Sinne als Mensch, und es ist fraglich, ob sie je wie eine normale Gans leben kann. Das Reifungsfenster ist die sehr kurze Zeitspanne nach der Geburt, in der das Gänschen seine »Mutter« identifiziert; danach bleibt diese Identifizierung für immer festgelegt. Normalerweise bekommt eine junge Gans ihre Mutter sehr früh zu sehen; in diesem Fall ist das genetische Programm der Prägung phänotypisch erfolgreich. In dem Sonderfall eines Gänschens, das einen Verhaltensforscher wie Lorenz als Mutter annimmt, versagt das Programm ganz offensichtlich. In einem solchen Fall ist das dem Einzelwesen kraft Prägung zur Verfügung gestellte Lernschema für das betreffende Wesen dysadaptiv. Da es jedoch für die meisten Individuen anstandslos funktioniert, wurden die zu Prägung führenden genetischen Schemata in der biologischen Evolution nicht eliminiert. Trotzdem müssen genetische Schemata, die diese Reifungsfenster zur Verfügung stellen, irgendeinen allgemeinen evolutionären Vorteil mit sich bringen, sonst hätten sie nicht überdauern können. Vermutlich resultiert dieser Vorteil aus der Möglichkeit, den Mechanismus für die Aneignung bestimmter neuer Informationen abzuschalten, sobald sich das Fenster schließt.

Auch bei Menschenbabys gibt es solche Reifungsfenster. So kommen beispielsweise einige Babys mit Sehstörungen zur Welt, die zu einem frühen Zeitpunkt korrigiert werden müssen, wenn eine Heilung (zumindest ohne neue, bislang unentdeckte Eingriffe) erfolgreich sein soll. In anderen Fällen sind die Fenster sozusagen nicht absolut. Die Folgen verschiedener Formen der Vernachlässigung in entscheidenden Perioden der Säuglings- und Kleinkindphase können gravierend sein, wenn nichts unternommen wird, um den Schaden wiedergutzumachen. Unter günstigen Bedingungen bestehen jedoch durchaus Möglichkeiten einer Besserung. Diese faßt man unter der Rubrik Formbarkeit zusammen:

die Fähigkeit des Nervensystems, sich umzustrukturieren, so daß Muster tatsächlich geändert werden können, die andernfalls endlos weiterbestehen würden. Ein insbesondere in den Vereinigten Staaten wichtiges gesellschaftspolitisches Anliegen hängt damit zusammen, in welchem Maße vor dem Alter von zweieinhalb Jahren erworbene Defizite in der Lernfähigkeit durch Programme wie »Head Start« behoben werden können, durch die Kinder in den darauffolgenden zweieinhalb Jahren gezielt gefördert werden sollen. Nach Ansicht einiger Leute, die sich mit diesem Problem befassen, spielt in diesem Fall ein frühes Reifungsfenster eine wesentliche Rolle; Förderprogramme in späterem Alter seien auf lange Sicht bei weitem nicht so erfolgversprechend wie eine Verbesserung der Lernbedingungen für Babys. Andere behaupten, sie hätten gezeigt, daß in diesem Fall eine ausreichende Formbarkeit gegeben sei, um eine beträchtliche und langanhaltende Umkehrung von Lerndefiziten mit Programmen wie »Head Start« zu ermöglichen, sofern sie nur intensiv und lange genug durchgeführt werden (was oft nicht der Fall ist).

Wie auch immer die Aussagekraft der Argumente zu allgemeinen Lerndefiziten bei Kleinkindern einzuschätzen ist, fest steht, daß für das Erlernen einer Muttersprache die allerersten Lebensjahre entscheidend sind. Die wenigen bekannten Fälle von Kindern, die in dieser Zeit kaum oder überhaupt nicht mit menschlicher Sprache in Berührung kamen, lassen darauf schließen, daß der angeborene Mechanismus zum Erlernen der Grammatik einer Sprache seine Funktionsfähigkeit einbüßt. In diesem Fall handelt es sich offenbar in der Tat um ein Reifungsfenster.

Überdauern dysadaptiver Schemata: Zeitskalen

Einer der häufigsten Gründe – und vielleicht der einfachste Grund – für die Existenz dysadaptiver Schemata ist die Tatsache, daß sie irgendwann einmal adaptiv waren, allerdings unter Bedingungen, die nun nicht mehr gegeben sind. Die Umgebung des komplexen adaptiven Systems hat sich schneller verändert, als der Evolutionsprozeß sich angleichen kann. (Reifungsfenster sind in gewissem Sinne ein extremes Beispiel für eine solche Fehlanpassung der Zeitskalen.)

Im Bereich des menschlichen Denkens sind wir häufig mit sich rasch wandelnden Situationen konfrontiert, die unsere Fähigkeit zu einer Veränderung unserer Denkmuster überfordern. Gerald Durell, der Gründer des Zoos auf der Insel Jersey und Verfasser zahlreicher bezaubernder Bücher über seine Expeditionen, die er unternahm, um seltene Tierarten wiedereinzuführen, berichtet, was ihm einmal passierte, als er eine westafrikanische Schlange in den Händen hielt. Er traf keine besonderen Vorsichtsmaßnahmen, da er »wußte«, daß sie zu einer harmlosen Blindschlangenart (wie die Blindschleichen in Europa) gehörte. Plötzlich öffnete die Schlange die Augen, aber Durrell reagierte nicht schnell genug auf die neue Information, die Schlange könne einer unbekannten und womöglich gefährlichen Spezies angehören. Sie war tatsächlich giftig und biß ihn; beinahe wäre Durrell daran gestorben.

Beim Denken neigen wir eher dazu, hartnäckig an unseren Schemata festzuhalten und sogar neue Informationen zu verdrehen, um sie in diese Schemata einzupassen, als daß wir bereit wären, unsere Denkweise zu ändern. Vor vielen Jahren unternahmen zwei Physiker vom Aspen Center for Physics in der Maroon Bells Wilderness eine Kletterpartie. Beim Abstieg verloren sie die Orientierung und kamen auf der Südseite der Berge herunter statt auf der Nordseite in der Nähe von Aspen. Als sie hinunterspähten, sahen sie etwas, das sie als den Crater Lake identifizierten, den sie auf ihrem Heimweg hätten sehen müssen. Einer der beiden bemerkte jedoch, daß da ein Anlegesteg sei, den es am Crater Lake nicht gebe. Der andere antwortete: »Den müssen die nach unserem Aufbruch heute morgen gebaut haben.« Überflüssig zu erwähnen, daß sich dieser verzweifelte Versuch, ein falsches Schema aufrechtzuerhalten, als irrig herausstellte. Die beiden Physiker sahen den Avalanche Lake auf der anderen Seite der Berge, und sie brauchten ein paar Tage, um nach Hause zu kommen.

Die Erkenntnis, die Schlange könnte, da sie nicht wirklich blind war, giftig sein, paßt zu unserer Beschreibung, wie man im alltäglichen Leben auf eine kreative Idee kommt und aus einer Anziehungsmulde in eine andere gelangt. Das gleiche gilt für die Feststellung, bei dem See mit dem Anlegesteg handele es sich höchstwahrscheinlich nicht um den Crater Lake und folglich liege er woanders. Mir kommt es hier darauf an zu betonen, daß der Prozeß, auf solche Ideen zu kommen, in vielen Fällen mit der Notwendigkeit, solche Ideen zu haben, nicht Schritt hält.

Bekanntlich haben Firmen oft Schwierigkeiten, ihre Geschäftspraktiken schnell genug an sich wandelnde Marktbedingungen anzupassen. In den Vereinigten Staaten hat die gegenwärtige Kürzung der finanziellen Mittel für das Militär zur Folge, daß Industriezweige, die bislang hauptsächlich den Verteidigungsbereich belieferten, in aller Eile zivile Abnehmer finden müssen. Häufig haben diese Unternehmen ihre Marketingvorstellungen im jahrzehntelangen Umgang mit den Streitkräften und den entsprechenden Regierungsbehörden entwickelt. Das vorherrschende Schema für den Verkauf eines Produkts war vielleicht mit einem Admiral zum Mittagessen zu gehen – eine nicht unbedingt erfolgversprechende Strategie bei Geschäften mit Zivilisten. Außerdem dauert es oft Jahre, bis die Mechanismen greifen, um solche Schemata zu ändern und auf Selektionsdrücke zu reagieren, während die Nachfrage nach Abwehrsystemen binnen ein oder zwei Jahren drastisch zurückgehen kann. Wenn die Manager (oder neue Manager, die an ihre Stelle treten) keine neuen Mechanismen mit kürzerer Reaktionszeit einführen, sind die Aussichten für ihre Gesellschaft nicht gerade rosig.

Die Herausforderung, daß sich die Umstände schneller verändern, als sich ein bestimmter Evolutionsprozeß darauf einstellen kann, beeinflußt die Aussichten für die Biosphäre und die Menschheit als Ganze nachhaltig. Die kulturelle Evolution der Menschheit hat insbesondere durch Fortschritte im technologischen Bereich, in einer kurzen Zeitspanne eine außergewöhnliche

Zunahme der Erdbevölkerung ermöglicht und bewirkt, daß jeder einzelne andere Menschen und die Umwelt nachhaltig beeinflußt. Die biologische Evolution, die der Menschen ebenso wie die anderer Organismen, hat gar keine Chance, damit Schritt zu halten. Unsere genetischen Schemata spiegeln zum großen Teil die Welt von vor fünfzigtausend Jahren wider und können wegen der normalen Mechanismen biologischer Evolution keinesfalls in ein paar Jahrhunderten bedeutsame Veränderungen durchmachen. Genauso wenig können sich andere Organismen und ganze ökologische Gemeinschaften schnell genug entwickeln, um den durch die menschliche Kultur hervorgerufenen Veränderungen gewachsen zu sein.

Daraus folgt, die einzige Hoffnung, mit den Folgen einer mit mächtigen Technologien ausgerüsteten gigantischen Erdbevölkerung fertigzuwerden, liegt im kulturellen Wandel selbst. Sowohl Zusammenarbeit (als Ergänzung zu gesundem Wettbewerb) als auch Weitsicht in bislang nie dagewesenem Ausmaß sind erforderlich, um die menschlichen Fähigkeiten klug zu kanalisieren. Kooperation und Weitsicht werden noch dringlicher gebraucht, wenn man auf die Möglichkeit einer künstlichen Umwandlung menschlicher Wesen und anderer Organismen mit Hilfe zukünftiger Entwicklungen in genetischer und anderer Technologie baut, um einige der drängendsten Probleme in den Griff zu bekommen.

Angesichts der immensen Komplexität der zahlreichen miteinander verzahnten Probleme, denen sich die Menschheit gegenübersieht, erfordert Weitsicht die Fähigkeit, große Mengen relevanter Information zu erkennen und zu sammeln, die Fähigkeit, durch Nutzung dieser Information einen flüchtigen Blick auf die Wahlmöglichkeiten zu werfen, die die sich verzweigenden alternativen Geschichten der Zukunft uns bieten. Gefragt ist die Klugheit, Vereinfachungen und Annäherungen auszuwählen, die nicht darauf verzichten, entscheidende qualitative Fragen, insbesondere solche die Werte betreffend, zu stellen. Unverzichtbar sind leistungsstarke Rechner, die uns helfen, in die Zukunft zu blicken; wir dürfen aber nicht zulassen, daß diese Computer dazu verwendet werden, die Formulierung von Problemen nach Maßgabe dessen, was quantifizierbar und analysierbar ist, auf Kosten des wirklich Wichtigen zu beeinflussen.

An dieser Stelle ist es daher angebracht, einen kurzen Blick auf die Art vereinfachter Modelle komplexer Probleme zu werfen, die Computer liefern können. Als komplexe adaptive Systeme funktionierende Computer können uns von Nutzen sein, indem sie sowohl lernen als auch sich anpassen und indem sie Systeme in der realen Welt nachbilden oder simulieren, die lernen oder sich anpassen oder sich entwickeln.

20 Lernende oder den Lernprozeß simulierende Maschinen

Computer können als komplexe adaptive Systeme funktionieren. Zu diesem Zweck kann man entweder die Hardware entsprechend gestalten oder aber Rechner mit gewöhnlicher Hardware so programmieren, daß sie lernen oder sich anpassen, oder sich entwickeln. Bislang waren die meisten Geräte und Programme auf die Nachahmung einer vereinfachten Vorstellung dessen, wie ein lebendes komplexes adaptives System funktioniert, angewiesen.

Berechnung neuronaler Netze

Ein allgemein bekannter Typus eines komplexen adaptiven Computersystems ist das neuronale Netz, das entweder mit Software oder mit Hardware durchgeführt werden kann. In diesem Fall besteht eine Analogie zu einem primitiven Modell, wie das Gehirn eines Säugetieres (insbesondere eines Menschen) arbeiten könnte. Man beginnt mit einem System vieler Knoten oder Einheiten (oft als Neuronen bezeichnet, obwohl es alles andere als klar ist, in welche Maße sie wirklich den einzelnen Nervenzellen im Gehirn entsprechen). Jede Einheit ist zu jedem Zeitpunkt durch ein Bit (0 oder 1) charakterisiert, das angeben soll, ob das »Neuron« feuert oder nicht. Jede Einheit ist mit einigen oder allen anderen verbunden; wie stark eine jede Einheit auf jede andere Einheit einwirkt, wird durch eine positive oder negative Zahl ausgedrückt: positiv, wenn die erste Einheit die zweite anregt, negativ, wenn sie diese hemmt. Während des Lernprozesses verändern sich die Stärken laufend.

Berechnungen neuronaler Netze können auf konventionellen

Rechnern durchgeführt werden; in diesem Fall ist die Software für die Einheiten und ihre anregenden oder hemmenden Auswirkungen aufeinander verantwortlich. Die Einheiten existieren dann nur als Elemente der Berechnung. Man kann ebensogut mit einer speziellen Computerhardware arbeiten, um ein solches Netz zu realisieren, das dann aus separaten, in einem parallelverarbeitenden Netzwerk angeordneten Recheneinheiten besteht.

Als ein Beispiel für die vielen Probleme, bei denen neuronale Netze zur Berechnung eingesetzt wurden, können wir das Erlernen des Vorlesens eines englischen Textes in korrekter Aussprache herausgreifen. Da die Schreibweise des Englischen bekanntlich alles andere als phonetisch ist, handelt es sich hier keineswegs um eine alltägliche Übung. Der Rechner muß eine Unzahl allgemeiner Regeln mitsamt ihren Ausnahmen, die man als zusätzliche spezielle Regeln betrachten kann, ausfindig machen. Wenn ihm eine ausreichende Textmenge zur Verfügung steht, tauchen nicht nur die allgemeinen, sondern auch die speziellen Regeln oft genug auf, um die Regelmäßigkeit zu fungieren. Damit ein neuronales Netz laut englisch zu lesen lernt, muß es als komplexes adaptives System arbeiten. Es muß für jede Textpassage verschiedene Kennzeichnungen von Gruppen von Regelmäßigkeiten ausprobieren, die Information darüber zu Schemata verdichten, diese Schemata auf weitere Textpassagen anwenden und dabei miteinander konkurrieren lassen, um der korrekten Aussprache, die ein »Lehrer« liefert, möglichst nahe zu kommen. Diese Art Lernen wird als kontrolliertes Lernen bezeichnet im Gegensatz zu einer anderen, bei der beispielsweise Ausspracheschemata an englischsprachigen Personen ausprobiert werden, um zu sehen, ob diese sie verstehen, wobei kein Lehrer mit richtigen Antworten beispringt. Eine Überwachung erlaubt es, Eignung zu definieren, je nachdem, wie groß der Unterschied zwischen der korrekten und der aus dem Schema resultierenden Aussprache des Textes ist.

Bei dem von 1987 von Terry Sejnowski und C. R. Rosenberg entwickelten NETtalk bestanden die Eingabedaten aus sieben aufeinanderfolgenden Schriftzeichen (von denen ein jedes einer der 26 Buchstaben oder eine Leerstelle, ein Komma oder ein Punkt sein konnte) aus einem geschriebenen englischen Text, der sich in einem sich bewegenden Fenster befand, das schrittweise die ganze Passage abtastete. Der Output war ein Aussprachecode für das mittlere der sieben Schriftzeichen; dieser Code wurde in einen Sprachgenerator eingegeben.

Die Inputs wurden mit den Bits, die mit einer Menge von 7 mal 29 (= 203) Einheiten, die Outputs mit Bits, die mit 26 anderen Einheiten zusammenhingen, identifiziert. Achtzig zusätzliche Einheiten sollten beim Lernen helfen. Die Schemata wurden in Gruppen von Interaktionsstärken dargestellt, wobei die Interaktionen auf Auswirkungen der Inputeinheiten auf Helfereinheiten und Auswirkungen von Helfereinheiten auf Outputeinheiten beschränkt wurden. Für alle anderen Interaktionsstärken wurde der Wert Null festgelegt, einfach um den Prozeß überschaubar zu halten.

Dem Netzwerk wurde beigebracht, mit den Schriftzeichen in einer 1024 Wörter umfassenden Textpassage und begleitet von dem »Lehrer« – der Sequenz von Aussprachecodes für alle diese Schriftzeichen entsprechend der korrekten englischen Aussprache des Textes – zu arbeiten.

Beim ersten Übungslauf durch den Text begannen die Stärken bei irgendwelchen willkürlichen Werten, um sich dann, während das Zentrum des Fensters mit den sieben Buchstaben sich buchstabenweise durch den Text bewegte, (durch eine Art Lernprozeß) zu ändern. Bei jedem einzelnen Schritt wurden die Inputs und die Stärken in eine einfache Formel eingegeben, die die möglichen Outputwerte mit versuchsweisen Aussprachen ergab. Dann wurde die Diskrepanz zwischen den korrekten und den möglichen Outputs durch eine Modifizierung der Stärken mit Hilfe einer ähnlich einfachen Formel verringert. Die Stärken am Ende des ersten Probelaufs wurden als Ausgangsstärken für einen zweiten Übungslauf durch den gleichen Text mit 1024 Wörtern verwendet. Und so weiter.

Erfolg bedeutete, daß die Stärken von einem Durchlauf zum nächsten nicht stark schwankten, sondern mit nur geringen Abweichungen rasch auf Werte konvergierten, die der korrekten

Aussprache ziemlich nahe kamen. Schließlich genügten zehn Probeläufe mit den 1024 Wörtern, um eine verständliche Sprache zu erhalten; nach fünfzig Übungsdurchläufen wurde die Korrektheit der Aussprache auf 95 Prozent geschätzt. Im Anschluß an die Übungsdurchläufe wurden die resultierenden Stärken verwendet, um eine andere englische Textpassage ohne weitere Unterweisung laut vorzulesen. Dabei erzielte man eine Genauigkeit von 78 Prozent.

Es gibt noch viele andere Versionen von neuronalen Netzen und eine Unmenge von Problemen, auf die sie oft mit beachtlichem Erfolg angewandt wurden. Das Schema wird immer durch eine Gruppe von Interaktionsstärken dargestellt, deren jede für die Auswirkung einer Einheit auf eine andere steht. Einer meiner Kollegen am Caltech, John Hopfield, wies 1982 auf eine Bedingung hin, die, wenn man sie diesen Stärken künstlich auferlegte, Eignung nicht nur exakt zu definieren, sondern im Verlauf des Lernprozesses ständig zu verbessern erlaubte. Die Stärke des Einflusses einer Einheit A auf eine andere Einheit B muß die gleiche sein wie für den Einfluß von B auf A. Diese Bedingung trifft mit an Sicherheit grenzender Wahrscheinlichkeit nicht auf Gehirne zu, und viele erfolgreiche neuronale Netze einschließlich NETtalk verstoßen auch dagegen. Es ist jedoch ganz aufschlußreich, daß es Situationen gibt, in denen Eignung wohldefiniert ist und zudem stetig zunimmt, und andere, in denen dies nicht der Fall ist.

Wie üblich, wenn Eignung wohldefiniert ist, besteht der Lernprozeß darin, Täler in der Eignungslandschaft zu erforschen. Bei ständig zunehmender Eignung – und somit ständig abnehmender Höhe – taucht dann wie immer das Problem auf, in einer flachen Mulde steckenzubleiben, obwohl sich in der Nähe tiefe Löcher befinden; dem kann durch die Einführung von Rauschen entgegengewirkt werden. Man kann beispielsweise von Zeit zu Zeit die Stärken auf zufällige Weise leicht verändern. Solche zufälligen Änderungen des Schemas ähneln den Vorschlägen, wie man auf der Suche nach einer kreativen Idee das Denken aus einem eingefahrenen Gleis herauskatapultieren kann. Wie üblich gibt es einen optimalen Rauschpegel.

Genetische Algorithmen als komplexes adaptives System

Da neuronale Netze auf einer annähernden Analogie zum Lernen bei höheren Tieren beruhen, könnte man fragen, ob es auch rechnergestützte komplexe adaptive Systeme gibt, die von einer Analogie zu biologischer Evolution ausgehen. Es gibt sie in der Tat. Bahnbrechende Arbeit auf diesem Gebiet leistete John Holland von der University of Michigan, einer Hauptstütze des Santa Fe Institute. Derlei Systeme arbeiten mit einem »genetischen Algorithmus« als Software, einem speziellen »Klassifizierungssystem« und gängiger Computerhardware. Bislang wurden diese Systeme zumeist bei Problemen eingesetzt, bei denen Eignung wohldefiniert ist, etwa zur Entwicklung von Gewinnstrategien beim Schachspielen oder von Methoden zur Installierung von kostensenkenden Schaltsystemen. Es spricht jedoch nichts dagegen, diese Systeme auch auf andere Probleme anzuwenden.

Eine überaus vereinfachte Beschreibung eines genetischen Algorithmus als Software würde ungefähr so aussehen: Jedes Schema ist ein Computerprogramm für eine mögliche Strategie oder Methode. Jedes dieser Programme besteht aus einer Reihe von Computeranweisungen. Eine Änderung der Schemata erfolgt über Änderungen dieser Anweisungen, indem beispielsweise zwei von ihnen einen Crossing-over-Prozeß (siehe Abbildung 23 Seite 432) durchmachen, der dem bei der sexuellen Reproduktion lebender Organismen (siehe Abbildung 20 Seite 358) vergleichbar ist. Die beiden Anweisungen werden an einem bestimmten Punkt in einen Anfang und ein Ende unterteilt. Das Crossing-over hat zur Folge, daß zwei neue Anweisungen entstehen. Die eine besteht aus dem Anfang der ersten alten Anweisung und dem Ende der zweiten, die andere neue Anweisung aus dem Anfang der zweiten alten und dem Ende der ersten.

In manchen Fällen verbessert die Modifizierung eines Computerprogramms im Wege des Ersetzens einer oder mehrerer Anweisungen durch solchermaßen erzeugte neue Anweisungen die Eignung des Programms, in anderen verschlechtert es sie. Nur

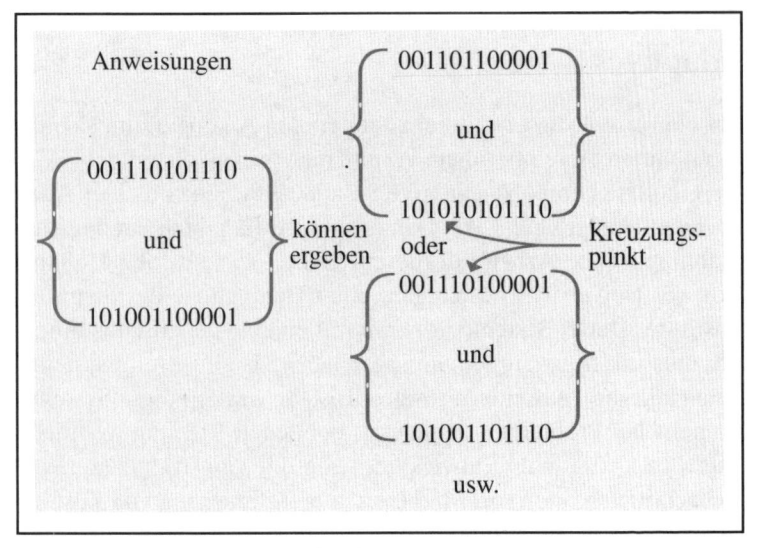

```
                    Anweisungen      ⎧ 001101100001 ⎫
                                     ⎨      und     ⎬
   ⎧ 001110101110 ⎫                  ⎩ 101010101110 ⎭
   ⎨     und      ⎬  können    oder                    Kreuzungs-
   ⎩ 101001100001 ⎭  ergeben         ⎧ 001110100001 ⎫  punkt
                                     ⎨      und     ⎬
                                     ⎩ 101001101110 ⎭
                                           usw.
```

Abbildung 23: *Crossing-over bei Computeranweisungen*

durch Ausprobieren der verschiedenen Programme am zu lösenden Problem kann der Computer den Wert einer jeden Modifizierung feststellen (indem er die schwierige, als *credit assignment* oder Wertzuordnung bezeichnete Beurteilung vornimmt). John Hollands Klassifizierungssystem stellt eine Art Markt dar, auf dem miteinander konkurrierende Anweisungen gekauft und verkauft werden. Diejenigen, die die Leistungsfähigkeit von Programmen verbessern, erzielen höhere Preise als solche, die zu keiner Verbesserung oder einer Verschlechterung führen. Auf diese Weise wird eine Rangliste der Anweisungen erstellt. Ständig werden neue Anweisungen eingetragen und die am Ende der Liste gestrichen, um Platz für die neuen zu schaffen. Die Anweisungen ganz oben auf der Liste werden in den modifizierten Programmen verwendet, die die veränderten Schemata bilden.

Das eben Gesagte ist lediglich eine grob vereinfachte Beschreibung eines in Wirklichkeit ziemlich komplizierten Verfahrens. Dennoch sollte klargeworden sein, daß Programme sich infolge eines solchen Verfahrens weiterentwickeln und daß die Eignung im Verlauf der Evolution dazu tendiert zuzunehmen. Die Rückwirkung der Leistungsfähigkeit eines Programms auf eine Höher- oder Niedrigerstufung der Anweisungen, aus denen es besteht, ist jedoch keine starre Regel, sondern entspricht einer allgemeinen, von den Marktbedingungen diktierten Tendenz. Es gibt also genug Rauschen in dem System, das es gestattet, aus flachen Eignungsmulden zu entkommen, um nahegelegene Tiefen zu erkunden. Im allgemeinen erforscht das System einen riesigen Raum möglicher Methoden oder Strategien und erreicht kein Fließgleichgewicht oder absolutes Optimum. So hat man beispielsweise noch immer keine optimale Strategie für Schach entdeckt. Ginge es allerdings um ein einfacheres Spiel, dann würde die Maschine schnell die bestmögliche Strategie herausfinden, und die Suche wäre beendet.

Obwohl die Methode des genetischen Algorithmus hauptsächlich auf Such- und Optimierungsprobleme angewandt wurde, bei denen Eignung (oder »Gewinn«) wohldefiniert ist, kann man sich ihrer auch in anderen Fällen bedienen, genauso wie in beiden Situationen neuronale Netze eingesetzt werden können. Sowohl neuronale Netze als auch genetische Algorithmen führen zu rechnergestützten komplexen adaptiven Systemen, die Strategien entwickeln können, die kein Mensch sich je ausgedacht hat. Das legt die Frage nahe, ob diese beiden Technikklassen aufgrund der ungefähren Analogie zu dem Funktionieren von Gehirnen beziehungsweise der biologischen Evolution etwas Besonderes an sich haben. Kann man eine andere Klasse erfinden, die eine Analogie zu dem Immunsystem der Säugetiere nutzt? Gibt es gar eine riesige Kategorie rechnergestützter komplexer adaptiver Systeme, die die bekannten sowie vermutete und noch viele andere Klassen umfaßt? Kann eine solche übergreifende Kategorie in praktischen Begriffen beschrieben werden, so daß ein(e) potentielle(r) Benutzer(in) die verschiedenen Möglichkeiten auf der Suche nach einem rechnergestützten System, das für sein oder ihr Problem wahrscheinlich das geeignete ist, durchforsten kann?

Dies sind Fragen, um deren Beantwortung sich Wissenschaftler, die rechnergestützte komplexe adaptive Systeme untersuchen, intensiv bemühen.

Simulation komplexer adaptiver Systeme

Die Verwendung von Computern im Zusammenhang mit komplexen adaptiven Systemen beschränkt sich keineswegs auf die Entwicklung von Hardware oder Software für rechnergestützte komplexe adaptive Systeme zur Problemlösung. Eine weitere umfassende Kategorie von Anwendungsmöglichkeiten ist die Simulation des Verhaltens komplexer adaptiver Systeme.

Das auffälligste Merkmal solcher Simulationen ist die Tatsache, daß sich aus einfachen Regeln plötzlich komplexes Verhalten ergibt. Diese Regeln beziehen sich auf allgemeine Regelmäßigkeiten, die Bearbeitung eines einzelnen Falls läßt aber neben den durch diese einfachen Regeln bedingten allgemeinen Regelmäßigkeiten besondere zum Vorschein kommen. Diese Situation ähnelt der des gesamten Universums, das einfachen Gesetzen unterliegt, die eine unendliche Vielfalt von Szenarios zulassen, von denen jedes – insbesondere für einen bestimmten Bereich des Raums und eine bestimmte zeitliche Epoche – seine eigenen Regelmäßigkeiten aufweist, so daß im Verlauf der Zeit immer komplexere Formen auftauchen können.

Der Trick beim Ersinnen einer überschaubaren Simulation besteht darin, die Regeln zu »beschneiden«, aber sie solchermaßen einfacher zu machen, daß die interesssantesten Verhaltensweisen erhalten bleiben. Der Erfinder einer Simulation muß daher eine Menge über die Auswirkungen von Veränderungen der Regeln auf das Verhalten in vielen verschiedenen Szenarios wissen. Einige Erfinder, etwa Robert Axelrod, ein Politologe an der University of Michigan, haben ihre Intuition soweit perfektioniert, daß sie ihnen zu erraten hilft, wie sie die Sache vereinfachen können, ohne das Kind mit dem Bade auszuschütten. Natürlich gründet diese Intuition teilweise auf vorangegangener Überlegung und teilweise auf einem Herumprobieren mit den Regeln, ehe man beobachtet, was bei verschiedenen Computerdurchläufen mit jeweils modifizierten Regeln passiert. Dennoch ist das Ersinnen einfacher Simulationen, die zu zahlreichen interessanten Ergebnissen führen, nach wie vor eher eine Kunst als eine Wissenschaft.

Kann man die Untersuchung von Regelgruppen und ihren Ergebnissen wissenschaftlicher machen? Dazu bedarf es größerer Erfahrung und der Formulierung phantasievoller empirischer Schätzungen, welche Arten von Regeln wohl zu welcher Art von Verhalten führen. Anschließend kann man versuchsweise exakte Theoreme aufstellen, und schließlich lassen sich vielleicht einige dieser Theoreme – vermutlich von Mathematikern – beweisen.

Auf diese Weise kann sich eine Art Wissenschaft der Regeln und Ergebnisse herausbilden, wobei die Computerdurchläufe als Experimente dienen und bewiesene Theoreme die Theorie darstellen. Mit dem Aufkommen schneller und leistungsstarker Rechner werden faktisch immer mehr einfache Simulationen zu immer mehr Problemen durchgeführt werden. Das Rohmaterial für die zukünftige Wissenschaft sammelt sich bereits an.

Was am Ende wirklich zählt, ist jedoch die Aussagekraft der Simulationen für die Situationen in der realen Welt, die sie nachbilden. Liefern sie wertvolle Erkenntnisse über reale Situationen? Legen sie Vermutungen über reale Situationen nahe, die man durch Beobachtung überprüfen könnte? Lassen sie mögliche Verhaltensweisen erkennen, über die man sich bislang keine Gedanken gemacht hat? Bieten sie mögliche neue Erklärungen für bekannte Phänomene?

In den meisten Bereichen sind die Simulationen noch zu primitiv, als daß sich diese Fragen positiv beantworten ließen. Dennoch ist es erstaunlich, daß in bestimmten Fällen eine einfache Regelgruppe Einsichten vermitteln kann, wie ein komplexes adaptives System in der realen Welt funktionieren könnte.

Eine Simulation biologischer Evolution

Ein hervorragendes mit mittlerweile recht berühmtes Beispiel ist das TIERRA-Programm, das Thomas Ray von der University of Delaware in Zusammenarbeit mit dem Santa Fe Institute schrieb. Er arbeitete als Ökologe im Tiefland-Regenwald Costa Ricas in der biologischen Forschungsstation La Selva. Ökologische Forschung reizte ihn, da er Evolution untersuchen wollte. Bedauerlicherweise findet innerhalb der Lebenszeit eines Menschen kaum Evolution statt, daher empfand er seine Arbeit mit der Zeit als unbefriedigend. Deshalb beschloß er, Evolution auf einem Computer zu simulieren.

Er hatte vor, schrittweise ein passendes Programm zu entwikkeln, beginnend mit einem sehr vereinfachten, in das er dann allmählich immer mehr Merkmale einbauen wollte, etwa punktiertes Gleichgewicht und Parasitismus. Mühsam brachte er sich selbst das Schreiben eines Programms »in Maschinensprache« bei, und es gelang ihm, ein sehr einfaches zu schreiben und auszutesten, bis es fehlerfrei war. Dieses Ausgangsprogramm war TIERRA, und es erwies sich als außergewöhnlich vielfältig. Seitdem beschäftigt er sich damit, es immer wieder durchlaufen zu lassen und die richtigen Schlußfolgerungen aus den verschiedenen Durchläufen zu ziehen. Zudem ergab sich eine Reihe von Merkmalen, die er eigentlich erst später einbauen wollte – darunter sowohl punktiertes Gleichgewicht als auch Vorherrschen von Parasitismus –, aus TIERRA selber. Sogar etwas, das große Ähnlichkeit mit Sex hat, tauchte auf.

TIERRA arbeitet mit »digitalen Organismen«: Sequenzen von Maschinenanweisungen, die im Computerspeicher um Raum und in der zentralen Verarbeitungseinheit um Zeit konkurrieren, die sie für Selbstreplikation verwenden. Die Gesamtheit der von TIERRA gelieferten komplexen adaptiven Systeme ist in gewissem Sinne degeneriert, da der Genotyp und der Phänotyp eines jeden digitalen Organismus durch das gleiche, nämlich die Anweisungssequenz, ausgedrückt werden. Diese Sequenz unterliegt Mutationen, und auf sie wirken Selektionsdrücke in der realen

Welt ein. Dennoch empfiehlt es sich (wie Walter Fontana betont), bei einer näheren Betrachtung dieses Systems die beiden Funktionen auseinanderzuhalten, auch wenn sie von derselben Einheit ausgeführt werden. (Entsprechend einigen Theorien über die Entstehung des Lebens auf der Erde war dieser Prozeß in einem frühen Stadium auf ähnliche Weise degeneriert: die RNS übernahm sowohl die Rolle des Genotyps als auch des Phänotyps).

Mutationen werden auf zweierlei Weise ausgelöst. Zum einen werden von Zeit zu Zeit irgendwo in der Gesamtheit der Organismen zufällig Bits »geflippt« (aus Nullen werden Einsen oder umgekehrt; auf ganz ähnliche Weise werden konkrete Organismen durch kosmische Strahlen beeinflußt); etwa pro zehntausend ausgeführten Anweisungen wird ein Bit geflippt. Zum anderen werden im Verlauf der Replikation der digitalen Organismen auf zufällige Weise Bits in den Kopien geflippt. Hier ist die Häufigkeit etwas höher, nämlich ungefähr ein Bit pro jeweils ein paar tausend kopierte Anweisungen. Es handelt sich hierbei um Durchschnittsraten; die zeitliche Abfolge der Irrtümer ist unregelmäßig, um periodische Effekte zu vermeiden.

TIERRA berücksichtigt auch die Bedeutung des Todes in der Biologie. Der Speicherplatz ist strikt begrenzt; gäbe es keinen Tod, würden selbstreplizierende Wesen ihn rasch ausfüllen und keinen Raum mehr für eine weitere Replikation lassen. Daher der *Reaper*, der »Schnitter«, der regelmäßig Organismen entsprechend einer Regel tötet, die vom Alter des Organismus und den Fehlern, die er bei der Ausführung von Anweisungen macht, abhängt.

Tom Ray entwarf eine selbstreplizierende Sequenz von achtzig Anweisungen, die bei jedem TIERRA-Durchlauf als Vorläufer – als der ursprüngliche digitale Organismus – verwendet wird. Als er das System zum erstenmal durchlaufen ließ, rechnete er mit einer langen Zeitspanne, in der Fehler auftreten würden und beseitigt werden müßten. Statt dessen tauchten von Anfang an interessante Ergebnisse auf, von denen viele an reale biologische Phänomene gemahnen, und das hat sich nicht geändert.

Eine faszinierende Entwicklung war, daß nach einer langen

Phase der Evolution eine verbesserte Version des Vorläufers auftauchte. Sie hat nur 36 Anweisungen statt achtzig, schafft es aber, in ihren 36 Anweisungen einen komplexeren Algorithmus unterzubringen. Als Tom diesen Komprimierungsdreh einem Informatiker zeigte, wurde er aufgeklärt, daß dies ein Beispiel für eine durchaus bekannte, als »Entrollen der Schleife« bezeichnete Technik sei. Die Evolution in TIERRA hatte ausgeknobelt, wie eine Schleife entrollt wird. Tom schreibt: »Es handelt sich um eine sehr raffinierte, von Menschen erfundene Optimierungstechnik. Allerdings wird sie in einem etwas wirren, aber trotzdem funktionellen Stil durchgeführt; kein Mensch würde das so machen (außer vielleicht, wenn er sehr betrunken ist).«

Wie entstehen solche Organismen, die nicht genau achtzig Anweisungen enthalten? Sie können nicht direkt durch Mutationen entstehen. Anfangs enthält das System nur den Vorläufer und seine Abkömmlinge mit jeweils achtzig Anweisungen. (Sie vermehren sich, bis der Speicher nahezu voll ist; jetzt kommt der »Schnitter« zum Zug. Danach besetzt die sich verändernde Population von Organismen allmählich wieder einen Großteil des Speichers.) Schließlich kommt es zu Mutationen, die den Genotyp eines Organismus mit achtzig Anweisungen auf spezielle Weise verändern: Wenn der Organismus sich selbst untersucht, um seine Größe zu bestimmen, damit er sie auf seine Nachkommen übertragen kann, kommt eine falsche Antwort heraus, und eine neue Größe wird weitergegeben. Auf diese Weise enthält die Population schließlich Organismen vieler unterschiedlicher Größen.

Schon der erste Versuch, solchermaßen biologische Evolution nachzuahmen, hat zu derart vielen Erkenntnissen geführt, daß sich hier mit Sicherheit ein riesiges Terrain eröffnet, das es zu erforschen gilt. Neue Methoden der Simulation, wie die in enormen Zeitabschnitten wirkende Evolution die jetzt in Organismen und natürlichen Gemeinschaften auf der ganzen Welt gespeicherte Informationen hervorgebracht hat, werden uns nicht nur helfen, die existierende Vielfalt besser zu verstehen, sondern können auch zur Schaffung eines geistigen Klimas beitragen, in dem diese Vielfalt wirksamer geschützt wird.

Ein Hilfsmittel zur Aufklärung über Evolution

Zusammen mit ähnlichen Computersimulationen der biologischen Evolution, die in Zukunft noch entwickelt werden, kann TIERRA vor allem dazu beitragen, Nichtwissenschaftlern zu vermitteln, wie Evolution funktioniert. Die meisten Menschen können sich auch ohne Computersimulationen leicht vorstellen, wie vergleichsweise geringfügige Abweichungen im Zusammenwirken mit einigen Generationen der Auslese möglicherweise zu Veränderungen in einer Population führen. Persönliche Erfahrungen mit der Zucht von Hunden, Wellensittichen, Pferden oder Rosen überzeugen nahezu jeden, daß Evolution in kleinem Maßstab eine Realität ist. Evolution in einem größeren Zeitrahmen, mit dem Auftauchen neuer Arten, Gattungen, Familien und noch höherer Taxa, ist jedoch etwas ganz anderes. Die meisten haben Schwierigkeiten, auch nur die vergleichsweise nahe Verwandtschaft zwischen dem Elephanten und dem Felsenklippschliefer zu begreifen. Noch schwieriger ist es für sie, sich die Wechselbeziehungen zwischen allen Lebensformen einschließlich der ungeheuren Veränderungen im Verlauf von Jahrmilliarden vorzustellen.

Besonders schwer fällt es vielen, die Tatsache zu akzeptieren, daß *reiner Zufall plus Selektionsdrücke* von einer einfachen Anfangsbedingung zu hochgradig komplexen Formen und komplexen ökologischen Gemeinschaften führen können, die aus solchen Formen bestehen. Sie sind einfach außerstande zu glauben, solche Evolution könne ohne das Eingreifen irgendeiner lenkenden Hand, ohne daß irgendeine Art Plan dahintersteht, stattfinden. (Andere scheuen besonders davor zurück, daß auch das Bewußtsein sich entwickelt haben soll, das Selbstbewußtsein, auf das die Menschen so stolz sind; irgendwie haben sie das Gefühl, Bewußtsein könne nicht entstehen, wenn es nicht schon vorher Bewußtsein gegeben hätte.) Da ich nie von derlei Zweifeln befallen war, kann ich sie nur von außen her betrachten. Eine Möglichkeit, es diesen Menschen etwas leichter zu machen, scheint mir jedoch zu sein, sie selber erleben zu lassen, welch bemerkenswerte Veränderungen Millionen von Generationen weitgehend zufälliger Prozesse im Zusammenwirken mit natürlicher Auslese hervorgebracht haben. Das läßt sich nur im Wege der Simulation bewerkstelligen, wie bei TIERRA, das eine ungeheure Vielfalt von Generationen in einer überschaubaren Zeitspanne durchlaufen lassen kann; und raffinierte und realistische künftige Simulationen werden das Ganze noch leichter vollbringen.

Wenn wir biologische Evolution mit den Begriffen Zufall und Selektion beschreiben, behandeln wir die verschiedenen Mutationsprozesse der Einfachheit halber so, als seien sie rein stochastischer Natur. In Wirklichkeit ist jedoch ein gelegentliches Abweichen von Zufälligkeit möglich. Einige Autoren haben Beweise dafür angeführt, daß Mutationen manchmal auf nichtzufällige Weise entstehen, ja sogar auf eine Weise, die auf eine zunehmende Eignung abzuzielen scheint. Daß es unter Umständen Effekte dieser Art gibt, ändert jedoch nichts an der Kernaussage: Soweit wir wissen, liefe die biologische Evolution ohne solche gelegentlichen nichtzufälligen Veränderungen auf ziemlich die gleiche Weise ab, wie sie dies jetzt tut.

Ehe Tom Ray TIERRA entwickelt hatte, rief ich ein Grüppchen einfallsreicher Leute im Santa Fe Institute zusammen, die darüber diskutieren sollten, ob wir ein Computerspiel erfinden könnten, das populär werden und die Spieler von der ungeheuren Macht des sich über viele Generationen erstreckenden Evolutionsprozesses überzeugen könnte. Ein hervorragendes Ergebnis dieses Treffens war, daß John Holland, nach Hause zurückgekehrt, ECHO erfand, eine umfassende Computersimulation einer Ökologie einfacher Organismen. Das als Lernhilfe gedachte Spiel kam jedoch nie auf den Markt. Wenig später entwickelte dann, unabhängig davon, Tom Ray TIERRA, das zwar kein Spiel im eigentlichen Sinne ist, letztendlich aber den gleichen Effekt haben könnte.

Einige Teilnehmer des Treffens wiesen darauf hin, daß dem Käufer der ersten Paperbackausgabe des Buches von Richard Dawkins, *The Blind Watchmaker* (dt. *Der blinde Uhrmacher*), Software für ein Computerspiel mitgeliefert wird, das Evolution veranschaulicht. Diese Art Spiel ist allerdings nicht ganz das, was ich mir vorgestellt hatte. Der springende Punkt ist, daß es in der realen biologischen Evolution keinen Erfinder in der Schleife gibt. Dawkins, der in seinem Buch genau das auf sehr elegante Weise klarmacht, hat jedoch ein Spiel erfunden, bei dem der Spieler im Verlauf der Evolution ständig die Selektionsdrücke liefert, ungefähr so wie der Benutzer von Karl Sims' Software zur Erzeugung von Bildern. (Das Spiel enthält eine Option für ein »Treibenlassen«, bei der der Spieler die Organismen sich selbst überlassen kann, aber auch jetzt unterliegen sie keinerlei Selektionsdrücken von seiten der ökologischen Gemeinschaft, der sie angehören.) In der (nur teilweise angemessenen) Sprache der Eignung könnte man sagen, daß in Dawkins Spiel die Eignung *exogen* ist, von außen geliefert wird, während in der Natur (wie er in seinem Buch erklärt) die Eignungen *endogen*, ohne irgendein Eingreifen von außen letztlich aufgrund der Beschaffenheit der Erde und der Sonne, und durch Zufallsereignisse einschließlich der Evolution einer ungeheuren Artenvielfalt bestimmt sind. Können wir uns ein Spiel ausdenken, bei dem die Spieler, wie Tom Ray bei TIERRA, nur eine Ausgangssituation und einen Satz von Regeln für biologische Evolution liefern und alles andere dem Zufall und der natürlichen Auslese überlassen?

Simulationen von Kollektiven adaptiv Handelnder

Jede seriöse Evolutionssimulation muß die Interaktion von Populationen, die zahlreichen Spezies angehören, beinhalten; die Umwelt einer jeden dieser Spezies besteht ebenso aus all den anderen Organismen wie aus der physikochemischen Umgebung. Was aber ist, wenn wir wissen wollen, was innerhalb einer vergleichsweise kurzen Zeitspanne, in der kaum biologische Evolution stattfindet, mit einer solchen ökologischen Gemeinschaft passiert? Dann versuchen wir es mit einer Simulation ökologischer Prozesse.

Eine Reihe Theoretiker, die mit dem Santa Fe Institute in Verbindung stehen, suchte anhand von Computermodellen etwas über die Eigenschaften komplexer adaptiver Systeme herauszufinden, die Kollektive koadaptierender adaptiv Handelnder darstellen, von denen jeder Schemata entwickelt, um das Verhalten der anderen zu beschreiben und vorherzusagen. Diese Forscher haben eine Menge kluger Dinge über solche Systeme herausgebracht – plausible Vermutungen wie auch für spezielle Modelle nachgewiesene Ergebnisse. Es ergibt sich folgendes Bild: Der Bereich des zwischen Ordnung und Unordnung liegenden algorithmischen Informationsgehalts kann ein Regime enthalten, das dem (am Beispiel der Sandhaufen veranschaulichter) selbstorganisierender Kritikalität ähnelt. In diesem Regime können Schlüsselgrößen nach Potenzgesetzen verteilt sein. Und was am wichtigsten ist: Das gesamte System tendiert möglicherweise dazu, sich in Richtung des Zustands zu entwickeln, in dem diese Potenzgesetze gelten.

Stuart Kauffman sowie Per Bak haben diese Ideen vom Theoretischen her eingehend untersucht. Stuart gehört zu jenen, die diese Vorstellungen mit Hilfe des Begriffs »Adaption hin zum (oder zum oder am) Rand des Chaos« beschreiben, wobei »Rand des Chaos« in übertragenem Sinne gebraucht wird, um einen kritischen Zustand zwischen Ordnung und Unordnung zu bezeichnen. Eingeführt hat den mittlerweile in Sachbüchern häufig verwendeten Begriff Norman Packard (mit der Präposition »hin zu«) als Titel einer Abhandlung darüber, wie man mit Hilfe eines sehr einfachen rechnergestützten lernfähigen Systems einen solchen kritischen Zustand untersuchen kann. Etwa zur gleichen Zeit befaßte sich Chris Langton unabhängig davon mit ähnlichen Untersuchungen.

Im ökologischen und im ökonomischen Bereich, wo es offenkundig etliche Anwendungsmöglichkeiten dafür gibt, kennt man aus der Beobachtung derlei Potenzgesetze – speziell solcher, die die Ressourcenverteilung regulieren – sehr gut. Das berühmte empirische Gesetz der Einkommensverteilung in einer freien Marktwirtschaft, das der italienische Wirtschaftswissenschaftler Vilfredo Pareto im 19. Jahrhundert entdeckte, nähert sich einem

Potenzgesetz für die höheren Einkommen an. Pareto entdeckte auch ein ungefähres Potenzgesetz für individuellen Reichtum, das wiederum am oberen Ende des Spektrums angewandt werden kann.

Ökologen untersuchen oft den Anteil an Ressourcen, den alle Individuen einer bestimmten Art gemeinsam nutzen und der als eine Funktion der verschiedenen Arten in einer natürlichen Gemeinschaft betrachtet wird. Auch sie stoßen auf empirische Potenzgesetze. Zum Beispiel enthält der durch den mittleren Tidenniedrig- und Tidenhochwasserstand begrenzte Bereich entlang des felsigen Küstenstrichs der Cortés-See, nahe ihrem nördlichen Ende und unmittelbar südlich der Grenze zu den Vereinigten Staaten, eine Reihe verschiedener Organismen, etwas Rankenfußkrebse und Muscheln, die verschiedene Abschnitte der Felsoberfläche bewohnen. Der gesamte von diesen unterschiedlichen Arten besetzte Bereich unterliegt in weitgehender Annäherung einem Potenzgesetz. Andere, in der Nahrungskette weiter oben stehende Lebewesen ernähren sich von den Felsbewohnern. Zu ihnen gehört, am oder nahe dem oberen Ende der Nahrungskette, ein 22armiger Seestern, *Heliaster kubiniji*. Was würde passieren, wenn der Seestern wegfiele? Entlang einem bestimmten Küstenabschnitt geschah das tatsächlich infolge einer Katastrophe, und die Ökologen konnten die Folgen beobachten. Das Ergebnis war: Das aus den übriggebliebenen Organismen bestehende System paßte sich mit neuen Werten für den gesamten, von den verschiedenen Spezies bewohnten felsigen Bereich wieder an. Und erneut galt annähernd das Potenzgesetz. Folglich muß es empirische Beweise für die Vorstellung geben, daß Systeme koadaptierender Handelnder einer durch Potenzgesetze für die Ressourcenverteilung gekennzeichneten Art Übergangsregime zustreben.

Regelgestützte und handlungsgestützte Mathematik

In einem Großteil der derzeitigen Forschung zu komplexen adaptiven Systemen spielt die Mathematik eine große Rolle; allerdings handelt es sich in den meisten Fällen nicht um die Art von Mathematik, die in der Vergangenheit in der wissenschaftlichen Theorie dominierte. Angenommen, es handele sich um ein Problem, bei dem sich ein System in der Zeit entwickelt, so daß sich zu jedem Zeitpunkt der Zustand des Systems entsprechend einer Regel ändert. Viele eindrucksvolle Erfolge in der wissenschaftlichen Theorie errang man mit Hilfe der »Kontinuumsmathematik«, bei der die Zeitvariable wie auch die Variablen, die den Zustand des Systems beschreiben, kontinuierlich sind. Dieser Zustand ändert sich von einem Augenblick zum anderen gemäß einer Regel, die in Form der kontinuierlichen, das System charakterisierenden Variablen ausgedrückt wird. Technisch gesprochen heißt dies, daß die Zeitentwicklung des Systems durch eine Differentialgleichung oder eine Reihe solcher Gleichungen beschrieben wird. Im Laufe der letzten paar Jahrhunderte wurden viele Fortschritte in der Grundlagenphysik mit Hilfe solcher Gesetze erzielt; dazu gehören die Maxwellschen Gleichungen des Elektromagnetismus, die Einsteinschen Gleichungen der allgemein-relativistischen Gravitation und die Schrödinger-Gleichung der Quantenmechanik.

Werden solche Gleichungen mit Hilfe eines digitalen Computers gelöst, nähert man sich der kontinuierlichen Zeitvariablen normalerweise mit einer sogenannten diskreten Variablen an, die verschiedene, durch endliche Intervalle und nicht durch alle möglichen Werte zwischen dem Anfangs- und dem Endpunkt der entsprechenden Zeitspanne voneinander getrennte Werte annimmt. Darüber hinaus nähert man sich auch den kontinuierlichen Variablen, die den Zustand des Systems charakterisieren, durch diskrete Variable an. Die Differentialgleichung wird durch eine Differenzengleichung ersetzt. Wenn die Intervalle zwischen den Annäherungswerten der diskreten Variablen einschließlich der Zeit immer kleiner werden, wird die Differenzengleichung der

Differentialgleichung, an deren Stelle sie getreten ist, immer ähnlicher, und der digitale Computer kommt der Lösung des ursprünglichen Problems immer näher.

Die bei der Simulation komplexer adaptiver Systeme häufig verwendete Art von Mathematik ähnelt der diskreten Mathematik, derer man sich auf einem digitalen Computer bedient, um sich kontinuierlichen Differentialgleichungen anzunähern; aber jetzt verwendet man die diskrete Mathematik um ihrer selbst willen und nicht nur als Näherung. Zudem ist es möglich, daß die den Zustand des Systems beschreibenden Variablen lediglich ein paar Werte annehmen; die verschiedenen Werte stehen jeweils für alternative Ereignisse. (Zum Beispiel kann ein Organismus einen anderen fressen oder auch nicht, oder zwei Organismen lassen sich auf einen Kampf miteinander ein oder nicht, und wenn ja, dann gewinnt entweder der eine oder der andere. Oder ein Investor kann Aktien kaufen oder behalten, oder verkaufen.)

Selbst die Zeitvariable umschließt möglicherweise nur ein paar tausend Werte, die beispielsweise für Generationen von Spezies oder finanzielle Transaktionen stehen, je nachdem, um welche Art Problem es sich handelt. Zusätzlich werden bei vielen Problemen die Veränderungen im System zu jedem dieser diskreten Zeitpunkte von einer Regel bestimmt, die nicht nur vom Zustand des Systems zu diesem Zeitpunkt, sondern auch vom Ergebnis eines Zufallsprozesses abhängt.

Diskrete Mathematik von der Art, wie wir sie beschrieben haben, wird oft als regelgestützt bezeichnet. Sie bietet sich für digitale Computer an und wird häufig zur Simulation komplexer adaptiver Systeme benutzt, die aus vielen einzelnen adaptiv Handelnden bestehen, deren jeder selbst ein komplexes adaptives System ist. Im Normalfall entwickeln diese Handelnden – beispielsweise Organismen in einer ökologischen Gemeinschaft oder Einzelpersonen und Firmen in einer Volkswirtschaft – Schemata, die das Verhalten der jeweils anderen und die Art, wie sie auf ein solches Verhalten reagieren, beschreiben. In diesen Fällen wird die regelgestützte Mathematik zu einer handlungsgestützten Mathematik, mit der beispielsweise TIERRA arbeitet.

Wie man Wirtschaftswissenschaft spannender machen kann

Übungen mit handlungsgestützter Mathematik gehören zu den in neuerer Zeit verwendeten Hilfsmitteln, um in den Wirtschaftswissenschaften einen eher evolutionären Ansatz zu entwickeln. In den letzten paar Jahrzehnten befaßte sich ein Großteil der Wirtschaftstheorie hauptsächlich mit einer Art idealem Gleichgewicht, das auf perfekten Märkten, vollkommener Information und absoluter Rationalität der Handelnden beruht, trotz der Bemühungen einiger der besten Wirtschaftswissenschaftler, in die neoklassische Synthese nach dem Zweiten Weltkrieg auch Unvollkommenheiten in allen drei Punkten einzubeziehen.

Eine gern kolportierte Geschichte unter Wirtschaftswissenschaftlern handelt von einem neoklassischen Theoretiker und seiner wohlerzogenen kleinen Enkeltochter, die zusammen durch eine große amerikanische Stadt spazieren. Das kleine Mädchen sieht einen Zwanzig-Dollar-Schein auf dem Gehsteig, und als artiges Kind fragt es seinen Großvater, ob es ihn aufheben dürfe. »Nein, mein Schatz«, antwortet er. »Wenn er wirklich echt wäre, hätte ihn schon längst jemand aufgehoben.«

Mehrere Jahre bemühten sich eine Reihe von Wissenschaftlern einschließlich der Mitglieder einer interdisziplinären Gruppe am Santa Fe Institute darum, Wirtschaft als sich entwickelndes komplexes adaptives System wirtschaftlich Handelnder zu untersuchen, die sich nur in begrenztem Maße rational verhalten, über unvollkommene Informationen verfügen und deren Handeln ebenso vom Zufall wie von ihrem wirtschaftlichen Eigeninteresse bestimmt ist. Die einigermaßen erfolgreichen Prognosen einer Gleichgewichtstheorie erscheinen dann als Näherungen, während dieser neuere Ansatz – in besserer Übereinstimmung mit der Realität – Abweichungen von den Prognosen und vor allem Schwankungen um diese Werte herum zuläßt.

In einem äußerst einfachen, von Brian Arthur, John Holland und Richard Palmer (einem Physiker an der Duke University und am Santa Fe Institute) entwickelten Modell werden Investoren, die ihr Geld einseitig (beispielsweise in Aktien) anlegen, als adaptiv Handelnde dargestellt, die über eine zentrale Verrechnungsstelle miteinander verhandeln. Eine Aktie bringt eine jährliche Dividende, die mit der Zeit beliebig variieren kann. Der laufende Zinssatz ist konstant, und das Verhältnis der Dividende zu diesem Zinssatz bestimmt mehr oder weniger den Nominalwert der Aktie. Der tatsächliche Preis der Aktie kann jedoch beträchtlich vom Nominalwert abweichen. Jede(r) Handelnde konstruiert laufend einfache Schemata, die, ausgehend von der Geschichte des Aktienwerts, ihm oder ihr sagen, wann er/sie kaufen oder behalten, oder verkaufen soll. Zu jedem beliebigen Zeitpunkt können verschiedene Handelnde verschiedene Schemata benutzen. Darüber hinaus kann ein bestimmter Handelnder eine Liste mit mehreren Schemata haben und von einem Schema zum anderen wechseln, je nachdem wie sie sich bewähren. Auf diese Weise kommt es zu oft unberechenbaren Kursschwankungen; es kann auch passieren, daß auf eine Zeit des ungewöhnlichen Anstiegs des Aktienkurses ein Kurssturz folgt; dabei ergibt der allmählich sich verändernde Nominalwert eine Art ungefähren Mittelwert für die gezackte Kurve Kurs gegen Zeit. Derlei Schwankungen, die an die Vorgänge auf realen Märkten erinnern, tauchen hier in einem evolutionären Modell mit Handelnden auf, die alles andere als vollkommen, dafür aber bereit sind dazuzulernen.

Etliche »Reformer« haben gezeigt, daß vollkommene Rationalität nicht nur in offenkundigem Widerspruch zum tatsächlichen menschlichen Verhalten steht, sie ist vielmehr in keiner Situation gegeben, in der es zu Marktschwankungen kommt. Ich persönlich habe mich immer über die Neigung vieler akademischer Psychologen, Wirtschaftswissenschaftler und selbst Anthropologen gewundert, menschliche Wesen als völlig oder zumindest weitgehend rational zu behandeln. Nach meiner eigenen – auf Selbstbeobachtung und der Beobachtung anderer gründenden – Erfahrung ist Rationalität nur einer von vielen Faktoren, die das menschliche Verhalten bestimmen, und keineswegs der dominierende. Die Annahme, Menschen ließen sich von Rationalität leiten, erleichtert es oftmals, eine Theorie ihres Verhaltens zu entwickeln, aber häufig ist eine solche Theorie nicht sehr realistisch. Das ist leider die größte Schwäche in vielen Teilen der heutigen Gesellschafts- und Verhaltenswissenschaft. Bei Theorien komplexer Phänomene mag es zwar ganz praktisch sein, wenn sie leichter zu analysieren sind, das muß aber nicht heißen, daß sie sich dann besser für die Beschreibung der Phänomene eignen – und es kann passieren, daß sie deshalb viel schlechter dafür geeignet sind.

Der wirklich bedeutsame Beitrag der Wirtschaftstheorie zum Verständnis menschlichen Verhaltens ist meines Erachtens einfach der wiederholte Hinweis auf den Stellenwert von Anreizen. Welches sind in einer beliebigen Situation die Anreize für bestimmte Handlungsweisen? Nach dem Fund der ersten Schriftrollen am Toten Meer verlangten die Archäologen, daß noch mehr Fragmente aufgespürt und von den arabischen Nomaden abgeliefert würden; deshalb versprachen sie diesen unsinnigerweise eine festgesetzte Belohnung *für jedes Fundstück*. Damit erhöhten sie die Wahrscheinlichkeit, daß die Fragmente in winzige Teile zerlegt wurden, ehe man sie ablieferte. Wirtschaftswissenschaftler untersuchen oft auf sehr raffinierte Weise, wie Anreize in einer Gesellschaft wirken, und weisen auf die Mängel in den einzelnen Schemata im politischen wie im wirtschaftlichen Bereich hin, die den Fehlern des Belohnungssystems für die Schriftrollen vom Toten Meer ähneln. Anreize schaffen in einer Volkswirtschaft Selektionsdrücke. Auch wenn die Reaktionen darauf nicht ganz rational sind und selbst wenn sich noch andere Drücke auswirken, helfen wirtschaftliche Anreize doch bei der Bestimmung, welche Schemata für wirtschaftliches Verhalten überwiegen werden. Der menschliche Erfindungsgeist wird oft eine Möglichkeit entdecken, die vorhandenen Anreize zu nutzen, so wie es der biologischen Evolution häufig gelingt, eine leere ökologische Nische schließlich auszufüllen. Ein evolutionärer Ansatz in den Wirtschaftswissenschaften und die Anerkennung der Tatsache, daß Menschen nur begrenzt rational handeln, können die Einsichten der Wirtschaftswissenschaftler über die Wirkungsweise von Anreizen nur verbessern.

Das wirtschaftswissenschaftliche Programm war insofern eines der erfolgreichsten des Santa Fe Institute, als es die Entwicklung neuer, hervorragender Theorien und Modelle anregte. Letzten Endes muß der Erfolg – hier wie in jeder anderen theoretischen Wissenschaft – natürlich daran gemessen werden, wie gut vorliegende Daten erklärt und die Ergebnisse künftiger Beobachtungen vorhergesagt werden. Das Institut ist noch zu jung, und die Probleme, die es untersucht, sind zu kompliziert, als daß man binnen so kurzer Zeit schon große Erfolge dieser Art hätte erzielen können. Die nächsten paar Jahre werden für die Beurteilung der Ergebnisse unserer Arbeit entscheidend sein, und im Bereich der Wirtschaftsmodelle wird es wahrscheinlich zu verifizierten Vorhersagen kommen.

In der Wirtschaftstheorie sind allerdings noch weitere Reformen dringend erforderlich. Einige davon wurden in der ursprünglichen Planung des wirtschaftswissenschaftlichen Programms des Instituts in Betracht gezogen, teilweise jedoch noch nicht durchgeführt. Ein zentrales Problem hängt mit der angemessenen Berücksichtigung schwer quantifizierbarer Werte zusammen.

Wirtschaftswissenschaftler wurden gelegentlich als Leute verspottet, die den Wert der Liebe daran bemessen, wieviel eine Prostituierte kostet. Einige Dinge lassen sich ohne weiteres in Geldbeträgen ausdrücken, und die Versuchung ist groß, bei Kosten-Nutzen-Berechnungen nur solche Dinge zu zählen und alles andere unter den Tisch fallenzulassen. Wenn es beispielsweise um die Errichtung einer Talsperre geht, führen die alten Kosten-Nutzen-Analysen Vorteile wie Elektrizität und Hochwasserschutz an. Darüber hinaus kann man dem dabei entstehenden Reservoir einen bestimmten Freizeitwert zuordnen, der sich nach den Kosten der Hafenanlagen und Docks für Motorboote bemißt. Der Wert der Gebäude in dem Tal, das beim Auffüllen des Reservoirs überflutet wird, läßt sich gegen den Damm aufrechnen, nicht aber der Wert der dort beheimateten Pflanzen und Tiere, ebensowenig die historische Bedeutung, die das Tal möglicherweise hatte, noch die sozialen Bindungen, die auf diese Weise zerstört werden. Solchen Dingen einen Geldwert zuzuschreiben, ist schwierig.

Dieses scheinbar nüchterne Außerachtlassen schwer quantifizierbarer Werte wird gern als wertfrei gepriesen. Es bedeutet jedoch ganz im Gegenteil, daß jeder Analyse ein starres Wertesystem aufgezwungen wird, in dem den leicht quantifizierbaren Werten der Vorzug vor weniger handfesten, aber möglicherweise wichtigeren gegeben wird. Von solcher Denkweise getragene Entscheidungen lassen unser aller Leben verarmen.

Viele Wirtschaftswissenschaftler und Politologen empfehlen, diese delikaten Werte dem politischen Prozeß zu überlassen. Dann müßten aber die Entscheidungsträger all die quantitativen Untersuchungen mit ihren sorgfältigen Berechnungen dessen, was mit den leicht quantifizierbaren Werten passiert, gegen qualitative Argumente abwägen, die sich nicht auf eindrucksvolle Zahlen berufen können. Heutzutage greift immer mehr die Vorstellung um sich, man solle die Menschen direkt befragen, welchen Wert sie Dingen wie der Verbesserung der Luftqualität oder der Erhaltung eines Parks oder eines Stadtviertels zuschreiben. In der Wirtschaftstheorie werden die Präferenzen der Menschen oft als wohldefiniert, unveränderlich und gegeben hingestellt – eine Einstellung, die mit den demokratischen Idealen übereinstimmt. Aber ist das Schicksal unseres Planeten wirklich nur Ansichtssache? Hat hier die Wissenschaft nicht einiges an Einsichten zu bieten?

Die Naturwissenschaft scheint besonders wichtig zu sein, wenn es um unumkehrbare oder nahezu unumkehrbare Veränderungen geht. Schenkt die Wirtschaftswissenschaft, so wie sie derzeit formuliert ist, der Unumkehrbarkeit genügend Beachtung? In der Physik beinhaltet der erste Hauptsatz der Thermodynamik die Erhaltung der Energie, und zu verfolgen, was mit der Energie passiert, entspricht in einer Volkswirtschaft in etwa dem Prozeß, der Spur des Geldes zu folgen. Aber wo bleibt in der Wirtschaft die Entsprechung zum zweiten Hauptsatz der Thermodynamik, der Neigung der Entropie, in einem abgeschlossenen System zuzunehmen (oder gleichzubleiben)? In der Physik hilft Entropie, Irreversibilität zu definieren, und viele kluge Leute haben versucht, einen entsprechenden Begriff für die Wirtschaftswissenschaften zu definieren, bislang ohne großen Erfolg. Aber vielleicht ist das Bemühen darum nicht aussichtslos. Vielleicht lohnt es sich, weiter danach zu suchen, denn möglicherweise treten bessere Ideen an die Stelle der weitverbreiteten Vorstellung, man könne alles, was fast aufgebraucht ist, durch irgend etwas – beispielsweise Plastikbäume – ersetzen.

Inzwischen haben führende Wirtschaftswissenschaftler Begriffe entwickelt, die einigen der Befürchtungen Rechnung tragen, man kümmere sich nur um leicht in Geld zu bemessende Dinge. Der Begriff der »psychischen Belohnung« berücksichtigt die Tatsache, daß Menschen aus klingender Münze keine Befriedigung ziehen – und nicht damit bezahlt werden können –, sondern nur aus dem Stolz darauf, anderen zu helfen. Die »Kosten von Information« beziehen sich auf die Tatsache, daß die Leute voraussichtlich nicht wissen, wie man auf dem freien Markt vernünftige Entscheidungen trifft (etwa beim Kauf), wenn sie nicht über die nötigen Fakten oder die entsprechenden Kenntnisse verfügen. Der »soziale Diskontsatz« hat etwas damit zu tun, was die einzelnen Generationen einander schulden – wie sehr eine bestimmte Generation die Zukunft in ihrem Wert mindert, hängt damit zusammen, wieviel sie künftigen Generationen hinterlassen will.

Wirtschaftswissenschaftler, die in Firmen, in der Verwaltung und internationalen Behörden tätig sind, haben jedoch unter Umständen Schwierigkeiten, derlei fortschrittliche Begriffe in ihren Berichten und Empfehlungen unterzubringen. Außerdem kann es sich als sehr kompliziert erweisen, einige dieser Begriffe zu quantifizieren, selbst wenn sie in die Theorie Eingang gefunden haben.

Sowohl in der Theorie als auch in der Praxis scheint es etwas Spielraum für eine Verbesserung der Art und Weise zu geben, wie die Wirtschaft an Fragen eher immaterieller Werte herangeht, insbesondere dann, wenn diese Werte unwiderruflich zu verschwinden drohen. Wenn es zu Verbesserungen kommt, könnten sie sich vor allem im Zusammenhang mit der Erhaltung der biologischen und kulturellen Vielfalt als wertvoll erweisen.

TEIL IV
VIELFALT UND BEWAHRUNG

21 Die bedrohte Vielfalt

Wir haben untersucht, wie einfache Regeln einschließlich einer regelhaften Anfangsbedingung im Zusammenwirken mit Zufall die wunderbaren Komplexitäten des Universums hervorgebracht haben. Wir haben gesehen, wie komplexe adaptive Systeme, wenn sie sich entwickeln, durch den Kreislauf variabler Schemata, zufälliger Umstände, phänotypischer Folgeerscheinungen und eines Feedback von Selektionsdrücken auf die Konkurrenz unter Schemata funktionieren. Sie neigen dazu, einen riesigen Bereich von Möglichkeiten mit Öffnungen zu höheren Ebenen der Komplexität und zur Erzeugung neuer Typen komplexer adaptiver Systeme zu erkunden. Über lange Zeiträume hinweg ziehen sie aus ihrer Erfahrung eine bemerkenswerte Menge komplexer und verdichteter Information.

Die in einem solchen System zu einem beliebigen Zeitpunkt gespeicherte Information umfaßt Beiträge aus seiner gesamten Geschichte. Dies gilt für die biologische Evolution, die seit zirka vier Milliarden Jahren stattfindet, ebenso wie für die kulturelle Evolution des *Homo sapiens sapiens*, deren Zeitspanne auf gut hunderttausend Jahre anzusetzen ist. In diesem Kapitel befassen wir uns mit einigen Problemen und Schwierigkeiten, auf die wir bei dem Versuch stoßen, zumindest einen möglichst großen Teil der von diesen beiden Evolutionsarten hervorgebrachten Vielfalt zu bewahren.

Im Gegensatz zu den vorhergehenden Kapiteln liegt die Betonung jetzt mehr auf Handeln und Politik als auf Wissen und Verstehen um ihrer selbst willen. Demgemäß äußere ich mich hier gleichermaßen als Anwalt wie als Wissenschaftler. Im folgenden Kapitel gehen wir zu dem allgemeinen Kontext über, in dessen

Rahmen eine bewahrens- und wünschenswerte Zukunft denkbar wäre, und wie man diesen allgemeinen Kontext untersuchen könnte. Auch wenn wir uns dabei vor allem auf Wissenschaft und Forschung sowie die Rolle, die Experten spielen können, konzentrieren, dürfen wir nie außer acht lassen, daß Versuche, menschlichen Gesellschaften von oben her Lösungen aufzuzwingen, auf lange Sicht oft verheerende Folgen haben. Einzig Erziehung, Mitsprache, ein gewisser Konsens und die Einsicht vieler Menschen, daß das, was dabei herauskommt, für sie persönlich von Bedeutung ist, kann dauerhaften und befriedigenden Wandel bewirken.

Die Bewahrung biologischer Vielfalt

Wir haben erwähnt, wie wichtig es ist, allen Leuten (beispielsweise durch Computersimulationen) ein Gefühl dafür zu vermitteln, wie aus einem einzigen Vorfahren durch Übertragungsfehler und genetische Rekombination in Zusammenwirken mit natürlicher Auslese Komplexität entstehen konnte, die in der erstaunlichen Vielfalt der rezenten Lebensformen ihren Ausdruck findet. Diese Lebensformen tragen eine außergewöhnliche Informationsmenge in sich, die im Verlauf der geologischen Zeit angesammelt wurde: Informationen über Lebensmöglichkeiten auf dem Planeten Erde und über Möglichkeiten eines Miteinanders der verschiedenen Lebensformen. Einen wie geringen Teil dieser Informationen haben wir Menschen bislang zusammengetragen!

Dennoch haben die Menschen durch das Zusammenwirken von Vermehrung und großer Einflußnahme jedes einzelnen (insbesondere jedes Reichen) auf die Umwelt, eine Phase der Zerstörung eingeleitet, die in ihrer verheerenden Wirkung schließlich der einen oder anderen großen Katastrophe der Vergangenheit vergleichbar werden könnte. Ergibt es irgendeinen Sinn, wenn im Verlauf weniger Jahrzehnte ein beträchtlicher Teil der Komplexität, die Evolution in einer derart langen Zeit hervorgebracht hat, zerstört wird?

Werden wir Menschen uns genauso wie andere Tiere verhalten und als Reaktion auf einen biologischen Imperativ jeden verfügbaren Winkel und noch die letzte Ritze füllen, bis der Erdbevölkerung durch Hungersnöte, Krankheiten und Konflikte Grenzen gesetzt werden? Oder werden wir die Intelligenz nutzen, durch die sich, wie wir uns gerne brüsten, unsere Spezies von allen anderen unterscheidet?

Die Bewahrung der biologischen Vielfalt ist eine der wichtigsten Aufgaben, denen sich die Menschheit im ausgehenden 20. Jahrhundert gegenübersieht. Sie stellt sich Menschen in vielen Lebensbereichen und in allen Teilen der Welt, die sich verschiedener Methoden bedienen, um zu entscheiden, was getan und vor allem, was als erstes getan werden muß. Obwohl die Entscheidung darüber, wie die Prioritäten zu setzen sind, von Ort zu Ort anders ausfallen wird, gibt es doch einige Grundsätze und Verfahren, die sich womöglich verallgemeinern lassen.

Die Bedeutung der Tropen

Allem Anschein nach müssen sich die größten Anstrengungen (insbesondere, was die Bewahrung von Land angeht) auf die Tropen richten, wo einerseits die größte Artenvielfalt herrscht und andererseits der Druck am massivsten ist, die natürlichen Ressourcen zur Befriedigung der Bedürfnisse einer armen und rapide anwachsenden Bevölkerung zu nutzen. Diese Verbindung – es steht mehr auf dem Spiel, und die Bedrohung ist größer – macht die biologische Bewahrung der Tropen vordringlich.

Nicht nur in Hinblick auf die Anzahl der jetzt bedrohten Spezies unterscheiden sich die Tropen von den gemäßigten Regionen, sondern auch in Hinblick darauf, was man über sie weiß. In gemäßigten Breiten ist die Entscheidung über das Ergreifen von Schutzmaßnahmen im allgemeinen unschwer zu treffen: Man sieht sich die einzelnen Spezies (zumindest die der »höheren« Pflanzen und Tiere) an und bestimmt, welche auf lokaler oder nationaler Ebene, oder weltweit gefährdet sind. Richtig betrachtet, können

Biome (ökologische Gemeinschaften) als Verbände bekannter Spezies definiert werden.

Zahlreiche Spezies der Tropen sind der Wissenschaft noch unbekannt, und einige Biome sind nach wie vor unzureichend erforscht. Unter diesen Umständen ist es unpraktisch, Arterhaltung ganz allgemein als Zielvorstellung zu formulieren. Statt dessen muß man sich gewöhnlich darauf konzentrieren, repräsentative Systeme zu retten, in denen die einzelnen Arten vertreten sind; allerdings ist die genaue Bestimmung solcher Systeme nicht immer einfach.

Die Rolle der Wissenschaft

Für die Bewahrung der Tropen spielt die Wissenschaft eine entscheidende Rolle. Dies wird vor allem klar, wenn man bedenkt, daß nicht nur das Ansammeln von Fakten Ziel der Wissenschaft ist, sondern sie auch das Verständnis fördern muß, indem sie eine Struktur (das heißt Regelmäßigkeiten) in der Information und, soweit möglich, Mechanismen (dynamische Erklärungen) für Phänomene aufdeckt.

Für das Sammeln, Ordnen und Auswerten von Daten über den Zustand natürlicher Gemeinschaften in den Tropen gibt es ein ganzes Spektrum von Ansätzen. Biologische Systematiker (die sich mit der Klassifizierung und der Verteilung von Pflanzen und Tieren befassen) sprechen sich für Langzeitforschung aus, die sich über Jahrzehnte erstrecken und deren Kenntnisgewinn in der fernen Zukunft von Bedeutung sein wird. Am anderen Ende der Skala stehen technische Verfahren wie Satellitenbilder und Luftaufnahmen, die sofort erste Hinweise auf Unterschiede in der Beschaffenheit des jeweiligen Gebiets geben. Um zu verstehen, was diese Unterschiede bedeuten, muß man – mehr oder weniger detailliert – die Gegebenheiten an Ort und Stelle untersuchen; dazu bedarf es meistens Expeditionen und einer Menge taxonomischer Arbeit. Anstrengungen dieser Art sind in der Mitte des Spektrums angesiedelt, zwischen Langzeitstudien am Boden und raschen Überblicken aus der Luft oder dem All.

Mittlerweile hat, dies streitet niemand mehr ernstlich ab, in den Tropen eine vom Menschen in Gang gesetzte Zerstörung großen Ausmaßes begonnen. Nach Ansicht einiger Leute versteht es sich von selbst, daß wir das Ergebnis von Jahrmilliarden der Evolution nicht mutwillig zerstören sollten. Andere brauchen zusätzliche Gründe, um das zu schützen, was Gefahr läuft, endgültig unterzugehen. Zu diesen Gründen zählt der potentielle Nutzen von Arten, die wir ausrotten, ehe wir überhaupt von ihrer Existenz wissen, ganz zu schweigen davon, wie wertvoll es für zukünftige Generationen sein wird, das Funktionieren komplexer Ökosysteme in vergleichsweise unverdorbenem Zustand zu verstehen. Zu den vorrangigen Aufgaben der Wissenschaftler gehört es, diese Argumente detailliert darzulegen. Wissenschaft bietet nicht nur Entscheidungshilfe, um Prioritäten des Naturschutzes zu setzen, sondern liefert auch vernunftgemäße Erklärungen für diese Prioritäten.

Anders ausgedrückt: Bewahrung biologischer Vielfalt setzt mehr wissenschaftliche Erkenntnisse voraus, damit sich Naturschützer eine klare Vorstellung über das Wie ihrer Vorgehensweise machen können und damit sie auch beweisen können, daß das, was sie tun, sinnvoll ist. Genaue, gut aufbereitete Information ist ein äußerst wirksames Instrument, um den breiten gesellschaftlichen Willen zu mobilisieren, der vonnöten ist, um lebensfähige Beispiele der verschiedenen ökologischen Gemeinschaften zu schützen. Zu diesem Zweck ist es meiner Ansicht nach wichtig, die Disziplin Biogeographie zu nutzen und auszubauen.

Biogeographie untersucht die Verteilung von Pflanzen und Tieren und wie diese Verteilung sich herausgebildet hat; dabei ist der Einfluß der Geologie und Topographie mit in Betracht zu ziehen. Biogeographie befaßt sich mit den Prozessen der Variation, der Verteilung, des Überlebens und des Aussterbens und untersucht sowohl Entwicklungen im Lauf der Zeit als auch gegenwärtig ablaufende Prozesse, die heute die Grenzen für die Verteilung der verschiedenen Organismen bestimmen. Biogeographie kann in enger Zusammenarbeit mit Systematik und Ökologie ein theoretisches System liefern, das einen Beitrag zur Klassifizierung der Daten über das Vorkommen von Tier- und Pflanzenarten leistet. Sie kann zudem bei der Planung eines sinnvollen Systems von Naturschutzgebieten und zur Aufdeckung von Lücken in bereits existierenden Systemen von großem Nutzen sein.

Sofortmaßnahmen

Vom Standpunkt der Wissenschaft aus ist es von wesentlicher Bedeutung, weiterhin Langzeitforschung zu betreiben, die zwar keine schnellen Ergebnisse, dafür auf lange Sicht gültige liefert. Es leuchtet jedoch ein, daß aktiver Umweltschutz diese Resultate nicht immer abwarten kann. Wenn man sich geduldet, bis die Biologen die Flora und Fauna eines bestimmten Tropengebiets an Ort und Stelle gründlich erforscht haben, könnte die Empfehlung, diese natürlichen Gemeinschaften in dem gesamten oder in einem Teil des Gebiets zu schützen, bereits zu spät kommen, da diese Gemeinschaften dann vielleicht gar nicht mehr existieren.

Will man das ganze Spektrum wissenschaftlicher Unternehmungen, die für den Umwelt- und Naturschutz von grundlegender Bedeutung sind, in die Tat umsetzen, muß man alle potentiellen Mittel kreativ nutzen. Insbesondere sind einige mit Feldstudien befaßte Biologen (beispielsweise Botaniker, Ornithologen und Herpetologen) von ihrer Ausbildung, ihrer praktischen Erfahrung und ihrem Fachwissen her imstande, über die von ihnen untersuchten, in einem Gebiet einer bestimmten tropischen Region lebenden Spezies schnell einen groben zahlenmäßigen Überblick zu geben. Sie haben eine Vorstellung von der Zusammensetzung verschiedener Biome gewonnen und Methoden zur raschen Bestimmung des Grades der Verschlechterung der Umwelt in dem jeweiligen Gebiet entwickelt. Ihre Kenntnisse und ihre Klugheit könnten und sollten für den Natur- und Umweltschutz genutzt werden. Sie vermögen die biologische Vielfalt eines bestimmten Gebiets und den Grad, in dem die natürlichen Gemeinschaften dort noch intakt sind, einzuschätzen, und sie können entscheiden helfen, welche Biome sehr kleinflächig und welche ernsthaft gefährdet sind: Damit sind sie in der Lage, all jenen ungeheuer wertvolle Ratschläge zu geben, die für die Bewahrung die Prioritäten setzen. Die gleichen Forscher können auch in hohem Maße zum Erfolg von kurzfristigen Expeditionen, die Luft- und Satellitenaufnahmen an Ort und Stelle überprüfen, sowie von Langzeitstudien in systematischer Biologie und Biogeographie beitragen. Besonderes Gewicht kommt der Ausbildung von mehr Wissenschaftlern in diesen Disziplinen zu, vor allem Staatsangehörigen der betreffenden tropischen Länder.

Mit Hilfe der John D. und Catherine T. MacArthur Foundation – ich bin einer ihrer Direktoren – konnte ich ein Rapid Assessment Program (Programm für Sofortmaßnahmen) unter der Schirmherrschaft der Conservation International durchsetzen. Man stellte eine aus einem Ornithologen, einem Säugetierforscher und zwei Botanikern bestehende Kernmannschaft zusammen. Gemeinsam mit anderen, ebenfalls mit Feldstudien befaßten Biologen bildeten sie Forschungsteams für bestimmte Gebiete (bislang alle in Amerika). Mittlerweile haben diese Gruppen sehr verschiedenartige Regionen einschließlich Trockenwälder, Gebirgs-Nebelwälder und Tiefland-Regenwälder untersucht, die zuerst mit Luftaufnahmen identifiziert wurden, um festzustellen, ob die biologische Vielfalt in diesen Bereichen groß und unberührt genug war, um Schutzmaßnahmen zu rechtfertigen.

1989 nahm ich zusammen mit Spencer Beebe, der damals für Conservation International arbeitete, und Ted Parker, dem Ornithologen des Sofortmaßnahmenprogramms an einem dieser Erkundungsflüge teil. Wir fanden eine bemerkenswert große und intakte Waldregion in Bolivien, Alto Madidi, und beschlossen, sie als eine der ersten in das Programm aufzunehmen. Die Gegend erstreckt sich vom Regenwald im Amazonasbecken (der von Nebenflüssen des Amazonas durchzogen ist, obwohl der Strom selbst etliche hundert Meilen entfernt fließt) bis hinauf zu unterschiedlichen Hochgebirgswäldern. Später begab sich das Team in die Region, um sie an Ort und Stelle zu erkunden; dabei stellten wir fest, daß sie noch vielfältiger und intakter war, als wir aus der Luft vermutet hatten. Jetzt ziehen die bolivianische Akademie der

Wissenschaften und die bolivianische Regierung die Möglichkeit in Betracht, Alto Madidi unter Naturschutz zu stellen.

Auf meinen Streifzügen durch die südamerikanischen Wälder konnte ich nicht umhin, mich der hohen Meinung, die alle von meinem Begleiter Ted Barker hatten, anzuschließen. Von den vielen wirklich fähigen Ornithologen, die ich auf ihren Erkundungen begleitete, beeindruckte er mich am meisten. Er kannte die Gesänge und Lockrufe von mehr als dreitausend Vogelarten der Neuen Welt auswendig und konnte sie auf Anhieb einordnen. Tag für Tag identifizierte er jeden Laut im Wald als einen Frosch, ein Insekt oder eine spezielle Vogelart. Als wir die Gesänge der Vögel auf Tonband aufnahmen und sie ihnen dann vorspielten, erwiesen sich seine Identifizierungen in allen Fällen als zutreffend. Doch dann mochte es gelegentlich passieren, daß er plötzlich, auf ein leises Zirpen im Unterholz hin, ausrief: »Was das ist, weiß ich nicht!« Und ich konnte sicher sein, es handelte sich um einen in dieser Gegend oder diesem Land neuen Vogel oder, in sehr seltenen Fällen, sogar um eine der Wissenschaft bislang unbekannte Spezies.

Wenn wir in der Dämmerung lauschten, konnte er anhand der Rufe und des Gesangs, die/den er hörte, sowohl die ornithologische Vielfalt als auch den Zustand des Habitats einschätzen. Seine auf Mammalogie (Louise Emmons) und Botanik (Alwyn Gentry und Robin Foster) spezialisierten Kollegen leisteten auf ihren Gebieten ähnlich Erstaunliches.

Vor kurzem wurde das hervorragende Team Opfer eines tragischen Unfalls. Ted und Alwyn und ihr Kollege aus Ekuador, Eduardo Aspiazu, kamen um, als ihr Flugzeug bei einem Erkundungsflug zerschellte. Auch der Pilot wurde getötet. Die Biologen hatten, wie üblich, den Piloten gedrängt, tiefer zu fliegen, um den Wald eingehender erkunden zu können. (Sie suchten nach dem Rest eines Trockenwaldes in der Nähe von Guayaquil, um ihn möglicherweise unter Naturschutz zu stellen, ehe er ganz verschwindet.) Plötzlich geriet das Flugzeug in eine Wolkenbank; sie konnten nichts mehr sehen und rasten gegen einen Berg in der Nähe.

Wir beklagen zutiefst den Verlust unserer Freunde, die nahezu unersetzlich sind; dennoch hoffen diejenigen von uns, die sich für die Erhaltung der Tropen einsetzen, daß das Rapid Assessment Program irgendwie weitergehen wird. Wir hoffen, daß andere spezialisierte und zumindest annähernd so fähige Biologen ihren Platz einnehmen und daß neue ausgebildet werden, vor allem Wissenschaftler aus den Tropenländern.

Allgemein läßt sich sagen, daß die zukünftige Bewahrung der ökologischen Vielfalt in den Tropen in hohem Maße von den Aktivitäten von immer mehr Wissenschaftlern und Naturschützern aus den betreffenden Tropenländern abhängen wird. Die wirklich wichtigen Entscheidungen werden im großen und ganzen auf nationaler Ebene getroffen, und in den einzelnen Ländern setzen sich immer mehr Bürgervereinigungen an die Spitze einer Bewegung zum Schutz der biologischen Vielfalt. International anerkannte Wissenschaftler aus Ländern der gemäßigten Breiten können manchmal einen nützlichen Einfluß ausüben, aber ohne lokale und nationale Unterstützung wird Naturschutz nirgends möglich sein.

Einbeziehung der Einheimischen

Faktisch bedarf Naturschutz nicht nur der Unterstützung einflußreicher und oft in den Großstädten lebender Einzelpersönlichkeiten, um Projekte in Gang zu bringen, sondern auch der Unterstüzung der örtlichen Landbevölkerung, um die Naturschutzgebiete auf Dauer zu erhalten. Eine langfristige Bewahrung ausgedehnter Gebiete kann nur dann erfolgreich sein, wenn die Ortsansässigen ihr aufgeschlossen gegenüberstehen. Das bedeutet, daß man den Beitrag, den Naturschutz für die ländliche Entwicklung leistet, hervorheben muß. So ist beispielsweise die Landwirtschaft häufig auf den Schutz von Wasserscheiden angewiesen, und die,langfristige Nutzung von Waldprodukten für Verarbeitung und Verkauf bedingt die Erhaltung eines nahegelegenen geschützten Waldgebiets. Die Ortsansässigen müssen ein wirtschaftliches Interesse an Naturschutz haben, und das muß ihnen auch bewußt sein. Sie können nicht selten unmittelbar in den Naturschutz einbezogen werden, etwa im Tourismus oder als Führer und Wächter in Nationalparks.

Besonders wichtig ist eine Einbeziehung der Urbevölkerung, etwa der Indianer in den Tropen der Neuen Welt. In vielen Fällen sind der Fortbestand ihrer kulturellen Tradition und sogar ihr physisches Überleben in höherem Maße bedroht als die Tiere und Pflanzen in den von ihnen bewohnten Regionen. Ihr über Jahrhunderte angesammeltes Wissen über ihre Umwelt kann dazu beitragen, Verfahren zur Nutzung einheimischer Organismen für den Menschen und Methoden zu entwickeln, wie man den Lebensunterhalt sichern kann, ohne die benachbarten ökologischen Gemeinschaften zu zerstören. In einigen Fällen haben sich die Ureinwohner an die Spitze der Bemühungen zur Bewahrung ihrer Umwelt gesetzt. So haben die Kuna in Panama zum Beispiel einen Großteil ihres Festlandterritoriums in einen Park umgewandelt. (Viele Kuna leben auf den San-Blas-Inseln und sind berühmt für ihre farbenprächtigen *molas*, mit denen Kleider und Handtaschen verziert werden.)

Der Überlebenskampf der Organismen in tropischen Wäldern führt zu einem chemischen Wettrüsten und anderen Prozessen, bei denen hochwirksame chemische Substanzen erzeugt werden, von denen viele, vor allem im medizinischen Bereich, für die Menschen nützlich sein können. Es gibt zwei unterschiedliche Methoden, um solche Substanzen aufzuspüren. Die Ethnobotanik schöpft aus dem Wissen der Eingeborenen, das sich diese in Jahrhunderten oder Jahrtausenden auf empirische Weise angeeignet haben. Dieses Verfahren zieht also sowohl aus der kulturellen wie auch aus der biologischen Evolution einen Nutzen, wobei letztere diese Chemikalien überhaupt erst hervorgebracht hat. Die andere Methode ist die gezielte Suche nach solchen Wirkstoffen; man bringt Pflanzen und Tiere (beispielsweise Insekten) aus dem Wald ins Labor und isoliert mit modernen Extraktionsverfahren neue Chemikalien. Hierbei werden die Resultate der biologischen Evolution ohne Zwischenschaltung der Eingeborenenkultur genutzt. In beiden Fällen hofft man, letztendlich zumindest einige der chemischen Substanzen beispielsweise für die Herstellung von Medikamenten in den Industrieländern gebrauchen zu können. Aber auch wenn diese chemischen Stoffe in abgeänderter oder synthetischer Form verwendet werden, muß man Wege finden, einen beträchtlichen Teil der Gewinne den Menschen in den Wäldern oder in den umliegenden Gebieten zukommen zu lassen. Nur auf diese Weise kann der Prozeß der Erforschung und Nutzung bei den Ortsansässigen ein zusätzliches Interesse an der Erhaltung des Waldes wachrufen. Das gleiche gilt für die vielen Möglichkeiten der Vermarktung anderer Produkte des Waldes als Holz, etwa von Nüssen und saftigen tropischen Früchten. Wie üblich schaffen Anreize Selektionsdrücke, die auf die Schemata für menschliches Verhalten einwirken.

Ein breites Spektrum von Naturschutzpraktiken

Das Sammeln bestimmter anderer Produkte des Waldes (etwa durch Jagen) kann, wie der Holzeinschlag, nur in Gebieten erfolgen, die bestenfalls teilweise geschützt sind. Eine Vorgehensweise, die von den Vereinten Nationen in großem Umfang übernommen und unterstützt wird, ist die Schaffung von Biosphärenreservaten. Ein typisches Biosphärenreservat besteht aus einer Kernzone, oft einer natürlichen Wasserscheide, die umfassend geschützt ist; die Kernzone umschließt einen Gürtel, in dem – immer unter Berücksichtigung des bewahrenden Aspekts – in einem gewissen Ausmaß Nutzung gestattet ist. Noch weiter an der Peripherie, aber noch innerhalb des Reservats, liegen Gegenden, in denen – mit gewissen Einschränkungen – Ackerbau und andere Formen normaler wirtschaftlicher Nutzung erlaubt sind.

Wie sich von selbst versteht, ist die Einführung eines Systems umfassend geschützter Gebiete einschließlich jener in Biosphärenreservaten gelegener, nur ein Teil dessen, was getan werden muß. Außerhalb dieser Bereiche bedarf es einer breiten Vielfalt naturschützerischer Praktiken. Dazu gehören Wiederaufforstung (soweit möglich mit einheimischen Arten), eine überlegte Energie- und Wasserpolitik, Eindämmung der Auswirkungen von Landwirtschaft, Bergbau und Industrie auf die Umwelt sowie die Berücksichtigung des überaus dringlichen Problems des Bevölkerungswachstums. Zudem ist es höchst wünschenswert, umfassende nationale und regionale Naturschutzstrategien zu entwickeln.

Viele Aspekte des Natur- und Umweltschutzes in diesem umfassenden Sinne erfordern finanzielle Mittel, die die ärmeren Tropenländer selbst nicht aufbringen können. Es liegt im wohlverstandenen langfristigen Eigeninteresse der Industriestaaten der gemäßigten Breiten, einen Großteil dieser Last zu übernehmen. Wir alle, die wir auf diesem Planeten leben, hätten auf lange Sicht darunter zu leiden, wenn der biologische Reichtum der Tropen weiterhin vergeudet wird. Wann immer die Industriestaaten Mittel zur Verfügung stellen – ob in Form von Schenkungen, Krediten oder teilweisem Schuldenerlaß –, sollten sie zum beträchtlichen Teil für den Umwelt- und Naturschutz in diesem umfassenden Sinne bestimmt werden. Die Übereinkunft, im Austausch gegen Hilfeleistungen Naturschutz zu praktizieren, ist Teil des gelegentlich so bezeichneten »globalen Vertrags«. In jüngster Zeit wurde des öfteren ein »Schuldenerlaß in Verbindung mit Umweltschutzprojekten« durchgeführt: Naturschutzorganisationen kaufen die Schulden eines tropischen Landes, für die auf dem Weltfinanzmarkt enorme Zinsen gezahlt werden müßten, auf, danach erkennt die Regierung des betreffenden Landes den Nominalwert an und verwendet das Geld zum Ankauf von Land für Naturschutzgebiete. (Das gleiche Prinzip ließe sich auch bei anderen Zielvorgaben anwenden, etwa bei der wirtschaftlichen Entwicklung eines unterentwickelten Landes oder bei der weiterführenden Ausbildung von Einheimischen im Ausland.) Schuldenerlaß in Verbindung mit Umweltschutzprojekten ist ein hervorragendes Beispiel für das Funktionieren des »globalen Vertrags«.

Wollte man sich erst besinnen und die Aussichten für ein erfolgreiches, umfassendes Programm zur Erhaltung der biologischen Vielfalt in den Tropen abwägen, könnte das Ergebnis dieser Überlegungen alles andere als ermutigend ausfallen. Wie jedoch die Geschichte zeigt, haben nicht die Leute, die alle Augenblicke innehalten, um den Erfolg oder Mißerfolg ihrer Unternehmungen abzuschätzen, zur Weiterentwicklung der Menschheit beigetragen, sondern jene, die eingehend darüber nachdenken, was richtig ist, und dann alle Energie daransetzen, es in die Tat umzusetzen.

Die Bewahrung kultureller Vielfalt

So wie es verrückt ist, in ein paar Jahrzehnten einen Großteil der reichen biologischen Vielfalt aufs Spiel zu setzen, die sich über Jahrmilliarden hinweg entwickelt hat, wäre es nicht minder verrückt, das Verschwinden eines Großteils der vielfältigen Erscheinungsformen menschlicher Kultur zuzulassen, die sich gewissermaßen auf analoge Weise im Verlauf Zehntausender von Jahren entwickelt hat. Andererseits ist Einigkeit unter den Menschen (wie auch Solidarität mit den anderen Lebensformen, mit denen wir uns die Biosphäre teilen) heute ein wichtigeres Ziel denn je. Wie lassen sich diese Anliegen miteinander in Einklang bringen?

Schon früh wurde mir das Spannungsverhältnis zwischen Einheit und Vielfalt bewußt. Als Kind stellte ich meinem Vater die uralte Frage, ob die Menschheit den universellen Frieden fördern könnte, wenn alle nur eine Sprache sprächen. Da erzählte er mir, was vor zweihundert Jahren, im Zeitalter der Aufklärung und der Französischen Revolution, der deutsche Philosoph Herder, Bahnbrecher der romantischen Bewegung und bedeutende Persönlichkeit der Aufklärung, über die Notwendigkeit, die sprachliche Vielfalt zu erhalten, geschrieben hatte, exemplifiziert an den so archaischen und dem alten Indoeuropäisch so nahestehenden bedrohten Sprachen Lettisch und Litauisch. Volkssprachliche Schriftsteller jener Zeit, etwa der litauische Dichter Donelaitis, nahmen sich der Aufgabe, wichtige Teile der kulturellen DNS zu bewahren, an. Heute sind Lettland und Litauen wieder unabhängige Staaten, deren Landessprachen das vor zwei Jahrhunderten vor dem Aussterben bewahrte Lettisch beziehungsweise Litauisch sind.

Die schwierigsten Probleme kultureller Bewahrung betreffen Urbevölkerungen, insbesondere jene, die man, vorwiegend aufgrund ihres technologischen Stands, gelegentlich als primitiv bezeichnet. Oft werden solche Völker entweder durch Krankheiten oder Gewaltanwendung ausgelöscht, oder sie werden verschleppt oder zerstreut und kulturell vernichtet. Vor hundert Jahren gab es in einigen Teilen im Westen der Vereinigten Staaten noch Leute, die am Wochenende »Wilde jagten«. Auf diese Weise verlor Ishi, der letzte Yahi, seine Familie und seine Freunde, wie Alfred und Theodora Kroeber berichten. Heute mißbilligen die Nordamerikaner die gleichen Scheußlichkeiten in anderen Ländern. Wollen wir hoffen, daß die derzeitige verzweifelte Situation rasch verbessert werden kann, damit diese Völker eine größere Überlebenschance erhalten und frei darüber entscheiden, ob sie vorläufig entweder mehr oder weniger in Frieden gelassen werden oder, unter zumindest teilweiser Bewahrung ihrer kulturellen Kontinuität und Tradition, eine gewissermaßen organische Modernisierung durchmachen wollen.

Der reiche Fundus an Wissen wie auch die Institutionen und Lebensweisen der Eingeborenenvölker auf der ganzen Welt sind eine wahre Schatzkammer von Informationen über die Modalitäten menschlichen Zusammenlebens und menschlicher Denkweisen. Viele dieser Völker verfügen auch über kostbares Wissen, wie man als Teil einer ökologischen Gemeinschaft in den Tropen lebt. (Andere, und dies sollte nicht unerwähnt bleiben, trieben Raubbau an der Natur, vor allem Völker, die nicht einmal ein- oder zweitausend Jahre auf vormals unbewohnten, großen oder kleinen Inseln lebten. In einigen Fällen erweist sich die Vorstellung, Eingeborenenvölker lebten im Einklang mit der Natur, als Wunschdenken.)

Stellen wir uns nur einmal vor, über welche Kenntnis der Eigenschaften von Pflanzen die Schamanen bestimmter Stämme verfügen. Viele dieser Medizinmänner sterben weg, ohne einen Nachfolger zu hinterlassen. Der große Ethnobotaniker von der Harvard University, Richard Schultes, der viele Jahre die Heilpflanzen im Amazonasbecken erforschte, erklärt, jedesmal wenn ein solcher Schamane sterbe, sei es so, als brenne eine Bibliothek nieder. Schultes hat viele jüngere Ehtnobotaniker ausgebildet, die sich für die Bewahrung so vieler in diesen Bibliotheken gehüteten Geheimnisse wie nur möglich einsetzen, ehe sie allesamt dem Vergessen anheimfallen. Einer von ihnen, Mark Plotkin, hat kürzlich unter dem Titel *Tales of a Shaman's Apprentice* einen herrlichen Bericht über seine Abenteuer veröffentlicht.

In Jahrhunderten und Jahrtausenden des Lernens aus Erfahrung haben die Menschen einen bemerkenswerten Wissensschatz angehäuft, wie man Organismen als Nahrung, Medizin und für Bekleidung verwenden kann. Gelegentlich muß dieser Lernprozeß ziemlich dramatisch abgelaufen sein, wie im Fall des bitteren Manioks im Regenwald am Amazonas. Am Boden dieser Wälder wachsen kaum Pflanzen, da ein Großteil des Sonnenlichts von den Bäumen der oberen, mittleren und unteren Etage abgefangen wird. Unter solchen Umständen ist der bittere Maniok (ein Knollengewächs, aus dem Tapioka gewonnen wird) eine wertvolle Nahrungsquelle, da er eßbar und nahrhaft ist. Allerdings enthält die rohe Knolle ziemlich viel Blausäure (Cyanwasserstoff) und ist daher hochgiftig. Erst wenn man sie durch Erhitzen aufbricht und die Säure freisetzt, ist das Fleisch der Knolle genießbar. Wahrscheinlich mußten etliche Menschen ihr Leben lassen, ehe die verschiedenen Gruppen und Stämme des Amazonasgebiets allmählich lernten, wie sie den bitteren Maniok zubereiten mußten.

Mit dieser empirischen Methode entdeckte man nicht nur in solch unterentwickelten Gebieten nützliche Eigenschaften von Pflanzen und Heilmittel aus Pflanzen. Überall auf dieser Welt war volkstümliche Medizin für das Leben der Menschen von großer Bedeutung. Selbstverständlich entsprechen nicht alle ihre Behauptungen der Wahrheit; aber einige von ihnen hat die Wissenschaft bestätigt. Ein Erlebnis meines Vaters liefert ein Beispiel dafür. Als kleiner Junge – er war der Sohn eines Försters, der in den Buchenwäldern des damaligen Ostens Österreichs, nahe der russischen Grenze lebte – hackte er sich versehentlich mit der Axt die Kuppe eines Fingers ab. Er suchte die abgetrennte Fingerkuppe, wusch sie und setzte sie wieder auf den Finger, den er mit einem Breiumschlag aus Brot umwickelte. Die Fingerkuppe wuchs wieder an; allerdings war zeit seines Lebens die ringförmige Narbe zu sehen. Erst viele Jahre später stellte die Wissenschaft fest, daß der Schimmelpilz in Brot, *Penicillium notatum*, diese bakteriostatischen Eigenschaften hat, aber zweifelsohne hatte mein Vater die Heilung seines Fingers eben diesen Eigenschaften zu verdanken.

Im Verlauf des adaptiven Prozesses, dank dessen die Menschen derlei nützliche Entdeckungen machen, müssen zu den Selektionsdrücken auch Fragen gehört haben, die in etwa denen, die die Wissenschaft stellt, ähneln. Funktioniert der Prozeß auch wirklich? Können Menschen dieses Nahrungsmittel gefahrlos verzehren? Heilen Wunden, wenn man sie auf diese Weise verbindet? Löst dieses Kraut bei einer Frau, deren Kind überfällig ist, die Wehen aus?

Die volkstümlichen Heilmittel der sympathetischen Magie stellen sich ganz anders dar. Zu den angeblichen Heilverfahren, die auf dem Prinzip der Ähnlichkeit beruhen, gehört beispielsweise das gegen Gelbsucht (die in Wirklichkeit Symptom einer Lebererkrankung ist), das darin besteht, in das goldfarbene Auge eines Sandpipers (Triele) zu starren. Hätte mein Vater es damit probiert, wäre ihm vermutlich keine großer Erfolg beschieden gewesen, abgesehen vielleicht von einer leichten psychosomatischen Wirkung. Bei der Entwicklung der sympathetischen Magie, die unter den Völkern dieser Erde sehr weit verbreitet ist, waren die Selektionsdrücke, wie bereits früher erwähnt, meist ganz anderer Art als diejenigen, die zu objektiven Erfolgen führten.

Allerdings trafen diese Völker nicht unbedingt eine strenge Unterscheidung zwischen Magie einerseits und der Entdeckung tatsächlicher Anwendungsmöglichkeiten von Pflanzen und Tierprodukten andererseits. Medizinmänner waren nun einmal Medizinmänner, auch wenn sie den Menschen der Neuzeit beibrachten, wie man beispielsweise aus Chinarinde Chinin zur Behandlung von Malaria gewinnt. Kulturelle Traditionen lassen sich nicht so ohne weiteres in solche, die sich leicht in moderne Vorstellungen einfügen, und andere, die ihnen entgegenlaufen, unterteilen.

Das Spannungsverhältnis zwischen Aufklärung und kultureller Vielfalt

Das Spannungsverhältnis zwischen der Notwendigkeit einer von der Aufklärung angestrebten Universalität und der einer Bewahrung der kulturellen Vielfalt setzt sich auch in unserer Zeit fort. Wenn wir uns bei Erörterungen der Zukunft unseres Planeten der Ergebnisse wissenschaftlicher Forschung bedienen und versuchen, die Folgerungen aus diesen Ergebnissen rational zu durchdenken, steht uns größtenteils der Aberglaube im Wege. Das Fortdauern irrtümlicher Glaubensvorstellungen verstärkt die weitverbreitete, anachronistische Unfähigkeit, die dringlichen Probleme, denen die Menschheit auf diesem Planeten gegenübersteht, zu erkennen. Und natürlich stellen philosophische Uneinigkeit und insbesondere zerstörerischer Partikularismus in seinen mannigfaltigen Erscheinungsformen eine ernsthafte Bedrohung für uns dar. Ein solcher Partikularismus manifestiert sich vielerorts nach wie vor in überkommenem Stammesdenken, das sich heute allerdings auf alle möglichen nationalen, sprachlichen, religiösen oder anderen Unterschiede bezieht, die gelegentlich so geringfügig sind, daß ein Außenstehender sie kaum wahrnimmt, aber ausreichen – insbesondere wenn skrupellose Politiker sie ausspielen –, um tödliche Rivalität und Haß hervorzurufen.

Gleichzeitig ist jedoch kulturelle Vielfalt als solche ein wertvolles Erbe, das es zu bewahren gilt: die babylonische Sprachverwirrung, der Mischmasch religiöser und ethischer Systeme, das Panorama von Mythen, das Potpourri politischer und sozialer Traditionen, die in vielen Formen der Irrationalität und des Partikularismus daherkommen. Eine der größten Herausforderungen der Menschheit liegt darin, vereinheitlichende Faktoren wie Wissenschaft, Technologie, Rationalität und Gedankenfreiheit mit trennenden Faktoren wie lokalen Traditionen und Glaubensvorstellungen, zu denen sich schlicht die Unterschiede im Temperament, im Beruf und des geographischen Standorts gesellen, zu versöhnen.

Universale Populärkultur

Die weltweite Aushöhlung lokaler kultureller Muster ist jedoch nicht ganz, ja nicht einmal in der Hauptsache, das Ergebnis des vereinheitlichenden Einflusses wissenschaftlicher Aufklärung. In den meisten Fällen verwischt die Populärkultur die Unterschiede zwischen einem Ort und einem anderen, zwischen der einen Gesellschaft und einer anderen weitaus gründlicher. Bluejeans, Fastfood, Rockmusik und amerikanische Fernsehserien überschwemmen seit Jahren die Welt. Zudem lassen sich die vereinheitlichenden Einflüsse nicht so einfach entweder der wissenschaftlichen oder der Populärkultur zuordnen. Vielmehr bilden sie ein Kontinuum, ein ganzes Spektrum kultureller Einwirkungen.

Eine Zwischenstellung zwischen Hoch- und Populärkultur nehmen Institutionen wie Cable News Network ein. An manchen Orten und bei manchen Anlässen sind die CNN-Sendungen eine wertvolle, aktuelle Quelle einprägsamer Bilder und einigermaßen genauer Informationen, die anderweitig nicht geboten werden. Bei anderen Gelegenheiten bieten sie sich als eine Art Unterhaltungsprogramm dar, als Teil der vereinheitlichenden Populärkultur. Jedenfalls gelten überall auf der Welt zu empfangende Sendungen sowie Artikel, die in Tages- und Wochenzeitungen vieler Länder erscheinen, neben den erstaunlich zahlreichen Fachzeitschriften und Sachbüchern, ganz zu schweigen von der rapide zunehmenden elektronischen Vernetzung und dem zu erwartenden sprunghaften Anstieg interaktiver, multimedialer Kommunikation, als Teil der weltweiten »Informationsexplosion«.

Die Informations (oder Desinformations?)-Explosion

Unglücklicherweise handelt es sich bei dieser Informationsexplosion weitgehend um eine Desinformationsexplosion. Wir alle werden ungeheuren Mengen von Daten, Ideen und Schlußfolgerungen ausgesetzt, die häufig falsch oder mißverständlich, oder einfach verwirrend sind. Es besteht ein ungemein dringendes Bedürfnis nach intelligenteren Berichten und Kommentaren.

Wir müssen dem höchst kreativen Akt, einen seriösen Artikel oder ein fundiertes Buch zu schreiben, die Glaubwürdiges von Unglaubwürdigem unterscheiden und das, was verläßlich scheint, in der Form einigermaßen vernünftiger Theorien und anderer Schemata systematisieren und zusammenfassen, einen viel größeren Wert beimessen. Wenn ein Akademiker ein neues Forschungsergebnis veröffentlicht und damit der Wissenschaft oder Gelehrsamkeit Neuland erschließt, kann er – selbst wenn sich später herausstellt, daß das Ergebnis völlig falsch ist – eine Belohnung in Form einer Professur oder einer Beförderung einheimsen. Bemüht man sich jedoch, die Bedeutung von etwas, das bereits erreicht worden ist, zu klären (oder unterscheidet man, was zu erfahren sich lohnt und was nicht), ist es recht unwahrscheinlich, daß dies der akademischen Karriere förderlich ist. Um die Menschheit wird es weit besser bestellt sein, wenn die Gratifikationsstruktur dahingehend verändert wird, daß auf Karrieren einwirkende Selektionsdrücke die Informationsaufbereitung ebenso begünstigen wie die Informationsbeschaffung.

Den Intoleranten tolerieren – ist das möglich?

Wie aber sollen wir die kritische Untersuchung von Ideen einschließlich der Identifizierung und Benennung von Irrtümern mit Tolerierung – und sogar Wertschätzung und Bewahrung – von kultureller Vielfalt in Einklang bringen? Wir haben erörtert, wie in jeder spezifischen kulturellen Tradition Ideen und Glaubensvorstellungen – als künstlerische Motive, als definierende und vereinheitlichende gesellschaftliche Kräfte und als Quelle persönlichen Trostes im Angesicht einer Tragödie – fest verankert sind. Wie wir betont haben, würde die Wissenschaft viele dieser Ideen und Glaubensvorstellungen als irrig (oder zumindest als durch keinerlei Beweis gestützt) abtun. Andere wiederum gelten als wertvolle Entdeckungen im Bereich der Natur und der Möglichkeiten individueller und gesellschaftlicher Entwicklung des Menschen (vielleicht unter Einschluß der Untersuchung neuer Bereiche mystischer Erfahrung und der Formulierung von Wertsystemen, in denen das Streben nach materiellen Gütern anderen, eher geistigen Neigungen, untergeordnet ist). Die Bewahrung kultureller Vielfalt muß jedoch diese Unterscheidung irgendwie überwinden. Die Muster oder Schemata, die Elemente der kulturellen DNS darstellen, können nicht so ohne weiteres in erhaltenswerte und nicht erhaltenswerte unterteilt werden.

Doch die Schwierigkeit reicht viel tiefer. Viele der lokalen Denk- und Verhaltensmuster verbinden sich nicht nur mit schädlichen Irrtümern und zerstörerischem Partikularismus, sondern insbesondere mit Schikane und Verfolgung all jener, die für die vereinheitlichende, wissenschaftliche und säkulare Kultur mit ihrer Betonung der Rationalität und der Rechte des einzelnen eintreten. Und doch trifft man gerade in dieser Kultur oft auf Menschen, die sich aus Überzeugung für die Bewahrung kultureller Vielfalt einsetzen.

In irgendeiner Form muß die menschliche Rasse Möglichkeiten finden, die reiche Vielfalt kultureller Traditionen zu achten und zu nutzen und dennoch der Bedrohung durch Uneinigkeit, Unterdrückung und Obskurantismus standzuhalten, die einige dieser Traditionen gelegentlich an den Tag legen.

22 Eine Welt, die zu bewahren sich lohnt

Sorge um die Bewahrung biologischer Vielfalt ist untrennbar mit Sorge um die Biosphäre als Ganzer verbunden; das Schicksal der Biosphäre wiederum hängt eng mit praktisch allen Aspekten der Zukunft der Menschheit zusammen. An dieser Stelle will ich eine Art Forschungsprogramm für die Zukunft des Menschengeschlechts und der übrigen Biosphäre entwerfen. Allerdings verlangt dieses Forschungsprogramm keine zeitlich unbegrenzten Vorhersagen. Es erfordert hingegen Menschen aus zahlreichen Institutionen und den vielfältigsten Disziplinen, die gemeinsam über irgendwelche evolutionären Szenarios nachdenken, die im Verlauf des 21. Jahrhunderts aus der derzeitigen Situation heraus und zu einer annähernd bewahrbaren Welt führen könnten. Mehr als bloße Spekulation konzentriert sich ein solcher Ansatz darauf, was in Zukunft geschehen könnte.

Warum unternimmt jemand den Versuch, in einem derart großen Maßstab zu denken? Sollte man nicht lieber ein überschaubares Projekt planen, das sich auf einen bestimmten Aspekt der Weltlage konzentriert?

Wir leben in einem Zeitalter zunehmender Spezialisierung, und das nicht von ungefähr. In jedem Forschungsbereich lernt die Menschheit weiter dazu; und je umfangreicher jedes Spezialgebiet wird, desto eher neigt es dazu, sich in eine Reihe von Unterdisziplinen aufzuspalten. Dieser Prozeß wiederholt sich ständig und ist ebenso notwendig wie wünschenswert. Allerdings besteht auch ein wachsendes Bedürfnis, diese Spezialisierung durch Integrieren zu ergänzen. Das hat seinen Grund: Kein komplexes, nichtlineares System kann angemessen beschrieben werden, indem man es in seine im voraus definierten Untersysteme oder verschiedenen

Aspekte gliedert. Wenn man diese Untersysteme oder Aspekte, die alle in intensiver Wechselwirkung miteinander stehen, separat untersucht – und sei es auch noch so eingehend – und dann die Ergebnisse aneinanderreiht, ergeben sie noch kein brauchbares Bild des Ganzen. In dieser Hinsicht bewahrheitet sich die alte Spruchweisheit: »Das Ganze ist mehr als die Summe seiner Teile.«

Daher muß man sich von der Vorstellung lösen, ernsthafte Arbeit beschränke sich darauf, ein wohldefiniertes Problem in einem eng begrenzten Fachbereich erschöpfend zu behandeln, während umfassend integratives Denken Cocktailparties vorbehalten bleibt. Im akademischen Leben, in der Verwaltung und anderswo schenkt man der Aufgabe des Integrierens viel zuwenig Beachtung. Und doch muß jeder, der an der Spitze einer Organisation steht, sei es ein Präsident oder ein Premierminister, oder ein hoher Regierungsbeamter, Entscheidungen so treffen, als zöge er dabei alle Aspekte einer Situation und die Wechselwirkung zwischen diesen Einzelaspekten in Betracht. Ist es sinnvoll, daß eine Führungskraft, die sich um Hilfe an jemanden weiter unten in der Hierarchie wendet, nur auf Spezialisten trifft und daß integratives Denken erst dann stattfindet, wenn sie die endgültigen, intuitiven Entscheidungen fällt?

Am Santa Fe Institute, wo sich Wissenschaftler und Gelehrte und andere Denker aus aller Welt, Vertreter praktisch aller Disziplinen, treffen, um komplexe Systeme zu erforschen und zu verfolgen, wie aus einfachen grundlegenden Gesetzen Komplexität erwächst, finden wir Leute, die den Mut haben, nicht nur auf traditionelle Weise das Verhalten der Teile eines Systems zu untersuchen, sondern darüber hinaus *zumindest versuchsweise das Ganze zu betrachten*. Vielleicht kann das Santa Fe Institute dazu beitragen, mit Institutionen aus aller Welt, die sich mit der Untersuchung spezieller Aspekte der globalen Situation befassen, gemeinsame Forschungsunternehmen in Gang zu bringen, um herauszufinden, ob es Wege hin zu einer annähernd bewahrbaren Welt gibt. Die zur Debatte stehenden Aspekte müßten politische, militärische, diplomatische, wirtschaftliche, soziale, ideologische, demographische und umweltbezogene Themen einbeziehen. Mit einem vergleichsweise bescheidenen Versuch unter dem Namen Project 2050, an dem sich unter der Führung des World Resources Institute, der Brookings Institution und des Santa Fe Institute Einzelpersonen und Institutionen aus aller Welt beteiligen, hat man bereits begonnen.

Doch was verstehen wir hier unter »bewahrbar«? In *Through the Looking Glass* erklärt Humpty Dumpty Alice, wie er Worte dazu bringt, alles zu bedeuten, was er will: Jeden Samstagabend (mit diesem Tag endete im 19. Jahrhundert die Arbeitswoche) werden sie dafür bezahlt. Nun, heutzutage müßten eine Menge Leute dem Wort »bewahrbar« einen Lohn zahlen. Wenn beispielsweise die Weltbank irgendein altmodisches, klotziges Projekt finanziert, das der Umwelt schadet, könnte es durchaus sein, daß dieses Projekt – in der Hoffnung, es so akzeptabler zu machen – mit dem Etikett »bewahrbare Entwicklung« versehen wird.

Diese Praxis erinnert mich an eine Nummer der Monty Pythons, in der ein Mann in ein Büro kommt, um eine Konzession für seinen Fisch Eric zu beantragen. Als man ihm erklärt, so etwas wie einen Zulassungsschein für Fische gäbe es nicht, meint er, die gleiche Antwort habe er erhalten, als er nach Katzenkonzessionen gefragt habe, er habe aber trotzdem eine. Er zieht sie hervor, doch diesmal erklärt man ihm: »Das ist keine Zulassung für eine Katze. Das ist eine Zulassung für einen Hund, nur hat man das Wort ›Hund‹ durchgestrichen und mit Bleistift ›Katze‹ darübergeschrieben.«

In unseren Tagen sind viele Leute eifrig damit beschäftigt, das Wort »bewahrbar« mit Bleistift zu schreiben. Die Definition ist nicht immer klar. Es liegt daher nahe, an dieser Stelle zu versuchen, dem Wort eine Bedeutung *zuzuweisen*. Daß die buchstäbliche Bedeutung nicht ausreicht, liegt auf der Hand. Eine Erde, auf der es keinerlei Leben gibt, könnte für Hunderte von Jahrmillionen bewahrbar sein, aber das ist nicht gemeint. Eine weltweite Tyrannei könnte über Generationen hinweg aufrechterhalten werden, aber auch das meinen wir nicht. Stellen wir uns eine dichtbevölkerte und hochgradig reglementierte, möglicherweise äußerst gewalttätige Welt vor, in der nur ein paar Pflanzen- und Tierarten überlebt haben (solche, die in engem Zusammenhang mit der menschlichen Gesellschaft stehen). Selbst wenn man derartige Bedingungen irgendwie aufrechterhalten könnte, sie entsprächen nicht dem, was wir hier unter bewahrbarer Welt verstehen. Was wir meinen, schließt eindeutig Bewahrbarkeit mitsamt einem Quentchen Erwünschtheit ein. Bemerkenswerterweise herrscht heute eine gewisse theoretische Übereinstimmung darüber, was wünschenswert ist, darüber, wonach die Menschheit strebt, wie es beispielsweise in den Erklärungen der Vereinten Nationen zum Ausdruck kommt.

Welche Art Zukunft stellen wir uns also für unseren Planeten und unsere Spezies vor, wenn wir von Bewahrbarkeit sprechen und unsere Sehnsucht mit einer kleinen Prise Realismus dämpfen? Bestimmt meinen wir damit nicht Stagnation, ohne die Hoffnung einer Verbesserung der Lebensumstände der Armen und Unterdrückten. Wir meinen aber genausowenig ständig zunehmenden Mißbrauch der Umwelt, wenn die Bevölkerungszahl steigt, wenn die Armen ihren Lebensstandard zu heben versuchen und jeder Reiche die Umwelt enorm schädigt. Zudem bezieht Bewahrung sich nicht ausschließlich auf wirtschaftliche und Umweltprobleme.

Negativ ausgedrückt heißt dies: Die Menschheit muß katastrophale Kriege, weitverbreitete Tyrannei und die Perpetuierung äußerster Armut wie auch eine verhängnisvolle Verschlechterung der Biosphäre und eine Zerstörung der biologischen und ökologischen Vielfalt vermeiden. Die zentrale Vorstellung ist es, Lebensqualität und einen Zustand der Biosphäre zu erreichen, ohne daß dies hauptsächlich auf Kosten der Zukunft geschieht. Dazu gehören das Überdauern eines gewissen Maßes an kultureller Vielfalt wie auch das Überleben zahlreicher Organismen, mit denen wir uns den Planeten teilen, sowie der ökologischen Gemeinschaften, die sie bilden.

Nun mögen ja technologische Optimisten der Ansicht sein, wir Menschen brauchten unseren Kurs eigentlich kaum zu ändern, um eine schreckliche Zukunft zu vermeiden; vielmehr könnten wir eine annähernde Bewahrbarkeit mehr oder weniger mühelos, einfach durch eine endlose Serie technologischer Errungenschaften erreichen. Manche halten Bewahrbarkeit vielleicht nicht einmal für ein Ziel. Dennoch können wir alle uns über dieses Thema Gedanken machen. Selbst diejenigen unter uns, die Bewahrbarkeit nicht als Zielvorstellung übernehmen, können immerhin fragen, ob es Möglichkeiten gibt, diesem Ziel innerhalb der nächsten fünfzig oder hundert Jahre nahe zu kommen, und, falls ja, welche Möglichkeiten dies wären und wie die Welt anschließend aussehen könnte. Die Erörterung bestimmter Fragen setzt nicht voraus, daß man die Wertvorstellungen jener teilt, die sie aufgeworfen haben.

Historiker werden leicht ungehalten, wenn jemand erklärt: »Das ist eine einzigartige geschichtliche Ära.« Das hat man von so vielen Epochen behauptet. Dennoch ist unsere Zeit sehr wohl in zweierlei Hinsicht eine besondere, wobei das eine eng mit dem anderen zusammenhängt.

Erstens hat die menschliche Rasse rein technisch die Befähigung erlangt, die Biosphäre durch Effekte von der Ordnung eins zu verändern. Das Phänomen Krieg ist uralt, aber die Größenordnung, in der er jetzt ausgetragen werden kann, ist völlig neu. Es ist zur Genüge bekannt, daß ein umfassender thermonuklearer Krieg einen beträchtlichen Teil des Lebens auf dem Planeten auslöschen könnte, ganz zu schweigen von dem Unheil, das biologische oder chemische Kriegführung anrichten würde. Zudem verändern die Menschen durch Bevölkerungswachstum und bestimmte wirtschaftliche Betätigungen das globale Klima und rotten eine beträchtliche Anzahl von Pflanzen- und Tierarten aus. Genaugenommen haben die Menschen in der Vergangenheit mehr zerstört, als gemeinhin zugegeben wird. Vernichtung des Waldbestandes durch Abholzen oder durch Ziegen und Schafe, gefolgt von Erosion und Austrocknung, gibt es seit Jahrtausenden; bereits Plinius der Ältere spricht davon. Selbst die verschwindend kleine Anzahl von Menschen, die vor zehntausend Jahren in Nordamerika lebte, trug möglicherweise zum Aussterben der dortigen eiszeitlichen Megafauna bei, zu der Mammuts und Riesenfaultiere, schreckliche Wölfe, Säbelzahntiger sowie Kamel- und

Pferdearten gehörten. (Eine Theorie schreibt die Schuld an der Ausrottung zumindest teilweise der Gewohnheit zu, ganze Tierherden über Klippen zu treiben, um dann das Fleisch und die Haut nur weniger zu verwenden.) Dennoch ist heute das die gesamte Biosphäre bedrohende Zerstörungspotential viel größer als je zuvor. Menschliche Tätigkeit hat bereits zu einer Vielzahl von Umweltproblemen geführt einschließlich Klimaveränderung, Meeresverschmutzung, abnehmender Qualität des Trinkwassers, Entwaldung, Bodenerosion und so weiter, die alle in enger Wechselbeziehung miteinander stehen. Viele dieser Übel sind, wie der Krieg, alt, aber die Größenordnung ist eine noch nie dagewesene.

Zweitens können die Kurven der Weltbevölkerung und der Erschöpfung der natürlichen Ressourcen nicht ewig so steil ansteigen; sie müssen bald einen Wendepunkt durchlaufen (an dem die Wachstumsrate abzunehmen beginnt). Das 21. Jahrhundert wird von entscheidender Bedeutung (im Sinne von »Scheideweg«) für die menschliche Rasse und unseren Planeten sein. Jahrhundertelang kam die Gesamtbevölkerung als Funktion der Zeit einer einfachen Hyperbel sehr nahe, die etwa im Jahre 2025 ins Unendliche geht. Es steht fest, daß in unserer Generation die Weltbevölkerung sich von dieser Kurve lösen muß, und dieser Vorgang hat bereits eingesetzt. Die Frage ist jedoch, ob sich die Bevölkerungskurve infolge menschlicher Weitsicht und eines Fortschritts in Richtung auf eine bewahrbare Welt hin abflachen oder aber sich umkehren und infolge von Kriegen, Hungersnöten und Seuchen – den alten Geißeln der Menschheit – schwanken wird. Wenn sich die Bevölkerungs- und die Ressourcenkurve in der Tat abflachen, wird dies dann auf einem Niveau geschehen, das eine annehmbare Lebensqualität erlaubt – einschließlich eines gewissen Maßes an Freiheit und des Fortbestehens einer Fülle biologischer Vielfalt –, oder aber auf einem Niveau, das einer Welt in Grau, einer Welt der Armut, der Umweltverschmutzung und Reglementierung entspricht, in der nur wenige Pflanzen- und Tierarten übriggeblieben sind, die mühelos mit der Menschheit koexistieren können?

Ähnlich stellt sich die Frage nach der fortschreitenden Entwicklung der Mittel und der Größenordnung militärisch ausgetragener Konkurrenz. Werden die Menschen zulassen, daß weiträumige und wahrhaft zerstörerische Kriege ausbrechen, oder werden sie die Intelligenz und Weitsicht besitzen, die Konkurrenz einzuschränken und ihr eine andere Richtung zu geben, Konflikte einzudämmen und ein Gleichgewicht zwischen Konkurrenz und Kooperation herzustellen? Werden wir es lernen, oder haben wir es vielleicht schon gelernt, unsere Differenzen ohne katastrophale Kriege beizulegen? Und was ist mit den begrenzten, aus politischen Zerfallsprozessen resultierenden Konflikten?

Gus Speth, der erste Präsident des World Resources Institute, bei dessen Gründung ich – ich sage das nicht ohne Stolz – auch eine Rolle spielte, vertrat die Ansicht, in den nächsten paar Jahrzehnten bestehe die Herausforderung für die Menschheit darin, eine Reihe miteinander verknüpfter Übergänge zu bewerkstelligen. Ich schlage vor, seine Konzeption durch die Einbeziehung mehr politischer, militärischer und diplomatischer Überlegungen – neben den sozialen, wirtschaftlichen und auf die Umwelt bezogenen, auf die er besonderen Wert legt – leicht zu modifizieren. Der Rest dieses Kapitels kreist um diese zwar vorläufige, aber nützliche Vorstellung von einer Reihe von Übergängen.

Der demographische Übergang

Wie wir gesehen haben, müssen die kommenden Jahrzehnte eine historische Veränderung in der Kurve Weltbevölkerung versus Zeit aufweisen. Nach Schätzungen der meisten Experten wird sich die Weltbevölkerung irgendwann im nächsten Jahrhundert stabilisieren, allerdings bei einer Zahl, die etwa doppelt so hoch wie die derzeitige (zirka 5,5 Milliarden) ist. In vielen Teilen der Welt sind die Bevölkerungswachstumsraten immer noch sehr hoch (was vor allem mit Verbesserungen in der Medizin und im Gesundheitswesen zusammenhängt, ohne daß dem ein Rückgang der Fertilität entspräche). Dies gilt besonders für tropische, eher unterentwikkelte Länder einschließlich solcher, die es sich, wie Kenia, ökologisch und ökonomisch am wenigsten leisten können. Die Industrieländer haben – abgesehen von den Auswirkungen der Wanderbewegungen, die in den kommenden Jahrzehnten mit Sicherheit ein vordringliches Problem darstellen werden – mittlerweile einigermaßen stabile Bevölkerungszahlen erreicht.

Fachleute haben sich eingehend damit befaßt, welche Faktoren für den Rückgang der Nettofertilität in den meisten Industrieländern verantwortlich sein könnten. Nun schlagen sie Maßnahmen vor, die in verschiedenen Teilen der Dritten Welt zu einem ähnlichen Rückgang beitragen könnten. Dazu gehören eine Verbesserung der Gesundsfürheitssorge für Frauen, Alphabetisierung, Hebung des Bildungsstands, Verbesserung ihrer Chancen, am Berufsleben teilzunehmen, sowie andere Fortschritte hinsichtlich der Stellung der Frau; Reduzierung der Kindersterblichkeit (die anfangs natürlich in entgegengesetzter Richtung wirkt, später jedoch möglicherweise Paare davon abhält, zum Ausgleich für Todesfälle, mit denen zu rechnen ist, mehr Kinder zu zeugen, als sie eigentlich wollen); soziale Absicherung der Älteren, in vielen Entwicklungsländern immer noch ein Fernziel.

Von ausschlaggebender Bedeutung ist natürlich, daß sichere und effiziente Verhütungsmaßnahmen zur Verfügung stehen. Ebenso wichtig ist jedoch der Abbau der traditionellen Anreize für große Familien. In manchen Teilen der Welt will das durchschnittliche Paar (und vor allem der Durchschnittsmann) nach wie vor zahlreiche Kinder. Welche Belohnungen kann man Familien mit nur einem oder zwei Kindern anbieten? Wie kann man die Menschen, im jeweiligen kulturellen Kontext, davon überzeugen, daß in der Welt von heute kleine Familien im allgemeinen Interesse liegen und einen höheren Standard der Gesundheit, der Ausbildung, des Wohlstands und der Lebensqualität mit sich bringen, als dies bei kinderreichen Familien möglich wäre? Was kann man in Anbetracht der großen Bedeutung von Modeerscheinungen tun, um die Idee der Kleinfamilie populär zu machen? Diese Fragen werden vielerorts noch sträflich vernachlässigt; das gilt sogar für Organisationen, die angeblich dazu beitragen, das Problem Weltbevölkerung zu lösen.

Durchläuft die Weltbevölkerung innerhalb der nächsten paar Jahrzehnte tatsächlich einen Wendepunkt und stabilisiert sie sich global, dann kommt nicht nur diesem historischen Prozeß eine immense Bedeutung zu, auch der Zeitpunkt und die resultierenden Zahlen werden wahrscheinlich großes Gewicht haben. Art und Umfang der Auswirkung von Bevölkerungswachstum auf die Qualität der Umwelt hängen von vielen Variablen, wie etwa Mustern der Landverteilung, ab, und es lohnt sich, sie in vielen verschiedenen Regionen eingehend zu erforschen. Dennoch läßt sich mit an Sicherheit grenzender Wahrscheinlichkeit jetzt schon sagen, daß, als Ganzes gesehen, Bevölkerungswachstum zu einer Verschlechterung des Zustands der Umwelt beiträgt: entweder aufgrund der hohen Verbrauchsraten der Reichen oder wegen des verzweifelten Überlebenskampfs der Armen zu Lasten der Zukunft.

Die Folgen für die Umwelt werden wahrscheinlich viel einschneidender sein, wenn die Welt einfach abwartet, bis eine Verbesserung der wirtschaftlichen Situation der armen Völker zu einem Rückgang der Nettofertilität führt, statt zu versuchen, parallel zur wirtschaftlichen Entwicklung einen solchen Rückgang gezielt zu fördern. Nach der Verbesserung der ökonomischen Situation wird die Umweltschädigung pro Person vermutlich größer sein als zuvor, und je geringer die Zahl der Menschen, wenn schließlich ein relativer Wohlstand erreicht wird, ist, desto besser für sie und die übrige Biosphäre.

Der technologische Übergang

Schon vor etlichen Jahrzehnten wiesen einige von uns (insbesondere Paul Ehrlich und John Holdren) auf die ziemlich offensichtliche Tatsache hin, daß es sinnvoll wäre, die Umweltschädigung, beispielsweise in einem bestimmten geographischen Gebiet, in drei miteinander zu multiplizierende Faktoren aufzuschlüsseln: Bevölkerung, konventionell berechneter Wohlstand pro Person, Umweltschädigung pro Person pro Einheit konventionell berechneten Wohlstands. Der letzte Faktor hängt vor allem von der Technologie ab. Die derzeitige riesige Weltbevölkerung verdankt ihre Existenz einzig und allein technologischem Wandel; während Milliarden von Menschen hoffnungslos arm sind, gelingt es einigen anderen, dank der Fortschritte in Wissenschaft und Technologie einschließlich Medizin ein einigermaßen angenehmes Leben zu führen. Die Lasten für die Umwelt waren enorm, aber keinesfalls annähernd so groß, wie sie es in der Zukunft sein könnten, wenn die Menschheit nicht einige Weitsicht walten läßt.

Technologie kann sich, wenn sie richtig nutzbar gemacht wird, dahingehend auswirken, daß der dritte Faktor so klein wird, wie dies unter praktischen Gesichtspunkten im Rahmen der Naturgesetze möglich ist. In welchem Grad der Wohlstandsfaktor verbessert werden kann, hängt vor allem für die Allerärmsten in beträchtlichem Maße davon ab, wieviel man beim ersten Faktor, der schieren Zahl an Menschen, einspart.

Vielerorts lassen sich allmählich Hinweise auf einen Beginn des technologischen Übergangs feststellen, obwohl er zum größeren Teil erst noch stattfinden muß. Aber selbst scheinbar simple technologische Errungenschaften können am Ende äußerst komplexe Probleme aufwerfen.

Nehmen wir zum Beispiel die Ausrottung der Malaria. Noch vor nicht allzulanger Zeit war die Trockenlegung von Feuchtgebieten die verbreitetste Methode. Wie man mittlerweile weiß, sollte man jedoch die Zerstörung von Feuchtgebieten möglichst vermeiden. Die Wissenschaft hat die für Malaria verantwortlichen Plasmodien und die sie übertragenden Mückenarten identifiziert. Das Versprühen von chemischen Pestiziden wie DDT zur Ausrottung von Malariamücken schien ein Schritt nach vorne zu sein; es stellte sich jedoch heraus, daß dies ernste Folgen für die Umwelt hatte. So bekamen Vögel an der Spitze der Nahrungskette hochkonzentrierte Dosen des Stoffwechselprodukts DDE ab; die Folge war, daß die Schalen der Eier dünner wurden und viele Spezies sich nicht mehr fortpflanzten, darunter der Wappenvogel der Vereinigten Staaten, der Weißköpfige Seeadler. Vor zwanzig Jahren wurde DDT in den Industrieländern schrittweise aus dem Verkehr gezogen, und langsam erholen sich die bedrohten Vogelarten wieder. Es wird jedoch nach wie vor in anderen Gegenden eingesetzt, obwohl es inzwischen resistente Stämme von Überträgermücken gibt.

Dann stellten sich einige unmittelbar verfügbare Ersatzstoffe für DDT als ziemlich gefährlich für Menschen heraus. Heutzutage gibt es jedoch weit raffiniertere Methoden, um die Populationen der Überträgermücken zu dezimieren. Dazu gehören der Einsatz von speziell auf sie zielende Chemikalien, die Aussetzung steriler Paarungspartner und andere »biologische Methoden des Umweltschutzes«. Maßnahmen dieser Art lassen sich zu einer »integrierten Schädlingsbekämpfung« koordinieren. Sie sind bis jetzt noch ziemlich teuer, wenn man sie in großem Maßstab durchführt. In der Zukunft werden voraussichtlich billigere und genauso sanfte Techniken entwickelt. Natürlich gibt es auch Insektenabwehrmittel, die die Überträger am Leben lassen, aber sie sind ebenfalls teuer und bringen ihre spezifischen Probleme mit sich.

Allerdings gibt es eine ganz einfache Verhaltensweise, die sich in vielen Gegenden als wirksam erwiesen hat: die Verwendung von Moskitonetzen, mit denen man sich jeweils in der Abend- und Morgendämmerung eine halbe Stunde lang schützt, in der Zeit also, in der die Überträgermücken stechen. Leider hat in vielen tropischen Ländern die arme Landbevölkerung gerade um diese Zeit sehr viel im Freien zu tun und kann nicht unter dem Moskitonetz bleiben.

Eines Tages wird man vermutlich Impfstoffe gegen Malaria entwickeln, die vielleicht die verschiedenen Erscheinungsformen der Krankheit vollständig zum Verschwinden bringen. Aber dann erhebt sich ein anderes Problem: Wichtige im Naturzustand belassene Gegenden, bislang durch die Gefahr, dort an Malaria zu erkranken, geschützt, könnten einer unvernünftigen Erschließung zum Opfer fallen.

Zweifelsohne habe ich mich etwas zu lange bei diesem scheinbar simplen Beispiel aufgehalten, um eine Vorstellung von seiner Komplexität zu vermitteln. Mit analogen Komplexitäten ist in allen Bereichen des technologischen Übergangs zur Reduzierung der Umweltschädigung zu rechnen, sei es nun in der Industrieproduktion, bei der Erzgewinnung, der Nahrungsmittelherstellung oder bei der Energieerzeugung. Wie die Umstellung der Rüstungsindustrie auf zivile Produktion erfordert auch der technologische Übergang finanzielle Unterstützung und die Umschulung der Arbeiter, wenn in einem Beschäftigungszweig Arbeitsplätze verlorengehen, während in einem anderen neue entstehen. Die Politiker wären gut beraten, ihr Augenmerk darauf zu richten, daß die verschiedenen Arten der Umstellung uns vor ähnliche Herausforderungen stellen. So ließe sich das Abrücken von der Herstellung chemischer Kampfstoffe mit der stufenweisen Einstellung der Abholzung der uralten Wälder an der nordwestlichen Pazifikküste der Vereinigten Staaten vergleichen. Zudem werden derlei politische Fragen dann wieder virulent, wenn die Gesellschaft den Verbrauch von Produkten, die der menschlichen Gesundheit abträglich sind, einzuschränken versucht, ob sie nun legal sind, wie Tabak, oder illegal, wie Kokain.

Auf der Nachfrageseite werfen die drei Arten der Umstellung jedoch in gewisser Weise unterschiedliche Probleme auf. Im Fall der chemischen Waffen besteht die hauptsächliche Herausforderung darin, Regierungen dazu zu bringen, keine solchen Kampfstoffe mehr zu ordern und die bereits vorhandenen aufzudecken und zu vernichten. Hinsichtlich der Drogen sind die Zielsetzungen Gegenstand heftiger Auseinandersetzungen. Beim technologischen Übergang zur Reduzierung der Umweltschädigung stellt sich die Frage, welche Anreize für die Entwicklung und Anwendung sanfterer Technologien denkbar sind. Das bringt uns zum ökonomischen Übergang.

Der ökonomische Übergang

Werden Wasser oder Luft bei wirtschaftlichen Transaktionen als frei verfügbares Gut behandelt, dann kostet es nichts, sie zu verschmutzen und ihre Qualität zu mindern; die damit verbundene wirtschaftliche Tätigkeit erfolgt zu Lasten der Umwelt und der Zukunft. Seit Jahrhunderten versucht man, solche Probleme mit Verboten und Geldstrafen in den Griff zu bekommen, jedoch blieben diese Anstrengungen oft ergebnislos. Heutzutage bemüht man sich mancherorts mit einigem Erfolg um eine Regelung in großem Maßstab. Die effizienteste Art und Weise, mit solchen Problemen umzugehen, scheint für die Regierungen jedoch darin zu bestehen, für die Wiederherstellung der Qualität mehr oder weniger hohe Gebühren zu verlangen. Wirtschaftswissenschaftler nennen das Verinnerlichung von Äußerlichkeiten. Eine Regulierung mit Geldbußen und anderen Strafen ist an sich schon eine Art von Gebühr. Ordnungsmaßnahmen setzen jedoch normalerweise bestimmte Handlungen bei den Verschmutzern voraus, dagegen ermuntert die Verinnerlichung der Kosten dazu, die Qualität wiederherzustellen oder es gar nicht erst zu einer Verminderung der Qualität kommen zu lassen, je nachdem, was am billigsten ist. Den Ingenieuren und Buchhaltern des betreffenden Industriezweigs kommt die Aufgabe zu, die erforderlichen Maßnahmen vorzuschreiben. Mikromanagement durch Bürokraten ist überflüssig.

Im Rahmen des notwendigen wirtschaftlichen Übergangs – nicht mehr vorrangig vom Kapital Natur, sondern hauptsächlich von ihrem Ertrag zu leben – ist der Versuch, die tatsächlichen Kosten in Rechnung zu stellen, von großer Bedeutung. Die Auferlegung von Gebühren ist gewöhnlich besser als Reglementierung und mit Sicherheit besser als bloße Ermahnungen. Zumindest läßt sie weniger Raum für Unklarheiten.

Angenommen, Sie beteiligen sich an der Verleihung von grünen Plaketten für umweltfreundliche Produkte. Bald stoßen Sie auf ein Problem. Ein spezielles Waschmittel hat vielleicht weniger Phosphate als ein anderes und trägt daher weniger zur Eutrophierung (einem Algenwachstum) in Seen bei; dafür erfordert es möglicherweise eine höhere Energie, weil das Wasser für den Waschvorgang heißer sein muß. Sie können beliebig viele solcher Kompromisse aufzählen. Wie wägen Sie die eine Überlegung gegen die andere ab? Wenn man zumindest einen rudimentären Versuch macht, für eine Eutrophierung durch Waschmittel eine entsprechende Gebühr zu erheben, und wenn man gleichzeitig die Kosten für die erforderliche Energie auf der Packung deutlich sichtbar vermerkt, kann der Verbraucher anhand des Nettopreises seine Wahl treffen; und dann bestimmt der Markt die Preise. Auf diese Weise wird die grüne Plakette überflüssig.

Die große Schwierigkeit bei der Verrechnung der tatsächlichen Kosten ist natürlich, wie man sie abschätzen soll. Wie bereits an früherer Stelle erörtert, ist es den Wirtschaftswissenschaften nicht gelungen, diffizile Probleme der Qualität und Irreversibilität in den Griff zu bekommen, diese sind jenen Problemen vergleichbar, die sich in der Naturwissenschaft in Verbindung mit dem zweiten Hauptsatz der Thermodynamik ergeben. Man kann diese Fragen natürlich in den Zuständigkeitsbereich der Politik abschieben und sie rein als Angelegenheit der öffentlichen Meinung betrachten. Aber auf lange Sicht wird die Wissenschaft nicht umhinkönnen, dazu Stellung zu nehmen. In der Zwischenzeit ist es am einfachsten, die Kosten der Wiederherstellung von etwas, das verschwunden ist, abzuschätzen. Soweit es sich um etwas Unersetzliches handelt, könnten rigoros durchgesetzte Verbote notwendig sein, aber ansonsten ist die Bewahrung von Qualität eng mit der Vorstellung verknüpft, für ihre Wiederherstellung bezahlen zu müssen. Mit der Definition von Qualität werden sich Wissenschaft und öffentliche Meinung gemeinsam befassen.

Ein entscheidender Bestandteil eines jeden Programms zur Verrechnung der tatsächlichen Kosten ist die Streichung von Subventionen für schädliche wirtschaftliche Betätigungen, die in vielen Fällen gar nicht wirtschaftlich wären, würden sie nicht subventioniert. Im Hinblick auf die Arbeit der World Commission on Environment and Development (Internationale Kommission für Umwelt und Entwicklung = Brundtland-Kommission), der angesehene Staatsmänner aus aller Welt angehören, mußte der hervorragende Generalsekretär der Kommission, James MacNeill aus Kanada, erst auf einen wichtigen Aspekt hinweisen: Um abzuschätzen, was mit der Umwelt passiert, müsse man sich gar nicht so sehr die Tätigkeit des Umweltministeriums, sondern eher die des Finanzministeriums und den Haushalt ansehen. Dort können schädliche Subventionen aufgespürt und manchmal, obgleich unter großen politischen Schwierigkeiten, abgeschafft werden.

Das Thema Haushalt bringt uns direkt zu der Frage, ob die volkswirtschaftliche Gesamtrechnung die Ausbeutung des Kapitals Natur berücksichtigt. Im allgemeinen nicht. Wenn der Präsident eines Tropenlandes mit einer ausländischen Nutzholzfirma zu einem niedrigen Preis und gegen Zahlung eines Schmiergelds die Abholzung eines Großteils landeseigenen Waldbestands vertraglich vereinbart, weist die volkswirtschaftliche Gesamtrechnung den Kaufpreis und vielleicht sogar das Schmiergeld – wenn es im Land ausgegeben und nicht auf ein Schweizer Bankkonto überwiesen wird – als Teil des Volkseinkommens aus; die Abholzung der Wälder taucht hingegen nicht als entsprechender Verlustposten auf. Nicht immer sind es tropische Länder, die ihre Wälder zu billig verkaufen; sehen wir uns doch an, was mit den Regenwäldern in den gemäßigten Breiten an der nordwestlichen Pazifikküste der Vereinigten Staaten, in British Columbia und Alaska passiert ist. Die Reform des volkswirtschaftlichen Gesamtrechnungssystems ist eindeutig in allen Ländern ein dringendes Erfordernis. Glücklicherweise bemüht man sich mancherorts bereits, eine solche Reform durchzuführen. Unser Beispiel macht zudem klar, daß bei der Durchführung des ökonomischen Übergangs dem Kampf gegen großangelegte Korruption entscheidende Bedeutung zukommt.

Ein weiterer Indikator dafür, in welchem Maße man sich Sorgen über ein Leben zu Lasten des Kapitals Natur macht, ist der Diskontsatz. Meines Wissens berechnet die Weltbank für die Finanzierung von Projekten, die massive Auswirkungen auf die Umwelt haben, nach wie vor einen Diskontsatz von zehn Prozent pro Jahr auf die Zukunft. Wenn dies zutrifft, bedeutet es, daß der Verlust eines großen natürlichen Aktivpostens in dreißig Jahren um einen Faktor 20 diskontiert wird. Das natürliche Erbe der nächsten Generation wird, wenn überhaupt, auf fünf Prozent seines heute geschätzten Wertes veranschlagt.

Der auf diese Weise gehandhabte Diskontsatz ist ein Maß für die sogenannte intergenerationelle Billigkeit (d. h. Äquivalenz von Leistung und Gegenleistung zwischen den Generationen), die für den Begriff der Qualitätswahrung von entscheidender Bedeutung ist. Die Zukunft zu jäh zu diskontieren läuft auf Diebstahl an der Zukunft hinaus. Faßt man den Begriff des Diskontsatzes etwas allgemeiner, so umschließt er einen Großteil dessen, was unter Bewahrbarkeit zu verstehen ist.

Der soziale Übergang

Nun machen einige Wirtschaftswissenschaftler viel Aufhebens von möglichen Kompromissen zwischen intergenerationeller und intragenerationeller Billigkeit, das heißt von der Konkurrenz zwischen der Sorge um die Zukunft und der Sorge um diejenigen, die heute bitterarm sind und um des schieren Überlebens willen gewisse Ressourcen ausbeuten müssen. Obwohl die Verschlechterung der Biosphäre teils auf das Konto der ganz Armen geht, die sich für ihren Lebensunterhalt abmühen, ist sie großteils den Reichen zuzuschreiben, die die Ressourcen plündern, um in Luxus leben zu können. In hohem Maße hängt sie jedoch mit großangelegten Projekten zusammen, die angeblich beispielsweise der ländlichen Bevölkerung eines Entwicklungslandes helfen, in Wirklichkeit aber damit wenig, wenn nicht sogar das Gegenteil erreichen. Im Gegensatz dazu kann man diesen Leuten durch eine Vielzahl kleiner, lokal eingesetzter Hilfeleistungen, beispielsweise mit sogenannten »Kleinstkrediten«, oft sehr wirksam helfen.

Für die Vergabe von Kleinstkrediten wird ein Geldinstitut gegründet, das ortsansässigen Unternehmern – in der Mehrzahl Frauen – Kleinstkredite zur Einrichtung von Betrieben gewährt. Diese bieten an Ort und Stelle einer Reihe von Leuten die Möglichkeit, sich ihren Lebensunterhalt zu verdienen. Die Betriebe arbeiten oft vergleichsweise umweltfreundlich und tragen ebenso zur intergenerationellen wie zur intragenerationellen Billigkeit bei. Erfreulicherweise setzt sich die Praxis der Kleinstkreditvergabe zur Förderung der auf Bewahrung gerichteten wirtschaftlichen Betätigungen immer mehr durch.

Es ist schwer vorstellbar, wie Lebensqualität, die so ungerecht verteilt ist, auf lange Sicht aufrechterhalten werden kann, wenn zahllose Menschen hungern, obdachlos sind oder früh an Krankheiten sterben und mit ansehen müssen, wie Milliarden anderer ein weit angenehmeres Leben führen. Will man dem Ziel einer Bewahrung näherkommen, so bedarf es eindeutig umfassender Veränderungen in Richtung intragenerationeller Billigkeit. Wie im Fall der Kleinstkredite für eine auf Bewahrung gerichtete Entwicklung wirken intergenerationelle und intragenerationelle Billigkeit häufig eher zusammen, als daß sie einander widerstreiten. Eine Politik, die der armen Landbevölkerung in den Entwicklungsländern wirklich hilft, ist viel leichter mit einer auf Bewahrung der Natur abstellenden Politik in Einklang zu bringen, als dies gemeiniglich behauptet wird. Sozialpolitik, die sich der armen Stadtbevölkerung tatkräftig annimmt, bezieht mit Sicherheit Vorbeugemaßnahmen zur Verhinderung städtischer Umweltkatastrophen mit ein. Eine solche Politik umfaßt auch Maßnahmen zur Lösung der Probleme auf dem Land, die massive Abwanderungen in die Städte zur Folge haben. Viele urbane Zentren sind schon derart aufgebläht, daß sie sich kaum mehr verwalten lassen. In der Tat muß der soziale Übergang eindeutig mit einer Milderung der schlimmsten Probleme der Megastädte einhergehen.

Weniger denn je kann heute eine Nation Probleme der städtischen oder der ländlichen Wirtschaft in Angriff nehmen, ohne die internationalen Probleme mit in Betracht zu ziehen. Das Entstehen einer globalen Wirtschaft ist ein wesentliches Kennzeichen der modernen Welt; und der Wunsch, sich aktiver an dieser Wirtschaft zu beteiligen, ist weltweit eine wichtige Triebkraft der Politik von Regierungen und Unternehmen. Im Verein mit schnellen Transportmöglichkeiten, globaler Kommunikation und globalen Auswirkungen auf die Umwelt bringt es die Bedeutung globaler ökonomischer Probleme mit sich, daß ein größeres Maß an weltweiter Kooperation notwendig ist, um mit den ernsten und ineinandergreifenden Problemen, denen sich die gesamte Menschheit gegenübersieht, fertigzuwerden. Das bringt uns zum institutionellen Übergang oder Wandel der Regierungsformen.

Der institutionelle Übergang

Das Erfordernis regionaler und globaler Kooperation beschränkt sich nicht auf Umweltprobleme oder auch nur auf Umwelt- und Wirtschaftsbelange. Mindestens ebenso wichtig ist die Bewahrung des Friedens, die sogenannte internationale Sicherheit. Der Zusammenbruch der Sowjetunion und des Ostblocks sowie die größere Kooperationsbereitschaft Chinas machen weltweiten Institutionen, darunter den Unterorganisationen der Vereinten Nationen, in jüngster Zeit ein effizienteres Arbeiten als in der Vergangenheit möglich. Für die UNO ist es inzwischen eine Routineangelegenheit, die Überwachung von Wahlen zu organisieren oder die Schirmherrschaft für Verhandlungen zur Beendigung eines Bürgerkriegs zu übernehmen. In vielen Teilen der Welt sind »friedenserhaltende« Aktivitäten im Gange. Die Ergebnisse sind nicht immer zufriedenstellend, aber zumindest gewöhnt man sich an die Vorgänge.

Überstaatliche Kooperation findet inzwischen auf zahlreichen anderen Gebieten statt. Tatsächlich spielt der Nationalstaat in einer Welt, in der so viele wichtige Phänomene in zunehmendem Maße die nationalen Grenzen überschreiten, keine so große Rolle mehr. In vielen Bereichen menschlicher Aktivität sind seit langem supranationale oder sogar universale (oder nahezu universale) – offizielle oder inoffizielle – Institutionen tätig. Und es werden immer mehr. Im allgemeinen kanalisieren sie Konkurrenz in einigermaßen stabile Muster und schwächen sie durch Kooperation ab. Einige sind wichtiger und effizienter als andere, aber sie alle haben eine gewisse Bedeutung. Hier einige recht unterschiedliche Beispiele: Internationaler Luftverkehrsverband, Weltpostverein, The Convention of Broadcasting Frequencies (Übereinkommen zu Rundfunkfrequenzen), Interpol, Verträge zum Schutz der Zugvögel, CITES (Übereinkommen zum Handel mit bedrohten Arten), Convention on Chemical Weapons (Übereinkommen zu chemischen Waffen), International Union of Pure and Applied Physics (Internationaler Verband für theoretische und angewandte Physik), International Council of Scientific Unions (Internationaler Rat Wissenschaftlicher Vereinigungen) und so weiter; der Weltkongreß für Mathematik, Astronomie, Anthropologie, Psychiatrie und so weiter; PEN, die internationale Schriftstellervereinigung; Finanzinstitute wie die Weltbank und der Internationale Währungsfonds; multinationale Konzerne wie IBM, aber auch McDonald's; UN-Organisationen wie WHO (Weltgesundheitsorganisation), UNEP (Umweltprogramm der Vereinten Nationen), UNDP (UN-Entwicklungsprogramm), UNFPA (UN-Fonds für bevölkerungspolitische Aktivitäten), UNICEF (Weltkinderhilfswerk der Vereinten Nationen) und UNESCO (Organisation der Vereinten Nationen für Erziehung, Wissenschaft und Kultur); Rotes Kreuz, Roter Halbmond, Red Shield of David sowie Red Sun and Lion. Auch die wachsende Bedeutung von Englisch als internationaler Verkehrssprache sollte man nicht übersehen.

Allmählich, Schritt für Schritt, beginnt die Menschheit einige der Probleme des Umgangs mit der Biosphäre und mit den in ihr ablaufenden menschlichen Betätigungen in globalem oder weitgestecktem supranationalen Rahmen in Angriff zu nehmen. In diesem Punkt ist die veränderte Situation in der ehemaligen Sowjetunion und in Osteuropa äußert ermutigend. Dadurch wird eine annähernde Universalität zahlreicher Aktivitäten wahrscheinlich, für die vorher wenig Hoffnung bestand.

Zudem machen Verhandlungen zu Problemen der globalen Gemeingüter Fortschritte – jener Teilbereiche der Umwelt, die niemandem und somit allen gehören und deren eigensüchtige Nutzung ohne Kooperation nur für alle Parteien schlechte Ergebnisse zeitigen würde. Naheliegende Beispiele sind die Ozeane, das Weltall und die Antarktis.

Vereinbarungen zwischen besser und weniger gut entwickelten Ländern können sich den globalen Vertrag zum Vorbild nehmen, von dem bereits im Zusammenhang mit der Bewahrung der Natur die Rede war. Hier kommt ihm eine allgemeinere Bedeutung zu: Ressourcentransfer aus reicheren in ärmere Länder bringt eine Verpflichtung für letztere mit sich, bewahrende Maßnahmen im weitesten Sinne zu ergreifen, zu denen die Unterbindung der Weiterverbreitung von Kernwaffen ebenso gehört wie der Schutz unberührter Gegenden. (Eine andere Form, den globalen Vertrag zu erfüllen, ist, daß Elektrizitätswerke in gemäßigten Breiten ihre Kohlendioxidemissionen ausgleichen, indem sie Gelder für die Bewahrung von Wäldern in tropischen Ländern zur Verfügung stellen.)

Allerdings ist das Problem des zerstörerischen Partikularismus – die unerbittliche und oft gewalttätige Konkurrenz zwischen Angehörigen verschiedener Sprachgemeinschaften, Religionen, Rassen, Nationen oder was auch immer – in den letzten paar Jahren noch stärker in den Mittelpunkt des Interesses gerückt, vor allem nachdem der Deckel von einigen Töpfen gelüftet wurde, den autoritäre Regime ihnen aufgedrückt hatten. In verschiedenen Teilen der Welt werden Dutzende ethnischer und religiöser Konflikte gewaltsam ausgetragen. Viele Spielarten des Fundamentalismus sind auf dem Vormarsch. Zeitgleich mit einem Trend hin zu Einheit erlebt die Welt eine Entwicklung in Richtung Aufsplitterung innerhalb dieser Einheit.

Wie bereits erwähnt, ist anscheinend kein Unterschied zu klein, als daß er nicht benutzt werden könnte, um Menschen in scharf antagonistische Gruppen zu trennen. Denken wir nur an die erbitterten Kämpfe in Somalia. Unterschiede in der Sprache? Nein, sie alle sprechen Somali. Unterschiede in der Religion? Praktisch alle sind Moslems. Verschiedene Sekten innerhalb des Islams? Nein. Meinungsverschiedenheiten zwischen den Clans? Ja, aber keine unüberbrückbaren. Es sind hauptsächlich von rivalisierenden Kriegsherren angeführte Subclans, die sich bekriegen, seit die Rechtsordnung in sich zusammengebrochen ist.

Der ideologische Übergang

Wohin führen diese Entwicklungen? Wenn wir allzusehr unseren seit langem überholten Neigungen zu zerstörerischem Partikularismus nachgeben, wird es militärische Konkurrenz, Fortpflanzungskonkurrenz und Konkurrenz um Ressourcen geben, die es schwierig oder unmöglich machen, Qualität zu erzielen. Allem Anschein nach bedarf es eines dramatischen ideologischen Übergangs, der auch die Veränderung unserer Denkweisen, unserer Schemata, unserer Paradigma einschließt, wenn wir Menschen in unseren Beziehungen zueinander, ganz zu schweigen von unseren Interaktionen mit der übrigen Biosphäre, dem Ideal der Bewahrung nahekommen wollen.

In welchem Maße die Einstellung gegenüber anderen Menschen (und anderen Organismen), die als verschieden empfunden werden, von ererbten, fest verankerten Neigungen gesteuert wird, die sich vor langer Zeit im Laufe der biologischen Evolution herausbildeten, hat die wissenschaftliche Forschung bislang nicht klären können. Möglicherweise ist unsere Hang, Gruppen zu bilden, die nicht miteinander auskommen, und die Umwelt sinnlos zu zerstören, tief verwurzelt. Es könnte sich dabei um Tendenzen handeln, die sich biologisch entwickelt haben und vielleicht irgendwann einmal adaptiv waren, dies aber, in einer Welt der wechselseitigen Abhängigkeit, der Vernichtungswaffen und der enorm gestiegenen Fähigkeit, die Biosphäre zu schädigen, nicht mehr sind. Die biologische Evolution ist zu langsam, um mit solchen Veränderungen Schritt zu halten. Immerhin wissen wir, daß kulturelle Evolution, die sehr viel schneller verläuft, biologische Neigungen modifizieren kann.

Soziobiologen betonen unseren – wie den anderen Tieren – angeborenen Hang, uns selbst und unsere nahen Verwandten zu schützen, um zu überleben, uns fortzupflanzen und einen Teil unserer genetischen Muster weiterzugeben. Aber beim Menschen erfährt dieser Instinkt, die Gesamteignung zu fördern, durch Kultur eine tiefgreifende Veränderung. Ein Soziobiologe, der das Bild eines Menschen beschwört, der in einen Fluß springt, um eine andere Person vor einem Krokodil zu retten, würde behaupten, ein solch »altruistisches« Verhalten sei wahrscheinlicher, wenn diese Person ein naher Verwandter ist. Ein Kulturanthropologe könnte hervorheben, daß viele Stämme bestimmte Verwandte, auch ziemlich entfernte, als »klassifikatorische« Geschwister oder Eltern, oder Nachkommen ansehen, die in vieler Hinsicht so behandelt werden, als wären sie tatsächlich diese nahen Verwandten. Vielleicht sind die Angehörigen eines solchen Stammes bereit, ihr Leben für ihre »klassifikatorischen« Brüder und Schwestern ebenso aufs Spiel zu setzen wie für ihre Blutsverwandten. Jedenfalls stimmten die Soziobiologen mittlerweile darin überein, daß Muster altruistischen Verhaltens bei Menschen in hohem Maße kulturell beeinflußt werden. Eine gewisse Bereitschaft, sein Leben für einen anderen Menschen zu riskieren, kann ohne weiteres auf alle Angehörigen des jeweiligen Stammes ausgedehnt werden.

Auf ein derartiges Verhalten trifft man auch auf höheren Organisationsebenen. Im Rahmen eines Nationalstaats ist es als Patriotismus bekannt. Je mehr Menschen sich zu immer größeren Gemeinschaften zusammenschlossen, desto weiter dehnte sich der Geltungsbereich der Vorstellung des »Wir« aus. (Unglücklicherweise kann starke Belastung Schwachstellen im sozialen Gefüge zum Vorschein bringen, die es in kleinere Einheiten auseinanderbrechen läßt. Das passierte beispielsweise in der Nähe von Sarajewo, wo ein Einwohner gesagt haben soll: »Vierzig Jahre lang haben wir neben diesen Leuten gewohnt und haben untereinander geheiratet, aber jetzt merken wir, daß sie keine vollwertigen Menschen sind.«) Trotz derartiger Rückschläge geht die Entwicklung eindeutig in Richtung eines immer umfassenderen Solidaritätsgefühls.

Die größte ideologische Frage ist, ob dieses Solidaritätsgefühl sich in kurzer Zeit soweit entwickeln kann, daß es die ganze Menschheit und in gewissem Grad auch die anderen Organismen der Biosphäre sowie die ökologischen Systeme, denen wir alle angehören, einschließt. Können globale und langfristige Interessen zunehmend neben beschränkte oder kurzfristige treten? Kann Familiensinn eine ausreichend schnell verlaufende kulturelle Evolution hin zu einem globalen Verantwortungsbewußtsein durchmachen?

Wenn in der Vergangenheit politische Einheit hergestellt wurde, geschah dies oft im Wege der Eroberung, gelegentlich gefolgt von Versuchen, die kulturelle Vielfalt zu unterdrücken; denn kulturelle Mannigfaltigkeit und ethnische Konkurrenz sind zwei Seiten ein und derselben Medaille. Um jedoch der Forderung nach Bewahrung von Qualität genügen zu können, muß Evolution um eines globalen Verantwortungsbewußtseins willen kulturelle Vielfalt in sich aufnehmen. Die Menschheit braucht Vielfalt in der Einheit; dabei müssen sich die verschiedenen Traditionen so entwickeln, daß sie Kooperation und die Durchführung der vielen miteinander verknüpften Übergänge, von denen hier die Rede ist, ermöglichen. Gemeinschaft ist von grundlegender Bedeutung für menschliche Aktivität, aber nur an einer Zusammenarbeit interessierte Gemeinschaften werden in der zukünftigen Welt wahrscheinlich anpassungsfähig sein.

Bislang hat kulturelle Mannigfaltigkeit eine Vielzahl von Ideologien oder Paradigma hervorgebracht, Schemata, die für Denkweisen überall auf der Welt charakteristisch sind. Einige dieser Weltanschauungen einschließlich bestimmter Vorstellungen über das gute Leben könnten einer Bewahrung von Qualität besonders förderlich sein. Es ist zu wünschen, daß derlei Einstellungen sich weiter verbreiten, auch wenn die kulturelle Vielfalt durch ein Verschwinden anderer Auffassungen, die eher zerstörerische Folgen haben, Einbußen erlitte. Wie üblich, bringt die Bewahrung kultureller Vielfalt nicht nur Paradoxa hervor, sondern gerät auch mit anderen Zielvorstellungen in Konflikt.

Vor einigen Jahren hörte ich mir einen bemerkenswerten Vortrag an, den Václav Havel, damals Präsident der Tschechoslowakei, die sich kurz darauf aufspaltete, und jetzt Präsident der Tschechischen Republik, an der University of California hielt. Sein Thema war die Schädigung der Umwelt in seinem Land im Verlauf der letzten Jahrzehnte und ihre schwerwiegenden Auswirkungen auf die Gesundheit der Bevölkerung; er machte den Anthropozentrismus dafür verantwortlich, insbesondere die Vorstellung, als Eigentümer dieses Planeten seien wir Menschen weise genug, um zu wissen, wie wir damit umgehen müssen. Weder gierige Kapitalisten noch dogmatische Kommunisten hätten genügend Achtung vor dem größeren System, von dem wir lediglich ein Teil sind, klagte er. Natürlich ist Havel nicht nur Politiker, sondern auch Schriftsteller und Vorkämpfer für die Menschenrechte. Die meisten Durchschnittspolitiker würden sich hüten, den Anthropozentrismus anzugreifen – schließlich sind die Wähler alle Menschen. Allerdings könnte es sich als recht heilsam für unsere Spezies erweisen, wenn wir der Natur einen prinzipiellen Wert zuschrieben und nicht nur der angeblichen Nützlichkeit für eine spezielle Primatenart, die sich selbst als *sapiens* bezeichnet.

Der informatorische Übergang

Um auf lokaler, nationaler und staatenübergreifender Ebene der Umwelt- und demographischen Probleme, sozialer und wirtschaftlicher Schwierigkeiten und Fragen der internationalen Sicherheit wie auch der starken Wechselwirkungen zwischen ihnen allen Herr zu werden, bedarf es einer Wende im Wissen und im Verständnis sowie in der Verbreitung dieses Wissens und dieses Verständnisses. Wir können sie als informatorischen Übergang bezeichnen. Dazu müssen Naturwissenschaft, Technologie, Verhaltenswissenschaft und Berufe wie die des Juristen, des Mediziners, des Lehrers und des Diplomaten sowie natürlich die Geschäftswelt und die Regierungen beitragen. Nur mit einem höheren Grad an Einsicht in die komplexen Probleme, denen sich die Menschheit gegenübersieht, beim Durchschnittsmenschen ebenso wie bei Elitegruppen, besteht eine Hoffnung auf Bewahrung von Qualität.

Es genügt nicht, daß dieses Wissen und dieses Verständnis spezialisiert sind. Natürlich tut Spezialisierung heute not. Aber genauso notwendig ist die Integrierung des spezialisierten Wissens, um, wie früher ausgeführt, ein zusammenhängendes Ganzes zu bilden. Es ist daher unabdingbar, daß die Gesellschaft integrativen Untersuchungen – die zwangsläufig vereinfachen, aber versuchen, alle wichtigen Merkmale einer komplexen Situation sowie ihre Wechselwirkungen in einem einfachen Modell oder einer Simulation zusammenzufassen – künftig einen höheren Wert beimißt als bisher. Einige frühe Beispiele solcher Versuche, zumindest annäherungsweise das Ganze in den Blick zu bekommen, gerieten in Mißkredit, teils weil die Ergebnisse zu früh veröffentlicht wurden, teils weil zu viel Aufhebens davon gemacht wurde. Das sollte allerdings niemanden davon abhalten, es erneut zu versuchen, aber mit angemessen bescheidenen Ansprüchen im Hinblick auf die notwendigerweise sehr vorläufigen und annäherungsweisen Ergebnisse.

Ein zusätzlicher Mangel dieser ersten Untersuchungen, etwa der *Grenzen des Wachstums*, des ersten Berichts des Club of Rome, war die Tatsache, daß viele der entscheidenden Annahmen und Größen, von denen das Ergebnis abhing, nicht als veränderliche Parameter benutzt wurden, die dem Leser die Folgen geänderter Annahmen und Zahlen vor Augen geführt hätten. Heutzutage stehen leistungsstarke Rechner zur Verfügung, so daß die Folgen veränderlicher Parameter leichter untersucht werden können. Auf diese Weise kann man überprüfen, wie empfindlich die Ergebnisse auf unterschiedliche Annahmen reagieren, und die Untersuchung transparenter machen. Außerdem kann ein Teil der Studien in Form von Spielen durchgeführt werden, etwa *SimCity* oder *SimEarth*, von der Maxis Corporation unter der Leitung von Will Wright entwickelte kommerzielle Produkte. Spiele erlauben es einem Kritiker, die Annahmen seinem Geschmack anzupassen und zu sehen, was dabei herauskommt.

In seinem Buch *The Art of the Long View* berichtet Peter Schwartz, wie das Planungsteam der Royal Dutch Shell Company vor einigen Jahren zu dem Schluß kam, der Ölpreis werde in Kürze abrupt fallen, und vorschlug, die Gesellschaft solle sich darauf einstellen. Die Direktoren waren skeptisch, und einige von ihnen zeigten sich von den Annahmen der Planer unbeeindruckt. Schwartz erzählt, man habe die Analyse dann in Form eines Spiels vorgelegt und den Direktoren sozusagen die Steuerungsvorrichtungen in die Hand gegeben, um innerhalb vernünftiger Grenzen die ihrer Ansicht nach irrigen Inputs zu verändern. Laut seinem Bericht blieben jedoch die wichtigsten Ergebnisse immer gleich, woraufhin die Direktoren nachgaben und mit einer Planung für eine Phase niedrigerer Ölpreise begannen. Ein paar Teilnehmer haben das Ganze zwar etwas anders in Erinnerung, aber in jedem Fall demonstriert die Geschichte sehr schön, wie wichtig Transparenz beim Erstellen von Modellen ist. Je mehr Merkmale aus der realen Welt in die Modelle einbezogen und je komplexer sie dementsprechend werden, desto schwieriger und zugleich wichtiger wird die Aufgabe, sie transparent zu machen, das heißt, die Annahmen darzulegen und zu zeigen, wie man sie variieren könnte.

Alle, die an einer Untersuchung wie Project 2050 mitarbeiten, werden mit schwierigen Fragen konfrontiert. Ziel dieser Studie ist es, mögliche Wege zu einer um die Mitte des nächsten Jahrhunderts leichter bewahrbaren Welt auszumachen. Wie, wenn überhaupt, lassen sich diese Übergänge zur Bewahrung von Qualität in den kommenden fünfzig oder hundert Jahren bewerkstelligen? Können wir hoffen, die komplexen Wechselwirkungen zwischen den Übergängen und insbesondere die Probleme, die sich aus ihrer heiklen relativen und absoluten zeitlichen Abstimmung ergeben, zumindest annähernd zu verstehen? Besteht Aussicht, die weitreichenden Veränderungen der Bedingungen auf der ganzen Welt in ausreichendem Maße in Betracht zu ziehen? Gibt es andere Übergänge oder andere Ansätze, den Gesamtkomplex der Probleme zu betrachten, die wichtiger sind? Diese Fragen betreffen die Zeit um die Mitte des 21. Jahrhunderts, wenn die verschiedenen Übergänge möglicherweise teilweise durchgeführt oder zumindest in Angriff genommen sind. Sich sinnvoll Gedanken über diese Zeit zu machen, ist schwierig, aber nicht unbedingt unmöglich. Wie Eilert Lövborg in Ibsens *Hedda Gabler* angesichts erstaunter Äußerungen, daß sein Geschichtsbuch eine Fortsetzung in die Zukunft habe, erklärt: »Trotzdem, ein oder zwei Dinge lassen sich darüber sagen.«

Was die fernere Zukunft angeht, lautet die Frage: Welche Art globaler Bedingungen könnte in der zweiten Hälfte des 21. Jahrhunderts vorherrschen, die einer Bewahrung von Qualität wirklich nahe kämen. Wie stellen wir uns eine solche Situation vor? Was würden wir sehen und hören, und fühlen, wenn wir uns dort befänden? Wir sollten wirklich versuchen, uns das vorzustellen, insbesondere eine Welt, in der schließlich Qualitätswachstum vor

Quantitätswachstum rangiert. Wir sollten uns eine Welt vorstellen, in der, so utopisch dies klingen mag, der *State of the World Report* und der *World Resources Report* nicht mit jedem Jahr schlechter ausfallen, in der die Bevölkerungszahlen nahezu überall konstant sind, äußerste Armut im Verschwinden begriffen ist und Wohlstand gerechter verteilt wird. Wir sollten uns eine Welt vorstellen, in der man den Versuch unternimmt, die tatsächlichen Kosten zu berechnen, in der globale und andere supranationale (wie auch nationale und lokale) Institutionen die komplexen, ineinandergreifenden Probleme der menschlichen Gesellschaft und der übrigen Biosphäre angehen, in der Ideologien, die sich für Bewahrung und ein globales Verantwortungsbewußtsein aussprechen, immer mehr Anhänger finden, während Haß zwischen ethnischen Gruppen sowie Fundamentalismen jeglicher Art als trennende Kräfte an Einfluß verlieren, gleichzeitig aber kulturelle Vielfalt weitgehend erhalten bleibt. Wenn wir uns nicht einmal vorstellen können, wie eine solche Welt aussehen könnte, wenn wir nicht einmal abschätzen können, auf welcher quantitativen Grundlage sie funktionieren würde, dann können wir kaum hoffen, einer solchen Welt auch nur nahe zu kommen.

Was die drei zeitlichen Reichweiten angeht, so ist es natürlich am schwierigsten, die Leute dazu zu bringen, sich Gedanken über die langfristige Vision einer stabileren Welt zu machen. Es ist jedoch von vitaler Bedeutung, daß wir unsere Abneigung, uns ein konkretes Bild von einer solchen Welt zu machen, überwinden. Nur dann kann es unserer Vorstellungskraft gelingen, die Beschränktheit der Verhaltensweisen und Einstellungen zu sprengen, die uns jetzt in so viele Schwierigkeiten bringt oder zu bringen droht, und bessere Methoden zu erfinden, um unsere Beziehungen untereinander und zur übrigen Biosphäre zu gestalten.

Bei dem Versuch, uns eine auf Bewahrung gerichtete Zukunft auszumalen, müssen wir auch nach den Überraschungen, technologischer oder psychologischer, oder gesellschaftlicher Art fragen, die dazu führen könnten, daß diese eher ferne Zukunft ganz anders aussieht, als wir uns das heute vorstellen. Man brauchte ein Expertenteam von phantasievollen Zweiflern, das nicht müde wird, diese Fragen zu stellen.

Das gleiche Team könnte sich auch darüber Gedanken machen, welche neuen Probleme sich in einer Welt ergeben könnten, in der einige der schlimmsten Ängste, die uns heute quälen, mehr oder weniger gegenstandslos geworden sind. Noch vor ein paar Jahren sagte kaum einer der weisen Männer voraus, daß der kalte Krieg binnen kurzem in eine neue Ära mit ganz andersgearteten Problemen umschlagen würde. Und selbst die wenigen, die dies vorhersagten, spekulierten nicht ernsthaft darüber, welche Sorgen an die Stelle der altbekannten treten könnten, die nun keine allzu große Rolle mehr spielen.

Aber wie steht es um die nächste Zukunft, die kommenden Jahrzehnte? Welche Verfahren und Aktivitäten können in unmittelbarer Zukunft dazu beitragen, sich einer künftigen Bewahrung von Qualität anzunähern? Diskussionen über die nahe Zukunft anzuregen ist nicht weiter schwer, und viele Beobachter erkennen immer deutlicher einige der Probleme, die sich uns auf kurze Sicht stellen. Die vielleicht wichtigste Lehre, die sich aus der bisherigen Erfahrung ziehen läßt, haben wir bereits im Zusammenhang mit Kleinstkrediten angesprochen. Es geht um die Bedeutung von Initiativen, die von unten nach oben gehen statt umgekehrt. Wenn die örtliche Bevölkerung umfassend in einen Prozeß einbezogen wird, wenn sie ihn organisieren hilft und ein deutliches, vor allem wirtschaftliches Interesse am Ergebnis dieses Prozesses hat, dann hat er mehr Aussicht auf Erfolg, als wenn er von einer fernen Bürokratie oder einem mächtigen Ausbeuter aufoktroyiert wird. Naturschützer, die in tropischen Gegenden bei der Durchsetzung bestimmter Zielvorstellungen zur Bewahrung der Natur im Verein mit einer zumindest teilweisen Aufrechterhaltung der wirtschaftlichen Entwicklung halfen, stellten fest, daß sich Investitionen in lokale Gruppen und in eine lokale Führungsschicht, vor allem in die Ausbildung lokaler Führer, am meisten bezahlt machen.

Auch wenn es ziemlich leicht ist, Menschen zur Erörterung mittelfristiger Probleme zu bewegen – die eine Zeit betreffen, in der die ineinandergreifenden Übergänge weitgehend abgeschlossen sein müssen, wenn man so etwas wie Stabilität erreichen will –, wirkt möglicherweise die außergewöhnliche Komplexität der Herausforderung abschreckend. Es gilt alle diese Übergänge in Betracht zu ziehen, deren Verlauf und Timing in jedem Einzelfall zu bestimmen ist, die in verschiedenen Teilen der Welt womöglich ganz unterschiedlich und alle eng miteinander verknüpft sind. Dennoch kann eben diese Komplexität zu einer Art Einfachheit führen. In der Physik (die, wohlgemerkt, weit weniger schwierig zu analysieren ist, aus der sich gleichwohl einige Lehren ziehen lassen) gibt es mit Sicherheit im Umfeld eines Übergangs, sagen wir, von einem gasförmigen in einen flüssigen Zustand, in der Nähe einer mathematischen Singularität, nur einige wenige ausschlaggebende Parameter, von denen das Wesen des Übergangs abhängt. Diese Parameter lassen sich jedoch nicht immer im voraus bestimmen; sie müssen sich aus einer sorgfältigen Untersuchung des Problems insgesamt ergeben. Im allgemeinen trifft es zu, daß das Verhalten hochgradig komplexer nichtlinearer Systeme einfach erscheint, aber diese Einfachheit ergibt sich normalerweise erst und ist nicht von Anfang an offenkundig.

Integrierte Verfahrensstudien zu möglichen Methoden der Gestaltung einer fast stabilen Welt können von größtem Wert sein. Aber es kommt darauf an, alle Untersuchungen dieser Art nur als »Krücken für die Vorstellungskraft« zu betrachten und ihnen nicht mehr Gültigkeit zuzuschreiben, als ihnen aller Wahrscheinlichkeit nach zukommt. Versuche, menschliches Verhalten, insbesondere gesellschaftliche Probleme, in das Prokrustesbett irgendeines notgedrungen beschränkten mathematischen Systems zu pressen, haben schon viel Unglück über die Welt gebracht. So wurden beispielsweise die Wirtschaftswissenschaften oft auf diese Weise benutzt – mit unseligen Folgen. Überdies wurden Ideologien, die der Freiheit oder dem Wohlergehen der Menschen abträglich sind, oft mit vage auf Wissenschaft und vor allem auf Analogien zwischen verschiedenen Wissenschaften gründenden Argumenten gerechtfertigt. Der von einigen politischen Philosophen im 19. Jahrhundert gepredigte Sozialdarwinismus ist nur eines von vielen Beispielen, und bei weitem nicht das schlimmste.

Dennoch könnte eine Vielzahl vereinfachter, aber integrativer Verfahrensstudien, die nicht nur lineare Projektion, sondern Evolution und hochgradig nichtlineare Simulation und Spiel beinhalten, wenn man ihnen den gebührenden Stellenwert zuweist, einen bescheidenen Beitrag dazu leisten, der menschlichen Rasse eine Art kollektiver Weitsicht zu verleihen. Ein frühes Dokument des Project 2050 formuliert dies folgendermaßen: Unser aller Situation gleicht der eines Autofahrers, der mit einem schnellen Wagen nachts durch unbekanntes, unwegsames Gelände voller Schlaglöcher immer nahe dem Abgrund dahinrast. Irgendeine Art Scheinwerfer, selbst ein schwacher und flackernder, könnte das schlimmste Unglück verhindern helfen.

Wenn die Menschheit sich irgendwie mit einem gewissen Maß kollektiver Weitsicht rüstet – mit einem gewissen Maß Verständnis für die sich verzweigenden Geschichten der Zukunft –, wird zwar ein hochgradig adaptiver Wandel stattgefunden haben, aber noch kein Schleusenereignis. Die Durchführung der miteinander verzahnten Übergänge zum Zweck umfassender Bewahrung wäre jedoch ein solches Ereignis. Insbesondere der ideologische Übergang erfordert, daß die Menschheit – möglicherweise mit Hilfe klug eingesetzter technischer Verbesserungen, die sich vorläufig erst verschwommen am Horizont abzeichnen – einen großen Schritt in Richtung eines globalen Bewußtseins macht. Nach der Realisierung dieser Übergänge würde die Menschheit als Ganzes, im Verein mit den anderen auf unserem Planeten heimischen Organismen in weit höherem Maße denn je als ein zusammengesetztes, ungemein vielschichtiges komplexes adaptives System funktionieren.

23 Nachwort

In dem folgenden kurzen Kapitel will ich versuchen, dem Bedürfnis nach einer Art beschreibender Zusammenfassung, nicht aller Einzelpunkte, sondern des zentralen Themas des Buches – Einfachheit, Komplexität und komplexe adaptive Systeme –, das das Quark, den Jaguar und die Menschheit miteinander verbindet, entgegenzukommen.

Das Quark und der Jaguar ist keine wissenschaftliche Abhandlung. Das Buch ist vergleichsweise allgemeinverständlich geschrieben und reicht in eine Vielzahl von Bereichen hinein, die es unmöglich gründlich oder in allen Einzelheiten erkunden kann. Darüber hinaus handelt es sich bei vielem von dem, was einigermaßen ausführlich beschrieben *ist*, um derzeit laufende Forschungen; das heißt, selbst wenn es eingehend, unter Verwendung von Gleichungen und noch mehr wissenschaftlichem Jargon, behandelt würde, blieben dennoch sehr viele wichtige Fragen unbeantwortet. Das Hauptanliegen des Buches liegt auf der Hand – es soll zum Nachdenken und Diskutieren anregen.

Wie ein roter Faden durchzieht die Idee des Wechselspiels zwischen den grundlegenden Naturgesetzen und dem Wirken des Zufalls den gesamten Text. Die Gesetze, denen die Elementarteilchen (einschließlich der Quarks) unterliegen, offenbaren allmählich ihre Einfachheit. Die einheitliche Quantenfeldtheorie aller Teilchen und Kräfte ist möglicherweise schon in Form der Superstring-Theorie zur Hand. Diese elegante Theorie beruht auf einer Spielart des *Bootstrap*-Prinzips, das eine Beschreibung der Elementarteilchen verlangt, derzufolge sie aus sich selbst zusammengesetzt sind. Das andere grundlegende Naturgesetz ist einfach die Anfangsbedingung des Universums zu dem Zeitpunkt, als es zu expandieren begann. Ist die Annahme von Hartle und Hawking korrekt, dann kann dieser Zustand in Begriffen der einheitlichen Teilchentheorie ausgedrückt werden, und aus den zwei grundlegenden Gesetzen wird eines.

Zufall tritt notwendigerweise auf den Plan, da die fundamentalen Gesetze quantenmechanisch sind und die Quantenmechanik lediglich Wahrscheinlichkeiten für alternative grobkörnige Geschichten des Universums liefert. Die Grobkörnigkeit muß der Art sein, daß sie wohldefinierte Wahrscheinlichkeiten einräumt. Sie erlaubt zudem eine annähernd klassische, deterministische Beschreibung der Natur mit häufigen kleinen und gelegentlichen großen Abweichungen. Die Abweichungen, insbesondere die größeren, führen zu einer Verzweigung der Geschichten, wobei den verschiedenen Zweigen bestimmte Wahrscheinlichkeiten zukommen. Genaugenommen bilden alle alternativen grobkörnigen Geschichten einen sich verzweigenden Baum oder einen »Garten sich gabelnder Wege«, den man als »quasiklassischen Bereich« bezeichnet. Die Unbestimmtheit der Quantenmechanik geht also weit über die berühmte Heisenbergsche Unbestimmtheitsrelation hinaus. Außerdem kann diese Unbestimmtheit in nichtlinearen Systemen durch das Phänomen des Chaos verstärkt werden; das bedeutet, das Ergebnis eines Prozesses ist beliebig empfindlich gegenüber den Anfangsbedingungen, wie es beispielsweise in der Meteorologie häufig der Fall ist. Die Welt, die wir Menschen um uns sehen, entspricht einem quasiklassischen Bereich, allerdings sind wir aufgrund der begrenzten Fähigkeiten unserer Sinne und Instrumente auf eine sehr viel grobkörnigere Version dieses Bereichs beschränkt. Da uns so viel verborgen bleibt, wird das Element des Zufalls noch weiter verstärkt.

An bestimmten Zweigen der Geschichte und zu bestimmten Zeitpunkten und an bestimmten Orten im Universum sind die Bedingungen für die Evolution komplexer adaptiver Systeme günstig. Dabei handelt es sich (wie Abbildung 2 Seite 62 veranschaulicht) um Systeme, die – in Form eines Datenstroms – Information aufnehmen und wahrgenommene Regelmäßigkeiten in diesem Strom aufspüren, während sie den Rest des Materials als zufällig betrachten. Diese Regelmäßigkeiten werden zu einem Schema verdichtet, das dazu dient, die Welt zu beschreiben, in gewissem Maße ihre Zukunft vorauszusagen und dem komplexen System selbst ein bestimmtes Verhalten vorzuschreiben. Das Schema kann Veränderungen unterliegen, die viele miteinander konkurrierende Varianten hervorbringen. Wie sie sich in diesem Wettstreit halten, hängt von Selektionsdrücken ab, die das Feedback aus der realen Welt darstellen. Diese Drücke spiegeln möglicherweise die Genauigkeit der Beschreibungen und Voraussagen oder das Maß, in dem die Vorschriften zum Überleben des Systems beigetragen haben, wider. Bei diesen Beziehungen zwischen den Selektionsdrücken und »erfolgreichen« Ergebnissen handelt es sich jedoch nicht um starre Korrelationen, sondern lediglich um Tendenzen. Zudem kann die Reaktion auf die Drücke unvollkommen sein. Daher führt der Prozeß der Adaptation der Schemata nur näherungsweise zu »adaptiven« Ergebnissen für die Systeme. Es kann auch »dysadaptive« Schemata geben.

Gelegentlich ist Dysadaptation nur scheinbar, nämlich die Folge davon, daß bei der Definition von adaptiv wichtige Selektionsdrücke übersehen werden. In anderen Fällen können wahrhaft dysadaptive Situationen eintreten, da Adaptation zu langsam ist, um mit den sich verändernden Selektionsdrücken Schritt zu halten.

Komplexe adaptive Systeme funktionieren am besten in einem Zwischenbereich zwischen Ordnung und Unordnung. Sie nutzen die durch die annähernde Bestimmtheit des quasiklassischen Bereichs gelieferten Regelmäßigkeiten und profitieren gleichzeitig von den Unbestimmtheiten (die man als Rauschen, Schwankungen, Wärme, Unbestimmtheit usw. beschreiben kann), die bei der Suche nach »besseren« Schemata sogar hilfreich sein können. Der Begriff Eignung, der dem Wort »besser« eine Bedeutung geben könnte, ist oft schwer zu definieren; in diesem Fall ist es vielleicht sinnvoller, sich auf die jeweils wirkenden Selektionsdrücke zu konzentrieren. Gelegentlich ist eine Eignungsgröße wohldefiniert, da sie »exogen«, von außen her, auferlegt ist, wie im Fall eines auf die Suche nach Gewinnstrategien bei Spielen wie Schach oder Dame programmierten Computers. Ist Eignung »endogen«, die Folge der Launen eines evolutionären Prozesses, der jeglichen äußeren Kriteriums für Erfolg entbehrt, dann ist sie in vielen Fällen ziemlich unklar. Dennoch ist die Idee einer Eignungslandschaft recht nützlich, wenn auch nur als Bild. Die Eignungsvariable entspricht der Höhe (die ich willkürlich als niedriger ansetze, wenn die Eignung größer ist); alle anderen Variablen, die das Schema im einzelnen bestimmen, denkt man sich als auf einer horizontalen Linie oder Ebene ausgebreitet. Die Suche nach geeigneteren Schemata entspricht dann dem Erforschen einer Zickzacklinie oder zweidimensionalen Fläche, um sehr tiefe Stellen zu finden. Wie Abbildung 19 Seite 352 zeigt, führte diese Suche mit sehr großer Wahrscheinlichkeit dazu, in einer vergleichsweise flachen Mulde steckenzubleiben, gäbe es nicht ein hinreichendes Maß an Rauschen (oder Wärme, entsprechend dem, was Seth Lloyd als das Goldilocks-Prinzip bezeichnet – nicht zu heiß, nicht zu kalt, sondern genau richtig). Das Rauschen oder die Wärme können das System aus einer flachen Senke herausbefördern, so daß es ganz in der Nähe eine viel tiefere entdecken kann.

Abbildung 1 Seite 57 veranschaulicht die Vielfalt komplexer adaptiver Systeme hier auf der Erde und zeigt die Tendenz eines solchen Systems, andere hervorzubringen. So reichen die irdischen Systeme, die alle irgendwie etwas mit Leben zu tun haben, von den präbiotischen chemischen Reaktionen, die lebende Dinge überhaupt erst hervorbrachten, über die biologische und die kulturelle Evolution des Menschen bis hin zu mit der richtigen Hard- und Software ausgestatteten Computern und möglichen zukünftigen – in der Science-fiction beschriebenen – Entwicklungen, etwa zusammengesetzten, mittels einer Verdrahtung menschlicher Gehirne geschaffenen menschlichen Wesen.

Wenn ein komplexes adaptives System ein anderes (oder sich selbst) beschreibt, konstruiert es ein Schema, indem es aus allen Daten die wahrgenommenen Regelmäßigkeiten herauszieht und präzise formuliert. Die Länge einer solchen genauen Beschreibung der Regelmäßigkeiten eines Systems, beispielsweise durch einen menschlichen Beobachter, bezeichne ich als die effektive Komplexität des Systems. Sie entspricht dem, was wir gemeinhin –

sei es in einem wissenschaftlichen Text oder in einer ganz alltäglichen Unterhaltung – unter Komplexität verstehen. Effektive Komplexität ist dem System nicht innerlich, sondern hängt von der Grobkörnigkeit und der von dem beobachtenden System verwendeten Sprache (bzw. Ausdrucksweise) oder Codierung ab.

Effektive Komplexität, ob innerlich oder nicht, genügt als solche nicht, um die *Potentialitäten* eines komplexen, adaptiven oder nichtadaptiven Systems zu beschreiben. Ein System kann vergleichsweise einfach, aber durchaus in der Lage sein, sich mit hoher Wahrscheinlichkeit innerhalb einer bestimmten Zeit zu etwas weit Komplexerem zu entwickeln. Das war beispielsweise bei den ersten neuzeitlichen Menschen der Fall. Sie waren nicht sehr viel komplexer als ihre nahen Verwandten, die Menschenaffen; da es jedoch wahrscheinlich war, daß sie Kulturen von enormer Komplexität entwickeln würden, verfügten sie über ein hohes Maß an, wie ich es bezeichne, potentieller Komplexität. In ähnlicher Weise war, als es in der Frühzeit des Universums zu bestimmten Arten von Materiefluktuationen kam, die zur Bildung von Galaxien führten, die potentielle Komplexität dieser Fluktuationen beträchtlich.

Der effektiven Komplexität eines Systems oder eines Datenstroms sollte man den algorithmischen Informationsgehalt (AIC) gegenüberstellen, der der Länge einer genauen Beschreibung des ganzen Systems oder Stroms, das heißt nicht nur ihrer beziehungsweise seiner Regelmäßigkeiten, sondern auch ihrer/seiner zufälligen Merkmale entspricht. Wenn der AIC entweder sehr klein oder aber sehr groß ist, nähert sich die effektive Komplexität Null. Groß kann effektive Komplexität nur im Bereich eines mittleren AIC sein. Wieder ist der interessante Bereich zwischen Ordnung und Unordnung angesiedelt.

Ein komplexes adaptives System entdeckt in seinem eingehenden Datenstrom Regelmäßigkeiten: Es stellt fest, daß Teilen des Stroms bestimmte Merkmale gemeinsam sind. Die Ähnlichkeiten werden anhand der übereinstimmenden Information zwischen den Teilen gemessen. Regelmäßigkeiten in der Welt ergeben sich aus einer Verknüpfung der einfachen fundamentalen Gesetze mit

Wirken des Zufalls, die zu eingefrorenen Zufällen führen kann. Dabei handelt es sich um Zufallsereignisse, die sich auf eine bestimmte Weise gestalteten, obwohl auch etwas anderes hätte herauskommen können, und eine Vielfalt von Folgen nach sich zogen. Daß alle diese Konsequenzen einen gemeinsamen Ursprung in einem vorangegangenen Zufallsereignis haben, kann zu einem hohen Maß an wechselseitiger Information in einem Datenstrom führen. Ich habe das Beispiel angeführt, wie Heinrich VIII. nach dem Tod seines älteren Bruders den englischen Thron bestieg; dies führte zu einer Unmenge von Hinweisen auf König Heinrich auf Münzen sowie in Dokumenten und Büchern. Alle diese Regelmäßigkeiten ergeben sich aus einem eingefrorenen Zufall.

Die meisten Zufälle, beispielsweise sehr viele Schwankungen auf molekularer Ebene, finden ohne solcherart Verstärkung, daß sie bedeutsame Auswirkungen haben, statt, und hinterlassen kaum Regelmäßigkeiten. Diese Zufälle können zum zufälligen Teil eines Datenstroms beitragen, der ein komplexes adaptives System erreicht.

Im Lauf der Zeit brachten immer mehr eingefrorene Zufälle in Verbindung mit den fundamentalen Gesetzen Regelmäßigkeiten hervor. Daher besteht die Tendenz, daß sich im Laufe der Zeit immer komplexere Systeme durch Selbstorganisation herausbilden, selbst im Falle von nichtadaptiven Systemen wie Galaxien, Sternen und Planeten. Allerdings nimmt Komplexität nicht überall zu. Vielmehr hat die höchste feststellbare Komplexität die Tendenz zuzunehmen. Im Falle komplexer adaptiver Systeme können Selektionsdrücke, die Komplexität fördern, diese Tendenz beträchtlich verstärken.

Laut dem zweiten Hauptsatz der Thermodynamik hat die Entropie (das Maß für Unordnung) eines abgeschlossenen Systems eine Tendenz zuzunehmen oder gleich zu bleiben. Kommen beispielsweise ein heißer und ein kalter Körper miteinander in Berührung (ohne viel Interaktion mit dem restlichen Universum), tendiert die Wärme dazu, von dem heißen zum kalten Körper zu fließen, und reduziert auf diese Weise den ordnungsgemäßen Temperaturunterschied in dem kombinierten System.

Entropie ist nur dann ein nützliches Konzept, wenn man der Natur eine gewisse Grobkörnigkeit zuschreibt, so daß bestimmte Arten von Information über das abgeschlossene System als bedeutsam angesehen werden, der Rest der Information jedoch als unwichtig betrachtet und ignoriert wird. Die Gesamtmenge an Information bleibt gleich; ist sie anfangs in wichtiger Information konzentriert, wird ein Teil davon dazu tendieren, in unwichtige Information einzufließen, die nicht zählt. Wenn dies geschieht, tendiert Entropie, die dem Ignorieren wichtiger Information gleicht, zu einer Zunahme.

Eine Art fundamentaler Grobkörnigkeit der Natur liefern die Geschichten, die einen quasiklassischen Bereich bilden. Bei dem von einem komplexen adaptiven System beobachteten Universum kann man von einer viel gröberen effektiven Grobkörnigkeit ausgehen, da das System nur eine vergleichsweise winzige Informationsmenge über das Universum aufnehmen kann.

Im Laufe der Zeit altert das Universum, und Teile des Universums, die in gewisser Weise voneinander unabhängig sind, tendieren ebenfalls dazu. Die verschiedenen Zeitpfeile zeigen überall nach vorne, nicht nur die der Zunahme von Entropie entsprechenden, sondern auch diejenigen, die der Aufeinanderfolge von Ursache und Wirkung, dem Abfluß von Strahlung und dem Anlegen von Aufzeichnungen (einschließlich Speichern) der Vergangenheit und nicht der Zukunft entsprechen.

Menschen, die aus irgendwelchen dogmatischen Gründen biologische Evolution leugnen, versuchen gelegentlich zu argumentieren, die Herausbildung immer komplexerer Systeme verstoße irgendwie gegen den zweiten Hauptsatz der Thermodynamik. Das ist natürlich nicht der Fall, ebensowenig wie beim Auftauchen komplexerer Strukturen in galaktischem Maßstab. Selbstorganisation kann immer *lokale* Ordnung erzeugen. Darüber hinaus können wir bei der biologischen Evolution sehen, wie eine Art »Informations«-Entropie zunimmt, wenn lebende Dinge sich besser an ihre Umgebung anpassen und so eine Informationsdiskrepanz reduzieren, die an die Temperaturdiskrepanz zwischen einem warmen und einem kalten Objekt erinnert. In der Tat findet sich bei allen komplexen adaptiven Systemen dieses Phänomen – die reale Welt übt Selektionsdrücke auf die Systeme aus, und die Schemata reagieren im allgemeinen darauf, indem sie die Information, die sie enthalten, in Übereinstimmung mit diesen Drücken angleichen. Evolution, Adaptation und Lernen bei komplexen adaptiven Systemen sind Aspekte des Alterns des Universums.

Wir können nun fragen, ob das sich weiterentwickelnde System und die Umgebung einen Gleichgewichtszustand erreichen, so wie ein warmer und ein kalter Körper schließlich die gleiche Temperatur haben. Gelegentlich tritt dieser Fall ein. Wenn ein Computer darauf programmiert ist, Gewinnstrategien für ein Spiel zu entwickeln, findet er möglicherweise die optimale Strategie; und die Suche ist beendet. Das wäre mit Sicherheit der Fall, wenn es sich bei dem Spiel um so etwas wie »Schiffe versenken« handelt. Geht es um Schach, so entdeckt der Computer möglicherweise eines Tages die optimale Strategie, aber bislang ist diese nicht bekannt, und der Computer ist nach wie vor in einem riesigen abstrakten Raum von Strategien auf der Jagd nach besseren. Und so verhält es sich sehr oft.

Es gibt einige wenige Fälle im Verlauf der biologischen Evolution, in denen ein Problem der Adaptation in der Frühzeit der Geschichte des Lebens, zumindest auf phänotypischer Ebene, anscheinend ein für allemal gelöst worden ist. Die Extremophilen, die in einer heißen, sauren, schwefelhaltigen Umgebung auf dem Meeresgrund an den Grenzen zwischen tektonischen Platten leben, sind wahrscheinlich, zumindest was den Stoffwechsel betrifft, den Organismen ziemlich ähnlich, die vor über dreieinhalb Milliarden Jahren in dieser Umgebung lebten. Die meisten Probleme der biologischen Evolution ähneln jedoch nicht im mindesten denen eines simplen Spiels, nicht einmal denen des Schachs, die sicher eines Tages gelöst werden. Zum einen sind die Selektionsdrücke alles andere als konstant. In den meisten Bereichen der Biosphäre verändert sich die physikochemische Umgebung laufend. Zum anderen stellen in natürlichen Gemeinschaften die verschiedenen Spezies Teile der Umgebung anderer Spezies dar. Die Organismen entwickeln sich gemeinsam weiter, und ein wirkliches Gleichgewicht kann nicht erreicht werden.

Zu bestimmten Zeitpunkten und an bestimmten Orten scheinen sogar für ganze Gemeinschaften annähernde und vorübergehende Gleichgewichte erreicht, aber nach einer Weile werden diese Gleichgewichte »punktiert«, gelegentlich infolge physikochemischer Veränderungen, gelegentlich aufgrund einer geringen Anzahl von Mutationen, die auf eine lange Phase der »Drift« – das heißt auf eine Aufeinanderfolge von genetischen Veränderungen, die den Phänotyp nur unwesentlich und auf eine für das Überleben unerhebliche Weise beeinflussen – folgen. Drift kann den Weg dafür bereiten, daß sehr kleine Veränderungen im Genotyp zu bedeutsamen phänotypischen Veränderungen führen.

Von Zeit zu Zeit können derlei verhältnismäßig geringe Veränderungen der Genotypen zu Schleusenereignissen führen, bei denen ganz neue Organismenarten entstehen. Ein Beispiel ist das Auftreten einzelliger Eukaryonten, die so genannt werden, weil die Zelle einen echten Kern und zudem andere Organellen – Chloroplasten und Mitochondrien – enthält, die vermutlich von ursprünglich unabhängigen, in die Zelle aufgenommenen Organismen abstammen. Ein weiteres Beispiel ist die Entstehung vielzelliger Pflanzen und Tiere aus einzelligen Organismen, vermutlich durch Anhäufung, mit Hilfe eines biochemischen Durchbruchs, nämlich einer neuen Art leimähnlicher Chemikalie, die die Zellen zusammenhielt.

Wenn ein komplexes adaptives System eine neue Art von komplexem adaptivem System entweder durch Anhäufung oder auf andere Weise hervorbringt, kann man von einem Schleusenereignis sprechen. Ein bekanntes Beispiel ist die Entwicklung des Immunsystems bei Säugetieren; seine Wirkungsweise ähnelt in etwa der biologischen Evolution selbst, aber auf einer viel schnelleren Zeitskala, so daß die Organismen, die in den Körper eindringen, binnen Stunden oder Tagen identifiziert und angegriffen werden können, im Gegensatz zu den Hunderttausenden von Jahren, die oft für die Entwicklung einer neuen Spezies notwendig sind.

Viele der in der biologischen Evolution so auffälligen Merkmale finden sich in ziemlich ähnlicher Form auch in anderen komplexen adaptiven Systemen, etwa bei menschlichem Denken, gesellschaftlicher Entwicklung und adaptivem Berechnen. Alle diese Systeme erkunden unablässig Möglichkeiten, eröffnen neue Wege, entdecken Schleusen und bringen gelegentlich neue Typen komplexer adaptiver Systeme hervor. So wie im Verlauf biologischer Evolution ständig neue Nischen auftauchen, werden in Wirtschaftssystemen laufend neue Möglichkeiten entdeckt, sich einen Lebensunterhalt zu sichern, werden in der Wissenschaft neue Theorien erfunden und so weiter.

Die Vereinigung komplexer adaptiver Systeme zu einem zusammengesetzten komplexen adaptiven System ist eine effiziente Art, eine neue Organisationsebene zu eröffnen. Das zusammengesetzte System besteht dann aus adaptiv Handelnden, die Schemata konstruieren, um das Verhalten der jeweils anderen zu berücksichtigen und damit umzugehen. Eine Volkswirtschaft ist ein ebenso hervorragendes Beispiel dafür wie eine ökologische Gemeinschaft.

Solche zusammengesetzten Systeme sind Gegenstand intensiver Forschung. Theorien werden entwickelt und mit Erfahrungswerten in verschiedenen Bereichen verglichen. Ein Großteil dieser Forschung läßt darauf schließen, daß derlei Systeme dazu tendieren, sich in einem wohldefinierten Übergangsbereich zwischen Ordnung und Unordnung anzusiedeln, wo sie sich durch effiziente Adaptation und Potenzgesetzen entsprechende Ressourcenverteilungen auszeichnen. Dieser Bereich wird gelegentlich, ziemlich bildhaft, als »Rand des Chaos« bezeichnet.

Es gibt keinerlei Hinweis darauf, daß die Entstehung eines Planetensystems wie des solaren oder die Tatsache, daß es einen Planeten wie die Erde in sich schließt, etwas ganz und gar Außergewöhnliches ist. Auch gibt es keinen Beweis dafür, daß die chemischen Reaktionen, die auf diesem Planeten Leben entstehen ließen, irgendwie unwahrscheinlich waren. Voraussichtlich existieren auf zahlreichen im Universum verstreuten Planeten komplexe adaptive Systeme, von denen zumindest einige vieles mit der biologischen Evolution und den daraus entstandenen Lebensformen auf der Erde gemeinsam haben. Nach wie vor umstritten ist allerdings, ob die Biochemie des Lebens einzigartig – beziehungsweise fast einzigartig – oder nur eine von sehr vielen verschiedenen Möglichkeiten ist. Mit anderen Worten: Es ist noch nicht sicher, ob Leben hauptsächlich durch Physik bestimmt ist oder seine Eigenheit großteils der Geschichte verdankt.

Die fast vier Milliarden Jahre biologischer Evolution auf der Erde haben auf empirische Weise eine gigantische Menge Information herausdestilliert, wie Organismen in der Biosphäre gemeinsam existieren können. Ähnlich haben die neuzeitlichen Menschen im Verlauf von über fünfzigtausend Jahren eine außergewöhnliche Menge Information darüber, wie Menschen in Wechselwirkung miteinander und mit der übrigen Natur leben können, angehäuft. Sowohl biologische als auch kulturelle Vielfalt sind jetzt ernstlich in Gefahr, und ihre Bewahrung ist eine ernste Aufgabe.

Die Bewahrung kultureller Vielfalt stellt uns vor eine Reihe von Paradoxa und Konflikten mit anderen Zielvorstellungen. Eine Herausforderung ist die sehr schwierige Versöhnung von Vielfalt mit dem dringenden Bedürfnis nach Einheit unter den Völkern, die jetzt mit einer Vielzahl gemeinsamer Probleme in globalem Maßstab konfrontiert sind. Eine weitere stellt die Feindseligkeit dar, die eine Reihe engstirniger Kulturen der vereinheitlichenden, wissenschaftlichen, säkularen Kultur gegenüber an den Tag legen, in der sich viele der engagiertesten Befürworter der Erhaltung kultureller Vielfalt finden.

Die Bewahrung der Natur, der möglichst weitgehende Schutz biologischer Vielfalt, ist dringend geboten, doch scheint dieses Ziel auf lange Sicht unerreichbar, sofern man es nicht im größeren Kontext der Umweltprobleme ganz allgemein sieht, die wiederum im Zusammenhang mit den demographischen, technologischen, ökonomischen, sozialen, politischen, militärischen, diplomatischen, institutionellen, informationellen und ideologischen Problemen, denen sich die Menschheit gegenübersieht, betrachtet werden müssen. Insbesondere kann man die Herausforderung in allen diesen Bereichen als die Notwendigkeit formulieren, im Verlauf des kommenden Jahrhunderts eine Reihe miteinander verknüpfter Übergänge auf eine bewahrbarere und bewahrenswertere Welt hin zu bewerkstelligen. Ein höheres Maß an Bewahrung, wenn dies denn erreicht werden kann, würde bedeuten: ein Abflachen des Bevölkerungswachstums fast überall auf der Welt, wirtschaftliche Verfahren, die eine Verrechnung der tatsächlichen Kosten begünstigen, eine Zunahme an Qualität und nicht so sehr an Quantität, ein Leben eher vom Ertrag der Natur als von ihrem Kapital, eine Technologie, die die Umwelt vergleichsweise wenig schädigt, eine irgendwie gleichmäßigere Verteilung des Wohlstands, vor allem in dem Sinne, daß es keine extreme Armut mehr gibt, stärkere globale und Nationen übergreifende Institutionen, um die dringenden, die ganze Welt betreffenden Probleme in den Griff zu bekommen, eine Öffentlichkeit, die weit besser über die vielfältigen und miteinander verknüpften Herausforderungen der Zukunft informiert ist, sowie, und das ist vielleicht das Wichtigste und Schwierigste von allem, das Vorherrschen von Einstellungen, die sich für Einheit in der Vielfalt – Kooperation und friedlichen Wettbewerb zwischen verschiedenen Kulturen und Nationalstaaten – und eine zu bewahrende Koexistenz mit den Organismen, mit denen wir Menschen die Biosphäre teilen, aussprechen. Derlei erscheint utopisch und vielleicht unmöglich zu erreichen, aber der Versuch, Zukunftsmodelle zu entwerfen – nicht als fertige Pläne, sondern als Denkhilfen – und zu sehen, ob sich Wege aufzeigen lassen, die gegen Ende des kommenden Jahrhunderts zu einer bewahrbaren und erstrebenswerten Welt führen, zu einer Welt, in der die Menschheit als Ganze und die übrige Natur in weit höherem Maße als jetzt ein komplexes adaptives System bilden, dieser Versuch ist der Mühe wert.

Register

Aberglaube 371
  aus Angst 287, 397, 414
  durch erfundene Regelmäßigkeiten 386–390, 397
  Geistesstörung u. Beeinflußbarkeit 297 f.
  vs. moralisches Äquivalent für Glaube 319 ff.
  das Mythische in Kunst u. Gesellschaft 389–392, 474
  und Skepsis 285–406
Abgeschlossenes System 309–315, 333
Adams, James L., *Conceptual Blockbusters* 380
Adams, Robert McC. 418
Adaptation, gerichtete 120–125
Adaptive Schemata 407–426
  Ebenen der 408–411
  Entwicklung der Sprachen 411 f., 414
  kulturelle DNS 408–411, 414
  mit Menschen in der Schleife 417–420
  Rolle mächtiger Personen 415 ff.
  Verhaltensübermittlung bei Tieren 407
al-Chwarizmi, Muhammad 75 f., 343
Algorithmus, Def. 75, 87
Algorithmischer Informationsgehalt AIC 91–93, 160 ff., 164 f., 180
  Einführung des Begriffs 74–77
  Entropie und 317 f.
  u. hohe effektive Komplexität 105 ff.
  Information vs. 78 f.
  als Maß der Zufälligkeit 83
  Nichtberechenbarkeit des 80–83, 102
  Tiefe und 162–165
  des Universums 203
  für Zufallsfolgen 79 f., 83

Zwischenbereich zw. Ordnung u. Unordnung 105 ff., 442
Alternative Geschichten
  auf der Galopprennbahn 213 f.
  in der Quantenmechanik 214 f.
  des Universums 208 f., 212 f., 239, 242, 301
Altruistisches Verhalten 354 f., 495 f.
Alvarez, Luis 401
Ampèresche Vermutung 135
Ampèresches Durchflutungsgesetz 135
Anderson, Carl 276
Anderson, Philip 179 f.
Anderson-Higgs-Mechanismus 279–281, 283, 291
Anfangszustand des Universums 208, 211 f., 296, 299, 323
  Bedeutung des 305
  und Kausalität 308 f.
  plausible Theorie für 199 f.
Annihilation (Paarvernichtung) 191
»Anthropische Prinzipien« 303 ff.
Antibiotikaresistenz bei Bakterien 110–125
  Entwicklung der 113–118
  falsche Theorie der 120 f.
  resistente Mutanten 116
Antifamilie 274 f.
Anti-Pauli-Prinzip 190, 258
Antiquarks 266 f., 268
Antiteilchen 260 f., 265
Anziehungsmulde 375 f.
Äquivalenz von Masse und Ruheenergie 278 f.
Äquivalenzklassen 218 ff.
Äquivalenzprinzip 142
Artbegriff 47
Artbildung 47
  gemeinsam sich entwickelnde Spezies 335 ff.
Artenvielfalt 52

517

Arthur, W. Brian 359, 446
Asimov, Isaac 56
Aufsummieren 219–223, 226, 236
Auslese in der biol. Evolution 333–367
   Auffüllung von Nischen 347, 361 ff.
   egoistisches Gen 354
   Eignung 350–359
   gemeinsam sich entwickelnde Spezies 335 ff.
   kl. Schritte – gr. Veränderungen 365 ff.
   Kooperation von Schemata 342 ff.
   punktiertes Gleichgewicht 337 ff., 366, 436
   Schleusenereignisse 339 ff., 347
   und Steigerung der Komplexität 341 f. 346
   Täuschungsmanöver bei Vögeln 363 ff.
   Tod, Reproduktion u. Population in der Biologie 360 f., 437
Auslese, künstliche 419
Axelrod, Robert 434

Baby-Universen, virtuelle Erzeugung u. Vernichtung 302
Bak, Per 154, 156
Baker, Ted 461 f.
Batterie, Erfindung der 134
Baum sich verzweigender Geschichten 224 f., 301, 326
   Beobachtung als Auslichtung des 232 f.
Bedrohte Vielfalt 455–474
   Bedeutung der Tropen 457 f.
   Bewahrung biol. Vielfalt 457–467
   Bewahrung kultureller Vielfalt 466–471, 496 f.
   einheimische Bevölkerung und Bewahrung 463 ff., 502
   Informations (od. Desinformations)-Explosion 473
   vom Menschen verursachte Vernichtung 456, 459, 479 f.
   Naturschutzpraktiken 465 f.
   Rolle der Wissenschaft bei der Bewahrung der Tropen 457 ff., 503
   Sofortmaßnahmen 460–463
   Universalität vs. Partikularismus 471
   universale Populärkultur 472
   Versöhnung 474
Beebe, Spencer 461
Bell, John 246, 252, 253

Bells Theorem 252
Bennett, Ch. 160, 162 f., 254, 257, 317
Bertlmannsche Socken 253
Bewahrbare Welt 475–504
   Bedeutung von »bewahrbar« 477 ff.
   Bewahrung von Qualität 488–491, 497, 500
   demographischer Übergang 481 ff.
   erforderliche Spezialisierung u. Integration 475
   ideologischer Übergang 494–498
   informatorischer Übergang 498–504
   institutioneller Übergang 492 ff.
   intergenerationelle Billigkeit 489 f.
   ökonomischer Übergang 486–490
   sozialer Übergang 490 f.
   technologischer Übergang 483–486
   Weltbevölkerung u. natürliche Ressourcen 480
   und Zerstörung durch menschliche Aktivitäten 478–481
Bewußtsein 231, 234 f., 439
Bindungsenergie 172
Biochemie
   effektive Komplexität u. Tiefe 178
   auf anderen Planeten 179 f.
Biogeographie 459
Biologie
   Bedeutung von Zufallsereignissen 179, 203 f., 438 ff.
   des Gehirns 181
   Reduktion der 176, 179
   terrestrische 176–179
Biologische Evolution 52, 55 ff., 179, 313, 323 f. s. a. Auslese in der –
   im Genom gespeicherte Information 112, 119
   gerichtete 417 ff.
   als komplexes adaptives System 108 f., 118 ff., 333, 346
   kulturelle Evolution und 424 f.
   Simulation der 436 ff.
   Triebkraft in Richtung höherer Komplexität 344–347
   Zeitspanne der 455
Biol. Vielfalt, Erhaltung d. 456 ff.
Bit, Def. 75
Bitfolge 75–80, 91, 93 f., 103–106
Blackett, Patrick 261
Bohm, David 249 ff.
   und Einstein 250
   EPRB-Experiment 251 f.
Bohr, Niels 245, 247
Bootstrap-Prinzip 195 ff., 299

Borges, Jorge Luis 224
Bosonen 190, 258
　Higgson 279 f., 283, 294
Brassard, Gilles 254
Brillouin, Léon 317
Bronzepest 110 f.
Brookings Institution 477
Brout, Robert 279
Brown, Jerram 354
Brown, Robert 228
Brownsche Bewegung 228
Brueckner, Keith 86
Brun, Todd 64
Brundtland-Kommission 488

Calandra, Alexander, »Die Geschichte mit dem Barometer« 488
CERN-Beschleuniger 191, 273, 279, 293
Chaitin, Gregory 76 f., 80, 83, 162, 317
Chaos 216, 244, 386
　deterministisches, in Finanzmärkten 90 f.
　Fraktale, Potenzgesetze und 154
　klassisches 63 f.
　und Unbestimmtheit 63 ff
Chao Tang 154
Chart-Analysten 90
Chemie
　ableitbar aus der Elementarteilchenphysik 175
　Berechnung chem. Prozesse mit Hilfe der QED 171
　auf eigener Ebene 173
　und fundamentale Physik des Elektrons 171 ff.
Chemikalien in Lebewesen, direkte Suche nach 464
Chomsky, Noam 97, 411
Committee for Scientific Investigation of Claims of the Paranormal (CSICOP) 393 f, 405
Computer s. a. AIC, Maschinen, lernende
　Entscheidungsbaum für 123
　internes Modell 123
　Parallelverarbeitung 72, 77, 428
　Quanten- 160
Conduitt, John 140
Conservation International 461
Coulombsches Gesetz 135
CPT 282
Crick, Francis 115
Crutchfield, James 103

Darwin, Charles 184
　Entstehung der Arten 419
Dawkins, Richard 408, 440 f.
　Der blinde Uhrmacher 440 f.
DeBono, Edward 376 f.
Dekohärente grobkörnige Geschichten 220
　baumartige Struktur der 224 f.
　im quasiklassischen Bereich 224, 226
Dekohärenz
　für ein Objekt auf einer Umlaufbahn 222 ff., 226
　Verknüpfung u. Mechanismen der 221, 222 ff.
Delbrück, Max 183
Deming, W. Edwards 416
Digitale Organismen 436 f.
Dirac, Paul Adrien Maurice 171 f., 209
DNS 114 f., 118
Durrell, Gerald 423
Dysadaptive Schemata 407–426, 474
　die zum Aussterben führen 409 f., 456 f.
　externe Selektionsdrücke 413 ff.
　und Reifungsfenster 420 ff.
　Überdauern 420–426
　und Zeitskalen 420 ff.

ECHO 440
Effektive Komplexität 93 f., 159 ff., 241, 323
　Biochemie und 178
　Def. 101
　interne 101 f.
　komplexe adaptive Systeme und 99 ff., 105 f.
　potentielle Komplexität und 119 f.
　Regelmäßigkeiten und 99–102, 241
　des Universums 203
Effektive Wirkung 299–303
Eichtheorien 278
Eignung
　Bedeutung d. Sexualität f. 356–359
　bei der Berechnung neuronaler Netze 427–431
　biol. Begriff d. 350–361, 412 f., 440
　u. genet. Algorithmus 433, 440
Eignungslandschaften
　Anziehungsmulde 375 f.
　für kreative Ideen 374–377
　bei Lernprozessen von Computern 431
　tiefe Mulde 375, 433

519

Einfachheit
Def. 66
durch QCD aufgedeckte 269f.
in der Quantenwelt 189–204
Tiefe und 161
von vereinheitlichten Theorien 138f., 143
Einkommensverteilungsgesetz 442
Einstein, Albert 81, 158, 298 s. a. Gravitationstheorie, allgemeinrelativistische
Ablehnung der Quantenmechanik 194, 247f.
Beziehung zw. Masse u. Energie 278
Erklärung der Brownschen Bewegung 228
Spezielle Relativitätstheorie 368f.
Traum einer einheitlichen Feldtheorie 193ff.
Eldredge, Niles 337
Elektromagn. Kraft 258, 265, 274
Elektromagnetismus, Theorie des 134–139 s. a. Maxwellsche Gleichungen
Elektron 189, 258ff., 274
Elektron-Neutrino 270–274
Flavor des 270
fundamentale Physik des 171f.
Elementarteilchenphysik 39, 42f., 174f.
Erklärung der Teilchenvielfalt 196f., 283ff.
Emergente Strukturen 158f.
Emmons, Louise 462
Empirische Theorie 149
Energiezustand 172
Englert, François 279
»Entrollen der Schleife« 438
Entscheidungsbaum 123
Erhaltungssätze 135, 236f.
Def. von Erhaltung 236
des Isospins 370
in der Quantenmechanik 259
Entropie 160
Abnahme der 315
Ausradieren u. durch den Reißwolf jagen 319f.
der algorithm. Komplexität 321
und Grobkörnigkeit 320f.
und Information 311, 317f.
als Maß der Unordnung 309f., 313
ein neuer Beitrag zur 317f.
als Unkenntnis 312f., 318
Zunahme der 314f., 316ff.

und zweiter Hauptsatz der Thermodynammik 309f., 312f., 316f., 450
EPRB-Experiment 251f.
und alternative Theorie der verborgenen Parameter 252
potentielle Nutzanwendung des 254–257
Erkennen von Mustern 144, 387, 413
in den Künsten 390
Erwin, Terry 68
Escherichia coli 114–117
Ethnobotanik 464, 468ff.
Everett, Hugh III. 208f., 225
Evolution s. Biologische Evolution, Kulturelle Evolution
Expansion des Universums, Beginn der 211, 223, 224, 230, 282, 295, 313
Expertensysteme 123
Exponentialkurve, fallende 201, 202
steigende 201, 202
Extremophile 334, 335, 337, 350

Faraday, Michael 134, 136
Faradaysches Gesetz 135
Farbkraft 267, 269
Farbladung 267
Felder 190, 194
Fermi, Enrico 223, 293, 370
Fermionen 258
Def. 189f.
-Familien 274–277
Fernwirkung 141, 253
Festkörperspurverfahren 231
Feynman, Richard 209, 260, 273, 298
Feynman-Diagramm 273
Fierz, Markus 402
Fisher, Sir Ronald 128
Fitzpatrick, John 355
Flavorkräfte 274
Fluktuationen 227f., 235, 244
Fontana, Walter 437
»Formbarkeit« 420, 421
Forster, Robin 462
Fowler, William 271
Fraktale, Potenzgesetze und 154
Franklin, Benjamin 258
Franklin, Rosalind 115
Friedmann, Jerome 267
Frost, Robert, »The Road Not Taken« 224, 235

Gehirn und Bewußtsein 181f.
Erforschung der linken u. rechten Hirnhälfte 182f.

und freier Wille 234 ff.
neuronale Netze als Modell des Gehirns 427–431
Gell-Mann, Arthur 50 ff., 143, 469 f.
Gel-Mann, Ben (jetzt: Ben Gelman) 46, 48 ff.
Gell-Mann, Margaret 41
Genetische Algorithmen als Software
  Anwendungen 433
  Beschreibung 431 f.
  und Klassifizierungssysteme 431 f.
Gen, egoistisches 354
  »wahrhaft egoistisches« 354, 414
Genmutation 116 f., 366, 419
Genom 112, 119 f., 338–341, 354, 419
Genotyp 112, 116 ff., 203, 338, 356
Gentry, Alwyn 462
Gesamteignung 353 ff.
Geschichten
  alternative, auf der Galopprennbahn 213 f.
  alternative, in der Quantenmechanik 214 f.
  alternative, des Universums 208, 212, 237 f., 301
  Def. 212
  feinkörnige 216 f., 218 f.
  Formulierung der Quantenmechanik auf der Grundlage von 209
  grobkörnige s. Grobkörnige – kombinierte 214
  quasiklassische 230
GeV (Gigaelektronenvolt) 278 f.
Gilbert, William 134
Glashow, Sheldon 274, 278
»Globaler Vertrag« (Schuldenaustausch) 466, 493
Gluinos 294
Gluonen
  farbempfindlich 265–268
  farbige 265, 267
  flavor-unempfindlich 265
Gödel, Kurt 80 f.
Goldbachsche Vermutung 82, 161
Gould, Stephen 337
Gravitation 52, 139–143
Gravitationskonstante 289 f.
Gravitationstheorie, allgemein-relativistische 52, 139–143, 193–195, 288, 298, 444
  und Äquivalenzprinzip 142
  Ausbreitung der Gravitationswirkung 142

Bestätigung durch Beobachtungsdaten 141, 228
Einfachheit der 143
und Geometrie der Raumzeit 142
Gleichung für Gravitationsfeld 142 f., 298
Newtonsche Theorie vs. 141 f.
Gravitationswellen-Astronomie 307
Gravitino 293 f.
Graviton 190, 194, 287, 293 f.
Green, Michael 196
Greenberg, Joseph 411
Grenzen des Wachstums (Club of Rome) 499
Griffiths, Robert 209, 212
Grobe Komplexität 138
  Def. 74, 76
  Information und 60–83
  Prägnanz und 74
Grobkörnige Geschichten 217 ff.
  Dekohärenz von 220, 222 f., 229
  und Interferenztherme 219 f.
  maximale Feinkörnigkeit 237 f., 241
  des Universums 239, 242, 302
Grobkörnigkeit 68 f., 74, 230
  Entropie und 320 f.
Große Vereinheitlichte Theorie 192 f., 295
Grossman, Marcel 298
Guralnik, Gerald 279
Gutenberg, Beno 158

Hagen, C. R. 279
Haldane, J. B. S. 128
Halbwertzeit 201
Hamilton, William 357
Hartle, James 208 f., 232, 243
Hartle, James u. Stephen Hawking
  über die Anfangszeit des Universums 199 f., 211 f., 296, 299, 308
  »Die Wellenfunktion des Universums« 208
Havel, Václav 497 f.
Hawking, Stephen 229, 302, 306, 322
Heterotische Superstring-Theorie 195 ff., 281, 286, 291 f.
  räumlicher Aspekt der 301
  »verborgene Parameter«, Quantenmechanik und 248–252
Hierarchie der Wissenschaften 168–186
  Biochemie 178
  Biologie, Information für die Reduktion der 176 f.

»Brücken« od. »Treppen« und Reduktion 174 ff.
Chemie u. fundamentale Physik des Elektrons 171 ff.
Chemie auf eigener Ebene 173
Kriterien für Fundamentalität 170
Leben, zw. Ordnung u. Unordnung 179 f.
Mathematik, Sonderstatus d. 169 f.
Psychologie u. Neurobiologie, Bewußtsein u. Gehirn 180–183, 234 f.
QED 171–174
»Reduktionismus« 183 f.
Higgs, Peter 279
Hinshelwood, Sir Cyril 120 f.
Holland, John 431 f., 440, 446
Hopfield, John 430
Horowitz, Mardi 420
Hunt, Morton, *Das Universum in uns* 373

Immunsystem 56 ff.
Indifferenz, Zustand der 313, 322
Individualität, Begriff der 39–43, 328
Universalität vs. 43 f.
Information s. a. AIC
Def. 78 f.
und Entropie 312, 317 f.
und grobe Komplexität 60–83
Kosten der 451
in der Vielfalt enthaltene 456
übereinstimmende 105, 166, 509
Übergang zu einer bewahrenswerten Welt 498–504
Informationssammlungs- u. -verarbeitungssystem (IGUS) 232 ff., 244 f., 304
Informatik 75, 76 ff.
Interaktionsstärken 429 f.
Interferenzterme 215–222
Intergenerationelle Billigkeit 489 f.
Isospin 370 f.

Johst, Hans, *Schlageter* 229
Joos, Erich 209, 224
Joyce, James, *Finnegans Wake* 262
Judson, Olivia 359

Kaku, Michio 298
Kapitza, Pjotr L. 401
Kauffman, Stuart 442
Kendall, Henry 267
Kernkraft 269
Kernteilchenzustände 269

Kibble, Thomas 279
Kleinstkredite 490, 502
»Koboldwelten« 245
Kolmogorov, Andrej N. 76 f., 317
Komplexe adaptive Systeme 45 f., 52–59
Beispiele 53–58
als Beobachter 105 ff., 232 ff.
und biologische Evolution 53, 55 f., 108, 333, 346
Computer als 124, 427 f.
Def. von »komplex« 65 ff., 71 f.
und dysadaptive Schemata 412–415
Evolution nichtadaptiver Systeme vs. 43 f., 333, 346
Funktionsweise 61
Gemeinsamkeit von 53
genetische Algorithmen als 431–434
Menschen als 53
und Mythologie 390
zw. Ordnung u. Unordnung 353
Organisationen als 415 f.
Simulation von 434 f.
und Spracherwerb 411 f.
Wirkung der gerichteten Evolution 419
Wirtschaft als 446
wissenschaftlicher Erkenntnisprozeß als 126, 127 f.
Komplexität s. a. Effektive –, Grobe –, Rechnerische Komplexität
algorithmische 75, 93 f., 317
kulturelle 119
und Länge einer Beschreibung 70 ff.
potentielle 119 f., 326 f.
Problem der Def. 66 f., 72
rechnerische 66 f., 77, 160
Steigerung der 322–327, 341 f., 345
von Verbindungsmustern 70 f.
verschiedene Arten von 66 ff.
Komprimierbarkeit von Zeichenfolgen 79 f.
Konkurrenz 425
um Populationsgröße 360 f.
von Schemata 61, 142, 455
Kontextabhängigkeit 66, 72 f.
Kooperation
Notwendigkeit internationaler 425
von Schemata 342 f.
Kreatives Denken 368–384
Beschleunigung des 344, 377
Brainstorming 376
Eignungslandschaft für 374 ff.

Formulierung u. Eingrenzung eines Problems 379–384
Inkubationsphase 372–375
Messung des 378 f.
übereinstimmende Erfahrungen beim 371 ff.
Übertragung von Denktechniken 377
in d. theoret. Wissenschaft 368–372
Kryptizität
Def. 160, 165 f.
und Theorien 166 f.
Kuhn, Thomas, *Die Struktur wissenschaftlicher Revolutionen* 141, 205
Kulturelle Evolution 408, 424, 455
Kulturelle Vielfalt
Bewahrung der 467–470, 474, 497
und wissenschaftl. Aufklärung 472
Kybernetik 122 ff.

Landauer, Rolf 317
Länge, Grundeinheit der 292
Langton, Christopher 418, 442
Laser 190
Leben
Entstehung auf der Erde 52, 58, 179, 204, 304, 313, 339, 437
zw. Ordnung u. Unordnung 179 f.
außerirdisch 178 f., 362 f., 388
spezifische Merkmale 112
Lederberg, Joshua 114, 116
Lee, T. D. 273
Lernen s. a. Maschinen, lernende
mit Genen od. Gehirn 55, 108 f.
hierarchisches 103
kontrolliertes 428
und kreatives Denken 368–384
Lewis, Harold W. 401 f.
Lichtgeschwindigkeit 136, 289, 307
Lorenz, Edward N. 64
Lorenz, Konrad, *Er redete mit dem Vieh, den Vögeln und den Fischen* 421

MacCready, Paul 379
Macht von Theorien 144–167
empirische Theorien – Zipfsches Gesetz 149–154
zwei Grundbedeutungen 146
Skalenunabhängigkeit 154–159
Theorie über Ortsnamen 146 ff.
Tiefe u. Kryptizität 159–167
MacNeil, Jim 488
Makrozustände 310 ff.

Magisches Denken 144, 385
Magnetismus, Erforschung des 134 ff.
s. a. Elektromagnetismus
Maloney, Russell, *Inflexible Logic* 92
Mandelbrot, Benoit, *Die fraktale Geometrie der Natur* 154
Arbeiten über Potenzgesetze 151 f.
Marcum, Jess 86
Mars, Positionen des 224, 225, 226
Maschinen, lernende 427–451
Berechnung neuronaler Netze 427–431
evolutionärer Ansatz in den Wirtschaftswissenschaften 446–451
genetische Algorithmen 431 ff.
Interaktionsstärken 429 f.
Simulation biol. Evolution 436–441
Simulation von Kollektiven adaptiv Handelnder 441 ff.
Simulation komplexer adaptiver Systeme 334 f.
»Massensterben« in der Kreidezeit 158, 338
Mathematik
diskrete 445
Kontinuums- 444
regel- u. handlungsgestützte 444 ff.
reine vs. angewandte 169
Sonderstatus der 169 f.
Materie-Antimaterie-Symmetrie, Verletzung der 282
Maxwell, James Clerk 134 f., 138, 315
Maxwellsche Gleichungen 135–139, 193, 195, 494
Bestätigung der 138
Konsequenzen der 136–139
u. bekannte Lichtgeschw. 136
Symmetrien der 369
Verschiebungsstrom-Term in den 136
Wellenlösungen für die 136
Maxwellscher Dämon 315 f.
Maynard Smith, John 359
Mayr, Ernst 47
Mehrfach-Universen 301 ff.
Meme 408
Mikrozustände 310 ff.
Monte-Carlo-Methode
zur Berechnung von Summen 87 f.
Zufallszahlen und die 86 ff.
Morgan, T. H.. 183
Morowitz, Harold 304, 339 ff.
Multiversum s. Mehrfach-Universen
Munn, Charles A. III. 364 f.

523

Myon 275
Myon-Neutrino 276

Neddermeyer, Seth 276
NETalk 428 ff.
Neuronale Netze, Berechnung 427–430
Neurophysiologie 181 ff.
Neutrino 270–277
Neutrino-Astronomie 307
Neutron 261 f., 263, 265, 269
   Entdeckung des 262
Neveu, André 196
Newton, Isaac
   Gravitationsgesetz 139–143, 205 f.
   Legende über herabfallenden Apfel 139 f.
Newtonsche Gesetze 226
Nichtkomprimierbare Zeichenfolge 80, 85 f., 166
Nobel, Alfred 168 f.
Nobelpreis(e) 168 f., 261, 267, 273, 280

Ökologische Gemeinschaften 335 ff., 361, 425
   computergestützte Simulation von 439 ff.
   Vielfalt der 348 ff., 458 f.
Ökosysteme, einfache u. komplexe 67
Omnès, Roland 209, 212
Oppenheimer, Robert 401 f.
Optimierung(stechnik) 433, 438
Ørsted, Hans Christian 134

Packard, Norman 442
Palmer, Richard 446
Paradigmenwechsel 141
Parallelrechner 72, 77, 428
Parameter, Def. 152
Pareto, Vilfredo 442 f.
Parker, Theodore A. III. 461 f.
Parthenogenese 356 f.
Pauli-Verbot 189 f., 258
Perkins, David 378 f.
Personenschema 420
Phänotyp 112 f., 118, 338 f., 354
Photino 293
Photonen 189 ff., 258–261
   virtueller Austausch von 259 f., 265, 287
Physik der kondensierten Materie 176
Planck, Max 247
Planck-Masse 286, 288, 290, 292, 295
Plancksches Wirkungsquantum (Planck-Konstante) 289, 297

Plotkin, Mark J., *Tales of a Shaman's Apprentice* 469
Podolski, B. 247, 251
Poincaré, Henri 373
Popper, Karl 130
Populationsbiologie, mathematische Modelle 128
Positron 191, 260
   Entdeckung des 261
Potenzgesetze 151–154
   Anwendung auf Sandhaufen 154–157, 442
   Beziehung zu Fraktalen 154
   bei Naturereignissen 157
   für die Ressourcenverteilung 442 f.
   selbstorganisierte Kritikalität 154–158, 442
   Skalenunabhängigkeit von 155 f
   Stärke u. Häufigkeit von Erdbeben 158
   in den Wirtschaftswissenschaften 442 f.
Prägung (Verhaltensforschung) 421
»Princeton String Quartett« 196
Projekt 2050 477, 500, 504
Protonen 261 f., 263, 265, 267, 269
Psychoanalyse als Theorie menschl. Verhaltens 131 ff.
Psychologie
   als Erforschung des Bewußtseins 181 ff.
   physikochemische Natur der 180
Punktiertes Gleichgewicht 337 ff., 366

Quant(en)
   Def. 190
   positiv u. negativ geladene 273
   Z°-, neutrales 274, 277
Quantenchromodynamik (QCD) 266 ff., 274, 278
   durch QCD zum Vorschein gebrachte Einfachheit 269 f.
   vs. QED 266 f.
   Spin der Quanten der 283
Quantencomputer 160
Quantenelektrodynamik (QED) 171–174, 258 ff.
   Näherungen für chemische Prozesse 172, 173
   vs. QCD 266 f.
Quantenfeldtheorie
   Annahmen 258

einheitliche 195 f., 286, 288
Teilchen-Antiteilchen-Symmetrie 260 f.
QED als Beispiel einer 258 ff.
der Quarks u. Gluonen 265
Quantenflavordynamik 274, 275, 278, 281
Spin der Quanten der 283
Quantenkosmologie 208, 209, 301, 303
Quantenkryptographie 254–257
Quantenmechanik
Abgrenzung zur klassischen Physik 39, 205
alternative Geschichten in der 214 f.
und Anwendbarkeit auf individuelle Objekte 39, 42, 43
approximative Quantenmechanik gemessener Systeme 206 f.
Entdeckung der 39, 189
Erfolge der 39, 249, 250
und die klassische Näherung 63, 205–245
moderne Interpretation der 39, 207–210, 244
probabilistische Natur der 39, 62, 200 ff., 205, 212, 216
proteischer Charakter der 242
als Rahmenmodell physikalischer Theorien 39
Unbestimmtheit in der 61–65
und unsinnige Behauptungen 246–257
Zusammenbruch der Wellenfunktion 233
Quantenmechanischer Ansatz 189
Quantenmechanische Zufälle 203
Quantenwelt, Einfachheit u. Zufall in der 189–204
Quantenzustände 189, 310
gemischter Quantenzustand 211
reiner Quantenzustand 211, 436
des Universums 210 ff.
Quark(s) 45, 261–265, 273, 276 f., 283
Benennung 45, 262
Bildung von Neutronen bzw. Protonen aus 263
bottom- 276
charmed- 276
eingeschlossene 264, 267
experimenteller Nachweis 267
Farben 263
Flavors 263
Kräfte zwischen 265
mathematische u. reale 264

strange- 276, 371
top- 276 f.
Vorhersage 45
Quark-Gluon-Wechselwirkung 265, 269
Quasiklassischer Bereich 205–208, 224–226, 228
unserer Erfahrung 236 ff.
Grobkörnigkeit für Trägheit und 230
individuelle Objekte im 239 ff.
maximal 237 f., 241-245
Messungen 231
Möglichkeit nichtäquivalenter quasiklassischer Bereiche 243
Schrödingers Katze 228 f.

Ramond, Pierre 196
RAND Corporation 83, 84 ff.
Randi, James 406
Random Walk 90, 345 f. s. a. Stochastische Prozesse
Rapid Assessment Program 461 ff.
Ray, Thomas 436 ff., 440 f.
Rechnerische Komplexität
Def. 66 f., 160
und Tiefe u. Kryptizität 159 f.
Reduktion 174–181, 184 s. a. Hierarchie der Wissenschaften
»Reduktionismus« 181, 183 ff.
Regelmäßigkeiten
im Datenstrom 60, 100, 102, 105, 166, 241, 386
und effektive Komplexität 99 ff., 241
aus »eingefrorenen« Zufallsereignissen 203 f.
Erfindung von 386–390, 397
Identifikation von Klassen 103 f.
Unterschied zu Zufälligkeit 102
Reifungsfenster 420 ff.
Renormierbarkeit 287, 294
Richardson, L. F. 111
Richter, Charles F. 158
Roboter 122–125
Rosen, Harold 195
Rosen, N. 247, 251
Rosenberg, C. R. 428
Rubbia, Carlo 273 f.

Sacharow, Andrej 282
Sakiestewa, Ramona 45
Salam, Abdus 168, 274
Santa Fe Institute 23–27, 344, 412, 431, 476

Erforschung von Einfachheit u. Komplexität 53, 158f.
Gründung 44
Projekt 2050 477, 500, 504
als Rebellion geg. Auswüchse des Reduktionismus 185
Symposion der Wissenschaftskommission 418
wirtschaftswissenschaftliches Programm 446–449
Schädlingsbekämpfung, integrierte 485
Schema(ta) s. a. Adaptive Schemata, Dysadaptive Schemata
in adaptiven Prozessen 53ff.
Darstellung durch Interaktionsstärken 429
egoistisches 388, 414
Kooperation von 342ff.
Konkurrenz von 61, 142, 342, 455
Theorien als 126
Scherk, Joël 196
Schleusenereignisse 239ff., 347, 365ff.
Schwarze Löcher 314, 327
Schrödinger-Gleichung 444
unter Berücksichtigung der Coulomb-Kräfte 172
Schrödingers Katze 228f.
Schultes, Richard 468f.
Schumaker, John F., *Wings of Illusion* 393
Schwartz, Peter, *The Art of the Long View* 499
Schwarz, John 196
Segregationsverzerrung 354
Sejnowski, Terrence 428
Selbstbewußtsein 234ff., 439
Selbstkonsistenz, Prinzip der 197, 299
Selbstorganisierte Kritikalität
Anwendung auf Sandhaufen 154–157, 442
Potenzgesetze und 154–159, 442
Selektionsdrücke 61, 413f., 424, 470
antibiotikaresistente Bakterien begünstigende 116
vom Menschen ausgeübte 416–420
nichtwissenschaft. Arten v. 413ff.
in Organisationen 415
auf die Wissenschaft einwirkende 132f.
Selektronen 294
»Seltsame Teilchen« 369ff.
Sexuelle Reproduktion 353, 356–359
Vorteile der 357

Shannon, Claude 78, 317
Simon, Herbert 109
Sims, Karl 417ff., 441
Skalierungsgesetze 154f., 156 s. a. Potenzgesetze
Skeptical Inquirer 394, 405
Skeptikerbewegung 393f.
u. angebliche Manifestationen des Übersinnlichen 394–397
angebliche Phänomene im Widerspruch zu wissenschaftl. Gesetzen 404f.
und Wissenschaft 398–403
Solomonoff, Ray 76f., 317
Southwick, Marcia 139
Sozialdarwinismus 503f.
Soziobiologie 495ff.
Sperry, Roger 181f.
Speth, J. Gustave 481
Spezialisation u. Integration 50, 475
Spin 127, 251, 283
Sprachentwicklung 411f., 414
Spracherwerb 411f., 422
Grammatik als partielles Schema 98f.
kindlicher 95–109
Sprachen-Stammbaum 48, 225
Squarks 294
Starobinski, A. A. 245
Standardmodell 258–285
Anderson-Higgs-Mechanismus 279ff.
Nullmassen-Näherung 278, 279
Renormierbarkeit 287, 294
Schwächen des 191ff.
spontane Symmetrieverletzung 279ff., 282
als Verallgemeinerung der QED 261
u. Verletzung d. Zeitsymmetrie 281f.
Vielzahl d. Elementarteilchen 283ff.
Stochastische Prozesse 86, 90, 91, s. a. Zufälligkeit
Kursschwankungen als 90
Suche nach extraterrestrischen intelligenten Lebensformen (SETI) 304, 363
Superconducting Supercollider (SSC) 191, 293
»Superlücke« 293
Supernova 314
Superpartner u. neue Beschleuniger 293f.

Super-Standardmodell 294 f.
Superstring-Theorie 195 ff., 286–305
  Annäherung an die Planck-Masse
    295 f.
  Bedeutung von »Superstring« 292 f.
  Grundeinheiten der Energie 289
  heterotische 195 ff., 281, 286
  Niedrigmassensektor 286 f.
  scheinbar viele Lösungen 296 f., 300
  Teilchenmassen und die Grundeinheit 290 f.
  Vergleich mit Beobachtungsdaten
    288 f.
  Verzweigungsbaum der Lösungen
    300 f.
  Voraussagen der 295
Swift, Jonathan 111
Symmetrieberechnung, spontane
  279 ff., 281 f., 325 f.
Sympathetische Magie 144 ff., 385,
  387, 470
  homöopathische Version der 144 ff.
Sze, Arthur 45
Szilard, Leo 58, 317

Tau 276
Tau-Neutrino 276
Taylor, Richard E. 267
Teilchen-Antiteilchen-Symmetrie
  260 f.
Theorie s. a. Macht der Theorien, Wissenschaftliche Erforschung der Welt
  allumfassende (TOE) 197
  relativistische quantenmechanische
  des Elektrons u. des Elektromagnetismus 171 s. a. QED
  phänomenologische 149
Thermodynamik
  erster Hauptsatz 309, 450
  zweiter Hauptsatz, Anwendung des
  314 ff.
  – biolog. Evolution u. 333 f.
  – Entropie u. 309, 312 f.,
    315 f., 450
  – Irreversibilität 450, 488
Thermonukleare Reaktionen 176
Tiefe 159–165
  und (AIC) 164 f.
  und Biochemie 178
  Def. 160, 163
  und Einfachheit 161
  genauer betrachtet 162 f.
  hypothetisches Beispiel 161
TIERRA 436–441, 445

TOE s. Theorie, allumfassende
TQM, Totales Qualitätsmanagement
  416
Trivers, Robert 354

Überlebenskampf der Armen 483 f.
Ulam, Stanisław 289
Unbestimmtheit 210, 386
  in der Quantenmechanik u. in chaotischen Systemen 61–66
Unbestimmtheitsrelation 62 f., 210,
  216, 242, 259 f.
Unentscheidbarkeit (Unableitbarkeitssatz) 81 f.
Ungerichteter Graph 69
Universelle Naturkonstanten 289
Universelle physikal. Gesetze 43, 45
  Gesetze des Elektromagnetismus
  138 f.
  Gravitationsgesetz s. Gravitation
Universum
  Anfangszustand 208, 211 f., 296,
    299, 305, 308 f., 323
  feinkörnige Geschichten des 216,
    218 f.
  grobkörnige Geschichten des 239,
    242, 302
  quantenmechanisches Verhalten 62
  Quantenzustand des 210 ff.
Unumkehrbarkeit 319 f., 450, 488
Updike, John, »Cosmic Gall« 270 f.
Urknall 223, 306

Van der Meer, Simon 273 f.
Verfolgte Größen, Zweigabhängigkeit
  der 238 f.
Verknüpfung 221
Verwandtschaftsselektion 353
Vielwelten 208 f., 225
Viscaíno, Sebastián 148
Vogelbeobachtung 38, 41 f., 47
Vollständigkeitsprinzip, Infragestellung der Quantenmechanik 248, 251
Volta, Alessandro 134

Wahrscheinlichkeit s. a. Alternative
  Geschichten
  echte 220
  exakte Wahrscheinlichkeiten u. angezeigte Wettkurse 222
  in der Quantenmechanik 62, 200 ff.,
    205, 211, 216 f.
Wallas, Graham 373
Watson, James 115

527

Wechselwirkung, schwache 369, 371
— neutrale 274
— Reaktionen infolge
  der 272 f.
starke 269, 369
Weinberg, Steven 168, 274
Weisskopf, Victor 122
Wells, H. G. 49
Wheeler, John A. 208
Wiener, Norbert 122
Wiesenfeld, Kurt 154
Wilkins, Maurice 115
Wille, freier 234 ff.
»Winos« 294
Wirkung
 effektive 299 f.
 $\hbar$ als Einheit der 297
 in der Newtonschen Physik 297
 Prinzip der kleinsten 299 f.
 in der Superstring-Theorie 298 f.
Wirtschaftswissenschaften
 evolutionärer Ansatz in den
  444–450
 für die Bewahrung der Erde
  486–490
 Potenzgesetze in den 442 f.
Wissenschaftliche Erforschung der
 Welt 126–143
 Einfachheit vereinheitlichter Theorien 138 f., 143
 Falsifizierbarkeit u. Ungewißheit
  130 ff.
 Formulierung einer Theorie 129
 Konkurrenz von Schemata 142
 Rolle der Theorie in der Wissenschaft 126 ff.
 Selektionsdrücke 132 f.
 Theorie u. Beobachtung 126–129
 vereinheitlichende u. zusammenfassende Theorien 134–139
 universelle Gravitation, Theorien
  der 139–143
Wolfram, Stephen 129
Woolfenden, Glen 355
World Commission on Environment
 and Development s. Brundtland-
 Kommission
World Resources Institute 477, 481
Wright, Sewall 128
Wright, Will 499

Yang, C. N. 273
Yang-Mill-Theorien 278

Zeh, Dieter 209, 224
Zeitpfeil(e) 306–329
 und Anfangszustand des Universums 197 ff., 281 f., 306, 313, 322 f.
 und biologische Evolution 337
 Def. 198
 Entropie u. zweiter Hauptsatz der
  Thermodynamik 309, 312 f., 322
 kosmologischer 322
 Ordnung in der Vergangenheit
  313–316
 psychologischer 323
 und Steigerung der Komplexität
  323–327
 Strahlung u. Spuren 307
 thermodynamischer 313
 Vergangenheit u. Zukunft 306 f.
Zeitsymmetrie, Verletzung der 281 f.
Zel'dovich, Ya. B. 282
Zerfall, radioaktiver 201 f., 206 f.,
 228–231
Zipf, George Kingsley 150, 153
Zipfsches Gesetz 149–154, 155
Zufälligkeit 84–93, 326
 Abgrenzung zu Regelmäßigkeiten 102
 AIC als Maß der 83
 algorithmische 75, 83, 93
 Bedeutungen von »Zufall« 85 f., 91
 effektive Komplexität 93 f.
 u. Monte-Carlo-Methode 87 f.
 Pseudozufälligkeit 88 ff., 91, 124
 in der Quantenwelt 189–204
 Shakespeare u. die sprichwörtlichen
  Affen 91 ff.
 u. stochastische Prozesse 86, 89, 91
Zufalls-Bitfolge 91
Zufallsereignisse, eingefrorene 203 f.,
 323–327, 412
Zufallsfolge 80, 83, 164
Zufallsmerkmale im Datenstrom 166
Zufallsprozeß 91, 116 s. a. Zufälligkeit
Zufallszahlen 85, 89
 computergenerierte 89
 Def. 88
 und Monte-Carlo-Methode 86 ff.
Żurek, Wojciech 209, 224, 318
Zwiebach, Barton 298